Collaborative Remembering
Theories, Research, and Applications

协作记忆
理论，研究和应用

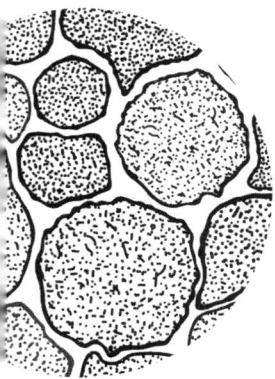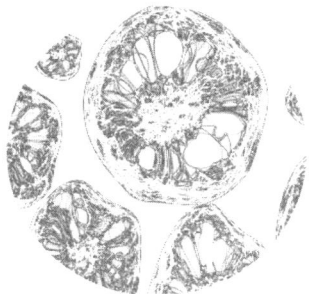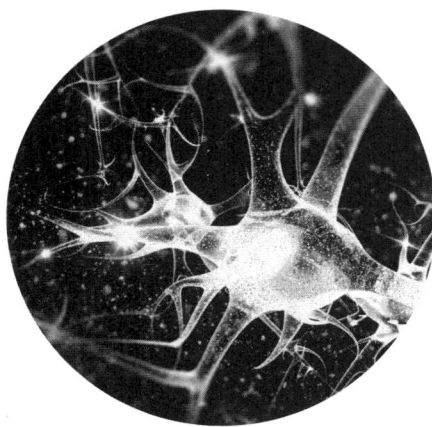

[美] 米歇尔·L. 米德 (Michelle L. Meade)

[澳] 西莉亚·B. 哈里斯 (Cella B. Harris)

[澳] 彭妮·范·伯根 (Penny Van Bergen)

[澳] 约翰·萨顿 (John Sutton)

[澳] 阿曼达·J. 巴尼尔 (Amanda J. Barnier)　编辑

刘希平　唐卫海　张　环　等译

北京师范大学出版集团
BEIJING NORMAL UNIVERSITY PJBLISHING GROUP
北京师范大学出版社

Collaborative Remembering：Theories，Research，and Applications，first edition by Michelle L. Meade，Celia B. Harris，Penny Van Bergen，John Sutton and Amanda J. Barnier，was originally published in English in 2018. This translation is published by arrangement with Oxford University Press. Beijing Normal University Press(Group) Co.，LTD. is solely responsible for this translation from the original work and Oxford University Press shall have no liability for any errors，omissions or inaccuracies or ambiguities in such translation or for any losses caused by reliance thereon.
© Oxford University Press 2018

本书中文简体字翻译版由牛津大学出版社授权北京师范大学出版社独家出版并限在中华人民共和国境内(不包括中国香港、澳门特别行政区及中国台湾)销售。未经出版者书面许可，不得以任何方式复制或发行本书的任何部分。
北京市版权局著作权合同登记图字：01-2019-2635 号

图书在版编目(CIP)数据

协作记忆：理论，研究和应用/(美)米歇尔·L. 米德等编著；刘希平 等译. —北京：北京师范大学出版社，2023.3
ISBN 978-7-303-26537-4

Ⅰ. ①协… Ⅱ. ①米… ②刘… Ⅲ. ①记忆-研究 Ⅳ. ①B842.3

中国版本图书馆 CIP 数据核字(2021)第 278604 号

图书意见反馈：gaozhifk@bnupg.com   010-58805079
营销中心电话：010-58807651
北师大出版社高等教育分社微信公众号：新外大街拾玖号

XIEZUO JIYI：LILUN，YANJIU HE YINGYONG
出版发行：北京师范大学出版社　www.bnup.com
　　　　　北京市西城区新街口外大街 12-3 号
　　　　　邮政编码：100088
印　　刷：三河市兴达印务有限公司
经　　销：全国新华书店
开　　本：890 mm×1240 mm　1/16
印　　张：34.5
字　　数：792 千字
版　　次：2023 年 3 月第 1 版
印　　次：2023 年 3 月第 1 次印刷
定　　价：139.00 元

策划编辑：何　琳　　　　　责任编辑：王思琪
美术编辑：李向昕　　　　　装帧设计：李向昕
责任校对：陈　民　　　　　责任印制：马　洁

记忆，是对接收的信息进行编码、储存和检索的过程。作为人类日常生活中必不可少的认知活动，记忆联系着过去、现在和未来。它也联系着生活、学习和工作。它是人类的基本认知机能，制约着人们的生活质量。

1885年，艾宾浩斯《记忆》一书的出版发行，对心理学界产生了巨大影响。他的研究思想、量化的手段，给心理学家研究人类记忆带来了强烈的冲击，以至于即使在人们探讨内隐记忆的今天，艾宾浩斯及他的研究从未过时。但是，艾宾浩斯的研究是针对个体记忆规律的探讨。而在艾宾浩斯著作出版一个世纪之后，记忆的研究逐渐趋向应用，趋向人际协作。美国1994年成立了"记忆与认知应用研究协会"，表达了人们对记忆应用研究的期待。研究者不仅对早期的一些记忆研究进行了重新评估，而且对人群中记忆的互动产生了浓厚兴趣。正是在这种思潮的影响下，协作记忆应运而生。

其实，协作记忆的场景在生活中比比皆是。我们对共同参加的婚礼场景的讨论，对目击犯罪场景的共同描述，对课堂上教师某些言行的小组提取，对谈判桌上双方你来我往唇枪舌剑的一起回顾，对舞台之上演员表演的互动再现……这些都离不开协作记忆。

2008年到2013年，我在美国伊利诺伊大学厄巴纳-香槟分校做研究学者，其间，接触了协作记忆的一些资料，回国前后，陆续指导研究生进行了相关研究，获得了一系列研究成果。目前国内有几个实验室也在跟进，进行协作记忆相关的探讨。在这种情形下，我接触到了牛津大学出版社出版的米德（Meade）等人撰写的《协作记忆》一书，有了与国内同行分享的冲动。

《协作记忆》属于专业书籍，客观、系统而科学。全书共26章，第1章和第26章分别为前言与结论。全书用24章对协作记忆的理论、方法和应用进行了全面的阐述。内容涉及了发展心理学、认知心理学、社会心理学、话语分析、哲学、神经心理学等各个领域中对协作记忆的研究。这本书的每一部分的作者，都是相关领域长期探索的专家。其中所介绍的内容，都有科学数据的支持。

《协作记忆》也是一本科普读物。翻译中我们惊喜地发现，很多章节的内容，对心理学原理在生活中的应用具有超强的启发性。例如，亲子互动部分，启发我们可以在生活中，经由亲子协作提取，达成儿童对过往生活经历的重复体验，从而培养儿童的社会情感，促进儿童社会交往技能的提高。母亲精细的谈话风格，可以促进儿童记忆策略的发展。家庭叙事中的协作，是可以促进青年人追寻生命的价值，尽早达成自我同一性的建立。老年人之间的协作记忆，是对协作伙伴的精神支持，也是表达情感、提高生活质量的一种有效途径……

大家可能有这样的常识，个体的生命史，取决于与他有联系的人对他的记忆，就如同凡·高的生命历程、精神成长的路径，由后人评说，道理相似。而一个国家的历史、一个民族的变迁，则由书写它们的人对它们的记忆组成。当然，书写它们的人，广义上讲是人民群众。人民群众如何记忆民族的变迁、国家的历史，这是集体记忆的事情。《协作记忆》这本书，是集体记忆在实验室的浓缩版。它一定对更宏观场景下的集体记忆的研究和讨论具有启发作用。

刘希平

2023 年 2 月

玛格达莱娜·阿贝尔（Magdalena Abel） 德国雷根斯堡大学实验心理学系

圣地亚哥·阿朗戈-穆尼奥斯（Santiago Arango-Muñoz） 哥伦比亚麦德林安蒂奥基亚大学哲学系

米夏埃尔·J. 巴克（Michael J. Baker） 法国巴黎跨学科创新研究所（i3），法国国家科学研究中心（CNRS）—巴黎高科电信学院，经济与社会科学系

阿曼达·J. 巴尼尔（Amanda J. Barnier） 澳大利亚悉尼麦考瑞大学认知科学系

卢卡斯·M. 别蒂（Lucas M. Bietti） 瑞士纳沙泰尔州纳沙泰尔大学工作与组织心理学研究所

海伦娜·M. 布卢门（Helena M. Blumen） 美国纽约布隆克斯爱因斯坦医学院医学系和神经学系

门德尔·布鲁克赫伊曾（Mendel Broekhuijsen） 荷兰埃因霍芬理工大学（TU/e）工业设计系；澳大利亚悉尼科技大学（UTS）工程与信息技术学部（FEIT）软件学院

史蒂文·D. 布朗（Steven D. Brown） 英国莱斯特大学商学院

尼尔·J. 科恩（Neal J. Cohen） 美国伊利诺伊州香槟县伊利诺伊大学厄巴纳-香槟分校贝克曼研究所

梅丽扎·C. 达夫（Melissa C. Duff） 美国纳什维尔范德堡大学医学中心听觉与言语科学系

格拉尔德·埃希特霍夫（Gerald Echterhoff） 德国明斯特大学心理学系

罗宾·菲伍什(Robyn Fivush)　美国佐治亚州亚特兰大埃默里大学心理学系

马蒂亚斯·福斯布拉德(Mattias Forsblad)　瑞典林雪平大学心理学部行为科学与学习系

费奥娜·加伯特(Fiona Gabbert)　英国伦敦大学金史密斯学院心理学系

鲁帕·古普塔·戈登(Rupa Gupta Gordon)　美国伊利诺伊州洛克岛奥古斯塔纳学院心理学系

凯瑟琳·A. 黑登(Catherine A. Haden)　美国伊利诺伊州芝加哥洛约拉大学心理学系

西莉亚·B. 哈里斯(Celia B. Harris)　澳大利亚悉尼麦考瑞大学认知科学系

琳达·A. 亨克尔(Linda A. Henkel)　美国康涅狄格州费尔菲尔德大学心理学系

威廉·赫斯特(William Hirst)　美国纽约州纽约社会研究新学院心理学系

安德鲁·霍斯金斯(Andrew Hoskins)　英国格拉斯哥大学社会科学学院

埃莉斯·范·登·霍芬(Elise van den Hoven)　澳大利亚悉尼科技大学(UTS)工程与信息技术学部(FEIT)软件学院；荷兰埃因霍芬理工大学(TU/e)工业设计系；英国邓迪大学乔丹斯通艺术与设计学院；澳大利亚麦考瑞大学澳大利亚研究理事会(ARC)认知及其障碍卓越中心

拉尔斯·克里斯特·许登(Lars-Christer Hydén)　瑞典林雪平大学老龄化和社会变革部社会与福利研究系

埃林·詹特(Erin Jant)　美国宾夕法尼亚州宾夕法尼亚州立大学约克分校人类发展与家庭研究系

勒内·科皮茨(René Kopietz)　德国明斯特大学心理学系

艾利森·克里斯(Alison Kris)　美国康涅狄格州费尔菲尔德大学护理学院

玛丽亚·马库斯(Maria Marcus)　美国伊利诺伊州芝加哥洛约拉大学心理学系

安迪·麦金利(Andy McKinlay)　英国爱丁堡大学哲学、心理学和语言科学学院

克里斯·麦克维蒂(Chris McVittie)　英国爱丁堡玛格丽特女王大学应用社会科学中心

米歇尔·L. 米德(Michelle L. Meade)　美国蒙大拿州立大学心理学系

纳塔莉·梅里尔(Natalie Merrill)　美国佐治亚州亚特兰大埃默里大学心理学系

库尔肯·米夏埃拉(Kourken Michaelian)　新西兰达尼丁奥塔哥大学哲学系

扎内塔·莫克(Zaneta Mok)　澳大利亚墨尔本澳大利亚天主教大学联合健康学院

伊内·莫尔斯(Ine Mols)　荷兰埃因霍芬理工大学(TU/e)工业设计系；澳大利亚悉尼科技大学(UTS)工程与信息技术学部(FEIT)软件学院

洛朗·蒙斯(Lauren Monds)　澳大利亚悉尼大学心理学院

妮科尔·穆勒(Nicole Müller)　爱尔兰考克大学言语与听觉科学系

蒙妮莎·帕苏帕蒂(Monisha Pasupathi)　美国犹他州盐湖城犹他大学心理学系

海伦·佩特森(Helen Paterson)　澳大利亚悉尼大学心理学院

苏帕诺·拉贾拉姆(Suparna Rajaram)　美国纽约州立大学石溪分校心理学系

保拉·雷维（Paula Reavey）　英国伦敦南岸大学心理学系

伊莱恩·里斯（Elaine Reese）　新西兰达尼丁奥塔哥大学心理学系

亨利·L. 勒迪格三世（Henry L. Roediger，Ⅲ）　美国密苏里州华盛顿大学（圣路易斯）心理与脑科学系

卡伦·萨蒙（Karen Salmon）　新西兰惠灵顿维多利亚大学心理学院

约翰·萨顿（John Sutton）　澳大利亚悉尼麦考瑞大学认知科学系

沙尔达·乌马纳特（Sharda Umanath）　美国加利福尼亚州克莱蒙特·麦肯纳学院心理学系

彭妮·范·伯根（Penny Van Bergen）　澳大利亚悉尼麦考瑞大学教育研究系

塞西莉亚·温赖布（Cecilia Wainryb）　美国犹他州盐湖城犹他大学心理学系

王琪（Qi Wang）　美国纽约州伊萨卡康奈尔大学人类发展系

詹姆斯·V. 沃茨（James V. Wertsch）　美国密苏里州华盛顿大学（圣路易斯）人类学系

丽贝卡·惠勒（Rebecca Wheeler）　英国伦敦大学金史密斯学院心理学系

罗伯特·A. 威尔逊（Robert A. Wilson）　澳大利亚维多利亚州墨尔本拉筹伯大学政治与哲学系

杰里米·山城（Jeremy Yamashiro）　美国纽约州纽约社会研究新学院心理学系

维达德·扎曼（Widaad Zaman）　美国佛罗里达州奥兰多中佛罗里达大学心理学系

第 *1* 章　协作记忆：研究背景和方法

第 *1* 章

协作记忆： 研究背景和方法

米歇尔·L. 米德(Michelle L. Meade)，西莉亚·B. 哈里斯(Celia B. Harris)，彭妮·范·伯根(Penny Van Bergen)，约翰·萨顿(John Sutton)，阿曼达·J. 巴尼尔(Amanda J. Barnier)

与人类的其他行为一样，记忆通常发生在与他人交流和协作的生活情境之中。比如，我们与家人、朋友一起回忆共同的生活经历，我们与同学、同事一起学习并回忆新的知识。此外，我们也会经常提醒他人即将到来的约会或事件。即便在独自一人的时候，我们仍然处在与他人共同分享历史、文化和社会团体的背景下，回忆我们的知识和经验。虽然我们与他人共同回忆时所处的情境、回忆任务的性质，以及社会性记忆发生的目的各不相同，但是不能否认的是，与他人协作回忆的活动在人类生活当中普遍存在(Barnier，Sutton，Harris，& Wilson，2008；Campbell，2008，2014)。

不同学科的研究者正在从各自的领域和视角积极考察协作记忆（Collaborative Remembering)。然而，即便有共同的兴趣，到目前为止，仍然鲜有跨领域的研究者对这一问题进行合作研究。这主要是由于不同学科之间的研究方法不同，其研究假设和结论不同，进而也很难将不同的研究结果进行统合与比较。因此，本书的主要目的就是将不同学科领域下的关于协作记忆的最新研究进行逐一介绍，并突出不同研究间的相同和不同结果，以期产生各自领域内和不同领域间对协作记忆相关研究的对话与讨论。

本书从不同视角介绍了协作记忆这一社会性记忆现象，一共包括 24 章。其中的每一章根据各自的研究视角，介绍了大量相关的且已发表的研究报告。这些研究报告均包含了从理论、方法到应用的系列研究。具体来说，各章节包括的研究是基于传统的发展心理学、认知心理学、社会心理学、语篇加工、哲学、神经心理学、设计学和传媒学的视角来介绍协作记忆。本书的五位编辑将根据不同的研究兴趣和学科背景（均来自教育学、哲学以及心理学的分支学科），来探讨这个我们共同感兴趣的并且十分复杂的问题——协作记忆。

首先，我们在将本章提供研究背景信息，以说明越来越多的研究者聚焦于协作记忆的原因。随后我们将确定一系列的研究主题，这些主题是后面的章节中不同领域研究者所共同强调的。也就是说，研究者在研究这些主题时聚焦于协作记忆现象，并在不同的学科领域背景下使用不同的方法去衡量该现象。本章的最后部分概括了目录框架，并对随后的章节内容都做了简要介绍。

一、 研究背景

20 世纪后期，研究者通常认为科学领域经历了"记忆爆炸式的发展（memory boom）"（Winter，2000）。从最广泛的历史层面上来看，各种各样的文化和政治发展在公共领域一再引人注目。最值得注意的是，在纪念大屠杀（Holocaust）和其他恐怖事件的强烈愿望中，在身份认同（identity politics）的兴起、人口流动的增加和社会不稳定性增加的情况下，记忆问题是至关重要的。与此同时，认知科学和脑科学领域的新发现，使得人们对人类记忆的本质和易变性，甚至是个人身份认同的可变性（fluidity of personal identity）有了更深入的了解（Winter，2012）。关于记忆的科普性和学术性的讨论，现在已经跨越了一系列激动人心但也曾令人畏惧的历史鸿沟（Sutton，2004）。

对于记忆问题的讨论，一个简单的原则就是根据记忆主体的大小进行分类讨论。通常，记忆被描述为个体现象：在大量的心理学和认知神经科学研究中，研究者关注的焦点是个体本身（以及在这个个体内部的认知过程）、记忆的作用以及相关的研究领域。但是，记忆也发生在更大的群组中，比如战争老兵、少数民族和国家群体。在一些文化理论研究中，研究者的关注焦点在于大规模的群组效应（以及记忆的宏观文化效应）、记忆的作用以及相关的研究领域。

与以上两种传统分类都不同，本书的大部分研究都是着重小组中的协作记忆过程（事实上这种协作记忆过程与以上两种传统分类有着千丝万缕的联系）。也就是说，本书借鉴了个体认知的实证研究传统，并期望对我们的个体记忆过程有更好的理解；但是同时，即便个体记忆的研究范式在认知心理学的历史上曾经如此典型，但本书仍超越了对个体记忆的探讨。在此基础上，本书借鉴了研究文化和协作记忆的传统，旨在促进我们对协作记忆的理解，但也考虑了小组成员的独特性和特殊角色。这与在人文和社会科学领域中，以及更广泛的记忆研究文献中，关于协作记忆理论的大部分研究是完全不同的。这种对小组中协作记忆过程的关注，明确地区分和定位了在人文、社会和认知科学以及心理学领域这些广泛背景下，记忆的发生和发展过程。

然而更重要的是，本书中的章节并不是完全集中在小组中，而是同时强调其中的个体和集体记忆过程。其中有几个章节侧重描述个体或者集体记忆的实验研究，这些章节之间联系紧密；而另外一些章节明显地跨越了传统观点间的界限。具体地说，他们考察了传统观点之间的重要联系，包括个体内的记忆过程如何构成小组记忆过程，以及小组的记忆过程如何构成更大范围内的群组记忆过程。与此同时，其他的研究者考察了更大的群组如何塑造集体并形成其中的个体记忆。也就是说，虽然本书关注的是小组中的协作记忆过程，但本书中的章节并不仅仅局限于某一种或另外一种传统观点，而是将多种传统的观点和方法相融合。

正如我们将在本章中概述的，我们对小组协作记忆过程的关注范围很广。协作记忆现象包括许多不同的记忆形式、记忆内容和记忆过程。这些现象在个人和社会生活中有许多不同的功能。近年来研究者基于不同的理论基础和研究方法对这些现象进行了大量研究，但不同的研究并没有被很好地整合到一起，而这正是本书产生的原因。这种整合的可能性已经逐渐被其他两种传统研究的成功所掩盖。因此，我们简要地介绍一些背景信息，来说明对小组中的协作记忆过程关注的必要性。

以艾宾浩斯（Ebbinghaus，1885）的开创性工作为基础，记忆的心理学研究形成了丰富的实证传统，即使用人工刺激的呈现和相对个人主义的语境，这在当今的记忆研究中仍然很重要。美国的记忆与认知应用研究协会（Society for Applied Research in Memory and Cognition，SARMAC）于 1994 年成立。该协会的成立，以及 20 世纪 80 年代和 90 年代美国产业革命的发生，使心理学家在更广泛的应用社会、法医、临床和文化背景领域下研究记忆现象。比如，巴特利特（Bartlett）的工作被重新评估（Wagoner，2017）；同时，在 20 世纪 90 年代关于"错误记忆（false memory）"和"恢复的记忆（recovered memory）"这些激烈的争论（Campbell，2003；Haaken，1998；Hacking，1995；Pillemer，2000）之后，出现一系列的关于记忆建构过程的研究（Schacter，1996）。从 20 世纪 80 年代开始，认知心理学领域掀起了一股"自传体记忆（autobiographical memory）"的新浪潮（Conway，1990；Rubin，1986）。这使得社会文化记忆研究与发展心理学这两种传统的、相互独立的研究领域之间出现了联系（Fivush & Haden，2003；Nelson & Fivush 2004；Vygotsky，1930，1978）。受到教育、认知人类学和文化心理学中关于"情境性认知（Situated cognition）"这一观点的影响，布鲁纳（Bruner）和他的同事们引入了"脚手架（scaffolding）"的概念，来探讨相比于没有外部资源的条件下，具备了外部资源（无论是物理的、技术的，还是社会的）之后对行为的促进和协调（Greenfield，1984；Sutton，2015；Wood，Bruner，& Ross，1976）。这些关于记忆和认知过程的反个人主义的观点认为，心理过程"存在"或"分布"于不同的大脑、身体、社会和物理世界之间。这一观点最终在认知科学领域得到了检验和发展（Clark，1997；Hutchins，1995；Michaelian & Sutton，2013）。同样重要的是，在 20 世纪 80 年代，韦格纳（Wegner）和他的同事们提出了由小规模群体组成的"交互记忆系统（transactive memory systems）"（Wegner，1987；Wegner，Giuliano，& Hertel，1985）；90 年代，协作提取范式（Collaborative Recall Paradigm）成为考察社会互动对个体记忆提取过程影响的核心范式（Basden，Basden，Bryner，& Thomas，1997；Weldon & Bellinger，1997）。

与此同时，随着集体记忆和文化记忆研究的不断深入和多样化（Olick，1999；Olick et al.，2010），历史学、政治学、社会学、语言学和文化理论领域的研究者们已经开始寻找记忆特定的关于小组合作研究的切入点，并试图寻找个体和小组合作过程之间的连接（connection）（Anastasio, et al., 2012；Bietti, 2014；Cubitt, 2014；Erll, 2011；Murakami, 2012）。然而，在不同的学科和子学科之间，记忆的操作性概念和研究方法上仍存在着很大的差异（Brown & Reavey, 2015；Hirst & Manier, 2008；Roediger & Wertsch, 2008）。不同的研究重点、理论假设、方法和结论，必然使得不同的领域之间在综合和比较时出现困难。

　　本书重点介绍在许多领域和子领域间关于协作记忆方面的工作成果，并试图在大量不同的观点内部和观点之间创造交流和讨论的机会。本书将全面的、独特领域的章节集合在一起，突出重复的和相互矛盾的研究工作，并鼓励对协作记忆研究领域进行更深入细致的讨论。在下面的"协作记忆现象"部分，我们将按照由现象到方法的顺序，讨论各个章节的主题和概念。

二、　协作记忆现象

　　本书所探讨的核心问题是：什么是协作记忆？在本书的不同章节中可以看到，协作记忆是动态的、具有广泛外延的概念：从预期听众的记忆到他人在场的记忆（并不一定发生协作），或者与他人直接协作的记忆（比如夫妻或者家人这种两人小组的协作记忆），或者个人及社会背景下的记忆（比如在文化或者社会这种更广泛的小组意义上的协作记忆），或者文化视角下的记忆。即便我们针对协作记忆的分类并不详尽，或者一些研究和章节水平不一，本书中的各个章节所探讨的内容多属以上概念的范畴。在不同的研究领域下，协作记忆有其特定的含义，并且有着与之相对应的较为合适的研究方法。下面，我们先介绍协作记忆现象的各种定义，然后再介绍研究方法。

（一）预期听众情境下的记忆

　　协作记忆的一种操作性定义是记忆发生在有预期听众的情境下。也就是说，在个体回忆过程中，存在一个听众，他能接收到个体回忆的内容，然而并不参与到个体的回忆过程中。在自传体写作（autobiographical writing）（Wang，第17章）和面对数字化媒介或技术（Hoskins；van den Hoven et al.；见第21、第22章）的研究中，个体记忆被自身的文化以及预期听众的身份所塑造。比如，不同文化和社会规范对个体向预期听众所展示的交流礼仪、情绪表达以及社会行为等的约束力都是不同的。即便你认为你的记忆并不会有预期听众，你所记住的、所遗忘的以及故事的叙述方式也或多或少地被更广泛意义上的文化、社会和数字化媒介中存在的"潜在听众"所塑造。

（二）他人在场情境下的记忆

　　协作记忆的另一种操作性定义是记忆发生在他人在场的情境下，即便他人并没有直接参与协作（在这一操作定义下有着明确的"说者"和"听者"定义的区分）。比如，个体经常向他人陈述自传体回忆故事，即便他人可能对说者的原始经历并不清楚，而且也不能对这些回忆提供具体的细节。这种记忆（或者称之为"诉说"）也可以发生在对共同情景记忆（episodic memory）的回忆过程中，比如在家庭晚宴的对话中，一个家庭成员回忆家庭共同经历的事件。在这个例子当中，虽然听者对回忆事件的细节并没有直接的贡献，但是社会性因素仍然能够通过对话情境影响说者的记忆（保持彼此的关系或同一性）（Fivush et al.；Henkel & Kris；Hirst & Yamashiro；Pasupathi & Wainryb；见第 3、第 5、第 8 和第 15 章）。同时，个体陈述他们的故事以获得听者的反应，当感觉到他人的态度和判断与自己一致或不一致时，他们的回忆也会有所不同（Echterhoff & Kopietz，第 7 章）。甚至在一些通常被认为很客观的神经心理学的研究证据中，被试的行为经常被环境以及与主试的交流过程所影响（McVittie & McKinlay，第 12 章）。被试在讨论事件的过程中，即便主试并不出现，而他（她）的评论和暗示仍会鼓励被试继续回忆特定事件而不是其他事件。更重要的是，他人在场可以被更广泛地解释为虚拟他人的在场（Hoskins，第 21 章）以及在一些特定场合下的其他实体的在场（Michaelian & Arango-Munoz；van den Hoven et al.，见第 13、第 22 章）。在上述这些情境下，个体在他人在场的情境下记忆，即便在场的他人并不直接对记忆的内容有所贡献，他们也会影响个体记忆的过程、功能或内容。

（三）与他人直接协作情境下的记忆

本书中的大部分章节都将协作记忆定义为与一个或者多个他人一起重构事件或知识的过程。具体到本书所提到的研究，就是多个个体具有共同的原始经验或分别具有共同经验中的一部分知识。然而，即便个体间并不具备共同经验，仅具备对事件的一部分共享的记忆，个体间仍能重构记忆（Barnier et al.，2008；Echterhoff & Kopietz，第 7 章）。需要注意的是，在协作记忆中，每一个协作者都既是"说者"又是"听者"，这样才保证了每一个成员都参与到对细节的记忆重构中。这个领域的一些研究关注协作过程如何影响个体记忆。比如，一个协作者提取的项目会干扰另一个协作者的提取。因此相比于个体记忆，协作记忆的信息数量更少（Rajaram；Henkel & Kris；Blumen；见第 4、第 8、第 24 章），出现的错误信息更多（Gabbert & Wheeler；Paterson & Monds；见第 6、第 20 章），甚至会出现全部的遗忘（Hirst & Yamashiro，第 5 章）。与此相反的是，有些研究也显示在回忆过程中，协作者的建议会以脚手架的方式（比如，提供框架或者线索）提高另一个人的回忆成绩。这种脚手架的优势体现在生命全程，包括儿童（Haden et al.，Fivush et al.，Wang；Reese；Salmon；见第 2、第 3、第 17、第 18、第 19 章），健康的以及长期享受医疗看护的老年群体（Henkel & Kris；Blumen；见第 8、第 24 章），健忘症患者（Gordon et al.，第 23 章），以及患有痴呆症的老年群体（Muller & Mok；Blumen；Hyden & Forsblad；见第 9、第 24、第 25 章）。

对于协作记忆过程及其效果的准确界定是受到协作者的人格特质、记忆材料、测验类型和测量水平，以及协作者之间的社会关系所影响的。在本书中的不同章节里，研究者在个体和群组的不同水平上，以不同类型的信息作为记忆材料，检验协作过程对记忆带来的影响（在一些研究中，协作记忆并不是其关注的主要问题）。具体来说，一些章节介绍的研究使用陌生人小组作为研究对象，以考察青年和老年被试在记忆实验材料时的抑制机制和社会传染（social contagion）机制（Rajaram；Gabbert & Wheeler；Henkel & Kris；Paterson & Monds；Blumen；见第 4、第 6、第 8、第 20、第 24 章），以及对话和遗忘在其中的作用（Hirst & Yamashiro，第 5 章）。另外一些章节介绍的研究使用熟悉人小组作为研究对象，包括父母与孩子共同回忆自传体记忆（Haden et al.；Fivush et al.；Wang；Reese；Salmon；见第 2、第 3、第 17、第 18、第 19 章），痴呆患者和他们的看护者共同按照菜谱做菜（Hyden & Forsblad，第 25 章），同事一起完成一项组织或者设计类的任务（Bietti & Baker，第 10 章）。最后，还有一些关于临床病人的研究，考察了痴呆病人和他们的看护者或家庭成员（Muller & Mok；Blumen；Hyden & Forsblad；见第 9、第 24、第 25 章），健忘症患者和他们的伴侣（Gorden et al.，第 23 章），以及患有精神类疾病的儿童和他们的父母（Salmon，第 19 章）之间的协作记忆。

正如上述的关于协作记忆的不同研究示例，协作者之间的关系、协作者的人格特质、记忆材料、测验类型和测量水平在协作记忆过程中会影响信息的交换方式、互动方式以及回忆的内容和正确性（accuvacy）。然而，不同研究之间的共通之处就在于，个体直接与他人发生协作，以重构某一事件或经历。

(四)个体与社会背景的关系

在本书中的不同章节里，对于个体和社会背景之间关系的定义方式各不相同，研究证据的形式也不相同（这些证据也需要概念的统一化）。协作记忆可以被定义为一项受到社会因素影响的个体活动，然而它也可以被赋予小组活动的属性。也就是说，在某些研究中，社会环境只是对个体记忆的一种影响（或者更糟，是一种"污染物"）；在另外一些研究中，社会环境是记忆的一个重要组成部分（而不仅仅是一个影响或引发因素），改变了个体的记忆过程，即在这个特定的社会环境之外，个体的记忆和理解过程很难发生。比如，根据延展认知的哲学理论框架，一些研究者提出个体是一个动态系统中的一部分，延展认知系统包括个体本身以及个体之外的系统中的其他方面，诸如环境、人际关系或者技术辅助系统。认知过程发生在系统内部（颅内）和外部（Michaelian & Arango-Munoz；Wilson；van den Hoven et al.；Hyden & Forsblad；见第 13、第 14、第 22、第 25 章）。同样，成对的个体可以发展出一个合作的或交互的记忆系统（Henkel & Kris；Hyden & Forsblad；见第 8、第 25 章），比如一对（或一组）成员根据各自的专长分别指派不同个体记忆不同的信息。以上方法关注小组的合作产出，除了考虑每个个体的贡献之外，还考虑更大群体的整体表现。

(五)记忆中的文化因素

本书的最后一部分是讨论文化对记忆的广泛影响。在上述已经列出的协作记忆的不同形式中，记忆发生在一个特定的文化背景下；然而，文化背景通过多种方式影响和塑造记忆。例如，当一个人在进行有预期听众的记忆任务时，记忆者和潜在听众的文化期望会影响记忆的结构和内容。有研究表明，家人在一起回忆时会形成共享记忆。王（Wang）的研究（第 17 章）考察了西方父母更加关注情感，而东亚父母更加关注社会规范。有趣的是，这些文化差异也可能在更广泛的社会层面上起作用。就集体记忆而言，文化塑造了人们对历史事件的回忆结果（比如第二次世界大战，Abel 等，第 16 章；或对计划生育政策的回忆，Wilson，第 14 章）。在以上情况下，个人记忆和小组记忆都作为文化背景的一部分，拥有共同的目标和理解结构，来标记该文化中的重要事件。

三、 协作记忆的测量

在本书中的不同章节里，不同学科和子学科的研究者使用一系列指标来衡量协作记忆的效果，因此他们对协作记忆现象的定义也不同。我们总结了五种研究方法，并阐述在领域内和领域间的相似或相反的结论。这些方法并不详尽，也就是说，除了我们在本节介绍的方法之外，还有其他研究协作记忆的方法。尽管如此，本节介绍的五种方法概括地总结了本书中提到的研究方法。可以说，本节的总结在广泛的研究领域中，强调了协作记忆研究方法的重要性。

（一）数量

衡量协作记忆效果的一种方法是关注小组在协作和（或）协作后的任务中记住（以及遗忘）多少项目。在各个章节里，每一个有趣的主题中总是有着相互矛盾的观点。在陌生人小组中，协作回忆的数量要差于个人回忆（Rajaram，Henkel，& Kris；Blumen；见第 4、第 8、第 24 章），并且没有经过讨论的信息更容易被遗忘（Hirst & Yamashiro，第 5 章）。然而，在亲子对话（parent-child conversations）回忆往事的研究中发现，如果父母善于使用脚手架策略（Haden et al.；Fivush et al.；Wang；Reese；Salmon；见第 2、第 3、第 17、第 18、第 19 章），儿童往往对项目回忆的贡献更多（而不是更少）。与此相似，研究发现当小组成员给予线索提示或对学习一项新任务提供帮助时，临床病人会回忆出更多项目（Henkel & Kris；Gordon et al.；Blumen；Hydén & Forsblad；见第 8、第 23、第 24、第 25 章）。重要的是，以往研究中因变量指标的算分方式各不相同，因此，需要更多的研究来整合这些传统的互相存异的计算方法，并在此基础之上，确定协作记忆在何时以及是怎样影响回忆结果的。

（二）内容

衡量协作记忆效果的另一种方法是考察记忆的内容是否会因实验条件和社会环境的不同而有所不同。这种方法关注的是记住和遗忘的内容，而不是数量。对这一方法的关注出现在本书的各个章节之中。例如，在自传体记忆和集体记忆研究中，人们选择性回忆的内容往往反映了个人身份（Pasupathi & Wainryb，第 15 章）、国籍身份（Abel et al.，第 16 章）或文化身份（Wang，第 17 章）。此外，儿童经常将父母独特的叙事内容归结于自己的记忆内容（Haden et al.；Fivush et al.；Wang；Reese；Salmon；见第 2、第 3、第 17、第 18、第 19 章）。当小组成员提供一个内容线索时，临床病人也可能更容易产生相应的记忆内容或结果（Gordon et al.；Hydén & Forsblad；见第 23、第 25 章）。最后，对记忆内容的衡量对真正了解记忆的本质有着重要的作用。例如，威尔逊（Wilson）（第 14 章）讨论了国家宣传和运动的方式，如何影响国家的不同群体组织中的记忆信息。

（三）正确性

除了衡量记忆的数量和内容，一些研究者还关注回忆的信息是否准确。正确性是通过比较回忆信息与原始信息之间的相似度来测量的。注意，正确性的衡量仅在实验者掌握实验材料和事件时才可行，比如实验者创造的事件或历史性事件的记录。

在一些章节中，有几个重要的结论涉及与他人合作是如何影响记忆正确性的。例如，实验室和自然研究中都发现，小组成员之间能纠正彼此的错误（Rajaram；Henkel & Kris；见第 4、第 8 章），甚至能够采纳对方的错误（Gabbert & Wheeler；Henkel & Kris；Paterson & Monds；见第 6、第 8、第 20 章）。这些研究为考察不同文化下，社会性记忆的基本认知机制有何不同提供了思路（Rajaram；Gabbert，& Wheeler；Henkel & Kris；Paterson & Monds；Blumen；见第 4、第 6、第 8、第 20、第 24 章）。比如，在法律情境下，记忆的正确性问题尤为重要（Gabbert & Wheeler；Paterson & Monds；见第 6、第 20 章；Brown & Reavey，见第 11 章）。正确性与神经心理学访谈（neuropsychological interviews）研究中虚构的问题（McVittie & McKinlay，见第 12 章），以及理解历史记录中的文化叙事方式（Wilson；Abel et al.；见第 14、第 16 章）也有关系。

（四）过程

对于记忆结果的测量关注的是回忆数量、内容和正确性，而对于记忆过程的测量关注的是信息到底是如何被记住的。测量协作记忆的过程，涉及对协作发生过程中通过不同方式进行信息交换和整合以形成新记忆这一过程（也包括潜在的、非语言的暗示以及策略）的记录和分析。

在本书中，协作记忆过程为幼儿（Haden et al.；Fivush et al.；Wang；Reese；Salmon；见第 2、第 3、第 17、第 18、第 19 章）和临床痴呆与健忘症患者（Müller & Mok；Gordon et al.；Hydén & Forsblad；见第 9、第 23、第 25 章）的记忆提供了最佳的脚手架。协作记忆过程对于理解其他人与临床人群交流和互动时的差异也很重要。例如，与患有焦虑症（anxiety）的孩子交谈时，母亲通常对孩子们的负性情绪不那么敏感（Salmon，见第 19 章）；与失忆症患者交谈时，伴侣们通常使用的定冠词较少（Gordon et al.；见第 23 章）；访谈者对访谈内容的影响（McVittie & McKinlay，见第 12 章）。协作记忆过程对记忆结果的影响更多体现在对过去事件有着完全不同经历的个体小组之间（比如，Pasupathi & Wainryb，见第 15 章），组织中的同事之间（Bietti & Baker，见第 10 章），以及更高水平的小组协商中（Abel et al.，见第 16 章）。

（五）功能

最后一种衡量协作记忆的方法是记忆的功能。与个体记忆一样，协作记忆在不同的情境中发挥着不同的功能。例如，一些情境下的协作记忆发挥着增强个人或群体认同感的作用，而另一些情境下的协作记忆可以增强群体的凝聚力和群体意义（Fivush et al. ；Hirst & Yamashiro；Echterhoff & Kopietz；Henkel & Kris；Müller & Mok；Pasupathi & Wainryb；Abel et al. ；Wang；见第 3、第 5、第 7、第 8、第 9、第 15、第 16、第 17 章）。对于一个独立小组来说，协作可能起着不同的作用，比如当受害者和犯罪者讨论伤害事件的时候（Pasupathi & Wainryb，见第 15 章）。人际交互的各种不同功能反过来又影响着协作记忆的过程和结果。在目击者证词或临床访谈中，记忆的功能是尽可能多地回忆准确的信息（Gabbert & Wheeler；McVittie & McKinlay；Paterson & Monds；见第 6、第 12、第 20 章）；在讲述家庭故事或回忆疗法的情境下，记忆的功能通常是维持关系和促进归属感与幸福感（Fivush et al. ；Henkel & Kris；Müller & Mok；见第 3、第 8、第 9 章）。请注意，这种对于功能的衡量通常是在普遍意义上，比较不同文化背景下的心理功能。被试对记忆功能的感知是可以加以衡量的，但是这种测量很少是针对特定的记忆体验的。相反，这些对记忆功能的衡量是在更广泛的意义上使用了涉及对协作记忆过程（如回溯）的自我报告量表（Henkel & Kris；Pasupathi & Wainryb；见第 8、第 15 章）。

（六）不同研究方法之间的关系

本书中介绍的五种不同的测量方法之间都能得到相互验证。一个有趣的问题是，每种测量方法的不同水平是如何与其他方法相互关联的。在某些情况下，这些测量方法是不同的（或者至少在一个特定的领域内，具有不同的重要性）。比如，记忆整合研究（memory conformity research）更加关注正确性和内容，而不是过程；而自传体记忆研究（除了目击者证词研究），更关注记忆的过程和功能，而不是正确性。然而，在更多的情况下，记忆的结果、内容、正确性、过程和功能是不可分割的。比如，人们如何通过脚手架的方式影响伴侣的记忆内容（Haden et al. ；Fivush et al. ；Bietti & Baker；Wang；Salmon；Gordon et al. ；Blumen；Hydén & Forsblad；见第 2、第 3、第 10、第 17、第 19、第 23、第 24、第 25 章）；人们在与彼此有着不同社会目标的群体中交谈时，可能会选择不同的内容进行讨论（Echterhoff & Kopietz；Pasupathi & Wainryb；Abel et al. ；Wang；见第 7、第 15、第 16、第 17 章）。在后面的每一章中，我们将会进一步讨论每个领域下不同研究方法间的异同。

四、 本书章节预览

本书的第二部分"协作记忆的研究方法"强调了不同学科和子学科中协作记忆的理论假设和

研究方法。第三部分"协作记忆的应用"在研究方法的基础上，强调了在更广泛背景下研究协作记忆的意义。

(一)协作记忆的研究方法

1. 发展的视角

本书第 2 章"借助事件发生期间和发生后的亲子对话，将早期记忆技能社会化"中，黑登(Haden)、马库斯(Marcus)和詹特(Jant)讨论了在学前阶段的亲子间对话对记忆影响的重要性。他们突出强调了亲子间对正在发生事件进行精细交谈时，会帮助儿童更好地理解正在发生的事件，因此会更好地编码该事件；而亲子间对已经发生过的事件进行精细交谈时，会帮助儿童对该事件进行记忆重构和社会关系发展。

在第 3 章"在家庭叙事中发展自传体记忆的社会功能"中，菲伍什(Fivush)、扎曼(Zaman)和梅里尔(Merrill)将他们的研究重点转向儿童晚期和青少年时期的家庭叙事过程。他们认为，家庭叙事的不同方式对儿童的意义理解(包括儿童在自己叙事过程中的情感和内容评价)，产生了重要而持久的影响，并最终作用于儿童的情绪健康问题。

2. 认知心理学的视角

在第 4 章"小组回忆中的协作抑制：认知原理及启示"中，拉贾拉姆(Rajaram)广泛描述了在不同实验条件和小组背景条件下，协作抑制现象的本质。此外，她还讨论了"协作后效应"。

在第 5 章"遗忘的社会因素"中，赫斯特(Hirst)和山城(Yamashiro)验证了在不同社会背景下，特定文化和交流方式对遗忘的影响。他们也讨论了在不同小组中，社交对话如何使得分享的信息被遗忘或者更加趋于一致。

在第 6 章"协作提取后的记忆一致性"中，加伯特(Gabbert)和惠勒(Wheeler)讨论了与记忆一致性有关的方法和理论问题。他们强调了提高和降低影响记忆一致性效应因素的重要性。

3. 社会心理学的视角

在"记忆的社会分享性：从共同编码到交流"这一章中，埃希特霍夫(Echterhoff)和科皮茨(Kopietz)证明了社会力量如何间接地通过共享任务、共同行动和对刺激的共同经验来塑造记忆。此外，他们认为个体会根据听众的需要调整信息输出，从而创造一种共享的体验。

4. 毕生的视角

在第 8 章"老年人的协作记忆与怀旧"中，亨克尔(Henkel)和克里斯(Kris)考察了与他人协作记忆对于老年人记忆的积极和消极影响，以及记忆到底如何影响老年人的心理健康问题。这一章包括了对健康老年人和长期生活在养老系统中的老年人的研究。

在第 9 章"与痴呆症患者会话中的记忆与身份认同"中，穆勒(Müller)和莫克(Mok)揭示了痴呆患者如何成功地与他人对话，进而加强他们生命中的意义和身份象征。此外，他们认为中度痴呆患者保留了对对话基本理解的能力。

5. 讨论与互动的视角

在第 10 章"复杂协作活动中共同记忆的多模态加工"中，别蒂（Bietti）和巴克（Baker）研究了企业组织环境中，同事间复杂协作活动过程中的共同记忆过程（joint remembering）。他们验证了设计团队如何促进成员之间的多模态交互过程，其中包括语言、社交、身体和物质资源在内。

在第 11 章"情境化的自传体记忆：记忆扩展观"中，布朗（Brown）和雷维（Reavey）讨论了记忆理解过程中功能、可及性（accessibility）、正确性和生活故事的重要性。他们主张扩大记忆研究的范围，比如自传体记忆研究、对话研究以及互动过程的研究。

在第 12 章"神经心理学访谈中的协作过程"中，麦克维蒂（McVittie）和麦金利（McKinlay）考察了与被诊断为患有严重失忆或短暂健忘症患者的神经心理学对话过程。他们认为，临床医生和患者之间的相互作用、患者处方的产生过程以及临床交互成分的变化会影响患者的记忆和报告。

6. 哲学的视角

在第 13 章"协作记忆的知识：分布式可靠主义的视角"中，米夏埃拉（Michaelian）和阿朗戈-穆尼奥斯（Arango-Muñoz）考察了协作记忆研究的认识论意义。他们认为，个体是包含在社会和技术这两个维度组成的更大系统中的一部分。这些维度最好由分布论的可靠主义的观点来解释。

在第 14 章"群体层面的认知、协作记忆与个体"中，威尔逊讨论了协作记忆与集体意向性的关系。他还讨论了记忆的政治层面意义，比如加拿大政府通过国民对话，使其优生政策具有政治影响力。

7. 功能、文化和身份认同的视角

在第 15 章"一起回忆美好和糟糕的时光：协作记忆的作用"中，帕苏帕蒂（Pasupathi）和温赖布（Wainryb）讨论了如何检验在不同社会背景下自传体记忆功能改变的一些主要方式，以及协作过程是否增加了自传体记忆一些独特的功能。他们进一步讨论了冲突和伤害问题对协作记忆研究的重要性。

在第 16 章"集体记忆：群体如何记住过去"中，阿贝尔（Abel）、乌马纳特（Umanath）、沃茨（Wertsch）和勒迪格（Roediger）提出了一种研究集体记忆的跨学科方法。他们认为图式性（schemata）叙述模板有助于集体记忆的研究，也可以解释不同国家对于历史事件（如第二次世界大战）的表述，如何发展和并最终达成一致。

在第 17 章"协作记忆中的文化"中，王强调了跨文化研究中的概念和理论问题。她介绍了文化动态模型，并证明了文化因素在两种不同情况下是如何影响记忆的：亲子间的回忆，以及自传作家向读者讲述他们的故事。

（二）协作记忆的研究应用

在第 18 章"鼓励年幼儿童与其照顾者之间的协作记忆"中，里斯（Reese）讨论了关于照顾者干预的研究。这些干预用来促进照顾者和他们的孩子之间拥有更详尽、更精细的回忆内容。里斯进一步讨论了这些干预措施带来的其他好处（即儿童的自传体记忆、叙事、共情和心理理论都得到了改善）。

在第 19 章"回忆谈话中个人记忆的亲子构建：对儿童精神病理学发展和治疗的启示"中，萨蒙（Salmon）描述了在患有焦虑或行为问题的儿童中，父母与孩子之间的回溯性对话是如何被损害的。萨蒙进一步讨论了亲子间回溯性对话与儿童自传体记忆和情感能力发展之间的关系，并讨论了临床干预的可能措施。

在第 20 章"社会性记忆研究的司法应用"中，佩特森（Paterson）和蒙斯（Monds）考察了目击证词的讨论过程对目击者记忆的消极影响。他们对比了法律条例和实验室研究的结果，并讨论了在法律环境中监测和控制目击者谈话的影响及应用。

在第 21 章"数字媒体与记忆的不稳定性"中，霍斯金斯（Hoskins）提出了随着科技和媒体日益普及，这些变化是如何改变记忆的。他认为，技术和媒体塑造了我们记忆和遗忘的方式。这种过程同时对个人和集体记忆都有重要影响。

在第 22 章"社会性记忆的设计应用"中，霍芬（Hoven）、布鲁克赫伊曾（Broekhuijsen）和莫尔斯（Mols）讨论了技术和个人数字媒体在影响自传体记忆方面的作用。他们描述了一种以人为中心的设计视角，并概述了几种产品。这些产品已被证明能够有效地提醒人们过去发生的重要事件。

在第 23 章"协作记忆的应用：海马健忘症患者的成功和失败模式"中，戈登（Gorddon）、达夫（Duff）和科恩（Cohen）概述了海马健忘症患者在协作学习（collaborative learning）中的收获和局限。戈登等认为，协作学习在陈述性记忆受损患者中的应用，说明了不同记忆系统对协作学习的贡献，以及协作过程如何影响学习编码。这对临床干预也有直接的启示作用。

在第 24 章"对与年龄及阿尔茨海默病相关的记忆衰退的协作记忆干预"中，布卢门（Blumen）认为协作过程可以帮助健康的老年人、患有失忆症型的轻度认知障碍（amnesiac Mild Cognitive Impairment，aMCI）的老年人和患有阿尔茨海默病（Alzheimer's disease，AD）的老年人改善记忆，并提出了具体方法和干预措施。她还强调了神经系统在理解协作过程以及协作干预的潜在治疗价值中的重要性。

最后，在第 25 章"痴呆症患者的协作记忆：对共同活动的关注"中，许登（Hydén）和福斯布拉德（Forsblad）通过一系列共同活动（从记忆任务到家务活动），来检查痴呆症患者的记忆和任务完成情况。许登和福斯布拉德描述了不同水平的脚手架策略，比如，活动框架（activity frames）的水平、活动级别（activity level）以及修复行动的水平。在使用脚手架的方式帮助患有痴呆症的成年人训练故事叙述技巧的过程中，他们强调了训练和维护身份的重要性。

致　　谢

本章节的工作部分基于 J. 威廉·富布赖特（J. William Fulbright）基金会（DE150100396）、澳大利亚-美国富布赖特（Australian American Fulbright）委员会（DP130101090）和澳大利亚研究员会（Australian Research）（FT120100020）的资金支持。我们同样感谢索菲娅·哈里斯（Sophia Harris）、安东·哈里斯（Anton Harris）和尼娜·麦基尔（Nina McIlwain）对文章编辑方面的帮助。

参考文献

Anastasio，T.，Ehrenberger，K. A.，Watson，P.，& Zhang，W.（2012）. *Individual and collective memory consolidation：Analogous processes on different levels*. Cambridge，MA：MIT Press.

Barnier，A. J.，Sutton，J.，Harris，C. B.，& Wilson，R. A.（2008）. A conceptual and empirical frame work for the social distribution of cognition：The case of memory. *Cognitive Systems Research*，9，33-51. doi：10. 1016/j. cogsys. 2007. 07. 002

Basden，B. H.，Basden，D. R.，Bryner，S.，& Thomas，R. L.，III（1997）. A comparison of group and individual remembering：Does group participation disrupt retrieval? *Journal of Experimental Psychology：Learning Memory，and Cognition*，23，1176-1189.

Bietti，L. M.（2014）. *Discursive remembering：Individual and collective remembering as a discursive，cognitive，and historical process*. Berlin，Germany：De Gruyter.

Brown，S. & Reavey，P.（2015）. *Vital memory and affect：Living with a difficult past*. London，UK：Routledge.

Campbell，S.（2003）. *Relational Remembering：Rethinking the Memory Wars*. Lanham，MD：Rowman & Littlefield.

Campbell，S.（2008）. The second voice. *Memory Studies*，1，41-48.

Campbell，S.（2014）. *Our faithfulness to the past：The ethics and politics of memory*. Oxford，UK：Oxford University Press.

Clark，A.（1997）. *Being there：Putting brain，body，and world together again*. Cambridge，MA：MIT Press.

Conway，M. A.（1990）. *Autobiographical memory：An introduction*. Birmingham，UK：Open University Press.

Cubitt，G.（2014）. *History，psychology and social memory*. In：C. Tileaga & J. Byford

(Eds.), Psychology and history: Interdisciplinary explorations (pp. 15-39). Cambridge, UK: Cambridge University Press.

Ebbinghaus, H. (1885; translation 1964). *Memory: A contribution of experimental psychology*. Mineola, NY: Dover Publications.

Erll, A. (2011). *Memory in culture*. London, UK: Palgrave Macmillan.

Fivush, R. & Haden, C. A. (Eds.) (2003). *Autobiographical memory and the construction of a narrative self: Developmental and cultural perspectives*. London, UK: Psychology Press.

Greenfield, P. M. (1984). *A theory of the teacher in the learning activities of everyday life. In: B. Rogoff and J. Lave (Eds.), Everyday cognition: Its development in social context* (pp. 117-138). Cambridge, MA: Harvard University Press.

Haaken, J. (1998). *Pillar of salt: Gender, memory, and the perils of looking back*. New Brunswick, NJ: Rutgers University Press.

Hacking, I. (1995). *Rewriting the soul: Multiple personality and the sciences of memory*. Princeton, NJ: Princeton University Press.

Hirst, W. & Manier, D. (2008). Towards a psychology of collective memory. *Memory*, 16, 183-200.

Hutchins, E. (1995). *Cognition in the wild*. Cambridge, MA: MIT Press.

Michaelian, K. & Sutton, J. (2013). Distributed cognition and memory research: history and current directions. *Review of Philosophy and Psychology*, 4, 1-24.

Murakami, K. (2012). *Discursive psychology of remembering and reconcilation*. New York, NY: Nova Science.

Nelson, K., & Fivush, R. (2004). The emergence of autobiographical memory: A social cultural developmental theory. *Psychological Review*, 111, 486-511.

Olick, J. K. (1999). Collective memory: The two cultures. *Sociological Theory*, 17, 333-348.

Olick, J. K., Vinitzky-Seroussi, V., & Levy, D. (Eds.) (2010). *The Collective Memory Reader*. Oxford, UK: Oxford University Press.

Pillemer, D. B. (2000). *Momentous events, vivid memories*. Cambridge, MA: Harvard University Press.

Roediger, H. L. & Wertsch, J. (2008). Creating a new discipline of memory studies. *Memory Studies*, 1, 9-22.

Rubin, D. C. (Ed.) (1986). *Autobiographical memory*. Cambridge, UK: Cambridge University Press.

Schacter，D. L. (1996). *Searching for memory: The brain, the mind, and the past.* New York，NY: Basic Books.

Sutton，J. (2004). *Representation, reduction, and interdisciplinarity in the sciences of memory. In: H. Clapin, P. Staines, & P. Slezak (Eds.), Representation in Mind* (pp. 187-216). Amsterdam，the Netherlands: Elsevier.

Sutton, J. (2015). *Scaffolding memory: themes, taxonomies, puzzles. In: L. M. Bietti & C. B. Stone (Eds.), Contextualizing human memory: An interdisciplinary approach to understanding how individuals and groups remember the past* (pp. 187-205). London，UK: Routledge.

Vygotsky，L. S. (1978). *Mind in society: The development of higher psychological processes.* Cambridge，MA: Harvard University Press. (Original work published 1930).

Wagoner，B. (2017). *The constructive mind: Bartlett's psychology in reconstruction.* Cambridge，UK: Cambridge University Press.

Wegner，D. M. (1987). *Transactive Memory: a contemporary analysis of the group mind. In: B. Mullen & G. Goethals (eds.), Theories of group behavior* (pp. 185-208). Berlin: Springer-Verlag.

Wegner D. M.，Giuliano，T.，& Hertel，P. (1985). *Cognitive interdependence in close relationships. In: W. J. Ickes (Ed.) Compatible and incompatible relationships* (pp. 253-276). New York，NY: Springer-Verlag.

Weldon，M. S.，& Bellinger，K. D. (1997). Collective memory: Collaborative and individual processes in remembering. *Journal of Experimental Psychology: Learning, Memory, and Cognition*，23，1160-1175.

Winter，A. (2012). *Memory: Fragments of a modern history.* Chicago，IL: Chicago University Press.

Winter，J. (2000). The generation of memory: Reflections on the "memory boom" in contemporary historical studies'. *German Historical Institute Bulletin*，27. Retrieved from https://www. ghi-dc. org/publications/ghi-bulletin/issue-27-fall-2000. html? L=0 [Online].

Wood，D.，Bruner，J. S.，& Ross，G. (1976). The role of tutoring in problem solving. *Journal of Child Psychology and Psychiatry*，17，89-100.

第二部分　协作记忆的研究方法

第2章
借助事件发生期间和之后的亲子对话，将早期记忆技能社会化

凯瑟琳·A. 黑登（Catherine A. Haden），玛丽亚·马库斯（Maria Marcus），埃林·詹特（Erin Jant）

母亲：来回想一下，我们在动物园都看到了什么。还记得我们什么时候走进一个有很多很多树的玻璃建筑吗？

孩子：啊？

母亲：还记得飞来飞去的是什么吗？

孩子：嗯？

母亲：记得吗？你能告诉我吗？

孩子：也许爸爸会记得。

母亲：……到处都是五颜六色的鸟儿。你还记得你在追它们吗？爸爸把你举起来让你往树上看？

孩子：嗯！

母亲：我们去了一个非常非常黑的地方，你还记得吗？

（孩子无响应。）

母亲：那个黑暗的地方有什么你还记得吗？

孩子：蝙蝠！

母亲：是的。你还记得蝙蝠吗？

孩子：嗯嗯。

母亲：我想你不太喜欢它们，是吗？

在儿童事件记忆（event memory）的研究中，一个突出的主题是亲子交谈在培养儿童回忆个人经历的记忆技能方面所起的关键作用。儿童说出的第一个单词，几乎都是关于过去事情的回忆（Hudson，1990；Miller & Sperry，1988）。正如前文中这个两岁半的儿童和母亲之间的对话所展示的，当儿童们首次参与关于过去的对话时，和他们一起分享了这些经历的成年人会为交谈提供大部分的内容和框架。在学龄前和学龄早期，儿童们根据对过去经历的回忆，获得参与亲子交谈的技巧和能力。与此同时，随着事情的进一步发展，儿童们在谈论物体、人物和活动方面的能力都获得了提升。与这些发展相对应的是，父母也在不断调整着他们在事件中和事件后的亲子交谈中所给予的支持。

本章的目的是概述这两种类型的对话——事件发生时的交谈和事件发生后的交谈——是如何影响儿童对个人经历的记忆的。所讨论的内容基于维果茨基（Vygotsky，1978）所提出的社会文化发展理论，以及对该理论的扩展，包括尼尔森（Nelson）和菲伍什（Fivush）提出的关于自传体记忆的社会文化发展模型，以及奥恩施泰因和黑登（Ornstein & Haden，2001）提出的社会文化理论与信息处理方法的整合。这一整合用于理解事件和精细记忆（deliberate memory）的发展。社会文化理论的核心概念是：学习发生在社会互动中，如儿童与抚养者之间的对话和活动。首先，儿童需要成年人的大力支持，成年人则以"脚手架"的方式让儿童在活动中向他们学习（Wood，Bruner，& Ross，1976）。例如，父母帮助儿童把注意力集中在要学的事物上，以提问的方式引起回应，在讨论的内容和儿童之前的经历之间进行有效的类比，提供反馈和鼓励等。这类活动的效果是显而易见的。随着参与这种交谈的次数增多，儿童开始内化社交技能，并最终将其添加到自己的个人能力中。自传体记忆的社会文化模型，特别强调儿童通过与抚养者间的交谈，来学习记忆亲身经历事件的技能和价值（Nelson & Fivush，2004）。社会文化理论也强调个体差异，对正在发生和已经发生过的事件的谈话内容不同，可以导致儿童对经验的理解和存储出现差异（Fivush 等；Wang；Reese；Salmon；见第 3、第 17、第 18、第 19 章）。

我们通过讨论父母回忆的方式来开始本章的论述。本章描述了亲子交谈对儿童成长事件和自传体记忆技能的影响。然后，我们将重点转向事件中的亲子交谈如何影响记忆编码过程和随后的提取过程。最后我们考虑了不同的对话形式对儿童学习和事件记忆的潜在多重影响，以及事件中和事件后的交谈如何更普遍地影响儿童的记忆发展。

一、 回忆往事的亲子交谈

大量的研究文献记录了父母与学龄前儿童谈论过去的方式之间的差异，以及这种交谈方式对儿童的回忆和自传体记忆技能的持久影响。之前的研究大多集中在母亲身上（参见 Fivush & Zaman，2014，对有限的父亲参与研究综述），并为谈论过去确定了两种不同的对话风格（Fivush & Fromhoff，1988；Hudson，1990；McCabe & Peterson，1991；Reese，Haden，&

Fivush，1993）。通常，母亲们对儿童的回忆非常用心，即使儿童想不起来，她们也会提供许多事件的细节。与那些使用较低精细回忆策略的母亲不同，具有较高精细回忆策略的母亲通过经常提问"*Wh-*"问题（如 who，what，why，how），来引发对过去事件的长时间、详细的讨论，鼓励儿童对感兴趣的事件进行对话，并积极评估儿童对对话内容的贡献。前文的例子便说明了这种高度精细化回忆策略的对话风格。在孩子口头回忆很少的情况下，母亲仍提醒孩子回忆动物园里的鸟舍，并给故事添加了越来越多的细节。事实上，母亲会继续吸引孩子的参与，并增加许多关于谁在场，他们看到了什么、做了什么，以及孩子在活动中可能有何感受的信息。

值得注意的是，与学龄前儿童一起回忆往事时具有高度精细化回忆策略的母亲，在其他情境下一般不会更健谈（Hoff-Ginsberg，1991；Lucariello，Kyratzis，& Engel，1986；Wilkerson，2009）。例如，黑登和菲伍什（1996）发现，在与学龄前儿童回忆往事时表现出高度精细化回忆策略的母亲，在儿童自由游戏时使用精细策略的可能性并不比精细化回忆策略程度较低的母亲更多。然而很明显，母亲们在回忆的过程中采取的方式是大致一致的。例如，母亲的回忆风格可以适用于过去不同类型的事件讨论（例如，假期、博物馆旅行或外出娱乐）。在回忆的过程中，与那些不太细心的母亲相比，那些在孩子很小的时候就非常细心的母亲，在孩子学龄初期的几年里，仍然会非常细心（Farrant & Reese，2000；Haden，Ornstein，Rudek，& Cameron，2009；Reese et al.，1993）。此外，在同一个家庭中，与不同年龄的孩子们（Haden，1998）谈到一起经历过和没有经历过的事情时（Reese，Brown，& Harley，2000），母亲的回忆风格通常是一致的。

回忆风格的一致性，可以反映父母赋予这种特定对话情境的价值和目标，尤其是他们重视回忆对于建立和加强社会联系和建立共同经历的重要性（Fivush，Haden，& Reese，2006；Wang，2013；Wareham & Salmon，2006；见第 17 章）。为了支持这个观点，库克夫斯基等人（Kulkofsky et al.，2009）提出，那些在与学龄前儿童交谈时非常用心的母亲，同时利用了回忆的内容来进行对话。比如，为了娱乐以及分享，给母亲和孩子一些话题来谈，卡利夫兰等人（Cleveland et al.，2007）发现，给父母不同的回忆目标（让他们的孩子为将来的记忆测试做准备，或者激发孩子们对经历的看法），会导致他们和孩子谈论过去事件的方式不同。

父母回忆方式的文化差异，也与抚养孩子和记忆功能的文化信仰和价值观（包含内隐的和外显的价值观）有关。事实上，尽管大部分关于亲子交谈的研究都集中在欧美中产阶级的儿童身上，但在涉及不同社会文化背景的儿童研究中，研究者也发现了亲子交谈与儿童事件记忆之间的联系（Fivush & Haden，2003；Wang，2013；见第 17 章）。例如，研究表明，欧美母亲在针对过去事件的对话中，比韩国、日本和中国的母亲更细心（例如，Minami & McCabe，1991；Mullen & Yi，1995；Wang，Leichtman，& Davies，2000）。对这些发现的一种解释是，欧美母亲更注重细节，因为她们重视独立和自主，认为交谈过程对孩子发展独立的自我观和自传体经历很重要。

此外，父母与儿女交谈方式的不同，也可能在一定程度上反映了父母对女孩更具有社交和人际关系导向的期望（Fivush & Zaman，2014；Nelson & Fivush，2004；Reese，Haden，& Fivush，1996；见第 3 章）。虽然并非所有研究都发现性别差异（如 Farrant & Reese，2000；Haden et al.，2009；Laible，2011），但当处于被观察状态时，父母倾向于表现出与女儿之间的关系比与儿子之间的关系更为亲密（例如，Fivush，Marin，McWilliams，& Bohanek，2009；Reese & Fivush，1993；Reese et al.，1996；Reese & Newcombe，2007；见 Fivush & Zaman，2014；Grysman，& Hudson，2013）。但也有一些证据表明，女孩和男孩对过去事件的回忆数量不同（Flannagan，& Baker-Ward，1996；Haden，Haine，& Fivush，1997）。更常见的是，男孩和女孩在这些互动中所表现出的不同行为模式、技能和兴趣，可能促使父母在面对儿女时表现出不同的回忆风格。

最重要的是，大量的研究证实，父母在叙述事件时的回忆风格精细程度不同，儿童相应的发展也不同（例如，Fivush & Fromhoff，1988；Haden et al.，2009；Langley，Coffman，& Ornstein，2017；McCabe & Peterson，1991）。例如，里斯等（1993）分别评估了父母与 40 个月、46 个月、58 个月和 70 个月大的孩子的交谈能力。随着时间的流逝，母亲和孩子对亲子对话的贡献量增大；在不同年龄段，孩子的回忆能力都与母亲的精细叙述程度有关。此外，从图 2-1 的滞后相关性可以看出，母亲在孩子 40 个月大时的早期亲子谈话中对过去的阐述，与孩子在 58 和 70 月时对该事件的回忆呈正相关。这项研究发现，那些与学龄前儿童进行高度精细化回忆策略谈话的母亲，其子女在与母亲的谈话中报告的信息更多。这一结果已经被广泛证实（类似研究见 Farrant & Reese，2000；Haden et al.，2009；Langley，Coffman，& Ornstein，2017）。此外，母亲的精细叙述能力能促进儿童独立回忆的技巧，这种优势甚至在儿童与陌生人进行对话时仍然存在（Haden，Haine，& Fivush，1997；McCabe & Peterson，1991；Reese & Newcombe，2007）。

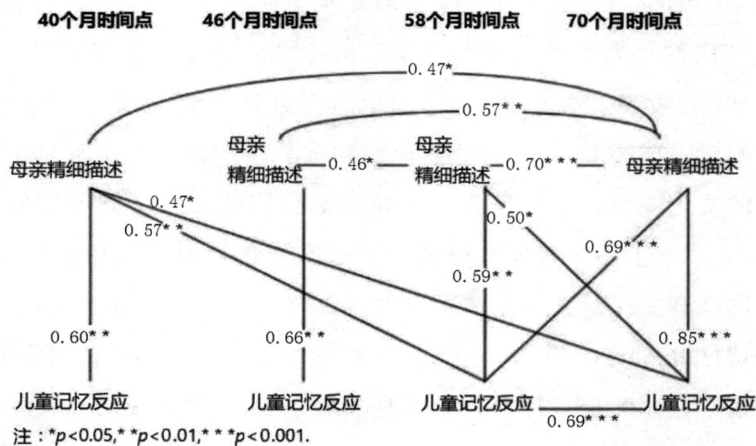

图 2-1　母亲在交谈中的精细化策略与儿童记忆反应在四个年龄时间点的交叉滞后关系图

（资料来源：Cognitive Development，Volume 8，Issue 4，Reese E，Haden C A，& Fivush，R Mother-child conversations about the past：Relationships of style and memory over time，pp. 403-430，Copyright 1993，with permission from Elsevier Inc.，http://www. sciencedirect. com/science/article/pii/S0885201405800024）

具有精细叙述能力母亲的孩子比那些不具备精细叙述能力母亲的孩子，前者的记忆准确性更高，即便这方面的证据仅来自父母对儿童记忆正确性的判断（类似研究见 Fivush & Schwarzmueller，1998；Reese & Newcombe，2007）。大多数情况下，这些研究结果并没有被精确地记录下来（研究中大多使用视频或其他设备记录）（见 McGuigan & Salmon，2004）。

儿童与父母的早期交谈通常涉及过去的事件。哈利和里斯（Harley & Reese，1999）以及黑登等（2009）对学龄前儿童的研究进行了纵向扩展，结果显示在孩子 1.5 岁时，母亲的精细叙述程度越高，孩子对过去的事件回忆越好。这些孩子通常在一年或一年半之后，还能回忆出当时的事件。黑登等人研究的一个值得注意的方面是，他们努力探索不同类型的对话技巧的作用，特别是母亲在开放性精细化回忆策略问题（如"飞来飞去的是什么"）和信息陈述的变化性上（"飞来飞去的是五颜六色的鸟"）。这种以更微观的方式看待精细化回忆策略的对话技巧强调，回忆风格实际上是许多对话元素的混合体，它们可以一起用来实现更深远的对话目标（类似研究见 Fivush et al.，2006；Haden，1998；Haden & Fivush，1996）。

在孩子成长的早期，母亲们主要是通过陈述来进行详细的阐述，有时会伴随着一个附加的问题（如，"我想你不是很喜欢这些问题，是吗？"）。在学龄前阶段结束时，高精细化回忆策略的关键要素，是开放式精细化回忆问题和积极评价（例如，Farrant & Reese，2000；Haden et al.，2009；Larkina & Bauer，2010）。使用精细化回忆策略的这一行为似乎反映了儿童对回忆技能的发展性脚手架的敏感。从本质上说，随着孩子回忆能力的提高，母亲们可以通过要求孩子提供越来越多的信息而提高标准。问一个孩子："你喜欢动物园里的什么？"或者用更具体的开放式问题："那个黑暗的地方是什么？"比问"你喜欢蝙蝠吗？"更具有挑战性。例如，深入研究精细化回忆策略对话会发现，母亲使用 Wh-问句的频率（Farrant & Reese，2000），相比于使用精细化回忆陈述的句子，可以更好地预测孩子以后的记忆水平（Haden et al.，2009）。

对亲子交谈和儿童记忆之间的因果联系做出纵向补充研究的，是一些实证研究。例如，彼得森等（Peterson et al.，1999）成功地指导一些母亲在与学龄前儿童回忆过去的交谈时采用精细的对话技巧。一年后，接受这些指导的母亲，比那些没有接受指导的母亲，其孩子可以产生更持久的、更详细的记忆报告。此外，里斯和纽科姆（Reese & Newcombe，2007）的研究表明，干预 15 个月后，接受了精细回忆指导的母亲，比未接受精细回忆指导的母亲对故事内容更具有阐述性。可见，这种指导对孩子的回忆表现有实质性的影响。事实上，受教育水平更高的母亲，比那些受教育水平较低的母亲，其孩子在对话时产生更多、更准确的信息。最后，范·伯根等（Van Bergen et al.，2009）指导一组母亲与她们的学龄前孩子用富有情感和精细化回忆策略叙述的方式交谈。6 个月后，那些接受了精细化回忆策略指导的母亲，她们的孩子与她们（而不是研究人员）一起回忆了更多关于过去事件的信息。

这种回忆技能，与儿童和不熟悉的成年人在一起回忆过去时独立的回忆技巧有关。这种回忆技能不是一种短期的能力（Van Bergen et al.，2009），而是一种长期的能力（Reese & Newcombe，2007；类似研究见 Haden，Haine，& Fivush，1997；McCabe & Peterson，

1991）。与社会文化理论相一致的是，儿童确实必须将谈论过去这一技能内化，并使它成为他们个人技能的一部分。随着他们不断学习这些技能，以及语言、自我理解和记忆能力的发展，回忆的技巧在儿童独立叙述过去的故事中得以实现（Nelson & Fivush，2004）。

综上所述，关于精细化回忆风格的研究表明，显著的个体差异对儿童的记忆技巧及发展有着相当大且长期的影响。参与早期的亲子间精细化回忆策略对话，不仅可以使儿童以一种更精细的方式来报告他们的记忆内容，而且也可以帮助儿童以精细的、多样化的方式重现个体的早期经历（Fivush et al.，2006）。此外，那些具备高精细化回忆策略技巧的母亲，与那些不具备精细化回忆策略技巧的母亲相比，前者的孩子能够对生活经验以更加富有细节的方式进行编码存储（Tessler & Nelson，1994）。

当然，父母与孩子并不总是在事件发生之后，才对该事件进行回忆交谈。接下来，我们将要讨论另外一些研究。这些研究关注在事件过程中发生的亲子交谈。这些交谈会引导孩子们对该事件的最初编码和表征，而随后的交谈可以对该编码内容进行保持或者修饰。

二、　事件进行中的亲子交谈

记忆始于理解。对事件过程中亲子交谈的研究表明，父母与孩子之间的对话，在孩子理解事件发展过程中发挥着重要的作用（Boland，Haden，& Ornstein，2003；Haden，Ornstein，Eckerman，& Didow，2001；Hedrick，San Souci，Haden，& Ornstein，2009a，2009b；McGuigan & Salmon，2006；Tessler & Nelson，1994）。自我卷入情境的能力作为情境记忆的一种机制可以促进儿童对该事件的理解，因此，儿童理解事件所需的帮助大小可能会明显变化。通常，将先前的经验与新颖的知识联系起来，对儿童来说可能具有挑战性（见 Jant，Haden，Uttal，& Babcock，2014）。而另外一些情况下，他们甚至可能缺乏相关的先验知识。所以这是一个发展性的过程，如随着年龄、知识和记忆技能的增加，儿童能够更好地理解他们的先前经验，并且能够独立报告这些经验（Ornstein，Haden，& Hedrick，2004）。但是，在发展的早期阶段，对当时事件不熟悉时，儿童与父母对事件的对话，对于理解和编码该经验来说可能是至关重要的（Haden et al.，2001；Ornstein et al.，2004；Tessler & Nelson，1994）。

例如，父母的 Wh-问题可以引起孩子对某个事件具体细节的注意，并帮助父母确定孩子可能知道或不知道什么。通过询问名称、特征、行动、原因解释等，父母可以帮助孩子构建一个丰富的事件，以便将来回忆。此外，把当前的事件和先前的知识联系起来的联想性对话（例如，孩子拿起听诊器，母亲问："你拿医生用的听诊器做什么？"），在帮助孩子了解他们的经历方面也很重要。在父母知道孩子了解或具有相关经验时，他们就能处于一个独特的位置来指导孩子们建立联想，最终促成理解和建立记忆中的连贯表征。此外，充分利用孩子感兴趣的语言跟随技巧（例如，孩子说："看这个！"母亲说："啊，那叫什么？你知道那是用来干什么的吗？"），以及积极评价儿童在活动期间对共同讨论的贡献（例如，母亲说："使用螺丝刀拧紧螺栓的工作做得好。"），可以有助于鼓励参与、理解事件以及随后的事件记忆（Haden，2014）。

在早期的研究中，泰斯勒（Tessler）和尼尔森（Nelson，1994）发现，母子交谈对孩子随后关于事件的回忆有积极影响。他们观察记录了参观纽约美国自然历史博物馆的母亲们和她们的 3 岁孩子之间的亲子对话。一个星期后，当每个孩子被问及所参观博物馆的特征时，唯一被回忆起的物品是那些在活动中母亲和孩子共同谈论的物品。泰斯勒和尼尔森对 4 岁的孩子在与母亲进行旅行散步时的对话，进行了第二项研究。研究发现孩子们没有回忆起那些在活动期间没有与母亲谈论过的内容。那些善于把散步事件的各个细节与孩子以前的经历联系起来的母亲，她们的孩子在后来能回忆起更多他们拍过的照片，也记得更多关于散步经历的细节。

同样，黑登等（2001）进行了一项纵向研究。研究中儿童在客厅里与母亲一起参加了三个特别设计过的活动：30 个月大的儿童和母亲参与露营旅行；36 个月大的儿童和母亲参与观鸟探险；42 个月大的儿童和母亲参与经营冰激凌店。在每次活动中，母子互动均被录制下来，这样就有可能知道每对母子在活动展开时如何与活动的每个组成特征（例如，在露营活动中：热狗、背包、睡袋）进行语言与非语言上的互动。非语言行为包括指向一个特征、触摸一个特征（例如，拍打、抛掷、倾倒），操纵一个特征（例如，手动探索、显示）以及使用一个特征（例如，将煎锅放在烤架上）。语言行为包括引起对某个特征的注意，请求一个特征的名称，命名一个特征，或提供一个特征的详细信息（例如，"火很热"）。对于每个特征，记录该特征是否以语言和（或）非语言的方式参与，以及这些行为是否仅由母亲、儿童或由母亲和儿童共同参与。

在活动期间，大多数活动的特征都是由母亲和儿童共同提供的，因此这些特征引起了母亲和儿童的共同讨论。黑登等（2001）提出疑问，活动期间对这些共同特征讨论的谈话类型，对特征的回忆是否会有不同影响。于是，谈话被分为共同言语、母体言语，或者无言语（儿童专用言语也被编码，但很少被观察到）。儿童对经历的回忆总结在图 2-2 中，在事件发生后的一天（上图）和三周（下图）之后。从图 2-2 中可以看出，无论是在延迟时间间隔还是在每次活动之中，随着事件的展开，根据研究人员开放式问题所提供的信息，共同谈话对儿童的记忆产生了显著影响（例如，"告诉我露营旅行的情况""告诉我收拾行李的情况"）。共同处理和共同讨论的特征（图中的黑色部分）比共同处理但仅由母亲讨论的特征（图中的灰色部分），得到了更好的提取；反过来，灰色部分比共同处理但未被讨论的特征（图中的白色部分），提取的成绩更好。另有分析进一步指出了在预测回忆结果中特定的共同讨论的重要性，其中母亲的 Wh-问题之后，儿童会给以口头回答。（例如，母亲问："我们能用什么来翻这个汉堡包?"儿童回答说："锅铲。"）在随后的记忆访谈中，那些被共同讨论过的情况（比那些只有母亲的 Wh-问题而没有儿童回答），更容易被回忆出来（Ornstein，Haden，Coffman，Cissell，& Greco，2001）。

赫德里克（Hedrick，2009b）等人的研究进一步支持了以上观点，即在事件过程中的共同谈话对于记忆结果有重要的影响。在这项研究中，在儿童 36 个月和 42 个月大的两个时间点，让他们分别参加由黑登等（2001）项目所开发的露营和观鸟活动，并由研究者在他们的家中观察记录母子二人的共同谈话。随着事件的展开，对话中共同参与的程度是以母亲使用精心设计的 Wh-问题为基础的。对于这些 Wh-问题，儿童要么给出了正确的答案，要么没有回答。更具体地说，与低共同对话（low joint talk）相比，高共同对话（high joint talk）是指那些对母亲大部分 Wh-问题能够正确回答的儿童（只有小部分未能回答）的情况。虽然这两个对比组是根据 36 个月的共同讨论水平而组成的，但在 42 个月的评估中，他们的表现仍然明显不同。此外，随着时间推移，儿童的错误回答一直很低，对于母亲精心设计的 Wh-问题，在任何时间点上，高分组和低分组的错误回答则没有差别。

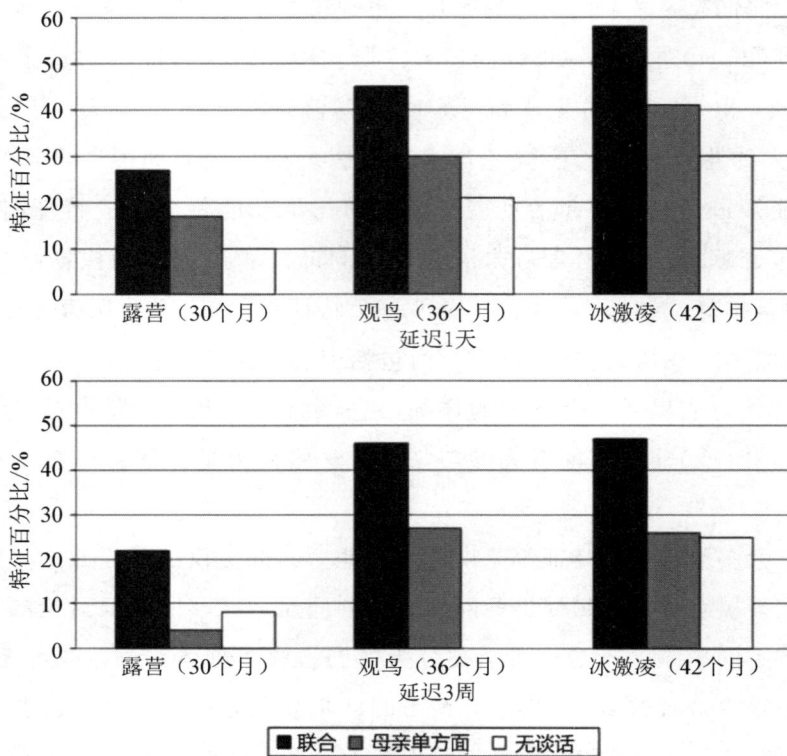

图 2-2　在一天和三周后的访谈中，露营、观鸟和冰激凌店活动对开放式提问的回答所回忆出来的特征百分比

（资料来源：Haden C A，Ornstein P A，Eckerman C O，& Didow S M，Mother-child conversational interactions as events unfold：Linkages to subsequent remembering，Child Development，Volume 72，pp. 1016-1031，Copyright © 2003 John Wiley and Sons，doi：10. 1111/1467-8624. 00332）

在延迟 1 天和 3 周之后，研究者评估儿童对这些事件的回忆情况（Hedrick et al.，2009b）。如图 2-3 所示，高水平共同讨论组的儿童能回忆起事件中的更多信息，并对事件的阐述提供更多的细节信息（例如，"我的背包是红色的"），或对事件形成整体认知（"然后，我们去池塘钓鱼"）。如图 2-3 所示，同样的研究结果，在不同延迟时间间隔下、不同年龄条件下，都是稳定存在的。进一步的分析发现，儿童在 42 个月时提供的事件细节，与他们在 36 个月时加入共同讨论小组中的成员关系有关。事实上，这些结果表明，早期处于高水平共同组所产生的影响，主要体现在儿童随后报告事件细节的能力上（即背包是红绿色的，或者鸭子正在水池里飞溅），

而不仅仅是标签特征。总体来说，在 36 个月时，共同讨论小组之间就产生了实质性的不同，并且随着时间推移而持续，这显著地体现在 42 个月大的儿童关于经历的不同事件的详细报告中。因此，儿童在事件中通过共同参与对话而获得的技能，似乎可以作为构建这些事件精确表述的手段，使它们更容易被儿童记住和回忆。

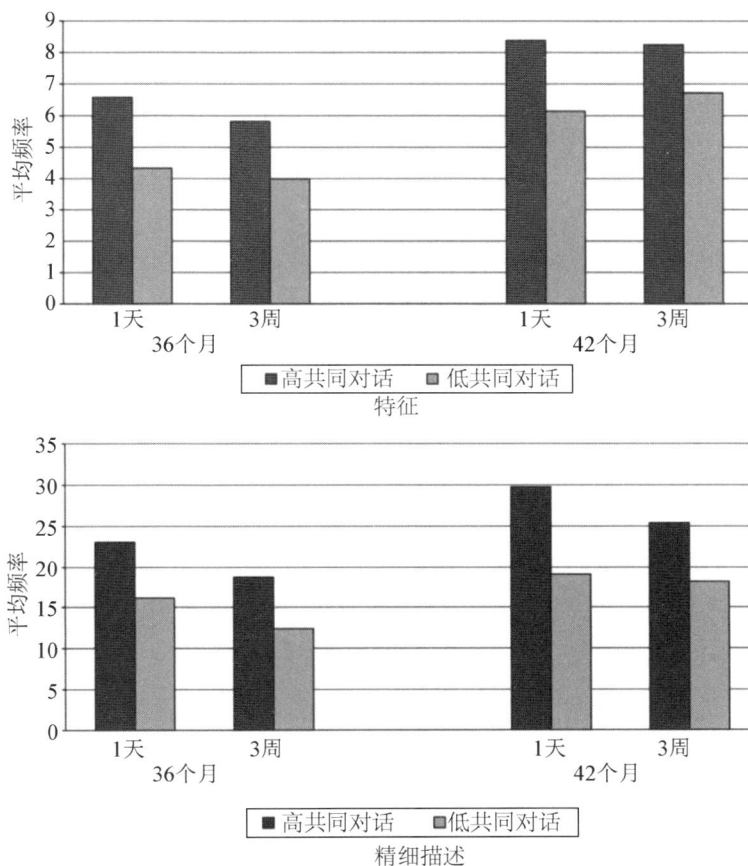

图 2-3   儿童特征回忆（上图）和事件阐述（下图）在一天和三周后的延迟时间间隔下，

作为共同对话小组在 36 个月（左）和 42 个月（右）评估的函数

（资料来源：Hedrick A M，San Souci P，Haden C A，& Ornstein P A，'Mother-child joint conversational exchanges during events：Linkages to children's memory reports over time，*Journal of Cognition and Development*，Volume 10，Issue 3，pp. 143-161，Copyright © 2009 Routledge，doi：10. 1080/15248370903155791）

另外有研究也表明，随着事件的展开，母子交谈会影响编码和随后的回忆。麦圭根和萨蒙（McGuigan & Salmon，2004，2006）的研究中，一位研究人员在阶段性的活动中，让儿童接触详尽的或空洞的（无信息的）谈话（例如，"现在我们要这样做"），那些接受了与研究人员进行详细对话的儿童比其他同伴（接受空洞对话的儿童）能回忆起更多的事件细节。在博兰（Boland，2003）等的实验设计中，研究者向一些母亲提供了四种与精细化对话风格相关的具体对话技巧，即 *Wh*-问题、联系性问题、伴随问题以及积极反馈，而另外一些母亲没有得到这种指导。随后在露营活动中观察母亲与 4 岁孩子的交流过程，接受指导的母亲能够比未接受指导的母亲更频繁地使用四种目标对话技巧。与没有接受指导的母亲相比，受过指导的母亲，她们的孩子在一天和三周之后写了更长、更详细的露营活动报告。重要的是，露营活动中处于精细化回忆策略对话中的儿童似乎能够对事件构建丰富的经验表征，并且可以在以后的记忆活动中借鉴这些经验。麦圭根、萨蒙和博兰等人的研究同样证明了这种观点，即随着事件的展开，精细化回忆策略的对话会极大地影响未来孩子们对该经历的回忆。

最后，詹特（Jant，2014）等的最新研究提供了进一步的实验证据，证明父母在事件中的语言会影响孩子们对个体经验的学习和记忆。在这项研究中，4.5 岁的儿童和他们的父母参观了芝加哥自然历史博物馆的田野博物馆。在参观一个古老的西南普韦布洛展品之前，研究者向一些家庭提供了一些物品（例如，一个磨盘——一种磨玉米和其他谷物的装置），这些物品也将在展品中展出。另外一组参与家庭得到相同物品的图片，这些图片上还带有旨在鼓励详细讨论围绕展品的口头提示（例如，对于磨盘来说，提问是"你认为这是用来做什么的？""我们吃的什么是用玉米做的？"）。第三组家庭同时收到物品和卡片。第四组（对照）收到与实验条件不相关的化石。

以上实验操作产生了稳定的组间差异，即接受精细对话提示（卡片）的父母问了更多的 Wh-问题，并在展览中与他们的孩子进行了更多的联想性对话。反过来，他们的孩子在两周后想起了更多博物馆的信息。这项研究的另一个重要发现是：被试在参观了普韦布洛之后又参观了第二个展览，展览的是不同的文化群体（中原波尼土屋）。两个展览中都展示了烹饪、睡眠和与食物相关的实践活动。因为普韦布洛和波尼的文化信仰和地理条件不同，所以上述活动在两个地区操作方式上有所不同。在土屋里，那些在普韦布洛受到鼓励进行精细对话的家庭，比那些没有得到精细对话提示的家庭，在两个展览之间建立了更多的联结。例如，孩子自发地联想到"这张床（在波尼土屋）比睡在垫子上（在普韦布洛）舒服得多"。卡片并没有促使这些联结的产生；相反，使用精细对话的实验指导使两个展览之间产生了学习机会，即联结。

三、　事件过程中和事件发生后的亲子交谈

鉴于以上研究，关于事件中和事件后的交谈对儿童记忆的促进效应，出现了一些有趣的问题（Hedrick，Haden，& Ornstein，2009a，2009b；McGuigan & Salmon，2004，2005）。从理论上来讲，在事件发生前、发生过程中和发生后的谈话，建立了信息处理的桥梁。这种桥梁强调与记忆系统中信息流动相关的过程，而社会文化理论则侧重于能够带来发展变化的社会互动（Ornstein & Haden，2001）。它也可以很好地符合这样一种观点，即参与事件编码的知识驱动过程是随时间而展开的，而且不限于事件本身的持续时间（Baker-Ward，Ornstein，& Principe，1997；Haden，2014）。事实上，考虑儿童在事件发生之前获得的知识是如何在事件发生过程中和事件发生后以一种扩展编码（extended encoding）的方式，通过其被父母的输入信息所激活和补充的，看起来非常有用。

在父母和学龄前儿童之间的自然对话中，谈论未来的频率与谈论过去的频率几乎相同（Hudson，2002）。然而，对所谓的"准备性对话"（preparatory talk）的研究表明，这种对话本身并不能有效地提高儿童对随后事件的记忆。无论是与研究人员（McGuigan & Salmon，2004，2005）还是与父母（Salmon，Champion，Pipe，Mewton，& McDonald，2008；Salmon，Mewton，Pipe，& McDonald，2011），至少在谈论未来的实验室研究中（例如，一个模拟的动物园活动）是这样的，即准备性对话的效果是非常有限的（尤其是在独立使用时）。这与幼儿难以独立使用语言组织未来经验的观点是一致的（Hudson，2002）。已有研究结果发现，如果父母或其他成人在谈话过程中补充图片等视觉信息（如故事书或地图），强调未来事件与孩子们的先验知识和经验之间的联系，鼓励孩子开口讨论未来事件，准备性对话的作用会更加突出（McGuigan & Salmon，2005；Salmon，Yao，Berntsen，& Pipe，2007；Salmon et al.，2008；Sutherland et al.，2003）。以上研究提示，在一个新事件发生之前，口头信息本身所传达的并不只是建立一种记忆表征，而是儿童可以利用这种记忆表征来进行后续的记忆（Haden，2014；Salmon et al.，2011）。

针对事件发生前、事件过程中和事件发生后对话贡献性的研究很少。其中一个例子是，麦圭根和萨蒙（2004）让 3 岁和 5 岁的儿童参加一次新奇的动物园活动，研究者把儿童分成两组，对其中一组在活动之前、其间和之后进行了详细的对话；另一组儿童（控制条件）则没有详细的对话。与控制条件（传达的信息有限）不同，事件前、事件中和事件后的详细对话涉及提问、描述和标记物体、行动和目标。在事件发生的两周之后，所有儿童接受了访谈。结果发现，准备性详细对话的影响是最弱的，仅限于减少回忆中的错误；事件过程中的详细对话对记忆具有促进作用；事件后的对话对两个年龄段儿童的正确回忆影响最大。

在麦圭根和萨蒙（2004）的研究中，孩子们在活动前、活动中或活动后经历了一次精细化回忆策略的对话。与此相反，赫德里克等（2009）设计了一项研究，直接针对在事件中和（或）事件后参与精细化回忆策略对话对儿童记忆新奇经验能力的独立和交互影响作用。在研究中，儿童被随机分为四个实验组：（1）事件中高水平精细化回忆策略谈话组和事件后低水平精细化回忆策略谈话组；（2）事件中高水平精细化回忆策略谈话组和事件后高水平精细化回忆策略谈话组；（3）事件中低水平精细化回忆策略谈话组和事件后高水平精细化回忆策略谈话组；（4）事件中低水平精细化回忆策略谈话组和事件后低水平精细化回忆策略谈话组。因此，我们就可能研究谈话的精细化策略水平与谈话发生的时机对记忆的单独影响和交互作用。如表 2-1 所示，在事件中的高水平精细化回忆策略对话中，研究者提问 Wh-问题，将露营活动与孩子可能知道或曾经经历过的事情联系起来，并给出正面评价（如直接表扬孩子的行为和言语）。另一位研究人员在事件后高水平精细化回忆策略对话中也使用了同样的对话技巧来诱发孩子们的回忆。

表 2-1 事件中和事件后的会话交谈示例

事件中高水平精细化回忆策略的对话	事件中低水平精细化回忆策略的对话
孩子："看我发现了什么!"(拿起鱼竿) 研究人员："干得好!那是什么?" 孩子："我不知道。" 研究人员："那是一根钓竿。你能用这根钓竿做什么?" 孩子："抓一条鱼。" 研究人员："好主意。鱼线的末端有一块可以被鱼放进嘴里的磁铁。"(拿起网)"那是什么?" 孩子："一张网。" 研究人员："我们应该用这张网做什么?" 孩子："把鱼放进去!"	孩子："看我发现了什么!"(拿起鱼竿) 研究人员："那是什么?" 孩子："是一根钓鱼竿。" 研究人员："太棒了。" 孩子："我要抓一条鱼。" 研究人员："我喜欢钓鱼,"(拿起网)"这是什么?" 孩子："那是一张网。" 研究人员："我想我要拿着它。"
事件后高水平精细化回忆策略的对话	事件后低水平精细化回忆策略的对话
研究人员："你可以使用背包。有多少个背包?" 孩子："两个。" 研究人员："你是对的!你用背包做了什么?" 孩子："把食物放进去。"	研究人员："你有背包吗?" 孩子："是的。" 研究人员："好的。还有别的吗?" 孩子："没了。"

(资料来源：Reproduced with permission from Hedrick A M，Haden C A，& Ornstein，P A，"Elaborative talk during and after an event：Conversational style influences memory reports."*Journal of Cognition and Development*，Volume 10，Issue 3，pp.188-209，Copyright © Routledge，doi：10.1080/15248370903155841)

所有儿童在事件发生三周后还参加了与第三位研究人员的标准记忆访谈任务(Hedrick et al.，2009)。一天后和三周后均出现的回忆结果作为回忆特性(例如，"我有一个背包、一个水壶、一个灯笼"被列为三个回忆特性)和特性细化(例如，"我的背包是红色的，研究者的是绿色的"被列为两个特征细化)。正如预期的那样，基于之前关于记忆研究的工作(见图 2-1)，研究人员在事件后的精细化回忆策略对话与孩子在一天延迟后的回忆结果之间存在显著的正相关。具体说，如果孩子们参与了高精细化回忆策略对话，他们在一天后的回忆任务中对特征和特征细化的报告就会增强，即使他们在野营活动中没有接触精细化回忆策略对话，情况也是如此。

对事件中及事件后的精细化回忆策略对话效果的最强有力的证据，来自一组集中于事件三周后儿童记忆报告的分析。如图 2-4 所示，在活动中经历了高精细化回忆策略对话的儿童比在活动中经历低精细化回忆策略对话的同龄人，回忆出更多三周前经历的信息。如图所示，多次接触精细化回忆策略讨论的儿童对特征名称和细节的回忆能力最高。这些证据表明，随着时间的推移，事件中和事件后的精细化回忆策略对话的效果很可能体现得越来越明显。因此，在事件中和事件后讨论事件有助于儿童理解并随后记住他们的经历。

关于事件中和事件后对话在儿童记忆中的独特作用，我们还有更多需要了解的。比如，我们认为，对于那些父母经常使用详细回忆风格的孩子来说，在事件中和事件后进行详细对话效果最好(参见 Tessler & Nelson，1994)。从本质上说，有一个具有高精细化回忆策略风格的父母，可能会使他们的孩子在某件事之前、其间或之后使用精细化回忆策略的语言编码，从而增

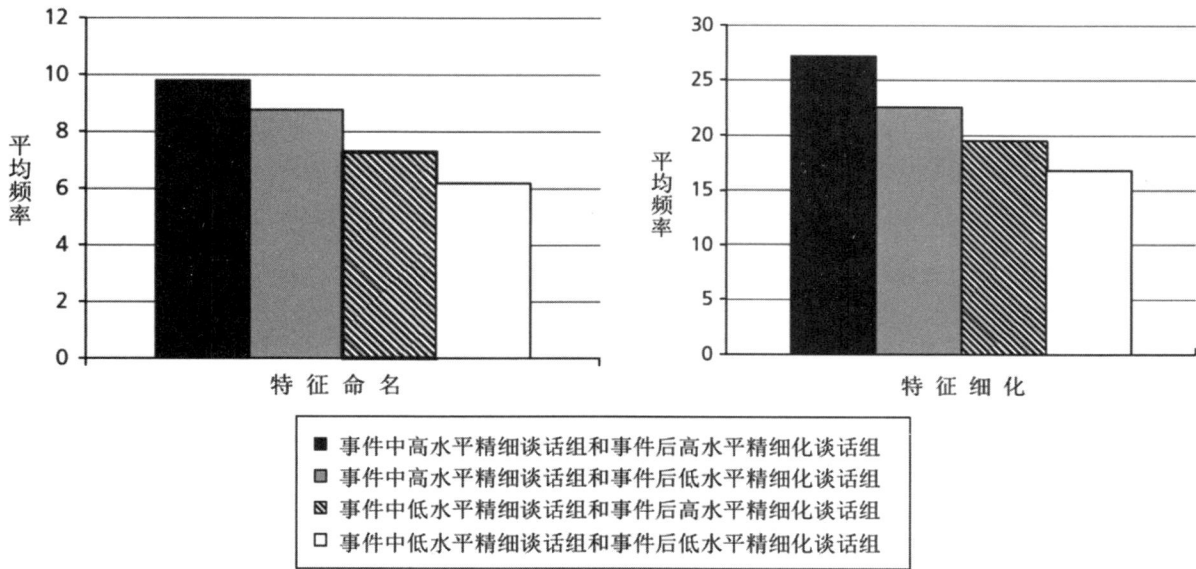

图 2-4   在三周后延迟的访谈中，儿童的特征回忆（左图）和特征细化（右图）百分比

（资料来源：Hedrick A M，Haden C A，& Ornstein，P A，"Elaborative talk during and after an event：Conversational style influences children's memory reports"，*Journal of Cognition and Development*，Volume 10，Issue 3，pp. 188-209，Copyright © Routledge，doi：10. 1080/15248370903155841）

强随后的记忆。我们还需要了解，与经历了几天或几周这种更长的延迟之后才回忆起往事相比，回忆刚刚发生不久的事件时，编码条件是否更重要。同样，理解一件事情发生前、发生中和发生后有多少次机会谈论这件事，不仅会影响人们对这件事的记忆，而且还会更广泛地影响人们的记忆能力。这一点也是至关重要的。

四、 精细对话风格和记忆策略的发展

很明显，回忆往事是儿童自传体记忆的构成要素。事件过程中及事件发生后的对话，对儿童从他们的经历中学习经验和记忆信息起着重要作用。但是，随着儿童谈论过去经历水平的提高，他们会不断有意识地提高使用精细化回忆策略的能力，以期为将来的回忆做准备。精细记忆通常涉及个体在预期有记忆测验的情况下，记住实验材料（如物体、图片、单词）（Ornstein，Haden，& Coffman，2011）。在早期的学校生活中，当儿童面对需要精细记忆的任务时，他们的行为会发生显著的变化（这是他们在学校经常会遇到的事情）。例如，当儿童年龄在 9 到 14 岁时，给他们呈现一个单词列表，并要求他们谈论所呈现的物品时，9 岁的儿童倾向于简单地复述每一个呈现的项目，然而 14 岁的儿童则会在复述的同时报告之前出现过的词语。我们来具体看一下，比如，一个 9 岁的孩子可能会在"桌子"首先呈现时，说"桌子、桌子、桌子"；当"车"第二个呈现时，说"车、车、车"；当"花"第三个呈现时，说"花、花、花"；等等。相比之

下，一个 14 岁的孩子很可能会在"桌子"呈现时，说"桌子、桌子、桌子"；当"车"呈现时，说"桌子、车、桌子、车"；当"花"呈现时，说"桌子、车、花"。这些变化在使用组织策略多次练习记忆材料时，也出现了类似的发展。例如，当面对一组低相关的单词（或图片），并要求被试"组成能帮助你记忆的小组"时，9 岁的儿童往往不会根据将来要记住的材料之间的语义关系来分组（即使他们理解这些语义关系），而 12 岁及以上的儿童通常会创建根据语义组织的记忆小组（Ornstein，Naus & Liberty，1975）。

事件记忆和精细记忆在一些方面是不同的，但是奥恩施泰因、黑登和埃利施贝格（Elischberger，2006）则指出了一些明显的相似之处。对事件的记忆可以看作是无意记忆和精细记忆的融合，在事件中编码的信息不一定有目的，但儿童在精细记忆的控制下可以努力在记忆中搜索某一经历的细节。同样，记忆策略发展也是精细记忆的一部分，尽管由于要记住的事物之间有基于知识的关联，使自动化的无意记忆成为可能，然而，不管如何定义这两种形式的记忆，事件记忆和精细记忆都涉及编码、存储、提取和报告等关键的基础加工过程。

成人与儿童的对话（包括母子对话）可能对儿童获得记忆线索、构建故事框架的能力至关重要，同样，对话对复述和精细化回忆策略等组织策略来说也非常重要（Larkina & Guler，2014；Ornstein et al.，2006）。例如，通过回答父母的开放式问题，孩子们不断学习并练习从记忆中寻找和检索信息的能力，并将这些信息组织成连贯的回忆报告。由于孩子们需要有意识地努力记住个人经历，所以早期的回忆对话，很可能为孩子们以后在学校里有意识地计划记忆材料这一能力的发展奠定了基础（Ornstein et al.，2006）。

在对事件记忆与精细记忆之间的联系的研究中，黑登等（2001）发现，那些在 2.5 岁时回忆一件事能报告更多细节的儿童，在一年后进行的精细记忆任务中，对物体的回忆水平更高。儿童在 3.5 岁时对物体回忆任务的表现，也与母亲在儿童 2.5 岁时的回忆任务中对心理状态词语使用情况（如思考、记忆、遗忘）有关（Rudek & Haden，2005）。在另外一项研究中，杜德克（Rudek，2004）对 3.5 岁、4.5 岁和 5 岁的儿童进行了纵横交叉设计的研究，发现母亲在回忆对话时的精细化策略与儿童在物体回忆任务中的记忆表现之间存在关联。具体来说，相比于那些在对话中使用较低精细化策略的母亲，在回忆对话时使用高精细化策略的母亲，她们的孩子在物体学习期间也表现出更多的策略性行为（尤其是命名），并且最终回忆出更多的物体。科夫曼和他的同事（Coffman et al.，2011）最近的一项研究指出，在幼儿园早期阶段，母亲在回忆对话过程中谈论记忆的过程（也就是元记忆），与她们的孩子在自由回忆任务中自发地使用类别策略的水平呈正相关。父母对孩子在回忆的过程中思考记忆的过程进行外显的鼓励，这种情况是相当罕见的，但也包括当父母提供明确的检索策略（例如，"想想我们上周读的那本书。书里那只鸟叫什么名字？这和我们在动物园看到的那只鸟一样吗？"），以及对于儿童成功回忆的评论（"哇，太棒了！我忘记了"）。这样的对话对理解记忆的过程来说很重要；反过来，对记忆的理解程度也会有效预测儿童的策略行为。

迄今为止，对这一问题最系统的研究之一是，兰利（Langley，2017 等）利用大量的社会经济差异样本，研究了母亲的回忆方式与儿童的记忆能力之间的横向和纵向的关系。研究对象分别为 3 岁、5 岁和 6 岁的儿童。研究发现，与那些较低精细化回忆风格的母亲相比，那些在儿童 3 岁时使用高精细化回忆风格的母亲，她们的孩子们在物体记忆任务中有更好的回忆表现。然而，与预期相反的是，孩子（3 岁）的母亲具有较低的精细回忆风格时，随着时间的推移，孩子们对物体记忆任务的回忆增长速度更快。研究人员认为，在表现出更高级的精细记忆技能方面，具有高精细化回忆风格母亲的儿童可能比同龄人早一步。此外，我们知道，早期教育环境对儿童精细记忆发展有影响（例如，Coffman et al.，2008）。这一点对于那些不使用高度精细化回忆方式的父母陪伴下成长的儿童来说，可能尤其适用。在未来的工作中，我们将会在关于记忆社会化的调查中直接检验这一观点。这将非常有趣，因为记忆是连接家庭和学校环境的桥梁。

此外，除了事件交谈，父母也能在其他情形下促进儿童精细化记忆能力的发展，甚至是在精细记忆的情形下（Guler，Larkina，Klienknecht，& Bauer，2010；Larkina，Guler，Kleinknecht，& Bauer，2008）。父母鼓励儿童精细化记忆能力发展的目标，促进了他们在与儿童一起进行有意识记忆任务时的行为（Guler et al.，2010），但这些与回忆个人经历事件的方式和目标可能相一致，也可能不一致。更全面地考虑父母如何在不同的事件和精细记忆的活动中让儿童参与其中，是未来研究工作的重点。

五、结束语

毋庸置疑的是，儿童关于个人经历的早期记忆是由他们与父母就事件中和事件后的对话而形成的。这些对话也可能影响儿童早期精细记忆策略的形成。即便本章关注的重点是学龄前儿童，然而随着儿童年龄的增长，回忆交谈在儿童的发展中仍起着持续重要的作用（详见 Fivush et al.，第 3 章）。未来的研究需要不断理解亲子互动的本质与儿童经历事件、自传体记忆技能之间的联系，以及从学龄前到小学早期儿童精细记忆技能的发展。到目前为止，已有研究得出的结论是，参与围绕特定事件的高度精细化回忆策略的亲子交谈，对儿童早期情境记忆和精细记忆技能的发展至关重要。

致　谢

本章的撰写工作部分由美国国家科学基金（NSF，No. 1123411）所资助。

参考文献

Baker-Ward，L.，Ornstein，P. A.，& Principe，G. F. （1997）. *Revealing the representation： Evidence from children's reports of events*. In：P. W. van den Broek，P. J. Bauer & T. Bourg（Eds.），Developmental spans in event comprehension and representation：Bridging fictional and actual events(pp. 79-107). Mahwah，NJ：Erlbaum.

Boland，A. M.，Haden，C. A.，& Ornstein，P. A. (2003). Boosting children's memory by training mothers in the use of an elaborative conversational style as an event unfolds. *Journal of Cognition and Development*，4，39-65. doi：10. 1080/15248372. 2003. 9669682

Cleveland，E. S.，Reese，E.，& Grolnick，W. S. （2007）. Children's engagement and competence in personal recollection：Effects of parents' reminiscing goals. *Journal of Experimental Child Psychology*，96，131-149. doi：10. 1016/j. jecp. 2006. 09. 003

Coffman，J. L.，Mugno，A.，Zimmerman，D.，Langley，H.，Howlett，K.，Grammer，J.，& Ornstein，P. A. (2011). *A longitudinal investigation of kindergarteners' memory performance*. Poster presented at the Biennial Meeting of the Society for Research in Child Development，Montreal，Canada.

Coffman，J. L.，Ornstein，P. A.，McCall，L. E.，& Curran，P. J. （2008）. Linking teachers' memory-relevant language and the development of children's memory skills. *Developmental Psychology*，44，1640-1654. doi：10. 1037/a0013859

Farrant，K.，& Reese，E. （2000）. Maternal style and children's participation in reminiscing：Stepping stones in children's autobiographical memory development. *Journal of Cognition and Development*，1，193-225. doi：10. 1207/S15327647JCD010203

Fivush，R.，& Fromhoff，F. A. （1988）. Style and structure in mother-child conversations about the past. *Discourse Processes*，11，337-355. doi：10. 1080/01638538809544707

Fivush，R.，& Haden，C. A. （Eds.）（2003）. *Autobiographical memory and the construction of a narrative self： Developmental and cultural perspectives*. Mahwah，NJ：Lawrence Erlbaum Associates.

Fivush，R.，Haden，C. A.，& Reese，E. (2006). Elaborating on elaborations：The role of maternal reminiscing style in cognitive and socioemotional development. *Child Development*，77，1568-1588. doi：10. 1111/j. 1467-8624. 2006. 00960. x

Fivush，R.，Marin，K.，McWilliams，K.，& Bohanek，J. G. （2009）. Family reminiscing style：Parent gender and emotional focus in relation to child well-being. *Journal of*

Cognition and Development，10，210-235. doi：10. 1080/15248370903155866

Fivush，R. ，& Schwarzmueller，A. (1998). Children remember childhood：Implications for childhood amnesia. *Applied Cognitive Psychology*，12，455-473. doi：10. 1002/(SICI) 1099-0720(199810)12：5<455：：AID-ACP534>3. 0. CO；2-H

Fivush，R. ，& Zaman，W. (2014). *Gender，subjective perspective，and autobiographical consciousness*. In：P. J. Bauer & R. Fivush (Eds.)，The Wiley handbook on the development of children's memory，volume I/II(pp. 586-604). New York，NY：Wiley-Blackwell.

Flannagan，D. ，& Baker-Ward，L. (1996). Relations between mother-child discussions of children's preschool and kindergarten experiences. *Journal of Applied Developmental Psychology*，17，423-437. doi：10. 1016/S0193-3973(96)90035-0

Grysman，A. ，& Hudson，J. A. (2013). Gender differences in autobiographical memory：Developmental and methodological considerations. *Developmental Review*，33，239-272. doi：10. 1016/j. dr. 2013. 07. 004

Güler，O. E. ，Larkina，M. ，Kleinknecht，E. ，& Bauer，P. J. (2010). Memory strategies and retrieval success in preschool children：Relations to maternal behavior over time. *Journal of Cognition and Development*，11，159-184. doi：10. 1080/15248371003699910

Haden，C. A. (1998). Reminiscing with different children：Relating maternal stylistic consistency and sibling similarity in talk about the past. *Developmental Psychology*，34，99-114. doi：10. 1037/0012-1649. 34. 1. 99

Haden，C. A. (2014). *Interactions of knowledge and memory in the development of skilled remembering. In：P. J. Bauer & R. Fivush (Eds.)，The Wiley handbook on the development of children's memory，volume I/II*(pp. 809-835). New York，NY：Wiley-Blackwell.

Haden，C. A. ，& Fivush，R. (1996). *Contextual variation in maternal conversational styles*. Merrill-Palmer Quarterly，42，200-227. Retrieved from http：//www. jstor. org/stable/ 23087877 [Online].

Haden，C. A. ，Haine，R. A. ，& Fivush，R. (1997). Developing narrative structure in parent-child reminiscing across the preschool years. *Developmental Psychology*，33，295-307. doi：10. 1037/0012-1649. 33. 2. 295

Haden，C. A. ，Ornstein，P. A. ，Eckerman，C. O. ，& Didow，S. M. (2001). Mother-child conversational interactions as events unfold：Linkages to subsequent remembering. *Child Development*，72，1016-1031. doi：10. 1111/1467-8624. 00332

Haden，C. A. ，Ornstein，P. A. ，Rudek，D. J. ，& Cameron，D. (2009). Reminiscing in the early years：Patterns of maternal elaborativeness and children's remembering.

International Journal of Behavioral Development，33，118-130. doi：10. 1177/0165025408098038

Harley，K.，& Reese，E. (1999). Origins of autobiographical memory. *Developmental Psychology*，35，1338. doi：10. 1037/0012-1649. 35. 5. 1338

Hedrick，A. M.，Haden，C. A.，& Ornstein，P. A. (2009a). Elaborative talk during and after an event：Conversational style influences children's remembering. *Journal of Cognition and Development*，10，188-209. doi：10. 1080/15248370903155841

Hedrick，A. M.，San Souci，P.，Haden，C. A.，& Ornstein，P. A. (2009b). Mother-child joint conversational exchanges during events：Linkages to children's memory reports over time. *Journal of Cognition and Development*，10，143-161. doi：10. 1080/15248370903155791

Hoff-Ginsberg，E. (1991). Mother-child conversation in different social classes and communicative settings. *Child Development*，62，782-796. doi：10. 2307/1131177

Hudson，J. A. (1990). *The emergence of autobiographic memory in mother-child conversation. In*：*R. Fivush*，& *J. A. Hudson*(Eds.)，*Knowing and remembering in young children*(pp. 166-196). New York，NY：Cambridge University Press.

Hudson，J. A. (2002). "Do you know what we're going to do this summer?" Mothers' talk to preschool children about future events. *Journal of Cognition and Development*，3，49-71. doi：10. 1207/S15327647JCD0301 _ 4

Jant，E. A.，Haden，C. A.，Uttal，D. H.，& Babcock，E. (2014). Conversation and object manipulation influence children's learning in a museum. *Child Development*，85，1771-2105. doi：10. 1111/cdev. 12252

Kulkofsky，S.，Wang，Q.，& Koh，J. B. K. (2009). Functions of memory sharing and mother-child reminiscing behaviors：Individual and cultural variations. *Journal of Cognition and Development*，10，92-114. doi：10. 1080/15248370903041231

Laible，D. (2011). Does it matter if preschool children and mothers discuss positive vs. negative events during reminiscing? Links with mother-reported attachment，family emotional climate，and socioemotional development. *Social Development*，20，394-411. doi：10. 1111/j. 1467-9507. 2010. 00584. x

Langley，H. A.，Coffman，J. L.，& Ornstein，P. A. (2017). The socialization of children's memory：Linking maternal conversational style to the development of children's autobiographical and deliberate memory skills. *Journal of Cognition and Development*，18，63-86. doi：10. 1080/15248372. 2015. 1135800

Larkina，M.，& Bauer，P. J. (2010). The role of maternal verbal，affective，and behavioral support in preschool children's independent and collaborative autobiographical memory reports. *Cognitive Development*，25，309-324. doi：10. 1016/j. cogdev. 2010. 08. 008

Larkina，M.，& Güler，O. E. （2014）. *Socialization of deliberate and strategic remembering. In：P. J. Bauer & R. Fivush（Eds.），The Wiley handbook on the development of children's memory，volume I/II* （pp. 895-919）. New York，NY：Wiley-Blackwell.

Larkina，M.，Güler，O. E.，Kleinknecht，E.，& Bauer，P. J. （2008）. Maternal provision of structure in a deliberate memory task in relation to their preschool children's recall. *Journal of Experimental Child Psychology*，100，235-251. doi：10. 1016/j. jecp. 2008. 03. 002

Lucariello，J.，Kyratzis，A.，& Engel，S. （1986）. Event representations，context，and language. *Event Knowledge：Structure and Function in Development*，137-160.

McCabe，A.，& Peterson，C. （1991）. *Getting the story：A longitudinal study of parental styles in eliciting narratives and developing narrative skill. In：A. McCabe & C. Peterson（Eds.），Developing Narrative Structure*（pp. 217-253）. Hillsdale，NJ：Lawrence Erlbaum.

McGuigan，F.，& Salmon，K. （2004）. The time to talk：The influence of the timing of adult-child talk on children's event memory. *Child Development*，75，669-86. doi：10. 1111/j. 1467-8624. 2004. 00700. x

McGuigan，F.，& Salmon，K. （2005）. Pre-event discussion and recall of a novel event：How are children best prepared? *Journal of Experimental Child Psychology*，91，342-66. doi：10. 1016/j. jecp. 2005. 03. 006

McGuigan，F.，& Salmon，K. （2006）. The influence of talking on showing and telling：Adult-child talk and children's verbal and nonverbal event recall. *Applied Cognitive Psychology*，20，365-381. doi：10. 1002/acp. 1183

Miller，P. J.，& Sperry，L. L. （1988）. Early talk about the past：The origins of conversational stories of personal experience. *Journal of Child Language*，15，293-315. doi：10. 1017/s0305000900012381

Minami，M.，& McCabe，A. （1991）. Haiku as a discourse regulation device：A stanza analysis of Japanese children's personal narratives. *Language in Society*，20，577-599. doi：10. 1017/s0047404500016730

Mullen，M. & Yi，S. （1995）. The cultural context of talk about the past：Implications for the development of autobiographical memory. *Cognitive Development*，10，407-419. doi：10. 1016/0885-2014（95）90004-7

Nelson，K.，& Fivush，R. （2004）. The emergence of autobiographical memory：A social cultural developmental theory. *Psychological Review*，111，486-511. doi：10. 1037/0033-295X. 111. 2. 486

Ornstein, P. A. , & Haden, C. A. (2001). Memory development or the development of memory? *Current Directions in Psychological Science*, 10, 202-205. doi: 10. 1111/1467-8721. 00149

Ornstein, P. A. , Haden, C. A. , & Coffman, J. (2011). *Learning to remember: Mothers and teachers talking with children. In: N. L. Stein & S. W. Raudenbush (Eds.), Developmental cognitive science goes to school* (pp. 69-83). New York, NY: Routledge.

Ornstein, P. A. , Haden, C. A. , Coffman, J. , Cissell, A. , & Greco, M. (2001, April). *Mother-child conversations about the present and the past: Linkages to children's recall. In: D. DeMarie & P. A. Ornstein (Symposium Co-chairs), Remembering over time: Longitudinal studies of children's memory.* Paper presented at the meetings of the Society for Research in Child Development, Minneapolis, Minnesota.

Ornstein, P. A. , Haden, C. A. , & Elischberger, H. B. (2006). *Children's memory development: Remembering the past and preparing for the future. In: E. Bialystok & F. I. M. Craik (Eds.), Lifespan cognition: Mechanisms of change* (pp. 143-161). Oxford, UK: Oxford University Press.

Ornstein, P. A. , Haden, C. A. , & Hedrick, A. M. (2004). Learning to remember: Social-communicative exchanges and the development of children's memory skills. *Developmental Review*, 24, 374-395. doi: 10. 1016/j. dr. 2004. 08. 004

Ornstein, P. A. , Naus, M. J. , & Liberty, C. (1975). Rehearsal and organizational processes in children's memory. *Child Development*, 46, 818-830. doi: 10. 2307/1128385

Peterson, C. , Jesso, B. , & McCabe, A. (1999). Encouraging narratives in preschoolers: An intervention study. *Journal of Child Language*, 26, 49-67. doi: 10. 1017/s0305000998003651

Reese, E. , Brown, N. , & Harley, K. (2000). Reminiscing and recounting in the preschool years. *Applied Cognitive Psychology*, 14, 1-17. doi: 10. 1002/(SICI) 1099-0720 (200001)14: 1<1:: AID-ACP625>3. 0. CO; 2-G

Reese, E. , & Fivush, R. (1993). Parental styles of talking about the past. *Developmental Psychology*, 29, 596-606. doi: 10. 1037/0012-1649. 29. 3. 596

Reese, E. , Haden, C. A. , & Fivush, R. (1993). Mother-child conversations about the past: Relationships of style and memory over time. *Cognitive Development*, 8, 403-430. doi: 10. 1016/S0885-2014(05)80002-4

Reese, E. , Haden, C. A. , & Fivush, R. (1996). Mothers, fathers, daughters, sons: Gender differences in autobiographical reminiscing. *Research on Language and Social Interaction*, 29, 27-56. doi: 10. 1207/s15327973rlsi2901 _ 3

Reese，E.，& Newcombe，R.（2007）. Training mothers in elaborative reminiscing enhances children's autobiographical memory and narrative. *Child Development*，78，1153-1170. doi：10. 1111/j. 1467-8624. 2007. 01058. x

Rudek，D. J.（2004）. *Reminiscing about past events：Influences on children's deliberate memory and metacognitive skills*. Unpublished doctoral dissertation，Loyola University Chicago，Chicago，IL.

Rudek，D. J.，& Haden，C. A.（2005）. Mothers' and preschoolers' mental state language during reminiscing over time. *Merrill-Palmer Quarterly*，51，523-549. doi：10. 1353/mpq. 2005. 0026

Salmon，K.，Champion，F.，Pipe，M.，Mewton，L.，& McDonald，S.（2008）. The child in time：The influence of parent-child discussion about a future experience on how it is remembered. *Memory*，16，485-499. doi：10. 1080/09658210802036112

Salmon，K.，Mewton，L.，Pipe，M.，& McDonald，S.（2011）. Asking parents to prepare children for an event：Altering parental instructions influences children's recall. *Journal of Cognition and Development*，12，80-102. doi：10. 1080/15248372. 2010. 496708

Salmon，K.，Yao，J.，Berntsen，O.，& Pipe，M.（2007）. Does providing props during preparation help children to remember a novel event? *Journal of Experimental Child Psychology*，97，99-116. doi：10. 1016. j. jecp. 2007. 01. 001

Sutherland，R.，Pipe，M.，Schick，K.，Murray，J.，& Gobbo，C.（2003）. Knowing in advance：The impact of prior event information on memory and event knowledge. *Journal of Experimental Child Psychology*，84，244-263. doi：10. 1016. S0022-0965（03）00021-3

Tessler，M.，& Nelson，K.（1994）. Making memories：The influence of joint encoding on later recall by young children. *Consciousness and Cognition*，3，307-326. doi：10. 1006/ccog. 1994. 1018

Van Bergen，P.，Salmon，K.，Dadds，M.，& Allen，J.（2009）. Training mothers in emotion-rich elaborative reminiscing：Facilitating children's autobiographical memory and emotion knowledge. *Journal of Cognition and Development*，10，162-187. doi：10. 1080/15248370903155825

Vygotsky，L. S.（1978）. *Mind in society*（M. Cole，V. John-Steiner，S. Scribner，& E. Souberman，Eds.）. Cambridge，MA：Harvard University Press.

Wang，Q.（2013）. *The autobiographical self in time and culture*. New York，NY：Oxford University Press. doi：10. 1093/acprof：oso/9780199737833. 001. 0001

Wang，Q.，Leichtman，M. D.，& Davies，K. I.（2000）. Sharing memories and telling stories: American and Chinese mothers and their 3-year-olds. *Memory*, 8, 159-177. doi: 10. 1080/096582100387588

Wareham, P. , & Salmon, K. (2006). Mother-child reminiscing about everyday experiences: Implications for psychological interventions in the preschool years. *Clinical Psychology Review*, 26, 535-554. doi: 10. 1016/j. cpr. 2006. 05. 001

Wilkerson, E. A. (2009). *Mother-child storybook reading and reminiscing: Effects on children's literacy and language development*. Unpublished thesis, Department of Psychology, Loyola University, Chicago, IL.

Wood, D. , Bruner, J. S. , & Ross, G. (1976). The role of tutoring in problem solving. *Journal of Child Psychology and Psychiatry*, 17, 89-100. doi: 10. 1111/j. 1469-7610. 1976. tb00381. x

第3章
在家庭叙事中发展自传体记忆的社会功能

罗宾·菲伍什(Robyn Fivush)，维达德·扎曼(Widaad Zaman)，纳塔莉·梅里尔(Natalie Merrill)

在日常的人际互动中，与他人分享自己的记忆是一个普遍存在的现象。不管是在喝咖啡的时候与同事的闲聊，吃完晚饭与家人坐在一起，给朋友和家人打电话，还是在世界各地使用社交媒体，我们都在分享我们日常生活中的一些活动。在日常交谈中，平均每5分钟就会出现个人叙述(Bohanek et al.，2009；Merrill，Gallo，& Fivush，2014；Miller，1994)。重要的是，当我们谈起我们的过去时，不仅仅是叙述发生了什么，其中还包含了我们的思想、情感、评价以及解释。这些内容使我们的经历在本质上具有了意义。而且即便我们的经历只唤起了轻微的情感，我们也很可能在发生的24小时内分享给他人(Rime，2007)。这些叙述有可能只是关于日常活动细节的"小故事"(Bamberg，2004)，也可能是浓缩了我们作为人的一些强有力内容的"自我防御的记忆"(Singer & Blagov，2004)。个人叙述将我们定位为社会群体中的个体，正在体验着共享和个性化的经历(Stryker & Burke，2000)。

与他人分享我们的记忆也是人类独特的能力。虽然许多动物至少拥有某种形式的情节记忆(Roberts，2002)，但只有人类才拥有自传体记忆。从主观评价生命故事的意义上说，它把离散的经历联系起来，形成了对现在、过去和未来的连续同一性(Fivush，2010；McAdams，2001；McLean，Pasupathi & Pals，2007)。而且，也只有人类，通过语言与他人分享记忆(Fivush，2010；Fivush & Nelson，2004)。从儿童早期我们就开始分享我们的过去。儿童从父母那里学习回忆的形式和功能，并在整个青春期和成年初期发展其复杂性和意义。因为人类的记忆促进了我们同一性的形成(Fivush，Habermas，Waters，& Zaman，2011；Fivush & Merrill，2016)。显然，个人记忆是我们生活在世界上的一种引导。它可以帮助我们计划未来的事件并预测、避免或适应外部环境（Pillemer，2003；Schacter，Addis，& Buckner，2007）。当然，人类每天都有互动，个人记忆是社会互动的一部分。这说明个人记忆有着其他至关重要的功能，尤其是帮助形成自我概念、建立和维持社会联结等（Alea & Bluck，2003；Bluck，Alea，Habermas，& Rubin，2005；Fivush，2010）。

本章，我们将以家庭背景下的叙事为核心，讨论从童年早期一直到成年前期自传体记忆社会功能的发展情况，从社会文化发展的角度来研究自传体记忆（Nelson & Fivush，2004；同见 Haden et al.；Reese；Salmon；参见第 2、第 18、第 19 章）。从这一角度来说，儿童与父母在生命的早期就有互动。而通过这种早期互动，儿童就被拖到了适宜文化的活动中。尤其是在西方文化中，讲述和分享个人故事的能力是一个重要的社会技能（参见 Fivush，Habermas，Waters，& Zaman，2011，回顾；同见 Wang，第 17 章）。而且，这一技能有多重功能，包括建立自我连续性，形成对过去的精确再现以帮助规划未来，同时还有助于情绪调节（参见 Fivush et al.，2011）。本卷中的许多章节都关注记忆的不同功能（同见 Abel et al.；Echterhoff & Kopietz；Henkel & Kris；Hirst & Yamashiro；Müller & Mok；Pasupathi & Wainryb；Wang；第 5、第 7、第 8、第 9、第 15、第 16、第 17 章）。在这章，我们聚焦于个人叙事的一个特别重要的功能，即在家庭中以及关于家庭的回忆怎样建立起家庭成员的情感联结和归属感。我们注意到有大量的文献描述了家庭回忆如何有助于个体的情感调节及主观幸福感（Fivush，Haden，& Reese，2006，Fivush，Bohanek，& Zaman，2010）。但在这章，我们关注的是回忆怎样促进家庭成员的社会和情感联结。我们认为至少有两个相互关联的方式对此有影响。首先，回忆的过程，通过交谈与他人分享过去的行为，有助于社会和情感联结的维持。与他人分享我们的记忆是一种社会活动。这一社会活动为加强社会关系提供了契机。其次，回忆的内容。关于人和关系的回忆，以及对这些关系价值的反思，是在与他人建立联系的过程中维持同一性的重要方式。显然，过程和内容以多种方式错综复杂的交织在一起，而且两者都嵌套于回忆发生发展的广泛的社会文化背景中（Nelson & Fivush，2004）。

有趣的是，回忆的过程和内容似乎存在性别差异。与男性相比，女性通常以更详尽和更感性的方式进行回忆，而且在她们回忆的内容方面，也比男性包含了更多的关于人和关系的信息（Grysman & Hudson，2013）。这说明女性在建立和维持社会联结，建立同一性等方面，利用回忆的程度要高于男性。需要明确的是，我们并不是说女性比男性创造了更多或更好的社会联系，而是说女性比男性更有可能出于这个目的来使用自传体记忆（Fivush & Zaman，2013；2015）。而与女性相比，男性在很大程度上更可能使用活动而不是回忆来维持社会联结。我们将把这一论点贯穿于我们的文献介绍中，并在总结中再次讨论这一论点。

我们一开始也提到，自传体叙事（autobiographical narrative）的过程和内容具有文化敏感性。对自我和社会互动的文化解释或多或少地促进了与他人相关的精细的回忆（Wang，2013 和 2016；同见第 17 章）。在本章中，我们回顾了对广义的中产阶级工业化的西方文化的研究。即使是在中产阶级群体内部，他们的文化背景也存在着广泛的差异。我们认为每一个个体都深深地根植于家庭、社会和文化的各个层面(Fivush & Merrill，2016)，而且，所有自传体叙事都是文化建构的(Fivush et al.，2011；Fivush & Nelson，2004)。我们承认我们的评论是有限的。我们建议读者阅读本卷中其他精彩的章节，它们更明确地讨论文化对记忆的作用(Abel et al.；Pasupathi & Wainryb；Wang；第 15、第 16、第 17 章)。

为了使发展视角的讨论与整体思路更协调，我们首先更加详细地描述了自传体记忆的社会功能。接着我们讨论了家庭社会情感背景下回忆的发展，即亲子依恋关系，并且展示了回忆如何维持和加强亲子情感联结。在接下来的部分，我们特别关注了自传体叙事本身。我们认为在叙事中无论讲述还是倾听，在与他人建立联系中都非常重要。讲述可以表达，倾听可以分享。虽然我们将这两个过程作为单独的部分呈现，但在最后的总结部分，我们将会讨论它们是如何在日常回忆中错综复杂地交织在一起的。

一、 自传体记忆的社会功能

自传体叙事有时是在共享经历的生态环境下，有时则发生在非共享经历的生态环境中(Fivush & Merrill，2016；McLean，2015)。我们与那些有共同经历的人一起回忆，重温这些经历。我们也会将自己的经历讲述给别人听，并且倾听他人的故事和经验。这些故事和经验我们并没有共同经历，而是在回忆中被共享。伴随着多次的重述，这些原本非共同经历的故事则成了共同的故事(McLean，Pasupathi，& Pals，2007)。当我们与他人经历了相似的事情，并相互谈论各自经历中相同或不同的地方时，更容易形成这种共同的故事。即使并没有一起经历过这件事，只要我们有过相似的经历，有同样的感受，也是同类人，这些故事就能将个体联系在一起。共同经历的事件和非共同经历的事件都可以通过回忆成为共同历史的一部分。

(一)共同的历史

拥有共同的历史将我们联系在一起，这种联系可以是跨越时间的，而我们回忆的方式则促进了这段历史的创造和维持。当我们回忆时，我们通常分享积极的情绪，这样有助于维持积极的联系；反过来，一种共同的积极情绪则有助于拓宽和建立我们共同的积极观点(Fredrickson & Joiner，2002)。我们享受着这些时刻，在这样的时刻，"每个人都在添加他或她自己的快乐细节片段，直到共同记忆变得比单个记忆更大，而且成为我们每个人都完全拥有的东西，就好像它完全是我们自己的一样"(Wilson，1998)。但是我们也会与他人分享我们最黑暗的时刻，毁灭性的损失、背叛和羞辱等。分享这些消极经验同样具有社会功能，这些时刻让人们聚在一起，让每个人都觉得自己并不孤单；他们是群体的一部分，这给人们提供了力量和韧性。在分享这些黑暗的时刻，人们同时创造了坚固的联盟："我说……因为我情不自禁。它给了我力量，几乎是难以置信的力量，让我知道你们就在那里"(Eggers，2007)。

(二)关系评估

除了回忆的过程，我们向他人叙述的内容以及与他人一起回忆的内容也具有社会功能。同样内容也有积极和消极的、共同和非共同的经历。当我们回忆往事时，故事中常常包含了与我们共同经历过那个故事的人的评价信息。即使是在压力非常大的时候，想起他人在那里支持着我们，我们也会感到安慰。当我们回忆起我们生活中的人，以及我们与那些人之间的相互关系何等宝贵时，就加强了我们与这些人之间的情感联结，并会以加强情感纽带的方式对这些关系进行评估。不幸的是，这些回忆有时可能是消极的，比如当你回想起在你需要帮助的时候没有人来帮助你，甚至有些人还会伤害你(Pasupathi, McLean, & Weeks, 2009)。这样的记忆会削弱之前的情感联系。因此，我们回忆的内容随着时间流逝可以导向不同的社会情感联结。

(三)通过别人的故事来体验自我

前人已经写了很多文章，来阐述个人叙事对自我概念的作用(回顾见 Singer & Blagov, 2004)。但自我同样可以通过我们了解的他人故事来定义。当我们听他人讲述他们的故事时，可以产生一种替代性的经验(Pillemer, Steiner, Kuwabara, Tomsen, & Svob, 2015)，因此我们可以将这个故事作为我们理解世界的一部分。需要明确的是，我们并没有将他们的记忆当成自己的记忆，而是从中吸取教训，以及产生我们与他人"相似"的想法：我们拥有共同的世界观。我们与生活中的许多人分享这种"替代性记忆(vicarious memories)"。分享这些记忆的过程有助于建立和维持社会情感纽带。

(四)发展与家庭背景

自传体记忆并不仅仅具有社会功能。它是在丰富的社会文化背景下发展起来的。而社会文化背景构建了回忆的形式和功能(Nelson & Fivush, 2004)。因为我们关注的重点是从儿童到青少年的发展，所以本章我们将讨论在这个发展过程中最持久和最有意义的社会群体：家庭。在家庭中随时都在讲故事；从婴儿期到青少年期，父母和孩子们建构或共同建构了共同和不同经历的叙事。这些叙事有助于建立亲子联结和家庭认同(完整理论回顾见 Pratt & Fiese, 2004)。

从儿童生命最初几年开始，父母就和他们一起回忆往事。大量研究发现父母的回忆在精细化方面存在强烈和持久的差异(Fivush, Haden, & Reese, 2006)。越细心的父母回忆越频繁，与不怎么细心的父母相比，他们与自己的孩子会共同构建更详细和更连贯的叙事。他们也会问更多开放性问题，让他们的孩子参与共同故事的构建，并认可孩子对共同故事的贡献。这些研究的大多数都以母亲为研究对象，但也有一些以父亲为对象(Fivush & Zaman, 2013)。总而言之，在与学龄前到青春期的孩子一起回忆时，母亲比父亲更细心，情感表达能力也更强；当与女儿而不是儿子一起回忆时，母亲和父亲都更善于表达情感，他们更喜欢回忆人和关系。更重要的是，随时间的推移，母亲的回忆风格是一致的，但是在不同的背景下又有所不同。回忆方式高度精细化的母亲在她们的孩子小的时候很精细，在孩子长大时回忆方式依然精细；但是在不需要精细回忆的背景条件下，高度精细化的母亲则会不再精细。例如，陪孩子阅读或照顾孩子时，母亲的回忆可能就不再精细(Fivush et al.，2006)。这说明回忆在更广泛的亲子交谈中发挥着特殊作用。确实，母亲们回忆往事是为了与孩子建立起社会联结(Kulkofsky，Wang，& Koh，2009)。

此外，许多家庭故事是家庭成员共同经历的，而另有许多家庭故事则是由一个家庭成员讲述给其他人听的，这是一种替代性记忆。这些故事，尤其是老一代讲给新一代的故事，我们称之为"代际叙事"，在建立和维持家庭成员关系中发挥着特殊的作用(Fivush，Bohanek，& Duke，2008；Fivush & Merrill，2016)。"在这个故事中，我收集了先辈生活的历史和心理线索，并把它们记录下来。在这个过程中，我感受到了快乐、力量和自己的连续性"(Walker，1983，P. 13)。尤其是对青少年和成年前期的个体，这种代际叙事更为重要。因为，这一阶段是建立与他人联系但又与他人分离的自我同一性的重要时期。代际叙事在建立"代际自我"中可能有着至关重要的作用。在代际自我中，可以得到身份认同。而身份认同，则把个体纳入到社会历史谱系中。这一社会历史谱系使个人能够明确自己是谁，以及将来会如何(Fivush，Bohanek，& Duke，2008)。

为了更具体地说明这些理论观点，我们介绍一个男大学生讲述的故事。我们让他讲述了一个关于他母亲童年的故事，以说明她是一个怎样的人。下面是从其叙述中摘取的一小部分。

> 我妈妈小时候喜欢玩双人荷兰跳绳。夏天的时候，她和街区里的其他女孩会连续几小时待在那里。她还经常把她上学的日子与我和我弟弟的进行比较。她最喜欢讲的一个故事是，过去他们的午餐时间很长，吃完饭以后，还有一段音乐和舞蹈的时间，几乎就是一场午餐聚会。但要参加午餐聚会则要花五分钱。她喜欢跳舞，经常提醒家人她是怎样成功的。她经常说我从她那里继承了"节奏"基因，因为我的爸爸和弟弟都没有。我的妈妈喜欢开心地玩，而且也希望她的孩子开心地玩。但是她也会确保我们把该做的事情先做好。学习总是第一位的。

在这段简短的节选中，我们看到了家庭故事的多重层面，以及母亲的故事和叙述者自己不断演变的生活叙事之间的转变。他将母亲描绘成一个喜欢跳舞，但也重视工作，知道如何计划好优先完成任务的人。这是她赋予孩子们的价值观。她还赋予了一个家庭(遗传)遗产，从而界定了她和儿子之间的关系。这种关系是她们独有的，而不是与其他家庭成员共享的。这就创造了一种特殊的联系。叙事中提到了母亲小时候参与的社会活动和关系活动，也提到了她和孩子们经常进行的讲故事活动。这些活动将他们联系在了一起("经常将她的学校生活与我和弟弟的活动相比较")。因此尽管是在这个非常简短的片段中，我们也看到在家庭叙事中自传体记忆社会功能的多重发展。有了这个理论框架，我们现在来解释这些观点。我们先从回忆的关系背景，即亲子依恋关系开始，然后通过更明确的思考来回忆如何创造和表达与他人的联系来进一步拓展这些观点。

二、 回忆和依恋

(一)内部工作模型

与他人分享叙事可以创造并促进超越叙事过程的社会联系。当父母把亲子共同经历的事情重新分享的时候，父母构建共同记忆过程中所表现出来的建构方式，也许在发展和维持孩子最重要的社会联结中发挥着重要作用，这种重要的社会联结就是依恋(Bowlby，1969)。在婴儿期，儿童依据与父母相处的经验，建立了依恋的内部工作模型。安斯沃思等(1978)和鲍尔比(1969)都认为母亲的敏感性对建立亲子之间的安全依恋有着至关重要的作用。一般来说，敏感性包括正确地解释孩子发出的信号，及时、一致、富有感情地对孩子发出的信号做出反应，接纳和配合孩子的活动，并且在心理和身体上保持对孩子的支持(Ainsworth et al.，1978；Bowlby，1988)。随着时间的推移，孩子会以依恋图式与世界上其他人接触从而产生新的体验。这样，孩子的内部工作模型得到不断发展和完善。当孩子进入学前期，语言技能水平越来越高，亲子之间有关孩子早期依恋确立的对话，例如高度紧张或情绪化的体验，将成为孩子内在安全依恋图式的基础。

当回忆高度情绪化的事件时，父母如何构建与孩子的叙事过程，似乎对发展亲子间的依恋关系非常关键。伴随着对孩子回忆内容的尊重，比较敏感的父母会给他们的孩子自由表达和讨论自己情绪的自信，并对孩子的情绪做出恰当的回应(Etzion-Carasso & Oppenheim，2000)。从本质上说，他们为孩子们营造了一种宽松的氛围。在这种氛围下，孩子们可以自由建构自己的故事，他们对故事的解读非常详细，一如母亲的风格。

(二)依恋状态和回忆

将父母的回忆和孩子的依恋联系起来研究是很有说服力的。对美国母亲进行安全基本图式评估(secure base script assessment)，以及对意大利(Coppola，Ponzetti，& Vaughn，2014)和新西兰(Reese，2008)母亲进行成人依恋访谈(Adult Attachment Interview)研究发现，母亲越是细心，其建立的依恋关系越安全(Waters & Zaman，2005)。这说明安全型依恋的母亲能更有效地为孩子建构叙事过程。有趣的是，科波拉等人(2014)发现安全型母亲的回忆风格比非安全型母亲更多变。在安全型母亲的样本中，较低和较高精细性和评价的母亲各占一半。但是，非安全型母亲在精细性和评价方面通常很低。虽然对这一结果有许多可能的解释，但此结果仍然说明安全型母亲对自己孩子的情感状态和喜怒无常的需求更加敏感，对对话的背景也更加敏感。因此安全型母亲可以根据孩子的需求更好更灵活地调整她们的回忆风格。这样母亲就培养了一种随机应变的能力。

反过来说，当母亲们精细叙述和恰当评估时，孩子们可以建构安全依恋（Bost et al.，2006；Fivush & Reese，2002；Fivush & Vasudeva，2002；Laible，2004；Laible & Tompson，2000）。此外，在与母亲共同回忆往事时，安全型依恋的孩子也比不安全型依恋的孩子更细心（Coppola et al.，2014）。安全型依恋的孩子在交谈时能提供更多的事件信息，在讨论时的参与度也更高（Fivush & Reese，2002；Reese & Farrant，2003）。莱布勒（Laible，2011）发现无论谈话的价值如何，无论是积极的还是消极的情感事件，母亲谈话的精细性会使孩子更具安全感。同理，当母子双方在回忆中表现出更强的情感品质时（更温暖的母子关系，较少的母子敌意，对对方主观意图猜测能力更强，交流的互动更强），孩子更有可能形成安全型依恋（Laible，2011）。随着时间的推移，安全型依恋的儿童和他们的母亲在回忆时的合作也会增加（Newcombe & Reese，2004）。这说明了依恋和回忆之间的相互关系。很少有研究探讨父亲的回忆风格和儿童依恋的关系，但是扎曼和菲伍什（2011a）发现更精细的父亲和对孩子主观意图了解更多的父亲在与儿子回忆积极经历时，更容易培养安全型依恋的儿子。应该注意的是，研究者并没有重复前人对母亲精细化和依恋之间的研究结果，因此对这一结果的解释需要更加谨慎。

（三）跨越时间的依恋和亲子回忆

越来越多的学者对学龄前到青少年期间的依恋和回忆之间的关系进行纵向研究。麦利（Main，1995）发现，形成了安全型依恋的婴儿，到6岁时与母亲的谈话就会更加流畅，情绪更加丰富，关注的话题也更加广泛。如果婴儿期形成了不安全型依恋，6岁时共享回忆的停顿更频繁，而且叙事局限在非个人的谈话主题，阐述也不够详细。重要的是，这类儿童的母亲在谈话时通常处于控制和主导地位，反映出一种不那么详尽且重复性的回忆风格。同样，埃茨翁-卡拉索和奥本海姆（Etzion-Carasso & Oppenheim，2000）在儿童4.5岁时将母子交流模式分为开放型和非开放型的。开放型亲子交流模式的特点是连贯流畅的对话，母子之间是协调的，有结构的对话对孩子来讲是好玩儿的，并且双方对交谈是真正的感兴趣并沉浸其中。在这些母子关系中，尤其是男孩子，更有可能在12～16个月大进行"陌生情景测验"时被归为安全型依恋。非开放型母子关系的特点是母子间的不协调，对话断断续续，其中一方表现出厌烦，对话的结构和组织很差，孩子对母亲的建议表现出明显的愤怒和拒绝。这类母子关系在婴儿期更可能被归为不安全依恋。

奥本海姆和其他研究者也发现，儿童早期的依恋关系与他们在4.5岁和7.5岁时回忆积极、消极和依恋叙事时的情绪是否匹配有关。当母亲和孩子都积极参与到叙事的构建中，且双方都接受并耐心倾听彼此的想法，母亲鼓励孩子进行叙事的建构、组织并进行详细阐述，这样的孩子更有可能较早地被归类为安全型依恋。另一方面，当叙述缺乏条理，一方主导谈话，或者对谈话没有兴趣；母亲未能引导孩子进行详尽、富有表现力的叙事时，孩子更有可能在婴儿期被归类为不安全型依恋（Oppenheim，Koren-Karie，& Sagi-Schwartz，2007）。婴儿期的依恋安全性与母子回忆密切相关。这种联系具有长效机制。这在 8～10 岁的孩子中得到了验证（Gini，Oppenheim，& Sagi-Schwartz，2007）。

(四)依恋与个人叙事的发展

当儿童能够独自回忆，不再需要父母的支持时，早期建立的关系就会在儿童的回忆质量中得以反映。例如，奥本海姆等人（Oppenkeim et al.，1997）发现安全型依恋的小学儿童在讲述依恋经历时更连贯。同样，安全型依恋的青少年在回忆个人的负面经历时，表现出更详尽的描述，主题也更加连贯，他们从这些经历中也体会到了更深刻的意义（Zaman & Fivush，2013）。这些模式表明，在更广泛的社会情感环境中，青少年如何开始从个人经历中理解和创造意义与亲子关系质量的高低有关。

依恋状态也和青少年如何讲述代际故事有关：这些故事与他们所知道的父母的童年有关。我们在前面提到，这些替代性记忆的类型（Pillemer et al.，2015）在建立和维持家庭联结时扮演着核心角色。有趣的是，安全型青少年会讲述更多关于母亲童年的主题连贯和情感丰富的代际间故事（而不是父亲的童年故事）。这说明母子之间的关系质量在某种程度上为青少年内化母亲经历而形成自我，并对她的过去产生更丰富的叙事铺平了道路（Zaman & Fivush，2013）。

综上所述，父母与年幼的孩子构建早期叙事过程的方式，既反映了依恋关系，也促进了依恋关系的形成，并影响共同建构和独立叙述个人故事的发展。虽然详尽的回忆可能反映了婴儿期对母亲的安全依恋，但随着孩子年龄的增长，依恋系统会成为一种比行为系统更具有代表性的系统。它也可能有助于建立越来越复杂的内在依恋模型。因此，亲子回忆既影响社会情感的联结，又受到社会情感联结的影响，反过来也会影响儿童连贯回忆的发展。更开放、连贯、可靠、详尽的母亲回忆，有助于培养孩子以更连贯和更有意义的方式讲述自己和父母故事的能力。重要的是，虽然母亲和父亲与女儿的回忆比与儿子的回忆更详尽，但情感表达更丰富的母子依恋之间没有明显的性别差异。依恋与回忆之间的关系似乎也没有太多的性别差异。

依恋关系创造和维护了家庭回忆发生的更广泛的社会情感环境。现在我们来仔细研究一下叙事本身，在叙事中如何表达联系，以及讲述和倾听故事时如何与他人建立联系。

三、 通过自传体回忆建立联系

(一)回忆中的交流与联系

我们通过讲述过去的经历来表达和建立与他人的联系。麦克亚当斯、奥夫曼、戴和曼斯菲尔德（McAdams，Hoffman，Day & Mansfield，1996）最先在自传体生活故事中将这个结构定义为"交流"。它包含了"人际关系中的动机性想法，例如爱情、友情、亲密、分享、归属感、调解、合并、结合、关怀和养育。从本质上讲，交流是不同的人以温暖、亲密、关心和交流的关系聚集在一起",并通过形成和维持社会联结表现出来(Bruckmüller & Abele,2013)。以交流的建构为基础,我们认为:第一,向他人表达一种联结以及对自传体叙事中这种关系的珍视,具有特别重要的社会功能;第二,给他人讲故事或者与他人一起讲故事本身就是一种与他人建立联系的过程。因此,我们认为追忆的社会联结功能是:(1)明确描述回忆内容中关系的价值(例如,"当我祖母去世时,我很伤心,但我的家人支持我度过了这段时间。家庭对我来说一直很重要。");(2)回忆有关社会和关系的主题;(3)自我报告回忆维持亲密关系的重要性和价值;(4)把讲过去的经历作为一种活动来建立亲密感。

(二)在自传体叙事中表达联系

在自传回忆的社会联结功能上存在着明显的性别差异。研究发现,在表达对人际关系的珍视方面,女性比男性表达出更高的珍视程度。在多种类型的个人叙事中,都有类似表现。这些叙事包括高度积极的体验、高度消极的体验和自我防御的体验(Grysman et al.,2016)。这一模式在发展早期就开始了。虽然并不是所有研究都发现了这种差异(Fivush,Bohanek,Zaman,& Grapin,2012),但有研究发现,4岁时,与男孩相比,女孩讲述的个人故事中就包含了更多的人以及人与人之间的关系(Buckner & Fivush,1998;Fivush,Hazzard,Sales,Sarfati,& Brown,2002)。这种特点会持续到青春期(Pasupathi & Wainryb,2010)。到了成年期,女性比男性更多地谈论人、关系以及这些关系的意义(Newman,Groom,Handelman,& Pennebaker,2008;Niedzwienska,2003;Grysman & Hudson,2013)。在回忆的主题方面也存在同样的性别差异。在孩子成长的早期,父母对学龄前女儿的社会和关系主题的回忆要多于对儿子的回忆(Buckner & Fivush,2000,Fivush,Brotman,Buckner,& Goodman,2000;但是 Zaman 等人的研究是一个例外)。青少年和成年女性也比男性更倾向于社会导向的个人叙事(Cross & Madson,1997;Perry & Pauletti,2011)。女性更注重回忆社会导向的事件,表明这些经历对女性来说比对男性更重要。事实上,即使在回忆类似的事件时,比如团队运动,女性也更关注体验的社交和评价方面的信息,而男性更关注事实信息(Shulkind,Schoppel,& Scheiderer,2012)。最后,在回忆功能的自我报告方面,女性比男性回忆得更频繁,而且比男性更重视回忆,并经常利用它来建立亲密关系(Alea & Bluck,2003)。对于女性来说,回忆是对过去社会交往和关系的反思和评价。

(三)经由回忆创建联系

除了叙述的内容和重点之外,讲述和倾听叙述的行为本身也会产生联结。在某种程度上,这些行为与我们之前讨论的依恋和回忆有关。但我们更关注的是,除了分享故事的社会互动之外,故事本身也创造了人与人之间的联系。由于我们关注的焦点问题是发展,所以我们在家庭内部研究这个问题。家庭是人们讲述和听故事的第一个环境。在人的一生中,家庭始终都是一个重要的社会群体。个体在家庭中分享故事的方式,对他们如何认同自己是家庭的一员,以及家庭如何认同自己具有启示意义（Koenig Kellas，2005）。在家庭背景下，故事也是家庭成员世世代代相互联系的重要方式。

代际故事，即由老一辈讲述给年青一代，可能是故事跨越时间建立联系的一种特别重要的方式。这些故事在日常家庭对话中以惊人的频率得以重复讲述（Bohanek et al.，2009）。家庭故事是更大的家庭叙事生态的一部分，它包括个人叙事、共享的家庭故事和代际故事等。这些故事本身就嵌入在更大的社会文化背景中（Fivush & Merrill，2016；McLean，2015）。正如本章前面所讨论的，代际故事是一种替代性记忆（Pillemer et al.，2015）。因为它们不是由听者直接经历的，但有可能成为听者了解自己和世界的重要部分。有两个方式，专门探讨如何检验这些故事，以及在自传体记忆中这些故事如何对联结的发展产生影响。这两种观点是：（1）观察长辈对晚辈讲故事的方式；（2）分析年青一代讲述这些故事的内容。我们回顾了探讨这些问题的有限研究。

（四）讲述给年青一代的代际故事

老一代人充当代际故事的讲述者，这样做不仅是为了向年青一代传授经验，也是为了与他们建立社会联系。在描述讲述个人故事的原因时，与成年前期的人们相比，老年人更倾向于以故事为榜样进行指导（Webster，1995）。此外，在这些成年前期的人中，女性表示，她们更多地使用个人叙述来加强人与人之间的联系。哈里斯等人（2014）也观察到自传体记忆的"生成功能"随着年龄的增长而增加，而且女性比男性更突出。自传体记忆的生成功能包括利用记忆进行教学和信息传递，以留下积极的遗产。根据埃里克森（Erikson，1968）的研究，中年人的目标之一，就是要表现出对子孙后代的关心和关怀。这可以通过养育、指导、环境志愿服务以及其他各种方式来实现。然而，长辈们可能会使用的工具之一就是分享个人生活经历。这些故事一方面将上一代人的生活经验传递给下一代，另一方面使代与代之间建立联系（Merrill & Fivush，2016）。因此，年长一代通过分享代际故事来帮助年青一代，以此表现出关怀，并以此加强代际社会情感纽带。

事实上，在孩子成长的家庭环境中，代际故事无处不在。父母们在孩子一出生就开始讲家庭故事，并报告说这些故事是为了给家庭带来新的生活（Fiese，Hooker，Kotary，Schwagler，& Rimmer，1995）。有趣的是，即使是在很小的时候，母亲讲的故事，尤其是对女儿讲的故事，比起父亲讲的故事更注重有趣的主题；而对儿子讲的故事，父亲讲的故事则比母亲讲的更具成就导向（Buckner & Fivush，2000；Fiese & Bickham，2004；Fiese & Skillman，2000）。父母们也会继续不断地讲述自己童年的故事。博豪耐克等人（2009）发现，即使是在日常的家庭晚餐谈话中，这种代际故事也是自发出现的，占餐桌上所有叙事的12%。虽然母亲、父亲和孩子们同样频繁地将这些代际故事引入谈话中（这本身就很有趣），但不管这个话题是谁发起的，母亲们对故事的讲述做出了更大的贡献。这些模式表明，讲述和聆听两代人之间的家庭故事是很常见的。其中的性别差异在于，父母对这些故事的贡献不同，父母对女儿和儿子讲的故事也不同。

（五）年青一代讲述的代际故事

虽然有很好的证据表明，父母会向孩子讲述这类代际故事，但很少有研究揭示孩子们如何聆听这些故事。孩子们是如何利用这些故事建立父母与自己之间联系的，也无从知晓。这里涉及三个相互关联的问题。首先，青少年和成年前期个体对母亲和父亲的看法是否不同？针对本章所讨论的问题，涉及代际故事关系的内容是否不同？其次，青少年和成年前期个体是否在他们父母的经历和自己的自我意识之间建立了明确的联系（例如，他们是否懂得几代人之间的联系）？最后，考虑到亲子回忆与依恋的关系，代际叙事与亲子关系质量之间是否存在关系？

在内容方面，扎曼和菲伍什（2011b）发现青少年关于他们母亲的故事比关于父亲的故事包含更多有趣的主题。然而，在特别重视关系和联系的内容方面，性别差异并没有出现（Fivush，Graci，& Merrill）。年轻男人和女人在这些故事中所包含的联系在程度上没有差异；关于其他人的故事与关于父亲的故事在联系内容的数量上也没有差异。然而，女性和男性在关于母亲的故事中使用的联系与他们在个人叙述中使用的联系有关（$r = 0.36$，$p < 0.05$）；而在关于父亲的故事中则没有这种关系。这表明，对于成年前期的个体来说，母亲的代际故事中对人际关系的解读，可能正是他们自己对类似意义解读形成的基础。因此，用代与代之间的叙述为自我赋予意义的方式可能是性别化的。正是从这个意义上讲，母亲的故事比父亲的故事更有影响力。

青少年和成年前期的个体在代际叙事中所表现出的外显联结，也表达了同样的情况。也就是说，除了简单地表达这种联结（例如，"我母亲的家庭对她来说非常重要"），叙述者还可以进一步表达这种联结是如何与他们自己联系在一起的（例如，"我的家庭对我也非常重要"）。在母子两代人的叙事中，女性青少年更多地把家庭与自我相联系（Kim & Fivush）。从性别来看，那些反思自己的个人价值观、身份和行为如何受家族祖先故事影响的成年早期的个体，更有可能将自我与同性别家庭成员联系起来（Taylor，Fisackerly，Mauren，& Taylor，2013）。此外，年轻女性在反思这些故事时，比年轻男性更倾向于讲述爱情故事。这些模式表明女性比男性更多地使用这些故事来为自己创造意义。

最后，在亲子关系的长久性方面，扎曼和菲伍什（2013）发现，能够更连贯的讲述母亲童年故事的青少年表现出更安全的依恋，但个体的依恋与讲述父亲的故事却没有这样的关系。梅里尔发现，对家族史了解更多的成年早期的个体与父母的关系质量更高。到目前为止，这项研究的范围非常有限。但新出现的模式表明，与父亲相比，男女孩讲述的关于母亲的代际故事更多，女孩可能会在更大程度上利用这些故事来建立与自己的联系。然而，男女孩都在他们的代际叙述中表达了对关系的珍视，会继续使用家庭故事来维持依恋关系，尤其是与他们母亲之间的关系。

四、　结束语

在这一章中，我们从家庭故事的角度考察了自传体记忆社会功能的发展。亲子回忆在儿童发展的早期就开始了，并从更广泛的社会情感环境中得以产生和促进。拥有安全依恋关系的父母和孩子会以更精细的方式回忆。而正是这种精细的亲子回忆在整个童年和青少年时期维持和加强了安全依恋关系。此外，我们也概括了儿童个人叙述能力的发展。拥有更安全依恋关系的儿童，在讲述个人故事时更连贯。家庭回忆中越是涉及更广泛的社会情感背景，越是导致家庭叙事聚焦在听与讲的细节上。个人叙事通过在叙事中表达对关系的珍视，以及通过叙事与他人建立联系两种方式，来实现其社会功能。特别是，两代人之间的故事（由年长一代讲述给年青一代的故事）可以跨越时间将个人联系起来，并在家庭中创造一种人与人之间联结紧密的感觉。

有趣的是，虽然在依恋关系中几乎没有性别差异，但在亲子回忆和使用个人叙事建立联系方面存在广泛的性别差异。虽然并非所有的研究都发现性别差异，但当出现性别差异时，他们总是有类似的表现：母亲比父亲以更为精细和珍视的方式进行回忆；与儿子相比，父母以更精细和珍视的方式与女儿一起回忆；而且与女儿一起回忆时，父母会将个人经历放置在与社会有更多关联的环境中。从幼年到成年，女性在个人叙事中提到的人和关系比男性多。女性也比男性更重视回忆并将其作为一种活动。她们更愿意参与回忆，从而创造亲密感。在青少年讲述父母童年经历的代际叙事中，男孩和女孩都更多地讲述与母亲有关的主题，而不是与父亲有关的主题；安全依恋的青少年则更详细地讲述与母亲有关的代际故事。在这些故事中，青春期女孩与父母之间的联系也比男孩更为紧密。这表明她们有更强的故事认同感。

综上所述，我们认为很大程度上女性使用自传式叙述来创造和维持与他人的社会情感联系，可能在家庭背景下尤其如此。需要澄清的是，我们并不认为男性不与他人建立强大和重要的社会情感联系，而是建立联系的方式有所不同。随着时间的推移，女性比男性在更大程度上用自传体叙事来建立情感联结。这些论点与人类学和社会学研究中的论点有关，即女性是亲属的守护者和家庭历史学家（Rosenthal，1985）。她们在家庭中所做的事情，更多地与情感联结有关。这一点女性比男性突出（Hochschild & Machung，2012）。我们在家庭叙事中看到的是这些社会和家庭角色的社会化（Fivush & Zaman，2013；Merrill，Gallo，& Fivush，2014）。重要的是，家庭故事为所有家庭成员建立了社会情感纽带。同样重要的是，这些工作大部分是由女性完成的。

致　谢

我们要感谢马特·格拉奇（Matt Graci）、朱莉·金（Julie Kim）和塞浦路斯·加德纳（Cypriana Gardner）对本章早期版本透彻的评论。当然，我们要感谢所有参与我们研究，并帮助我们理解家庭故事的家庭。

参考文献

Ainsworth，M. D. S.，Blehar，M. C.，Waters，E.，& Wall，S.（1978）. *Patterns of attachment*：*A psychological study of the situation*. Hillsdale，NJ：Erlbaum.

Alea，N.，& Bluck，S.（2003）. Why are you telling me that? A conceptual model of the social function of autobiographical memory. *Memory*，11，165-178. doi：10. 1080/741938207

Bamberg，M.（2004）. Talk，small stories，and adolescent identities. *Human Development*，47，366-369. doi：10. 1159/000081039

Bluck，S.，Alea，N.，Habermas，T.，& Rubin，D. C.（2005）. A tale of three functions：The self-reported uses of autobiographical memory. *Social Cognition*，23，91-117. doi：10. 1521/soco. 23. 1. 91. 59198

Bohanek，J.，Fivush，R.，Zaman，W.，Tomas-Lepore，C.，Merchant，S.，& Duke，M.（2009）. Narrative interaction in family dinnertime interactions. *Merrill-Palmer Quarterly*，55，488-515. doi：10. 1353/mpq. 0. 0031

Bost，K. K.，Shin，N.，McBride，B. A.，Brown，G. L.，Vaughn，B. E.，Coppola，G.，…Korth，B.（2006）. Maternal secure base scripts，children's attachment security，and mother—child narrative styles. *Attachment & Human Development*，8，241-260.

Bowlby，J.（1969）. *Attachment and loss*，*Vol*. *1*：*Attachment*（*2nd Ed*.）. New York，NY：Basic Books.

Bowlby，J.（1988）. A *secure base*：*Parent-child attachment and healthy human development*. New York，NY：Basic Books.

Bruckmüller，S.，& Abele，A. E.（2013）. The density of the big two：How are agency and communion structurally represented?. *Social Psychology*，44，63-74. doi：10. 1027/1864-9335/a000145

Buckner，J.，& Fivush，R.（1998）. Gender and self in children's autobiographical narratives. *Applied Cognitive Psychology*，12，407-429. doi：10. 1002/（SICI）1099-0720（199808）12：4<407：：AID-ACP575>3. 0. CO；2-7

Buckner，J. P.，& Fivush，R.（2000）. Gendered themes in family reminiscing. *Memory*，8，401-412. doi：10. 1080/09658210050156859

Coppola，G.，Ponzetti，S.，& Vaughn，B. E.（2014）. Reminiscing style during conversations about emotionladen events and effects of attachment security among Italian mother-child dyads. *Social Develovoment*，23，702-718. doi：10. 1111/sode. 12066

Cross，S. E.，& Madson，L.（1997）. Models of the self：Self-construals and gender.

Psychological Bulletin，122，5-37. doi：10. 1037/0033-2909. 122. 1. 5

Eggers，D. (2007). *What is the what：The autobiography of Valentino Achak Deng：A novel*. New York，NY：Vintage Books.

Erikson，E. H. (1968). *Identity：Youth and crisis*. New York，NY：Norton.

Etzion-Carasso，A. ，& Oppenheim，D. (2000). Open mother-pre-schooler communication：Relations with early secure attachment. *Attachment & Human Development*，2，347-370. doi：10. 1080/14616730010007914

Fiese，B. H. ，& Bickham，N. L. (2004). Pin-curling grandpa's hair in the comfy chair：Parent's stories of growing up and potential links to socialization in the preschool years. In：M. W. Pratt & B. H. Fiese(Eds.)，*Family stories and the life course*(pp. 259-277). Mahwah，NJ：Lawrence Erlbaum Associates.

Fiese，B. H. ，Hooker，K. A. ，Kotary，L. ，Schwagler，J. ，& Rimmer，M. (1995). Family stories in the early stages of parenthood. *Journal of Marriage and the Family*，57，763-770. doi：10. 2307/353930

Fiese，B. H. ，& Skillman，G. (2000). Gender differences in family stories：Moderating influence of parent gender role and child gender. *Sex Roles*，43，267-283. doi：10. 1023/A：1026630824421

Fivush，R. (2010). The development of autobiographical memory. *Annual Review of Psychology*，62，559-582. doi：10. 1146/annurev. psych. 121208. 131702

Fivush，R. ，Bohanek，J. G. ，& Duke，M. (2008). The intergenerational self：Subjective perspective and family history. In：F. Sani(Ed.)，*Individual and collective self-continuity*(pp. 131-144). Mahwah，NJ：Erlbaum.

Fivush，R. ，Bohanek，J. G. ，& Zaman，W. (2010). Personal and intergenerational narratives in relation to adolescents' well-being. In：T. Habermas(Ed.)，*The development of autobiographical reasoning in adolescence and beyond：New directions for child and adolescent development*，131，45-57. doi：10. 1002/cd. 288

Fivush，R. ，Bohanek，J. G. ，Zaman，W. ，& Grapin，S. (2012). Gender differences in adolescents' autobiographical narratives. *Journal of Cognition and Development*，13，295-319. doi：10. 1080/15248372. 2011. 590787

Fivush，R. ，Brotman，M. A. ，Buckner，J. P. ，& Goodman，S. H. (2000). Gender differences in parent-child emotion narratives. *Sex Roles*，42，233-253. doi：10. 1023/A：1007091207068

Fivush，R. ，Graci，M. ，& Merrill，N. (in preparation). Agency and connection in emerging adults narratives of self and parents.

Fivush，R. ，Habermas，T. ，Waters，T. E. A. ，& Zaman，W. (2011). The making of autobiographical memory: Intersections of culture, narratives and identity. *International Journal of Psychology*, 46, 321-345. doi: 10. 1080/00207594. 2011. 596541

Fivush, R., Haden, C. A., & Reese, E. (2006). Elaborating on elaborations: The role of maternal reminiscing style in cognitive and socioemotional development. *Child Development*, 77, 1568-88. doi: 10. 1017/CBO9780511527913. 014

Fivush, R., Hazzard, A., Sales, J. M., Sarfati, D., & Brown, T. (2002). Creating coherence out of chaos? Children's narratives of emotionally negative and positive events. *Applied Cognitive Psychology*, 16, 1-19. doi: 10. 1002/acp. 854

Fivush., R., & Merrill, N. (2016). An ecological systems approach to family narratives. *Memory Studies*, 9, 305-315.

Fivush, R., & Nelson, K. (2004). Culture and language in the emergence of autobiographical memory. *Psychological Science*, 15, 586-590. doi: 10. 1111/j. 0956-7976. 2004. 00722. x

Fivush, R., & Reese, E. (2002). Reminiscing and relating: The development of parent-child talk about the past. In: J. Webster & B. Haight(Eds.), *Critical advances in reminiscence work*. New York, NY: Springer.

Fivush, R., & Vasudeva, A. (2002). Remembering to relate: Socioemotional correlates of mother-child reminiscing. *Journal of Cognition and Development*, 3, 73-90. doi: 10. 1207/S15327647JCD0301_5

Fivush, R., & Zaman, W. (2013). Gender, subjectivity and autobiography. In: P. J. Bauer & R. Fivush(Eds.) *Handbook of the Development of Children's Memory*. New York, NY: Wiley-Blackwell.

Fivush, R., & Zaman, W. (2015). Gendered narrative voices: Sociocultural and feminist approaches to identity. In: K. McLean & M. Syed (Eds.) *Oxford Handbook of Identity*. Oxford University Press. doi: 10. 1093/oxfordhb/9780199936564. 013. 003

Fredrickson, B. L., & Joiner, T. (2002). Positive emotions trigger upward spirals toward emotional wellbeing. *Psychological Science*, 13, 172-175. doi: 10. 1111/1467-9280. 00431

Gini, M., Oppenheim, D., & Sagi-Schwartz, A. (2007). Negotiation styles in mother-child narrative co-construction in middle childhood: Associations with early attachment. *International Journal of Behavioral Development*, 31, 149-160. doi: 10. 1177/0165025407074626

Grotevant, H. D., & Cooper, C. R. (1998). Individuality and connectedness in adolescent development: Review and prospects for research on identity, relationships, and context. In: E. E. A. Skoe & A. L. von der Lippe(Eds.), *Personality development in adolescence: A cross-*

national and life span perspective (pp. 3-37). London, UK: Routledge.

Grysman, A., Fivush, R., Merrill, N., & Graci, M. (2016). The influence of gender and gender typicality on autobiographical memory across event types and age groups. *Memory & Cognition*, 44, 856-868.

Grysman, A., & Hudson, J. A. (2013). Gender differences in autobiographical memory: Developmental and methodological considerations. *Developmental Review*, 33, 239-272. doi: 10. 1016/j. dr. 2013. 07. 004

Harris, C. B., Rasmussen, A. S., & Berntsen, D. (2014). The functions of autobiographical memory: An integrative approach. *Memory*, 22, 559-581. doi: 10. 1080/09658211. 2013. 806555

Hochschild, A., & Machung, A. (2012). *The second shif: Working families and the revolution at home*. New York, NY: Penguin.

Kim, J., & Fivush, R. (unpublished data). Self-event connections in adolescents' personal and intergenerational narratives. Emory University.

Koenig Kellas, J. (2005). Family ties: Communicating identity through jointly told family stories. *Communication Monographs*, 72, 365-389. doi: 10. 1080/03637750500322453

Kulkofsky, S., Wang, Q., & Koh, J. B. K. (2009). Functions of memory sharing and mother-child reminiscing behaviors: Individual and cultural variations. *Journal of Cognition and Development*, 10, 92-114. doi: 10. 1080/15248370903041231

Laible, D. (2004). Mother-child discourse in two contexts: Links with child temperament, attachment security, and socioemotional competence. *Developmental Psychology*, 40, 979-992. doi: 10. 1037/0012-1649. 40. 6. 979

Laible, D. (2011). Does it matter if preschool children and mothers discuss positive vs. negative events during reminiscing? Links with mother-reported attachment, family emotional climate, and socioemotional development. *Social Development*, 20, 394-411. doi: 10. 1111/j. 1467-9507. 2010. 00584. x

Laible, D. J., & Tompson, R. A. (2000). Mother-child discourse, attachment security, shared positive affect, and early conscience development. *Child Development*, 71, 1424-1440. doi: 10. 1111/1467-8624. 00237

Main, M. (1995). Recent studies in attachment: Overview, with selected implications for clinical work. In: S. Goldberg, R. Nuir & J. Kerr (Eds.), *Attachment theory: Social, developmental and clinical perspectives* (pp. 407-474). Hillsdale, NJ: Analytic Press.

McAdams, D. P. (2001). The psychology of life stories. *Review of General Psychology*, 5, 100-122. doi: 10. 1037/1089-2680. 5. 2. 100

McAdams, D. P., Hoffman, B. J., Day, R., & Mansfeld, E. D. (1996). Themes of agency and communion in signifcant autobiographical scenes. *Journal of Personality*，64，339-377. doi：10. 1111/j. 1467-6494. 1996. tb00514. x

McLean，K. C. （2015）. *The co-authored self：Family stories and construction of personal identity*. Oxford，UK：Oxford University Press.

McLean，K. C. ，Pasupathi，M. ，& Pals，J. L. （2007）. Selves creating stories creating selves：A process model of self-development. *Personality and Social Psychology Review*，11. 262-278. doi：10. 1177/1088868307301034

Merrill，N. （in preparation）. Knowledge of family history in relation to identity，psychological-well-being，and relationship quality.

Merrill，N. ，& Fivush，R. （2016）. Intergenerational narratives and identity across development. *Developmental Review*，40，72-92.

Merrill，N. ，Gallo，E. ，& Fivush，R. （2014）. Gender differences in family dinnertime conversations. *Discourse Processes*，52，533-558. doi：10. 1080/0163853X. 2014. 958425

Miller，P. J. （1994）. Narrative practices：Their role in socialization and self-construction. In：U. Neisser & R. Fivush（Eds. ），*The remembering self：Construction and accuracy in the life narrative* （pp. 158-179）. New York，NY：Cambridge University Press. doi：10. 1017/CBO9780511752858. 010

Nelson，K. ，& Fivush，R. （2004）. The emergence of autobiographical memory：A social cultural developmental model. *Psychological Review*，111，486-511. doi：10. 1037/0033-295x. 111. 2. 486

Newcombe，R. ，& Reese，E. （2004）. Evaluations and orientations in mother-child narratives as a function of attachment security：A longitudinal investigation. *International Journal of Behavioral Development*，28，230-245. doi：10. 1080/01650250344000460

Newman，M. L. ，Groom，C. J. ，Handelman，L. D. ，& Pennebaker，J. W. （2008）. Gender differences in language use：An analysis of 14，000 text samples. *Discourse Processes*，45，211-236. doi：10. 1080/01638530802073712

Niedzwienska，A. （2003）. Gender differences in vivid memories. *Sex Roles*，49，321-31. doi：10. 1023/A：1025156019547

Oppenheim，D. ，Koren-Karie，N. ，& Sagi-Schwartz，A. （2007）. Emotion dialogues between mothers and children at 4. 5 and 7. 5 years：Relations with children's attachment at 1 year. *Child Development*，78，38-52. doi：10. 1111/j. 1467-8624. 2007. 00984. x

Oppenheim，D. ，Nir，A. ，Warren，S. ，& Emde，R. N. （1997）. Emotion regulation in mother-child narrative co-construction：Associations with children's narratives and adaptation. *Developmental Psychology*，33，284-294. doi：10. 1037/0012-1649. 33. 2. 284

Pasupathi，M. ，McLean，K. C. ，& Weeks，T. (2009). To tell or not to tell：Disclosure and the narrative self. Journal of Personality，77，89-124. doi：10. 1111/j. 1467-6494. 2008. 00539. x

Pasupathi，M. ，& Wainryb，C. (2010). On telling the whole story：Facts and interpretations in autobiographical memory narratives from childhood through midadolescence. *Developmental Psychology*，46，735-746. doi：10. 1037/a0018897

Perry，D. G. ，& Pauletti，R. E. (2011). Gender and adolescent development. Journal of *Research on Adolescence*，21，61-74. doi：10. 1111/j. 1532-7795. 2010. 00715. x

Pillemer，D. B. (2003). Directive functions of autobiographical memory：The guiding power of the specific episode. *Memory*，11，193-202. doi：10. 1080/741938208

Pillemer，D. B. ，Steiner，K. L. ，Kuwabara，K. J. ，Tomsen，D. K. ，& Svob，C. (2015). Vicarious memories. *Consciousness and Cognition*，36，233-245. doi：10. 1016/j. concog. 2015. 06. 010

Pratt，M. W. ，& Fiese，B. H. (2004). *Family stories and the life course：Across time and generations*. Mahwah，NJ：Erlbaum.

Reese，E. (2008). Maternal coherence in the Adult Attachment Interview is linked to maternal reminiscing and to children's self-concept. *Attachment and Human Development*，10，451-464. doi：10. 1080/14616730802461474

Reese，E. ，& Farrant，K. (2003). Social origins of reminiscing. In：R. Fivush & C. Haden(Eds.)，*Autobiographical memory and the construction of a narrative self：Developmental and cultural perspectives* (pp. 29-48). Mahwah，NJ：Lawrence Erlbaum Associates，Inc.

Rime，B. (2007). The social sharing of emotion as an interface between individual and collective processes in the construction of emotional climate. *Journal of Social Issues*，63，307-322. doi：10. 1111/j. 1540-4560. 2007. 00510. x

Roberts，W. A. (2002). Are animals stuck in time? *Psychological Bulletin*，128，473-489. doi：10. 1037/0033-2909. 128. 3. 473

Rosenthal，C. J. (1985). Kinkeeping in the familial division of labor. *Journal of Marriage and the Family*，47，965-974. doi：10. 2307/352340

Schacter，D. L. ，Addis，D. R. ，& Buckner，R. L. (2007). Remembering the past to imagine the future：The prospective brain. *Nature Reviews Neuroscience*，8，657-661. doi：10. 1038/nrn2213

Shulkind，M. ，Schoppel，K. ，& Scheiderer，E. (2012). Gender differences in autobiographical narratives：He shoots and scores；she evaluates and interprets. *Memory and Cognition*，40，95865. doi：10. 3758/s13421-012-0197-1

Singer，J. A. ，＆ Blagov，P. （2004）. The integrative function of narrative processing：Autobiographical memory，self-defining memories，and the life story of identity. In：D. R. Beike，J. M. Lampinen ＆ D. A. Behrend（Eds. ）， *The self and memory* （pp. 117-138）. New York，NY：Psychology Press.

Stryker，S. ，＆ Burke，P. J. （2000）. The past，present，and future of an identity theory. *Social Psychology Quarterly*，63，284-297. doi：10. 2307/2695840

Taylor，A. C. ，Fisackerly，B. L. ，Mauren，E. R. ，＆ Taylor，K. D. （2013）. "Grandma，tell me another story"：Family narratives and their impact on young adult development. *Marriage and Family Review*，49. 367-390. doi：10. 1080/10494929. 2012. 762450

Walker，A. （1983）. *In search of our mothers' gardens：Womanist prose*. NY：Harcourt Brace.

Wang，Q. （2013）. The cultured self and remembering. In P. J. Bauer ＆ R. Fivush（Eds. ）， *The Wiley handbook on the development of children's memory*（pp. 605-625）. New York，NY：Wiley.

Wang，Q. （2016）. Remembering the self in cultural contexts：A cultural dynamic theory of autobiographical memory. *Memory Studies*，9，295-304. doi：10. 1177/1750698016645238

Waters，H. S. ，＆ Zaman，W. （2005）. *Mother-child patterns of narrative co-construction：The role of mothers' attachment security*. Paper presented at the 35th annual meeting of the Jean Piaget Society. Vancouver，Canada.

Webster，J. D. （1995）. Adult age differences in reminiscence functions. In：B. K. Haight ＆ J. D. Webster（Eds. ）， *The art and science of reminiscing：Theory，research，methods，and applications*（pp. 89-122）. Washington，DC：Taylor ＆ Francis.

Wilson，B. （1998）. *Blue windows：a christian science childhood*. New York，NY：Picador.

Zaman，W. ，＆ Fivush，R. （2011a）. Mother-child and father-child reminiscing in relation to attachment and emotional well-being. Paper presented in S. Kulkofsky（Chair）， *More than memory：Social-emotional correlates to family reminiscing practices symposium at the biennial meeting of the Society for Research on Child Development*，Montreal，Canada.

第4章
小组回忆中的协作抑制：认知原理及启示

苏帕诺·拉贾拉姆(Suparna Rajaram)

　　20世纪90年代前，关于记忆的认知研究绝大多数专注于个体研究，并在艾宾浩斯传统范式的启发下蓬勃发展。在此之前的一个世纪(Ebbinghaus，1885)，协作记忆的研究主要集中在社会学、社会心理学和人类学领域(Halbwachs，1950，1980；Wegner，1987；Wertsch，2002)，而不是在认知心理学实验中。那时候，集体因素通常被当作无关变量加以控制，而不是作为研究的自变量(Gardner，1985)。在传统的严格控制了无关变量的研究中，艾宾浩斯甚至使用了无意义音节，来避免单词意义引起不同被试的特异性变化，从而导致对记忆机制基础研究中的变量混淆。记忆的实验研究因此得以蓬勃发展，获得了一系列丰富的经得住检验的研究成果，提出了一系列经久不衰的理论。这些历史发展为协作记忆的实验室研究提供了平台。正是在这个背景下，本章回顾了过去20年有关协作记忆实验室研究中出现的一个主要现象，即记忆中的协作抑制(collaborative inhibition)。

　　人们普遍认为协作可以提高记忆力(Dixon，Gagon，& Crow，1998；Henkel & Rajaram，2011)。在这种信念背景下，协作记忆中的协作抑制是一个令人惊奇的现象。记忆中的协作抑制指的是，互动或者协作中一种违反直觉的发现：小组成员共同回忆之前所有成员学习过的信息，且回忆的数量低于相同数目的个体回忆的数量。相同数目的个体，被称为"名义组"。在计算成绩的时候，名义组单独回忆，成绩合并，小组成员都提取的内容，只记一次。我们随后将详细描述测量和计算协作抑制效果的过程。但必须提及的是，20世纪90年代的一系列实验都证实了这一现象的存在(Andersson & Rönnberg，1995，1996；B. H. Basden，Basden，Bryner，& Thomas，1997；Meudell，Hitch，& Boyle，1995；Meudell，Hitch，& Kirby，1992；Weldon & Bellinger，1997；参见Weldon，2001，回顾；另见Blumen；Henkel & Kris，第 8、第 24 章）。这些开创性的发现在记忆研究中引发了一个全新的研究领域。本章对这一工作进行了选择性的概述。这一概述主要论述了实验室研究发现的协作抑制现象的研究成果，但并没有对其进行详细描述。我们的目标是，让读者从我们和其他团队的工作中清晰地了解选择性的证据，以描述协作抑制效应的本质特征，识别促进或者减少这一效应的条件，探索其在不同小组构成中的存在，以及指出协作对其后记忆的某些影响。

　　在本书的章节中，首先还需要注意的是，过去 20 年间，协作抑制效应是社会记忆研究中最重要的几个现象之一。这是非常有帮助的。这也是我们团队在自己的社会记忆研究中探索的几个现象之一。本章关注这一现象，至少有两方面的重要原因①。协作抑制是协作记忆中一种违反直觉但又稳健存在的效应。这一效应还与记忆的几种协作后记忆（post-collaborative memory）的变化有关。这几种协作后记忆，可能是个人层面的，也可能是集体层面的。本章也涵盖了我们团队关于这些协作后效应的研究成果，以说明协作记忆中的协作抑制如何影响随后的记忆。它们既可以重塑个人记忆，又可以产生协作记忆。

一、 协作抑制效应

(一)协作记忆的计算

　　实验研究的范式是：被试首先接受对于学习材料的编码任务，随后进行记忆测验。例如，要求被试进行愉悦度判断（即在 1～5 的水平上对项目的愉悦度进行判断）。编码阶段通常是单独进行的。这样所谓小组就只是在提取阶段进行协作。对这些记忆材料的集体回忆的计算，通常是比较交互作用，或者进行协作组与名义组回忆成绩之间的比较。名义组与协作组由相等数量的个体组成。在回忆阶段，名义组成员是个人回忆个人的。

　　比如被试可能学习一个由 A、B、C、D、E、F、G、H、I 组成的词表。已发表的研究中，干扰阶段从 5 分钟到 1 周不等。在回忆阶段，被试要么是单独回忆学习材料，要么是在协作小组中回忆。在不同研究中，回忆的完成时间稍微有所不同。但在同一研究中，协作条件和名义条件下的回忆时间是相同的。在我们的实验室实验中，被试（都在小组条件下）通常用 7 到 10 分钟进行回忆。但无论协作组还是名义组，都可以在规定时间内完成回忆任务。在协作条件下，要求被试协作回忆他们之前学习过的所有项目。协作小组通常由三名成员组成。当然，协作组的规模从 2 人（成对）到 4 人（1 组）不等。我们要确保每个小组成员间关系相同。同组成员都是

---

　　① 需要澄清的是本章关注的协作是发生在提取阶段，而不是编码阶段。这是因为，协作抑制效应通常与协作记忆有关，而不是与学习有关。简单地说，对于协作编码，适度数量的实验室研究已经检验过其对随后记忆的这种影响，结果是不一致的（e. g.，Andersson & Rönnberg, 1995; Barber, Rajaram, & Aron, 2010; Barber, Rajaram, & Fox, 2012; Barber, Rajaram, & Paneerselvam, 2012; Finaly, Hitch, & Meudell, 2000; Garcia-Marques, Garrido, Hamilton, & Ferreira, 2012; Harris, Barnier, & Sutton, 2013）。研究表明，与单个编码相比，协作编码可以降低、提高或不影响以后的提取。这些差异的原因尚不清楚，因为不同研究的过程、材料或被试类型各不相同。此外，在一项研究中，我们直接比较了相同实验条件下的协作编码和协作提取，以及提取时的自由回忆任务（Barber, Rajaram, & Paneerselvam, 2012），在回忆时的协作比在编码时的协作导致了更多的记忆削弱。这一结果与该领域早期研究中关注的协作抑制一致。

陌生人，或者他们相互间以特定的方式认识（即朋友或配偶，主要取决于实验目的）。通过这种方式，我们可以控制小组成员之间的熟悉程度，或者进行系统性操纵。这些小组的协作记忆是组内成员共同完成的，是对之前学习过的信息正确回忆的项目数目。可以预见，这种回忆比任一个体单独回忆得都多（Yuker，1955）。为了评估集体表现，我们将协作组回忆成绩与作为控制组的名义组进行了比较。名义组成绩是指，以无重复的方式，将单个被试的回忆成绩汇集在一起进行计算，重复项目仅计算一次。例如，名义组内被试回忆的具体情况是：被试 1 回忆了项目 A、B、C，被试 2 回忆了 A、D、E，而被试 3 回忆了 A、E、F、G，那么名义组回忆成绩是 7 个项目：A、B、C、D、E、F、G。研究结果发现，协作组对学习的信息的回忆显著低于名义组。这一结果显然是出乎意料的（Weldon & Belliger，1997）。这种差异类似于头脑风暴研究中的那样，即在协作组中新奇想法的产生减少了（Brown & Paulus，2002；Diehl & Stroebe，1987；Paulus，2000）。

（二）记忆中的协作抑制效应既违反直觉又稳健存在

人们普遍相信，三个臭皮匠顶一个诸葛亮。这在记忆实验中无疑是正确的。协作组，无论是人数众多还是由两人组成，都比单个个体更准确地回忆了先前遇到的经历。然而，当考虑相同规模的被试数量时，协作回忆成绩比单独完成更差。也就是说，两个人的大脑在一起工作，要比分开工作表现差。这种协作的代价与直觉观念背道而驰。直觉观念认为，通过小组成员间以彼此的回忆作为交叉线索（cross-cueing），协作能够促进回忆。交叉线索指的是，小组中某位成员的回忆项目可以作为线索，唤起其他成员回忆原本不可能想起的项目。交叉线索应该增加协作记忆的总体回忆水平，产生协作促进而不是协作抑制；或者至少交叉线索可以削弱协作抑制。本章稍后将讨论交叉线索的潜在机制。简单地说，尽管这种效应具有直观的吸引力，但在实验室中很难捕捉到它（Meudell et al.，1992；Meudell et al.，1995）。

协作抑制效应也具有很强的稳健性。自从韦尔登等人（Weldon et al.，1997）发表他们的开创性研究以来，已有数十篇文章论述了协作抑制效应。研究者在不同的实验条件下发现了协作抑制效应。这一现象通常发生在自由回忆任务中。在自由回忆中，并没有给被试规定任何提取顺序。主试要求被试可以用任意顺序回忆所有的学习项目（稍后再讨论线索回忆和认知任务的结果）。在以多种学习材料为内容的研究中都发现了协作抑制。这些材料包括无关词（例如，Blumen & Rajaram，2008；Weldon & Bellinger，1997）、相关（类别）词（Basden，B. H. et al.，1997；Congleton & Rajaram，2011；Pereira-Pasarin & Rajaram，2011）、产生高虚报率的相关词（DRM lists，Deese，1959；Roediger & McDermont，1995；见 Basden，B. H.，Reysen，& Basden，2002；Wright & Klumpp，2004）、故事（Weldon & Bellinger，1997）、负性材料（Yaron-Antar & Nachson，2006；Wessel，Zandstra，Hengeveld，& Moulds，2015）、引起回忆整体改善的社会性相关材料（Kelley，Reysen，Ahlstrand，& Pentz，2012），其包括强有力的社会性资料，比如八卦（Reysen，Talbert，Dominko，Jones，& Kelley，2011）以及个人陈述

(Coman，Manier，& Hirst，2009；Cuc，Ozuru，Manier，& Hirst，2006)。

无论被试接受哪种类型的协作指导语，协作抑制都会发生。通常在协作记忆研究中，主试要求被试采用三种协作方式：轮流回忆(例如，B. H. Basden et al.，1997)、自由回忆(例如，Weldon & Bellinger，1997)和协商一致(Meudell，et al.，1995；Ross，Spencer，Linardators，Lam，& Perunovic，2004)。轮流回忆，顾名思义，即小组成员轮流回忆每一个项目，直到整个小组穷尽了所有他们可以回忆的项目。自由回忆是指，小组成员可以按照任意顺序来回忆他们记得的信息。而在协商一致的条件下，小组成员必须就每个项目达成一致意见，才可以将其纳入到集体回忆的结果中。学习阶段没有出现，提取阶段被错误地认为是学习过的项目，称之为侵入项目。研究者发现，在三种类型的协作中，侵入项目的数量依次减少(Harris，Barnier，& Sutton，2012；Thorley & Dewhurst，2007)。但无论在哪种类型的协作中，协作抑制效应都稳健存在。在所有上述回忆方式中，协作抑制的持续存在是惊人的。因为协作本来可以通过对错误的修正导致记忆优势(Rajaram & Pereira-Pasarin，2010；Rajaram，2011)。错误修正过程包括小组成员间相互帮助，纠正侵入项目。尽管有这样的好处，协作还是降低了协作记忆的总体水平。例如，在自由回忆中，与名义组的记忆相比，协作组记忆中的错误稳定地降低了(Blumen & Rajaram，2008，2009；Finaly et al.，2000，实验 2 和实验 3；Hyman，Cardwell，& Roy，2013；Johansson，Andersson，& Rönnberg，2000；Johansson，Andersson，& Rönnberg，2005；Pereira-Pasarin & Rajaram，2011；Takahashi & Saito，2004；Weldon & Bellinger，1997；Yaron-Antar & Nachson，2006)。然而，即使对总的回忆量进行了错误修正，协作组的成绩还是不如名义组，协作抑制效应仍然稳健地存在(Congleton & Rajaram，2011)。

协作抑制发生在不同年龄跨度之间。实验室研究发现，协作抑制不仅出现在年轻人中，老年人也有协作抑制。年轻人是这类实验的典型被试(Johansson et al.，2000，2005；Ross et al.，2004；见 Blumen，Rajaram，& Henkel，2013)。老年人不仅表现出协作抑制效应，而且其协作抑制的程度也与年轻人表现相同(Henkel & Rajaram，2011；Meade & Roediger，2009；Ross，Spencer，Blatz，& Restorick，2008)。为了考察这一现象的普遍性，研究探讨了 7 岁、9 岁和 15 岁儿童的两人组协作记忆，发现均存在协作抑制效应(Andersson，2001；Leman & Oldham，2005)。

如本章所述，在特别设计的情境下，协作记忆带来的提取成绩的削弱确实会减少、消失甚至出现逆转。但在实验室标准条件下，这种削弱很容易发生。这种现象非常普遍。在协作记忆中，这种协作对记忆削弱的稳健性，以及在下面即将讲到的、在规定良好的条件下协作记忆的可塑性，提示我们，协作记忆在引导和形成记忆的过程中改变了一些根本的东西。

(三)为什么会发生协作抑制？

协作抑制效应是由于社会懈怠带来的责任分散产生的。有人认为这是不言自明的(Latane，Williams，& Harkins，1979)。也就是说，当两个或两个以上的人共同完成同一项任务的时候，每个人都对其他人心存依赖，从而导致个人的发挥比原本的潜力要小。但研究表明，责任分散和动机减少并不能解释这一缺陷（Weldon，Blair，& Huebsch，2000）。相反，迄今为止的证据表明，协作抑制在本质上主要是认知性的。两种截然不同的认知机制参与了协作抑制效应的产生：提取破坏和提取抑制（Barber，Harris，& Rajaram，2015；Basden，B. H.，et al.，1997）。

提取破坏假说。在考虑其潜在机制时，巴斯登等人（1997）提出了目前已经被实验室研究广泛证明了的提取破坏（有时也叫提取策略破坏）的作用和影响。这一假说认为，每个被试在学习需要记住的材料时，都有一套独特的组织。由于每个个体都有相对独特的学习经历和偏好，因此他们在认知经验的框架内编码和组织输入（见 Rajaram & Pereira-Pasarin，2010，图1）。之后当小组成员协作提取时，一个成员的记忆输出，可能干扰了其他成员的独特的记忆组织，从而干扰了他们的提取。这种破坏过程降低了每个成员的回忆，并产生了协作抑制。巴斯登等人（1997）指出，这类似于另一种违反直觉的效应，即个体回忆中的部分线索效应（D. R. Basden & Basden，1995；D. R. Basden，Basden，& Galloway，1977；Roediger & Neely，1982；Slamecka，1968；另见 Kelley，Pentz，& Reysen，2014）。在部分线索效应中，实验者给被试提供部分学习项目作为提取的线索，与没有线索的提取相比，线索组的被试回忆出的目标项目更少。也就是说，部分线索的呈现降低了提取剩余项目的可能性。线索没有起到提高提取效果的作用。诚如个体回忆中的部分线索效应，协作过程中，小组中一个成员的回忆会干扰和减少另一个成员的回忆，从而削弱小组的总体回忆成绩。

有些证据支持了提取破坏假说。其中一个证据是：协作抑制是否出现与记忆任务要求有关。如果记忆任务更多地依赖于对学过的信息的独特组织，研究者更容易发现协作抑制效应。而当提供提取线索时，这种现象就会减少、消除甚至逆转。例如，在线索回忆和再认中，即使是个体记忆，也没有机会利用自己的组织策略。在这种情况下，由于被试有了提取线索，不能依靠自己的提取组织，所以协作抑制才减弱、消失或反转（Barber et al.，2010；Clark，Hori，Putnam，& Martin，2000；Findly et al.，2000；Meade & Roediger，2009）。

另一个证据是，随着协作小组规模的增大，协作抑制效应的程度也在增加。按照提取破坏假说的预测，协作小组人数越多，成员们提取的结果对组内其他成员的干扰就越大，协作抑制效应也会增加。小组规模大小对协作抑制影响的实验证据有限，但其研究结果与提取破坏假说的预测一致：协作抑制在2人小组被试中并不稳定；在3人小组时，协作抑制效应相对稳定，4人小组更为稳定（B. H. Basden，Basden，& Henry，2000；Thorley & Dewhurst，2007）。在生活情境中，不仅包括2人小组、3人小组和4人小组，还可能有更大的群体，如同社会中更大的网络一样。但在实验室中，超大规模的小组是不现实的，特别是还需要对被试进行各种控制。然而，使用主体建模，我们已经成功地模拟了从2人到128人的群体规模。当群体规模从2人小组到7人小组时，协作抑制持续增加，随后便开始下降（Luhmann & Rajaram，2015）。值得注意的是，名义组要比协作组更早抵达提取上限。尽管协作抑制效应在7人小组中效应最大，但超过 7 人的小组中，仍然存在协作抑制。尽管协作本身对提取具有一定的贡献，但还是掩盖不住削弱效果。这表明了该效应的稳健性。

提取抑制解释。自从巴斯登等人（1997）发表他们的理论解释以来，提取破坏作用的证据迅速增多，正如"回忆中的提取组织的作用"所涵盖的结果所显示的那样。尽管如此，有些研究结果与这一假说并不一致（例如，Barber & Rajaram，2011；Meade & Gigone，2011）。有些研究结果支持了提取阻塞或提取抑制的作用（Bäuml，2008）。例如，再认（Danielsson，Dahlström，& Andersson，2011）和线索回忆（Kelley，et al.，2012；Meade & Roediger，2009）中协作抑制的实验结果与提取破坏假说并不相符。如前所述，与自由回忆任务不同的是，这些回忆任务限制甚至消除了对于信息的个体组织的依赖，因为对于无论是进行小组回忆还是个体回忆的被试，他们都有特定的（并且相同的）线索来指导回忆。因此，如果提取破坏是协作抑制效应的唯一机制，那么在再认或线索回忆中，就不会出现协作抑制效应。尽管早期有些研究在再认和线索回忆中也发现了协作抑制效应（Barber et al.，2010；Thorley & Dewhurst，2009；Finlay et al.，2000），但最近的研究却有所不同。与此相仿，尽管一些研究表明，当编码和提取策略一致时，协作抑制会减小，这与提取破坏假说一致（Barber，Rajaram，& Fox，2012；Finlay et al.，2000；Garcia-Marques et al.，2012；Harris et al.，2013），但其他研究未能观察到这一模式（Barber & Rajaram，2011；Dahlström，Danielsson，Emilsson，& Andersson，2011）。

这种比较流行的提取破坏假说，可以与个体记忆中的部分线索效应相比较。有趣的是，部分线索效应的解释中，记忆破坏是唯一可能的基础。然而有研究者认为，部分线索破坏的是记忆的组织策略（D. R. Basden & Basden，1995）。确实，这些项目随后还可以被记起。另一种可能性是，线索可能在协作期间阻碍了那些没有被想起来的项目（Rundus，1973；Bäuml，2008）。如若如此，尽管这些项目随后不能回忆，但肯定可以被再认。然而也有人认为，部分线索的呈现本身，增强了人们对线索项的记忆，抑制了那些非线索项的提取（Anderson，Bjork，& Bjork，1994；Bäuml，2008；Bäuml & Aslan，2004，2006）。如果是这样的话，那么这些项目被试以后既想不起来，也认不出来。通过慢速反应时间测量遗忘（Cuc，Koppel & Hirst，2007），以及协作后遗忘（Blumen & Rajaram，2008；Congleton & Rajaram，2011）研究的证据，支持了这种解释。但这些研究都没有试图探讨破坏、阻塞和抑制对回忆准确性的影响。我们比较了三种协作记忆假说。首先让小组成员单独学习完全不重叠的词表，然后要求他们一起协作回忆各自的词表，最后让他们完成一个单独的测验，或者是自由回忆（实验 1），或者是再认（实验 2）（Barber et al.，2015）。

小组成员之间的学习词表不重叠，确保了在协作过程中，如果被试忘记了某些学习项目，那么他们不会通过另一个成员的回忆来接触到这些项目。因此，如果未记起项目在随后的单独测验中被记起，这一结果说明是破坏得到了释放，因此支持提取破坏假说。如果协作期间未被记起的项目在之后也没被记起，但在之后的单独测验时能够被再认，那么将支持这样的观点，即该项目在之前被阻塞了。如果协作过程中没有被记起的项目在随后的单独测验中既没有被记起也没有被再认，这表明协作记忆过程中也存在提取抑制。研究结果表明，与名义组相比，在协作条件下，被试最后的个体回忆和再认任务受损，支持了提取抑制解释。与此同时，最终个体回忆测试中，被试的回忆量显著多于中间协作记忆提取量，表明协作带来的削弱得到了部分释放。这一结果支持提取破坏解释。综上所述，这些研究表明协作抑制是由破坏和抑制共同导致的。

(四)减少、消除或逆转协作记忆中的协作抑制

我们对提取抑制作用的认识是最近才开始的。但是，提取破坏和协作抑制之间的联系已经得到了相当多的实证检验。除了表明提取破坏如何导致协作抑制外，同时这一联系还解释了减少或消除破坏会如何导致协作抑制的改变。接下来将讨论这些研究中的一部分。

提取组织在回忆中的作用。在回忆时，人们表现出一种偏好，即把信息聚类为一些更高层次的单元(Gates，1917)。在回忆时，人们通过一些策略聚类信息的过程被称为提取组织。例如，如果学习的信息包括不同分类类别(动物名称、职业类型)的样本，人们倾向于回忆聚类中的相关样本(Bousfield，1953)。虽然这样的聚类反映了对相关信息的广泛理解，但在编码和回忆学习信息时，人们也带来了他们独特的过去经历和学习经历。因此，提取组织也反映了内部驱动、独特组织，也被称为主观组织(Gates，1917；Tulving，1962)。例如，通常缺乏外部组织(如无关词)的学习信息，可能会增加对这种独特的提取组织的使用。

回忆时，个体组织学习信息的方式，是理解提取破坏如何影响协作记忆的关键。如前所述，提取破坏指的是，小组中一位成员回忆学过的信息的顺序，可能干扰了另一位成员组织他的回忆输出顺序的过程。在小组成员的提取组织中，这种分歧会使每个成员最大的回忆潜能遭到破坏。

对一个人提取组织的破坏，可以通过不同的方式来减少。一种方式是，在小组成员间调整提取组织。考虑到在不同小组成员间，特定提取组织的不匹配降低了协作记忆，提升他们各自提取组织的匹配性，应该可以提升协作记忆。巴斯登等人(1997)准确展示了这一模式；他们研究比较了样例的多少对协作抑制的影响。如果学习的样例比较少，相对于大样例来说，被试更容易进行类似的组织。研究结果发现，样例少，协作抑制减少了，或消失了。当要求被试以相同的顺序对学习项目进行编码时，由于给予了类似的组织，协作抑制也消失了(Finlay et al.，2000)。同样，在印象形成的情境下，当编码的回忆组织在被试间较一致时，协作抑制也减少了(Garcia-Marques et al.，2012)。

协调小组成员间的提取组织，是减少提取破坏从而减少协作抑制的一种方法。在这种方法中，由主试决定提取的组织方式。在文献中，另一种方法是，允许学习者(即被试)发展自己的提取组织，但是其方式是在协作回忆过程中不受干扰。我们把这种研究称为学习方法的影响(Congleton & Rajaram，2011)。与提取破坏假说一致的是，当学习材料没有得到很好的组织时，协作记忆中的协作抑制就会增加。因为这样的信息要求学习者必须对材料进行更多的独特

组织，而如果学习时材料的组织就很好的话，则无须个体的独特组织（Basden，B. H. et al.，1997）。这种推理意味着，在协作之前，通过采取特定的学习方法，加强对学习材料的组织，应该可以减少提取破坏，从而减少协作抑制。我们让被试重复学习，而不是单一轮次地学习。通过这种方式加强被试的学习组织，发现协作抑制确实减少了（Pereira-Pasarin ＆ Rajaram，2011）。通过增加学习轮次提高对材料的组织程度的经典研究，可以追溯到 20 世纪 70 年代。研究表明，对类别词的重复学习不仅增加了回忆量（Cepeda，Vul，Rohrer，Wixted，＆ Pashler，2008；Croweder，1976；Glenberg，1979；Greene，1989），也增加了对回忆信息的组织程度（Roenker，Thompson，＆ Brown，1971；Rundus，1971）。我们观察到了这些对被试记忆的影响，比如重复学习增加了回忆，以及根据类别样本聚类，增强了对回忆信息的组织。对于提取破坏假说至关重要的是，这种组织的增加与回忆中协作抑制的减少相关。

虽然重复的学习机会与随后的协作抑制相关，但在另一项研究中，我们发现，如果每个小组成员首先单独重复回忆学习项目，那么在随后的协作记忆中，协作抑制则消失了（Congleton ＆ Rajaram，2011）。这说明重复回忆极大地增强了记忆和提取的组织（例如，Congleton ＆ Rajaram，2011；Karpicke ＆ Roediger，2008；Roediger ＆ Karpicke，2006；Zaromb ＆ Roediger，2010）。在这两项研究中（Congleton ＆ Rajaram，2011；Pereira-Pasarin ＆ Rajaram，2011），我们计算了回忆聚类度，以量化在回忆中把信息组织为概念单元的程度（Roenker et al.，1971）。如前所述，相比于单次的学习机会，重复学习增强了提取组织（Pereira-Pasarin ＆ Rajaram，2011），而且重复回忆比重复学习更进一步增加了提取组织（Congleton ＆ Rajaram，2011）。这些模式与之前的预测相一致：即协作时，增强提取组织可以减少提取破坏，相应地可以减少或消除协作抑制。要求被试在协作之前进行重复学习或重复提取，这时我们可以看到，新出现的组织如何减少协作的破坏性影响。换句话说，这些实验操纵提供了一个鲜活的视角用来了解组织的形成以及组织的形成与协作抑制的减少之间的关联。如果在学习之前，被试已经获得的认识和专业知识，能够使得那些将要提取的信息获得更好的组织，那么在协作记忆过程中，会发生什么？米德等人（Meade et al.，2009)很好地考察了这一问题。在研究中，研究者向飞行员专家、新手以及非飞行员介绍了飞行场景，然后要求这些被试单独或者与专家配对，来回忆这些场景。研究结果发现，只有在那些由新手和非飞行员组成的小组中，才会存在协作抑制。他们没有知识基础来构建一种对学习材料的强有力的概念组织。与之形成鲜明对比的是，专家飞行员表现出了协作促进。这种逆转支持了这一观点：即先验知识和专业知识，会导致专家伙伴间对学习材料的强化和一致性组织，并防止了回忆过程中的破坏。此外，由于破坏的减少或消除，这种情况也为协作促进创造了机会。米德等人（2009)探讨了利用协作技巧促进协作效应的产生。对回忆后的陈述进行的编码表明，与新手和非专业人士相比，专家更愿意认可他人的贡献，并且对他人报告的结果进行了更精细的加工（进一步研究见 Nokes-Malach，Meade，＆ Morrow，2012）。专家的技术让人联想到交叉线索加强记忆的观点。交叉线索的好处在于，被试可以借助他人的回忆，来唤起自己本来再也无法提取的信息（Meudell et al.，

1992，1995）。然而需要注意的是，交叉线索并不局限在伙伴是某一特定领域的专家，交叉线索也适用于其他的一些情境（例如，Congleton & Rajaram，2011，协作伙伴是陌生人和非专业人士）。简言之，强大的概念组织，可以保护个体的记忆在协作过程中不遭受破坏。因此，在这种情况下，可以实现协作促进。

　　然而，如果被试的回忆，既未被有效地组织，甚至也未被适中地组织，就像普通的编码回忆一样，提取破坏如何起作用呢？在这种情况下，被试的提取组织不是很好，而是缺乏组织。如果被试几乎没有把独特的组织策略带入协作，那么，与形成适中的组织策略时相比，能够破坏的策略就更少。因此，与在高度组织中观察到的情形不同，当小组成员的回忆缺乏组织时，协作抑制发生的可能性更小。这种违反直觉的预测，已经得到了研究的支持，这些研究通过采用编码操纵或编码后操纵，能够削弱提取的组织。

　　我们研究了在集中注意或者分散注意条件下被试学习类别词表。通过对编码的操纵，我们发现了个人策略弱化效应。其中，在注意分散条件下，让被试完成记忆任务的同时完成另一项额外的辅助任务——监控声调（Congleton & Rajaram，2011）。与目前关注的问题相关的是，学习时的分散注意条件，不仅降低了随后的回忆率，而且也降低了在个体回忆率中，对回忆输出的组织（Baddeley，Lewis，Eldridge，& Thomson，1984；Craik，Govoni，Naveh-Benjamin，& Anderson，1996；Craik & Kester，2000）。首先，我们重复获得了这两种效应：与集中注意编码相比，分散注意后的回忆率更低，提取组织的程度（调整聚类比例，Roenker et al，1971）也更低。其次，实验背后的基本原理是至关重要的，协作抑制在集中注意编码后是稳定存在的，但在分散注意编码后消失了，即使分散注意的回忆成绩远远高于地板效应水平（大约26%）。

　　编码后操作的证据来自一系列研究。这些研究考察了，协作抑制效应与学习和回忆之间延迟时间的函数关系。随着学习和测验之间的延迟增加，学习信息时所形成的个体提取策略可能会削弱。这种变化产生了一种情况，即当协作在一段延迟后发生时，相比于在学习阶段之后较短时间内发生时，通过协作输入能够破坏的组织更少。因此，延迟可以减少或消除协作抑制。根据这种推理，协作抑制是一种有时间限制的现象，比如当学习和回忆之间延迟2小时时（相比于7分钟；Congleton & Rajaram，2011），与名义组相比，协作组减少了协作回忆的代价（costs of collaborative remembering）；当延迟一周时，甚至逆转了这种效应，产生了协作促进作用（Takahashi & Saito，2004）。

　　他人再现获益的作用。正如前面的论述所显示的，在对协作抑制效应的调节中，提取破坏（以及对破坏的保护）起着重要的作用。协作的过程，至少可以产生两个积极的效应，以改善记忆：再现和交叉线索。这可能会影响协作抑制的程度。在这里，我们考虑了这些机制。

　　再现指的是，在协作期间，其他小组成员的回忆内容，有可能是被试无论如何也记不起的项目，对被试而言提供了第二次学习的机会，此为再现（Blumen & Rajaram，2008，2009；Rajaram & Pereira-Pasarin，2007）。因为在协作提取期间，小组成员接触到了彼此的记忆输出，再现的好处并不是在这个阶段得以表达。相反，这些好处出现在之后的记忆测试中：协作后个体的回忆表现，或者第二次协作回忆。目前关注的是第二种情况（协作回忆）。

当同一组被试进行两次回忆时，在第二次回忆中，协作抑制仍然持续存在，但是它的量被削弱了。这种跨阶段的回忆由于缺乏独立性，排除了统计检验对协作抑制削弱的影响。即使如此，在多阶段协作记忆的研究中，这种模式始终存在（Blumen & Rajaram，2008；Choi，Blumen，Congleton，& Rajaram，2014；Congleton & Rajaram，2014；Weldon & Bellinger，1997）。在这些研究中，对平均记忆水平的检验显示，连续回忆时，名义组的回忆成绩提高，就像在个人回忆中观察到的记忆增强效应，记忆中重复回忆学习信息的行为，在每次连续回忆时都会使提取表现更好，即使这些信息只学习了一遍（Payne，1987）。协作协作记忆增加了更多的、重复的、协作记忆的阶段。当在连续回忆中，检验记忆恢复和遗忘的变化时，这种协作记忆的促进效应就变得较明显了。记忆恢复指的是，第一次回忆时没有记起，但在第二次回忆时可以被记起的项目；而遗忘指的是，第一次回忆时记起，但在第二次回忆时没有想起的项目（记忆增强指的是，记忆恢复大于遗忘的部分）。例如，在布卢门和拉贾拉姆（2008）的研究中，跨越两次连续协作回忆的记忆恢复的量是 11%，遗忘量是 2%；然而在两次连续的个体回忆中，记忆恢复率更低，是 8%，而遗忘率更高，是 4%（一种相似模式参见 Choi et al.，2014）。协作记忆中出现的记忆恢复的增加和遗忘的降低，一方面可能是由于在第二次回忆时，小组成员可以记起在第一个阶段并未记起的额外项目，这与个人回忆的情境相仿。另一方面，他们能回忆第一阶段没有记起的项目，是由于在第一次协作时，通过小组其他成员的回忆对再现项目获得了再次学习的机会。在这种情况下，第一次集体回忆中的再现，可以减少第二次回忆时的协作抑制。第三种可能性是，在第一次协作提取时，小组成员的提取，对组内其他成员起到了提示作用，导致他们在第二次提取时，回忆出第一次提取没有想起的内容。我们之前讨论过这一过程。在那种情况下，两次回忆间隔一周时间（Congleton & Rajaram，2011）。

当一个成员两次回忆过去，但在第二次回忆情境中，有一组新的伙伴加入时，他人再现促进作用就更明显了。先后与两组不同伙伴（所有人最初学习相同的学习材料）一起回忆学习过的材料，每一个成员都有更多机会促进记忆：他既受到当前伙伴的影响，又受到当前伙伴之前的伙伴的影响。换句话说，在第二次协作回忆时，每个小组成员都带有由不同的协作伙伴带来的、他人再现获益的累积。相对于只与一组伙伴一起完成两次协作提取的情况，与不同伙伴先后两次提取，受他人再现的促进作用应该得到了加强。我们通过比较三人小组的记忆成绩，来检验这一猜测。一种情况是小组中成员相同，协作两次（相同的小组）；第二种情况是先后两次协作提取的小组成员不同（重新分配的小组）（Choi et al.，2014）。第二次回忆时，协作抑制在相同成员组持续存在（尽管在数字上较小），但在重新分配的小组中，协作抑制效应完全消失了。有趣的是，第二次回忆时，相比于相同的小组，重新分配的小组更容易忘记之前记起的项目。这支持了一个合理的假设，即由于新伙伴不同的提取策略，变换伙伴将增加提取破坏。然而，与前面概述的基本原理相一致的是，在重新分配的小组中，这种破坏的效应被他人再现所带来的获益所超越。在重新分配的小组中，记忆恢复（第一次回忆时没有记起，第二次回忆时记起的项目）要比相同的小组多很多。简言之，协作抑制的形成，不仅取决于提取破坏的大小，还取决于他人再现的获益。

交叉线索获益的作用。正如本章开头所指出的，协作过程中的交叉线索，可以提高集体成绩。这一观点背后的假设是，小组中一个成员回忆的内容，可以成为对另一个成员提取的线索，从而导致团队回忆中的协作促进。然而，这种促进作用的证据相对难以捕捉（Andersson，Hitch，& Meudell，2006；Congleton & Rajaram，2011；Meudell et al.，1992；Meudell et al.，1995；Takahashi & Saito，2004）。一种可能是，在协作过程中，确实会出现交叉线索效应，但是它们被破坏效应所掩盖。被试回忆得越多，则被破坏得越多（Roediger，1978）。但当被试回忆水平下降时，他人回忆的项目，作为提取线索是更有效的（Takahashi & Saito，2004）。这一推理与部分线索效应的结果是一致的。在规范的部分线索效应的研究中，部分线索会破坏和降低个体回忆；当学习和提取之间的时间间隔增加时，个体回忆会得到改善（Raaijmakers & Phaf，1999）。有证据支持了协作回忆时，交叉线索是有益的这一推断。因为延迟两小时后，协作组的回忆保持稳定，而名义组的回忆下降了（Congleton & Rajaram，2011，重复学习条件）；经过一周的延迟后，协作组的回忆比名义组更好（Takahashi & Saito，2004）。最初的一系列基本研究发现了协作抑制的减少，也创造出了考察交叉线索效应的条件。

伙伴的角色特征。到目前为止讨论的研究中，协作组均由陌生人组成。这是为了确保各种实验控制，为了了解影响协作和记忆的基本机制。而这些基本机制会随着协作情境的变化加以改变。例如，小组由非陌生人，比如朋友或夫妻组成。实验研究之前，如果协作成员间彼此了解，许多变量会发生变化。在由非陌生人组成的小组成员间，小组规模（朋友或夫妻通常为一对）、关系的性质（熟人、同事、朋友、兄弟姐妹、夫妻）、关系的持续时间（最近、长期、自幼）和协作记忆的主题（愉快的、有争议的、实际的、情感的）等，虽然只是少量但却可能存在很大差异的变化。那么，在这些群体中，协作抑制现象是如何产生的？

这样的推测是合理的：如果之前，小组成员与其他成员有协作记忆的经历，那么，他们很可能会分享大量的经验和信息，建立一致的提取策略，或者了解双方的优势和策略性分配互补的内容，从而建立了所谓交互记忆系统（Hollingshead，1998；Wegner，1987；Wegner，Erber，& Raymond，1991；Wegner，Guiliano，& Hertel，1985）。正如前面讨论过的研究所表明的，如果这些技能被用于协作记忆，那么，由非陌生人组成的两人组或多人小组，将显示出协作抑制的减少、消除甚至逆转。换句话说，熟悉的协作伙伴具有统一的提取策略，较少受到干扰，更多地从交叉线索中获益，而且具有比陌生人更成熟的协作技能。现有的发现与这些预期基本一致。例如，尽管协作抑制持续存在，但在熟悉的群体中，它们被削弱了（Andersson，2001；Andersson & Rönnberg，1995；1996；1997；Johansson et al.，2000，2005；Ross et al.，2004）。另有研究发现，使用协调一致的、小组水平的策略，即包含提取策略调整和交互记忆的策略，在结婚多年的老年夫妇间产生了协作促进（Harris，Keil，Sutton，

Barnier，& McIlwain，2011)。在结婚多年的老年夫妇中，也发现了协作的优势和交互记忆系统的形成(Barnier et al.，2014)。

正如前文"交叉线索的获益"所述，在协作记忆中，协作抑制的作用是受多种机制调节的。迄今为止，大量的实验工作都是在针对提取破坏的作用。在协作记忆中，还有其他机制被激活，或者作为协作回忆的后果出现。即使这些后果对协作抑制效应不存在直接的作用，但也与其具有一定的关系。此处考虑的重点是，社会传染和小组层面的提取组织的出现。

(五)社会传染错误和协作抑制

社会传染错误(Social contagion errors)指的是，他人的错误或者信息的错误回忆，会影响自我的回忆，从而产生记忆错误的现象。在不同的记忆研究范式中，都发现了这种社会传染错误(Loftus，2005；另参见 Gabbert & Wheeler；Henkel & Kris；Paterson & Monds，6，8 和 20 章)。这些错误也可能发生在协作记忆中，即使在某些情况下，协作可以消除彼此错误回忆的信息。在记忆错误的社会传染中，一个成员对未呈现的，但相关的项目的回忆，经常被整合到另一个成员后来的回忆尝试中。这种错误的传染已经在一些材料中得以发现。如，日常场景(Davis & Meade，2013；Huff，Davis，& Meade，2013；McNabb & Meade，2014；Meade & Roediger，2002；Roediger，Meade，& Bergman，2001)、罪案现场照片(Wright，Self，& Justice，2000)以及关联词汇(Basden et al.，2002；Roediger & McDermott，1995)。记忆错误的传染是非常强大的。即使被试知道，他们的伙伴的记忆力很差，他们仍然会将伙伴的错误意见融入他们自己的记忆中(Numbers，Meade，& Perga，2014)。错误的社会传染有可能改变协作记忆中的协作抑制的程度。例如，社会压力下错误传染增加(Reysen，2007)。这表明要求达成共识的协作指导语，可能会增加社会压力，使人们顺从(Reysen，2003)，进而减少记忆错误(通过一个成员纠正由另一个成员犯的错误)或者增加记忆错误(通过一个成员接受另一个成员的错误以达成共识)。相反，在协作期中的轮流提取(在没有来来回回反复讨论的情况下)，因为不同的原因，可能会导致记忆错误的传播。因为一个成员的错误记忆可能无法被纠正，还可能融入到其他人的记忆中。如果通过社会传染过程，协作记忆时回忆错误增加了(或减少了)，那么在协作组回忆时，与名义组相比，修正的记忆成绩(回忆时，纠正了错误的回忆总体水平)可能存在差异。这样，社会传染错误就可能影响记忆的协作抑制。

(六)协作抑制改变小组成员的协作后记忆

本章将不会详细描述协作记忆过程中，产生协作抑制的过程与协作记忆的后果之间的关系。然而，对主要发现的简要总结，有助于理解协作回忆过程的深远影响。

本章总结了三种机制对协作记忆效应的影响，即提取破坏、提取抑制和社会传染错误。这些机制不仅影响协作记忆的成绩，而且也影响到每个小组成员之后可能单独记住的内容。提取破坏的影响似乎是暂时的，以至于许多未被记起的项目，在协作后回忆中"反弹"。但是提取抑制，顾名思义，将导致后来的遗忘。与这种机制相类似，谈话中，省略相关细节也会导致稍后的遗忘。这种机制被称为"社会分享型提取诱发遗忘（*socially shared retrieval-induced forgetting*）"（Coman et al.，2009；Cuc et al.，2007；另参见 Hirst 和 Yamashiro，第5章）。最后，在协作过程中发生的对记忆错误的社会传染，在协作后记忆中，产生了相关的效果，即在个体回忆阶段，增加了之前的小组成员的错误回忆的内容。

　　除了减少协作后记忆的数量和降低其正确率以外，在协作后记忆中，协作过程还导致了提取效果的提高。实验研究表明，削弱或者消除协作抑制的编码条件，可以改善协作后的个体记忆（例如，Blumen & Rajaram，2008，2009；Choi et al.，2014；Congleton & Rajaram，2011，2014）。此外，在协作记忆过程中，被激活的额外进程，也塑造了协作后记忆。例如，协作期间的他人再现效应，确实影响了随后的记忆（例如，Blumen & Rajaram，2008，2009；Choi et al.，2014；Congleton & Rajaram，2011，2014）。事实上，随着社交网络规模越来越大，在协作过程中，增加了未记起材料的再现机会，协作后记忆也相应地得到了提高（例如，Choi et al.，2014）。交叉线索效应也有可能产生类似的提升。协作后的个体记忆同时反映了协作记忆的消极的（降低记忆）和积极的（提高记忆）双重影响。协作对个体在教育环境下的表现究竟具有促进作用还是损害的作用？上述发现对理解这样的问题具有重要的意义。在教育和社会心理学中，这是备受关注的（例如，Cohen，1994；Johnson & Johnson，2009；Slavin，1990）。我们已经开始通过采用学习言语材料（Blumen，Young & Rajaram，2014），以及采用学习统计学（Pociask & Rajaram，2014）的实验研究，来探索这一问题。

（七）协作抑制和协作记忆

　　协作回忆不仅在个体层面上改变了协作后记忆，而且在集体水平上，它也改变了协作后记忆。相比于协作前和没有进行协作的个体，进行过协作记忆的主体，他们的重叠记忆的数量更多。本节重点讨论协作记忆，也就是小组水平的协作后记忆。在本节中，同样，我们不讨论长时程的实验处理。我们讨论了协作抑制和协作记忆之间的联系的焦点问题（参见 Abel et al.；Hirst & Yamashiro，第5、第16章）。

　　在包括人类学（Cole，2001）、历史学（Bodnar，1992）和社会学（Halbwachs，1950/1980）在内的许多学科中，协作记忆的概念已经普遍存在。虽然这些学科对协作记忆的定义各不相同，但是所有的定义都伴随着文化认同。例如，由一群个人（社区、国家）共享的记忆，代表了他们的共同认同。近年来，记忆心理学家对这一现象也越来越感兴趣（Hirst & Manier，2008；Wertsch & Roediger，2008）。对协作记忆的实验室研究使这一概念得以操作化（例如，Cuc et al.，2007；Cuc et al.，2006；Stone，Barnier，Sutton，& Hirst，2010）。这个版本的协作记忆也被称为共享记忆（Congleton & Rajaram，2014）。

　　共享小组记忆。我们重申了一些对于协作记忆的形成至关重要的因素（参见 Rajaram & Pereira-Pasarin，2010）。例如，我们已经讨论了在协作记忆过程中，他人再现的作用（Choi et al.，2014；Congleton & Rajaram，2014）。另一个例子是，协作记忆过程中的错误修正，或者错误传染，也可以调整协作后记忆。这里的重点是，协作抑制，以及协作抑制对共享记忆的形成、组织和维持产生重大影响的证据（Congleton & Rajaram，2014）。例如，在早期的研究中，我们发现，协作记忆（以及协作抑制的存在）与随后个体记忆中重叠项目的增加有关（Blumen & Rajaram，2008）。这些早期的发现支持了提取破坏和提取抑制（即遗忘）在形成协作记忆过程中的作用。在我们随后的实验室证据中，这种联系变得越来越清晰。例如，在形成协作记忆方面，提取比编码起着更为重要的作用（Barber，Rajaram，& Fox，2012）。随着协作抑制的增加（导致更多的提取破坏），随后的共享记忆也会增加（Congleton & Rajaram，2011；2014）。与相同数量的，但每次都是在不同的小组成员之间进行的协作回忆相比，同一小组成员重复进行的协作回忆增加了共享记忆的内容（Choi et al.，2014）。相对于个体回忆，协作回忆导致了共享记忆的持久性的增加，重复的协作回忆更是如此。例如，在协作回忆和随后的个体回忆之间延迟一周后，发现了共享记忆的增加（Congleton & Rajaram，2014）。

共享小组组织。提取抑制对形成共享记忆至关重要。这一点是容易理解的。因为提取抑制导致了遗忘，并且在之后的记忆中，减少了不重叠的、可能较弱的记忆。但是提取破坏如何增加共享记忆呢？通过一种破坏过程，每个组员对学习材料时的独特组织都遭到了一定的损害，小组成员逐渐开始形成一种对于被回忆出的学习材料的、小组水平的组织（Weldon & Bellinger，1997）。换句话说，回忆时，协作破坏了每个组员的独特的组织，同时，它还创造了一种条件，即每个组员开始发展一种新版本的回忆内容和序列。比如在协作记忆后，小组成员间拥有了更多的一致性，无论是关于他们记得什么，还是关于他们如何组织各自记忆的信息。因此，他们之后的记忆很少受自己对学习材料的组织的引导，而更多地由小组水平的组织所引导。如果这个假设是正确的，那么，与协作前回忆和从未参加协作的个体的回忆相比，协作后记忆应该不仅反映了共享记忆的增加，而且还反映了共享组织的增加。这正是我们在几种条件下发现的（Congleton & Rajaram，2014）现象。随着协作抑制效应的增加，协作后回忆中的共享组织也逐渐增加（Congleton & Rajaram，2014）。与此相仿，一次的协作回忆比从来没有协作增加了共享组织。但与同一组伙伴多次重复的协作回忆，却更多地增加了共享组织（Blumen & Rajaram，2008；Choi et al.，2014；Congleton & Rajaram，2014）。

二、 结束语

协作记忆中的协作抑制效应，是一种令人惊讶的现象。在协作提取中，相互作用的群体的提取比他们本来记住的内容要少。这种稳健的记忆削弱的现象与一种朴素的认识相矛盾：当人们一起协作回忆之前所学的信息时，每个组员所回忆的信息，会作为其他成员记忆的交叉线索，从而提升协作记忆的成绩。尽管协作记忆中的损害大部分是暂时的，例如，一些未回忆的记忆在协作后得到恢复，但其他那些未回忆的信息则确实被遗忘了。基于群体成员的学习经历、先验知识、学习和记忆的环境，以及群体成员间关系的性质，协作抑制能够减少、消失甚至逆转。解释为什么会发生协作抑制的理论，也同时较好地预测了小组回忆中的这些变化。

除了协作抑制，协作回忆还产生了各种其它的记忆结果。在本章中，我们对其中的一些结果做了总结。例如，对记忆错误的社会传染，他人再现对记忆准确性的提高，通过协作修改记忆错误，以及通过交叉线索小组回忆中表现出的隐约的提高（但有时是可以探测到的）。协作抑制效应与上述记忆后果相互作用形成对记忆的社会制约。

理解协作抑制发生的原因和时间，一个关键的因素是，小组回忆中产生的协作抑制会对小组成员的协作后记忆产生强大而重要的影响。一方面，协作回忆提高了协作后小组成员的记忆数量和准确性；另一方面，因为在协作回忆时小组成员报告的一些错误项目，使得当初的协作回忆也导致了协作后记忆错误的增加。

无论小组成员是否记得更多、更准确，抑或因为协作，记住了更多错误的信息，相比之前，小组的记忆都更加一致，形成了协作记忆或共享记忆。之前的小组成员不仅能记住（或忘记）更多的重叠信息，他们还能以越来越相似的方式，组织这些记忆。从本质上讲，协作抑制不仅塑造了共享记忆的内容，而且还塑造了这些共享记忆的结构，或小组水平的组织。由多人共享的新的提取组织的内化，对于之前的小组成员后续获取新的信息，具有强大的影响。一种新的记忆组织，可以塑造群体成员未来的学习。例如，通过回忆，塑造家庭知识、相同的社交网络，或者在社区中，人们强化相似的信念、偏见，以及在相同班级或者教育环境中，调节学生如何获取教学知识。此前，我们已经详细讨论了这些问题（Choi et al.，2014；Congleton & Rajaram，2014）。它们的影响是深远的。对于协作抑制的认知原理的理解，为社会记忆的这些深远的后果，提供了一把钥匙。

致　　谢

感谢雷亚·马什伍德（Raeya Maswood）对本手稿早期版本的评论。本章的编写得到了美国国家科学基金会（1456928）的支持。

参考文献

Anderson，M. C.，Bjork，R. A.，& Bjork，E. L.（1994）. Remembering can cause forgetting：Retrieval dynamics in long-term memory. *Journal of Experimental Psychology：Learning，Memory，& Cognition*，20，1063-1087. doi：10. 1037/0278-7393. 20. 5. 1063

Andersson，J.（2001）. Net effect of memory collaboration：How is collaboration affected by factors such as friendship，gender and age? *Scandinavian Journal of Psychology*，42，367-375. doi：10. 1111/1467-9450. 00248

Andersson，J.，Hitch，G.，& Meudell，P.（2006）．Effects of the timing and identity of retrieval cues in individual recall：An attempt to mimic cross-cueing in collaborative recall. *Memory*，14，94-103. doi：10.1080/09658210444000557

Andersson，J.，& Rönnberg，J.（1995）．Recall suffers from collaboration：Joint recall effects of friendship and task complexity. *Applied Cognitive Psychology*，9，199-211. doi：10.1002/acp. 2350090303

Andersson，J.，& Rönnberg，J.（1996）．Collaboration and memory：Effects of dyadic retrieval on different memory tasks. *Applied Cognitive Psychology*，10，171-181. doi：10.1002/（sici）1099-0720（199604）10：2<171：：aid-acp385>3.0. co；2-d

Andersson，J.，& Rönnberg，J.（1997）．Cued memory collaboration：Effects of friendship and type of retrieval cue. *European Journal of Cognitive Psychology*，9，273-287. doi：10.1080/713752558

Baddeley，A.，Lewis，V.，Eldridge，M.，& Thomson，N.（1984）．Attention and retrieval from long-term memory. *Journal of Experimental Psychology：General*，113，518-540. doi：10.1037/0096-3445. 113. 4. 518

Barber，S.J.，Harris，C.B.，& Rajaram，S.（2015）．Why two heads apart are better than two heads together：Multiple mechanisms underlie the collaborative inhibition effect in memory. *Journal of Experimental Psychology：Learning，Memory，and Cognition*，41，559-566. doi：10.1037/xlm0000037

Barber，S.J.，& Rajaram，S.（2011）．Exploring the relationship between retrieval disruption from collaboration and recall. *Memory*，19，462-469. doi：10.1080/09658211. 2011. 584389

Barber，S.，Rajaram，S.，& Aron，A.（2010）．When two is too many：Collaborative encoding impairs memory. *Memory & Cognition*，38，255-264. doi：10.3758/mc. 38. 3. 255

Barber，S.J.，Rajaram，S.，& Fox，E.B.（2012）．Learning and remembering with others：The key role of retrieval in shaping group recall and collective memory. *Social Cognition*，30，121-32. doi：10.1521/soco. 2012. 30. 1. 121

Barber，S.J.，Rajaram，S.，& Paneerselvam，B.（2012）．The collaborative encoding deficit is attenuated with specific warnings. *Journal of Cognitive Psychology*，24，929-941. doi：10.1080/20445911. 2012. 717924

Barnier，A.J.，Priddis，A.C.，Broekhuijse，J.M.，Harris，C.B.，Cox，R.E.，Addis，D.R.，…Congleton，A.R.（2014）．Reaping what they sow：Benefits of remembering together in intimate couples. *Journal of Applied Research in Memory and Cognition*，3，261-265. doi：10.1016/j. jarmac. 2014. 06. 003

Basden，B.H.，Basden，D.R.，Bryner，S.，& Thomas，R.L.（1997）．A comparison of group and individual remembering: Does collaboration disrupt retrieval strategies? *Journal of Experimental Psychology: Learning, Memory, and Cognition*, 23, 1176-1189. doi: 10. 1037/0278-7393. 23. 5. 1176

Basden, B. H. , Basden, D. R. , & Henry, S. (2000). Costs and benefits of collaborative remembering. *Applied Cognitive Psychology*, 14, 497-507. doi: 10. 1002/1099-0720(200011/12)14: 6<497:: aid-acp665>3. 0. co; 2-4

Basden, B. H. , Reysen, M. B. , & Basden, D. R. (2002). Transmitting false memories in social groups. *American Journal of Psychology*, 115, 211-231. doi: 10. 2307/1423436

Basden, D. R. , & Basden, B. H. (1995). Some tests of the strategy disruption interpretation of part-list cuing inhibition. *Journal of Experimental Psychology: Learning, Memory, and Cognition*, 21, 1656-1669. doi: 10. 1037/0278-7393. 21. 6. 1656

Basden, D. R. , Basden, B. H. , & Galloway, B. C. (1977). Inhibition with part-list cuing: Some tests of the item strength hypothesis. *Journal of Experimental Psychology: Human Learning and Memory*, 3, 100-108. doi: 10. 1037/0278-7393. 3. 1. 100

Bäuml, K. -H. (2008). Inhibitory processes. In: H. L. Roediger, III (Volume Ed.), Cognitive psychology (In: J. H. Byrne (Ed.), *Learning and memory—a comprehensive reference*(pp. 195-220). Oxford, UK: Elsevier.

Bäuml, K. -H. , & Aslan, A. (2004). Part-list cuing as instructed retrieval inhibition. *Memory & Cognition*, 32, 610-617. doi: 10. 3758/bf03195852

Bäuml, K. -H. , & Aslan, A. (2006). Part-list cuing can be transient and lasting: The role of encoding. *Journal of Experimental Psychology: Learning, Memory, and Cognition*, 32, 33-43. doi: 10. 1037/0278-7393. 32. 1. 33

Blumen, H. M. , & Rajaram, S. (2008). Influence of re-exposure and retrieval disruption during group collaboration on later individual recall. *Memory*, 16, 231-244. doi: 10. 1080/09658210701804495

Blumen, H. M. , & Rajaram, S. (2009). Effects of repeated collaborative retrieval on individual memory vary as a function of recall versus recognition tasks. *Memory*, 17, 840-846. doi: 10. 1080/09658210903266931

Blumen, H. M. , Rajaram, S. , & Henkel, L. (2013). The applied value of collaborative memory research in aging: Considerations for broadening the scope. *Journal of Applied Research in Memory and Cognition*, 2, 133-135. doi: 10. 1016/j. jarmac. 2013. 05. 004

Blumen, H. M. , Young, K. E. , & Rajaram, S. (2014). Optimizing group collaboration to maximize later individual retention. *Journal of Applied Research in Memory and Cognition*, 3, 244-251. doi: 10. 1016/j. jarmac. 2014. 05. 002

Bodnar, J. (1992). *Remaking America: Public memory, commemoration, and patriotism in the twentieth century*. Princeton, NJ: Princeton University Press.

Bousfield, W. A. (1953). The occurrence of clustering in the recall of randomly arranged associates. *Journal of General Psychology*, 49, 229-240. doi: 10. 1080/00221309. 1953. 9710088

Brown, V. R. , & Paulus, P. B. (2002). Making group brainstorming more effective: Recommendations from an associative memory perspective. *Current Directions in Psychological Science*, 11, 208-212. doi: 10. 1111/1467-8721. 00202

Cepeda, N. J. , Vul, E. , Rohrer, D. , Wixted, J. T. , & Pashler, H. (2008). Spacing effects in learning: A temporal ridgeline of optimal retention. *Psychological Science*, 19, 1095-102. doi: 10. 1111/j. 1467-9280. 2008. 02209. x

Choi, H. -Y. , Blumen, H. M. , Congleton, A. R. , & Rajaram, S. (2014). The role of group configuration in the social transmission of memory: Evidence from identical and reconfigured groups. *Journal of Cognitive Psychology*, 26, 65-80. doi: 10. 1080/20445911. 2013. 862536

Clark, S. E. , Hori, A. , Putnam, A. , & Martin, T. P. (2000). Group collaboration in recognition memory. *Journal of Experimental Psychology: Learning, Memory, and Cognition*, 26, 1578-1588. doi: 10. 1037/0278-7393. 26. 6. 1578

Cohen, E. G. (1994). Restructuring the classroom: Conditions for positive small groups. *Review of Educational Research*, 64, 1-35. doi: 10. 3102/00346543064001001

Cole, J. (2001). *Forget colonialism? Sacrifice and the art of memory in Madagascar (Ethnographic Studies in Subjectivity No. 1)*. Berkeley, CA: University of California Press.

Coman, A. , Manier, D. , & Hirst, W. (2009). Forgetting the unforgettable through conversation: Socially shared retrieval-induced forgetting of September 11 memories. *Psychological Science*, 20, 627-33. doi: 10. 1111/j. 1467-9280. 2009. 02343. x

Congleton, A. R. , & Rajaram, S. (2011). The influence of learning method on collaboration: Prior repeated retrieval enhances retrieval organization, abolishes collaborative inhibition, and promotes post-collaborative memory. *Journal of Experimental Psychology: General*, 140, 535-551. doi: 10. 1037/a0024308

Congleton, A. R. , & Rajaram, S. (2012). The origin of the interaction between learning method and delay in the testing effect: The role of processing and retrieval organization. *Memory & Cognition*, 40, 528-539. doi: 10. 3758/s13421-011-0168-y

Congleton, A. R. , & Rajaram, S. (2014). Collaboration changes both the content and the structure of memory: Building the architecture of shared representations. *Journal of Experimental Psychology: General*, 143, 1570-1584. doi: 10. 1037/a0035974

Craik, F. I. M. , Govoni, R. , Naveh-Benjamin, M. , & Anderson, N. D. (1996). The effects of divided attention on encoding and retrieval processes in human memory. *Journal of Experimental Psychology. General*, 125, 159-180. doi: 10. 1037/0096-3445. 125. 2. 159

Craik, F. I. M. , & Kester, J. D. (2000). Divided attention and memory: Impairment of processing or consolidation? In: E. Tulving(Ed.), *Memory, consciousness and the brain: The Tallinn conference* (pp. 38-51). New York, NY: Psychology Press.

Crowder, R. G. (1976). *Principles of learning and memory*. Oxford, UK: Erlbaum.

Cuc, A. , Koppel, J. , & Hirst, W. (2007). Silence is not golden: A case for socially shared retrieval-induced forgetting. *Psychological Science*, 18, 727-733. doi: 10. 1111/j. 1467-9280. 2007. 01967. x

Cuc, A. , Ozuru, Y. , Manier, D. , & Hirst, W. (2006). On the formation of collective memories: The role of a dominant narrator. *Memory & Cognition*, 34, 752-762. doi: 10. 3758/bf03193423

Dahlström, O. , Danielsson, H. , Emilsson, M. , & Andersson, J. (2011). Does retrieval strategy disruption cause general and specific collaborative inhibition? *Memory*, 19, 140-154. doi: 10. 1080/09658211. 2010. 539571

Danielsson, H. , Dahlström, O. , & Andersson, J. (2011). The more you remember the more you decide: Collaborative memory in adolescents with intellectual disability and their assistants. *Research in Developmental Disabilities*, 32, 470-476. doi: 10. 1016/j. ridd. 2010. 12. 041

Davis, S. D. , & Meade, M. L. (2013). Both young and older adults discount suggestions from older adults on a social memory test. *Psychonomic Bulletin & Review*, 20, 760-765. doi: 10. 3758/s13423-013-0392-5

Deese, J. (1959). On the prediction of occurrence of particular verbal intrusions in immediate recall. *Journal of Experimental Psychology*, 58, 17-22. doi: 10. 1037/h0046671

Diehl, M. , & Stroebe, W. (1987). Productivity loss in brainstorming groups: Toward the solution of a riddle. *Journal of Personality and Social Psychology*, 53, 497-509. doi: 10. 1037/0022-3514. 53. 3. 497

Dixon, R. A. , Gagnon, L. M. , & Crow, C. B. (1998). Collaborative memory accuracy and distortion: Performance and beliefs. In: M. J. Intons-Peterson & D. L. Best (Eds.), *Memory distortions and their prevention* (pp. 63-88). Mahwah, NJ: Lawrence Erlbaum Associates, Publishers.

Ebbinghaus, H. (1885). *Uber das gedachinis*. Leipzig, Germany: Dunker & Humblot.

Finlay, F. , Hitch, G. J. , & Meudell, P. R. (2000). Mutual inhibition in collaborative recall: Evidence for a retrieval-based account. *Journal of Experimental Psychology: Learning, Memory, and Cognition*, 26, 1556-1567. doi: 10. 1037/0278-7393. 26. 6. 1556

Garcia-Marques，L.，Garrido，M. V.，Hamilton，D. L.，& Ferreira，M. B.（2012）. Effects of correspondence between encoding and retrieval organization in social memory. *Journal of Experimental Social Psychology*，48，200-206. doi：10. 1016/j. jesp. 2011. 06. 017

Gardner，H.（1985）. *The mind's new science：A history of the cognitive revolution.* New York，NY：Basic Books.

Gates，A. I.（1917）. Recitation as a factor in memorizing. *Archives of Psychology*，6，1-141.

Glenberg，A. M.（1979）. Component-levels theory of the effects of spacing of repetitions on recall and recognition. *Memory & Cognition*，7，95-112. doi：10. 3758/bf03197590

Greene，R. L.（1989）. Spacing effects in memory：Evidence for a two-process account. *Journal of Experimental Psychology：Learning，Memory，and Cognition*，15，371-377. doi：10. 1037/0278-7393. 15. 3. 371

Halbwachs，M.（1950/1980）. *The collective memory*（F. J. Ditter Jr. & V. Y. Ditter，Trans. ）. New York，NY：Harper Row.（Original work published 1950）

Harris，C. B.，Barnier，A. J.，& Sutton，J.（2012）. Consensus collaboration enhances group and individual recall accuracy. *The Quarterly Journal of Experimental Psychology*，65，179-194. doi：10. 1080/17470218. 2011. 608590

Harris，C. B.，Barnier，A. J.，& Sutton，J.（2013）. Shared encoding and the costs and benefits of collaborative recall. *Journal of Experimental Psychology：Learning，Memory，and Cognition*，39，183-195. doi：10. 1037/a0028906

Harris，C. B.，Keil，P. G.，Sutton，J.，Barnier，A. J.，& McIlwain，D. J. F.（2011）. We remember，we forget：Collaborative remembering in older couples. *Discourse Processes*，48，267-303. doi：10. 1080/0163853x. 2010. 541854

Henkel，L. A.，& Rajaram，S.（2011）. Collaborative remembering in older adults：Age-invariant outcomes in the context of episodic recall deficits. *Psychology and Aging*，26，532-545. doi：10. 1037/a0023106

Hirst，W.，& Manier，D.（2008）. Towards a psychology of collective memory. *Memory*，16，183-200. doi：10. 1080/09658210701811912

Hollingshead，A. B.（1998）. Retrieval processes in transactive memory systems. *Journal of Personality and Social Psychology*，74，659-671. doi：10. 1037/0022-3514. 74. 3. 659

Huff，M. J.，Davis，S. D.，& Meade，M. L.（2013）. The effects of initial testing on false recall and false recognition in the social contagion of memory paradigm. *Memory & Cognition*，41，820-831. doi：10. 3758/s13421-013-0299-4

Hyman，I. E. Jr.，Cardwell，B. A.，& Roy，R. A.（2013）. Multiple causes of collaborative inhibition in memory for categorised word lists. *Memory*, 21, 875-890. doi: 10. 1080/09658211. 2013. 769058

Johansson, O. , Andersson, J. , & Rönnberg, J. (2000). Do elderly couples have a better prospective memory than other elderly people when they collaborate? *Applied Cognitive Psychology*, 14, 121-133. doi: 10. 1002/(sici)1099-0720(200003/04)14: 2<121:: aid-acp626> 3. 3. co; 2-1

Johansson, N. O. , Andersson, J. , & Rönnberg, J. (2005). Compensating strategies in collaborative remembering in very old couples. *Scandinavian Journal of Psychology*, 46, 349-359. doi: 10. 1111/j. 1467-9450. 2005. 00465. x

Johnson, D. W. , & Johnson, R. T. (2009). An educational psychology success story: Social interdependence theory and cooperative learning. *Educational Researcher*, 38, 365-379. doi: 10. 3102/0013189x09339057

Karpicke, J. D. , & Roediger, H. L. , III(2008). The critical importance of retrieval for learning. *Science*, 319, 966-968. doi: 10. 1126/science. 1152408

Kelley, M. R. , Pentz, C. , & Reysen, M. B. (2014). The joint influence of collaboration and part-set cueing. *The Quarterly Journal of Experimental Psychology*, 67, 1977-1985. doi: 10. 1080/17470218. 2014. 881405

Kelley, M. R. , Reysen, M. B. , Ahlstrand, K. M. , & Pentz, C. J. (2012). Collaborative inhibition persists following social processing. *Journal of Cognitive Psychology*, 24, 727-734. doi: 10. 1080/20445911. 2012. 684945

Latane, B. , Williams, K. , & Harkins, S. (1979). Many hands make light the work: The causes and consequences of social loafing. *Journal of Personality and Social Psychology*, 37, 822-832. doi: 10. 1037/0022-3514. 37. 6. 822

Leman, P. J. , & Oldham, Z. (2005). Do children need to learn to collaborate? The effect of age and age differences on collaborative recall. *Cognitive Development*, 20, 33-48. doi: 10. 1016/j. cogdev. 2004. 07. 002

Loftus, E. F. (2005). Planting misinformation in the human mind: A 30-year investigation of the malleability of memory. *Learning & Memory*, 12, 361-366. doi: 10. 1101/lm. 94705

Luhmann, C. C. , & Rajaram, S. (2015). Memory transmission in small groups and large networks: An agent-based model. *Psychological Science*, 26, 1909-1917. doi: 10. 1177/09567976 15605798

McNabb, J. C. , & Meade, M. L. (2014). Correcting socially introduced false memories: The effect of re-study. *Journal of Applied Research in Memory and Cognition*, 3, 287-292. doi: 10. 1016/j. jarmac. 2014. 05. 007

Meade，M. L. ，& Gigone，D.（2011）．The effect of information distribution on collaborative inhibition. *Memory*，19，417-428. doi：10. 1080/09658211. 2011. 583928

Meade，M. L. ，Nokes，T. J. ，& Morrow，D. G.（2009）．Expertise promotes facilitation on a collaborative memory task. *Memory*，17，39-48. doi：10. 1080/09658210802524240

Meade，M. L. ，& Roediger，H. L. ，III（2002）．Explorations in the social contagion of memory. *Memory & Cognitio*n，30，995-1009. doi：10. 3758/bf03194318

Meade，M. L. ，& Roediger，H. L. ，III（2009）．Age differences in collaborative memory：The role of retrieval manipulations. *Memory & Cognition*，37，962-975. doi：10. 3758/mc. 37. 7. 962

Meudell，P. R. ，Hitch，G. J. ，& Boyle，M. M.（1995）．Collaboration in recall：Do pairs of people cross-cue each other to produce new memories? *Quarterly Journal of Experimental Psychology A：Human Experimental Psychology*，48，141-152. doi：10. 1080/14640749508401381

Meudell，P. R. ，Hitch，G. J. ，& Kirby，P.（1992）．Are two heads better than one? Experimental investigations of the social facilitation of memory. *Applied Cognitive Psychology*，6，525-543. doi：10. 1002/acp. 2350060606

Nokes-Malach，T. J. ，Meade，M. L. ，& Morrow，D. G.（2012）．The effect of expertise on collaborative problem solving. *Thinking & Reasoning*，18，32-58. doi：10. 1080/13546783. 2011. 642206

Numbers，K. T. ，Meade，M. L. ，& Perga，V. A.（2014）．The influences of partner accuracy and partner memory ability on social false memories. *Memory & Cognition*，42，1225-1238. doi：10. 3758/s13421-014-0443-9

Paulus，P. B.（2000）．Groups，teams，and creativity：The creative potential of idea-generating groups. *Applied Psychology：An International Review*，49，237-262. doi：10. 1111/1464-0597. 00013

Payne，D. G.（1987）．Hypermnesia and reminiscence in recall：A historical and empirical review. *Psychological Bulletin*，101，5-27. doi：10. 1037/0033-2909. 101. 1. 5

Pereira-Pasarin，L. P. ，& Rajaram，S.（2011）．Study repetition and divided attention：Effects of encoding manipulations on collaborative inhibition in group recall. *Memory & Cognition*，39，968-976. doi：10. 3758/s13421-011-0087-y

Pociask，S. ，& Rajaram，S.（2014）．The effects of collaborative practice on statistical problem solving：benefits and boundaries. *Journal of Applied Research in Memory and Cognition*，3，252-260. doi：10. 1016/j. jarmac. 2014. 06. 005

Raaijmakers，J. G. W. ，& Phaf，R. H.（1999）．Part-list cuing revisited：Testing the sampling-bias hypothesis. In: C. Izawa (Ed.), *On human memory: Evolution, progress, and reflections on the 30th anniversary of the Atkinson-Shiffrin model*. (pp. 87-104). Mahwah, NJ: Lawrence Erlbaum Associates.

Rajaram, S. (2011). Collaboration both hurts and helps memory: A cognitive perspective. *Current Directions in Psychological Science*, 20, 76-81. doi: 10.1177/0963721411403251

Rajaram, S., & Pereira-Pasarin, L. P. (2007). Collaboration can improve individual recognition memory: Evidence from immediate and delayed tests. *Psychonomic Bulletin & Review*, 14, 95-100. doi: 10.3758/bf03194034

Rajaram, S., & Pereira-Pasarin, L. (2010). Collaborative memory: Cognitive research and theory. *Perspectives on Psychological Science*, 5, 649-663.

Reysen, M. B. (2003). The effects of social pressure on group recall. *Memory & Cognition*, 31, 1163-1168. doi: 10.1177/1745691610388763

Reysen, M. B. (2007). The effects of social pressure on false memories. *Memory & Cognition*, 35, 59-65. doi: 10.3758/bf03195942

Reysen, M. B., Talbert, N. G., Dominko, M., Jones, A. N., Kelley, M. R. (2011). The effects of collaboration on recall of social information. *British Journal of Psychology*, 102, 646-661. doi: 10.1111/j. 2044-8295. 2011. 02035. x

Roediger, H. L., III (1978). Recall as a self-limiting process. *Memory & Cognition*, 6, 54-63. doi: 10.3758/bf03197428

Roediger, H. L., III, & Karpicke, J. D. (2006). The power of testing memory: Basic research and implications for educational practice. *Perspectives on Psychological Science*, 1, 181-210. doi: 10.1111/j. 1745-6916. 2006. 00012. x

Roediger, H. L., III & McDermott, K. B. (1995). Creating false memories: Remembering words not presented in lists. *Journal of Experimental Psychology: Learning, Memory, and Cognition*, 21, 803-814. doi: 10.1037/0278-7393. 21. 4. 803

Roediger, H. L., III, Meade, M. L., & Bergman, E. T. (2001). Social contagion of memory. *Psychonomic Bulletin & Review*, 8, 365-871. doi: 10.3758/bf03196174

Roediger, H. L., III, & Neely, J. H. (1982). Retrieval blocks in episodic and semantic memory. *Canadian Journal of Psychology*, 36, 213-242. doi: 10.1037/h0080640

Roenker, D. L., Thompson, C. P., & Brown, S. C. (1971). Comparison of measures for the estimation of clustering in free recall. *Psychological Bulletin*, 76, 45-48. doi: 10.1037/h0031355

Ross, M., Spencer, S. J., Blatz, C. W., & Restorick, E. (2008). Collaboration reduces the frequency of false memories in older and younger adults. *Psychology and Aging*,

23，85-92. doi：10.1037/0882-7974.23.1.85

Ross，M.，Spencer，S. J.，Linardatos，L.，Lam，K. C. H.，& Perunovic，M.（2004）. Going shopping and identifying landmarks: Does collaboration improve older people's memory? *Applied Cognitive Psychology*，18，683-696. doi：10.1002/acp.1023

Rundus，D.（1971）. Analysis of rehearsal processes in free recall. *Journal of Experimental Psychology*，89，63-77. doi：10.1037/h0031185

Rundus，D.（1973）. Negative effects of using list items as recall cues. *Journal of Verbal Learning and Verbal Behavior*，12，43-50. doi：10.1016/s0022-5371(73)80059-3

Slamecka，N. J.（1968）. An examination of trace storage in free recall. *Journal of Experimental Psychology*，76，504-513. doi：10.1037/h0025695

Slavin，R. E.（1990）. Cooperative learning: Theory，research，and practice. Boston，MA：Allyn & Bacon.

Stone，C. B.，Barnier，A. J.，Sutton，J.，& Hirst，W.（2010）. Building consensus about the past: Schema consistency and convergence in socially-shared retrieval-induced forgetting. *Memory*，18，170-184. doi：10.1080/09658210903159003

Takahashi，M.，& Saito，S.（2004）. Does test delay eliminate collaborative inhibition? *Memory*，12，722-731. doi：10.1080/09658210344000521

Thorley，C.，& Dewhurst，S. A.（2007）. Collaborative false recall in the DRM procedure: Effects of group size and group pressure. *European Journal of Cognitive Psychology*，19，867-881. doi：10.1080/09541440600872068

Thorley，C.，& Dewhurst，S. A.（2009）. False and veridical collaborative recognition. *Memory*，17，17-25.

Tulving，E.（1962）. Subjective organization in free recall of "unrelated" words. *Psychological Review*，69，344-354. doi：10.1037/h0043150

Wegner，D. M.（1987）. Transactive memory: A contemporary analysis of the group mind. In B. Mullen & G. R. Goethals(Eds.)，Theories of group behavior(pp.185-208). New York，NY：Springer-Verlag.

Wegner，D. M.，Erber，R.，& Raymond，P.（1991）. Transactive memory in close relationships. *Journal of Personality and Social Psychology*，61，923-929. doi：10.1037/0022-3514.61.6.923

Wegner，D. M.，Guiliano，T.，& Hertel，P. T.（1985）. Cognitive interdependence in close relationships. In：W. J. Ickes(Ed.)，*Compatible and incompatible relationships*(pp.253-276). New York，NY：Springer-Verlag.

Weldon，M. S.（2001）. Remembering as a social process. In：D. L. Medin(Ed.)，*The psychology of learning and motivation: Advances in research and theory*, Vol. 40 (pp. 67-120). San Diego, CA: Academic Press.

Weldon, M. S., & Bellinger, K. D. (1997). Collective memory: Collaborative and individual processes in remembering. *Journal of Experimental Psychology: Learning, Memory, and Cognition*, 23, 1160-1175. doi: 10. 1037/0278-7393. 23. 5. 1160

Weldon, M. S., Blair, C., & Huebsch, D. (2000). Group remembering: Does social loafing underlie collaborative inhibition? *Journal of Experimental Psychology: Learning, Memory, and Cognition*, 26, 1568-1577. doi: 10. 1037/0278-7393. 26. 6. 1568

Wertsch, J. V. (2002). *Voices of collective remembering*. New York, NY: Cambridge University Press.

Wertsch, J. V., & Roediger, H. L. (2008). Collective Memory: Conceptual foundations and theoretical approaches. *Memory*, 16, 318-326. doi: 10. 1080/09658210701801434

Wessel, I., Zandstra, A. R., Hengeveld, H. M., & Moulds, M. L. (2015). Collaborative recall of details of an emotional film. *Memory*, 23, 437-444. doi: 10. 1080/ 09658211. 2014. 895384

Wright, D. B., & Klumpp, A. (2004). Collaborative inhibition is due to the product, not the process, of recalling in groups. *Psychonomic Bulletin & Review*, 11, 1080-1083. doi: 10. 3758/bf03196740

Wright, D. B., Self, G., & Justice, C. (2000). Memory conformity: Exploring misinformation effects when presented by another person. *British Journal of Psychology*, 91, 189-202. doi: 10. 1348/000712600161781

Yaron-Antar, A., & Nachson, I. (2006). Collaborative remembering of emotional events: The case of Rabin's assassination. *Memory*, 14, 46-56. doi: 10. 1080/09658210444000502

Yuker, H. E. (1955). Group atmosphere and memory. *Journal of Abnormal and Social Psychology*, 51, 117-123. doi: 10. 1037/h0046464

Zaromb, F. M., & Roediger, H. L., III (2010). The testing effect in free recall is associated with enhanced organizational processes. *Memory & Cognition*, 38, 995-1008. doi: 10. 3758/mc. 38. 8. 995

第5章
遗忘的社会因素

威廉·赫斯特（William Hirst），杰里米·山城（Jeremy Yamashiro）

学者们在讨论记忆的社会因素的时候，往往会强调记忆的内容。例如，与协作记忆有关的大量文献关注的是人们在一起是如何历数过去的（参见 Rajaram；Henkel & Kris；Blumen；参见第4、第8、第24章）。同样，关于交互记忆的研究重点是，人们如何建立相互依赖的个体系统，以支撑在单独记忆时，对任何个体来讲都可能成为负担的内容（Wegner，1987）。正如俗语所说，建立"记忆场"是为了促进记忆（Nora，1997）。此外，从维果茨基（1978）到尼尔森和菲伍什（2000；另参见 Haden et al.；Fivush et al.；Wang；Reese；Salmon；Hyden & Forsblad；参见第2、第3、第17、第18、第19、第25章）的研究中，关于记忆的脚手架的讨论，不可避免地集中在脚手架是如何协助记忆的。沃茨（2002）从心理学的角度，写出了第一本关于集体记忆的书，他把这本书命名为《集体记忆的声音》（*Voices of Collective Remembering*）。

然而，此处我们的兴趣在于遗忘，这是与记住相对立的。从对记忆的研究开始，遗忘就伴随其间。但人们通常认为，遗忘是一种记忆的缺陷，是记忆的缺失。沙克特（2001）把它作为"记忆之罪"之一。小说家米兰·昆德拉（1996）在《笑忘录》（*The Book of Laughter and Forgetting*）这本书中描写极权主义政权时，很好地描述了这种偏见："人与权力的斗争就是记忆与遗忘的斗争。"未来主义者们也认为，计算机相对人类的优势之一在于，前者永远不会忘记，而后者经常会忘（例如，Kurzweil，2013）。正如弗洛伊德（1914）在他对压抑的讨论中指出的那样（对他来说遗忘是令人不安的），为了恢复心理健康，人们需要帮助患者记住。忘记会导致心理困扰；记住能创造一个健康的个体。

然而，遗忘确实具有好处。正如学者们早就指出的那样，斯通等人（Stone et al.，2012）称为"记忆式沉默"（mnemonic silences）的东西（在任何记忆行为中出现的缺陷），往往不像是障碍，而更像是对可能成为不协调的知识结构的东西的仔细雕琢。康纳顿（Connerton，2008）提出了遗忘的七分法。方框 5-1 将其列出，并提供了一些例子来说明遗忘的好处。我们在这里详细阐述了第五类遗忘，"遗忘废除"。在《巨人传》（*The Life of Gargantua and Pantagruel*）这本书中，拉伯雷（Rabelais，2009）通过描述高康大（Gargantua）的思想如何被过多的学术知识堵塞，这些知识如何使他难以清晰地思考，来说明这种遗忘。他的医生给了他一种让他打喷嚏的药物，并且在打喷嚏的时候，他喷出了多余的知识，之后他发现可以更清楚地进行思考了。虽然这个例子是虚构的，但它抓住了科学的趋势：关注最新结果，忘记早期的发现。实际上，库恩（Kuhn，1962）的范式转换可以被视为有益遗忘的行为。

方框 5-1　康纳顿（2008）的七种遗忘类型和有益遗忘的例子

（1）压抑性遗忘（repressive erasure）（一个国家企图抹去公众的某种记忆，就像罗马帝国对灾难记忆的处理一样）。罗马参议院对政治人物治罪，但政治人物的影响还在。为了消除这种影响，罗马当局禁止公众提及那个政治犯，并销毁所有相关材料的记录，试图来消除公众对政治犯的记忆。有时，压抑性遗忘有利于大众。例如，在 17 世纪，议员、律师和古文物学家联合断言，诺曼在英国的建立不是由于威廉的征服，而是自然的继承，因此，威廉不能撤销早期国王所做出的各种权力让步。

（2）规定性遗忘（prescriptive forgetting）（与压抑性遗忘相似，但它是为了每个人的个人利益）。经过多年的独裁统治，在公元前 403 年，雅典民主党人重新进城，宣布禁止提起独裁统治期间独裁者犯下的罪行和不法行为。他们在雅典卫城建立了一个代表宽恕和遗忘精神的祭坛，希望这种宣言能够削弱潜在的复仇行为。

（3）构成性遗忘（constitutive forgetting），遗忘是新身份的组成部分（遗忘可以使个体继续生活并创造新的身份）。当一个人开始一种新的浪漫关系时，这种遗忘显然起着一定的作用。在这种情况下，最好忘记过去关系中的痛苦和烦恼，并关注新关系对你意味着什么。通过相似的方式，婆罗洲、巴厘岛和爪哇岛农村地区以及其他东南亚地区的居民倾向于忘记他们的祖先，并且专注于当前的亲属关系。很显然，这种忘记重新塑造了他们的社会身份，并且能够让群体中的新人更容易融入其中。

（4）结构性健忘症（structural amnesia）（这种遗忘取决于社会环境中固有的结构性特征）。例如，人们倾向于忘记那些来自遥远的过去的，对提升他们的社会地位没有价值的亲属，如犯罪分子或囚犯。

（5）遗忘废除（为了过滤过多的信息）。

（6）计划性淘汰（planned obsolescence）（市场营销人员期待产品不断更新换代）。市场当然也希望消费者不断进行产品换代，忘记他们喜欢的旧产品并拥抱最新型号的产品。

（7）羞辱性沉默（humiliated silence）（人们常常想忘记过去屈辱的经历）。第二次世界大战结束后，德国经历了毁灭性的贫困，但相关的小说、历史研究和个人回忆录却很少。例如，1959 年的匿名日记《柏林的女人》，以可怕的细节描绘了这一时期德国的惨状。这本书在欧洲的大多数国家得以广泛传播，但在德国则没有。这种忽视让德国人摆脱了关于他们的失败的羞辱性回忆。

（经过康纳顿·P 的同意后引用。）

但是，不仅仅是学者需要通过遗忘来摆脱记忆的束缚，普通百姓也可以将他们一生中发生的数百万个事件编织成一种连贯的叙事（并且可能是一种相对积极的叙事），因为他们记住了一些事情，而忘记了许多其他事情。我们可以在记忆达人的观点中感受到这种遗忘的好处。记忆达人们经常抱怨他们非凡的记忆能力可能是一种诅咒，是为了惩罚他们才让他们记住那些细节。而普通人可以忘掉那些内容，是非常幸运的（例如，Luria，1968）。拥有看似无限的自传体记忆的吉尔·普莱斯（Jill Price）通过令人沮丧的细节，描述了无法忘记生活中许多不幸的令人痛苦的事件，后果有多么严重（Price & Davis，2009）。她被过多的信息困扰，并且可能难以构建连贯的、积极的以及健康的生活叙事。幸运的是，大多数人都会忘记。可以肯定的是，无论人们多么愿意这样做，人生的许多方面都是无法忘记的。然而，毫无疑问，我们的生活之所以形成了今天我们认为的状况，不仅仅是因为我们所记得的东西，而且还因为我们所忘记的东西。实际上，大多数人忘记了他们生活的很大一部分（Linton，1982）。

方框 5-1 中的遗忘及其实例，如果用到集体记忆中，对应的就是集体遗忘的好处。集体遗忘在增强群体内社会联结方面具有一定作用，这常常被自传体记忆研究者作为记忆的功能加以引用（Bluck，Alea，Habermas，& Rubin，2005）。虽然当谈到一个国家时，这个群体可能是"想象的"（Anderson，1983），但毫无疑问，集体遗忘会塑造这种想象的形象。可以肯定的是，集体记忆可能会贬低群体中的某些人，并抬高其他人的地位。

这些言论既不是有争议的，也不是新奇的。在此，我们的兴趣是探索人类记忆的演变这一观点，即这种演变一部分是为了促进社会联系，与此同时，集体遗忘，而不仅仅是集体记忆，是这种适应的关键组成部分。其他学者强调，人类的社会性可能导致了高水平的智力，因为人们要努力去应对日益复杂的社会结构（Humphrey，1976）。在这里，通过仔细研究人类记忆及其在日常生活中的使用方式，我们想弄清楚，人类遗忘的能力是否会促进社会群体中的共同遗忘，而不是群体间的。因为人类记忆具有社会敏感性，所以人们的遗忘也是相互影响的。它促成的遗忘不会导致一个人忘记一件事而另一个人忘记完全不同的一件事，而是导致同一群体的成员忘记了同样的事情。人们可以想象一个记忆系统，在这一系统中，记忆以不同的速率在个体间衰退，但是衰退的速度没有规律或理由。它只会反映个体差异。虽然一些记忆衰退可能具有这种特征，但我们探讨的是，其他遗忘是否会因为非常具体和极端的社会原因而发生；同时人类遗忘是否会促进集体遗忘。反过来，这种集体遗忘有助于形成集体记忆，我们认为这是人类社会性的基石。

我们通过关注影响人类遗忘的两个社会因素来说明这些观点。首先，与许多其他存储设备如计算机中的存储设备不同，人类的记忆取决于意义。也就是说，事物越有意义，人们对它们的记忆越好；事物的意义越小，其被遗忘的可能性越大。知识基础在这里发挥着至关重要的作用，因为人们利用他们的知识基础来理解事物的意义，详细阐述他们所遇到的事物的意义。布兰斯福德和约翰逊（Bransford & Johnson，1972）的研究很好地说明了这一点。他们要求被试学习句子，例如，"因为接缝是分裂的，所以纸条很酸"。当给被试提供适当的背景时，他们会很好地记住这些句子。这里的背景指的是相关的知识（例如，主试提到了风笛比赛）。但是，如果没有提到适当的背景，就会存在大量遗忘。如果人们要记住的材料毫无意义，那么可能会出现记忆失败。人们需要赋予材料意义，才能记住它。因此，人们可以通过限制或改变材料的意义，来诱发遗忘。人类记忆的这种特征对于集体记忆的形成很重要。因为群体倾向于以相似的方式分享相似的知识体系，并赋予其意义。这样群体成员倾向于记住的是相似的事物，忘记的也是相似的事物。

我们想到的第二个社会因素是，记忆通常嵌入在交流行为中。这更多地出现在本文后面的内容中。但可以讨论的是，在很多情况下，人们可以与他人分享他们过去的经历，这种分享可能是人类特有的。人们经常互相谈论共享的过去事件。在这些交际性记忆行为中，人们很少回忆起所有他们能够记得的事情。回忆是有选择性的。这种选择性回忆不仅会强化回忆的内容，还会导致在记忆或沉默中，人们忘记未提及的内容（Stone et al.，2012）。这些沉默不仅会导致记忆衰退，而且会导致选择性遗忘。相比无关的、未提及的记忆，与选择性回忆内容相关的、未被提及的记忆内容更容易遗忘。人类记忆与集体记忆的形成相关。这种特征产生的原因是，记忆产生于对话中的参与者，并且主要是在记忆可能促进群体内社会联系的情况下产生的。因为对话可以是单向的和双向的，并且可以采用视觉、书面和听觉形式，这种有选择性的集体遗忘甚至会对相当庞大的群体的集体记忆产生深远的影响。

在探索这两个因素之前，我们需要清楚，什么是我们所说的集体记忆和遗忘，尤其是与遗忘相关的社会因素。

一、 集体记忆、 遗忘和遗忘的社会因素

（一）定义集体记忆

对集体记忆（collective memory）的正式研究可以追溯到 20 世纪初。莫里斯·阿尔布瓦克斯（Maurice Halbwachs，1992）做了基础的介绍。他是知名社会学家埃米尔·迪尔克姆（Emile Durkheim）的学生。

在很大程度上，探索集体记忆主题的学者来自社会科学的主流领域：社会学、人类学、历史学、政治学和文化研究。他们倾向于将集体记忆定义为"由社会维护的公共共享符号"。这引

用自当代著名的集体记忆学者杰夫·奥利克（Jeff Olick，1999，P. 335）。在此，我们的兴趣在于，个人、社会机构、一系列文化艺术品，如纪念堂和纪念馆，对于塑造和维护群体的集体记忆能够有多大的作用。重点在于社会的努力，而不是个人要记忆、要回忆，当然也不是个人要忘记的尝试。奥利克明确指出，社区中的个体成员在多大程度上受社会阴谋影响，这样的心理学原理所研究的是他称为集体记忆的东西（参见 Hirst & Stone，2015，反对这一区别的论点）。通过这样做，他将对社会性和政治性因素的研究而不是对心理性因素的研究，置于一切集体记忆研究的前沿。

另一种选择是，将集体记忆视为"在群体中共享的个人记忆，这些记忆影响了群体的身份"（Hirst & Manier，2008）。这个定义为心理学找到了一个确定的位置。因为它强调需要考虑个人和心理原则。这些原则既调控个体记忆的形成，也调控它的广泛分享。可以肯定的是，强大的个人、社会机构和许多其他"外部因素"，都可能会创造文化产品，促进社会实践，并产生社区范围的讨论。但是，这些努力是否会影响群体的记忆，部分取决于群体中体验人工制品、进行实践或参与讨论的人的心理。

再举一个例子。如果华盛顿特区的那些纪念碑对美国的集体记忆会产生影响，那么，它们应该重塑了游客的记忆。例如，林肯纪念堂（Lincoln Memorial）创造了一种持久的记忆。它强调了林肯的崇高特征（Schwartz，2000）。人们肯定记得的是，陡峭地攀爬到达的希腊神庙和一座隐约可见的林肯雕像。雕像模仿了宙斯。纪念馆是有效的，因为它创造了强大的记忆。它这样的能力建立在人类记忆的心理特征之上。在强调林肯的崇高特征时，纪念馆也可能导致游客忘记或至少减少关于林肯卑微出身的记忆的可及性。也就是说，纪念馆强化了林肯的一个形象，同时可能会减少另一个形象。相比之下，即使在参观之后，人们似乎也没有对杰斐逊纪念堂拥有像林肯那样清晰的记忆。在个人层面上，杰斐逊纪念堂可能不会具有记忆效应。因此，无论是在促进某些记忆方面，还是在诱导对其他记忆的遗忘方面，杰斐逊纪念堂对美国的集体记忆产生的影响会更小。

在为个体寻找一个位置时，我们不想削弱社会结构的重要性。集体记忆可以由共享的个体记忆组成，但哪些是已建构的，哪些是未建构的，与记忆的心理机制一样，都受到群体成员所处社会的努力的影响（Hirst & Manier，2008；Smaldino，2014）。对于像林肯纪念堂这样影响群体记忆的纪念馆，群体必须首先决定建立它。这一决策过程需要一种复杂的社会结构：委员会和有权做决定的组织、旅游局，以及不同组织之间的沟通渠道，等等。将集体记忆看作这种社会决策的结果的人，并没有错。我们关注的集体记忆的定义坚持认为，人们也会考虑心理学的贡献（参见 Abel et al.；Rajaram，第 4、第 16 章）。

在集体记忆中，找到心理学的位置的好处之一是，它提供了一个空间来考虑我们的说法，即一般人认为个人记忆的缺陷，实际上促进了集体遗忘，从而塑造了群体的集体记忆。也就是说，缺陷可能是适应。在集体记忆的社会学方法中，没有位置可以用于考虑人类记忆的本质。它的重点完全在于社会的努力。

(二)定义遗忘

至于遗忘，当一个人在一个情境中记住，或可以记得某个东西，然后在后续情境中记不住它时，就会发生。图尔文和珀尔斯通（Tulving & Pearlstone，1966）将两种可能的遗忘方式区分开来，并将可得性与易得性进行了区分。想象存放在盒子底部的存档中的一个文档，存放在远离主阅览室的位置。即使有人知道它的存在，也需要花费大量时间和精力进行搜索才能找到这一文件。在图尔文（1985）的说法中，该文件是可得的，只是并非易得。另一方面，如果文件被破坏，例如，通过缓慢的衰退，它就不是不易得的而是不可得的。我们认为，公平起见，只有当记忆被"完全擦除"时，才会存在不可得性。如果它只是很难找到，那么它将被归类为不易得的。

图尔文（1985）将不可得性和不易得性视为遗忘的实例。但总的来说，据我们所知，记忆通常是因为不易得性，而不是不可得性而被遗忘。实际上，一些学者认为，我们从未完全抹去记忆（Loftus & Loftus，1980）。每个人都有过这样的经历，他们试图记起某些东西却做不到，就断言已经忘记了它，然而，之后给出适当的提示，或者经过一段合理的时间后，记忆突然浮出水面。在这种情况下，当人们说他们忘记了，他们是说他们现在不能记住所需的记忆，而不是他们永远无法记起它。

许多学习记忆的学生可能会发现，我们刚刚使用的档案文件的说法是过时的，而且毫无疑问，这是一种讨论记住和忘记的错误方式。学生们追随巴特利特（1932）的观点，将记忆视为重建过程，而不是将记忆视为存储在存档中，以便以后可以提取，并引导意识。他们认为，记忆每次被想起时，都会被重新构建。从这个角度来看，存储的内容不是对特定事件或获得的事实的记忆，而是对指导重建过去的经验的图示化积累。这些图示与记忆产生的情境相互作用。因此，记忆是这种重建的产物，而不是存储的表征。在记忆发生的特定情境下，遗忘是对记忆发生时所有元素进行表征的失败。这种构造的表征准确性并不是问题。如果一个人具有想起的现象学经验，那么这就是他们所做的（想起）。即使一个人错误地提取了过去的事件（要么通过想起某些事情而忽略了其他事情；要么出现了提取的错误），他们显然有想起事件的经验。他们只是提取了错误的记忆内容。他们不会声称已经忘记了它，也不应该这样认为。

这种记住和遗忘的观点，与那些在准确性方面衡量成功记忆的观点有所不同。提取的失败就是记忆的失败。然而，正如在讨论古希腊（Ancient Greece）文化的发展时，翁（Ong，1967）所指出的那样，记忆和准确性的这种混合，可能是当时一种新的记忆技术（书面文字的结果）。如果没有办法记录原始事件，一个人怎么会知道关于过去事件的记忆是否准确，就像发明书写之前的情况一样。当今，进行标准化心理学实验的研究人员保留了待记忆的材料，并能够将它们与被试后来产生的记忆内容进行比较。因此，心理学家可以确定，被试的记忆反映了"实际发生了什么"的程度。事实上，现有技术允许人们以 20 年前无法想象的细节水平，去记录过去（见 Hoskins；Van den Hoven et al.，第 21、第 22 章）。

　　然而，如果没有记忆技术，人们可能只是根据回忆能够在世界上发挥作用的程度，以及其他人对回忆的认同程度来判断记忆。就后者而言，我们估计，在没有记忆技术的社会，任何回忆都不会达到今天对记忆所期望的这么高的标准。如果要点看似正确，那么很可能不会出现反对意见。从这个角度来看，记忆的目的不是像它"实际上是"一样去表征过去，而是让过去，以服务于三个功能的方式存在于现在。这三个功能是布卢克等人（Bluck et al.，2005）提出来的。他们认为记忆有三个功能：指导现在和未来的思想和行为；允许身份的连续性（对我们而言，指个人和集体）；发展、保持和维系社会纽带（这里指主要兴趣）。那么，对于学习记忆的学生来说，他们主要关心的，不应该是那些记忆与过去的客观事实相匹配的程度，而是这些记忆如何成功地实现了它们预设的功能。在这方面，错误的记起和忘记不是记忆的缺陷，而是在许多情况下记忆的目的（参见 Pasupathi & Wainryb，第 15 章）。

（三）最后，遗忘的社会性方面？

　　在探索引发遗忘性错误的社会因素时，我们背离了记忆心理学研究的创始人之一赫尔曼·艾宾浩斯所创立的悠久传统。自艾宾浩斯以来，许多心理学家都试图排除复杂的社会因素，以揭示被一位艾宾浩斯的经典作品的评论家称为"记忆的原料"的东西（Jacobs，1885）。然而，即使艾宾浩斯也承认，遗忘的速率可以通过社会因素加速或减缓。社会因素在遗忘中起作用的可能性，对于我们学习记忆的学生来说，是一个核心问题，对于其他的学生则不是。我们认为，这些社会因素，或者至少其中一些，是允许小组成员有选择地和集体性地忘记的。可以想象，可能仅在个人层面上，社会因素就能够产生这种结果。我们认为，通过某种方式，人类记忆对社会因素敏感，而这种方式导致了集体遗忘。为了确认这一主张，我们需要探索以下内容：社会力量如何塑造遗忘；遗忘如何促进集体记忆的形成。在随后的讨论中，人们需要记住的是，在许多情况下，遗忘至少部分反映了记住。如果记住受到社会因素的影响，那么，遗忘也会受到社会因素的影响。跟随艾宾浩斯的思路，我们需要研究这些社会因素，而不是控制它们。

二、 遗忘、 意义生成、 解释和图式

（一）图式是社会影响的体现

　　图式的本质是什么？它们是如何调节意义生成的？它们是如何社会化的？它们与遗忘的关系是什么？特别是在集体层面上，图式与遗忘的关系是什么？显然，人们需要适当的知识，或者使用巴特利特（1932）的术语——图式，来赋予他们在世界上遇到的东西意义，从而使这些东西变得令人难忘。与巴特利特对这个术语的解读一样，图式指的是人们对过去的经验和反应所形成的表征。它不是对经验和反应静态的或直接的记录，而是一个动态的、不断变化的、有组织的混合体。巴特利特认为，图式本身并不是记忆；相反，人们使用他们多年来积累的图式，来（重新）构建他们的记忆。因此，相比与图式不一致的材料，人们对与图式一致的材料应该记

得更好；或者将这一观点反过来说，人们应该更容易忘记与图式不一致的材料。例如，布鲁尔和特雷恩斯（Brewer & Treyens，1981）向被试呈现了研究生办公室的照片，后来要求他们回忆或识别房间里的物品。同与图式一致的项目（例如，桌子）相比，与图式不一致的物品（例如，头骨）更可能被遗忘。人们需要适当的知识，以及对这些知识的易得性和适当应用它的能力，以便记住知识。当这些标准中的一个或多个不存在时，会发生遗忘。

群体成员经常共享相似的图式，这使图式得以社会化，也使得图式与对集体遗忘和记忆融合的讨论相关。虽然不同群体间能够共享一些知识，但人们所知道的大部分内容都反映了人们生活的群体。也就是说，在很大程度上，知识具有文化特异性。在一个群体中，与图式不一致的办公家具，在另一个群体中可能与图式一致。例如，对于研究生来说，头骨可能不是预期的办公用品；但对于炼金术士来说，它可能是。为了让一些事物有意义且令人难忘，这个事物必须处于一种"最近理解区"，这引用自维果茨基的观点（1978）。或者引用斯佩贝尔（Sperber）和威尔逊（1986）的观点，它是指，为了让事物有意义，这一事物必须与观众相关。如果材料是无关的，或在最近理解区之外，则很可能被遗忘。对于本文的美国作者来说，一篇关于板球运动的文章似乎毫无意义。他们没有这种游戏的必要图式，以便理解文章。在他们有限的知识和文章的密集行文之间，他们无法建立适当的联系。这篇文章不在他们的最近理解区，因此，大部分文章都是会被忘记的。我们在这里提出的观点，与布兰斯福德和约翰逊（1972）通过他们关于风笛和酸味纸片的例子所提出的观点是相同的。

社会框架性图式、记住和遗忘之间关系所带来的后果是，人们记住的和遗忘的东西会因群体而异。棒球爱好者可能会发现，他们更容易忘记他们最喜欢的球队的失败，同时记住其胜利（Breslin & Safer，2011，也可参见 Kensinger & Schacter，2006）。也就是说，不同的粉丝会记住不同的东西。在这两种情况下，选择性遗忘都有助于巩固相关群体的社会性团结。有趣的是，诺伦扎扬、阿特兰、福克纳和沙勒（Norenzayan，Atran，Faulkner & Schaller，2006）声称，最低限度地违反直觉的信息得到了很好的保留，同时，最大限度地违反直觉的信息被遗忘了。

（二）图式对遗忘的影响以及记忆的失败

有人可能会说，图式理论与遗忘几乎没有关系，至少从长期来看是这样的。伊黎伊斯兰国的成员可能无法记住他们的失败，因为他们忽略了它们；或者未能按照在任何情况下都可能记住它们的方式来表征它们。这并不是说，他们在一段时间内记住它们，后来又忘记了（他们根本就没有有效地编码它们）。

然而，现存的证据是，图式可以指导记住和记忆，甚至还可以指导提取和编码。安德森和皮赫特（Anderson & Pichert，1978）要求被试学习一个故事，在故事中，两个人在一所房子里穿行。在第一种条件下，通过故事的标题，引导被试使其相信，故事是关于两个房地产经纪人的，从而使诸如壁炉状态的细节等变得比较重要。在第二种条件下，标题表明，故事涉及两个小偷"踩点"，因此使得墙上的艺术品更加突出。毫不奇怪，在测试中，即使要求尽可能多地记住其中的信息，被试还是更多回忆起了与图式一致的元素，忘记了与图式不一致的元素。关键的是，主试随后致歉，并告诉第一组被试他们犯了一个错误：这个故事不是关于房地产经纪人的，而是关于小偷的；告诉第二组被试，故事是关于房子产经济人的，而不是关于小偷的。突然间，被试想起了他们忘记的物品。最初读到关于房地产经纪人的被试，现在回忆起了墙上的艺术品。这是他们之前未能回忆的细节。通过改变激活的图式，主试允许被试发现新的提取策略，并反过来记住他们之前忘记的内容。

在这项研究中，被试清楚地"编码"了与房地产经纪人和小偷相关的细节，因为当图式转变时，他们能够回忆起之前未能回忆的信息。结果表明，随着图式的转变，易得性发生了变化。可以认为，凸显的图式引导了被试记住哪些项目，从而唤起了对与图式一致的项目激活。但是，也正是因为这样的原因，突显的图式，使得被试忘记了与图式不一致的项目。随着图式的转变，他们后来可以想起这些被遗忘的项目。但在发生这种转变之前，他们坚持说他们已经报告了他们所能记住的一切。因此，无论一个人记住还是遗忘某些东西，都取决于想起时以及记忆时激活的图式的内容。

(三)叙述性图式模板和民族的集体记忆

毫不奇怪，大多数将图式理论应用于集体记忆的研究都集中在图式如何指导国家层面的记忆。在这项研究中，图式提供了人们借以记住他们国家过去的框架。自阿尔布瓦克斯(1992)的研究以来，学者们已经清楚地知道，在国家层面研究集体记忆时，他们并不是在书写历史。历史是对一个国家过去的专业判断。它以既定的证据规则和对"真理"的要求为指导，无论真相可能多么不稳定。如果面对新的证据，表明之前认定的事实是错误的信息，历史学家就必须"纠正"他们的历史(可参见 White，1973)。然而，即使证明了人们的回忆是错误的，非专业人士则只需记住，就可以顽强地保持记忆(Neisser & Harsch，1992)。"我可能错了，但这就是我记住它的方式。"这种顽固性决定了记忆是个人的还是集体的(参见 Stone，Ghinopoulos，& Hirst，2016，以进一步讨论这一观点)。

当然，我们对于图式如何指导个体关于一个国家过去的回忆不感兴趣。我们感兴趣的是，它能够如何促进遗忘。毕竟，对一个国家过去的集体记忆，往往包含记忆式沉默。而沉默的记忆，在某些情况下伴随了可能会填补其他激活的图式。许多美国人可能都知道，美洲在哥伦布发现它之前就有人居住。但是当要求他们讲述美洲人的历史时，他们很可能从哥伦布的航行开始讲起(E. Zerubavel，2012)。在讲述时，他们对西半球土著居民的了解是不易得的，尽管其可能是可得的。

因此，图式可以指导遗忘和记住，可以在个人或群体的意识之外这样做。虽然人们有时候能够意识到，他们不记得他们可能想要记住的东西(Hart，1965)，但在大多数情况下，他们根本没能提到某些东西，并且只有在被探查时，以及向他们指出他们的失败时，他们才会承认他们已经忘记了这些信息。在任何一种情况下，图式可能都是一种手段，使社会影响塑造人们的遗忘。

三、 沟通、 记住和忘记

（一）记住和沟通

　　与图式有关的大部分研究都关注的是个人回忆的内容，而没有太多考虑听众的反应。在沃茨的例子中，分析是基于叙事的内容，而不是基于交际语境（在这种情况下，一位女性以书面形式回忆起第二次世界大战的历史，这些回忆将由不熟悉的读者阅读）。但是，正如这个例子所说明的那样，记忆常常嵌入在一种交流行为中。如果从广义的角度来看待沟通（如引言中所述，单向的、双向的、视觉的、文本的、听觉的），大多数记忆行为都是沟通行为。很明显，一个姑娘跟她母亲谈到她昨天晚上的约会详情时，她在与她的母亲沟通，并且在记住这次约会。同样，当建立一座纪念碑来让公众记住一位死去的总统，或者建立一座纪念馆来塑造对一个历史事件的记忆时，就会出现记忆行为和交流行为。在这里，不是一个人与另一个人依据过去进行沟通，而是群体（通过官方）与公众就过去进行沟通。电视新闻、报纸、教科书以及许多其他文化艺术品［诺拉（Nora，1997）称之为《记忆之场》（*lieux de mémoire*）］，都可以作为交流的来源。在交流中，这一来源向一个或多个接收者传递记忆。为了便于说明，之后，我们将把沟通的来源称为发言者，并将沟通的接受者称为倾听者，但正如我们刚才所指出的，沟通不一定是口头的。

　　通过将记忆视为沟通，我们拒绝了在它们之间划清界限的标准观点。这个标准观点假定，人们首先记住某些东西，把它放在"意识的脚灯"中（Tulving，1985）；之后，他们选择对其进行沟通，或不对其进行交流。但是，记忆与沟通之间的界限是如此模糊，以至于无法进行区分（Hirst，Coman，& Coman，2014）。当一个女儿与她的母亲谈论昨晚的约会时，她并不是第一时间想起约会结束的细节，之后选择不谈论它们。在大多数情况下，关于约会结束的细节根本不会浮现在脑海中，因为谈话主要是关于约会的人的经济情况和是否善良。听众塑造了对话的流程，而这反过来又决定了所记住的东西，以及不仅未被提及，也未被记住的东西。也就是说，发言者调整他们谈论内容的方式，也会影响他们的记忆（参见 Echterhoff & Kopietz，第 7 章）。即使在单独回忆时，在舒适的床上，个体仍在沟通（尽管是和虚拟听众）。这个虚拟听众可以是自己、朋友、熟人或虚构人物，但无论是谁，他的存在都可以让人们建构自己的记忆，就像在作者写作时，虚拟听众让作者构建他们的叙事一样。如果没有虚拟听众，这种单独的记忆可能会呈现出一种散漫的、非结构化的特征——如果存在内省，这种特征则很少出现。在某些情况下，记忆可能不涉及沟通，就像当记忆不自觉地浮现在脑海中时，比如，当一个人走在街上时（Berntsen，2009）。我们认为，在大多数情况下，人们不是简单地记住过去，而是对过去进行交流，即使仅仅是在和虚拟听众进行沟通。

如果记忆是在沟通，那么它显然具有一种社会性维度。此外，它将人类的记忆行为置于一个特殊的位置，至少与其他物种相比是这样。因为记忆作为一种交流行为，可能是一种独特的人类记忆形式。可以肯定的是，其他物种中的同种生物能够彼此传递信息，就像蜜蜂在舞蹈中进行交流一样（Gould，1975）。使人类的交际记忆行为与众不同的因素，不仅仅是因为这种行为是有目标的，还因为人们经常交流信息，他们知道这些信息将会是相互共享的。如果说蜜蜂告诉彼此它们在寻找花粉时遇到的困难，通过这种交流来结束一天，这种观点是值得怀疑的。然而，人类却经常这样做，即使有时交流双方会共同提取交流的内容。与他人分享过去是记忆的关键功能（Edwards & Middleton，1987；Bluck et al.，2005）。

（二）记忆的选择特性

在对话中，或者在大多数跟记忆有关的讨论中，人们通常不会回忆起他们记住的一切。马什（Marsh，2007）将这种选择性记忆称为复述（retelling）。这与典型实验室任务中强调的详细和准确的记忆形成了对比。听众定调，是产生选择性记忆和选择性遗忘的一种机制，但不是唯一。正如布卢门、亨克尔和克里斯，以及拉贾拉姆在本书的章节（第 4、第 8、第 24 章）中所讨论的那样，单纯的提取行为将导致群体成员忘记一些记忆，这些记忆是他们在其他情境下能够记起的。这种协作抑制，部分是由于提取阻塞而发生的。也就是说，第一个小组成员可能正在寻求一种提取策略，这种策略非常适合她自己编码材料的方式，但不适合第二个小组成员编码相同材料。因此，第一个小组成员已经传递了协作记忆，她采用了一种可能促进她记忆的方式去传递，但是这种方式会引起第二个小组成员的遗忘。这种遗忘可能是通过阻止他寻求一种成功的提取策略来实现的。因此，谈话的动态过程，不仅可以导致选择性记忆，还可以导致选择性遗忘。这些动态过程能够在群体成员间发挥作用，可见，交际性记忆不仅会产生集体记忆，也会产生集体遗忘。

（三）社会分享型提取诱发遗忘

在对话中出现的选择性遗忘，并不局限于对话本身。一篇新颖的文献表明，这种选择性遗忘会对记忆产生持久影响。没得到复述的记忆项目，预计会出现记忆衰退。然而，在对话中，选择性遗忘对记忆的影响，超出了我们对衰退的预期。具体而言，相比未提及且与提取内容无关的记忆项目，那些与提取内容相关的且对话中未提及的内容，更可能在随后的记忆行为中被遗忘。这可能是我们利用衰退所无法预期的。这种特殊形式的遗忘是由安德森、比约克和比约克（1994）发现的，被称为个体内提取诱发遗忘（within-individual retrieval-induced forgetting WIRIF）。之后，研究者将这项原始研究扩展到对话交流中，创立了提取诱发遗忘效应（retrieval-induced forgetting，RIF）。这种效应对于发言者和倾听者来说都存在（Cuc，Koppel，& Hirst，2007）。倾听者中的提取诱发遗忘，效应被称为社会分享型提取诱发遗忘（socially shared retrieval-induced forgetting，SSRIF）。

在最初的个体内提取诱发遗忘实验中（参见表 5-1），被试首先学习了类别—样例词对（例如，水果—苹果，水果—橘子，鸟类—燕子，鸟类—知更鸟）。之后，他们接受了选择性练习。在练习中，他们补全了成对的相关残词（例如，fruit—ap _____，即水果—苹_____）。至关重要的是，被试只对一半类别中的一半项目进行选择性练习。练习过的项目被称为 Rp＋项目；与练习过的词对相关的、未练习的词对（例如，fruit—orange，即水果—橘子）被称为 Rp－项目；未练习的、不相关的词对（例如，bird—swallow，bird—robin，即鸟类—燕子，鸟类—知更鸟）被称为 Nrp 项目。经过一段延迟后，对所有项目进行最终的回忆测试。我们关注的问题是，对于未练习的词对会发生什么，即对于 Rp－和 Nrp 项目会发生什么。如果被试不练习这些项目，只是让它们随着时间的推移而衰退，那么 Rp－和 Nrp 项目应该比 Rp＋项目更容易被遗忘。同时他们忘记 Rp－和 Nrp 项目的速度应该是相同的。但是，如图 5-1 所示，情况并非如此。Rp－项目比 Nrp 项目更容易被遗忘。虽然对于这种提取诱发遗忘存在一系列解释，但是人们经常引用的一种解释是抑制（Storm & Levy，2012）。当试图补全残词 Fruit—Ap _____，即水果—苹_____时，与其他水果样例的反应竞争出现了。为了获得成功，回忆者必须压抑或抑制这些竞争的样例。然而鸟类的样例不存在竞争性，因此它们没有被抑制。这种抑制作用持续存在，使得 Rp－项比 Nrp 项更容易被遗忘，即 Rp－＜Nrp。

表 5-1　提取诱发遗忘的实验设计

学习阶段	练习阶段	测试阶段	实验条件
水果—苹果	水果—苹_____	回忆水果	Rp＋
学习阶段	练习阶段	测试阶段	实验条件
水果—橘子			Rp－
鸟类—燕子		回忆鸟类	Nrp
鸟类—知更鸟			Nrp

赫斯特和他的同事首先通过拓展个体内提取诱发遗忘的研究，将研究范式用于社会情境中。他们要求两名被试学习相同的类别—样例词对列表（例如，Cuc et al.，2007），之后，在实验的选择性练习阶段，被试之一（以下称为倾听者）在另一个被试（以下称为发言者）补全了 Rp＋残词时，倾听了她的发言。为了确保倾听者确实把注意力集中在发言者身上，研究者要求倾听者对发言者补全残词的准确性进行评价。之后，开始进行个人回忆测试。如图 5-1 所示，在发言者和倾听者中，发现了相似的提取诱发遗忘现象。也就是说，在两个被试中都发现了 Rp－＜Nrp 的现象。发言者在倾听者中诱发了遗忘，并且发言者和倾听者都表现出了相同的遗忘模式。

在上述实验中，社会互动受到了严格的限制。在随后的研究中，库克等人要求两名被试学习一个简短的故事。故事讲述的是约翰一天的生活。故事包括几个情境（例如，去了康尼岛，出去吃饭）。每个情境都包含几个事件，例如，"去了康尼岛"可能包括：吃了一个热狗，在木板路上漫步，去游泳。之后，这两名被试共同回忆这个故事。事实上，他们经常无法重述整个情境，随后，这个情境中的每个事件都被编码为 Nrp 项目。此外，当被试回忆一个情境时，他们通常只回忆出一部分事件，而且只有一个被试能想起来。我们将这名被试称为发言者。我们把他提及的项目编码为 Rp＋，把他未提及的项目编码为对于发言者的 Rp－/发言者和对于倾听者的 Rp－/倾听者。在一段延迟之后，对故事进行个人回忆。

如图 5-1 所示，我们再次看到，对于发言者和倾听者来说，Rp－＜Nrp 都存在。但是，现在这一模式存在于自由流动的对话中。实际上，在这种情况下，损害是实质性的，这可能是因为在任何对话中发生的快速交换，使得小组成员难以潜在地回忆未提及的项目。研究者已经发现，个体内提取诱发遗忘和社会分享型提取诱发遗忘出现在各种材料中。例如，在故事（Cuc et al.，2007；Stone，Barnier，Sutton，＆ Hirst，2010）、自传记忆（Barnier，Hung，＆ Conway，2004；Stone，Barnier，Sutton，＆ Hirst，2012）、科学素材（Koppel，Wohl，Meksin，＆ Hirst，2014），以及记忆中的情感（Brown，Kramer，Romano，＆ Hirst，2012；Storm et al.，2015；Yamashiro ＆ Hirst，2016）中。此外，虽然有初步报告表明，提取诱发遗忘的持续时间很短（例如，MacLeod ＆ Macrae，2001），但这类研究总是使用集中的选择性练习来引发提取诱发遗忘。当选择性练习分散在一段更长的时间内时，有研究发现可以在一周之后观察到个体内提取诱发遗忘和社会分享型提取诱发遗忘（Storm，Bjork，＆ Bjork，2012）。在另一项研究中，在一个月之后也可以发现个体内提取诱发遗忘和社会分享型提取诱发遗忘（Fagin，Meister，Meksin，＆ Hirst，2016）。在现实世界中，由于分散练习比集中练习更常见，因此，提取诱发遗忘效应的长期影响可能与对集体记忆的构建高度相关。

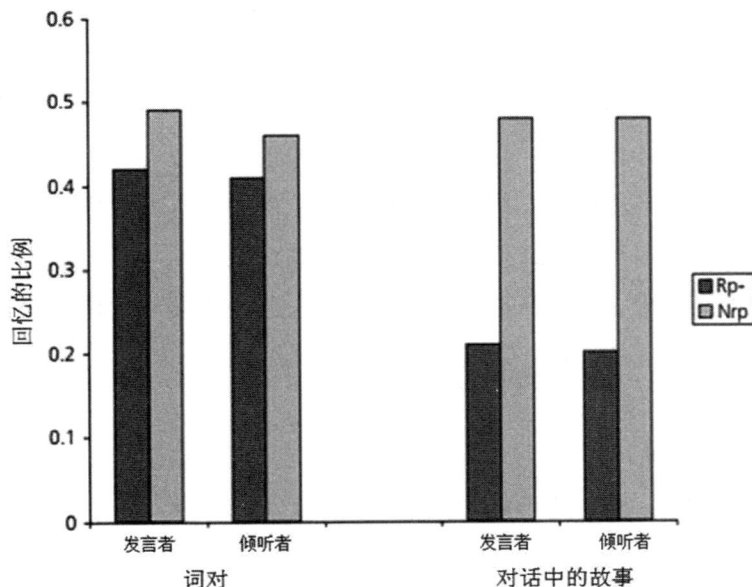

图 5-1   当参与者学习、练习并且回忆词对或者学习一个故事，之后在对话中共同回忆学过的东西，最后单独回忆学过的东西时，在最后测试中，他们回忆出的Rp－（未练习的、相关的）项目以及 Nrp（未练习的、不相关的）项目的比

赫斯特和他的同事认为，社会分享型提取诱发遗忘的发生是因为倾听者与发言者同时并且内隐地进行了提取。因而他们选择性地记住了与发言者相同的材料，并且对于相同的项目会表现出提取诱发遗忘。换句话说，如果一个孩子想让他的父母忘记他糟糕的数学成绩，他就不应该避免谈论成绩。他应该谈论成绩，只是不应该提及数学成绩。同样，如果布什总统希望美国公众忘记导致伊拉克战争的大规模杀伤性武器（weapons of mass destruction，WMD），那么他就不应该避免讨论战争的触发因素。他应该谈论它，但他应该对大规模杀伤性武器保持沉默。斯通、罗敏那、里卡塔、克莱因和赫斯特（Stone，Luminet，Licata，Klein & Hirst，2015）以这样的逻辑进行研究。他们研究了聆听比利时国王演讲的影响。他们首先评估了讲法语的比利时人对四个政治问题的了解情况，其中每个问题都有一些谈论要点。比利时国王只谈了其中两个问题，并且在谈论这两个问题时，只提到了一些要点。研究结果发现，相比演讲发表之前，在演讲发表之后，对于演讲中谈到的两个问题，那些听过演讲的人回忆出的未被提及的项目更少。对于未被谈论的问题，研究者没有观察到演讲之前和之后的差异。那些没有聆听演讲的人，对四个政治问题中的任何一个都没有表现出演讲之前和之后的差异。比利时国王在聆听他演讲的人中引起了社会分享型提取诱发遗忘。

社会分享型提取诱发遗忘通常被视为形成集体记忆的手段。因为相同的遗忘图式，即Rp−<Nrp，出现在发言者和倾听者中（Stone et al.，2010）。因此，在两名参与者一起回忆之后，他们会讲述一个有更多重叠部分的故事。部分原因是由于这两名参与者的集体遗忘。虽然研究人员只是开始研究涉及几个人的对话交流，以及不同类型的、适中的大型群体间的一系列交流，但是现存的证据表明，练习和社会分享型提取诱发遗忘都将沿着一系列相互作用来传播，至少是通过一级或两级来传播（Coman & Hirst，2012；Coman，Momennejad，Drach，& Geana，2016；Yamashiro & Hirst，2014）。也就是说，如果莎莉与彼得谈话，然后彼得与简谈话，那么在简随后回忆的事件中，可以观察到莎莉的谈话对彼得的影响，即使莎莉没有和简谈过话。当信息由一个人传递给另一个人时，除了会传播共享练习效应和社会分享型提取诱发遗忘之外，也会传播图式驱动的歪曲。正如莱昂斯和贺岛（Lyons & Kashima，2003）的研究所证明的那样，当信息在通过交流链中的每个链接时，这种传播会导致信息变得更加刻板化地一致。记忆传播的范围可能是有限的。例如，在交流链的结尾处，只与简谈过的乔治可能不会表现出关于彼得的持续影响力的迹象。

有趣的是，虽然需要进行进一步研究，但是对于不同大小和不同结构关联的群体进行的基于机能的建模表明，对传播的限制可能会制约群体的大小。在这样的群体中，人们能够仅仅根据对话的影响，去预测记忆的融合（Coman，Kolling，Lewis，& Hirst，2012；Luhmann & Rajaram，2015）。在科曼等人的模拟中，"机能"以各种不同的组合形式相互交谈，组合形式取决于它们之间的联结。当机能的群体很小时，即大致小于30人时，会产生记忆融合。更大的小组不会产生共享的融合记忆表征。据推测，为了在更大的群体中创造融合，需要施加更加层次化的、自上而下的影响。进化心理学家推测这可能与远古时代的生活有关。早期狩猎—采集者群体的规模很少超过 30 人（Dunbar & Dunbar，1998；Caporael，1997）。这种对融合的限制突出了我们的论点，即提取诱发遗忘等记忆机制可能具有适应性。当智人（homo sapiens）首次出现时，这些机制被校准为在现存的社会形态中是有效的。

社会分享型提取诱发遗忘的条件。社会型诱发遗忘是为了培养人类的社会性，是一种认知性适应。支持这一观点的证据是，社会分享型提取诱发遗忘主要发生在群体范围内，在强调社会约束的情况下。也就是说，社会分享型提取诱发遗忘可能是形成集体记忆的手段，在当人们需要社会约束时，似乎它被创造出来以便服务于这一功能。至少在表面上，倾听者同时也在进行完全地提取，这是令人惊讶的。人们无论是进行公开的还是潜在的提取，都需要付出努力。为什么人们愿意努力？在赫斯特的实验室和其他实验室（Abel & Bauml，2015；Barber & Mather，2012）中，使用了社会分享型提取诱发遗忘作为同时性提取的、能说明问题的指标。对社会分享型提取诱发遗忘进行的众多研究清楚地表明，只要有恰当的动机，倾听者确实会付出努力。但是，也确实存在一些情况，倾听者的动机可能过强或过弱。什么时候人们拥有进行同时性提取的动机呢？

认知性动机（epistemic motives）。一种动机可能是认知性的，即人们对于获得关于世界的有效表征的渴望。当倾听者试图验证发言者所说的内容是否正确时，这种动机就会出现在对话中。在实验情境下，当主试要求倾听者监测发言者的准确性时，会发现社会分享型提取诱发遗忘；但如果主试要求他们监测发言者对记忆提问的反应的流畅程度时，则不会发现社会分享型提取诱发遗忘（Cuc et al.，2007）。主试还可以通过操纵倾听者对发言者的记忆的信任程度，来更为间接地改变认知性动机。他们可以将发言者认定为所记忆主题方面的专家；或者他们可以说，发言者可能没有那么长时间像倾听者一样，来熟悉学习材料，从而表明发言者的记忆是不可靠的。在第一种情况下，倾听者可能不会努力去进行同时性提取，因为他们推测发言者的回忆是正确的。在第二种情况下，他们不能做出这种推测，因而可能进行同时性提取。科佩尔等人（2014）的研究发现了这种模式。

从表面上看，研究者发现，当倾听者不信任发言者的叙述时，集体选择性遗忘更有可能出现。这似乎与我们的观点相矛盾，即社会分享型提取诱发遗忘能够促进社会性约束。然而，目前的证据表明，这种不信任不能太过强烈。也就是说，布什总统可以通过不向那些轻微地不信任他的民主党人提及大规模杀伤性武器，来诱发他们对于这些武器在入侵伊拉克中作用的遗忘。如果一个民主党人对他言论的可靠性深表怀疑，那么，他将更难以诱发出社会分享型提取诱发遗忘。如果人们想要扩大一个群体，使那些处于边缘的人更接近群体中的人，同时把那些非常不信任的人明确地排除在群体之外，那么这种选择性遗忘可能会具有适应性价值。至于这一发现，即如果发言者是专家或人们愿意信任的人，那么社会分享型提取诱发遗忘的可能性更小。在这些情况下，应该存在其他诱发同时性提取的基础。特别是，关系性动机可能会产生作用。

关系性动机。可能影响同时性提取的另一种动机是关系。当一对夫妇回忆起他们的第一次约会时，并不是为了验证所发生的事实，而是为了培养亲密关系。在这种情况下，倾听者应该会与发言者一起同时提取。如果倾听者不一起提取，而是在对方说话时想着明天的女子足球比赛，那么谈话的目标（亲密关系）肯定无法得以实现。

由于关系性动机的存在，发言者和倾听者属于同一社会群体时，更容易发现社会分享型提取诱发遗忘。例如，在科曼和赫斯特（2015）的研究中，普林斯顿大学的学生首先了解了海外学习计划的细节，然后倾听曾参与该计划的一名学生的播客。这名学生有选择地介绍了之前学过的材料，经过一段时间的延迟，普林斯顿大学的学生回忆了他们能记起的最初学习过的材料。研究者主要的操纵是，播客用户的学校隶属关系——普林斯顿大学学生（群体内）或耶鲁大学学生（群体外）。正如人们可以从我们对于关系性动机的讨论中预测的那样，当播客用户是普林斯顿大学学生时，在被试倾听了选择性复述之后，能够表现出社会分享型提取诱发遗忘；而当播客用户是耶鲁大学学生时，则没有表现出社会分享型提取诱发遗忘。有趣的是，在收听播客之前，如果进行了群体身份操纵，结果会发生变化。当被试通过填写关于普林斯顿大学的调查问卷，他们的大学隶属关系变得突出时，结果如前所述。然而，当被试填写了相似的调查问卷，但这一问卷更加强调他们作为学生的身份时，即使当播客用户来自耶鲁大学时，也会观察到社会分享型提取诱发遗忘。小组成员资格可能并不固定，但是当它变得突出时，它会影响倾听者是否与发言者进行同时性提取，从而影响社会分享型提取诱发遗忘的存在与否。

当然，无论某人是否属于你的群体，与他们产生联系的动机，都需要沟通背后的社会来源。在口头的面对面交流中，社会存在是显而易见的。然而，对于许多其他类型的交流，社会存在可能并不会立刻变得突出。在任何特定信息中，个人感知社会存在的程度取决于该信息的表达方式。具体而言，决定该信息的来源有多么突出的，可能是与这些信息产生联系的另一个人。在某些情况下，交流的接收者确实并不一定认为交流背后有他人存在。例如，当人们看到洗手间门口的标志上写着"维修中"时，人们通常不会考虑谁写了这个标志。人们的主要想法是，在哪里找到另一个洗手间。同时，人们必须考虑更直接的人与人之间的沟通来源。费金、梅克辛和赫斯特（Fagin，Meksin & Hirst，2015）的研究试图通过呈现选择性信息，来操纵社会存在。他们通过呈现或不呈现所宣称的发言者图片，来实现对选择性信息的操纵。以前关于社会分享型提取诱发遗忘的大多数研究，要么包含面对面的沟通，要么提供具有选择性信息的图片。费金等人发现，当呈现图片时，被试表现出了社会分享型提取诱发遗忘；但当没有呈现图片时，社会分享型提取诱发遗忘减少或消失了。就被试体验关系性动机，以便进行同时性提取来说，社会信息的存在似乎是必需的。

当以第一人称或第三人称进行交流时，或是当完全没有图片进行交流时，费金等人（2016）的一项研究也揭示了不同的结果。他们推测，如果以第一人称而不是第三人称进行交流时，倾听者也许更有可能感受到沟通背后有社会存在。因此，在以第一人称进行的选择性练习之后，应该出现更强大的社会分享型提取诱发遗忘。他们的研究结果表明确实如此。

显然，在任何情况下，对先前学习过的材料的选择性呈现，都不会产生社会分享型提取诱发遗忘。倾听者必须有进行同时性记忆的动机。我们提到了两个动机：认知性动机和关系性动机。毫无疑问，两者之间存在相互作用。因为有时候，关系性动机是有效的，例如，当一个人信任发言者时。在一些时候，认知性动机开始发挥作用，例如，当一个人轻度不信任发言者时。在其他时候，认知性和关系性动机可能同时在起作用。在每种情况下，社会群体的成员资格都得到了加强，并可能得到了扩展。

动机性回忆（motivated recall）。当发言者回忆起记忆中的某方面内容时，为什么倾听者不能报告发言者没有报告的内容？可能是因为提取发言者没有提取的内容，比同时性提取需要更多的努力。而且，正如我们所看到的，倾听者甚至并不是在所有场合中都进行同时性提取。然而，可能存在值得付出额外努力的情况。其中一种情况是，当倾听者认为他们的群体身份受到记忆式沉默的威胁时，他们愿意付出额外努力来提取信息。科曼、斯通、卡斯塔诺和赫斯特（Castano，2014）通过考察对于由群体内或群体外成员施行暴行的记忆，来探讨这种可能性。这些探索建立在公认的原则基础上，即人们通常会为群体内成员所犯下的暴行进行辩护，而对群体外成员所犯下的暴行的理由视而不见（例如，Castano，2011）。科曼等人请被试在群体内和群体外人员犯下暴行后，对所犯下的暴行进行讨论，探讨如果在讨论中忽视了做出残暴行为的原因，会发生什么。这种选择性实践发生在媒体报道的美莱村屠杀（My Lai massacre）中。在越南战争（Vietnam War）期间的这次大屠杀中，美国士兵屠杀了一个镇的越南平民（Oliver，2006）。初始报道为这些行动提供了理由，但随着人们发现了更多的细节，这些理由在报道中不再出现。在科曼等人的研究中，被试是美国人。研究首先请被试了解到，四名士兵犯下的一系列暴行，并为每一次暴行提供了借口。然后，请被试阅读了对这些暴行的选择性报道，报道聚焦在两名士兵的行动上，而没有提及先前讨论过的那些借口。间隔一段时间，请被试对暴行及其借口进行回忆。研究操纵的主要自变量是报道中士兵的身份：他们是伊拉克人或美国人。研究结果发现，当肇事者是伊拉克人时，被试表现出了对于暴行借口的社会分享型提取诱发遗忘；当肇事者是美国人时，对暴行借口的社会分享型提取诱发遗忘消失。当肇事者是群体内成员时，美国被试似乎已经做出了必要的努力，来填补报道中并未提及的借口；当肇事者是群体外的伊拉克人时，他们没有做出这样的努力。据推测，当讨论美国人的暴行而没有附加任何理由时，美国被试认为，他们的身份受到了威胁。有趣的是，这一结果也可以解释，为什么当倾听者强烈地不同意发言者的政治立场时，科曼和赫斯特（2012）也未能发现社会分享型提取诱发遗忘。因为这种情况可能引起了强烈的不信任。存在轻微的不信任时，倾听者可能无法努力想起未提及的材料；存在强烈的不信任时，他们可能会付出更多努力。

在个体内提取诱发遗忘和社会分享型提取诱发遗忘的研究中，特别是在评估一项研究是否可以从实验室转移到现实世界中时，有一些方法问题很重要，需要牢记。例如，提取诱发遗忘实验的成功往往取决于精心设计的记忆材料。在许多提取诱发遗忘研究中，要记住的材料由几个类别的样例组成。然后，选择性练习被限制在一部分类别的一部分样例中。然而，为了在这种做法之后产生提取诱发遗忘，有必要选择正确的类别和样例来学习和练习。根据提取诱发遗忘的抑制理论，如果要去抑制未提及的材料，未提及的样例必须在选择性练习中引起反应竞争。因此，个体必须选择强烈地代表该类别的样例，以引起必要的反应竞争（Anderson et al.，1994，实验 2）。同时，在选择性练习中，未提及的样例必须不足以引起人们的注意。也就是说，反应竞争和抑制必须在意识之外发生。在我们对动机性回忆的讨论中，我们指出，有时人们会试图记住未提及的材料。但是，在某些情况下，人们也会想起未提及的材料。这可能是不由自主地或者是各种非预期的（或预期的）实验设计的特征。因此，在紧密整合到一起的材料中没有观察到提取诱发遗忘（Anderson & McCulloch，1999）；给被试的检索时间足够长，动力足够强时，也没有观察到提取诱发遗忘（Chan，McDermott，& Roediger，2006）。可见，提取诱发遗忘似乎依赖于材料和情境。这些材料和情境谨慎地平衡了必要的反应竞争，避免有意或无意地回忆未提及的材料。这些要求会不会限制其在现实世界中的应用？

出于几个原因，我们不这么认为。首先，正如我们所指出的，提取诱发遗忘可用于广泛的材料：故事中的情境；政治演说中的战争暴行的理由和谈论要点；科学文章；以及自传记忆。其次，虽然关于词对相关学习的研究表明，高度整合的材料可能不会引发提取诱发遗忘，但尚不清楚"整合"对于更复杂的材料（如故事）来说意味着什么。甚至关于一个名叫汤姆的家伙一天生活中最简单的故事，原本也被整合在一起了，而这种整合在词对中难以实现。但是，正如刚刚提到的，在故事中发现了个体内提取诱发遗忘和社会分享型提取诱发遗忘。再次，无论实验主义者是在寻找词对关联还是故事，他们不必局限于使用标准提取诱发遗忘实验中创立的类别—样例结构。在很大程度上，该结构允许采用被试内设计。因为在最终回忆中，通过采用被试内设计，针对每个被试，主试可以将他对相关的、未提及的材料（来自提及的类别的未提及的样例）的记忆与他对不相关的、未提及的材料（来自未提及类别的未提及的样例）的记忆进行对比。然而，人们还可以使用被试间设计来测试 RIF。利用被试间设计，可以将选择性地提取故事对后续记忆的影响与根本不提取故事的效果进行比较（参见 Koppel et al.，2014）。问题来了：选择性练习材料未提及的方面是否与所记忆的内容相关。例如，在第二次世界大战的历史中，哪些元素是相关的？在某种程度上，它们都是相关的（它们都与第二次世界大战有关），但很明显，有些元素比其他元素的相关性更高。实验前测试可以确定相关性水平，也可以确定这个原理，即项目越相关，提取诱发遗忘发生的可能性越大。最后，正如我们在讨论涉及比利时国王演讲的研究时所指出的那样，可以在现实世界的情境中观察到社会分享型提取诱发遗忘。在这一情境中，无法控制记忆材料或学习条件。通常，尽管我们可能需要大量的预先测试，来确定所提及的材料和未提及的材料之间的关系，但我们没有理由认为，在现实世界中发生的复杂事件不易受提取诱发遗忘影响。

另一个方法论问题可能是，社会分享型提取诱发遗忘实验中研究的情况是否在现实世界中经常发生，以至于需要进行深入调查。特别是当关注的焦点问题是集体记忆的形成和维持时，社会分享型提取诱发遗忘是否会经常发生。首先，社会分享型提取诱发遗忘探讨了人们通过过去的共享经历，展开对话的情况。虽然我们不知道人们谈论共同经历的频率，但我们自己的直觉表明这种对话相当普遍。其次，社会分享型提取诱发遗忘可以作为一种促进记忆融合的手段。因为人们不仅谈论共享的过去经历，而且他们对这些经历的记忆不同，因为谈话足以导致进一步的记忆融合。正是由于他们对这些经历的记忆相似，才足以使对话成为可能。再一次借助直觉，这似乎是一个合理的场景。正如我们对图式的讨论所表明的那样，它应该是一种相当常见的场景。此外，对话（无论是单向的还是双向的）能够在社会分享型提取诱发遗忘实验的人造环境中进行，例如，实验室或清晰设计的在线实验。社会分享型提取诱发遗忘实验中的社会性交流似乎与现实世界中的交流足够接近，使它们足够合理。实验室中的对话是自由流动的，没有明确规定它们应该如何进行。现实世界中的许多人在线观看视频或阅读文本，然后与他人讨论这些材料。随着实验研究的进行，社会分享型提取诱发遗忘研究比大多数研究生态效度更高。

此外，人们担心这些影响是否足够强大，以产生所期望的记忆融合。在大多数社会分享型提取诱发遗忘实验中，选择性练习只会发生几次，或者在很多情况下，它们只会发生一次。然而，研究者仍然观察到了社会分享型提取诱发遗忘和记忆融合。在现实世界中，选择性练习并不受这样的限制。笔者们对最近一批总统候选人进行了数以百计的讨论。这些对话每一次都涉及选择性记忆。由于我们倾向于与具有相似观点的人交谈，因此每次谈话都涉及相似的选择性记忆。由此，我们预期相似的选择性遗忘，并且考虑到重复对话的次数，我们也预期广泛的选择性遗忘。

四、　结束语

虽然我们只关注记忆的两个方面（意义和图式的作用，以及社会分享型提取诱发遗忘的存在），但我们反复观察到了这两种现象的作用：支持集体记忆的形成，反过来促进社会联结，塑造集体认同，并指导集体行动。指导记住和遗忘的图式，是过去经验的结果，往往由社会塑造。它们具有深刻而普遍的社会性。由于这种社会性质，群体内的人们通常拥有相似的图式。当然，一个人经常属于许多不同的社会群体。正如阿尔布瓦克斯（1992）所认为的那样，对于每个人来说，这些社会群体的交集可能是独一无二的，从而创造出这种主观感受，即记忆是基于个体本身的，而不是基于社会环境。但是，在群体内，图式的显著重叠是毫无疑问的。由于这些重叠的图式，这个群体内的集体记忆自然会出现。重要的是，图式不仅可以通过确定事件或事实的编码方式来塑造集体记忆，还可以通过确定事件或事实是如何被记住或不被记住的来塑造集体记忆。后一种情况对于目前的讨论很重要，因为在通过图式形成的集体记忆中，人们无法记住的内容与人们能够记住的内容一样多。

至于提取诱发遗忘，关键的发现是，在发言者和倾听者身上，它都发生了。因此可以提供一种引发选择性的集体遗忘的手段（Stone et al.，2010）。由此产生的集体记忆反映了这种遗忘。促使社会分享型提取诱发遗忘与集体记忆的形成，具有特别的关联的条件是：（1）发言者和倾听者是同一社会群体的成员；（2）沟通的来源是"社会存在"；（3）社会群体的身份没有受到威胁。在上述情况下，集体记忆中更容易出现社会分享型提取诱发遗忘。而且，当倾听者信任另一个人的记忆时（对于群体内或群体外成员都是如此），这种相关不太可能出现；当倾听者强烈地不信任发言者时，这种相关也不太可能出现。当这种不信任较轻微的时候，研究者发现了社会分享型提取诱发遗忘。这一事实表明，在可能并不非常信任彼此但也并非非常不信任彼此的个体之间，社会分享型提取诱发遗忘可以作为构建集体记忆的手段。此外，研究者未能发现，那些体现出更多不信任的人可能会在群体内和群体成员之间保持一段距离。我们应该注意到，即使信息来源不是出自社交对象，也可能发生同时性提取。但正如我们所论证的那样，社交对象通常更可能导致同时性提取，从而导致社会分享型提取诱发遗忘。

这两个方面都是人类记忆的特征，但不一定是所有类型的记忆的特征。正如我们所指出的，计算机记忆并不受记忆材料的含义所引导。虽然有些人可能认为，这些方面是人类记忆的缺陷，但我们强调了人类记忆的适应性。因为正如我们所表明的那样，意义、图示以及提取诱发遗忘，促进了集体记忆的形成。人类记忆可能不像计算机记忆，因为它设定的目的不仅仅是去编码和提取信息，相反，它的设计部分是为了增强人类的社会功能。也就是说，人类记忆表现出的这些特点，也可能部分是为了适应，部分使人类具有很强的社会化属性。其他动物可能是社会化的，毫无疑问蜜蜂是社会化的，但它们的社会结构是僵化的。人类的社会结构是灵活的。它需要大量手段来促进团队成员身份的形成。记忆是这些手段之一。

记忆在很大程度上可以服务于这种适应功能。正如前文所讨论的那样，它嵌入在交流行为中。特别是当记忆的内容是共同的经历时，这种记忆是人类特有的。人类记忆呈现出一种复杂的、交织在一起的行为融合：人们回忆出什么内容，不仅仅是提取的问题，它也是一种交流行为；它是一种基于共享意义的记忆，而不是简单、独特的存储；它是发言者和倾听者之间的一种互动，能够促进同时性提取，特别是在加强先前存在的社会关系的情况下；它也是一种遗忘的模式，在对话中，这种模式反映了选择性记忆。如果记忆不是一种交流行为，记忆就不能发挥社会功能，这种功能是我们赋予它的。我们怀疑，如果交流记忆的行为只能加强现有记忆，而不能同时诱发选择性遗忘，那么，集体记忆能否形成它们现在拥有的形态就很难说了。最后，如果人们不仅未能充分理解人类记忆的社会性作用，未能充分理解人类记忆与人类能力之间的密切关系，实际上是与渴望的密切关系，未能理解人类记忆与交流过去的、丰富而复杂的细节的密切关系，未能理解人类记忆与随后的集体遗忘的讽刺性后果的密切关系，那么人们将无法理解为什么人类记忆拥有其独特的属性。

致　谢

该研究得到了国家科学基金会授予第一作者的资助支持。属于沃茨（2002）的引用已经获得授权，授权来自 Wertsch，J. V.，*Voices of Collective Remembering*，Copyright c 2002

Cambridge University Press。

参考文献

Abel，M. ，& B. uml，K. H. T. （2015）. Selective memory retrieval in social groups：When silence is golden and when it is not. *Cognition*，140，40-48. doi：10. 1016/j. cognition. 2015. 03. 009

Anderson，B. (1983). *Imagined communities：Reflections on the origin and spread of nationalism*. New York，NY：Verso.

Anderson，R. C. ，& Pichert，J. W. (1978). Recall of previously unrecallable information following a shift in perspective. *Journal of Verbal Learning and Verbal Behavior*，17，1-12. doi：10. 1016/s0022-5371(78)90485-1

Anderson，M. C. ，Bjork，R. A. ，& Bjork，E. （1994）. Remembering can cause forgetting：Retrieval dynamics in long-term memory. *Journal of Experimental Psychology：Learning，Memory，and Cognition*，20，1063-1087. doi：10. 1037/0278-7393. 20. 5. 1063

Anderson，M. C. ，& McCulloch，K. (1999). Integration as a general boundary condition on retrievalinduced forgetting. *Journal of Experimental Psychology：Learning，Memory，and Cognition*，25，608-629. doi：10. 1037/0278-7393. 25. 3. 608

Barber，S. J. ，& Mather，M. （2012）. Forgetting in context：The effects of age，emotion，and social factors on retrieval-induced forgetting. *Memory & Cognition*，40，874-888. doi：10. 3758/s13421-012-0202-8

Barnier，A. ，Hung，L. ，& Conway，M. （2004）. Retrieval-induced forgetting of emotional and unemotional autobiographical memories. *Cognition and Emotion*，18，457-477. doi：10. 1080/0269993034000392

Bartlett，F. C. (1932). *Remembering：A study in experimental and social psychology*. Cambridge，UK：Cambridge University Press.

Berntsen，D. (2009). *Involuntary autobiographical memories：An introduction to the unbidden past*. New York，NY：Cambridge University Press.

Bluck，S. ，Alea，N. ，Habermas，T. ，& Rubin，D. C. （2005）. A tale of three functions：The self-reported uses of autobiographical memory. *Social Cognition*，23，91-117. doi：10. 1521/soco. 23. 1. 91. 59198

Bransford，J. D. ，& Johnson，M. K. (1972). Contextual prerequisites for understanding：Some investigations of comprehension and recall. *Journal of Verbal Learning and Verbal Behavior*，11，717-726. doi：10. 1016/s0022-5371(72)80006-9

Breslin, C. W., & Safer, M. A. (2011). Effects of event valence on long-term memory for two baseball championships games. *Psychological Science*, 22, 1408-1412. doi: 10. 1177/0956797611419171

Brewer, W. F., & Treyens, J. C. (1981). Role of schemata in memory for places. *Cognitive Psychology*, 13, 207-230. doi: 10. 1016/0010-0285(81)90008-6

Brown, A. D., Kramer, M. E., Romano, T. A., & Hirst, W. (2012). Forgetting trauma: Socially shared retrievalinduced forgetting and post-traumatic stress disorder. *Applied Cognitive Psychology*, 26, 24-34. doi: 10. 1002/acp. 1791

Caporael, L. R. (1997). The evolution of truly social cognition: The core configurations model. *Personality and Social Psychology Review*, 1, 276-298. doi: 10. 1207/ s15327957pspr0104 _ 1

Castano, E. (2011). Moral disengagement and morality shifting in the context of collective violence. In: R. M. Kramer, G. J. Leonardelli, & R. W. Livingston(Eds.), *Social cognition, social identity, andintergroup relations: A Festschrift in honor of Marilynn B. Brewer* (pp. 319-338). New York, NY: Psychology Press.

Chan, J. C. K., McDermott, K. B., & Roediger, H. L. (2006). Retrieval-induced facilitation: Initially nontested material can benefit from prior testing of related material. *Journal of ExperimentalPsychology: General*, 135 (4), 553-571. doi: 10. 1037/0096-3445. 135. 4. 553

Coman, A., & Hirst, W. (2012). Cognition through a social network: The propagation of induced forgetting and practice effects. *Journal of Experimental Psychology: General*, 141, 321-336. doi: 10. 1037/a0025247

Coman, A., & Hirst, W. (2015). Social identity and socially shared retrieval-induced forgetting: The effects of group membership. *Journal of Experimental Psychology: General*, 144, 717-722. doi: 10. 1037/xge0000077

Coman, A., Kolling, A., Lewis, M., & Hirst, W. (2012). Mnemonic convergence: From empirical data to simulations. *Social Computing, Behavioral-Cultural Modeling and Prediction, Social Computing*, 7227, 256-265. doi: 10. 1007/978-3-642-29047-3 _ 31

Coman, A., Momennejad, I., Drach, R., & Geana, A. (2016). Mnemonic convergence in small-scale networks. *Proceedings of the National Academy of Sciences of the United States of America*, 113, 8171-8176. doi: 10. 1073/pnas. 1525569113 In press.

Coman, A., Stone, C., Castano, E., & Hirst, W. (2014). Justifying atrocities: The effect of moraldisengagement strategies on socially shared retrieval-induced forgetting. *Psychological Science*, 25, 1281-1285. doi: 10. 1177/0956797614531024

Connerton, P. (2008). Seven types of forgetting. *Memory Studies*, 1, 60-71. doi: 10. 1177/1750698007083889

Cuc, A., Koppel, J., & Hirst, W. (2007). Silence is not golden: A case for socially shared retrieval-induced forgetting. *Psychological Science*, 18, 727-733. doi: 10. 1111/j. 1467-9280. 2007. 01967. x

Dunbar, R., & Dunbar, R. I. M. (1998). *Grooming, gossip, and the evolution of language*. Cambridge, MA: Harvard University Press.

Ebbinghaus, H. (1913). *Memory: A contribution to experimental psychology*. (H. A. Ruger, & C. E. Bussenius, Trans.). New York, NY: Teachers College, Columbia University. (Original work published 1885).

Edwards, D., & Middleton, D. (1987). Conversation and remembering: Bartlett revisited. *Applied Cognitive Psychology*, 1, 77-92. doi: 10. 1002/acp. 2350010202

Fagin, M., Meksin, R., & Hirst, W. (2015). *Social presence moderates socially shared retrieval-induced forgetting*. Manuscript in preparation.

Fagin, M., Meister, A., Meksin, R., & Hirst, W. (2016). *SSRIF after one month following distributed practice*. Manuscript in preparation.

Freud, S. (1914). *Psychopathology of everyday life*. (A. A. Brill, Trans.). New York, NY: The Macmillian Company.

Friedlander, S. (1997). *Nazi Germany and the Jews: Volume I*. New York, NY: Harper Collins.

Gould, J. L. (1975). Honey bee recruitment: The dance-language controversy. *Science*, 189, 685-693. doi: 10. 1126/science. 1154023

Halbwachs, M. (1992). *On collective memory*. Chiicago. IL: University of Chicago Press.

Hart, J. T. (1965). Memory and the feeling-of-knowing experience. *Journal of Educational Psychology*, 56, 208-216. doi: 10. 1037/h0022263

Hirst, W., & Manier, D. (2008). Towards a psychology of collective memory. *Memory*, 16, 183-200. doi: 10. 1080/09658210701811912

Hirst, W. Coman, A., & Coman, D. (2014). Putting the social back into human memory. In: T. J. Perfect & D. S. Lindsay (Eds.) *The SAGE handbook of applied memory* (pp. 273-291). Washington, DC: SAGE.

Hirst, W., & Stone, C. (2015). A unified approach to collective memory: Sociology, psychology, and the extended mind. In: S. Kattago (Ed.), *The Ashgate research companion to memory studies* (pp. 103-116). Surrey, UK: Ashgate.

Humphrey, N. (1976). The social function of intellect. In: P. P. G. Bateson and R. A. Hinde (Eds.), *Growing Points in Ethology* (pp. 303-317). Cambridge, UK: Cambridge University Press.

Jacobs, J. (1885). Uber das Gedachtnis. Von H. Ebbinghaus. *Mind*, 10, 454.

Kensinger, E. A., & Schacter, D. L. (2006). When the Red Sox shocked the Yankees: Comparing negative and positive memories. *Psychonomic Bulletin & Review*, 13, 757-763. doi: 10.3758/bf03193993

Koppel, J. Wohl, D., Meksin, R., & Hirst, W. (2014). The effect of listening to others remember on subsequent memory: The roles of expertise and trust in socially shared retrieval-induced forgetting and social contagion. *Social Cognition*, 32, 148-180. doi: 10.1521/soco. 2014.32.2.148

Kuhn, T. (1962). *The structure of scientific revolutions*. Chicago, IL: University of Chicago Press.

Kundera, M. (1996). *The book of laughter and forgetting*. (A. Asher, Trans.). New York, NY: Harper Perennial. (Original work published 1978).

Kurzweil, R. (2013). *How to create a mind*. New York, NY: Penguin Books.

Langer, L. L. (1991). *Holocaust testimonies: The ruins of memory*. New Haven, CT: Yale University.

Linton, M. (1982). Transformations of memory in everyday life. In: U. Neisser(Ed.), *Memory observed: Remembering in natural contexts* (pp. 77-91). San Francisco, CA: Freeman.

Loftus, E. F., & Loftus, G. R. (1980). On the permanence of stored information in the human brain. *American Psychologist*, 35, 409-420. doi: 10.1037/0003-066x. 35.5.409

Lorey, D. E., & Beezley, W. H., (Eds.)(2001). *Genocide, collective violence, and popular memory: the politics of remembrance in the twentieth century*. Wilmington, DE: SR Books.

Luhmann, C. C., & Rajaram, S. (2015). Memory transmission in small groups and large 3networks: An agent-based mode. *Psychological Science*, 26, 1909-1917. doi: 10.1177/0956797615605798

Luria, A. R. (1968). *The mind of a mnemonist*. (L. Solotaroff, Trans.). Cambridge, MA: Harvard University Press.

Lyons, A., & Kashima, Y. (2003). How are stereotypes maintained through communication? The influence of stereotype sharedness. *Journal of Personality and Social Psychology*, 85, 989-1005. doi: 10.1037/0022-3514. 85.6.989

MacLeod, M. D., & Macrae, C. N. (2001). Gone but not forgotten: The transient nature of retrieval-induced forgetting. *Psychological Science*, 12, 148-152. doi: 10.1111/

1467-9280. 00325

Margalit，A.（2004）. *The Ethics of Memory*. Cambridge，MA：Harvard University Press.

Marsh，E. J.（2007）. Retelling is not the same as recalling：Implications for memory. *Current Directions in Psychological Science*，16，16-20. doi：10. 1111/j. 1467-8721. 2007. 00467. x

Neisser，U. ，& Harsch，N.（1992）. Phantom flashbulbs：False recollections of hearing the news about Challenger. In：E. Winograd & U. Neisser（Eds. ），*Affect and accuracy in recall：Studies of "flashbulb" memories*（pp. 9-31）. New York，NY：Cambridge University Press.

Nelson，K. ，& Fivush，R.（2000）. Socialization of memory. In：E. Tulving and F. I. M. Craik（Eds. ），*Oxford Handbook of Memory*（pp. 283-295）. New York，NY：Oxford University Press.

Nora，P.（1997）. *Les lieux de mémoire*. Paris，France：Editions Gallimard.

Norenzayan，A. ，Atran，S. ，Faulkner，J. ，& Schaller，M.（2006）. Memory and mystery：The cultural selection of minimally counterintuitive narratives. *Cognitive Science*，30，531-553. doi：10. 1207/s15516709cog0000 _ 68

Olick，J. K.（1999）. Collective memory：The two cultures. *Sociological theory*，17，33348. doi：10. 1111/0735-2751. 00083

Olick，J. K. ，Vinitzky-Seroussi，V. ，& Levy，D.（2011）. Introduction. *The collective memory reader*. New York，NY：Oxford University Press.

Oliver，K.（2006）. *The My Lai massacre in American history and memory*. Manchester，UK：University of Manchester Press.

Ong，W. J.（1967）. *The presence of the word：Some prolegomena for cultural and religious history*. New Haven，CT：Yale University Press.

Price，J. ，& Davis，B.（2009）. *The woman who can't forget：The extraordinary story of living with the most remarkable memory known to science：A memoir*. New York，NY：Free Press.

Rabelais，F.（2009）. *Gargantua and Pantagruel*.（R. Burton，Trans. ）. New York，NY：Norton.

Schacter，D.（2001）. *The seven sins of memory*. New York，NY：Houghton Mifflin.

Schwartz，B.（2000）. *Abraham Lincoln and the forge of national memory*. Chicago，IL：University of Chicago Press.

Smaldino，P. E.（2014）. Group-level traits emerge. *Behavioral and Brain Sciences*，37，281-295. doi：10. 1017/s0140525x13003531

Sperber, D., & Wilson, D. (1986). *Relevance: Communication and cognition.* Cambridge, MA: Harvard University Press.

Stone, C., Barnier, A., Sutton, J., & Hirst, W. (2010). Building consensus about the past: Schema consistency and convergence in socially shared retrieval-induced forgetting. *Memory*, 18, 170-184. doi: 10. 1080/09658210903159003

Stone, C. B., Barnier, A. J., Sutton, J., & Hirst, W. (2012). Forgetting our personal past: Socially shared retrieval-induced forgetting of autobiographical memories. *Journal of Experimental Psychology: General*, 142, 1084-99. doi: 10. 1037/a0030739

Stone, C., Coman, A., Brown, A., Koppel, J., & Hirst, W. (2012). Toward a science of silence: The consequences of leaving a memory unsaid. *Perspectives on Psychological Science*, 7, 39-53. doi: 10. 1177/1745691611427303

Stone, C., Ghinopoulos, T., & Hirst, W. (2016). The social construction of lay history: Selective remembering and forgetting. *Memory Studies*, in press.

Stone, C., Luminet, O., Licata, L., Klein, O., & Hirst, W. (2015). Public speeches induce "collective" forgetting? The Belgian King's 2012 summer speech as a case study. Manuscript in preparation.

Storm, B. C., Angello, G., Buchli, D., Koppel, R. H., Little, J. L., & Nestojki, J. F. (2015). A review of retrieval-induced forgetting in the contexts of learning, eyewitness memory, social cognition, autobiographical memory, and creative cognition. *Psychology of Learning and Motivation*, 62, 141-194. doi: 10. 1016/bs. plm. 2014. 09. 005

Storm, B. C., Bjork, E. L., & Bjork, R. A. (2012). On the durability of retrieval-induced forgetting. *Journal of Cognitive Psychology*, 24, 617-629. doi: 10. 1080/20445911. 2012. 674030

Storm, B. C., & Levy, B. J. (2012). A progress report on the inhibitory account of retrieval-induced forgetting. *Memory and Cognition*, 40, 827-843. doi: 10. 3758/s13421-012-0211-7

Tulving, E. (1985). *Elements of episodic memory.* New York, NY: Oxford University Press.

Tulving, E., & Pearlstone, Z. (1966). Availability versus accessibility of information in memory for words. *Verbal Learning and Verbal Behavior*, 5, 381-391. doi: 10. 1016/s0022-5371(66)80048-8

Vygotsky, L. (1978). *Mind in society.* Cambridge, MA: Harvard University Press.

Wegner, D. M. (1987). Transactive memory: A contemporary analysis of the group mind. In: B. Mullen and G. R. Goethals (Eds.), *Theories of Group Behavior* (pp. 185-208). New

York，NY：Springer-Verlag.

Wertsch，J. V. (2002). *Voices of collective remembering*. Cambridge，UK：Cambridge University Press.

White，H. (1973). *Metahistory：The historical imagination in nineteenth-century Europe*. Baltimore，MD：Johns Hopkins University Press.

Yamashiro，J. ，& Hirst，W. (2014). Mnemonic convergence in a social network：Collective memory and extended influence. *Journal of Applied Research in Memory and Cognition*，3，272-279. doi：10. 1016/j. jarmac. 2014. 08. 001

Yamashiro，J. & Hirst，W. (2016). *Retrieval induced forgetting can inhibit emotional intensity ofautobiographical memories*. Manuscript in preparation.

Zerubavel，E. (2012). *Time maps：Collective memory and the social shape of the past*. Chicago，IL：University of Chicago Press.

Zerubavel，Y. (1995). *Recovered roots：Collective memory and the making of Israeli national tradition*. Chicago，IL：University of Chicago Press.

第6章

协作提取后的记忆一致性

费奥娜·加伯特（Fiona Gabbert），丽贝卡·惠勒（Rebecca Wheeler）

一、 什么是记忆一致性

　　与他人讨论我们的记忆是人类的天性。要么是简单地为了回忆的乐趣，要么是为了确定或确认所发生的事情。记忆的本质意味着，即使每个人都参与了同一事件，但大家的记忆也可能会不同。因为事件发生时个体注意的细节应有不同，这自然产生了提取的差异。同时每个人准确地记住这些细节的能力也存在差异。尽管最初对某一事件的回忆有差异，但是，越来越多的研究表明当人们谈论他们的记忆时，他们能够相互影响，以至于他们随后的个人记忆报告变得相似。通常研究者将这种现象称作"记忆一致性"。在日常生活中，人们的记忆是否会随着讨论而变得相似是没有关系的。然而，在某些特定的情况下，记忆一致性可能会产生严重的后果。比如目击者在警方询问前一起讨论他们记住的信息。鉴于独立可靠的个人报告在调查过程和法律体系中的重要性，越来越多的研究机构考察了证人在警方询问前一起讨论对他们的记忆的影响。本章将讨论研究人员用来研究记忆一致性效应的方法、典型的研究发现，以及目前有助于解释这一现象的理论。

二、 方法

　　对于研究记忆一致性的研究者来说，在生态效度和实验控制之间取得平衡是一个挑战。正如巴德利（Baddeley，1989）所指出的，"在控制和保护被调查现象本质之间存在一种紧张关系"

(p. 104)。当考察讨论对记忆的影响时，被试互相谈论他们的记忆是很重要的，最好是尽可能自然地进行。这就允许对"现实"进行观察，而更多受控制的实验可能会忽略这些观察（Neisser，1978）。

有一种特别有效的方式可以让被试相信他们编码了相同的刺激（一个视频或若干幻灯片），实际上他们看到的刺激有相似之处，但在一些关键方面有所不同。这些关键差异的形式可以是增加某些项目（两人组的其中一个成员看到了协作伙伴没有看到的项目，反之亦然），也可以是相互矛盾的项目（二人组的两个成员看到了相同的项目，但是这个项目的细节在颜色或产品方面有所不同）。这种操作能够让每个被试观察到具有不同特征的编码刺激。给时间让二人组成员来讨论他们所看到的内容。然后每个人在不同情况下自然地报告只有他或她自己观看到的项目细节。然后对最初编码的刺激进行个体回忆测试，来检验讨论对记忆的影响。因变量是人们在测试中是否以及多久会报告他们从同伴那里获得的而不是亲眼看见的项目。如果被试报告了某个没见过的（同伴建议的）项目，那么就认为是"记忆错误（memory error）"，其错误程度取决于情境（参见 Brown & Reavey；Paterson & Monds，第 11、第 20 章）。

赖特、塞尔夫和贾斯蒂斯（Wright，Self，& Justice，2000，实验 2）是最早使用这种方法来考察共同目击者（cowitnesses）记忆一致性的研究者之一。在他们的研究中，两组被试观看了一本故事书。书中有 21 幅彩色图片，描述了一起犯罪事件的发生。然后问被试问题，让他们对所看到内容进行再认，并在每个问题后对他们的信心进行等级评定。在此之后，他们与一名被试讨论了对事件发生顺序的记忆，然后再次回答同样的问题。关键的是，实际上两个人看到的故事版本有一个关键场景不同：一个版本是有一名同伙在场；而另一个版本则没有同伙。在 20 对被试中，有 19 对被试最初的记忆是准确的，因此当他们讨论所看到事物的记忆时，存在着高度的分歧。然而，值得注意的是，在讨论结束后，对被试进行同样的问卷调查，19 对被试中的 15 对就"是否见过共犯"达成了一致意见。这种类型的记忆错误是非常令人担忧的。并且需要强调的是，在现实生活中，那些看起来令人信服的目击者证据，实际上可能是受污染的证人所报告的。研究人员还发现，信心指数可以预测两人组中的哪一个说服了另一个，但预测只针对那些见过同伙的被试。没有看到同伙的人的信心指数对于确定一致性的方向没有什么价值。这一发现对人们如何评价遇到的社会信息提供了一些见解；如果一个人自信地说他看到了什么，他是值得信任的（除非有理由撒谎）；但如果一个人自信地说他没有看到什么，他可能会被忽略，因为人们认为他没有足够的注意力去注意这个项目。

受赖特等人（2000）研究的启发，费奥娜、梅蒙和艾伦（Fiona，Memon，& Allan，2003）使用了类似的范式，但使用的是视频刺激而不是幻灯片。被试观看了相同的模拟犯罪事件的视频，但视频是从不同目击者的角度拍摄的，因此某些细节只能从某个角度看到。在观看之后，要求被试单独或两人协作回忆事件，然后再进行个人回忆测试，来考察讨论对后续记忆报告的影响。与赖特等人观点相似的是，有相当比例（71%）的被试讨论过这个事件后，报告了在与伙伴讨论过程中获得的至少一个（两个中）错误细节。

　　另一种考察记忆一致性的方法是，让一个同伴在讨论中有意地引入一些具有误导性的事件后信息（post-event information，PEI），或者向被试提供据说是其他人说过的信息，例如，主试告知被试，据说某些反应是由前一个被试所做出的。请注意，使用这一范式的研究经常将"社会传染"和"记忆一致性"互换使用。这些考察社会性对记忆影响的方法在生态学上的效度相对有限，但在提高实验控制方面具有优势。例如，使用助手在讨论中引入具有误导性的事件后信息，可以完全控制所传递的信息类型和数量。加伯特等人（Gabbert et al.，2004）使用助手来测试被试在社交场合中通过面对面的讨论遇到的事后错误信息时，是否比在非社交场合中更容易受到暗示。主试给年轻（17～33 岁）和年长（58～80 岁）的成人群体观看模拟的犯罪事件的视频，然后呈现四项与之相关的具有误导性的信息。这些信息要么发生在与相似的老年助手进行讨论的背景下，要么发生在一个据说是由以前的被试的书面叙述中。对助手进行训练，让他去揭露与误导性叙述中相同的信息和错误的信息。在最后关于犯罪事件的回忆测验中，在社会互动的情境中获得错误信息的年轻人和老年人，相比于那些在阅读叙述时遇到相同信息的人，更易受他人影响。这说明社会活动情境中的额外线索（对信心的认识、可信性等）增强了对所获得的事件后信息（PEI）的影响。佩特森和肯普（Paterson & Kemp，2006）重复了这一结果，他们还发现，在社会交往中，当 PEI 是直接从共同证人那里获得，而不是通过第三方间接获得时，人们更容易受到影响（参见 Bodner，Musch，& Azad，2009，影响不显著，以及 Blank，Ost，Davies，Jones，Lambert，& Salmon，2013，对结果的比较进行讨论）。

　　米德和勒迪格（Meade & Roediger，2002，实验 4）发现共同目击者影响的质量取决于实际的或隐含的共同目击者是否传播了事件后信息（PEI）。具体来说，被试更有可能对在场的共同目击者提供的错误信息（而不是间接接触到的共同目击者的信息）做出"来源错误归因"错误，他们报告说他们记得的是他们看到的信息，其实只是他人传递的信息。除了加伯特等人（2004）以及佩特森和肯普（2006）的发现，面对面交流中获得的信息可能比不在场的匿名信息更能得到充分的关注，也更可信。这可能会鼓励被试对信息进行更积极和更深入的处理，使其随后区分这些最初的编码信息变得困难，因此米德和勒迪格（2002）的研究中发现了来源混淆。

　　使用助手还可以操纵误导性事后信息的传播方式，并且已经在操纵被试对自己记忆信心方面发挥了重要的作用。奥斯特、高努伊、库克和维阿类记（Ost，Ghonouie，Cook，& Vrij，2008）发现，当要求被试在一个或三个助手面前大声说出模拟犯罪事件的细节时，他们给出的正确答案更少；而且当更多的同伴在场时，他们对这些答案的信心也更低。此外，当助手对自己的回答信心更高时，被试的回答更有可能与助手提供的不正确的答案保持一致。而这也常常导致被试的信心评分更高（参见 Wright，et al.，2000，实验 2，与被试小组的结果模式类似）。总之，这表明个体不仅更有可能与一个自信的共同目击者的记忆保持一致，而且他们更有可能对这种潜在的错误记忆有更大的信心。

　　基于实验助手（confederates）的范式也可用来考察记忆一致性的强度如何随个体在事件中的作用而改变。卡卢奇等人（Carlucci et al.，2011）雇用了一名助手在海滩上接近两两成对的人。

然后，助手与 2 人组中的一名成员进行短暂的互动。一旦助手消失在视线之外，第二名助手就会执行一个无目标排队任务。在这项任务中，旁观者（两人组中没有直接与助手互动的成员）更有可能认同"积极"被试（与助手直接互动的两人组的成员）提供的答案，是反过来（积极被试认同旁观者）的可能性的两倍。该研究小组（Carol，Carlucci，Eaton，& Wright，2013）的后续研究，使用助手来探索如何操纵二人组中的权力动力机制（power-dynamics）。在观看了 50 张图像后，被试和助手被分配到三种权力条件：经理和下属、下属和经理，或同等地位的合作者。所有被试用 5 分钟的时间写了他们对自己角色的感觉和期望，然后进行一个新－旧项目的再认任务。被试先回答。尽管没有实际执行与角色相关的任务，但与管理者和同等地位的合作者相比，顺从下属的可能性更小。

然而，有趣的是社会动力会影响对记忆一致性的敏感性。卡罗尔等人（Carol et al.，2013）的研究结果与斯卡格贝里和赖特（Skagerberg & Wright，2008）的研究结果相反，斯卡格贝里和赖特要求被试小组在观看完 50 张面孔之后完成一个权力任务，并在这之前完成一个新－旧项目的再认任务。在"权力任务"中，要求两人组的成员之一设计一家餐厅，然后让第二名成员对餐厅的一些特征做出评判。与卡罗尔等人（2013）的研究结果相反，斯卡格贝里和赖特发现，那些被分配到低权力组（设计师）的人比那些被分配到高权力组（评判者）的人更容易受到同伴反应的影响。卡罗尔等人（2013）认为这些差异可能是由于操纵权力的不同情境造成的。卡罗尔等人操纵权力采用的是想象职业情境，而斯卡格贝里和赖特采用的则是一种教育情境中的积极任务。需要更多的研究来探讨依赖于情境的社会动力，以及它在记忆一致性的敏感性中所起的作用。然而，现在不管用什么方法来研究记忆一致性，普遍而有力的发现是，人们的记忆很容易受到一起讨论记忆这一看似无关紧要的行为的影响。这种情况的严重性可能会因情境的不同而有所不同。例如，与家人一起回忆和与共同目击者的交谈相比可能就会有所不同。

三、　理论框架和实验证据

目前的研究表明，个体与他人的记忆一致性有三个主要原因：（1）不想与他人意见相左（一致性的规范动机）；（2）认为对方是对的（一致性的信息动机）；（3）根据对方所说的内容构建记忆（由于记忆扭曲或来源的错误归因）。

赖特、罗顿和韦希特（Wright，London，& Waechter，2010）基于规范和信息路径的影响开发了一个研究记忆一致性的理论框架（见图 6-1）。一致性的规范动机往往反映了个体对社会认同的需要，尽管私下不同意，但公开声明表示同意。因此，一个人可能表面上同意另一个人对事件的回忆，但私下里并不认为那就是已发生的事情（Cialdini & Goldstein，2004；Deutsch & Gerard，1955）。一致性的信息性动机与希望保持准确有关。因此，如果个体获得的另一个人的信息是正确的，那么他就会选择接受并在稍后报告这个人的信息。当一个人怀疑自己记忆的准确性时，或者当从另一个人那里得到的信息使他们确信他们最初的判断是错误的时，信息一致性的动机通常是明显的。

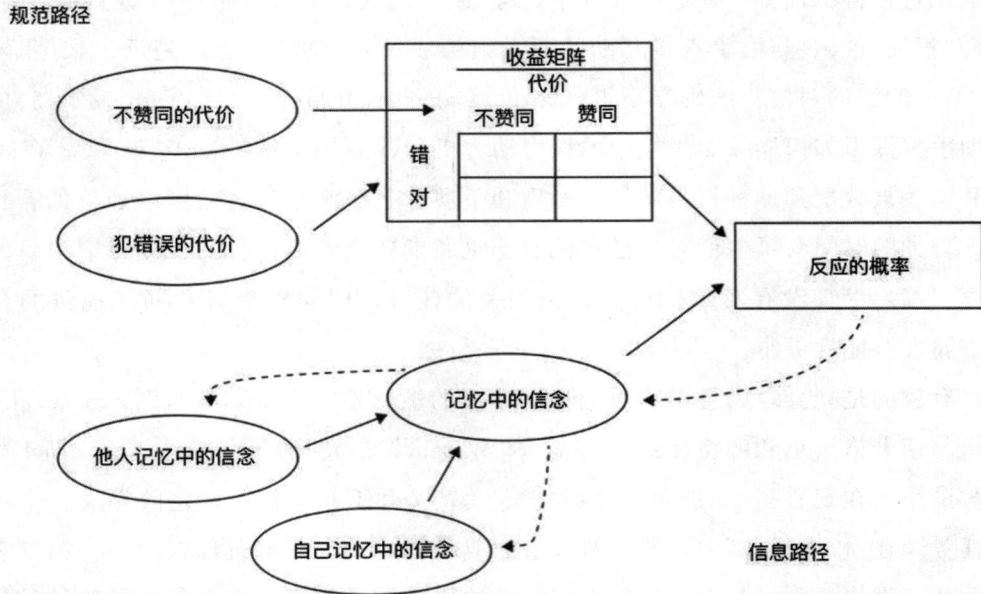

图 6-1 赖特等人（2010）的记忆一致性模型

（资料来源：wright D，London k，& Waechter M，"Social anxiety moderates memory conformity in adolescents"，*Applied Cognitive Psychology*，Volume 24，Issue 7，pp. 1034-1045，Copyright © 2009 John wiley & Sons，doi：10.1002/acp. 1604）

从广义上讲，可以把规范和信息性的影响看作是一致性的社会动机。规范对一致性的影响主要是社会性的。规范的影响是最常见的，而且也是最强烈的。当一组被试一起测试时，要求他们在公开场合大声回答问题（正如之前的研究所讨论的 Ost et al.，2008；参见 Allan & Gabbert，2008；Schneider & Watkins，1996；Shaw，Garven，& Wood，1997）。当不一致的代价很低时，这种性质的一致性效果也最强。例如，在一项目击者辨认任务中，巴伦、万德洛哈和布伦斯曼（Baron，Vandello，& Brunsman，1996）发现了一种情境效应。当被试认为他们的反应是作为试验数据时（因此不重要），相比于告知其结果将被警察和法院采用（因此更重要），他们更可能故意给出错误的反应，以便与助手保持一致。研究人员应该意识到，在这样的条件下，被试可能会表现出记忆一致性的迹象。但这些行为可能是由于社会认可动机以及表现出讨人喜欢的愿望导致的结果（参见 Tajfel & Turner，1986）。这样，被试的行为对记忆的社会影响相对较少。

一致性的规范动机、一致性的信息动机和记忆扭曲的概念有助于理解记忆一致性背后的社会和认知机制。但这些过程不一定是独立的。此外，虽然本章所介绍的研究证明并支持了这些概念，但单独或孤立考察每一个概念并不总是研究的重点。

(一)记忆一致性的规范动机

记忆一致性的规范动机有助于解释为什么人们更倾向于采纳内部成员而不是外部成员的建议。有研究表明，先前存在的关系会影响记忆一致性的敏感度。例如，奥佩等人（Hope et al.，2008）的研究表明，被试从朋友或恋人那里获得的信息明显多于从陌生人那里获得的信息。弗伦奇、加里和莫里（French，Garry，& Mori，2008）的研究也重复了这些结果。他们还发现，与恋人（而非陌生人）讨论某件事时，被试特别容易产生记忆一致性。然而，最近有些研究尝试重复检验上述结果，结果与之前的研究并不一致（Oeberst & Seidemann，2014；Peker & Tekcan，2009）。这说明这些争议点还需要进一步的研究。

安德鲁斯和拉普（Andrews & Rapp，2014）探讨了群体成员关系对记忆一致性敏感度的影响。他们要求被试观看五对画面，并报告他们喜欢哪一幅。研究者向被试解读了他们的偏好，并告诉他们，从他们的偏好中所看出来的他们认知加工的风格，当然，这些都是错误信息。利用这种方式来建立小组成员关系。随后，根据对艺术作品的偏好，他们与一名表面上来自组内或组外的同伙进行配对。研究者发现了，当个体与组外的同伴协作时，一致性效应减少了。

惠勒等人（Wheeler et al.，2013 年）使用了一个新的三人小组的范式，其中包括了一名虚拟同伴。研究发现"相似的他人"增强了一致性效应。该研究由五个关键阶段组成：暴露阶段、心智化阶段、学习阶段、协作记忆任务阶段和镜像阶段。最初给被试呈现 20 条意见，每条意见都由他们的两个伙伴提供。其中对 10 条意见进行预先评价，告知被试这些意见对了解他人是非常有用的；另外 10 条意见是填充项目。实验者操纵了同伴的反应：一种反应暗示着他是相似的同伴；另一种则暗示着他是不相似的同伴。然后，要求被试依次通过预测他们对另外 20 条意见（每项 10 个）的反应来了解每个伙伴。随后，被试分别学习三个家庭场景，每个两分钟，并参与一项由 30 个问题组成的、二择一的迫选协作记忆任务。这项任务是固定的，在大多数的试次中，同伴的回答都是第一个呈现出来的。这些答案有对有错，同伴要么同意要么不同意。最后，在镜像阶段，被试对之前在心智化阶段呈现的意见给出了自己的评价。利用这样的操纵可以让研究人员计算镜像（或同意）得分，以证明被试实际上区分了相似和不相似的同伴。惠勒等人（2013）发现，信念一模仿仅限于相似的同伴。他们根据被试的准确性随相似同伙的准确性发生的变化，揭示出与相似同伴记忆一致性的反应偏差。而不相似的同伴则没有表现出这种情况。惠勒等人（2013）认为，这表明，明确地对他人的信念进行心智化（用我们自己的信念作为他人信念的模型），会导致被试系统性地倾向于与有相同意向的人保持记忆一致性，而不是意向不同的人。此外，目前还没有证据支持相似的个体比不相似个体对某一事件的记忆更准确。

基克哈弗和赖特（2015）最近的一项研究也关注了相似性在社会背景下的暗示作用。具体来说，他们试图揭示相似性和亲和性对记忆一致性的影响。研究人员将被试和同伴分成两组，一组亲和，一组不亲和。在两种情况下，同伴以友好或不友好的方式对被试进行访谈。为了达到效果，对实验助手进行了与他人融洽相处以及运用语言技巧的训练，比如眼神交流和积极倾听，或者采用更具攻击性的提问方式，以及表现出对被试的回答不感兴趣。访谈结束后，两人都观看了 50 间房子的照片，同时呈现的还有 50 项诱饵项目，请被试从其中挑出看过的 50 张房子的照片。在每一种情况下，实验助手都是第一个做出反应的人，他们接受了训练，因此对测试项目和诱饵的反应都有 50％的准确率。与亲和同伴配对的被试更有可能是准确的，且不太可能表现出记忆一致性效应。相比之下，不愉快组的表现与对照组没有区别。因此，相似性和亲和性似乎都使记忆一致性产生了系统性的偏差。这可能对准确性产生不同的影响。然而，基克哈弗和赖特（2015）可能并没有像他们所说的那样把亲和力和相似度区分开来。由于没有对相似性或亲和性采取明确的衡量方法，很难说他们有效的分离了这两个密切相关的概念。

虽然，目前依然需要进行更多的研究，但是某些情境会促进规范对一致性的影响，尤其是在准确性不重要的情况下。个体认为与他人意见一致有许多社会益处，比如突出相似之处、增强社会认同、加强联系。

（二）一致性的信息动机

记忆一致性的信息动机代表着个体对准确性的渴望，以及希望给出尽可能完整和准确的报告。因此，这种影响往往更多的出现在记忆一致性的文献中。在每种情况下，当个体怀疑自己记忆的准确性时，他们更有可能将所建议的事后信息纳入自己的记忆中，或者认为他们最初根据另一个来源所作出的判断是错误的。例如，巴伦等人（1996）发现了任务难度与任务重要性之间的交互作用，个体只有在任务特别困难的情况下才会受到准确性激励，此时被试对自己的判断也没有信心。此外，佩特森、肯普和福加斯（Paterson, Kemp, & Forgas, 2009）发现，当一个同伴在延迟两周后引入错误信息，要比延迟 20 分钟（例如，记忆相对较弱的时候）后引入错误信息具有更强的一致性效应。这意味着个人可能会依靠错误信息来填补自己记忆中的空白。

赖特和维拉尔巴（Wright & Villalba, 2012）的证据表明，记忆一致性受最初的记忆准确性（正确报告的数量）的调节。准确的记忆更能抵抗一致性的影响。有趣的是，莱皮等人（Leippe et al.，2006）的一项研究发现，被试更容易受到虚假信息效应的影响。这些虚假信息是由助手提供的。他们的解释与另一个被试的解释不一致。那些收到负面反馈的人对自己的记忆表现出更低的信心水平。他们在回顾性报告中用编码时糟糕的外部条件来解释记忆信心低。因此，自信本身是可塑的。个体向他人做出断言时明显的自信，可作为一种线索进行系统性的操作，从而促进整合（Allan & Gabbert, 2008；Schneider & Watkins, 1996；Wright et al.，2000）。

艾伦、米德尔、马丁和加伯特（2012）将一致性过程描述为一种策略性的权衡，即将我们自己记忆的准确性和共同目击者的准确性进行了权衡。在加伯特、梅蒙和赖特（2007）的研究中，研究者使二人组成员相信其中一个成员观看幻灯片的时间是其同伴的两倍，但实际上他们的编码时间没有区别。尽管有关于准确性重要性的说明，那些认为自己比同伴观看幻灯片的时间更短的被试，要比那些认为自己比同伴观看幻灯片的时间更长的被试更有可能将自己的记忆与同伴的记忆保持一致。艾伦等人（2012）利用虚拟同伴（virtual confederates）重复这一结果，并对此进行了扩展。结果显示，当被试观看场景的时间最短（30 秒，而不是 60 秒或 120 秒）时，这种效应最强。因此，那些认为自己的记忆质量更差的个体更可能受到影响，并且在随后的报告中，含有从另一个人那里获得的更多的错误信息。但是个体对别人的依赖会根据自己和他人的知识编码条件进行动态和有策略的调整。

许多类似的研究都考察了同伴可信度在记忆一致性中的作用，所有研究都证明了信息动机对一致性效应的影响。人们对相对更可信的来源更有可能保持一致。例如，霍利等人（Horry et al.，2012）以民族群体成员的身份为基础，考察了群体成员身份在记忆一致性中的中介作用。在一项面部识别任务中，将组内和组外的面孔合并在一起，并设置组内或组外的同伴，当被试对自己的答案信心较低时，他们更有可能与同伴保持一致。此外，无论被试对自己记忆的自信水平多高，当实验者助手和目标面孔都来自同一个群体时，一致性效应更强。这表明被试擅长使用种族群体成员的外在身份特征作为判断的基础。

在此之后，戴维斯和米德（Davis & Meade，2013）利用助手考察了被试将助手的信息纳入记忆的可能性是否受到同伴年龄的影响。较年轻和较年长的成人被试与较年轻或较年长的助手（年龄分别为 20～22 岁和 73～77 岁）一起学习 6 个家庭场景，每个场景各 15 秒钟。然后进行协作回忆测试，每个场景中都需要回忆 12 个项目。在其中的 3 个场景中，同伴回忆起了两件未看见过的误导项目。然后，被试各自完成一项自由回忆任务，并对每个回忆起的物品进行来源监测判断。戴维斯和米德（2013）发现，虽然年龄在 18～35 岁的年轻人和 65～85 岁的老年人在他们的书面回忆中加入误导性信息的可能性是一样的，但是两组被试都不太愿意将年长的同伴提供的信息纳入到自己的回忆中。

研究者使用更加间接的共同目击者信息，也发现了这种结果模式。例如，索雷（Thorley，2015）发现，当目击者阅读由一位年长或年轻的目击证人（年龄分别在 82 岁或 21 岁）对小偷的报告时，超过 40％的阅读过年轻同伴报告（错误地指责一个无辜的旁观者偷窃）的被试，在一周之后被问到这个问题时继续指责旁观者。但如果报告来自于年长同伴，则只有不到 8％的被试一周后还继续指责旁观者。这与邝思、奥夫曼和伍德（Kwang see，Hoffman，& Wood，2001）的研究结果相呼应，他们采用了类似的叙事范式来揭示年长目击者不如年轻目击者有能力，但年长目击者更诚实。年龄较大的目击者相关能力的缺乏也与对记忆一致性具有更高的抵抗力有关。相反，对于年轻的目击者来说，感知能力评分越高记忆一致性效应也越大的。

安德鲁斯和拉普（2014）也强调了感知上的伙伴可信度在记忆一致性中的作用。他们认为，个体在不同程度上依赖于从协作者那里获得的、基于感知属性的事后信息。被试/助手二人小组完成了一项关于可信度的测试任务：在一篇短文中圈出字母 F。主试介绍这是一种测量认知能力的方法，并让二人组成员知道他们的再认项目总数，总数反应了他们的认知加工能力。任务是分阶段进行的，目的是让被试的能力处于平均水平，而实验者助手的能力不是高就是低。在这个操作之后，两个人都完成一个个人学习的阶段，学习内容是一系列词单。然后进行协作回忆任务：让两个人轮流从一个特定的词单中回忆项目（每个人最多 6 个项目）。在这个任务中，助手回忆的内容既包括正确的项目，也包括没有出现在原始列表中的项目（传染项目）。最后，被试完成一项个人回忆任务和一项来源监测任务（source monitoring task）。研究发现，助手的可信度影响了记忆一致性效应；与可信度高的同伴相比，与可信度低的同伴合作的被试不太可能回忆出项目，而且更可能对错误的项目做出错误的来源监测判断（参见 Hoffman，Granhag，See，& Loftus，2001，结果具有相似的模式）。

威廉姆森、韦伯和罗伯逊（Williamson，Weber，& Robertson，2013）的研究表明，可信度并不能预测记忆一致性。研究者考察了专家意见的中介效应。研究发现与专家证人（以前是一名警官）讨论模拟犯罪视频片段的被试，更容易产生记忆一致性效应。与非专家（以前是一名电工）讨论视频的被试则更难产生一致性效应。此外，他们还发现目击者认为的记忆准确性越高，记忆一致性发生的可能性就越大。但是，可信度并不能预测记忆一致性。这表明被试对他人记忆准确性的感知是产生可信度效应的基础。

（三）记忆歪曲

第二种关于记忆一致性的广义解释是记忆歪曲。人们很有可能不能区分他们亲自看到信息和从共同目击者那里听到的信息。为此，研究者进行了各种研究，考察了事后提醒对信息报告的影响。一般来说，事后提醒的研究包括一项二次记忆测试，在此之前，实验者会告诉被试刚才有误导性信息，并要求他们保持警惕，只报告自己记忆过的信息。这类研究发现在事后警告的有效性方面，结果好坏参半。例如，科里和伍德（Corey & Wood，2002）请被试参加了一个两阶段记忆一致性的研究。在第一阶段，要求被试回答 18 个问题，这些问题都是关于之前目击过的事件。在这个过程中，主试周期性地向被试透露信息，并告诉被试据说这些信息是由一个共同目击者提供的。正如基于之前发现所预期的那样，这些回答出现了记忆一致性效应。第二阶段在一周以后进行，要求被试回答 18 个同样的问题。要求其中一半被试尽可能准确地填写问卷；而告诉另一半被试前一周告诉他们的关于共同目击者的信息是假的，并且让他们不要太重视它。还要求这些被试保持警惕，只报告他们从最初的事件中记住的信息。科里和伍德（2002）发现只有那些没有受到事后提醒的被试表现出了记忆一致性效应。相比之下，那些被告知共同目击者信息的被试通常都能成功地排除虚假信息。米德和勒迪格（2002）重复了科里和伍德（2002）的结果，发现提醒可以显著减少记忆一致性，但不能消除。在这两种情况下，事后提醒减少了报告共同目击者信息的行为，但并没有完全消除这种影响。这些结果表明，提醒有时会影响一致性效应，这说明被试可以在必要时提取他们最早学习的资料，只是在有些情况诱导下没有这样做。与此相关的是，布兰克和洛奈（2014）最近进行的一项元分析，对 25 个事后提醒的研究结果进行了评估。结论是：这些事后提醒是有效的，在大多数情况下，记忆一致性效应平均减少了 50%。此外，他们还指出，某些类型的事后提醒比其他类型的事后提醒更有效。启发技巧是最有用的。启发性的研究利用事后提醒，不仅指出错误的信息，而且还具体说明了原因。

与已经讨论过的研究相反，佩特森、肯普和额（Peterson，kemp，& Ng，2011）发现事后提醒不会显著降低共同目击者的记忆一致性。在参与讨论任务之前，二人组成员们观看了一个模拟犯罪的事件。这个模拟犯罪事件中的主人公要么与他们的同伴的相同，要么稍有不同。一周后，被试接受了一个关于最初事件的个人访谈。其中一半被试已经收到事后提醒，说之前可能给他们介绍了误导性的信息。佩特森等人（2009）发现，收到提醒的被试中有 28% 的人至少报告了一条错误信息，而没有收到提醒的被试有 32% 报告了错误信息。因此，一周后对被试信息进行事后提醒似乎对记忆一致性效应影响甚微。此外，佩特森等人（2009）发现，如果被试收到错误信息后立即给出事后提醒，记忆一致性并没有显著降低。作者认为，最初编码的信息可能被共同目击者讨论中的错误信息"覆盖"了。

另一种对记忆歪曲的解释是被试犯了来源监测的错误。信息来源混淆，或将信息从一个信息源（例如，一个同伴介绍的事后信息）错误地归为另一个信息源（例如，自己对事件的记忆），就会导致被试在测试中报告出错误的信息。约翰逊、哈什特鲁迪和林赛（Johnson，Hashtroudi，& Lindsay，1993）用来源监测框架（source monitoring framework，SMF）解释了这一过程，认为心理经验可以归因于来源。人们根据来源监测框架，做出了一系列分类判断。但是如果真是来源记忆出现了错误就会导致错误归因。例如，如果一个给定的信息看起来可信、熟悉或与"记忆信息"特别类似，即如果它包含丰富的颜色、声音、情感和情境细节，那么它很可能被错误地归因于记忆，而不是外部来源（进一步讨论参见 Nash，Wheeler，& Hope，2015）。这可能是因为我们的记忆中没有可以确定某一方面信息真正的来源的部分，所以来源的错误归因才可能会发生（Johnson et al.，1993）

当两个不同来源的记忆特性有重叠时，也会出现来源监测混乱（Henkel & Franklin，1998；Markham & Hynes，1993）。这一发现与记忆一致性的研究高度相关。在记忆一致性的研究中，编码阶段和错误信息阶段之间存在大量情境之间的重叠。例如，这两个阶段都有目击到的刺激，通常发生在一个小的时间窗口内，并且通常发生在相同（或非常相似）的实验环境中。在现实生活中，可能会出现相似数量的情境重叠。例如，共同目击者可能会谈论他们刚刚见过的东西（内容重叠），而且可能会在这个犯罪事件后立即这么做（时间重叠），在等待警察到来之前，直接在事件发生的地点讨论，而不是在不同的地点（环境重叠）。来源监测错误带来的后果在刑事调查中可能非常严重，因为它们有可能导致不准确的证词、有偏见的证据和证人之间的虚假支持。

有研究试图直接解决信息来源混乱对记忆一致性效应的影响程度。加伯特等人（2007）考察了从共同目击者那里获得的错误事后信息，是否因为来源混淆而错误报告，或者是基于某人的记忆最正确这一信念，才有意报告的。在讨论任务之前，小组成员观看了不同版本的幻灯片。这种操纵可以使误导性的事后信息自然的引入会谈中。在此之后，两人组中的每一个人都对他们所看到的事情进行了个人描述。最后，要求被试参与一个来源监测任务。在整个过程中，每个人都回顾了他们自由回忆时的内容：（1）圈出他们记得的从共同证人那里听到的细节，但实际上并没有亲自看到；（2）他们在照片中看到并记住的细节不用标注；（3）画出他们不记得来源的细节。加伯特等人（2007）发现报告中被试将大约一半的错误细节认为是与共同目击者讨论中获得的。然而，却将另外大约一半细节错误地认为是在最初的幻灯片演示中看到的。

佩特森等人（2009，实验2）研究结果也具有类似的模式。在最初的事件发生一周后，对被试进行了一次访谈以及来源监测任务。要求被试将他们的陈述归为四种来源中的一种：只从视频中见过、只在讨论中说过、视频和讨论中都有或不确定。如果被试在测试中回答了同伴提出的项目，并做出正确的归因，即认为它来源于共同目击者的讨论，那么就认为来源监测决策是准确的。但是，如果在测试中被试将的同伴提出的信息归因于视频，或视频和讨论，那么就认为来源监测决策不准确。结果表明，被试整个过程中只有43％的时间做出了准确的来源监测决策。他们频繁地报告说，他们在视频中看到了那些情节，其实那些信息是事后信息项目，实际上只是在共同目击者的讨论中提到的。

尤其在法庭的调查中，来源监测错误是一个大问题。因为目击者无法报告他们的记忆来源。因此，与共同目击者讨论后的来源监测错误发生率更高，这是值得进一步研究和关注的问题。但是，这种错误并非不可避免。博德纳等人（Bodner et al.，2009）发现，尽管被试经常报告未目击过的细节，即这些细节是他们在与共同目击者的讨论中提到的，但是在问及这些信息的来源时，他们往往能够正确地识别。具体来说，63％的被试在与共同目击者讨论某一事件后报告了至少一个未被目击的细节，而只有14％的人将这些回答归因于不正确的来源。

纳什等人（Nash et al.，2015）也总结了一些论证，结果表明与来源监测的方法一致，记忆和信念的发生可能是有区别的。从自信的角度来看，这是有道理的。一个自信的演讲者可能会说服别人按照自己对某件事的看法去做，就像自信的表达态度可能会导致其他人的信念发生转变一样（Fishbein & Ajzen，1975；对此的一些讨论参见 Wright & Villalba，2012）。纳什等人（2015）认为，如果研究人员要对记忆歪曲获得更完整的理解，将说服方面的研究结果整合到记忆研究中是至关重要的。

四、 结束语

为了充分理解记忆一致性，研究者有必要同时运用社会心理学和认知心理学理论。与个人（例如，自信）、他人（例如，感知到的专业知识）和社会环境（例如，不赞同的社会成本）等有关因素，都会影响个体在什么时候会与他人的记忆或多或少保持一致。已经发现的记忆一致性效应可能是由记忆歪曲和来源混淆造成的，也可能是由一致性的规范和一致性信息动机引起的。但是，这些原因很难在实验环境中分离出来。因此，记忆一致性的主要原因尚不清楚。显而易见的是，这些潜在的机制对应用环境有不同的影响，比如法庭上的调查（参见 Paterson & Monds，第20章）。虽然并不是所有记忆一致性的结果都是负面的（例如，记忆一致性可以加强社会联系，突出相似性，并增强社会认同），但记忆一致性在法律领域的影响可能是深远而严重的。由于对理论和应用方面的影响感兴趣，研究者将继续探索哪些因素可以增加、减少以及可能消除对记忆一致性的长期影响。个体间真实互动的内部动态性对这一领域的研究提出了一定的挑战。但是，考察自然互动对后续记忆提取影响的有效实验范式在不断完善中，以便促进我们对这种社会认知现象的理解。

参考文献

Allan，K.，& Gabbert，F.（2008）. I still think it was a banana：Memorable "lies" and forgettable "truths." *Acta Psychologica*，127，299-308. doi：10.1016/j. actpsy. 2007.06.001

Allan，K.，Midjord，J. P.，Martin，D.，& Gabbert，F.（2012）. Memory conformity and the perceived accuracy of self versus other. *Memory and Cognition*，40，280-286. doi：10.3758/s13421-011-0141-9

Andrews，J. J.，& Rapp，D. N.（2014）. Partner characteristics and social contagion：Does group composition matter? *Applied Cognitive Psychology*，28，505-517. doi：10.1002/acp. 3024.

Baddeley，A.（1989）. Finding the bloody horse. In：L. W. Poon，D. C. Rubin & B. A. Wilson(Eds.)，*Everyday cognition in adulthood and late life*（pp. 104-115）. New York，NY：Cambridge University Press.

Baron，R. S.，Vandello，J. A.，& Brunsman，B.（1996）. The forgotten variable in conformity research：Impact of task importance on social influence. *Journal of Personality and Social Psychology*，71，915. doi：10.1037/0022-3514. 71.5.915

Blank，H.，& Launay，C.（2014）. How to protect eyewitness memory against the misinformation effect：A meta-analysis of post-warning studies. *Journal of Applied Research in Memory and Cognition*，3，77-88. doi：10.1016/j. jarmac. 2014.03.005

Blank，H.，Ost，J.，Davies，J.，Jones，G.，Lambert，K.，& Salmon，K.（2013）. Comparing the influence of directly vs. indirectly encountered post-event misinformation on eyewitness remembering. *Acta Psychologica*，144，635-641. doi：10.1016/j. actpsy. 2013.10.006

Bodner，G. E.，Musch，E.，& Azad，T.（2009）. Reevaluating the potency of the memory conformity effect. *Memory and Cognition*，37，1069-1076. doi：10.3758/mc. 37.8.1069

Carlucci，M.，Kieckhaefer，J. M.，Schwartz，S. L.，Villalba，D. K.，& Wright，D. B.（2011）. The South Beach study：Bystanders' memories are more malleable. *Applied Cognitive Psychology*，25，562-566. doi：10.1002/acp. 1720

Carol，R. N.，Carlucci，M. E.，Eaton，A. A.，& Wright，D. B.（2013）. The power of a co-witness：When more power leads to more conformity. *Applied Cognitive Psychology*，

27，344-351. doi：10.1002/acp. 2912

Cialdini，R. B.，& Goldstein，N. J. （2004）. Social influence：Compliance and conformity. *Annual Review of Psychology*，55，591-621. doi：10.1146/annurev. psych. 55.090902.142015

Corey，D. & Wood，J. (March，2002). Information from co-witnesses can contaminate eyewitness reports. Paper presented at the American Psychology-Law Society，Austin，TX.

Davis，S. D.，& Meade，M. L. (2013). Both young and older adults discount suggestions from older adults on a social memory test. *Psychonomic Bulletin & Review*，20，760-765. doi：10.3758/s13423-013-0392-5

Deutsch，M.，& Gerard，H. B. (1955). A study of normative and informational social influences upon individual judgment. *The Journal of Abnormal and Social Psychology*，51，629. doi：10.1037/h0046408

Fishbein，M.，& Ajzen，I. （1975）. *Belief，attitude，intention and behavior：An introduction to theory and research*. Reading，MA：Addison-Wesley.

French，L.，Garry，M.，& Mori，K. （2008）. You say tomato? Collaborative remembering leads to more false memories for intimate couples than for strangers. *Memory*，16，262-273. doi：10.1080/09658210701801491

Gabbert，F.，Memon，A.，& Allan，K. （2003）. Memory conformity：Can eyewitnesses influence each other's memories for an event? *Applied Cognitive Psychology*，17，533-543. doi：10.1002/acp. 885

Gabbert，F.，Memon，A.，Allan，K.，& Wright，D. B. (2004). Say it to my face：Examining the effects of socially encountered misinformation. *Legal and Criminological Psychology*，9，215-227. doi：10.1348/1355325041719428

Gabbert，F.，Memon，A.，& Wright，D. B. (2007). I saw it for longer than you：The relationship between perceived encoding duration and memory conformity. *Acta Psychologica*，124，319-331. doi：10.1016/j. actpsy. 2006.03.009

Henkel，L. A.，& Franklin，N. (1998). Reality monitoring of physically similar and conceptually related objects. *Memory & Cognition*，26，659-773. doi：10.3758/bf03211386

Hoffman，H. G.，Granhag，P. A.，See，S. T.，& Loftus，E. F. （2001）. Social influences on reality-monitoridecisions. *Memory & Cognition*，29，394-404. doi：10.3758/bf03196390

Hope，L.，Ost，J.，Gabbert，F.，Healey，S.，& Lenton，E. (2008). "With a little help from my friends…"：The role of co-witness relationship in susceptibility to misinformation. *Acta Psychologica*，127，476-484. doi：10.1016/j. actpsy. 2007.08.010

Horry，R.，Palmer，M. A.，Sexton，M. L.，& Brewer，N. (2012). Memory conformity for confidently recognized items: The power of social influence on memory reports. *Journal of Experimental Social Psychology*，48，783-786. doi：10.1016/j. jesp. 2011.12.010

Johnson，M. K.，Hashtroudi，S.，& Lindsay，D. S.（1993）. Source monitoring. *Psychological Bulletin*，114，3-28. doi：10.1037/0033-2909.114.1.3

Kieckhaefer，J. M.，& Wright，D. B.（2015）. Likable co-witnesses increase eyewitness accuracy and decrease suggestibility. *Memory*，23，462-472. doi：10.1080/09658211.2014.905607

Kwong See，S. T.，Hoffman，H. G.，& Wood，T. L.（2001）. Perceptions of an old female eyewitness: Is the older eyewitness believable? *Psychology and Aging*，16，346-350. doi：10.1037/0882-7974.16.2.346

Leippe，M. R.，Eisenstadt，D.，Rauch，S. M.，& Stambush，M.（2006）. Effects of social-comparative memory feedback on eyewitnesses' identification confidence, suggestibility and retrospective memory reports. *Applied Social Psychology*，28，201-220. doi：10.1207/s15324834basp2803_1

Markham，R.，& Hynes，L.（1993）. The effect of vividness of imagery on reality monitoring. *Journal of Mental Imagery*，17，159-170.

Meade，M. L.，& Roediger，H. L.（2002）. Explorations in the social contagion of memory. *Memory & Cognition*，30，995-1009. doi：10.3758/bf03194318

Nash，R. A.，Wheeler，R. L.，& Hope，L.（2015）. On the persuadability of memory: Is changing people's memories no more than changing their minds? *British Journal of Psychology*，106，308-326. doi：10.1111/bjop. 12074

Neisser，U.（1978）. Memory: What are the important questions? In: M. M. Gruneberg, P. E. Morris，& R. N. Sykes（Eds.），*Practical aspects of memory*. New York，NY: Academic Press.

Oeberst，A.，& Seidemann，J.（2014）. Will your words become mine? Underlying processes and cowitness intimacy in the memory conformity paradigm. *Canadian Journal of Experimental Psychology*，68，84-96. doi：10.1037/cep0000014

Ost，J.，Ghonouie，H.，Cook，L.，& Vrij，A.（2008）. The effects of confederate influence and confidence on the accuracy of crime judgements. *Acta Psychologica*，128，25-32. doi：10.1016/j. actpsy. 2007.09.007

Paterson，H. M.，& Kemp，R. I.（2006）. Co-witnesses talk: A survey of eyewitness discussion. *Psychology，Crime，and Law*，12，181-191. doi：10.1080/10683160512331316334

Paterson，H. M.，Kemp，R. I.，& Forgas，J. P.（2009）. Co-witnesses，confederates，and conformity: Effects of discussion and delay on eyewitness memory. *Psychiatry，Psychology and Law*，16，112-124. doi：10.1080/13218710802620380

Paterson，H. M.，Kemp，R. I.，& Ng，J. R.（2011）. Combating co-witness contamination: Attempting to decrease the negative effects of discussion on eyewitness memory. *Applied Cognitive Psychology*, 25, 43-52. doi: 10.1002/acp. 1640

Peker, M., & Tekcan, A. I. (2009). The role of familiarity among group members in collaborative inhibition and social contagion. *Social Psychology*, 40, 111-118. doi: 10.1027/1864-9335. 40. 3. 111

Schneider, D. M., & Watkins, M. J. (1996). Response conformity in recognition testing. *Psychonomic Bulletin and Review*, 3, 481-485. doi: 10.3758/bf03214550

Shaw, J. S., Garven, S., & Wood, J. M. (1997). Co-witness information can have immediate effects on eyewitness memory reports. *Law and Human Behaviour*, 21, 503-523. doi: 10.1023/a: 1024875723399

Skagerberg, E. M., & Wright, D. B. (2008). Manipulating power can affect memory conformity. *Applied Cognitive Psychology*, 22, 207-216. doi: 10.1002/acp. 1353

Tajfel, H., & Turner, J. C. (1986). The social identity theory of intergroup behavior. In: S. Worchel, & W. G. Austin (Eds.), *Psychology of intergroup relations* (pp. 7-24). Chicago, IL: Nelson.

Thorley, C. (2015). Blame conformity: Innocent bystanders can be blamed for a crime as a result of misinformation from a young, but not elderly, adult co-witness. *PLoS One*, 10, e0134739. doi: 10.1371/journal. pone. 0134739.

Wheeler, R., Allan, K., Tsivilis, D., Martin, D., & Gabbert, F. (2013). Explicit mentalizing mechanisms and their adaptive role in memory conformity. *PLoS One*, 8, e62106. doi: 10.1371/journal. pone. 0062106

Williamson, P., Weber, N., & Robertson, M. T. (2013). The effect of expertise on memory conformity: A test of informational influence. *Behavioral Sciences and the Law*, 31, 607-623. doi: 10.1002/bsl. 2094

Wright, D. B., London, K., & Waechter, M. (2010). Social anxiety moderates memory conformity in adolescents. *Applied Cognitive Psychology*, 24, 1034-1045. doi: 10.1002/acp. 1604

Wright, D. B., Self, G., & Justice, C. (2000). Memory conformity: Exploring misinformation effects when presented by another person. *British Journal of Psychology*, 91, 189-202. doi: 10.1348/000712600161781

Wright, D. B., & Villalba, D. K. (2012). Memory conformity affects inaccurate memories more than accurate memories. *Memory*, 20, 254-265. doi: 10.1080/09658211. 2012. 654798

第 7 章
记忆的社会分享性：从共同编码到交流

格拉尔德·埃希特霍夫（Gerald Echterhoff），勒内·科皮茨（René Kopietz）

人类记忆与其社会背景常常难以分开。我们绝大多数时间都要与他人相伴。我们或多或少有意识地、持续不断地关注他人的思想和情感，尤其是那些对我们重要的人。从一开始，社会心理学研究目的就是证明他人是否、如何塑造和影响我们的思想和情感，包括仅仅是与他人共同回忆的影响（Aiello & Douthitt，2001；Triplett，1898）。这种影响包括与他人的判断和行为一致（例如，Asch，1956；Sherif，1935），以及对我们态度的说服性沟通的影响（Bohner & Dickel，2011；Petty & Cacioppo，1986）。在这些研究中，"社会"属性指代他人对个体思想、动机和情感的影响，无论他人是亲身出席还是仅仅想象（Allport，1954）。这一观点不同于主流社会认知研究中"社会"的概念。主流研究聚焦于考虑诸如对其他个体和群体的感知和印象等社会客体。

然而，近年来研究者开始理解记忆对人际环境的敏感性。在人际环境中，记忆得以编码、保存和激活。认知心理学关于这一主题的研究较为稀少。2000 年出版的一本认知记忆研究的标准手册，勒迪格（Roediger）和麦克德莫特（McDermott）恰当地总结道："迄今为止一个调查领域仅收到了较少的调研，那就是社会因素施加于个体记忆的影响"（p. 157）。社会认知研究起源于 20 世纪 70 年代，当时在论证记忆对诸如个体感知、刻板印象等社会心理现象的作用方面取得了令人瞩目的成就，但仍主要集中于个体心理的信息加工过程。在过去的 15 年中，人机交互、协作和对话影响记忆的各种研究有了显著增长。该领域的研究进展，有许多在一些综述中被反复引用（Hirst & Echterhoff，2012；Rajaram，2011；Rajaram & Pereira-Pasarin，2010），最近研究者在记忆研究中提出了"社会转向"的预期（Hirst & Rajaram，2014）。

社会环境对记忆影响的一条途径是通过外显记忆任务的协作（例如，Basden，Basden，Bryner，

& Thomas, 1997；Cuc, Ozuru, Manier, & Hirst, 2006；Rajaram，2011；Wegner，1987；另请参阅 Blument；Gabbert & Wheeler；Henkel & Kris；Hirst & Yamashiro；Paterson & Monds；Rajaram，第4、第5、第6、第8、第20、第24章）。在外显记忆的协作中，小组成员共享要求记住的信息，并清楚地知道如何做。如果有成员无法有效回忆其中一条信息，他可以求助其他成员或者等待其他人报告他们记住的内容，来填补自己漏掉的部分。

在没有直接协作的记忆任务中，社会分享仍可以塑造记忆。例如，被试与他人一起学习某些材料，在特定状态下他们的回忆得到了强化。这些特定的状态我们一会儿再讨论（Shteynberg，2010）。此时，被试与他人只是一起编码，虽然没有一起记住或者意识到需要一起完成记忆任务，但仍然影响到随后的记忆内容。此外，发言者通常恰当选择（一种腔调）自己的言论以迎合听众对某一主题（例如他人的行为）的立场（评价、态度），以此借助沟通创造关于某一主题的共享信念或评价，专业术语"共享现实（shared reality）"。大量研究结果显示发言者关于主题的记忆受听众立场的直接影响（Echterhoff，2012；Echterhoff & Higgins，2017；Echterhoff，Higgins，& Levine，2009）。由此可知，发言者并不是简单地背诵一些东西，而是与听众交流。

本章，我们将聚焦于社会分享。这虽是一种间接的、偶然的塑造记忆的方式，但值得研究者关注。日常生活中，人们通常与他人经历同样的事件并通过交流分享对所经历的观点（Pasupathi，McLean，& Weeks，2009）。很明显这些活动要比有意地共同完成记忆任务更加普遍。我们将探讨，那些并不包含外显的记忆协作任务的社会分享是否会影响人们随后的记忆。这种影响是如何发生的。我们旨在探究记忆的社会分享性，即人际交互和交流如何塑造我们的记忆。在介绍相关研究之前，我们需要首先确定关键术语——共享（shared），到目前为止我们应用的比较随意。

"共享"可以表达不同的含义（Echterhoff，Higgins，& Levine，2009；Thompson & Fine，1999）。我们将在本章辨别"共享"的三种不同含义，以区别应用到我们即将讨论的现象中。首先，"共享"意味着"分割成不同部分"，诸如不同的人共享一个任务。这一含义指的是对任务子区域的认知分工或者责任分工。从这种意义上讲，这一术语意味着在一个共同任务或者项目中每一个参与的个体都应该对他的专属任务部分负责。这一含义强调个体在任务中责任的差异性。这并不要求个体对目标物持相同的内在状态（判断、态度）。

其次，"共享"意味着"交流或暴露给其他人"。这一含义关注个体将内在状态告知于其他人的过程，例如，工作中的新同事。此时，听众或观众被告知的事实暗示着他们意识到沟通者的信念和感受，但这并不要求听众赞同沟通者所传达的信息。因此，这一含义并不关注观众的判断或态度是否与沟通者的判断或态度是一样的。这一"共享"强调的是人际交流的重要性，它使得某些信息可以与他人分享。

最后，"共享"还意味着"共同的拥有和经历"。在这种情况下，人们的评价或态度是相同或相似的。例如，当我们说"A共享了B对外国菜肴的喜爱"，我们其实想说A对B的内在状态和他（她）自己对目标物的内在状态具有共同性。"共享"的第三种含义最接近于共享现实的概念化。我们会更详细地解释（Echterhoff，Higgin，& Levine，2009）。根据这一解读，"共享"是指人们对某些参照目标（例如，第三方）的内在状态，与他人关于参照目标的内在状态是一致的。

我们将在本章介绍相关研究，以论证我们的经历所发生的社会环境、以及我们与他人分享经历的交流方式，能够影响我们对经历的记忆。在整个过程中，我们将对可能的潜在理论机制进行分析。首先，我们要讨论，最近研究显示共享任务中与他人共同经历的信息编码，将促进对经历的记忆。有些研究主要从"分为不同部分"这一角度研究社会分享，而其他一些研究则以"共同经历"视角来阐明社会分享。其次，我们将致力于记忆研究中，社会分享对交流的影响。在这部分，我们从研究口头描述某些目标经验［对话复述效应和记忆的听众微调（audience-tuning）效应］如何影响记忆讲起。此时"共享"使用是第二种含义。我们采用共享现实理论解释听众微调效应，这时"共享"意味着"共同经历"。在此基础上，我们回顾共享现实产生过程中的动机和目标，尤其认知目标（例如产生关于某一问题或主题的自信的判断和评价），以及亲和相关目标（例如产生或加强与交流对象的社会联系或关系）。该效应从本质上是一种附属效应，因此无须意识到对记忆的社会分享，因此，人们当然也可能已经意识到对记得的事件的共享性。本章结尾，我们将通过共享现实理论表明对于共享的觉察可产生认知和社会影响。

一、共享编码如何影响记忆

大多数情况下人们会共同经历和共同编码（joint encoding）事件。共同编码是否影响他们的记忆呢？研究该课题的一种方法源自任务分享和共享行为领域（Eskenazi，Doerrfeld，Logan，Knoblich，& Sebanz，2013；He，Lever，& Humphreys，2011；He，Sebanz，& Humphreys，2014）。研究者创设一种情境，要求被试在共同任务的不同方面对视觉刺激快速做出反应。这些研究主要从"分割成不同部分"这一层面来研究社会分享。另一种研究方法中，共同经历不包括任务分享，被试仅仅与其他被试同时注视刺激物（Richardson et al.，2012；Shteynberg，2010）。两种方法都没有要求被试共同学习或记住呈现材料，记忆测验对被试而言是出乎意料的，因此测量的是无意记忆而不是有意记忆。记忆测试是被试单独完成而不是以小组方式。因此，测验检验了共同编码效应，但并不关心提取过程中群体相互影响的额外效应。

记忆的共同任务效应研究中，给被试呈现三套材料，要求第一组被试中的 2 名小组成员对呈现的三套材料中的一套均需做出反应，而忽略另外两套。被忽略的两套材料，一种情况是要求搭档记住，另一种情况是 2 人都忽略。结果发现，尽管指导语明确要求小组成员忽略另外两套材料，但是对分配给搭档的项目的回忆成绩显著好于 2 人都忽略的项目。赫（He）和他的同事们（2011；2014）研究中，两个被试共同浏览三类图片，每人关注其中的一类。例如，其中一个被试要求记忆四足动物的图片，另一个则要求记忆水果图片。两人均要求忽略第三类图片（乐器）。被试的主要任务是接下来的视觉搜索任务。视觉搜寻任务是，要求被试对工作记忆中保持的注视类型的启动图片做快速反应。视觉搜寻任务中，被试必须定位其启动图片，并且当该图片上有一圆圈闪现后，被试需要对该图片做出特定的反应。尽管被试确实可以忽略他们搭档当初关注的材料，但是在随后的出其不意的自由回忆任务中，被试对这些项目的回忆成绩是增强的。重要的是，这一现象在两者都要求忽略的项目上却没有出现。这说明分享经历效应局限于至少与一名参与者相关的情境方面。

　　此外，有证据显示社会因素调节共同编码效应。赫和他的同事们（2011）利用不同社会联系强度的被试：第一组被试由两名相互陌生的英国人组成；第二组由相互为朋友的两名英国被试组成；第三组由两名相互陌生的旅居英国的中国被试组成。在出其不意的记忆测验中，互为朋友的英国被试组合对图片回忆成绩最好；相互陌生的英国被试组合成绩最差；中国组合成绩介于两者之间。如何理解中国和英国陌生组合之间的差异？跨文化研究不断发现与西方人相比，东亚人更大程度上认为他们与社会背景相互依存（Markus & Kitayama，1991）。即使不是朋友，中国人也感觉与他们群体中的其他成员有更强的社会关系（Oyserman & Lee，2008）。旅英中国人的身份地位更加强化了共同性和连通性的感觉。因此，记忆的共同任务效应不只取决于刺激与学习伙伴的相关性，还受到体验到的人际关系的影响。

　　在一项相关研究中，艾斯凯纳齐和他的同事们（Eskenazi et al.，2013）研究了在共同分类任务中，共同行为如何影响信息的无意编码。小组成员必须对三类刺激中的一种作出反应：例如，被试 A 对动物作出反应，而被试 B 对家庭用品作出反应。此外，对第三种类型均不作反应。在赫和他的同事们（2011；2014）的研究基础上，研究人员增加了一种控制条件：被试独自完成任务而不是和他人共同完成。该条件旨在检验共同编码效应是否取决于社会因素。相较于控制条件，共享任务中被试对实验搭档的反应类项目的记忆增强，但该类与他们自己的任务是无关的。与实验被试均不相关的第三类型项目的记忆并未受到实验条件（共同完成或独自完成）的影响，无论共同完成还是独自完成记忆成绩差异不显著。第二个研究中，即使被试被告知只有对自己的记忆项目进行编码，才能获得金钱奖励，这种效应仍然存在。这些研究结果显示，相对于控制条件，共同任务中搭档的反应项目在很大程度上被无意识地进行了深层编码。

　　那么是什么引起了记忆的共同行为效应呢？一种可能性是社会助长作用（Zajonc，1965）。他人在场提高了简单任务中个体的行动效率。然而根据社会助长作用的解释，共同任务中被试的反应，都应因共同行动者的存在得到同等程度的促进。但与均不被反应的项目相比，以上研究中的记忆优势，均受限于共同行动者的相关项目。因而，社会助长作用并不能解释这一结果。艾斯凯纳齐和他的同事们（2013）探讨了另外一种可能。他们认为，为了成功完成自己负责的部分，被试需要区分自我相关刺激和搭档的相关刺激。为了对搭档的任务有一个最基本的表征，被试需要对其进行监控。对他人行为的监控将影响被试的记忆。因为这一过程包含了注意和编码的增强，并最终导致可及性增加。诸如搭档的反应动作或者反应时的按键声音等知觉线索，引发对搭档的项目的注意投入。但是瓦格纳等人（Wagner et al.，2017）研究认为，共同行为效应受共同经历驱动而不是线索注意。

此外，对他人行为的关注（如同挤压海绵）会导致对自己行为表现的错误记忆（观察膨胀效应，the observation inflation effect；Linder，Echterhoff，Davidson，& Brand，2010）。换句话说，观察者错误地记忆实际操作过某种行为，而实际上该行为是由被观察者执行的。有人认为，在某种程度上，该效应由行为观察阶段引起的动作模仿过程造成（Linder et al.，2010；Linder，Schain，& Echterhoff，2016）。无论观察膨胀效应背后的具体机制是什么，它可以解释记忆的共同行为效应：如果共同行为研究中，被试错误地将同伴的行为记成自己的表现，那么这些研究发现的自我关联性优势，将波及本该由同伴执行动作（类别反应）的项目。在这种情况下，该效应是由于将同伴反应项目错误归因为自我关联项目引起的。

与此相反，这些理由（同伴监控中的编码增强和膨胀）并不能解释第二类研究的结果，即共同感知效应（Richardson et al.，2012）和共同编码效应（Shteynberg，2010）。这些研究中不存在共同任务，因此不存在需要监控的竞争信息。某些研究情景同伴并不真实可见，因此也无法观察。例如，理查森（Richardson）和同事们，让成对被试背靠背坐着观察按同样顺序呈现的不同效价（积极、消极和中性）的图片。刺激呈现时被试相互间都看不到，且除告知所有被试都将看到相同（或不同）照片外并不呈现特殊的指导语。由于任务的相对被动性（相对于共同任务研究中的能动性）和指导语的特点，被试不可能想象同伴图片排列的情景。虽然如此，仅仅知道他人正在同时观看相同图片也足以引起对消极图片的记忆增强。重要的是，该效应仅出现在被试相信同伴正在同时观看相同图片的情况下（Richardson et al.，2012，实验 2）。

此外，有研究发现，共同编码对被试记忆和认知的影响，甚至都不需要协作者相互见面。施泰因伯格（Shteynberg，2010；综述见 Shteynberg，2015）采用社会调节范式的实验中，首先要求被试选择一个实验会话中代表他们自己的虚拟化身的颜色（共有五种不同颜色），接着他们接受实验控制反馈，告知其他两名被试的选择。另外两名被试表面上都选择了各自颜色的虚拟化身（这样每个团队成员都有红、蓝、黄等不同的颜色），或者他们均选择相同颜色（比如全选蓝色）。后一种条件产生了基于"最小化"共性的三人小组的感觉，也就是选择相同颜色的虚拟化身（Tajfel，1970）。有趣的是，在出其不意的记忆测验中，这种精细地最小群体的设置也足以影响被试的记忆表现。相比于非相似组，相似组被试对共同编码的词表的回忆（实验 2）和画作的再认（实验 3）成绩均更好。

在另一组研究中，施泰因伯格和加林斯基（Shteynberg & Galinsky，2011）重复了"社会微调"效应并检验了该效应出现的附加条件。在两个实验中进行相似或者不相似分组操作后，被试接受促进目标（实验 1）或者阻碍目标（实验 2）任务，然后执行词汇识别任务。根据调节聚焦理论（Higgins，1998），施泰因伯格和加林斯基主张相较于不相似组，对于相似组中合作被试的经历的共同关注，使得启动目标更加突出，从而影响记忆。研究者预测，相似组被试在识别记忆任务中具有目标一致性的反应模式。特别的是，接受促进目标的被试，会优先实现正确反应，因此表现出更多击中；而接受阻碍目标的被试，会尽量避免错误反应，因此表现出较少的虚惊。根据这些预测，共同关注的影响被限制在目标一致行为。同样这一研究结果也不能用社会助长作用加以解释。因为社会助长作用，会预期一种整体效应，并且不能解释为何目标启动的积极作用仅出现在相似被试条件下，而不相似被试条件则不会出现。

施泰因伯格和加林斯基（2011）在实验 2 中，通过改变相同目标是否同时启动，考察了共时性对社会微调效应发生的作用（另见 Shteynberg & Apfelbaum，2013）。就像理查森和同事的研究结果一样，当目标启动没有同时呈现时，可能削弱了社会分享意识。社会微调效应并未出现。研究者推断，被试为了使群体关注发挥作用，必须与其他相似被试同时分享经历。

有趣的是，与共同行为和共同感知不同，该效应在实验室研究和在线研究中均得以发现（综述见 Shteynberg，2014；2015）。换句话说，无论共同参与群体是实体共现还是仅凭想象，该效应都可以获得。似乎被试只需要相信其他相似的被试当下正在分享他们的体验，社会微调效应就会发生。施泰因伯格（2010；2015）认为与组内其他成员共同体验的信息，可能与未来互动相关。为此与相关他人分享的经验，将得到更多关注和更精细的编码。由此产生的共享知识，构成了群体的共同基础，因此有利于群体的社会协调。

情景认知理论（Smith & Semin，2004）和动机相关理论（Eitam & Higgins，2010；Eitam，Miele，& Higgins，2013）认为，信息被检索为相关和有用时更容易获取和激活。也就是说与个体目标和动机相关越大的信息，只要对目标实现是有用的信息，就会一直保持相当的可及性（Förster，Liberman，& Higgins，2005）。在共同编码效应的背景下，共同编码刺激的持续可及性，在一定程度上取决于刺激与组内成员的共同行为或社会协调的相关性程度。在两个实验中，我们使用社会微调范式（Shteynberg，2010），研究了共同编码刺激相关性的作用（Kopietz，Eitam，Shteynberg，& Echterhoff，准备中）。被试选择一种颜色的虚拟化身，然后被安排到相似（即相同颜色）或不同（即不同颜色）的虚拟小组中。然后他们学习包含 9 个词的词表，词表呈现 4s，随后进行再认测验。告知被试在随后小组任务中他们将会（或者不会）与虚拟小组成员交流。我们预测记忆的社会微调效应，仅出现在被试期望随后与小组成员交流的情况下，即当信息与随后的小组活动潜在相关时。正如所预测的，只有预期相似群体成员将发生交互时，记忆的共同编码效应才会出现；而当群体成员认为他们不会发生交互时，记忆效应未发生。

在本研究中，对未来互动缺失的预期，可能降低被试的任务动机，因此从一开始便减少了对呈现刺激的兴趣。为了验证这一不同观点，我们做了一个额外的实验。被试完成单词列表的共同编码后，可以得到群体互动的信息（相比于没有进一步的小组互动）。实验 1 中，相较于并不期望进一步沟通的被试，那些相信随后将与小组成员沟通的被试，显现出更好的词汇记忆成绩。总之，研究结果认为除同伴相似性和共同编码的同时性外，记忆的共同编码效应的发生还存在第三种条件：被试必须假定共同体验刺激与编码时间之外的共同行为相关。这些研究中，我们并没有操纵编码的共时性，并且我们在附加实验条件下，减少或消除了相关的进一步共同活动。如果在使用施泰因伯格和同事们的研究范式时，增加编码的相关性，检验共同编码效应在非共时条件下是否会出现，将是十分有趣的。

概括来讲，迄今为止的研究显示，与他人一起完成的信息共同编码，在很多条件下有助于信息的记忆。共同任务效应的研究中，被试仅在他们搭档的记忆项目上表现出记忆改善，而不是控制项目（Eskenazi et al.，2013；He et al.，2011；2014；Wagner et al.，2017）。在没有共同任务设定的条件下，当与同伴共同学习信息时，仅仅分享编码也可以增强记忆（Richardson et al.，2012；Shteynberg，2010）。根据两类研究的结果，该效应是否出现，取决于被试与搭档的可以感知到的社会联系，尤其是与同伴的相似性和人际关联性。我们的研究发现了另外一种条件，研究是关于组内相似个体共同编码影响因素的：被试认识到，共同编码的信息与未来的共同行为相关（Kopietz et al.，准备发表中）。总之，与他人共享的经历和共同行为的社会动机，在记忆的共享编码效应中发挥着重要作用。

二、 交流中的社会分享

正如本章前面所讲的，研究设计中信息的共享编码并不包括可以塑造个体记忆的记忆任务。这些效应都是在被试没有交流的情况下得到的。但人们聚在一起，都会与他人分享自己的经历。目前有大量证据显示，复述行为和经验的言语交流，影响到沟通者对经验的自我记忆（综述可见 Echterhoff，Higgins，& Levine，2009；Marsh，2007）。我们可以从认知文献中找到解释。众所周知仅是刺激的言语描述，就可以影响感知者的记忆。作为一种叙述手段的言语交流，可以强化记忆（Hall，1989），但它也可以阻碍记忆表现。这已经在面孔识别的言语遮蔽效应的研究中被发现了（Alogna et al.，2014；Schooler & Engstler-Schooler，1990）。

然而，我们即将讨论的交流的助记结果，并不能被理解为仅是言语交流或叙述效应。这是因为这些效应取决于沟通者的目的，和交流设置的特点，诸如与听众的关系（Marsh，2007）。如果一个团队成员与另一个团队成员谈论一个新来的人，而这个新来的人才刚到，此时，发言者并不仅仅是为了复述感知到的事件，以尽可能精准地描述相应的行为，而是与其他成员交流对新来的人的印象；同时，也是为了减少不确定判断而增强与听者的关系。或者说，发言者极度想确认听者对新成员的想法，来讨好听者，但却形成了自己独特的判断。在这种交流中，并不会产生共享印象。对于发言者的记忆而言，沟通效应会随着发言者的需要和目的，尤其是发言者希望共享记忆的动机不同而有所不同。此外，听众的反馈，例如接受或拒绝发言者的信息（Echterhoff，Higgin，& Groll，2005），能够使随后记忆中的沟通效应趋于中和（另见 Pasupathi & Wainryb，第 15 章）。

潜在过程的概念化主要来自共享现实理论。因为该理论可以解释发言者记忆中的几种交流效应。相应的研究也直接证实了记忆的社会性。根据该理论最近的研究（Echterhoff & Higgins，2017；Echterhoff，Higgins，& Levine，2009），共享现实被描绘为经验共识，结盟，或者与他人共享目标的内在状态（如态度或判断）。这些结盟由人类的基本需求和动机驱动，尤其是对外部世界确信性理解的认知需要（Kopietz，Hellman，Higgins，& Echterhoff，2010），以及与他人建立亲密关系的需要（Echterhoff，Lang，Krämer，& Higgin，2009；Pierucci，Klein，& Carnaghi，2013；Sinclair & Lun，2010）。如果发言者充分相信听者关于当下主题的判断和评价，那么他们的认知和亲密关系需要就得到了满足（Echterhoff et al.，2005；Echterhoff，Higgins & Groll，2008），并能发现他们的听者足够可爱和值得尊敬（Pierucci et al.，2013）。

这两种需要在共享现实创建时紧密交织在一起。例如创建关于新到岗成员的共享现实，老队员同时满足了对判断进行确认的认知需要，又满足了加强相互关系的需要。无论分享的是不是共享现实，分享时的内在状态或者表征被知觉为具有更强的真实相关性。这种真实的相关性，具有更强的力量去满足人们基本的认知动机（Echterhoff & Higgins，2017；Higgins，2012）。享有更多（或更少）的真实相关信息具有更高的可及性且更可能在相关情况下被激活（Eitam & Higgins，2010）。人们经常通过与他人交流来创造一种共享现实。因此，实证研究通常采用人际交流来验证共享现实的构建。

共享现实通常从诸如观点采择、移情或社会性分布知识等几个相关结构进行区分（Echterhoff，Higgins，& Levine，2009）。与讨论相关的是，共享现实建立在但又不同于共识基础（Clark & Wilkes-Gibbs，1986）。共享现实中的共性不只涉及是什么，还涉及该如何判断或评价它。心理语言学认为，共识基础主要指大众共同拥有的，对话者在概念层次上认定的，那是什么，以及对话者如何表达（Clark & Wilkes-Gibbs，1986；Pickering & Garrod，2004；Schober & Clark，1989；另见 Gordon et al.，第 23 章）。换句话说，共识基础代表着谈话者之间的概念校准。概念校准要求特定伙伴对如何定义和描述目标物达成共识，例如，对用"勇敢的滑冰者"来描述模棱两可的七巧板图达成一致意见（Clark & Wilkes-Gibbs，1986）。重要的是，概念校准并不一定意味着评价校准。换句话说，人们描述参考方面的共识，并不意味着他们在如何评价参考方面存在共享现实。例如，从共享参考的意义来讲，以色列和巴勒斯坦在如何表示"中东和平路线图"（制定双赢方案的步骤）方面，双方存在共识基础。然而，关于"中东路线图"的任何类似协议，并不意味着双方在评价路线图方面达成一致。当共同现实意味着共识基础时（否则的话，不同人可能指代不同事物），共享现实需要评价校准（Echterhoff & Higgins，2017；Echterhoff，Higgins，& Levine，2009）。正是这些原因，使得人们对发言者记忆的交流效应中社会分享的作用，持有不同的观点。

三、 复述效应

日常生活中，人们对过去事件的复述，通常并不像明确的复述任务中要求的那样，尽可能准确和完整的报告整个事件。第一个相关研究，关注发言者对事件记忆的复述效应。总体来说，研究显示发言者对事件的回忆受他们复述的影响。也就是说，口头事件描述对发言者的记忆产生了影响（Dudukovic，Marsh，& Tversky，2004；Marsh，Tversky，& Hutson，2005；Pasupathi & Hoyt，2010；Pasupathi，Stallworth，& Murdoch，1998；Tversky & Marsh，

2000；综述见 Marsh，2007）。与共享现实研究相反，本研究并未考察听者对主题的态度和判断的统一和调整。因此对话性的重复效应研究，从对他人的信息暴露角度研究社会分享，而不是创造共同经验的视角。

在这些研究中，复述类型的差异取决于复述感知、复述目标和听众反馈（audience feedback）。例如，特威斯克和马什（Tversky & Marsh，2010）的一些列研究发现，复述一个故事人物行为的目标（推荐或抱怨室友）导致发言者选择相应的模式（友好或者讨厌的室友）。而这引导了他们对原始故事细节的回忆。杜杜科维奇（Dudukovic）和同事们开展的一项签名研究中，复述的目的要么是向听众（律师或者警察）解释故事（酒保在一个极度紧张的夜晚的经历）的真实情况，要么是逗听众乐（一群朋友）。娱乐复述包含较少的事件真相及对真相复述的更多的添油加醋。此外，他们不那么准确，用了更多的情绪词汇，更多的肯定性言语而不是真相复述。重要的是，随后对故事的自由回忆任务中真相复述组被试复述更加准确和精确，而娱乐复述组更多地是情绪聚焦复述（Marsh et al.，2005）。复述和回忆的准确性和细节评分显著相关。这些研究结果可以在一定程度上被解释为复述过程中目标材料预演的差异性：尽可能准确的练习故事信息确实提升了被试的回忆效果。

娱乐复述组与未复述故事的第三组被试，在准确性和细节得分上没有差异。如果背诵是随后记忆的关键，那么即使要求娱乐甚至部分夸大，人们还是可以通过对目标事件的复述，增强对事件的回忆。在缺乏相关数据的情况下，我们只能猜测，在娱乐条件下的被试，至少在一定程度上受动机推动，与听众去构建共享现实。因为娱乐条件下被试要求将听众想象为朋友。共享现实的研究发现，发言者更愿意与亲密和相似他人建立评价和判断的一致性（Echterhoff & Higgins，2017；Echterhoff，Higgins，& Levine，2017）。海门（Hyman，1994）发现，在没有创造娱乐或情感故事的指导下，被试告知同伴和朋友（而不是主试）的经历中，包含了更多的评价。应该记住的是娱乐组被试复述时包含了更多的情绪情感因素。他们可能在努力引起听众对事件的共鸣，例如，"那是如此有趣"或者"这家伙度过了一个可怕的夜晚"。情感评价性反应，也许是以一种基于情感图式的形式（如"有趣酒吧事件"或"可怕酒吧之夜"），主导着经历复述时的心理表征或图式。这种图式，以牺牲故事情节和细节的信息为代价。这种图式，聚焦于自己和听众期望的情感反应，降低了提取阶段获取原始故事细节的可能性。

帕苏帕蒂和同事的研究（Pasupathi & Hoyt，2009，2010；Pasupathi et al.，1998；另见 Pasupathi & Wainryb，第 15 章）验证了听众反馈，尤其是对发言者的关注，对发言者复述和随后回忆的影响。被试模拟日常生活，向听众复述电影片段或者他们玩的一款新的电脑游戏。听众是主试的助手，经过了专门训练，被分成组：集中注意和分心条件（Pasupathi & Hoyt，2009，实验3）。帕苏帕蒂等人（1998）还设计了一个不复述的控制组。要求分心的听众除了听以外还要数发言者复述时发"th"的数目。分心听众反馈的信息，表达了对发言者语言理解得更少，与发言者的联结也更弱。与预期一致，相较于分心听众，发言者认为专注的听众表现得更积极。他们认为自己给专注的听众讲述了更引人入胜的故事。结果说明听众行为影响了被试复述；分心听众条件下被试复述的故事更短，且包含更少的扼要的推论。

　　重要的是，发言者随后的回忆也因条件而不同：分心听众条件下的被试对电影片段（Pasupathi et al.，1998）或者他们自己讲述的电脑游戏经历（Pasupathi & Hoyt，2009）回忆表现更差。帕苏帕蒂和同事（1998）研究中分心听众条件和无复述条件下被试回忆成绩无差异。回忆分数在分心听众条件下甚至更低；因为统计检验差异不显著，所以只能得出分心条件与控制条件成绩无差异（参见讨论部分，Pasupathi et al.，1998）。发言者即使在分心听众条件下，也可以在一定程度上背诵刺激材料，因此他们最终的回忆成绩应该高于无复述条件。可见，背诵并不能解释杜杜科维奇和同事（2004）以及特沃斯基和马什（2000）的研究发现。根据以上社会分享中的动机——行为相互作用的理论（Eitam & Higgins，2010；Higgins，2012），我们认为与专注听众相比，分心听众对发言者表达缺乏接受和理解的反馈，削弱了对交流信息中与真实信息相关的内容的知觉。同样地，科皮茨等人（准备发表中）发现分心听众社会联系的减少，可以降低交流故事信息的重要性。因为发言者并不期待与听众做进一步有意义的沟通。换言之，事实相关性的降低将减弱回忆任务中的认知可及性和信息激活的可能性（Eitam et al.，2013；Higgins & Eitam，2014）。

　　总之，发言者对重述事件的记忆，不同于他们之前的重述，而是受到重述目标和听众反馈的影响。选择性重述在这些影响中起到一定作用，但它并不能解释所有的结果。根据文献中的一种常用解释，复述时的图式选择将继续指导被试随后的回忆。图式（即友好或讨厌室友；Tversky & Marsh，2000）可以作为回忆时提取信息的过滤器。图式也可以捕获发言者和听众对回忆信息细节的情感反应（尤其是意外或有趣的事），但对故事情节的主旨和连贯性则没有同样的作用（Dudukovic et al.，2004）。这将妨碍回忆时对不同故事元素的提取。此外，复述过程中的图式信息，因听众不能提供信息接受和社会关系的有效反馈而受到阻碍（Pasupathi et al.，1998）。作为结果，信息接受性和有意义的进一步交流意愿的缺乏，将降低事实相关性，并进而降低后续交流的故事信息的可及性。

四、 记忆中听众微调效应里的共享现实

　　现在我们来看看，根据发言者与听众构建的共享现实，在相同类型的复述或言语信息条件下，可能对被试的回忆产生不同影响的研究（回顾见 Echterhoff，2012；Echterhoff & Hoggins，2017；Echterhoff，Hoggins，& Levine，2009）。基于"说出即相信"范式，研究者对发言者记忆的所谓"听众微调效应"的研究，考察了共享现实的作用（Higgins & Rholes，1978）。在说出即相信的范式下，要求被试作为发言者，完成一个表面的参照交际任务（包括发言者，目标任务和听众）。被试通常为学生。要求被试阅读关于另一名学生（目标人物）的文章，据说这名同学自愿参与了一项长期的人际知觉的研究。告知被试他们的任务是，向另一名认识该目标人物的志愿者（听众），描述目标人物的行为。描述时不提及目标人物的名字。依据描述，在所谓的

研究项目中，"听众"志愿者需要在几个可能的目标中，辨识目标人物。

由几段文字组成的短文，提供了目标人物的输入信息。每段文字描述的行为，模棱两可，难以评价；那些行为可以理解为积极行为，也可以理解为消极行为，概率大致均等（如"节约"对"小气"或者"独立"对"冷漠"）。例如，在接下来的例子中所描述的行为，既可以贴标签为"独立"，也可以贴标签为"冷漠"："除了业务约定，迈克尔（Michale）与人的接触有限得惊人。他认为自己不需要依靠任何人。"为了操纵听众对目标人物的假定态度，研究者以一种巧妙的方式告知被试，听众对目标人物的态度是喜欢（积极听众态度）或反感（消极听众态度）。在随后的交流中，被试表现出典型的听众微调：被试会将传递给听众的信息加以微调以适应听者的态度。也就是当听众对目标人物态度为喜欢时，被试传递的信息也较为积极；而当听众反感目标人物时，被试传递的信息也较为消极。

延迟一段时间后（不同研究从大约 10 分钟到几周不等），研究者在意外的回忆任务中测试被试对原始输入信息的回忆。要求被试以书面形式自由回忆。具体要求是，尽可能准确地回忆关于目标人物的原始文章。研究关注的是被试对主题（通常是另一人）的原始材料的回忆，与听众对主题态度的评价整合。在论证记忆的听众微调效应方面，被试自己对原始输入信息的回忆的评价口气（基调），与他们之前获得的听众态度信息的基调相匹配。换句话说，发言者自己的回忆，反映了听众微调的态度，而不是原始信息的态度。

不断积累的研究成果认为，记忆中的听众微调效应，在一定程度上出现在发言者与听众就目标构建的共享现实里（Echterhoff et al.，2005；Echterhoff et al.，2008；Echterhoff，Kopietz，& Higgins，2013；Hellmann，Echterhoff，Kopietz，Niemeier，& Memon，2011；Higgins，Echterhoff，Crespillo，& Kopietz，2007；Kopietz et al.，2010；Pierucci，Echterhoff，Marchal，& Klein，2014）。例如，当听众微调受目的驱动，诸如获得奖励或者迎合听众，而不是受构建共享现实驱动，发言者回忆时，对听众关于目标人物的判断表现出较低的信任，没有产生听众一致性偏见（Echterhoff et al.，2008；Kopietz et al.，2010，实验1）。

无论发言者在主试操控听众态度、提炼交流目标之前还是之后获得目标人物的原始信息，交流目标效应都存在。埃希特霍夫等人（2008）的研究中，听众态度和听众微调的目的（获取听众微调的奖励，用强烈的微调信息娱乐听众，或者标准的共享现实目的），在发言者阅读关于目标人物的模糊信息之前就已经被操纵。在这种情况下，可能发言者已经对目标人物材料进行了不同的编码。例如，在无共享现实目标的条件下，发言者可能更多地关注材料的评价基调，而且可能已经意识到要求他们所做的评价有所失真。此外，日常生活中，人们在接触交流主题的输入信息后，更可能为交流做准备并激活沟通目标。例如，本章"交流中的社会分享"部分，老队员很显然是在观察了新队员第一天的工作之后而不是之前，做出交流的打算的。

为了保持编码条件不变，并提高研究的生态效度，科皮茨及同事（2010，实验1）对听众态度和听众微调目标采用了编码后操作。首先请被试阅读关于目标人物的原始的模糊信息，然后对听众态度和听众微调目标进行操纵。如同埃希特霍夫等人（2008）的研究，听众一致性回忆偏差仅出现在标准共享现实目标条件下，而独立于操纵时间（编码前或编码后）的可替代、无共享现实目标条件（符合显著的听众微调指令）下没有出现。编码后操纵比编码前操纵有更高的生态效度。当然，日常生活中，人们经常，甚至是绝大多数时候，在报告了目标人物行为信息后便立刻意识到了听众的态度。现实情况更可能是他们对原始输入信息编码后交流目标便被激活。

共享现实构建能够满足对世界的自信判断，减少不确定性，这是基本的认知需要。人们可以区分不同的认知需要：基于刺激（Pierucci et al.，2014）和基于感知（Kopietz et al.，2010）。"说出即相信"的研究中（Higgins & Rholes，1978），目标人物描述的不确定性是获得交流效果的先决条件。因为提供的目标人物信息很难形成一个清晰的印象，所以发言者需要减少对目标人物的认知不确定性。根据共享现实解释，共享现实构建驱动的认知需要由刺激材料的不确定性引起。然而这个核心的假设被认为理所当然，但直到最近才被证实。

彼得鲁奇和同事（Pierucci et al.，2014）首次检验了基于模糊刺激的作用和与此相应的被试感知的不确定。他们采用故事形式。目标人物是一名可能存在性骚扰方面行为的主管。性骚扰臭名昭著的一个特性是许多相关行为的模糊性（Pryor & Day，1988）。举个例子，拥抱可以被理解为世俗的同情姿势（同情或鼓励），也可以是一种骚扰行为。彼得鲁奇和同事构建了同一故事的两个版本，区别仅在于故事是否以明确、清晰的性骚扰判断结尾。在没有如此结果信息的条件下，目标材料的模糊性和不确定性是高的，认知需要增加（高认知需要条件）。与之相反，当提供骚扰结果时，目标人物材料的模糊性问题被解决，减少了评价不确定性（低认知需要条件）。

正如预测的那样，彼得鲁奇和同事（2014）的研究结果认为，相对于低认知需要条件，被试在高认知需要条件下的认知不确定性更强，最终结果（也就是性骚扰）还不清楚。重要的是，记忆的听众微调效应仅在高认知需要条件下出现，而低认知需要条件下没有。基于目标人物材料评价模糊性和模糊性引起的发言者认知需要的研究结果，支持了记忆听众微调效应的概念。

除了目标任务材料的特质以外，认知不确定性的感知水平和相应的认知需要均可能存在差异。例如，有人认为自己是一个很好的性格判断者，而另一些人则并不善于解读他人。在一项研究中我们（Kopietz et al.，实验 2）操纵这一信念。我们向被试提供了他们能力水平高低的反馈，告诉他们在利用多动机网格形成对他人的可靠印象中他们的水平是高还是低（Sokolowski，Schmalt，Langens，& Puca，2000）。多动机网格任务是使用相对抽象的线条图描绘开放的社会情景（举例来说，三个人紧挨着站在酒吧柜台前，而一个人独自坐着，Kopietz et al.，2010）。被试抽取几个选择中的一个描述画中的情境（如，"柜台另一端那个人被排除在外"）。然后他们收到虚假反馈，要么告诉他们对他人形成有效独立印象的能力高于平均水平，因此无须依靠他人（低认知需要条件）；要么告诉被试，他们的水平低于平均水平，因此他们需要其他来源的补充信息以形成可靠印象（高认知需要条件）。除了认知需要的操纵以外，我们还测量发言者对目标人物印象的认知确定性。不出所料，只有高认知需要条件下的被试会调整他们的信息，以适应听众的态度，并且随后也表现出听众微调记忆偏见。此外，他们的听众微调交流的程度，以及他们的听众微调记忆偏见与认知确定性呈正相关；而低认知需要条件下，不存在这种联系。

　　另一组研究通过操纵被试共享现实的听众适当性，来检验交流目标。人们倾向于他们组内成员一起满足认知需要，这"可以被定义为相互信任的有限共同体"（Dovidio & Gaertner，2010，P. 1088）。研究期待发言者向组内和组外听众微调他们的信息，但是目的不同。相对于组内听众，向组外听众微调信息需要更多任务要求激活和礼貌要求激活，而不是与听众达成共识，也不是为了促进关系。在标准的"说出即相信"的范式中，这些共享现实动机通常存在；但当听众是组外成员时，发言者优先考虑无共享现实动机。因此，如果听众的调整动机是严格的，发言者对组外听众即使微调信息，调整的可能性也较小。

　　埃希特霍夫，希金斯（Higgins）和同事在不同研究中测试了这一预测。尽管与组外听众一起时发言者调整他们的信息以适应听众的态度，与和组内听众一起时是一样的，但发言者并没有将听众微调信息整合进他们对目标任务的记忆里。与对组内听众微调相比，他们还对组外听众的观点表现出更低的认知信任（Echterhoff et al.，2005，实验 2；Echterhoff et al.，实验 1）。被试们（德国学生）与来自被歧视的组外听众（土耳其人）交流时，报告了与和组内听众交流相比，他们更多地积极努力以便使信息更适应听众的观点（Echterhoff et al.，实验 1）。很显然，只是为了满足外部需求而产生听众一致性的被试（如以一种不带偏见的方式行事；Dovidio，Gaertner，Kawakami，& Hodson，2002；Richeson & Trawalter，2005），并没有与组外听众构建共享现实。人们可能微调他们与组外听众之间明显的交流，但并不能对他们产生充分的信任去创造共享现实。

　　说出即相信范式下记忆的社会分享效应，是非常偶然和微妙的。如同我们在其他研究中讨论的，并没有明显的联合或协作记忆任务。取而代之的，给被试安排一个指定的交流任务，也就是在一定程度上描述参照目标人物以便听众能从几个可能的目标人物中找出真正的目标人物。意外记忆测验中要求被试尽可能准确的回忆目标人物的原始信息。他们并不知道研究者依照交流目标的效价和听众态度的评价一致来分析数据。

　　这说明记忆中听众微调效应的共享现实，已经得到实证研究的支持。但是，考虑潜在的动机性和认知过程，以及其他可能的解释仍然令人兴奋。希金斯和肖尔斯（1978）提出的听众一致性主题表征是在信息产生过程中形成的，并与在阅读原始输入信息时形成的先前表征一起存储。发言者的记忆越来越多地建立在最近的表征基础上，而不是先前的表征。与此相仿，记忆的听众微调效应也可能授予听众一致的选择性复述和提取动机所驱动（Pasupathi et al.，1998）。这些理论解释集中在一种观点上，即这种影响有赖于偏见信息的产生。相对于与听众态度不一致的信息，与听众态度一致性的信息的记忆得到了改善。

　　然而，埃希特霍夫、希金斯和同事的研究中两种类型的证据与选择性复述和提取的理论解释不一致。首先，听众微调效应因反馈操作得以消除。这时的反馈发生在发言者形成听众一致性信息后。例如，在一组研究中，发言者接受了反馈信息，那就是听众接受（或不接受）他们的听众微调信息（Echterhoff et al.，2005，实验 1 和实验 3）。日常交谈中，人们期待听众对发言者的陈述（如"我的新同事有点大嘴巴"）做出回应：要么表示接受（如"是，我明白你的意思"），要么表示不接受或表示犹豫（如，"呃，我不懂你的意思"）。只有表示接受的情况下，这些话才被双方认同（Clark & Wilkes-Gibbs，1986）。

　　另一组研究中，发言者被告知他们的听众微调信息被发送给了目标对象（或不同的，意想不到的）（Echterhoff et al.，2013，实验2和实验3）。例如，想象一下这样的场景：一名刚加入一家大企业分公司的员工，被总部的一名电话代表采访，请她谈谈她的新团队。此员工还没有形成新团队的印象，但是感觉代表的观点是积极的。因此她对团队表现进行了积极的描述，以便与这位代表建立共享现实。现在设想一下，这位代表需要接另一个电话，并要求她别挂断电话。当电话又被接起，新员工将继续她的陈述。但随后她意识到自己是在同另一位代表交流。这员工发现她之前交谈过的那位代表并不是她认为的非常了解她的团队且态度积极的那位。也就是说，她的信息并没有被目标听众听到，而是另一个人听到了。听众的不同，导致了错误信息的传递。这种由听众的变换导致的错误信息的传达，是否会影响新员工对共享现实的感觉，以及对团队相应的记忆表征？

　　事实确实如此。听众微调记忆偏见，在两种失败的反馈类型中得以消除：一个是错误的信息接收反馈，一个是信息错误传递给不同听众的反馈。信息接收失败的听众反馈信号减少了发言者对听众观点交流的信任（Echterhoff et al.，2005）。发言者与听众之间已经开始建立共享现实，但信息错误传递的反馈，显然挫败了与期望的听众持久的人际关系的感觉（Echterhoff et al.，2013）。重要的是，在对信息进行发布操作时，在不同条件下的信息本不应该存在差异。因此，听众态度一致性重述或偏见信息本身的产生，不足以让"说出即相信"发生。

　　其次，埃希特霍夫（2008）和同事在交流目标任务中，检验了是否听众微调效应可能取决于初始信息的选择性重述或者提取。他们解读了发言者信息和回忆信息中初始目标任务信息的思想单元正确的数量。研究发现，发言者提供的信息和自由回忆，在替代性目标条件下比共享现实目标条件下，表现出更少的原始信息的精确复述。此外，更多准确的原始信息和和回忆信息，与记忆中的听众微调效应存在微弱的相关。这些结果与以下观点不一致：即在非共享现实目标条件下偏差减弱效应，是由对原始信息更好的背诵或更准确的记忆所驱动的。

　　来源监测研究认为，另一种可能性是区分原始输入的信息和消息中传递的信息的能力（Johnson，Hashtroudi，& Lindsay，1993）。当发言者微调以适应听众，诸如服从或获得奖赏等主要替代性动机时，相对于共享现实目标，他们可能更好地记录他们对这个主题的看法和他们最初对这个话题的了解。为了测试这一来源识别解释，埃希特霍夫和同事（2008）要求被试报告测试项目的来源到底是来自目标人物的初始信息，还是来自被试自己所传递的消息。三个研究的来源记忆测试结果并不支持这一解释：听众一致性偏差减弱，是由于加强了初始目标人物信息和听众一致性信息的区分。即使消息和信息相关的特质（标签）在不同交流目标条件下有所不同，这些标签特质不会产生不同效果。

　　埃希特霍夫和同事（2008）还对可能导致不同听众微调效应机制的主要变量进行了元分析。这些变量包括：认知信任（反映共享现实动机和经验的一项措施）；初始目标人物信息的背诵

（消息的精确复制）；初始目标任务信息的提取（自由回忆中的精确复制）；初始信息和所传递的消息的来源识别。元分析发现，认知信任（听众判断和自我消息）和听众一致性偏见之间高度相关。与之相反，即使是在大样本中，其他变量的平均效应相对较小且不显著。总体来讲，这些研究结果在更大程度上支持认知信任在听众微调效应中的作用，且高于其他潜在机制的作用。社会分享的动机认知模型（Eitam & Higgins，2010）认为，认知信任加强了交流中与听众微调信息相关的事实。事实相关性越大，反过来越增加了带有评估偏见的消息信息的可达性。这可以解释在创造有利于共享现实产生的条件下的听众一致性记忆偏差。

总而言之，综述以往研究的实验证据，支持以下观点：即听众微调导致听众一致性记忆，仅发生在当共享现实目标提供充足动力时。这些研究中，相同类型的言语交流（微调以适应听众对话题态度的交流）对发言者记忆有不同的影响。这些记忆取决于沟通者与对话者共享现实的构建。因此，发言者对目标人物信息的记忆授予交流伙伴获得社会分享评价的过程影响，同时也反映了这一过程。一些研究还认为共享现实对发言者记忆操纵的影响，受到发言者对听众的认知信任和他们听众微调信息的调节影响。相对而言，研究证据并不支持其他理由，即通过初始输入信息的选择性背诵或选择性提取，抑或是来源识别行为解释听众微调效应。

五、 结束语

分享内在状态的交流有重要的认知与亲和功能（Echterhoff & Higgins，2017；Echterhoff，Higgins & Levine，2009）。发言者在共享现实后（Kopietz et al.，2010）和成功分享后感觉与听众的联系程度更高时（Echterhoff，Lang et al.，2009），具有更高的认知自信度。说出即相信范式以外还有证据反映了这些结果。例如在一项研究中，共享现实增加了对被试同伴的喜爱，而在非共享现实条件下则会减少喜爱（Conley，Rabinowitz，& Hardin，2010）。同样，曼那提等人（Mannetti et al.，2010）的研究中，对小组共享现实的威胁，导致了对反水的人的好感降低了。曼那提和同事们（实验 2）强调共享现实的有益影响。研究发现，对于那些一开始共享现实较弱的群体和具有较高的认知封闭性的人们，对反水者的消极影响尤其强烈。换句话说，那些相信他们团体拥有较强的共享现实，以及（或）对认知不确定性保持开放的团体成员，较少受到因竞争对手退群者的威胁。在两个样例中，共享现实均从属于被试的社会认同，但是研究并没有关注记忆。问题是社会分享感知是否也会影响人们的记忆。

迄今为止仍然没有实证研究解决这个问题。在一项研究中，我们对 2006 年德国足球世界杯的集体记忆使用共享现实方法，以此研究这一可能性（Kopietz & Echterhoff，2014）。集体记忆有两个关键特质使得它与本章相关：第一，集体记忆代表了与团体共享的记忆。第二，集体记忆融入一个群体的社会认同，然后告诉团体成员他们是谁（Manier & Hirst，2008；另见Abel 等人，第 16 章）。公众事件的经验和记忆的感知共享性，是否激发了共享现实特征的认知和亲和结果？

在两个实验中，我们研究共享性感知是否影响德国人世界杯记忆的自信（认知结果），以及他们对团体的认同（亲和结果）。我们要求德国被试提取 2006 年世界杯的语义记忆（也就是事实）或情景记忆。我们假设情景记忆（而不是语义记忆）增加了共享性感知，因为它们包含社会编码背景的回忆（Manier & Hirst，2008）。两项研究中，回忆情景记忆（即他们观看半决赛或者与谁一起看）的被试，在记忆的准确性方面比仅仅回忆事实（即哪支球队有资格参加比赛，或者谁射门得分最多）的被试更加自信。此外，他们认为这件事对德国更重要，并且对他们国家有更强的认同感。实验 2 中，要求被试对具有相同记忆经验和不同记忆经验的人们进行命名，结果发现记忆的主效应要比记忆类型（情景 vs 语义）的主效应更明显。情景记忆和语义记忆条件下，专注于共享（而不是非共享）经验和知识都增加了记忆自信和对德国的认同。这些结果与共享现实理论相一致。共享现实理论假定社会分享经验有助于满足潜在的认知和亲密关系需要。

足球世界杯是典型的积极和受欢迎的事件。关于积极事件的交流强化了关系（即满足归属感的社会需要；Reis et al.，2010），并使得事件更加难忘。然而，许多其他的集体记忆是消极的（例如，恐怖袭击或者反人类犯罪的记忆）。进一步研究应该探讨感知共享性结果是否因事件的效价和对事件的内疚感或责任感而不同。

总而言之，有很多方式可以影响人们参与互动和交流的记忆。例如，我们讨论过的分享的类型，是一起共享编码，共同交流，还是各自编码，各自分享。人们的记忆要么受记忆强度和准确性影响，要么受他人评价调整的影响。基础的认知加工模型并不能轻易地解释这些效应。所有方法的共同之处是，它们把记忆作为一种偶然的，或内隐的，社会分享的结果。这使它们有别于许多解释记忆的社会因素的其他范式。学校和大学之外，我们只是偶尔尝试着主动记住一些东西。与之相反，我们在很多情况下都能回忆起信息。因此，我们认为我们讨论的研究具有相对较高的生态效度，与日常生活中记忆的强化研究的突出诉求相一致（Neisser，2000）。

当然也有局限性。例如，现有研究大部分采用了 2 人一组的方法，或者在某些情况下是由 3 名被试组成的小组。然而，现实生活中我们会在更大的群体中交流——无论是工作、运动队、班级，或者我们的家庭。此外，我们的经验以及与小组成员的交流，比实验室设置更不稳定。回到我们最初关于新来的人的样例；我们可能与同伴谈论他。这可能影响我们对这人的评价。但是我们随后可能同第二、第三个同事谈论他，甚至同时向整个团队谈论他。因此一个重要的开放问题是，不同的、不断变化的互动伙伴的重复经历会如何影响我们的记忆。

未来研究的另一个挑战是整合我们讨论过的不同研究领域。共同编码效应是如何允许研究搭档间互动和相互交流的？真实的交流，是增强还是削弱了报告效应？此外，回想一下我们曾经回顾过的研究，记录了社会分享对个体随后记忆的偶然影响，因而并没有使用共同或共享记忆任务。然而，那些共同编码事件或者交流相关信息的人，也会在随后共同回忆事件。共享的协作记忆是如何影响互动伙伴聚在什么地方一起怀旧的，地点的选择，会影响到观点的加工吗？通常由提取破坏（Rajarm，2011）引起的协作抑制，是否会削弱可观察到的社会分享对记忆的影响？我们对记忆的社会分享本质的理解，将得益于这些领域的综合研究。

致　谢

诚挚感谢德国研究基金会资助的 EC317/7-1 项目对第一作者的支持。

参考文献

Aiello，J. R.，& Douthitt，E. A.（2001）．Social facilitation from Triplett to electronic performance monitoring. *Group Dynamics：Theory，Research，and Practice*，5，163-180. doi：10. 1037/1089-2699. 5. 3. 163

Allport，G. W.（1954）．The historical background of modern social psychology. In：G. Lindzey（Ed.），*Handbook of social psychology*（Vol. 1，pp. 3-56）．Cambridge，MA：Addison-Wesley.

Alogna，V. K.，Attaya，M. K.，Aucoin，P.，Bahnik，S.，Birch，S.，Birt，A. R.，… Zwaan，R. A.（2014）．Registered replication report：Schooler & Engstler-Schooler（1990）．*Perspectives on Psychological Science*，9，556-578. doi：10. 1177/1745691614545653

Asch，S. E.（1956）．Studies of independence and conformity：I. A minority of one against a unanimous majority. *Psychological Monographs：General and Applied*，70（9），1-70. doi：10. 1037/h0093718

Basden，B. H.，Basden，D. R.，Bryner，S.，& Thomas III，R. L.（1997）．A comparison of group and individual remembering：Does collaboration disrupt retrieval strategies? *Journal of Experimental Psychology：Learning，Memory，and Cognition*，23，1176-1189. doi：10. 1037/0278-7393. 23. 5. 1176

Bohner，G.，& Dickel，N.（2011）．Attitudes and attitude change. *Annual Review of Psychology*，62，391-417. doi：10. 1146/annurev. psych. 121208. 131609

Clark，H. H.，& Wilkes-Gibbs，D.（1986）．Referring as a collaborative process. *Cognition*，22，1-39. doi：10. 1016/0010-0277(86)90010-7

Conley，T. D.，Rabinowitz，J. L.，& Hardin，C. D.（2010）．OJ Simpson as shared（and unshared）reality：the impact of consensually shared beliefs on interpersonal perceptions and task performance in different-and same-ethnicity dyads. *Journal of Personality and Social Psychology*，99，452-466. doi：10. 1037/a0019274

Cuc，A.，Ozuru，Y.，Manier，D.，& Hirst，W.（2006）．On the formation of collective memories：The role of a dominant narrator. *Memory & Cognition*，34，752-762. doi：10. 3758/bf03193423

Dovidio, J. F., Gaertner, S. L. (2010). Intergroup bias. In: S. T. Fiske, D. T. Gilbert, & G. Lindzey(Eds.), *Handbook of social psychology* (5th ed.) (pp. 1084-1123). New York, NY: Wiley.

Dovidio, J. F., Gaertner, S. E., Kawakami, K., & Hodson, G. (2002). Why can't we just get along? Interpersonal biases and interracial distrust. *Cultural Diversity and Ethnic Minority Psychology*, 8, 88-102. doi: 10.1037/1099-9809.8.2.88

Dudukovic, N. M., Marsh, E. J., & Tversky, B. (2004). Telling a story or telling it straight: The effects of entertaining versus accurate retellings on memory. *Applied Cognitive Psychology*, 18, 125-143. doi: 10.1002/acp.953

Echterhoff, G. (2012). Shared reality theory. In: P. A. M. Van Lange, A. W. Kruglanski, & E. T. Higgins(Eds.), *Handbook of theories of social psychology*(pp. 180-199). London, UK: Sage.

Echterhoff, G. & Higgins, E. T. (2017). Creating shared reality in interpersonal and intergroup communication: The role of epistemic processes and their interplay. *European Review of Social Psychology*, 28, 175-226. doi: 10.1080/10463283.2017.1333315

Echterhoff, G., Higgins, E. T., & Groll, S. (2005). Audience-tuning effects on memory: The role of shared reality. *Journal of Personality and Social Psychology*, 89, 257-276. doi: 10.1037/0022-3514.89.3.257

Echterhoff, G., Higgins, E. T., Kopietz, R., & Groll, S. (2008). How communication goals determine when audience tuning biases memory. *Journal of Experimental Psychology: General*, 137, 3-21. doi: 10.1037/0096-3445.137.1.3

Echterhoff, G., Higgins, E. T., & Levine, J. M. (2009). Shared reality: Experiencing commonality with others' inner states about the world. *Perspectives on Psychological Science*, 4, 496-521. doi: 10.1111/j.1745-6924.2009.01161.x

Echterhoff, G., Kopietz, R., & Higgins, E. T. (2013). Adjusting shared reality: Communicators' memory changes as their connection with their audience changes. *Social Cognition*, 31, 162-186. doi: 10.1521/soco.2013.31.2.162

Echterhoff, G., Lang, S., Krämer, N., & Higgins, E. T. (2009). Audience-tuning effects on memory: The role of audience status in sharing reality. *Social Psychology*, 40, 150-163. doi: 10.1027/1864-9335.40.3.150

Eitam, B., & Higgins, E. T. (2010). Motivation in mental accessibility: Relevance of a representation(ROAR)as a new framework. *Social and Personality Psychology Compass*, 4, 951-967. doi: 10.1111/j.1751-9004.2010.00309.x

Eitam, B., Miele, D. B., & Higgins, E. T. (2013). Motivated remembering:

Remembering as accessibility and accessibility as motivational relevance. In：D. Carlston(Ed.)，*Handbook of social cognition* (pp. 463-475). New York，NY：Oxford University Press.

Eskenazi，T. ，Doerrfeld，A. ，Logan，G. D. ，Knoblich，G. ，& Sebanz，N. （2013）. Your words are my words：Effects of acting together on encoding. *Quarterly Journal of Experimental Psychology*，66，1026-1034. doi：10. 1080/17470218. 2012. 725058

Förster，J. ，Liberman，N. ，& Higgins，E. T. （2005）. Accessibility from active and fulfilled goals. *Journal of Experimental Social Psychology*，41，220-239. doi：10. 1016/j. jesp. 2004. 06. 009

Hall，J. F. (1989). Learning and memory(2nd ed.). Needham Heights，MA：Allyn & Bacon.

He，X. ，Lever，A. G. ，& Humphreys，G. W. （2011）. Interpersonal memory-based guidance of attention is reduced for ingroup members. *Experimental Brain Research*，211，429-438. doi：10. 1007/s00221-011-2698-8

He，X. ，Sebanz，N. ，Sui，J. ，& Humphreys，G. W. （2014）. Individualism-collectivism and interpersonal memory guidance of attention. *Journal of Experimental Social Psychology*，54，102-114. doi：10. 1016/j. jesp. 2014. 04. 010

Hellmann，J. H. ，Echterhoff，G. ，Kopietz，R. ，Niemeier，S. ，& Memon，A. （2011）. Talking about visually perceived events：Communication effects on eyewitness memory. *European Journal of Social Psychology*，41，658-671. doi：10. 1002/ejsp. 796

Higgins，E. T. （1998）. Promotion and prevention：Regulatory focus as a motivational principle. *Advances in Experimental Social Psychology*，30，1-46. doi：10. 1016/s0065-2601 (08)60381-0

Higgins，E. T. (2012). *Beyond pleasure and pain：How motivation works*. New York，NY：Oxford University Press.

Higgins，E. T. ，Echterhoff，G. ，Crespillo，R. ，& Kopietz，R. （2007）. Effects of communication on social knowledge：Sharing reality with individual versus group audiences. *Japanese Psychological Research*，2，89-99. doi：10. 1111/j. 1468-5884. 2007. 00336. x

Higgins，E. T. ，& Eitam，B. （2014）. Priming … shmiming：It's about knowing when and why stimulated memory representations become active. *Social Cognition*，32，225-242. doi：10. 1521/soco. 2014. 32. supp. 225

Higgins，E. T. ，& Rholes，W. S. （1978）. "Saying is believing"：Effects of message modification on memory and liking for the person described. *Journal of Experimental Social Psychology*，14，363-378. doi：10. 1016/0022-1031(78)90032-x

Hirst，W. ，& Echterhoff，G. (2012). Remembering in conversation：The social sharing and reshaping of memories. *Annual Review of Psychology*，63，55-79. doi：10. 1146/annurev-psych-120710-100340

Hirst, W., & Rajaram, S. (2014). Toward a social turn in memory: An introduction to a special issue on social memory. *Journal of Applied Research in Memory and Cognition*, 3, 239-243. doi: 10.1016/j. jarmac. 2014.10.001

Hyman, I. E. (1994). Conversational remembering: Story recall with a peer versus for an experimenter. *Applied Cognitive Psychology*, 8, 49-66. doi: 10.1002/acp. 2350080106

Johnson, M. K., Hashtroudi, S., & Lindsay, D. S. (1993). Source monitoring. *Psychological Bulletin*, 114, 3-28. doi: 10.1037/0033-2909.114.1.3

Kopietz, R., & Echterhoff, G. (2014). Remembering the 2006 Football World Cup in Germany: Epistemic and social consequences of perceived memory sharedness. *Memory Studies*, 7, 298-313. doi: 10.1177/1750698014530620

Kopietz, R., Eitam, B., Shteynberg, G., & Echterhoff, G. (in preparation). *Anticipated interaction moderates the social tuning effect on memory: A motivational relevance perspective*. University of Münster.

Kopietz, R., Hellmann, J. H., Higgins, E. T., & Echterhoff, G. (2010). Shared-reality effects on memory: Communicating to fulfill epistemic needs. *Social Cognition*, 28, 353-378. doi: 10.1521/soco. 2010.28.3.353

Lindner, I., Echterhoff, G., Davidson, P. S. R., & Brand, M. (2010). Observation inflation: Your actions become mine. *Psychological Science*, 21, 1291-1299. doi: 10.1177/0956797610379860

Lindner, I., Schain, C., & Echterhoff, G. (2016). Other-self confusions in action memory: The role of motor processes. *Cognition*, 149, 67-76. doi: 10.1016/j. cognition. 2016.01.003

Lindner, I., Schain, C., Kopietz, R., & Echterhoff, G. (2012). When do we confuse self and other in action memory? Reduced false memories of self-performance after observing actions by an out-group versus in-group actor. *Frontiers in Psychology*, 3, 467. doi: 10.3389/fpsyg. 2012.00467

Manier, D., & Hirst, W. (2008). A cognitive taxonomy of collective memories. In: A. Erll & A. Nünning (Eds.), *Media and cultural memory [Medien und kulturelle erinnerung]*(pp. 253-262). Berlin, Germany: De Gruyter.

Mannetti, L., Levine, J. M., Pierro, A., & Kruglanski, A. W. (2010). Group reaction to defection: The impact of shared reality. *Social Cognition*, 28, 447-464. doi: 10.1521/soco. 2010.28.3.447

Markus, H. R., & Kitayama, S. (1991). Culture and the self: Implications for cognition, emotion, and motivation. *Psychological Review*, 98, 224-253. doi: 10.1037/0033-

295x. 98. 2. 224

Marsh，E. J.（2007）. Retelling is not the same as recalling：Implications for memory. *Current Directions in Psychological Science*，16，16-20. doi：10. 1111/j. 1467-8721. 2007. 00467. x

Marsh，E. J.，Tversky，B.，& Hutson，M.（2005）. How eyewitnesses talk about events：Implications for memory. *Applied Cognitive Psychology*，19，531-544. doi：10. 1002/acp. 1095

Neisser，U.（2000）. Memory：What are the important questions? In：U. Neisser & I. Hyman（Eds. ），*Memory observed：Remembering in natural contexts*（pp. 3-19）. New York，NY：Worth.

Ostrom，T. M.（1994）. *Social cognition：Impact on social psychology*. Orlando，FL：Academic Press.

Oyserman，D.，& Lee，S.（2008）. Does culture influence what and how we think? Effects of priming individualism and collectivism. *Psychological Bulletin*，134，311-342. doi：10. 1037/0033-2909. 134. 2. 311

Pasupathi，M.，& Hoyt，T.（2009）. Narrative identity development in late adolescence and emergent adulthood：The continued importance of listeners. *Developmental Psychology*，45，558-574. doi：10. 1037/a0014431

Pasupathi，M.，& Hoyt，T.（2010）. Silence and the shaping of memory：How distracted listeners affect speakers' subsequent recall of a computer game experience. *Memory*，18，159-169. doi：10. 1080/09658210902992917

Pasupathi，M.，McLean，K. C.，& Weeks，T.（2009）. To tell or not to tell：Disclosure and the narrative self. *Journal of Personality*，77，89-124. doi：10. 1111/j. 1467-6494. 2008. 00539. x

Pasupathi，M.，Stallworth，L. M.，& Murdoch，K.（1998）. How what we tell becomes what we know：Listener effects on speaker's long-term memory for events. *Discourse Processes*，26，1-25. doi：10. 1080/01638539809545035

Petty，R. E.，& Cacioppo，J. T.（1986）. The Elaboration Likelihood Model of persuasion. In：L. Berkowitz（Ed. ），*Advances in experimental social psychology*（Vol. 19，pp. 123-205）. New York，NY：Academic Press.

Pickering，M. J.，& Garrod，S.（2004）. Toward a mechanistic psychology of dialogue. *Behavioral and Brain Sciences*，27，169-225. doi：10. 1017/s0140525x04000056

Pierucci，S.，Echterhoff，G.，Marchal，C.，& Klein，O.（2014）. Creating shared reality about ambiguous sexual harassment：The role of stimulus ambiguity in audience-tuning effects on memory. *Journal of Applied Research in Memory and Cognition*，3，300-306. doi：

10. 1016/j. jarmac. 2014. 07. 007

Pierucci, S. , Klein, O. , & Carnaghi, A. (2013). You are the one I want to communicate with: Relational motives driving audience-tuning effects on memory. *Social Psychology*, 44, 16-25. doi: 10. 1027/1864-9335/a000097

Pryor, J. B. , & Day, J. D. (1988). Interpretations of sexual harassment: An attributional analysis. *Sex Roles*, 18, 405-417. doi: 10. 1007/bf00288392

Rajaram, S. (2011). Collaboration both hurts and helps memory a cognitive perspective. *Current Directions in Psychological Science*, 20, 76-81. doi: 10. 1177/0963721411403251

Rajaram, S. , & Pereira-Pasarin, L. (2010). Collaborative memory: Cognitive research and theory. *Perspectives on Psychological Science*, 5, 649-663. doi: 10. 1177/1745691610388763

Reis, H. T. , Smith, S. M. , Carmichael, C. L. , Caprariello, P. A. , Tsai, F. F. , Rodrigues, A. & Maniaci, M. R. (2010). Are you happy for me? How sharing positive events with others provides personal and interpersonal benefits. *Journal of Personality and Social Psychology*, 99, 311-329. doi: 10. 1037/a0018344

Richardson D. C. , Street, C. N. H. , Tan, J. Y. M. , Kirkham, N. Z. , Hoover, M. A. , & Ghane Cavanaugh, A. (2012)Joint perception: Gaze and social context. *Frontiers in Human Neuroscience*, 6, 194. doi: 10. 3389/fnhum. 2012. 00194

Richeson, J. A. , & Trawalter, S. (2005). Why do interracial interactions impair executive function? A resource depletion account. *Journal of Personality and Social Psychology*, 88, 934-947. doi: 10. 1037/0022-3514. 88. 6. 934

Roediger, H. L. , III, & McDermott, K. B. (2000). Tricks of memory. *Current Directions in Psychological Science*, 9, 123-127. doi: 10. 1111/1467-8721. 00075

Schober, M. F. , & Clark, H. H. (1989). Understanding by addressees and overhearers. *Cognitive Psychology*, 21, 211-232. doi: 10. 1016/0010-0285(89)90008-x

Schooler, J. W. , & Engstler-Schooler, T. Y. (1990). Verbal overshadowing of visual memories: Some things are better left unsaid. *Cognitive Psychology*, 22, 36-71. doi: 10. 1016/0010-0285(90)90003-m

Sherif, M. (1935). A study of some social factors in perception. *Archives of Psychology*, 27, 1-60. Retrieved from https://brocku. ca/MeadProject/Sherif/Sherif_ 1935a/Sherif_ 1935a_ toc. html [Online].

Shteynberg, G. (2010). A silent emergence of culture: The social tuning effect. *Journal of Personality and Social Psychology*, 99, 683-689. doi: 10. 1037/a0019573

Shteynberg, G. (2014). A social host in the machine? The case of group attention. *Journal of Applied Research in Memory and Cognition*, 3, 307-311. doi: 10. 1016/j. jarmac.

2014. 05. 005

Shteynberg，G. （2015）. Shared attention. *Perspectives on Psychological Science*，10，579-590. doi：10. 1177/1745691615589104

Shteynberg，G. ，& Apfelbaum，E. （2013）. The power of shared experience: Simultaneous observation with similar others facilitates social learning. *Social Psychological and Personality Science*，4，738-744. doi：10. 1177/1948550613479807

Shteynberg，G. ，& Galinsky，A. D. （2011）. Implicit coordination: Sharing goals with similar others intensifies goal pursuit. *Journal of Experimental Social Psychology*，47，1291-1294. doi：10. 1016/j. jesp. 2011. 04. 012

Sinclair，S. ，& Lun，J. （2010）. Social tuning of ethnic attitudes. In：B. Mesquita，L. Feldman Barrett，& E. R. Smith（Eds. ），*The mind in context*（pp. 214-232）. New York，NY：Guilford Press.

Smith，E. R. ，& Semin，G. R. （2004）. Socially situated cognition: Cognition in its social context. In：M. P. Zanna（Ed. ），*Advances in experimental social psychology*（Vol. 36，pp. 53-115）. San Diego，CA：Academic Press.

Sokolowski，K. ，Schmalt，H. D. ，Langens，T. A. ，& Puca，R. M. （2000）. Assessing achievement，affiliation，and power motives all at once: The Multi-Motive Grid（MMG）. *Journal of Personality Assessment*，74，126-145. doi：10. 1207/s15327752jpa740109

Tajfel，H. （1970）. Experiments in intergroup discrimination. *Scientific American*，223，96-102. doi：10. 1038/scientificamerican1170-96

Thompson，L. ，& Fine，G. A. （1999）. Socially shared cognition，affect，and behavior: A review and integration. *Personality and Social Psychology Review*，3，278-302. doi：10. 1207/s15327957pspr0304 _ 1

Triplett，N. （1898）. The dynamogenic factors in pacemaking and competition. *The American Journal of Psychology*，9，507-533. doi：10. 2307/1412188

Tversky，B. ，& Marsh，E. J. （2000）. Biased retellings of events yield biased memories. *Cognitive Psychology*，40，1-38. doi：10. 1006/cogp. 1999. 0720

Wagner，U. ，Giesen，A. ，Knausenberger，J. ，& Echterhoff，G. （2017）. The joint action effect on memory as a social phenomenon: The role of cued attention and psychological distance. *Frontiers in Psychology*：*Cognition*. doi：10. 3389/fpsyg. 2017. 01697

Wegner，D. M. （1987）. Transactive memory: A contemporary analysis of the group mind. In：B. Mullen & G. R. Goethals（Eds. ），*Theories of group behavior*（pp. 185-208）. New York，NY：Springer.

Zajonc，R. B. （1965）. Social facilitation. *Science*，149，269-274. doi：10. 1126/science. 149. 3681. 269

第 8 章
老年人的协作记忆与怀旧

琳达·A.亨克尔（Linda A. Henkel），艾利森·克里斯（Alison Kris）

"我记得我年轻的时候……"

"我有没有跟你说过……"

美国文化中普遍存在着老年人不断地讲述"美好的旧时光"，以及一直重复相同故事的刻板印象。回忆过去是一种常见的经历，它发生在整个生命周期中，在年轻人和老年人身上都一样（Parker，1999）。人们可以独自回忆也可以与他人分享自己的往事。这样的活动在生命周期的不同阶段发挥着不同的作用（Blunk & Alea，2009；Webster & Gould，2007；另见 Pasupathi & Wainryb，第 15 章）。

本章探讨了独处或与他人一起回忆的方式，可以影响老年人记忆或者忘记的东西，最终会如何影响他们的精神健康和幸福。我们利用两个相关但是基本上相互独立的研究对象来研究老年人：一种使用主要的实验室方法来理解协作记忆如何以合适的方式帮助或者阻碍人们的记忆；另一种则使用描述性和相关性研究来描述怀旧和与他人分享个人经验的功能和价值。除了研究健康的社区老年人的记忆外，我们还描述了存在某种程度认知障碍的老年人，在他们从家庭过渡到长期护理环境中回忆的价值。这些疗养院居住者协作记忆的好处不仅可以延伸到个体居住者以外，并且可以促进护理环境的改善，使整体护理得以重视。因此，伴随着老龄化的社会心理和生理变化影响协作记忆的发生方式、发生环境以及协作对象，对老年人协作记忆的讨论本质上是多学科的。

不同的研究传统是互补的。例如，临床和护理领域的研究强调将科学转化为临床实践（例如，与他人一起回忆能否帮助人们治疗），而不是强调其工作原理的具体细节（例如，是否会因为提取中断使得人们协作时记得更少）。心理学家进行的实验室研究，试图了解单独记忆或者与他人共同记忆时的认知和社会机制，通过这种机制可以影响随后的记忆。他们通过使用精心设计的材料来实现这一点，诸如新颖但相对平淡无奇的词汇表或者故事；或者诸如单独记忆还是小组记忆、小组大小，或者组内人们的相对熟悉性（陌生人、密友或家人）等。这样操作可以得出关于协作记忆的认知和社会机制的可靠结论，尽管这些结论很难推广到日常生活中去。在日常生活中发生的记忆，是自然发生的，更加复杂且充满情感。更多的描述性和相关性研究较少控制这些或者其他变量（例如，记忆经验的个人意义；发生或最后被想起的时长），而改为专注于自我报告，以揭示人们怀旧的原因，怀旧对怀旧者的价值，以及怀旧行为与心理健康和幸福感之间的关系。临床和护理研究通常在现场实验中使用实验方法，解决促进健康的怀旧风格等问题，从而切实获得了实验控制的好处（例如，前测和后测；实验组和控制组），还有自然发生和难以控制的变量的复合效应（例如愿意参与怀旧组的人们的选择性偏差）。总而言之，这些不同方法为理解协作记忆和怀旧的作用机制提供了参考。

着眼于老年人的协作记忆和怀旧尤其重要。众所周知，认知功能的多个方面都会随着人们年龄的增长而衰退。研究者观察到，老年人的与年龄相关的记忆衰退是非常稳定的：情景记忆（Zacks & Hasher，2006）。事实上，许多老年人特别担心记忆力衰退（Newson & Kemps，2006）。老年人对记忆力的主观抱怨，诸如健忘和记忆困难等，并不一定与实际认知能力的下降有关（Mol，Boxtel，Willems，& Jolles，2006），但是与抑郁和焦虑的增加、生活质量和幸福感的降低以及身体健康问题的增加有关（Comijs，Deeg，Dik，Twisk，& Jonker，2002；Mol et al.，2007；Verhaeghen，Geraerts，& Marcoen，2000；Zandi，2004）。了解这一点，不仅对解决老年人的协作记忆和怀旧问题尤为重要，而且需要一个更广泛的老年人取样：从相对健康的社区老年人到饱受身体健康、心理健康及认知功能消退困扰的老年人，以及生活在疗养院的一些最脆弱和最易受伤害的老年人。

面临这些问题的老年人可能寻求与其他人的协作，诸如配偶或者朋友，以补偿与年龄相关的记忆和认知的衰退，从而改善他们在各种认知任务上的表现。比如学习新概念，解决问题，做决策，记得在未来完成动作，以及讲故事（Berg et al.，2007；Derkson et al.，2105；Gould & Dixon，1993；Hoppmann & Gerstorf，2013；Margrett & Marsiske，2002；Margrett，Reese-Melancon，& Rendell，2011；Meegan & Berg，2002；Rauers，Riediger，Schmiedek，& Lindenberger，2011；Strough，Cheng，& Swenson，2002）。协作，作为老年人记忆的辅助手段的相关研究，探讨了三个主要问题：多大程度上老年人相信协作是有益的；他们多久才找个协作者以弥补记忆问题；无论他们的信念如何，事实上当老年人试图回忆时协作者是起了帮助还是阻碍作用？这三个问题将在接下来章节依次进行处理。

一、 人们是否认为与他人协作是有益的

评估人们对协作价值观点的主要研究方法是调查法和问卷法。在调查问卷中，研究者让人

们陈述他们认为协作是否有益。例如，一项考察人们对记忆准确性的认识的调查，包括这样一个问题：一个警察同时或者单独采访两名证人，对记忆产生何种影响，以及同时采访两个人是促进还是抑制记忆（Magnussen et al.，2006）。绝大多数受访者支持这一观点，即单独记忆测试更可取，并且比协作记忆测试能记住更多信息。

然而，当协作者是熟人时，人们认为协作是有益的。当要求对不同协作情景进行排序时（例如与配偶、陌生人或者单独回忆），年轻人和年长者都认为与配偶协作最有效（Dixon，Gagnon，& Crow，1998）。此外，年轻和年长已婚夫妇都认为，他们夫妻一组比与陌生人一组记忆效果要好，比单独记东西效果也更好。而且随着对配偶的作用认识的增加，这种判断越发强烈。这可能由于老年人能够从他们的长期婚姻的真实体验中汲取经验。对不同合作伙伴的优势和劣势的评论分析表明，许多老年人非常强烈地感觉到能够依靠他们的配偶来帮助记忆，而他们配偶的记忆优势和劣势则是他们的补充。两个年龄组的被试都认为，与朋友协作要比单独记忆更有效，而单独记忆又比与陌生人协作更有效。因此并不是所有的协作记忆情景都被认为同等有利：不同的熟悉程度影响着人们对他人潜在价值和贡献的判断。

此外，人们对协作的信念随着协作者的年龄和记忆任务的细节而改变。在老年人看来，无论协作者年龄如何，协作记忆都更有可能成功；而年轻人则认为与老人协作，没什么好处，表现出明显的年龄偏见（Henkel & Rajarm，2011）。如果要求逐字逐句复述故事，年轻人对与搭档一起的记忆效果更有信心；而老年人则认为，与人一起和单独背诵，不会有什么区别（Dixon & Gould，1998）。在这一可能相对困难的逐字记忆任务中，老年人表现出更低的自信心，可能认为任务如此困难即使协作者也帮不了多少忙。

近期的协作经验也影响着人们的看法。被试刚刚参加完记忆任务，有的被试参加的是个人记忆的任务，有的参加的是协作记忆的任务；然后要求被试评价，他们认为协作记忆或个人记忆有多大帮助，日常生活条件下协作记忆发挥着多大作用，例如努力记住个人信息（如购物清单上的物品）或者常识（省会的名字）（Henkel & Rajarm，2011）。结果显示刚参加完协作记忆任务的被试认为协作更有效。在年轻人中，认为协作更有效的被试其记忆成绩也更好，但老年人中这种趋势不明显。老年人通常认为协作是有帮助的，即便事实上并没有帮助，他们仍然会这样认为。老年被试报告说与他们年轻时相比他们更可能依靠他人帮助进行记忆，而年轻被试并未报告这一随年龄增加的对他人的依赖（Henkel & Rajarm，2011）。

总之，所有老年人将协作视为一种有用的记忆辅助手段，尤其是当协作者是他们亲近的人时。然而，无论外显还是内隐，许多研究都是基于要求被试记住更多的项目和信息的物理输出来评价协作的价值。这虽然是心理学实验传统中一种常见的指标，但对协作记忆来说，充分考虑协作的其他作用显得更加重要。协作记忆可以满足人们的认知和社会目标，以及认知和社会需求，如独自回忆过去或与他人分享时的享受和娱乐（Blunk & Alea，2009；Hirst & Echterhoff，2012；Webster & Gould，2007；另见 Echterhoff & Kopietz；Pasupathi & Wainryb，第 15 章），或者在共同经历的他人的帮助下，让遗忘已久的记忆带来清晰而生动的回忆（Barnier et al.，2014）。接下来我们将探讨协作的这类潜在好处。但是显然需要更多的研究来了解人们对协作价值的看法。

同等重要的是，要考虑到老年人可能表达的是一种信念，即一般协作或某种类型的协作是有效的，而他们未必像人们假设的那样参与协作记忆，如同我们即将看到的"老年人多久寻求与他人的协作？"。

二、 老年人寻求与他人协作的频率有多高

大多数研究主要使用自我报告的测量方法，以获得人们为获得更好的记忆而与他人协作的频率。这些研究发现人们使用不同的策略，弥补与年龄相关的记忆和认知衰退。例如，老年人报告说他们花费更多的时间和精力以记住过去的事情；他们更多地依靠外部记忆帮助，比如日历和笔记；而且他们随着变老会故意使用内部生成的助记策略，比如主观想象和背诵（Dixon，de Frias，& Bäckman，2001）。有趣的是，在记忆补偿问卷中，五种补偿资源中大家报告用的最少的是依赖他人作为记忆辅助工具（比如让你的朋友或者配偶提醒你一个重要的约会，或者一个你想看的电视节目；要求别人帮你记住一个生日，他人的姓名，或者你何时将开始旅行；Dixon et al.，2001；另见 Harris，Barnier，Sutton，& Keil，2014）。这在一定程度上可能由于老年人独立性的丧失，以及自我效能感和自尊的下降。事实上老年人报告说他们更喜欢独自处理任务，而不是和其他人共同完成记忆任务（Henkel & Rajarm，2011）。

个体经受记忆问题时，更倾向于增加寻找和依赖他人的机会。被诊断为轻度记忆障碍的人比健康的老年人报告说更多地依靠其他人帮助记忆。患有阿尔茨海默病的人也报告说他们越来越多的依靠他人帮助进行日常的记忆任务，尽管无论健康样本还是阿尔茨海默病样本，这仍然是五种已知的补偿技术中最不常用的（Dixon，Hopp，Cohen，de Frias，& Bäckman，2003）。

因为人们何时寻求他人协作的研究通常依靠自我报告，他们必然会受到这样一个事实的限制，即人们声称他们做的和实际上他们做的并不总是一致。观察和描述性研究将有助于提供更完整的事情的全貌。虽然考察协作记忆的潜在价值或缺点的信念，以及协作记忆在日常生活中的实际使用情况是有益的，但最终这些信念的准确性同样值得研究：与他人一起记忆确实会帮助或者阻碍老年人的记忆努力吗？事实证明，生活中的很多事情皆有协作记忆相关的成本和收益，将在接下来进一步讨论。

三、 与他人协作的成本是什么

大量可靠的实验研究已经证实协作记忆需要花费成本。在标准实验研究范式中，被试首先学习词汇表或者小故事，然后单独或者与他人一起尽可能多的回忆信息（Rajaram & Pereira-Pasarin，2010；另见 Blumen；Rajaram，第 4、第 24 章）。也有一些研究使用自然任务，比如

回忆参观大学校园期间获得的信息（Johansson，Andersson，& Rönnberg，2000），或者去杂货店购物时记住食品信息（Ross，Spencer，Linardators，Lam，& Perunovic，2004）。结果发现，一起记忆通常比单独记忆能记得更多的信息，但是实际上小组一起的回忆量，要比等量个体单独回忆的信息的总量要少得多。协作组回忆量比单独回忆的等量个体回忆总量少，这种现象被称之为协作抑制（collaborative inhibition）。在很多以年轻人为被试的研究中，都证明了协作抑制的存在（Barnier & Sutton，2008；Barnier，Sutton，Harris，& Wilson，2008；Hirst & Manier，2008；Rajaram & Pereira-Pasarin，2010；Weldon，2001；另见 Blumen；Rajaram，第 4、第 24 章）。

虽然影响协作抑制的因素有很多（Hyman，Cardwell & Roy，2013），但它发生的一个主要原因是个体在试图回忆时倾听别人的回忆结果，因而破坏了自己的提取策略和组织（Basdon，Basdon，& Henry，2000）。协作抑制还与另外一种社会影响有关，即社会分享型提取诱发遗忘（另见 Hirst 和 Yamashiro，第 5 章）。当一个人报告的信息，成为他人报告阅读和听到的信息的线索抑制还没有报告的内容时，社会分享型提取诱发遗忘就会发生。大量研究在年轻被试中发现了这种提取诱发遗忘现象（Coman，Manier，& Hirst，2009；Cuc，Koppel，& Hirst，2007；Stone，Barnier，Sutton，& Hirst，2010）。据我们所知，只有一项研究揭示老年人与年轻人一样表现出社会分享型提取诱发遗忘（Barber & Mather，2012）。

关于老年人协作记忆的文献虽然很少但是在不断增长。和对年轻人的研究结果一样，对老年人的研究表明，和其他人一起提取，比个人提取回忆成绩好，但比名义组（即与协作组等量个体，单独完成回忆任务的回忆总量）回忆成绩差，老年人也显示出协作抑制（Dixon & Grould，1998；Johansson et al.，2000；Johansson，Andersson & Rönnberg，2005；Ross et al.，2004）。老年人协作干扰的程度与青年人类似（Blumen & Stern，2011；Henkel & Rajaram，2011；Meade & Roediger，2009；Ross，Spencer，Blatz，& Restorick，2008），这一点尤其引人注目。因为人们可能认为老年人通常要比年轻人回忆的要少，他们从他人协助中获益应该更多。

然而，协作对信息回忆数量的负面影响并不是在任何情况下都会发生。例如，协作抑制通常发生在要求被试记忆新信息的时候（如实验时初次呈现的词表或小故事），而不会发生在要求回忆先前学过的信息时，比如美国首都、先前参观过的地方、历史事件或者常识（Andersson & Rönnberg，1996；Weldon，2001）。老年被试的研究显示，语义回忆任务中，要求被试在他们的城镇中命名地标或者回答常识问题，无论单独还是与配偶一起，他们的表现在协作组和名义组间没有差异（Johansson et al.，2005；Ross et al.，2004）。

此外，协作抑制在一定程度上受协作各方关系的制约。研究发现，陌生人之间更容易发生消极影响，在配偶或者老朋友之间，这种消极影响很少发生（Rajaram & Pereira-Pasarin，2010）。对老年人的研究是探索亲密关系对记忆影响的一种特别有效的方式，因为终生的交互作用可以产生共享或者叠加的记忆系统，也就是所谓的"交互记忆系统"（Harris，Sutton &

Barnier，2010；Harris，Keil，Sutton，Barnier，& McIlwain，2011；Wegner，1987）。例如老年人与配偶协作时通常比与陌生人协作记得更多（Dixon & Gould，1998；Johansson et al.，2005），尽管这种配偶效应并不总是出现（Gagnon & Dixon，2008；Gould，Osborn，Krein & Mortenson，2002）。结果不一样，可能是因为夫妻双方在日常生活中依赖对方帮助提高记忆效果的程度不同。例如婚龄较长的夫妇中，一方可能依靠另一方来记下约会或者熟人的名字。当他们去旁边经常去的、广受欢迎的那家餐馆就餐时，一方可能会脑子里一片空白，丝毫想不起餐厅的名字，而需要依靠另一方的提示才可以。哈里斯和同事们举了一个令人信服的例子，在一对婚龄较长的夫妇的访谈中讨论了他们 40 年前的蜜月期，他们共同努力回忆他们看过的节目的名字，两个人都提供了线索，当一方提出"其中一个节目是音乐剧"，促使另一方说出"约翰·汉森（John Hanson）参演的"，这时前者会立马记起"沙漠之歌，就是它"（Harris et al.，2010，p.275）。

确实，有研究发现那些年长的使用了交互记忆系统的已婚夫妇，他们相互依赖完成各种记忆任务；或者对日常记忆任务进行了明确的分工。然而，他们协作记忆的效果与每个人单独记忆的效果是一样的，与两个人单独回忆但把回忆结果合并在一起的效果也是一样的（Johansson et al，2000；2005）。那些研究在协作记忆任务中使用某种策略的年长已婚夫妇，相比于单独记忆的个体协作时回忆起更多的信息，从而显示出协作促进；而那些没有报告使用策略的被试表现出协作抑制（Harris，Keil，Sutton，Barnier，& McIlwain，2011）。因此尽管协作需要耗费成本，但是仍然有方法去降低这些成本。这些关注交互记忆的研究，与实验室研究协作记忆的基本方法不同。它们不仅观察有意义的日常生活关系，而且改变记忆类型（从最近的情景记忆，到过去的自传体记忆和语义记忆），同时对是否共同完成最初的编码感兴趣。探索这些问题，并进一步揭示交流类型和所使用策略方面的个体差异，可以预测哪些夫妇会表现出协作抑制，哪些会表现协作促进。这将是特别有前途的一项研究（Harris，Keil，Sutton，Barnier，& McIlwain，2011；Harris，Barnier，Sutton，& Keil，2014）。这强调了一个现实，即在某些情况下协作可以带来好处而不只是成本损耗。相关话题将在"与他人协作的好处是什么"部分深入探讨。

四、 与他人协作的好处是什么

正如对老年人的研究所发现的那样，并不是所有的协作结果都是消极的。这些研究把老年人分成协作组和非协作组，利用深度访谈和观察等更具描述性的方法，获得了定量和定性数据。总的来说，协作似乎减少了人们记忆的数量。但它也可以通过减少记忆错误和记忆入侵，来增加记忆的准确性。这在年轻人和老年人被试中都有发现，且效果类似（Henkel & Rajaram，2011）。例如已婚夫妇整理了一份前去杂货店采购的物品清单，然后他们各自单独或者一起去购物，购物时手里并没有清单。结果显示，名义组购物车里放置的清单上的物品数量要多于协作组；但名义组车中不在清单上的物品数量也多于协作组。这表明协作在某些方面阻碍回忆而在有些方面又促进回忆（Ross et al.，2004）。

还有些研究发现，在实验室条件下要求被试回忆最近学习的词表时，已婚夫妇比陌生人小组成员更愿意纠正彼此的错误。因此对于协作是否确实有助于减少年轻人（Rajaram & Pereira-Pasarin，2010）或者老年人（Gagnon & Dixon，2008；Meade & Roediger，2009）的错误存在不同的结果并不奇怪。协作类型（自由随机还是结构化轮流）可能也会对不同结果产生影响（Barber，Rajaram，& Aron，2010；Meade & Roediger，2009；Weldon & Bellinger，1997）。

协作的另一个潜在好处在于交叉线索。当一个人的反应触发了另一个人额外的记忆项目时，就表现出了交叉线索效应。对婚龄较长的老年夫妇的访谈的定性分析（Harris，Sutton，& Barnier，2010），及对年轻夫妇回忆词汇表的定性研究中均发现了这种交叉线索效应（Blumen & Rajaram，2009；Blumen，Young，& Rajaram，2014）。

协作的其他好处发生在协作后而不是协作过程中。尽管协作过程中，协作回忆可能受到提取抑制的影响，但协作在本质上对协作者来说，是有机会对自己所学习的某些学习材料的再次学习，这是对方再现的效果。因此，当最终要求被试进行单独提取时，那些之前有过协作提取经验的被试，比那些之前就是单独提取的被试，表现更好（Blumen & Rajaram，2009；Weldon & Bellinger，1997；Rajaram，第 4 章）。老年人也如此（Blumen & Stern，2011；Gagnon & Dixon，2008；Henkel & Rajaram，2011）。

当然，早期协作有机会使人们重新学习呈现过的项目，但同时也可能使他们接触到实际学习项目中并不存在的项目，从而使那些经历过协作提取的被试，在最终回忆中，就会表现出更多的记忆错误。记忆的社会传染和记忆整合效应是两种相互关联的现象。相关的研究，使用了与大量协作记忆研究程序类似的设计（Barnier，Sutton，Harris，& Wilson，2008；另见 Gabbert & Wheeler；Paterson & Monds，第 6、第 20 章）。根据这一范式，向被试呈现相同刺激（词汇表、小故事、图片或视频），或者他们相信相同但实际稍有不同的刺激，随后要求他们回忆所学习的材料。在回忆过程中，他们要么与主试的助手（假装是被试的搭档）一起提取，要么阅读一份他以为是搭档的记忆报告，作为协作的方式。主试的助手故意报告错误信息（例如，声称汽车正在通过一个停车标志，而实际上是一个让路标志；声称嫌疑人手里有把枪，或者声称词单里有"枪"字，实际上没有）。在随后的个体记忆测试中，被试比单独记忆，或者没有接触误导信息的被试，回忆中包含更多的错误信息（Roediger，Meade，& Bergman，2001；Wright，Memon，Skagerberg，& Gabbert，2009）。事实上，如果错误信息来自社会互动，比在其他情况下获得时，更可能造成被试的错误记忆（Gabbert，Memon，Allan，& Wright，2004；Meade & Roediger，2002；另见 Gabbert & Wheeler；Paterson & Monds，第 6、第 20 章）。虽然大部分研究都集中在年轻人身上，但老年人的研究也存在记忆整合和社会传染效应（Meade & Roediger，2009；Gabbert，Memon，& Allan，2003）。年龄歧视偏见会导致无论年轻人还是老年人，都低估了由老年人所提供的错误信息（Davis & Meade，2013）。

许多记忆研究中固有的一个假设是，记忆最好根据记忆测试中产生的项目数量和细节来测量。但记忆和记忆行为实际上比提取的项目数量和细节具有更强的动态性。在讨论协作的潜在优势时，不要仅仅凭借回忆项目的绝对数量，狭义地定义成功。这点很重要。尽管研究者要求被试尽可能多的提取记忆材料，但被试心里可能还有其他目标，比如避免冲突，与他人建立联系，或者试图在别人面前显得聪明等。在日常生活中，提取数量与其他目标之间的反差可能更突出。比如，老年夫妇一起回忆他们共度的假期时，他们的目的应该不是谁提取的细节多，而是重温那些快乐时光，以增进感情。

协作的一个好处是创造了共享/集体记忆。这是个体和群体身份的一部分（Barber，Rajaram，& Fox，2012；Blumen，Rajaram，& Henkel，2013；Coman，Manier，& Hirst，2009；Cuc et al.，2007；Cuc，Ozuru，Manier，& Hirst，2006；Echterhoff，Higgins，& Levine，2009；Hirst & Echterhoff，2012；Hirst & Manier，2008；Reese & Fivush，2008；Stone，Barnier，Sutton，& Hirst，2010；Wang，2008）。例如，研究表明，相对于单独记忆，之前的协作记忆使得最终的提取出现了更多的重叠。无论年轻人还是老年人都是如此（Henkel & Rajaram，2011）。

此外，记忆的质量而不是记忆的数量对记忆者可能更重要。就像年轻人和老年人在与配偶共同回忆时，提供了对故事更详细的描述，与陌生人一起回忆，则不同（Gagnon & Dixon，2008）。老年夫妇表现出一种倾向，面对研究者的访谈他们共同回忆分享生活经历时，他们会提供详细、生动、个性化的细节，比如他们一起度过的假期（Barnier et al.，2014；Harris et al.，2014）。这大概满足了社会和情感需要而不是研究者尽可能多的回忆项目的需求。共同记忆时这些情感丰富的描述也可能导致记忆者新理解的出现（Harris et al.，2014）。因此更透彻地理解怀旧对人们的作用和价值，而不是仅仅关注提取的数量，是至关重要的。这将在接下来回忆研究中进行探讨。

五、　与他人分享个人记忆的得与失：老年人的怀旧

人们的记忆，是由他们是否与他人讨论自己的经历决定的（Harris，Barnier，Sutton，& Keil，2014）。思考过去，并与他人分享这些经历，在人生的不同时刻有着不同的功能。无论年轻人还是老年人都更可能分享积极记忆而不是消极的（Alea，2010）。因此，分享记忆的行为常常引起亲社会情绪，比如共情（Blunk，Baron，Ainsworth，Gesselman，& Gold，2013；另见Pasupathi & Wainryb，第 15 章）。当人们披露私人信息时，别人会更喜欢他们，他们也更喜欢别人（Collins & Miller，1994）。人际关系中的自我表露使人们感觉更亲近，带来更好的自我理解，对身体健康和主观幸福感均有积极作用（Ziv-Beiman，2013）。

敞开心胸还与所分享的记忆相关的情绪强度有关：与他人共享记忆有助于保持积极事件相关情绪的强度，也有助于减少消极事件相关情绪的强度（称为情感衰落偏差，fading affect bias；

Skowronski，Gibbons，Vogl & Walker，2004；Walker，Skowronski，Gibbons，Vogl，& Ritchie，2009）。即使只是回忆恋爱关系中与爱人的共同经历，也可以唤起更强烈的温暖和亲密感（Alea & Blunk，2007）。当人们互相分享过去的个人经历时，老年人比年轻人获得情感上更积极的交流，促使研究者将社会性怀旧称为"满足晚年情感目标的一种强有力的情绪调节策略"（Pasupathi & Carstensen，2003，p. 431）。

为了研究人们何时、为什么单独或是与其他人一起缅怀过去，研究者编制了自我报告问卷（Webster，1993），使用了结构化访谈（Cappeliez，Guindon，& Robitaille，2008；Fry，1991；McKee et al.，2005），还要求被试完成一些特殊任务，比如，把具有某种特殊作用的事件写出来（Alea，Arneaud，& Ali，2013）。有些功能服务于强大的社会动机，其他的则没有。广为流传的怀旧功能问卷（RFS）是一种旨在调查怀旧的社会功能的自陈问卷。这些社会功能包括，像基于过去经验解决突发问题，减少无聊，以及为死亡做准备（Webster，1993，1997；另见Pasupathi & Wainryb，第15章）。量表定义了怀旧的两种情况：一种是自己对过去的思考；另一种是与他人分享过去的经历（"私下或者与他人一起回忆"）。要求被试回答他们何时怀旧，怀旧的频率，以及怀旧的原因。因此该量表并未直接将单独回忆和与他人回忆分离开。结果显示，老年人比年轻人更可能因为各种社会功能回顾过去。比如，维持与已故爱人的联系，被称为亲密关系维护（Webster & Gould，2007），以及教育或告知他人（Webster & McCall，1999）。与之相反，年轻人倾向于在自我认同功能，及建立和维持自我同一性时，表现出更高频率的怀旧（Webster & Gould，2007）。

另一个广泛使用的问卷是思考生命体验问卷。它考察了人们使用自传体记忆的三个类别（Blunk & Alea，2008，2009，2011；另见 Pasupathi & Wainryb，第15章）。社会功能包括使用自传体记忆去开发、维持和培养社会关系；直接功能包括使用个体记忆去指导行为、进行选择，并对当前的问题做出决策；自我功能包括记住个人的过去和经历，提供自我延续和连贯的感觉，保持积极的自我观念。前两个类别分别测量了人们对自己过去的思考频率和与他人谈起自己的生活事件的频率。但大多数研究并没有报告这两部分的数据。剩下的问题（从这些因素衍生出的因素）都是关于怀旧的，包括私人的和社会的怀旧。应用该问卷的研究发现了三种类型的功能。老年人报告他们使用记忆更多的是去增强社会关系，并引导自己的行为，而不是寻求自我延续性。年轻人和老年人都会因为其社会功能使用自传体记忆，程度相当（Alea & Vick，2010；Blunk & Alea，2009）。不论什么记忆功能，老年人报告的使用频率都更高；同时，无论年轻人还是老年人，他们都对与社会功能有关的记忆中，有更多的讨论和分享，而对那些服务于自我和指导功能的记忆，讨论和分享更少些（Alea，Arneaud，& Ali，2013）。

采用思考生活体验问卷和怀旧功能问卷调查老年人记忆功能的研究，主要考察的只是老年人的一部分，即认知完整的社区居住老人，或者有特殊问题（比如抑郁）的老年人。因此这些结果并不能推广到所有的老年人中去。为了解决这些问题，最近的研究主要集中在养老院老年人怀旧的价值和功能上。这些老人，正在经历认知功能、身心健康和幸福感的下降，以及社交网络的变化（Henkel，Kris，Birney，& Krauss，2017）。疗养院的老人们完成了怀旧功能问卷、思考生活体验问卷以及怀旧价值和功能问卷。结果显示，大多数养老院老人报告说他们经常考虑自己的过去，这与之前疗养院的研究结果一致（Fry，1991；McKee et al.，2005）。然而，怀旧主要是独自进行，而不是和他人一块。回忆的总体频率低于过去对社区老人的研究（Blunk & Alea，2009）。老年人社会网络的变化（比如配偶身故，家人和朋友来访有限）可能导致了这一结果。编制怀旧价值和功能问卷目的，在于评估养老院老人与特定人群（独自、家人、朋友、其他居民、健康专家）怀旧的频率，以及与人分享对过去的回忆，老人有多享受（Henkel et al.，2017）。养老院老人报告显示，他们比其他社会群体成员有更频繁的独自怀旧，同时也更开心。他们与他人一起回忆过去的频率、开心的程度以及他们认为一起回忆过去的价值高低，取决于与一起怀旧的伙伴关系的亲密性：与家人一起聊聊过去，比跟养老院里的其他老人或者护工，要更频繁，更开心，也更有价值。

六、　怀旧的社会功能是否有助于老年人的心理健康和幸福

人们可以自发地把怀旧作为治疗方式，用于改善心理健康和促进幸福感上（Westerhof et al.，2010；Westerhof & Bohlmeijer，2014）。例如，怀旧有助于人们面对失去，减少孤独和抑郁，增加自尊，并且帮助获得生活的价值和意义（Blunk，Alea & Demiray，2010；Merriam，1993；Romaniuk & Romaniuk，1981；Taft & Nehrke，1990）。怀旧还可以被用于破坏心理健康和降低幸福感。例如，沉湎于过去的痛苦和遗憾，不能自拔（O'Rourke et al.，2011）。然而，得到这样的研究结果的研究，并没有区分独自怀旧（独自思考过去）还是社会怀旧（与他人分享过去）。

许多研究发现，日常生活中特定类型的怀旧与老年人的心理健康和幸福感相关。这种类型的怀旧与心理健康和幸福感之间的关系，有时候是积极的，有时候是消极的（例如，Cappeliez & O'Rourke，2006；Cappeliez，O'Rourke，& Chaudhury，2005；Korte，Bohlmeijer，Cappeliez，Smit，& Westerhof，2012；McKee et al，2005；O'Rourke，Cappeliez，& Claxton，2011）。尽管怀旧的社会功能与幸福感之间并不存在直接的联系，但怀旧可以通过其他聚焦在自我上的因素，与幸福感之间建立起或积极或消极的间接关系（O'Rourke et al.，2011）。对养老院的老人进行的研究显示，那些士气低落的、抑郁程度较高的个人，倾向于特定功能的怀旧。比如，减少无聊，痛苦中复原，以及死亡准备（Henkel，Kris，Birney，& Krauss，2017）。许多老人表达了与护理人员更频繁接触的愿望。可以帮助养老院的老人与看护者之间建立良好的关系，从而引导他们怀旧。当然，怀旧也并不总是积极的。某些类型的怀旧，特别是那些孤独沉思的缺乏社会成分的怀旧，可能与更高的抑郁量表得分相关（Henkel et al.，2017）。

老年人的结构化的和深思熟虑的怀旧活动，其范围包括对话怀旧小组（如由养老院的工作

人员或私人疗养院的工作人员或社工主持）到个体化或治疗小组中的怀旧。此处的治疗小组是指由训练有素的临床医生提供帮助的抑郁症、焦虑症或者痴呆患者组成的。所有怀旧都要求所有人与他人分享记忆：可以是其他小组成员也可以是治疗师。这些怀旧行为在改善人们的心理健康和幸福感方面是有用的。研究结论并不一致。研究发现更正式的以生命回顾取向的治疗方法通常要比对话小组有更强的积极效果（例如，Pinquart & Forstmeier，2012；Subramaniam & Woods，2012；Testad et al.，2014；Woods et al.，2008；2012）。谈话怀旧小组的研究显示，怀旧在抑郁、生活满意度、孤独、幸福感、自尊、自我整合和认知功能方面有积极影响；但另有研究发现，其实在控制组中，也表现出类似的积极作用。这些控制条件包括：提供社会接触的机会、共享社区或自我表达机会（例如，Hallford & Mellor，2013；Haslam et al.，2010；Housden，2009；Karimi et al.，2010；Korte，Bohlmeijer，Cappeliez，Smit，& Westerhof，2012；Pinquart & Forstmeier，2012）。后一项发现强调了怀旧的社会因素是非常重要的。因为这些社会因素本身就能产生积极效果。这与小组怀旧有时比个体怀旧活动效果更积极相一致（Haslam et al.，2010）。

与对治疗痴呆患者的治疗手段一样，怀旧行为对改善人们的情绪、幸福感以及认知功能具有类似的作用（例如，Cotelli，Manenti，& Zanetti，2012；Testad et al.，2014），但怀旧行为对抑郁的改善较为有限且结论并不一致（Blake，2013；Dempsey et al.，2014；Subramaniam & Woods，2012；Van Bogaert et al.，2013；Wang，2007；Woods et al.，2008；2012）。如果使用适当方法对研究进行严格控制，例如，利用相同的时间参加社会活动，而不是分享个人记忆，似乎说明，小组的那些积极改变，也许是由于怀旧中带来的内在的社会互动，而不是怀旧本身。一般来说，参与社会活动对老年人的认知有积极的影响（Hertzog，Kramer，Wilson，& Lindenberger，2008）。例如，对居住在养老院或者依靠辅助生活设施的老年人的研究发现，他们报告的怀旧频率与幸福感、生活满意度和生命意义呈负相关，与抑郁症呈正相关（Fry，1991）。这些研究结果表明，那些更多参与积极的社会活动，以及参与更有意义的生命活动的人，无需像那些被动的人那样，依赖怀旧使自己获得幸福感。

随着年龄增长，人们必须面对身心健康状况的显著下降，面对认知能力和社会交往网络的变化。所有这些变化，都会影响他们与他人分享记忆的能力。患抑郁症的老年人表现出所谓过度概括的记忆，也就是说，难以从他们过去经历中唤起不同的和特定细节的记忆（Birch & Davidson，2007；Latorre et al.，2013）。患有轻度认知障碍和早期阿尔茨海默病的老人同样会产生缺乏细节和特异性的回忆（Barnabe，Whitehead，Pilon，Arsenault-Lapierre，& Chertkow，2012；Donix et al.，2010）。即使没有神经系统疾病的老年人也会表现出这种倾向（Ford，Rubin，& Giovanello，2014；Habermas，Diel，& Welzer，2013）。与老年人一起发起怀旧活动时，应该考虑到这一点。

七、 怀旧作为医疗保健环境中的一种治疗干预

很少有研究关注患者与健康提供者在怀旧中的社会关系。然而，众所周知怀旧改善养老院老人的生活质量，减少抑郁，还可能会减缓痴呆症的进程，并增强看护人员和养老院老人的治疗关系。保健人员照顾痴呆患者的压力非常大。怀旧可能提供了一个减少看护者角色压力的机会。在利用怀旧减少看护压力的过程中，看护者以一种整体的方式照顾老人们，而不是按照一系列症状逐一管理。看护者——居住者关系的强度为高质量的医疗看护提供了基础。

亨克尔等人（Henkel et al.，2017）询问养老院老人的看法，保健人员多久会与他们讨论他们入院前的生活，或者讨论自己的个人生活。尽管养老院老人报告说他们享受与保健人员分享个人经历的程度相当高，但这种分享很少发生。有大约四分之一的人期待更多分享机会。这些发现是重要的，因为其他研究发现让养老院工作人员参与到怀旧活动中，不仅对老人有积极意义（如提升士气，感受到更多的社会联系，提高生活质量），而且对工作人员本身也有积极影响（如更高的工作满意度和对老年人更积极的态度；Goldwasser & Auerbach，1996；Burgio et al.，2001；Chao，Chen，Liu，& Clark，2008；Cooney et al.，2013；Gudex et al.，2010；Heliker & Nguyen，2010；O'Shea et al.，2014；Stinson，2009；Williams et al.，2011；Gallagher & Carey，2012）。

增加老人与保健人员交流的机会，在这一点上可能是有益的。许多养老院都有环境/设计特征来激发回忆和与过去的联系，比如展示个人生活故事书、家庭照片和拼图等（Andrews-Salvia，Roy，& Cameron，2003；Bourgeois，Dijkstra，Burgio，& Allen-Burge，2001；Buron，2010；Cutler & Kane，2004；Hoerster，Hickey，& Bourgeois，2001；Subramaniam，Woods，& Whitaker，2014；Williams et al.，2011；Yasuda，Kuwabara，Kuwahara，Abe，& Tetsutani，2009），创作场所来布置物品以唤起人们对青春的怀念（Gudex，Horsted，Jensen，Kjer，& Sprensen，2010；"Open all hours"，2014）。可以用艺术品或者手工艺品代表老人童年的不同地理区域（Chang，Lu，Lin，& Chen，2013）。一个令人担忧的问题是，这些围绕回忆线索的物品和展示并不足以促进社会互动；它们可能在无意中促进了那些不利于心理健康和幸福感的回忆类型。这个问题亟须研究来解决。

如前所述，养老院还有更多正式的活动和项目，比如怀旧小组成员可以围绕主持人提供的话题，面对面地讨论他们过去的经历（Bohlmeijer et al.，2007）。然而这些记忆活动产生了不同的结果（O'Shea et al.，2014）。重要的是，这些活动的类型、强度和结构可能是多样的，这可能导致了研究结果的不一致。引导怀旧行为的标准化方法，可能会产生既被接受又可验证的干预措施（Cooney et al.，2013）。

值得注意的是怀旧行为并不是自发发生的。已有研究证明养老院老人与工作人员之间缺乏交流，是老人康复效果不好的主要原因。认知损伤增加了人格解体的风险。研究认为人格解

体，与居民虐待有关(Yan，2014)。用于激发认知受损老人记忆的干预措施，可能具有双重作用：它们不仅可以增强记忆，还可以通过加强人格，来减少虐待的可能性。

之前关于医务人员对怀旧态度的研究表明，人们普遍支持这一观点——怀旧疗法对老年人是一种实用且有益的干预措施(Fujiwara et al.，2012)。为了更好地理解养老院医务人员对怀旧的感知功能和价值的认识，要求他们报告自己参与老人怀旧的频率。结果发现，他们认为老人相信怀旧的价值有多大，他们就在多大程度上重视与老人共同进行的怀旧活动(Kris，Henkel，Krauss，& Birney，2017)。护理人员和护理助理表示，尽管他们并不觉得分享个人过去的记忆是有价值的，但他们还是认为让老人分享自己的记忆是有价值的。大多数护理人员报告说他们偶尔、通常或者非常频繁(72%)参与到老人的怀旧活动中，并且发现这些互动是恰当且令人愉悦的(86%)。如前所述，老人也认为与护理人员一起怀旧是令人愉悦的。事实上，他们经常报告希望护理人员更频繁的参与这些活动(Henkel et al.，2017)。护理人员报告说怀旧是一项重要的干预措施，尤其是对那些认知损伤或者焦虑的老人。在传统报告的怀旧用法中，护理人员报告经常参与到怀旧活动中以帮助老人领悟生命的意义，轻松地谈话，及减少无聊。另一方面有一些记忆的功能是护理人员不那么经常参与的。例如，他们不可能使用怀旧来帮助老人记起他的爱人，减少对死亡的恐惧，或者帮助他们做死亡准备。护理人员还报告说，他们可能为了其他新奇的治疗目标参与怀旧行为，比如安抚焦虑的老人，提供主观刺激，帮助困惑的老人适应。这些新奇的治疗功能，是养老院中怀旧最被认可的功能之一。

除了给老人带来已经注意到的好处外，怀旧对护理人员也会产生多种多样的额外的积极结果。参与记忆活动使护理人员更充分的理解老人(Cooney et al.，2014；Gammonley et al.，2015)。也许是由于这种人际关系，参与怀旧活动的工作人员，体会到更强的个人成就感并减少情感衰竭(Gudex et al.，2010)。他们报告了工作满意度的改善及压力水平的减轻(Finnema et al.，2005；Schrijnemaekers et al.，2003)。对患者的深入了解，有助于护理人员为痴呆症患者提供更全面、个性化的护理(Gudex et al.，2010)。这是高质量护理的标志(Suhonen，Leino-Kilpi，& Valimaki，2005；WHO，2007)。

一项相关研究，试图更好地理解，记忆是如何受护理人员与痴呆症老年人之间的社会互动影响的。该项研究关注了家庭护理人员的作用。这些家庭护理人员，通常是老年患者的配偶或者孩子。通常痴呆患者的护理人员，接手了患者的记忆的责任，以补偿痴呆患者记忆能力的下降。尽管这可能有一定好处，但这种形式的记忆是分层次的，而不是真正的分享。这可能进一步加剧老年痴呆患者的依赖性。对护理人员恰当的训练可以减轻这一状况：研究显示，联合记忆任务可以实现更大的协作。护理人员练习记忆支持技术时，接受了记忆干预措施的训练。在这种情况下，护理人员和阿尔茨海默病患者均发挥作用，而不是只有护理人员主导(Neely，Vikström，& Josephsson，2009)。这样的训练可以扩展到帮助护理人员开发出更有用的线索，以促使痴呆症患者能够参与到健康的怀旧中去。

八、　结束语

本章探讨了老年人单独或与他人一起记忆的方式，并研究了这些活动对他们心理健康和幸福感的影响。人们通常认为，协作是一种有用的记忆工具，尤其是与关系亲密的人一起协作，效果更好。但人们使用协作记忆的频率还不够。这在一定程度上可能是由于人们对伴随着衰老失去独立性的担忧。基于实验室的研究和更多的生态效度的定性方法一起，显示了老年人和年轻人在协作记忆方面拥有许多相同的特征。就像年轻人一样，协作记忆在正确或错误的记忆信息的数量上有得有失。协作记忆还有其他价值，比如发展协作记忆及增强社会关系，重要的是研究人员不能对"成功记忆"有过于狭隘的观点。包括对记忆的测量不能仅仅是产出量。例如，从更大范围考虑人的一生的分享经验和有意义的回忆的动态激活系统，来增加生命的连同感和意义感，以便记忆研究人员更完整地了解影响记忆形成和回忆行为的认知和社会机制。

确实，就像大量研究所发现的那样，人们何时及为何，单独或与他人一起思考自己的过去，怀旧发挥着维持社会关系的重要作用。怀旧在改善情绪和幸福感测量方法上的价值，可能独立于回忆的准确性。越来越多地证据表明，回忆可以改善记忆和回忆的基线测量，比如简易精神状态测验（MMSE）分数（Van Bogaert et al.，2013；Wang，2007）。

回忆对老年人健康和幸福感的影响超越了个人。对于养老院的老人，他们与护理人员参与协作记忆的能力，对护理人员与老人的关系有积极作用。护理人员与患者之间建立的社会纽带十分重要。护理人员全面了解患者的能力，而不只是管理个人症状清单上的内容，这对于护理的类型和质量产生了影响。

综合不同研究文献的研究结果可以发现一个现实，不只在整个生命周期内考察协作记忆和怀旧是重要的，在更广泛的老年人生活的范围内，它同样重要。从相对健康、认知完整的社区老年人到忍受抑郁或者其他精神疾病的老人，以及养老院中遭受认知受损及身体健康水平显著下降的老年人，怀旧是他们分享一些自己可能被遗忘的事情的最后机会。

"……于是爷爷轻轻转动封锁他辉煌记忆的那把陈旧的钥匙，将它们变成了一个故事的交响曲"

格伦达·米勒德《鸭子和暗黑族》

致　谢

格伦达·米勒德（Glenda Millard）的引文经授权转载自 Glenda Millard，Stephen Michael

King，The Duck and the Darklings，Allen 和 Unwin Children's Books：Sydney，Australia，Copyright © 2014 Allen 和 Unwin，www. allenandunwin. com。

参考文献

Alea，N. (2010). The prevalence and quality of silent, socially silent, and disclosed autobiographical memories across adulthood. *Memory*，18，142-158. doi：10. 1080/09658210 903176486

Alea，N. ，Arneaud，M. J. ，& Ali，S. (2013). The quality of self, social, and directive memories: Are there adult age group differences? *International Journal of Behavioral Development*，37(5)，395-406. doi：10. 1177/0165025413484244

Alea，N. ，& Bluck，S. (2007). I'll keep you in mind: The intimacy function of autobiographical memory. *Applied Cognitive Psychology*，21，1091-1111. doi：10. 1002/acp. 1316

Alea，N. ，& Vick，S. C. (2010). The first sight of love: Relationship-defining memories and marital satisfaction across adulthood. *Memory*，18，730-742. doi：10. 1080/09658211. 2010. 506443

Andersson，J. ，& Rönnberg，J. (1996). Collaboration and memory: Effects of dyadic retrieval on different memory tasks. *Applied Cognitive Psychology*，10，171-181. doi：10. 1002/(sici)1099-0720(199604)10：2<171：：aid-acp385>3. 0. co；2-d

Andrews-Salvia，M. ，Roy，N. ，& Cameron，R. M. (2003). Evaluating the effects of memory books for individuals with severe dementia. *Journal of Medical Speech-Language Pathology*，11，51-59.

Barber，S. J. ，& Mather，M. (2012). Forgetting in context: The effects of age, emotion, and social factors on retrieval-induced forgetting. *Memory & Cognition*，40，874-888. doi：10. 3758/s13421-012-0202-8

Barber，S. J. ，Rajaram，S. ，& Aron，A. (2010). When two is too many: Collaborative encoding impairs memory. *Memory & Cognition*，38，255-264. doi：10. 3758/mc. 38. 3. 255

Barber，S. J. ，Rajaram，S. ，& Fox，E. B. (2012). Learning and remembering with others: The key role of retrieval in shaping group recall and collective memory. *Social Cognition*，30，121-132. doi：10. 1521/soco. 2012. 30. 1. 121

Barnabe，A. ，Whitehead，V. ，Pilon，R. ，Arsenault-Lapierre，G. ，& Chertkow，H. (2012). Autobiographical memory in mild cognitive impairment and Alzheimer's disease. *Hippocampus*，22，1809-1825. doi：10. 1002/hipo. 22015

Barnier，A. J. ，& Sutton，J. (2008). From individual to collective memory: Theoretical and empirical perspectives. *Memory*，16，177-182. doi：10. 1080/09541440701828274

　　Barnier，A. J. ，Sutton，J. ，Harris，C. B. ，& Wilson，R. A. (2008). A conceptual and empirical framework for the social distribution of cognition：The case of memory. *Cognitive Systems Research*，9，33-51. doi：10. 1016/j. cogsys. 2007. 07. 002

　　Barnier，A. J. ，Priddis，A. C. Broekhusjse，J. M. ，Harris，C. B. ，Cox，R. E. ，Addis，D. R. ，…Congleton，A. R. (2014). Reaping what they sow：Benefits of remembering together in intimate couples. *Journal of Applied Research in Memory and Cognition*，3，261-265. doi：10. 1016/j. jarmac. 2014. 06. 003

　　Basden，B. H. ，Basden，D. R. ，& Henry，S. (2000). Costs and benefits of collaborative remembering. *Applied Cognitive Psychology*，14，497-507. doi：10. 1002/1099-0720(200011/12)14：6<497：：aid-acp665>3. 0. co；2-4

　　Berg，C. A. ，Smith，T. W. ，Ko，K. J. ，Henry，N. J. M. ，Florsheim，P. ，Pearce，G. ，… Glazer，K. (2007). Task control and cognitive abilities of self and spouse in collaboration in middle-aged and older couples. *Psychology and Aging*，3，420-427. doi：10. 1037/0882-7974. 22. 3. 420

　　Birch，L. S. ，& Davidson，K. M. (2007). Specificity of autobiographical memory in depressed older adults and its relationship with working memory and IQ. *British Journal of Clinical Psychology*，46，175-186. doi：10. 1348/014466506X119944

　　Blake，M. (2013). Group reminiscence therapy for adults with dementia：A review. *British Journal of Community Nursing*，18，228-233. doi：10. 12968/bjcn. 2013. 18. 5. 228

　　Bluck，S. ，& Alea，N. (2008). Remembering being me. In：F. Sani，& F. Sani(Eds.)，*Self continuity：Individual and collective perspectives* (pp. 55-70). New York，NY：Psychology Press.

　　Bluck，S. ，& Alea，N. (2009). Thinking and talking about the past：Why remember? *Applied Cognitive Psychology*，23，1089-1104. doi：10. 1002/acp. 1612

　　Bluck，S. ，& Alea，N. (2011). Crafting the TALE：Construction of a measure to assess the functions of autobiographical remembering. *Memory*，19，470-486. doi：10. 1080/09658211. 2011. 590500

　　Bluck，S. ，Alea，N. ，& Demiray，B. (2010). You get what you need：The psychosocial functions of remembering. In：J. H. Mace (Ed.)，*The act of remembering：Toward an understanding of how we recall the past* (pp. 284-307). Hoboken，NJ：Wiley-Blackwell.

　　Bluck，S. ，Baron，J. M. ，Ainsworth，S. A. ，Gesselman，A. N. ，& Gold，K. L. (2013). Eliciting empathy for adults in chronic pain through autobiographical memory sharing.

Applied Cognitive Psychology，27，81-90. doi：10.1002/acp. 2875

Blumen，H. M.，& Rajaram，S.（2009）. Effects of repeated collaborative retrieval on individual memory vary as a function of recall versus recognition tasks. *Memory*，17，840-846. doi：10.1080/09658210903266931

Blumen，H. M.，Young，K. E.，& Rajaram，S.（2014）. Optimizing group collaboration to improve later retention. *Journal of Applied Research in Memory and Cognition*，3，244-251. doi：10.1016/j. jarmac. 2014. 05. 002

Blumen，H. M.，Rajaram，S.，& Henkel，L.（2013）. The applied value of collaborative memory research in aging：Behavioral and neural considerations. *Journal of Applied Research In Memory And Cognition*，2，107-117. doi：10.1016/j. jarmac. 2013. 03. 003

Blumen，H. M.，& Stern，Y.（2011）. Short-term and long-term collaboration benefits on individual recall in younger and older adults. *Memory & Cognition*，39，147-154. doi：10.3758/s13421-010-0023-6

Bohlmeijer，E.，Roemer，N.，Cukipers，P.，& Smit，F.（2007）. The effects of reminiscence on psychological well-being in older aduilts：A meta-analysis. *Aging & Mental Health*，11，291-300. doi：10.1080/13607860600963547

Bourgeois，M. S.，Dijkstra，K.，Burgio，L.，& Allen-Burge，R.（2001）. Memory aids as an augmentative and alternative communication strategy for nursing home residents with dementia. *Augmentative and Alternative Communication*，17，196-210. doi：10.1080/714043383

Burgio，L. D.，Allen-Burge，R.，Roth，D. L.，Bourgeois，M. S.，Dijkstra，K.，Gerstle，J.，& … Bankester，L.（2001）. Come talk with me：Improving communication between nursing assistants and nursing home residents during care routines. *Gerontologist*，41，449-460. doi：10.1093/geront/41. 4. 449

Buron，B.（2010）. Life history collages：Effects on nursing home staff caring for residents with dementia. *Journal of Gerontological Nursing*，36，38-48.

Cappeliez，P.，Guindon，M.，& Robitaille，A.（2008）. Functions of reminiscence and emotional regulation among older adults. *Journal of Aging Studies*，22，266-272. doi：10.1016/j. jaging. 2007. 06. 003

Cappeliez，P.，& O'Rourke，N.（2006）. Empirical validation of a model of reminiscence and health in later life. *Journals of Gerontology：Series B：Psychological Sciences and Social Sciences*，61B，pp. 237-244. doi：10.1093/geronb/61. 4. P237

Cappeliez，P.，O'Rourke，N.，& Chaudhury，H.（2005）. Functions of reminiscence and mental health in later life. *Aging & Mental Health*，9，295-301. doi：10.1080/13607860500131427

Chang，C. H.，Lu，M. S.，Lin，T. E.，& Chen，C. H.（2013）. The effectiveness of visual art on environment in nursing home. *Journal of Nursing Scholarship*，45，107-115. doi：10. 1111/jnu. 12011

Chao，S.，Chen，C.，Liu，H.，& Clark，M.（2008）. Meet the real elders：Reminiscence links past and present. *Journal of Clinical Nursing*，17，2647-2653. doi：10. 1111/j. 1365-2702. 2008. 02341. x

Collins，N. L.，& Miller，L. C.（1994）. Self-disclosure and liking：A meta-analytic review. *Psychological Bulletin*，116，457-475. doi：10. 1037/0033-2909. 116. 3. 457

Coman，A.，Manier，D.，& Hirst，W.（2009）. Forgetting the unforgettable through conversation：Socially shared retrieval-induced forgetting of September 11 memories. *Psychological Science*，20，627-633. doi：10. 1111/j. 1467-9280. 2009. 02343. x

Comijs，H.，Deeg，D.，Dik，M.，Twisk，J.，& Jonker，C.（2002）. Memory complaints：The association with psycho-affective and health problems and the role of personality characteristics. A 6-year follow-up study. *Journal of Affective Disorders*，72，157-166.

Cooney，A.，Hunter，A.，Murphy，K.，Casey，D.，Devane，D.，Smyth，S.，… O'Shea，E.（2014）. 'Seeing me through my memories'：A grounded theory study on using reminiscence with people with dementia living in long-term care. *Journal of Clinical Nursing*，23，3564-3574. doi：10. 1111/jocn. 12645

Cooney，A.，O'Shea，E.，Casey，D.，Murphy，K.，Dempsey，L.，Smyth，S.，& … Jordan，F.（2013）. Developing a structured education reminiscence-based programme for staff in long-stay care facilities in Ireland. *Journal of Clinical Nursing*，22，1977-1987. doi：10. 1111/j. 1365-2702. 2012. 04342. x

Cotelli，M.，Manenti，R.，& Zanetti，O.（2012）. Reminiscence therapy in dementia：A review. *Maturitas*，72，203-205. doi：10. 1016/j. maturitas. 2012. 04. 008

Cuc，A.，Koppel，J.，& Hirst，W.（2007）. Silence is not golden：A case for socially shared retrieval-induced forgetting. *Psychological Science*，18，727-733. doi：10. 1111/j. 1467-9280. 2007. 01967. x

Cuc，A.，Ozuru，Y.，Manier，D.，& Hirst，W.（2006）. On the formation of collective memories：The role of a dominant narrator. *Memory & Cognition*，34，752-762. doi：10. 3758/bf03193423

Cutler，L. J.，& Kane，R. A.（2004）. Strategies to transform nursing home environments. Retrieved from https：//www. pioneernetwork. net/Data/Documents/Practical_Strategies_ to_ Transform_ Nursing_ Home_ Environments_ manual. pdf［Online］.

Davis，S. D.，& Meade，M. L.（2013）. Both young and older adults discount suggestions from older adults on a social memory test. *Psychonomic Bulletin & Review*, 20, 760-765. doi: 10. 3758/s13423-013-0392-5

Dempsey, L., Murphy, K., Cooney, A., Casey, D., O'Shea, E., Devane, D., & ... Hunter, A. (2014). Reminiscence in dementia: A concept analysis. *Dementia*, 13, 176-92. doi: 10. 1177/1471301212456277

Derksen, B. J., Duff, M. C., Weldon, K., Zhang, J., Zamba, K. D., Tranel, D., & Denburg, N. L. (2015). Older adults catch up to younger adults on a learning and memory task that involves collaborative social interaction. *Memory*, 23, 612-624. doi: 10. 1080/09658211. 2014. 915974

Dixon, R. A., & de Frias, C. M. (2007). Mild memory deficits differentially affect 6-year changes in compensatory strategy use. *Psychology & Aging*, 2, 632-8. doi: 10. 1037/ 0882-7974. 22. 3. 632

Dixon, R. A., & Gould, O. (1998). Younger and older adults collaborating on retelling everyday stories. *Applied Developmental Science*, 2, 160-171.

Dixon, R. A., de Frias, C. M., & Backman, L. (2001). Characteristics of self-reported memory compensation in older adults. *Journal of Clinical and Experimental Neuropsychology*, 23, 650-661. doi: 10. 1076/jcen. 23. 5. 650. 1242

Dixon, R. A., Gagnon, L., & Crow, C. (1998). Collaborative memory accuracy and distortion: Performance and beliefs. In: M. J. Intons-Peterson & D. L. Best (Eds.), *Memory distortions and their prevention* (pp. 63-88). Mahwah, NJ: Erlbaum.

Dixon, R., & Gould, O. (1998). Younger and older adults collaborating on retelling everyday stories. *Applied Developmental Science*, 2, 160-171. doi: 10. 1207/s1532480xads0203 _ 4

Dixon, R., Hopp, G., Cohen, A., de Frias, C., & Bäckman, L. (2003). Self-reported memory compensation: Similar patterns in Alzheimer's disease and very old adult samples. *Journal of Clinical and Experimental Neuropsychology*, 25, 382-390. doi: 10. 1076/jcen. 25. 3. 382. 13801

Donix, M., Brons, C., Jurjanz, L., Poettrich, K., Winiecki, P., & Holthoff, V. A. (2010). Overgenerality of autobiographical memory in people with amnestic mild cognitive impairment and early Alzheimer's disease. *Archives of Clinical Neuropsychology*, 25, 22-7. doi: 10. 1093/arclin/acp098

Echterhoff, G., Higgins, E. T., & Levine, J. M. (2009). Shared reality: Experiencing commonality with others' inner states about the world. *Perspectives on Psychological Science*, 4, 496-521. doi: 10. 1111/j. 1745-6924. 2009. 01161. x

Finnema, E., Droes, R. M., Ettema, T., Ooms, M., Ader, H., Ribbe, M., & van Tilburg, W. (2005). The effect of integrated emotion-oriented care versus usual care on elderly persons with dementia in the nursing home and on nursing assistants: A randomized clinical trial. *International Journal of Geriatric Psychiatry*, 20, 330-343. doi: 10.1002/gps. 1286

Ford, J. H., Rubin, D. C., & Giovanello, K. S. (2014). Effects of task instruction on autobiographical memory specificity in young and older adults. *Memory*, 22, 722-736. doi: 10.1080/09658211.2013.820325

Fry, P. S. (1991). Individual differences in reminiscence among older adults. *International Journal of Aging & Human Development*, 33, 311-326. doi: 10.2190/LFH1-CNDQ-GJ7Y-LTJF

Fujiwara, E., Otsuka, K., Sakai, A., Hoshi, K., Sekiai, S., Kamisaki, M., & ...Chida, F. (2012). Usefulness of reminiscence therapy for community mental health. *Psychiatry And Clinical Neurosciences*, 66, 74-79. doi: 10.1111/j.1440-1819.2011.02283.x

Gabbert, F., Memon, A., & Allan, K. (2003). Memory conformity: Can eyewitnesses influence each other's memories for an event? *Applied Cognitive Psychology*, 17, 533-543. doi: 10.1002/acp.885

Gabbert, F., Memon, A., Allan, K., & Wright, D. (2004). Say it to my face: Examining the effects of socially encountered misinformation. *Legal and Criminological Psychology*, 9, 215-227. doi: 10.1348/1355325041719428

Gagnon, L. M., & Dixon, R. A. (2008). Remembering and retelling stories in individual and collaborative contexts. *Applied Cognitive Psychology*, 22, 1275-1297. doi: 10.1002/acp.1437

Gallagher, P., & Carey, K. (2012). Connecting with the well-elderly through reminiscence. *Educational Gerontology*, 38, 576-582. doi: 10.1080/03601277.2011.595312

Gammonley, D., Lester, C. L., Fleishman, D., Duran, L., & Cravero, G. (2015). Using life history narratives to educate staff members about personhood in assisted living. *Gerontology & Geriatrics Education*, 36, 109-123. doi: 10.1080/02701960.2014.925888

Goldwasser, A. N., & Auerbach, S. M. (1996). Audience-based reminiscence therapy intervention: Effects on the morale and attitudes of nursing home residents and staff. *Journal of Mental Health and Aging*, 2, 101-114.

Gould, O., & Dixon, R. (1993). How we spent our vacation: Collaborative storytelling by young and old adults. *Psychology & Aging*, 8, 10-17. doi: 10.1037/0882-7974.8.1.10

Gould, O., Osborn, C., Krein, H., & Mortenson, M. (2002). Collaborative recall in married and unacquainted dyads. *International Journal of Behavioral Development*, 26, 36-44. doi: 10.1080/01650250143000292

Gudex, C., Horsted, C., Jensen, A. M., Kjer, M., & Sprensen, J. (2010). Consequences from use of reminiscence: A randomized intervention study in ten Danish nursing homes. *BMC Geriatrics*, 10, 33-48. doi: 10. 1186/1471-2318-10-33

Habermas, T., Diel, V., & Welzer, H. (2013). Lifespan trends of autobiographical remembering: Episodicity and search for meaning. *Consciousness and Cognition*, 22, 1061-1073. doi: 10. 1016/j. concog. 2013. 07. 010

Hallford, D., & Mellor, D. (2013). Reminiscence-based therapies for depression: Should they be used only with older adults? *Clinical Psychology: Science And Practice*, 20, 452-468. doi: 10. 1111/cpsp. 12043

Harris, C. B., Barnier, A. J., Sutton, J. & Keil, P. G. (2014). Couples as socially distributed cognitive systems: Remembering in everyday social and material contexts. *Memory Studies*, 7, 285-297. doi: 10. 1177/1750698014530619

Harris, C. B., Sutton, J., & Barnier, A. J. (2010). Autobiographical forgetting, social forgetting, and situated forgetting: Forgetting in context. In: S. Della Sala, S. Della Sala (Eds.), *Forgetting* (pp. 253-284). New York, NY: Psychology Press.

Harris, C. B., Keil, P. G., Sutton, J., Barnier, A. J., & McIlwain, D. F. (2011). We remember, we forget: Collaborative remembering in older couples. *Discourse Processes*, 48, 267-303. doi: 10. 1080/0163853X. 2010. 541854

Haslam, C., Haslam, S. A., Jetten, J., Bevins, A., Ravenscroft, S., & Tonks, J. (2010). The social treatment: The benefits of group interventions in residential care settings. *Psychology & Aging*, 25, 157-167. doi: 10. 1037/a0018256

Heliker, D., & Nguyen, H. T. (2010). Story sharing: Enhancing nurse aide-resident relationships in long-term care. *Research in Gerontological Nursing*, 3, 240-252. doi: 10. 3928/19404921-20100303-01

Henkel, L. A., Kris, A., Birney, S., & Krauss, K. (2017). The functions and values of reminiscence for older adults in long-term residential care facilities. *Memory*, 25, 425-35.

Henkel, L. A., & Rajaram, S. (2011). Collaborative remembering in older adults: Age-invariant outcomes in the context of episodic recall deficits. *Psychology & Aging*, 26, 532-545. doi: 10. 1037/a0023106

Hertzog, C., Kramer, A. F., Wilson, R. S., & Lindenberger, U. (2008). Enrichment effects on adult cognitive development: Can the functional capacity of older adults be preserved and enhanced? *Psychological Science in The Public Interest*, 9, 1-65. doi: 10. 1111/j. 1539-6053. 2009. 01034. x

Hirst, W., & Echterhoff, G. (2012). Remembering in conversations: The social sharing and reshaping of memories. *Annual Review of Psychology*，63，55-79. doi：10. 1146/annurev-psych-120710-100340

Hirst，W.，& Manier，D.（2008）. Towards a psychology of collective memory. *Memory*，16，183-200. doi：10. 1080/09658210701811912

Hoerster，L.，Hickey，E. M.，& Bourgeois，M. S.（2001）. Effects of memory aids on conversations between nursing home residents with dementia and nursing assistants. *Neuropsychological Rehabilitation*，11(3-4)，399-427. doi：10. 1080/09602010042000051

Hoppmann，C. A.，& Gerstorf，D.（2013）. Spousal goals，affect quality，and collaborative problem solving：Evidence from a time-sampling study with older couples. *Research in Human Development*，10，70-87. doi：10. 1080/15427609. 2013. 760260

Housden，S.（2009）. The use of reminiscence in the prevention and treatment of depression in older people living in care homes：A literature review. *Groupwork*，19，28-45. doi：10. 1921/095182410X490296

Hyman，I. J.，Cardwell，B. A.，& Roy，R. A.（2013）. Multiple causes of collaborative inhibition in memory for categorised word lists. *Memory*，21，875-890. doi：10. 1080/09658211. 2013. 769058

Johansson，N.，Andersson，J.，& Rönnberg，J.（2005）. Compensating strategies in collaborative remembering in very old couples. *Scandinavian Journal of Psychology*，46，349-359. doi：10. 1111/j. 1467-9450. 2005. 00465. x

Johansson，O.，Andersson，J.，& Rönnberg，J.（2000）. Do elderly couples have a better prospective memory than other elderly people when they collaborate? *Applied Cognitive Psychology*，14，121-133. doi：10. 1002/(sici)1099-0720（200003/04）14：2＜121：：aid-acp626＞3. 0. co；2-a

Karimi，H. H.，Dolatshahee，B. B.，Momeni，K. K.，Khodabakhshi，A. A.，Rezaei，M. M.，& Kamrani，A. A.（2010）. Effectiveness of integrative and instrumental reminiscence therapies on depression symptoms reduction in institutionalized older adults：An empirical study. *Aging & Mental Health*，14，881-887. doi：10. 1080/13607861003801037

Korte，J. J.，Bohlmeijer，E. T.，Cappeliez，P. P.，Smit，F. F.，& Westerhof，G. J.（2012）. Life review therapy for older adults with moderate depressive symptomatology. *Psychological Medicine*，42，1163-1173. doi：10. 1017/S0033291711002042

Kris，A.，Henkel，L. A.，Krauss，K.，& Birney，S.（2017）. The functions and values of reminiscence for nursing home staff. *Journal of Gerontological Nursing*，43，35-43.

Latorre，J. M.，Ricarte，J. J.，Serrano，J. P.，Ros，L.，Navarro，B.，& Aguilar，M. J.（2013）. Performance in Autobiographical Memory of older adults with depression symptoms. *Applied Cognitive Psychology*, 27, 167-172. doi: 10.1002/acp. 2891

Magnussen, S., Andersson, J., Cornoldi, C., De Beni, R., Endestad, T., Goodman, G., ... Zimmer, H. (2006). What people believe about memory. *Memory*, 14, 595-613. doi: 10.1080/09658210600646716

Margrett, J., & Marsiske, M. (2002). Gender differences in older adults' everyday cognitive collaboration. *International Journal of Behavioral Development*, 26, 45-59.

Margrett, J. A., Reese-Melancon, C., & Rendell, P. G. (2011). Examining collaborative dialogue among couples: A window into prospective memory processes. *Zeitschrift Für Psychologie/Journal of Psychology*, 219, 100-107. doi: 10.1027/2151-2604/a000054

McKee, K. J., Wilson, F., Chung, M. C., Hinchliff, S., Goudie, F., Elford, H., & Mitchell, C. (2005). Reminiscence, regrets and activity in older people in residential care. *British Journal of Clinical Psychology*, 44, 543-561. doi: 10.1348/014466505X35290

Meade, M. L., & Roediger, H. L., III(2002). Explorations in the social contagion of memory. *Memory & Cognition*, 30, 995-1009. doi: 10.3758/bf03194318

Meade, M. L., & Roediger, H. L., III(2009). Age differences in collaborative memory: The role of retrieval manipulations. *Memory & Cognition*, 37, 962-975. doi: 10.3758/mc. 37.7.962

Meegan, S., & Berg, C. (2002). Contexts, functions, forms, and processes of collaborative everyday problem solving in older adulthood. *International Journal of Behavioral Development*, 26, 6-15. doi: 10.1080/01650250143000283

Merriam, S. B. (1993). The uses of reminiscence in older adulthood. *Educational Gerontology*, 19, 441-450. doi: 10.1080/0360127930190507

Mol, M., Boxtel, M. van, Willems, D., & Jolles, J. (2006). Do subjective memory complaints predict cognitive dysfunction over time? A six-year follow-up of the Maastricht Aging Study. *International Journal of Geriatric Psychiatry*, 21, 432-441. doi: 10.1002/gps. 1487

Mol, M., Carpay, M., Ramakers, I., Rozendaal, N., Verhey, F., & Jolles, J. (2007). The effect of perceived forgetfulness on quality of life in older adults: A qualitative review. *International Journal of Geriatric Psychiatry*, 22, 393-400. doi: 10.1002/gps. 1686

Neely, A. S., Vikström, S., & Josephsson, S. (2009). Collaborative memory intervention in dementia: Caregiver participation matters. *Neuropsychological Rehabilitation*, 19, 696-715. doi: 10.1080/09602010902719105

Newson, R., & Kemps, E. (2006). The nature of subjective cognitive complaints of older adults. *International Journal of Aging & Human Development*，63，139-151. doi：10. 2190/1eap-fe20-pdwy-m6p1

Open all hours：Pop in to the pop-up reminiscence pod.（2014）. *Nursing Older People*，26，7. doi：10. 7748/nop2014. 04. 26. 4. 7. s8

O'Rourke，N.，Cappeliez，P.，& Claxton，A.（2011）. Functions of reminiscence and the psychological well-being of young-old and older adults over time. *Aging & Mental Health*，15，272-281. doi：10. 1080/13607861003713281

O'Shea，E.，Devane，D.，Cooney，A.，Casey，D.，Jordan，F.，Hunter，A.，…Murphy，K.（2014）. The impact of reminiscence on the quality of life of residents with dementia in long-stay care. *International Journal of Geriatric Psychiatry*，29，1062-1070. doi：10. 1002/gps. 4099

Parker，R. G.（1999）. Reminiscence as continuity：Comparison of young and older adults. *Journal of Clinical Geropsychology*，5，147-157. doi：10. 1023/A：1022931111622

Pasupathi，M.，& Carstensen，L. L.（2003）. Age and emotional experience during mutual reminiscing. *Psychology & Aging*，18，430-442. doi：10. 1037/0882-7974. 18. 3. 430

Pinquart，M.，& Forstmeier，S.（2012）. Effects of reminiscence interventions on psychosocial outcomes：A meta-analysis. *Aging & Mental Health*，16，541-558. doi：10. 1080/13607863. 2011. 651434

Rajaram，S.，& Pereira-Pasarin，L. P.（2010）. Collaborative memory：Cognitive research and theory. *Perspectives on Psychological Science*，5，649-663. doi：10. 1177/1745691610388763

Rauers，A.，Riediger，M.，Schmiedek，F. & Lindenberger，U.（2011）. With a little help from my spouse …Does spousal collaboration compensate for the effects of cognitive aging? *Gerontology*，57，161-166. doi：10. 1159/000317335

Reese，E.，& Fivush，R.（2008）. The development of collective remembering. *Memory*，16，201-212. doi：10. 1080/09658210701806516

Roediger，H. L.，III，Meade，M.，& Bergman，E.（2001）. Social contagion of memory. *Psychonomic Bulletin & Review*，8，365-371. doi：10. 3758/BF03196174

Romaniuk，M.，& Romaniuk，J. G.（1981）. Looking back：An analysis of reminiscence functions and triggers. *Experimental Aging Research*，7，477-489. doi：10. 1080/03610738108259826

Ross，M.，Spencer，S. J.，Blatz，C. W.，& Restorick，E.（2008）. Collaboration reduces the frequency of false memories in older and younger and adults. *Psychology & Aging*，

23，85-92. doi：10. 1037/0882-7974. 23. 1. 85

Ross，M.，Spencer，S.，Linardatos，L.，Lam，K.，& Perunovic，M.（2004）. Going shopping and identifying landmarks: Does collaboration improve older people's memory? *Applied Cognitive Psychology*，18，683-696. doi：10. 1002/acp. 1023

Schrijnemaekers，V. J.，Van Rossum，E.，Candel，M. J.，Frederiks，C. M.，Derix, M. M.，Sielhorst，H.，& van den Brandt，P. A.（2003）. Effects of emotion-oriented care on work-related outcomes of professional caregivers in homes for elderly persons. *The Journals of Gerontology. Series B*，*Psychological Sciences and Social Sciences*，58，S50-57. doi：10. 1093/geronb/58. 1. s50

Skowronski，J. J.，Gibbons，J. A.，Vogl，R. J.，& Walker，W. R.（2004）. The effect of social disclosure on the intensity of affect provoked by autobiographical memories. *Self and Identity*，3，285-309. doi：10. 1080/13576500444000065

Stinson，C.（2009）. Structured group reminiscence: An intervention for older adults. *Journal of Continuing Education in Nursing*，40，521-528. doi：10. 3928/00220124-20091023-10

Stone，C.，Barnier，A.，Sutton，J.，& Hirst，W.（2010）. Building consensus about the past: Schema consistency and convergence in socially shared retrieval-induced forgetting. *Memory*，18，170-84. doi：10. 1080/09658210903159003

Strough，J.，Cheng，S.，& Swenson，L.（2002）. Preferences for collaborative and individual everyday problem solving in later adulthood. *International Journal of Behavioral Development*，26，26-35. doi：10. 1080/01650250143000337

Suhonen，R.，Leino-Kilpi，H.，Valimaki，M.（2005）. Development and psychometric properties of the Individualized Care Scale. *Journal of Evaluation in Clinical Practice*. 11，7-20. doi：10. 1111/j. 1365-2753. 2003. 00481. x

Subramaniam，P.，& Woods，B.（2012）. The impact of individual reminiscence therapy for people with dementia: Systematic review. *Expert Review of Neurotherapeutics*，12，545-555. doi：10. 1586/ern. 12. 35

Subramaniam，P.，Woods，B.，& Whitaker，C.（2014）. Life review and life story books for people with mild to moderate dementia: A randomized controlled trial. *Aging & Mental Health*，18，363-375. doi：10. 1080/13607863. 2013. 837144

Taft，L. B.，& Nehrke，M. F.（1990）. Reminiscence, life review, and ego integrity in nursing home residents. *International Journal of Aging & Human Development*，30，189-196. doi：10. 2190/X9D5-5MT3-1326-75FL

Testad, I. , Corbett, A. , Aarsland, D. , Lexow, K. O. , Fossey, J. , Woods, B. , & Ballard, C. (2014). The value of personalized psychosocial interventions to address behavioral and psychological symptoms in people with dementia living in care home settings: A systematic review. *International Psychogeriatrics/IPA*, 26, 1083-1098. doi: 10. 1017/S1041610214000131

Van Bogaert, P. , Van Grinsven, R. , Tolson, D. , Wouters, K. , Engelborghs, S. , Van der Mussels, S. (2013). Effects of SolCos model based individual reminiscence on older adults with mild to moderate dementia due to Alzheimer disease. *Journal of the American Medical Directors Association*, 14, 9-13. doi: 10. 1016/j. jamda. 2013. 01. 020

Verhaeghen, P. , Geraerts, N. , & Marcoen, A. (2000). Memory complaints, coping, and well-being in old age: A systemic approach. *The Gerontologist*, 40, 540-548. doi: 10. 1093/geront/40. 5. 540

Walker, W. R. , Skowronski, J. J. , Gibbons, J. A. , Vogl, R. J. , & Ritchie, T. D. (2009). Why people rehearse their memories: Frequency of use and relations to the intensity of emotions associated with autobiographical memories. *Memory*, 17, 760-773. doi: 10. 1080/09658210903107846

Wang, J. (2007). Group reminiscence therapy for cognitive and affective function of demented elderly in Taiwan. *International Journal of Geriatric Psychiatry*, 22, 1235-1240. doi: 10. 1002/gps. 1821

Wang, Q. (2008). On the cultural constitution of collective memory. *Memory*, 16, 305-317. doi: 10. 1080/09658210701801467

Webster, J. D. (1993). Construction and validation of the Reminiscence Functions Scale. *Journal of Gerontology*, 48, P256-262. doi: 10. 1093/geronj/48. 5. P256

Webster, J. D. (1997). The reminiscence functions scale: A replication. *The International Journal of Aging & Human Development*, 44, 137-148. doi: 10. 2190/AD4D-813D-F5XN-W07G

Webster, J. D. , & Gould, O. (2007). Reminiscence and vivid personal memories across adulthood. *International Journal of Aging & Human Development*, 64, 149-170. doi: 10. 2190/Q8V4-X5H0-6457-5442

Webster, J. D. , & McCall, M. E. (1999). Reminiscence functions across adulthood: A replication and extension. *Journal of Adult Development*, 6, 73-85. doi: 10. 1023/A: 1021628525902

Wegner, D. M. (1987). Transactive memory: A contemporary analysis of the group mind. In: B. Mullen & G. R. Goethals(Eds.), *Theories of group behavior*(pp. 185-208). New York,

NY: Springer-Verlag.

Weldon, M. S. (2001). Remembering as a social process. In: D. L. Medin (Ed.), *The psychology of learning and motivation: Advances in research and theory* (Vol. 40, pp. 67-120). San Diego, CA: Academic Press.

Weldon, M. S., & Bellinger, K. D. (1997). Collective memory: Collaborative and individual processes in remembering. *Journal of Experimental Psychology: Learning, Memory, and Cognition*, 23, 1160-1175. doi: 10. 1037/0278-7393. 23. 5. 1160

Westerhof, G. J., & Bohlmeijer, E. (2014). Celebrating fifty years of research and applications in reminiscence and life review: State of the art and new directions. *Journal of Aging Studies*, 29, 107-114. doi: 10. 1016/j. jaging. 2014. 02. 003

Westerhof, G. J., Bohlmeijer, E., & Webster, J. (2010). Reminiscence and mental health: A review of recent progress in theory, research and interventions. *Ageing & Society*, 30, 697-721. doi: 10. 1017/S0144686X09990328

Williams, K., Harris, B., Lueger, A., Ward, K., Wassmer, R., & Weber, A. (2011). Visual cues for person-centered communication. *Clinical Nursing Research*, 20, 448-461. doi: 10. 1177/1054773811416866

World Health Organization (WHO) (2007). People-centered health care. A policy framework. *World Health Organisation*. WHO Press, Geneva, Switzerland.

Woods, B., Spector, A. E., Jones, C. A., Orrell, M, & Davies, S. P. (2008). Reminiscence therapy for dementia (review). Cochrane Review. *Cochrane Database of Systematic Reviews*, (2), CD001120. doi: 10. 1002/14651858. CD001120. pub2

Woods, R. T., Bruce, E., Edwards, R. T., Elvish, R., Hoare, Z., Hounsome, B., ... Russell, I. T. (2012). REMCARE: Reminiscence groups for people with dementia and their family caregivers— effectiveness and cost-effectiveness pragmatic multicentre randomised trial. *Health Technology Assessment*, 16, v-116. doi: 10. 3310/hta16480

Wright, D. B., Memon, A., Skagerberg, E. M., & Gabbert, F. (2009). When eyewitnesses talk. *Current Directions in Psychological Science*, 18, 174-178. doi: 10. 1111/j. 1467-8721. 2009. 01631. x

Yan, E. (2014). Abuse of older persons with dementia by family caregivers: results of a 6-month prospective study in Hong Kong. *International Journal of Geriatric Psychiatry*, 29, 1018-1127. doi: 10. 1002/gps. 4092

Yasuda, K., Kuwabara, K., Kuwahara, N., Abe, S., & Tetsutani, N. (2009). Effectiveness of personalized reminiscence photo videos for individuals with dementia.

Neuropsychological Rehabilitation，19（4），603-619. doi：10.1080/09602010802586216

Zacks，R. T.，& Hasher，L.（2006）. Aging an long-term memory：Deficits are not inevitable. In：E. Bialystok & F. I. M. Craik（Eds.），*Lifespan cognition：Mechanisms of change*（pp. 162-177）. New York，NY：Oxford University Press.

Zandi，T.（2004）. Relationship between subjective memory complaints，objective memory performance，and depression among older adults. *American Journal of Alzheimer's Disease and Other Dementias*，19，353-360. doi：10.1177/153331750401900610

Ziv-Beiman，S.（2013）. Therapist self-disclosure as an integrative intervention. *Journal of Psychotherapy Integration*，23，59-74. doi：10.1037/a00317

第 9 章
与痴呆症会话中的记忆与身份认同

妮科尔·穆勒(Nicole Müller)，扎内塔·莫克(Zaneta Mok)

本章的数据来源于美国南部的痴呆症患者，这些患者住在拥有生活援助设施系统的特护病房。在美国，痴呆诊断的标准会参照《精神疾病诊断与统计手册》(*the Diagnostic and Statistical Manual of Mental Disorders*，即 DSM)。我们的被试诊断时使用的是第四版(text revision；DSM-IV-TR；American Psychiatric Association，2000)。《精神疾病诊断与统计手册》最新版本(DSM-5；American Psychiatric Association，2013)取消了"痴呆"作为诊断类别，把它归入了认知神经障碍(NCD)的范畴。这种障碍包含严重和轻度两种亚型。严重和轻度认知神经障碍(NCD)的本质区别是，前者干扰了人们在日常生活关键领域独立发挥作用的能力，而轻度认知神经障碍不会涉及这些问题。DSM-IV-TR 和早期版本中，记忆障碍是痴呆症必要的诊断标准。与此相反，严重的认知神经障碍的诊断依赖于一个或几个神经认知领域的重大损伤，"学习与记忆"便是其中之一。DSM-IV-TR 和 DSM-5 中痴呆症和认知神经障碍的诊断标准的对比，如表 9-1 所示(American Psychiatric Association，2000；2013；另见 Müller & Mok，2014；Müller & Schrauf，2014)。

表 9-1　DSM-IV 和 DSM-5 中痴呆与严重认知神经障碍诊断标准的比较

DSM-IV-TR(痴呆)	DSM-5(严重认知神经障碍)
核心标准是记忆障碍，被定义为学习或回忆之前学过信息的缺陷。	以下认知领域一个或多个显著受损：复杂注意、执行功能、学习和记忆、语言、知觉运动、社会认知。
记忆障碍伴随着以下至少一种其他的认知障碍：失语症、失用症、失认症、执行功能障碍。	做出诊断需要看到患者的水平发生了大幅下降，这种下降还需要患者的亲人，熟人和临床医生来确认，同时还要对认知功能的明显的损害进行量化，量化最好是采用标准化的神经心理测试。

续表

DSM-IV-TR（痴呆）	DSM-5（严重认知神经障碍）
两个版本均提到了功能的下降（包括 DAM-5 的 A 部分）及对个人生活的影响。	
社会功能和职业功能显著受损。	用更具体的概念来操作化，例如，影响个人日常生活的独立性；进一步表明对诸如账单支付和药物管理等更复杂活动提供帮助的需要。
两个版本都不包括认知缺陷状态的诊断，这只会在精神错乱的状态才会出现。	
如果其他诊断给出更好的解释，两个版本都会排除痴呆（IV-TR）和主要认知神经障碍（5）的诊断。	
另一个轴 I 障碍。	另一个精神障碍。

资料：材料来源于美国精神病学会（2000）的精神疾病诊断与统计手册，第四版（DSM-IV-TR），pp. 148-51，以及 2013 年第五版（DSM-5），pp. 602-3。

一、痴呆症与记忆

正如我们之前讨论的，诊断类别本身及诊断认知障碍（包括记忆损伤）的过程都依赖关于认知的关键假设：（a）认知可建模为一组可分离的缺陷和技能；（b）这些缺陷和技能存在于个体大脑内，可以以非文字方式进行有意的评价和测量；（c）这些技能和缺陷加和起来就是一个"整体"的认知能力（Müller & Schrauf，2014，p. 10）。然而我们确信，这些假设把记忆和记忆以外的其他认知活动严格区分开来（通常将认知和语言视为两个领域）的原子论般的观点，对人们日常生活中的作用甚少。而对日常生活产生影响，是认知科学、心理学、特别是哲学中分布式观点所希望的。用分布式的视角对认知加工过程，特别是记忆，进行概念化和研究，在不同文化和社会环境中都有所体现（Barnier，Harris，& Congleton，2013；Clark，2009；Michaelian & Sutton，2013；Theiner，2013；另见 Hydén & Forsblad；Michaelian & Arango-Muñoz；van den Hoven et al.；Wilson，第 13、第 14、第 22、第 25 章）。

我们关注在环境中个人所表现出的技能，而不是聚焦在个人缺陷上，比如一个人哪些不能做，哪些不再能独立完成。缺陷和技能都与生活质量有显著联系。例如，一个语义和情景记忆出现缺陷的人，这些缺陷可以用量化的方式测量出来，他可能经历焦虑、沮丧，不再参与社会交往，从而经历孤独，并可能出现抑郁症状。然而，强调把缺陷进行区分和测量，可能会导致错失互动技能的风险。这些互动技能可以促使痴呆患者与人们成功进行互动，创造意义，以及在互动时解释和确定身份。在很多情况下，痴呆患者"说得比他们测试中好"。换句话说，他们在标准化测验和筛选工具上的表现仅仅反映了（如果有所反映的话）他们在互动中所表现出来的技能的一少部分（Mok & Müller，2014；Müller & Mok，2014；Sabat & Gladstone，2010；Schrauf & Müller，2014）。互动技能表现在环境中，表现在与他人的协作中，或者在一定程度上表现在对他人行为的回应中，表现在对有形环境启示的回应中，对生存环境的回应中。当然，患者的缺陷(无论是感官的，认知的，还是与一般健康有关的)肯定是照顾痴呆患者时要充分考虑的。然而一旦患者的安全和健康得到了照顾，患者眼前的需要也得到了满足，在我们看来，这时候照顾的目标就应该是，最大限度地让患者参与到日常生活中去，其中包括他们个性和人格的表达。

二、 引导调查研究的问题和假设

本章中所说的调查是以该问题为基础的，"在与痴呆患者的交谈中，交谈者如何谈论他们自己的过去"? 而这个问题以及由此产生的分析焦点，又基于我们所提出的几个假设。这些假设是有关对话互动(谈话的一个子范畴)、痴呆的认知和认知技能以及记忆(特别是被讨论或公开的自传体记忆)的(另见 Bietti & Baker；Brown & Reavey；Hydén & Forsblad；McVittie & McKinlay，第 10、第 11、第 12、第 25 章)。

我们最基本的假设是对话互动是人类经验的基础(例如，Linell，2009)。对话互动构成了交流的基础，普遍意义建构的基础，自我和认同建构的基础。对话互动形成了认知与学习的建构主义方法中认知发展的基础，社会技能发展的基础(Bruner，1983；Vygotsky，1978；另见 Fivush et al.；Haden et al.；Reese；Salmon；Wang，第 2、第 3、第 17、第 18、第 19 章)。社会自我的形成，个人同一性的获得，身份投射，与他人面对面的角色适应，也是一个交换信息的过程，是一个对话的过程。自我相对于他人的定位在对话中不断适应和转变(见 Sebat，2005，对痴呆症的应用)。交流中自传体记忆的分享，并不是一个信息单向流动的过程。它本身就是个交流的过程，说出去的自传体记忆的内容，反过来又影响了自传体记忆报告者的身份和叙事：自传式的故事在分享时，还会受到其他人的评论(它们可能被接受，被质疑，存在争议，甚至会有道德评价；另见 Echterhoff 和 Kopietz；Pasupathi 和 Wainryb，第 7、第 15 章)。这样的自传体故事是同一性投射的一部分，也是公众自我的一部分。许多研究表明，情境记忆障碍的痴呆者患者，对自传体记忆的分享，使得他们的情境记忆得以完好无损。在这种积极的自我认同的对话结构中，痴呆患者得到了交流伙伴的支持和接受(例如，Molk & Müller，2014；Müller & Wilson，2008；Sabat，2005)。正如我们稍后将谈到的，与痴呆患者的相互作用，也许可以使他们描述自己过去的方式有所改变，从而适应环境。

我们进一步假设，对话以及自发对话中使用的语言精细分析，可以作为一个窗口，了解意义建构过程，了解人们对世界认识，了解自己在世界和其他人中的位置。因此为了这个研究目的我们更倾向于自然数据尤其是对话。我们从人与人之间，语言使用及分享的角度来研究记忆。

我们相信，人们与痴呆症患者谈话中谈论自己过去的方式，谈话中相互影响和相互作用的功能，仍存在许多未解之谜。大量研究探讨了怀旧行为(或者怀旧疗法)对痴呆患者的潜在好处

（见 O'shea et al.，2014，关于随机对照实验的回顾和报告；另见 Henkel 和 Kris，第 8 章）。这些研究关注的是主动回忆而不是被动回忆。研究认为主动回忆是自主活动，有自己的原因，通常是一个人选择的结果。相反，我们感兴趣的是交谈中什么时候谈到过去，为什么要谈到过去。这种兴趣当然具有方法论意义的。因为在自然对话中，一种现象的出现不是在控制条件下有意唤起的。也就是说，我们感兴趣的数据，通过实验或准实验方法都得不到，更适合采用对自然会话数据的深入分析。

三、 理论取向和分析工具

我们使用系统功能语言学(Systemic Functional Linguistics，SFL)进行分析设计。我们特别借鉴了哈利迪（Halliday）和同事（Halliday & Matthiessen，1999；2004；2013），埃金斯（Eggins，2004），埃金斯和斯莱德（Eggins & Slade，1997)开发的理论和工具。系统功能语言学作为语言理论和语言使用的理论，基本上是面向意义建构的。哈利迪和马西森（Matthiessen）总结他们的语言概念化如下："在人类中进化形成的语言，主要存在两大互补的功能：解读经验和发生社会过程(Halluday & Matthiessen，1999，p. xi)。解读经验是语言的概念化功能（或者系统功能语言学术语中的"元功能"，概念的意义被进一步细分为经验和逻辑意义）；术语"人际间的"（或"元"）功能涉及语言使用者之间产生的社会过程，即语言使用中的交互作用。第三种重要的功能是文本功能，指的是信息传递的含义，包括信息结构和文本结构等。

系统功能语言学理论中的术语"系统"，体现了语言是一个系统的网络，或者说是一系列相互对比的元素。这些元素来自语言使用者在意义建构过程的各个阶段所使用语言。也就是说通过语言建构意义，是一个符号化的过程。接下来我们将简要概述系统功能语言学的几个核心概念，并介绍我们特定的数据分析类型。希望深入研究该理论的读者，也许可以参阅更多作者的著作，例如，埃金斯（2004），哈利迪和马西森（2004，2013），穆勒、莫克和基根（Müller，Mok，& Keegan，2014)里边有整章的内容介绍，在痴呆背景下的对话数据中系统功能语言学工具的应用；也可以参阅弗格森和汤姆森（Ferguson & Thomson，2008)的著作，其中对更广泛的临床语言学背景下系统功能语言学工具的使用。

（一）语境在意义生成中的作用

从系统功能语言学的角度看，语境对于通过语言建构意义是至关重要的。许多系统功能语言学的理论家们，将情境语境和文化语境分解开来（Eggins，2004）。情境语境（Context of situation)是通过三个变量来实现的，即内容（"讨论什么？"，与概念意义相关）、途径（"语言发挥了什么作用"，与文本意义相关)和目的（"谈话者之间的关系"，与人际意义相关）。文化语境（Context of culture)是通过体裁的概念来捕捉的。正如马丁（Martin）所说，"事情如何完成，要看语言怎么来描述"(Martin, 1985, p. 250)。换句话说，某种文化的成员通过语言确认社会活动类型，这些活动以特定方式形成并产生了不同类型的文本。从系统功能语言学的角度看，"这个文本意味着什么"需要参考文本的语言环境和文化背景。虽然文化背景通常被认为是特定文化中可辨认的文本类型（例如我们的数据代表着非正式对话的种类），但不应忽视语境的另一方面，即分析数据的人的文化。我们从语言病理学角度，从研究和临床的兴趣来分析手头的数据。因此，我们的观点就像理论一样得以应用。我们的分析是为了探寻某些现象。而这些现象最终应该使得无论是在交流中，还是在认知障碍存在的地方，都能够提高生命的质量。

（二）经验意义

经验（experiential）一词指的是经历的解读，或者事情存在的状态（在这个世界上，或者在谈话者内部）。这种解读在很大程度上是依赖于传递性的系统完成的。这个系统涉及加工的类型，参与者，以及伴随解读出现的其他因素。我们区分了几种不同的加工类型：物质加工，包括"处理、从事、创造"的加工（"她建了一座树屋"），或者"发生"加工（"树屋倒塌"）。感觉、感受和思考的加工（"她喜欢自己的树屋""她看到了一个鸟窝"）是主观加工。行为加工则是介于物质加工和精神加工之间的一个语义空间；它指的是"部分是关于行为的，但它必须是有意识到的行为"(Eggins, 2004, p. 233)，或者是"生理或心理行为的过程（通常指人类）"(Halliday & Matthiessen, 2004, p. 208)（"她做梦正在建造一座树屋""她笑了""她咳嗽"）。言语加工指那些说的话（"她给我讲起她的树屋"；"她告诉我她要建造一座树屋"）。关系加工指的是那些存在、拥有和象征（"她是一个有能力的建筑师""她拥有一家建筑公司"）。哈利达（Hallidayan）的理论区分了这些不同的存在加工（"我们的花园里有一座树屋"）。对演讲者使用的加工类型进行的调查表明，是发言者选择了如何诠释经验的。例如，在分享记忆时，发言者说"我记得我们拥有一座可爱的树屋"（主观的，唤醒记忆，关系是"拥有"），而"我姐姐帮我建造了一座树屋"（物质的，包括行动者"我姐姐"，受益者"我"），与"有一座可爱的树屋"（存在的，没提到任何人）。

（三）人际意义

人际意义包括说话者在互动中所扮演角色的意义，说话者所选择的彼此的立场的意义，说话者对自己及对方所传递信息的理解。允许说话者表达评价的语言（主要是词汇）资源系统被称为评估系统。在本章中，我们会使用欣赏、影响和判断（通常被归为态度）等概念（例如，Martin & White, 2005）。欣赏是说话者对现象（事情，过程）评价的表达（"漂亮房子"；"这两个颜色有点撞色"）。影响指情绪反应的文字表达（"真是令人震惊的行为""很高兴退学回家"；"很喜欢学校"）。判断是依据社会尊重（例如能力和常态；"她是个有能力的建筑师""你是万里挑一"）和社会认可（诚实、正直；"可靠的证人""不道德行为特质"）的标准进行行为评价。我们还会提到分级制度，它代表了允许说话者提高或者降低他们的评价的资源（"非常幸福的时刻""我莫名其妙地开心""我多少应该为我的决定高兴吧")。我们基本区分了欣赏、影响和判断,并注意到了分级制度的存在,但没有进一步细分(更详细内容请参阅 Eggins & Slade,1997;Martin & Rose,2002;Martin & White,2005)。

当人们交谈时,通过语言使用所产生的角色,代表了另一种更复杂的人际意义。人们的角色随谈话进程而不断变化,这种变化取决于谈话双方的贡献。埃金斯和斯莱德(1997)研发了一种语言功能转换(speech function moves)的详细分类,通过个人对谈话的贡献来捕获人际意义的细微差异。我们使用转换单元作为构造数据的主要策略(更详细的转换策略分析请参阅 Eggins & Slade,1997;Mok & Müller,2014)。借助于协商材料,被引用到开场转换中的一系列转换,构成了交换系统。我们指的是一系列把协商相关话题作为插曲的交换。

人际意义一个更深远的方面是调节系统。调节指的是"说话者可以使用一系列不同的方式来调节和限定他们的信息"(Eggins & Slade,1997,p.98)。说话者可以限定他们信息的概率或频率(参考系统功能语言学名词"模态化":"她可能或许会建造树屋";"有时候她会建造树屋"等等)。他们还可以通过其他方式来限定他们的信息,比如职责("建造树屋""她应该建造一座树屋"),倾向或意愿("她渴望建造一座树屋"),以及能力("她能建造树屋"),统称为调节。

(四)语言和认知

许多系统功能语言学领域已发表的研究,在语言和认知之间的关系上并没有明确的立场;系统功能语言学并不是认知语言学的分支(另见 Butler,2013;对认知语言学、心理语言学和系统功能语言学的定位)。然而哈利迪和马西森(1999,p.x)声称认知是:

> (也可以说最应该被建模为)不是思考,而是意义。"主观"地图实际上是一种符号地图,"认知"只不过是一种谈论言语的方式。我们把将知识建模为意义当作一种语言建构:如同词汇语法中的解释。我们并不是用认知过程来解释语言,而是通过语言来解释认知。

在这一点上,我们谨慎地回避讨论认知是否是语言,是否被语言调节,或者与语言存在什么其他关系。依我们看,更重要的是哈利迪和马西森坚持的共同构建的意义,当作"共享的资源,是集体的公共事业"(1999,p.x)。

四、 数据

(一)被试

被试是两名痴呆症女性患者。她们住在专门护理痴呆患者的特护病房。特护病房位于美国南部，那里有私人生活援助设施系统。辅助生活设备系统可以帮助患者满足日常生活中活动的需要（比如穿衣、洗漱、吃饭、服药），很少或者不需要他人帮助，而且不需要天天都有专业护理（表9-2）。

扎内塔（Zeneta），第二作者，曾经是路易斯安那大学拉法叶分校的一名研究员。她在开始数据收集前，获得了所有机构和个人的允许。两名被试露西（Lucy）和黛丝恩（Diane）均有患疑似阿尔茨海默病的医学诊断。扎内塔采用简易精神状态测验（MMSE）对两名被试进行了测试，提供一个无辅助测验表现的大概结果。露西和黛丝恩都是只会说美式英语。露西高中毕业，以前曾是一间综合商店的店主。她经常和黛丝恩以及另一位居民奥德特（Odette）交流，谈话或者一起看电视。黛丝恩大学肄业，她曾经做过行政秘书（"露西""黛丝恩"及"奥德特"均为化名）。

表9-2　被试露西和黛丝恩的个人基本情况

被试	年龄	婚姻状况	听力	视力	MMSE 得分	其他诊断	SCU 时间
露西	89	丧偶	左耳受损，佩戴助听器	黄斑变性；佩戴眼镜	中等(17/30)	脑血管意外：有	12 月
黛丝恩	80	丧偶	未受损	左眼失明；佩戴眼镜	中等(12/30)	脑血管意外：有	23 月

（二）交谈

扎内塔对特殊监护病房的一间公共房间里的谈话进行了录音。其他的居住者和工作人员有时也会出现在房间里，但并不参与谈话（偶尔的评论除外）。表9-3简要概述了对话的长度，以及每个参与者贡献的相对比例。

表9-3　黛丝恩、露西及扎内塔之间谈话的量化统计

	黛丝恩	露西	扎内塔
转折	165	155	100
次数	305	193	137
从句	389	203	160
完整的单词	1 885	577	539

黛丝恩是最积极的谈话者，与露西差不多的谈话转折，但是谈话次数比露西多了三分之一，使用的从句几乎是露西的两倍，完整的单词是露西的三倍多。扎内塔参照埃金斯和斯莱德（1997）以及杰弗森（Jefferson，2004）的方法，对这些谈话进行了转录（文字记录见附录）。

鉴于本章的目的，我们采用简化的"谈谈过去"，对痴呆患者如何解读她们过去生活中发生的事件，进行了分析。在她们的谈话中，对过去的讨论只占了一小部分。我们把重点放在对过去发生的事情的分析上。

我们有目的地选择了一些谈话内容来进行分析。这些内容并不是特意引导她们说出来的，什么自传体记忆啦，什么共同建构的记忆啦，什么共同回忆过去啦……而是一组在非正式的、随意谈话中收集到的讨论被试过去经历的数据。"随意谈话"这个词是在埃金斯和斯莱德（1997）的意义上使用的。"随意谈话"就是与交谈伙伴的非正式互动。这种谈话纯粹为了谈话和互动，没有任何其他的目的（通常情况下，谈话是有目的的。比如，在服务类的谈话中，在说教类的谈话中，谈话通常是有目的的。而那样的谈话，基本上也都是结构化谈话）。

五、 谈论过去：与痴呆症患者交谈中的记忆（构建身份和谈判态度）

在这个对话中，黛丝恩有五个片段谈论她的过去。所有的谈话伙伴都提供了经历分享。露西对自己的过去谈论要少得多。表 9-4 定量描述了每个片段中的谈论过去的总次数以及与过去经验相关的次数。

表 9-4　讨论过去经历

	片段 1	片段 2	片段 3	片段 4	片段 5
总次数	76(96—172)	73(245—317)	86(318—403)	21(429—449)	58(450—507)
讨论过去的次数	25(黛丝恩)	24(黛丝恩) 12(露西) 2(扎内塔)	24(黛丝恩)	7(黛丝恩)	6(黛丝恩) 1(露西)
黛丝恩贡献	20	21	24	4	6
露西贡献	1	12		3	1
扎内塔贡献	4	5			

黛丝恩和露西在成为特护病房的伙伴之前并不了解对方。她们公开谈论的记忆，都是与遥远的过去相关的。片段 1，在系统功能语言学术语"娱乐和唱歌"中，黛丝恩说战争期间（并未特指哪次战争）她在美国军队中"唱歌"。片段 2，黛丝恩和露西表达了对学校相反的态度：黛丝恩喜欢学校，露西讨厌它。片段 3，黛丝恩通过讨论自己的过去，以及作为美食爱好者的现在，建构了自己作为一个技术娴熟的厨师这样一个积极的专家身份；而露西对美食的态度始终是不冷不热的。我们还会详细讨论片段 3。片段 4，关于黛丝恩的弟弟。片段 5，又回到了黛丝恩和露西对美食和烹饪的截然相反的立场。

表 9-5 列出了谈论过去时所使用的加工类型。重复性的加工所占比例比较高：发生三步或者三步以上的加工，大约占了所有加工类型的一半以上（59/88）。物化加工"唱歌"或者"烹饪"只发生在片段 1、片段 3 和片段 5 中。在每一个片段中，黛丝恩使用经验配置来解读自己的身份、过去习惯以及技能，而不是涉及特定人物和地点的独立事件（见片段 1 和片段 3 的讨论）。精神（情绪）加工，"喜欢"和"讨厌"常常发生在下一个摘录中，那部分摘录对"学校"和"学习"进行了评论。在绝大多数情况下，露西和黛丝恩谈论过去经历时，都将自己塑造成了主要参与者（即物化加工中的"演员"；精神加工中的"感知者"）。其他人物形象在谈话中是模糊不清的，（详见片段 3 讨论），就像时间和地点的信息一样模糊。

表 9-5　谈论过去时的加工类型

	加工					
	物质	精神	口头	行为	存在	关系
黛丝恩	39 做饭：7 拿到：7 唱/做 唱歌：6 做：3	23 爱：13	7 说：5	2	4 是：4	13 是：10
露西	4	7 恨：4				3
扎内塔	2	2				3

　　片段 1（表 9-6），扎内塔问黛丝恩，她是否会唱歌，黛丝恩说"以前经常唱"；这起源于之前露西和黛丝恩谈论，人们应该"唱歌和跳舞"，应该让自己"开心"。

表 9-6　片段 1

107	Z：你能唱歌吗？
108	D：我以前经常唱。
109	D：但我现在不唱了。
110	D：那个古老的声音是……
111	L：……你知道怎么唱！
112	L：那你为什么不唱呢？……
113	D：因为那个古老的的声音是[fːt]（D用手在脖子上比画了一下）。

　　注：Z代表扎内塔；D代表黛丝恩；L代表露西。

　　露西对能唱歌的人表现出强烈的积极评价：使用了表达语调（111、112 步），描述她们是"幸福的"（131 步），还说自己"喜欢"听别人唱歌（133 步）。黛丝恩对唱歌的积极评价和唱歌的能力都是通过她反复提到她过去的歌唱技巧来表达的（136 步，"我唱了许多歌"；138 步，"我为美国唱了许多歌"），同时还重复了当时和现在的对比（128 步，"你是知道的，人老了，腿不中用了，美妙的声音也随之而去"）。听黛丝恩说话的人知道她"为了服务"才唱歌（140 步），她稍后改口说"在军队里"，但是她"甚至都不记得当时我们所在的是什么地方"。因此，黛丝恩谈论她过去的行为，缺少经历的细节、独特的可以辨识的特征和具体的地点，但是评价却很强烈。她的行为仍然是模糊不清的（她在下面的摘录中使用了三次"做"），她的同伴也一样（"各位""你们""我们""这""那"），但是黛丝恩产生了一种积极评价的倾向。使用判断（151 步，"值得"；153 步，"跟上"），影响（"高兴""期待"；归因于"他们"），放大影响（"始终"），以及欣赏（159 步，"好的"）。她对过去积极评价的倾向得到了扎内塔的强烈响应（160 步），但是露西未置可否，也没有进行争论（161 步）。

续表

151	D：但是它曾是—曾是—曾是值得的，这你懂的。
152	Z：是的。
153	D：跟上，伙计们。
154	D：来说，"嘿，你今天会快乐的"。
155	D：你可以做这也可以做那。
156	D：他们始终期待着它。
157	L：是的。
158	Z：嗯。
159	D：所以我们想"好吧，我们至少为这些家伙们做些好事。总会过去的"。
160	Z：哇。
161	L：噢。

注：Z 代表扎内塔；D 代表黛丝恩；L 代表露西。

这一摘录说明了黛丝恩在谈论过去时的基本趋势：提及过去经验就是提及积极的身份。这一身份是通过做好事和拥有有价值的技能构成的。值得注意的是，在扎内塔宣称她不会唱歌后，黛丝恩开始讨论她过去的唱歌活动。在露西强有力的积极评价后，黛丝恩声称自己以前常常在服务中唱歌。因此，她过去的身份，与露西和扎内塔一起分享的那个身份，与现在的身份形成鲜明的对比，现在她缺乏唱歌技能。

在所有包含谈论过去的片段中，评估都是一个突出特征。表 9-7 总结了谈话中每个人对评估的使用情况（合计那列括号中的数字，指的是评估过去的次数）。

表 9-7　谈论过去的片段中评价使用情况一览表

		片段 1	片段 2	片段 3	片段 4	片段 5	合计（＊）
黛丝恩	影响	1	15	10	1	5	32(19)
	欣赏	10	4	12		9	35(18)
	判断	1	6	4	3	2	16(7)
	分级	1	3	11	1	6	22(13)
露西	影响	1	11	4		2	18(9)
	欣赏	1	2	1			4(1)
	判断		6	1		3	10
	分级		1	1	1	1	4(2)
扎内塔	影响		7	5		1	13(2)
	欣赏	2				1	3
	判断	1				1	2
	分级	1		1			2(1)

注：＊表示被试对讨论过去的片段中使用评估的实例数目。

黛丝恩不只在谈论过去经历（她自己的）中说得最多，统计数据还显示她的评估，大约一半与过去经历有关。大多数评估都是积极的，而且，她的评估未曾遭遇同伴的直接反对。

在三个片段中都可以看出，黛丝恩通过谈论过去，来解读自己的立场。这与露西形成鲜明的对比。她设法与露西的态度达成共识。她调整自我以便接近露西的自我，而不是接近自己过去的自我。片段2（"喜欢和讨厌学校"），露西试探性地、戏谑地评价自己（她使用了一种说明性的方法，她的三个同伴都笑了）偏离规范，因为她讨厌学校（"我怎么了"，280步）。黛丝恩带头评估，并提供了另一种判断，即她自己不知何故偏离规范（"或者，反之亦然，我怎么了？"281-2步）。过去身份这时发展为现在的身份（因为采用的现在时态）。黛丝恩将评价（或者判断）归因为自己的弟弟（"我弟弟过去常叫我呆子"，294步；"呆子，你懂的"，296步），露西也评价黛丝恩不符常规（虽然可以说比消极更积极）："你是万里挑一，你懂的"（302步）。作为反应，黛丝恩又增加了三个对她过去自我的判断实例，每一个都得到了更多的否定："我是一个古怪的小孩"（304步），"我出了什么问题"（305步，作为280步和282步的回应）以及"我过去不正常"。我们可以这样认为，她的笑声表明，她用这种渐进的负向的评价，是为了达到一种戏剧效果。

片段3（表9-8），黛丝恩将自己描绘成一个技艺精湛的厨师（过去）及一个美食家（过去和现在），而露西对食物明显不那么热心。接下来我们将更详细的讨论。

表 9-8 片段 3

318	D：你知道的，我是……我是一个能吃能喝的人。	交换 1
319	Z：吃和喝？	
320	D：吃和喝，但只吃……只吃好吃的。	
321	Z：就是。	
322	Z：就是。	
323	D：我喜欢外出搜罗可以烹煮……烹煮的食材。	
324	L：嗯哼。	
325	Z：哦。	
326	D：拥有我们自己的食物。	
327	D：所有的。	
328	D：那是……那是没问题，因为我可以烹饪。	
329	L：嗯。	
330	D：你回来后，所有人都站立在那儿望着你：我们现在该怎么做呢？	
331	D：这时，我就去做饭。	
332	D：所以，我是一个大英雄。	
	（笑声）	
333	D：其他人赢得所有的奖杯，你知道，这一个还有那一个。	
334	D：他们得到荣誉和奖励。	
335	D：我们得到的是吃的。	
	（笑声）	
336	D：我们为吃的感到担心。	
337	Z：我也喜欢吃的。	

续表

338	Z：我喜欢吃。	
339	L：你喜欢阅读？	
340	Z：吃。	
341	D：吃。	
342	L：哦。	
343	L：嗯。	
344	D：哦耶。	
345	D：如果你吃上那些食物，那绝对是一种款待。	
346	D：得到足够多的食物，装在一个美妙的（用手势比画一个盘子）。	
347	Z：耶。	
348	D：哦，我的天。	
349	Z：你喜欢吃吗，露西小姐？	交换 2
350	L：哈？	
351	Z：你也喜欢吃吗？	
352	L：不。	
	（8.0）	
353	D：我们上了些食物。	交换 3
	（3.5）	
354	D：所有人都喜爱我们，因为我们会烹饪。	
	（1.5）	
355	D：我们并没有……你知道，并没有……因此异常激动。	
356	D：但是，我们会烹饪，我的天。	
357	D：他们喜爱我们。	
	（D 和 L 笑）	
358	D：我猜他们喜欢不错的老卡金烹饪。	
359	Z：哦。	
360	Z：卡金食物。	
361	Z：嗯嗯嗯。	
362	L：嗯。	
363	D：你知道那很美味的。	
364	D：因此，我们结交了很多很多朋友。	
365	D：他们很有可能撒谎了，他们说他们喜爱我们，但实际上他们是爱那些食物。	
366	D：就是这样。	
	（笑）	
367	D：但我们知道的。	
	（D 和 L 笑了）	
	（4.0）	

368	Z：你喜欢卡金菜系吗？	交换 4
369	L：我什么？	
370	Z：卡金菜系。	
371	L：嗯，我可以接受。	
372	L：我可以接受。	
373	Z：黛丝恩小姐喜欢卡金菜系。	
374	L：哦。	
375	D：我喜欢所有的食物。	
376.	Z：哦。	
377.	D：哦是的。	
378.	D：不需要是某种招牌菜。	
379.	D：只要能烹调的，我都喜欢。	
	(1.5)	
380.	L：告诉你，说到食物时，我也是绝不挑剔，没有偏爱的。	
381.	L：我可以吃任何食物。	
382.	D：……是的……。	
383c.	L：……只要我能吃得下。	
383	D：只要你能吃得下，而且不会要你的命。	
384	L：我是……我是意大利人，不过这也没关系。	
385	D：是的。	
386	L：我可以吃任何东西。	
387	Z：哦。	
388	L：那可以咽下去。（笑）	
389	D：是的	
390	D：我不是一个挑剔的食客。	
391	D：而且你懂得，食物就是食物。	
392	L：啊哈。	
393	D：我喜欢美食。	
394	D：正如你所知。（用手指了指自己的胃）	
	（笑声）	
395	L：有些人喜欢美食，而我想说，我吃东西就是为了活着。	交换 5
396	L：这已经足够啦。	
397	D：是的。	
398	D：维持生命。	
399	L：就是这样	
	(4.0)	
400	L：任何食物都不会让我疯狂。	

续表

401	D：不会的，我们不会，你知道。	
	（2.0）	
402	D：我确实比较喜欢食物。	
403	D：任何食物。（大笑起来）	

注：Z 代表扎内塔；D 代表黛丝恩；L 代表露西。

黛丝恩在该片段中是谈话的主导者（黛丝恩：46；露西：23；扎内塔：17）；还是主要的协商者和信息提供者：她带来了绝大多数延展的谈话和推进的谈话次数（黛丝恩：36；扎内塔：4；露西：7）。

在第一次交换中，露西和扎内塔谈话内容不多。在开场白中，黛丝恩评价过去自我是只知道"吃喝"的"难对付的人"。"难对付的人"很难说是负面评价还是正面评价。这不禁让人想起片段 2 中偏离规范的自我评价（"古怪"，"不正常"）。黛丝恩通过分级（"仅仅"，"就这样"）和欣赏（"好的"）的评估手段，通过缩小"难对付的人"的范围，迅速确立了"难对付的人"是一个积极身份。黛丝恩继续评价她的过去：她用强烈的积极情感（"爱"）来评价与准备食物相关的行为习惯。她调整了能力的表达（"可能"），来介绍技能的元素。她通过将食物指定为"我们自己的"为自己增加了自我满足（326 步）。黛丝恩此时使用了第一人称的复数即"我们"作为"烹饪"过程的主角，将未知他人引入到情景中。但是在 328 步，她将成功归因于自己，此时她使用的主我是"我"，而不是"我们"。技能和自我满足在接下来三个步骤又有出现：分级"方式（回溯）"，与固有的"穷乡僻壤"的评估相结合，表明自己所在的与众不同的境地。因此黛丝恩在"每个人"和"你"（她自己）之间建立起了一种冲突。她将"每个人"分别当作"站""看"和"说"的主角、行为人及说话者，而"你"则是视觉关注的焦点及隐含的寻求建议的求助者（言语投射）。这描绘出了"每个人"表现出的静止且无序的场景。而"我"，在 331 步中，通过能力调节表达出（"能够"）毫无疑问是作为"烹饪"的主角。推动黛丝恩在这一未经鉴定的群体中确定自己位置的结果，被总结为对过去身份的另一种评价（判断）（332 步），作为一个"大英雄"（借助文本附录"因此"指代了因果关系）。黛丝恩在接下来的四步推进中引入了新的冲突，"其他人"作为奖牌的接受者，而她自己则是付出者。她使用了升高一级（333、334 步）与按比例缩小（"所有我们做的"）的方式，与主题平衡的结构化的诡计形成对比。在这种平衡的诡计中，黛丝恩增加了"吃"的排他性元素。她继续按照这个套路，在随后的步骤中使用了情感词汇——"担忧"，来评价"进食"。扎内塔随后表现出的积极情感（喜欢），表明她的立场与黛丝恩一致。露西并没有提供她自己的评价，她此刻选择成为谈话的背景。黛丝恩通过提升（"大"）积极评价（"处理"、"美好的"）来继续谈论自己过去的经历。

349 步，扎内塔试图通过激励露西评价来使她参与到谈话中。在一系列追问后，她终于做到了（350、351 步）。露西非常高效。她并没有进一步阐述。但露西表明了她的立场。她与黛丝恩对食物和饮食的热情评价持截然相反的态度。她含蓄地表达了对黛丝恩声称自己是一个技能娴熟的厨师的自我评价以及一个"大英雄"的结果的质疑。因此，在这个阶段明摆着有两个截然相反的立场亟待解决。在露西不同意的回答之后，有 8 秒的停顿。这可能表明这是意料之外的，同时也是当面的潜在威胁，以及对一个有凝聚力的社会和共享身份的威胁。

　　8 秒的停顿后，黛丝恩又发起了另一轮交流，露西和扎内塔在其中作用很小。黛丝恩作为熟练的厨师的过去身份出现在这里，就像其他匿名的"我们"一样，这降低了她作为（异常）个体的重要性。情感"爱"被归因为未指明的且数量众多的其他人："每个人"（354 步），以及与此有关的"他们"（357、358、365 步）。通过升高一级的重复和插入，表达热爱的情感，如"哦，我的天"。与此相反，她淡化了对这个群体的评价。她用"不是吗"作为对评估项目"令人兴奋"进行了缩小。358 步，黛丝恩提供了一个个人观点和解释（由心理过程"假设"表示）。在投射项目中，归因为"每个人/他们"的积极评价，从"我们"转移到"印第安人烹饪"。当扎内塔也对"印第安食物"给予积极评价后（在三个连续不断地下降的音符"嗯……嗯……嗯"，产生与食物评价相关的欣赏噪声），露西的表达仍然是不明确的。黛丝恩将别人的积极态度从起因于她自己的能力转换到食物的内在特征，把食物评价为"总是美味的"。这反过来又导致了"我们"有"很多很多的朋友"。356～357 步，她继续了这个模式：她建立了一个三方冲突，三种连续的状态都是由转折连词"但是"联系起来的。她对情态动词的使用（"可能"）使得"她们"在宣称"爱"她或其他人时实际上是在说真话，那她们对食物的正面评价也被认为是赤裸裸的事实。366、367 步断言了她的推理的有效性，并将这个事实作为共享知识（使用主观加工"知道"，以"我们"作为感知者）来确定。在露西对饮食和食物突然而明显的负面评价以后（352 步），黛丝恩把自己当作一个个体，在背景里支持一个匿名群体（"我们"），和一些固有的积极因素（"卡津食品"；"总是美味的"）。她也降低了自己对自己（或其他人）技能的评价（"不总是激动人心的"）。这似乎表明，她正在寻找一种方式缩小她自己之前所投射的过去身份（由于烹饪技能和对食物的热情而成为"大英雄"）与露西的负面立场之间的差距。她这么做在某种程度上重塑了历史：她调整自己对过去自我的描述以适应自己现在的话语需要。

　　随后的交流中（368～403 步），露西成为了对话中更积极的参与者。直到现在，她仍然是最小的追踪谈话行为的贡献者（例如检查她的理解及要求澄清，339、350、369 步），对可以记录的谈话内容，做出的贡献也是最小的。她的谈话是鼓励其他人继续的信号（329、362、374 步）。她对卡津食物的评价是由扎内塔的开放性回合引起的。开始至少是肯定的："是的"代表连续性，也可能表示与偏好的或预期的反应一致（但是 Eggins 和 Slade，p. 97，她将"是的"解释为发言者希望挑战之前贡献）。她选择的情态化过程"可以接受"表达容忍，而不是"喜欢"。黛丝恩拓宽了她的立场（375 步），将评价（情感，"喜欢"）延展到"各种食物"，并且转述了她的观点（378、379 步）。这很可能是对露西的冷淡所做出的回应。

　　379～403 步包含了几个我们称之为"呼应"的例子：黛丝恩和露西循环利用彼此的元素和她们自己的用语，还有一些语义上相近的重新措辞。通过这种方式，她们试图保持不同的评价立场，但在构建会话流的水平上仍然是合作者，而不直接挑战彼此的立场。这在 375～403 步可以直观看到(循环的文字采用斜体,语义上相近的措辞是加粗,其他的回合没有特别标记)。

续表

		比较
375	D:我喜欢所有的食物。	
378	D:不需要是某种招牌菜。	
379	D:只要能烹调的,我都喜欢。	
380	L:告诉你,说到食物时,我也是绝不挑剔,没有偏爱的。	
比较		
381	L:我可以吃任何食物,你知道,只要……只要我吃得下。	379
383	D:只要你能吃得下,而且这并不会要你的命。	381
386	L:我可以吃任何东西。	379,381
388	L:这还是可以接受的。(笑)	381
390	D:我不是一个挑剔的食客。	379,380
393	D:我喜欢美食。	
395	L:有些人喜欢美食,而我想说,我吃东西就是为了活着。	
398	D:维持生命。*	395
400	L:任何食物都不会让我疯狂。	380,318
402	D:我确实比较喜欢食物。	380
403	D:任何食物。	375,400

注:Z 代表扎内塔;D 代表黛丝恩;L 代表露西。

　　露西评价(判断)自己"没那么特别"(380 步),表达的立场比她在 351 步中表达的立场更加中立。她重复黛丝恩 379 步的断言(增加调节的倾向)。但她增加了一个不同的可能性:黛丝恩的可能性包括质量的条件(可能是模糊的),因为调节(能力)"可以"可能表达的是可行性("烹饪能力"),也可能是才能(演员或厨师的技巧)。而露西的可能性仅表示她的饮食能力。黛丝恩通过重复、扩展来表示接受她的饮食能力。这进一步淡化了最低标准。露西接下来引入了一个潜在的但并未实现的混乱,说自己是"意大利人",但立即否认了这一事实(384 步)与当前协商的相关性。随后她重申了自己的观点。而这次增加了一个要求更低的可能性("食物"在非自愿过程中所发挥的作用"下降",这让露西自己不再负责)。388 步结束时露西的笑声表示她已经不再坚持自己的立场(Guendouzi & Müller,2006,关于使用笑声作为一个转折的信号)。黛丝恩接下来的两步评价(390、391 步)似乎是对自己早先美食爱好者立场的否定,但显然更符合露西的评价,就像露西在 392 步承认的那样。显然黛丝恩并未放弃自己的积极姿态,如她新的评价(393 步,"喜欢")及引用证据(394 步)显示的那样。露西现在重申了她们的对立立场:她回应了黛丝恩的评价,但是选择"有的"来谈论评价者的作用(而不是"你",这可能显得比较有对抗性)。露西使用言语投射(395、381 步,"我告诉你")进一步突显了她的立场,如同她在 396 步的评价("足够")。黛丝恩回应了露西的意图,而不是字面意思(398、399 步)。露西回应后的 4 秒停顿表明对话参与者们准备结束谈话,而露西选择再次申明她的态度(400 步)。黛丝恩将自已包括了在露西的自我评价中，作为回应，在一小段停顿后，黛丝恩增加了两个发展回合：回应(结构方面)以及同时扭转(评价方面)露西之前的自我评价(380步)；也呼应了她对"特别"的使用(400步)。黛丝恩非常巧妙地重新编排了露西早期所使用的语言。露西使用"仅仅"来调低"饮食"的重要性，黛丝恩则用它增加了"食物"的重要性(402步)。黛丝恩重复使用"特别"来作为自我评价，将露西的冷漠与全面的热情("任何事物")对比。

六、 结束语

本章我们关注于黛丝恩，两名痴呆症交谈对象中的一员，如何讨论过去。交谈中讨论过去是对经历细节的粗略描述：黛丝恩以外的人仍然对她谈论的过去经历模糊不清，诸如时间地点等环境信息。她描述的行为与技能和习惯有关，而不是特定的事件。此外，她使用一系列的评价工具去评价经验的各个方面(学校和学习，烹饪和饮食，唱歌)，并且建立了与另一名被试露西形成鲜明对比的评价。当她采取的立场与露西产生冲突时，她确认并接受露西的立场。现阶段可能有人想知道如何将非正式谈话中的评价纳入协作记忆的研究范畴。

在关于痴呆症的研究文献中，认知功能尤其是记忆功能，通常是根据脑损伤导致的缺陷来研究的。不只关注缺陷，还关注诸如工作记忆和长时记忆，程序性记忆和陈述性记忆，情景记忆和语义、词汇记忆等的结构，这些结构被视为仿佛拥有自己的生命一样。而事实也确实如此。在以行为为目标的研究中，这些结构得以探索，而相应的行为可以作为解释这些结构的表现形式。这倾向于在去文本的情境下发生，在这种情境下，人们预期在某种程度上探索"纯粹的"认知结构(如情景记忆)以及"纯粹的"缺陷(Sabat & Gladstone，2010)。这些研究结果随即被应用于临床指导，例如针对语言病理学学生的关于痴呆症的课本(例如，Bourgeois & Hickey，2009；Bayles & Tomoeda，2007)。

然而，在日常生活中，记忆主要体现在功能上，体现在交际环境中。因为我们的分析起点，我们的原始材料是语言的使用。我们可以根据人们讨论自传体记忆的方式、通过他们分享的内容，以及他们实现分享的方式，来获取自传体记忆。我们在这里接触的文化背景和谈话类型，都是非正式的。这种谈话通常没有预先确定的主体和议程。谈话是以现场调整为特征。谈话伙伴也并没有特别将谈话中引出的对过去的讨论作为谈话的目标。它是由文本和语境共同作用产生的(片段1黛丝恩讨论自己唱歌；片段3只知道吃喝的"难对付的人"和熟练的厨师)。具体来说，黛丝恩用它为现在的自我建立了积极的身份。

正如我们所见，随着谈话的进行，黛丝恩根据露西的回应，动态地调整基于过去身份基础上的自我评价。例如，随着露西对饮食简单但明确的负面评价，黛丝恩(在一段长时间停顿后)发起了新的一轮交流，通过预先建立的食物的内在特质(独立于厨师，片段3)以减轻露西和她基于感情而表达出的两种截然不同的立场所带来的潜在人际影响。片段2中，黛丝恩反复声称，对学校具有强烈的积极情感，以回应露西非常强烈的消极立场。这具有戏谑的效果：同样，完全相反的情感也具有冲突的可能。黛丝恩通过质疑露西试探性的偏离规范的自我评价，降低了这种可能性。她对自己也运用同样的判断（"我有什么问题"），并用越来越消极的措辞对此进行了延展。

黛丝恩谈论过去的事，能告诉我们她现在是一个什么样的互动者吗？史蒂文·沙巴特（Steven Sabat）曾多次深入探讨将痴呆症作为一个符号性主体的概念，即作为一个"行为由情境意义驱动的人"（Sabat & Gladstone，2010；Sabat，2005）。沙巴特令人信服地表明，被诊断患有阿尔茨海默病并处于中度阶段的患者，在交流中可以起到符号性主体的作用，展现出在情境中嵌入的认知技能。而这些技能在重度痴呆症阶段不会出现。

黛丝恩展现了完整的协作意义形成技能：她可以监控自己和伙伴的对谈话的贡献，以及她们对她自己贡献的反应（言语和非言语）。她根据这些反应做决定，并相应地调整自己的贡献。根据认知"分解"功能，这至少包括完整的感知功能，对人的定向（再认），注意力，工作记忆，最近的情景记忆，执行功能（决策），对他人情感的敏感性，以及接受和表达语言，词汇和语义记忆。"社会认知"有时被用于认知技巧，以"保证我们了解我们社会的意义，并与他人有效互动"（Washburn，Sands，& Walton，2003，p.203）。重要的是要注意到，我们在黛丝恩（和露西）身上看到的"社会认知"和交际语言技巧，在现实生活中得以表现，本质上是动态的和遵从社会分布的：交流的需要随着交流的展开而出现。她们互相（或者更多地）理解，彼此一样。

从缺陷的角度看，黛丝恩的谈论证明了阿尔茨海默病的语言和讲话的某些标志性特征（摘要请参阅 Bourgeois & Hickey，2009；早期研究的文献评论请参阅 Sabat，1994）。有相当多的重复和范围狭窄的经验结构，不明不白的引用实例，导致结果模糊不清。使用"占位符"词汇，表示词汇搜索困难（例如 333 步，"其他人赢得所有的奖杯，你知道，这一个还有那一个"）。然而，值得注意的是，黛丝恩的谈话伙伴并不认为她的贡献有什么问题。例如，可以容忍指称的模糊性，因为这样似乎不会从正在进行的交流活动中分心。

关于痴呆症的医疗和公共讨论，主要是从缺陷和能力的逐步丧失的角度进行的，包括身份的逐渐丧失。黛丝恩与露西和扎内塔的交流表明，近距离观察真实的交互式语言使用，不仅有助于构建积极的身份认同，还有助于他人的话语调节技术；因而，随着时间推移，有助于个人在面对他人时定位自己的完整能力的获得。这发生在与他人协作时，这一点至关重要的，且不足为奇：认知和言语功能使得我们在整个交流周期内可以思考、回忆以及讨论个人的发展。在整个生命历程中，记忆和说话嵌入在我们与他人的交互作用中，并且在我们与他人的关系解读中得以显现。

附录 9.1　文本约定

（（咳嗽））	双括号表示言语以外的行为或事件
.	下降语调
,	轻微上升或持续语调

续表

?	上升语调
!	感叹句(如惊讶或强调)
(.)	短暂停顿,短于 0.5 秒
(2.5)	计时暂停
——	破折号表示说话者语调或节奏的中断
=	锁定谈话:两位发言者的谈话没有明显的停顿
[	重叠谈话的开始
*	重叠谈话的结束

参考文献

American Psychiatric Association (2000). *Diagnostic and statistical manual of mental disorders* (4th ed., text rev.). Washington, DC: Author.

American Psychiatric Association (2013). *Diagnostic and statistical manual of mental disorders* (5th ed.). Arlington, VA: Author.

Barnier, A. J., Harris, C. B., & Congleton, A. R. (2013). Mind the gap: Generations of questions in the early science of collaborative recall. *Journal of Applied Research in Memory and Cognition*, 2, 124-127. doi: 10.1016/j.jarmac.2013.05.002

Bayles, K., & Tomoeda, C. (2007). *Cognitive-communication disorders in dementia*. San Diego, CA: Plural.

Bourgeois, M. S., & Hickey, E. M. (2009). *Dementia: From diagnosis to management. A functional approach*. New York, NY: Psychology Press.

Bruner, J. S. (1983). *Child's talk: Learning to use language*. New York, NY: Norton.

Butler, C. S. (2013). Systemic functional linguistics, cognitive linguistics and psycholinguistics. *Functions of Language*, 20, 185-218. doi: 10.1075/fol.20.2.03but

Clark, A. (2009). Introduction: Mind embodied, embedded, enacted: One church or many? *Topoi*, 28, 1-7. doi: 10.1007/s11245-008-9041-4

Eggins, S. (2004). *An introduction to systemic functional linguistics*. London, UK: Continuum.

Eggins, S., & Slade, D. (1997). *Analysing casual conversation*. London, UK: Cassell.

Ferguson, A., & Thomson, J. (2008). Systemic functional linguistics and communication impairment. In: M. J. Ball, M. R. Perkins, N. Müller, & S. Howard (Eds.), *The handbook of clinical linguistics* (pp. 130-145). Oxford, UK: Blackwell.

Guendouzi, J. A., & Müller, N. (2006). *Approaches to discourse in dementia.* Mahwah, NJ: Erlbaum.

Halliday, M. A. K., & Matthiessen, C. M. I. M. (1999). *Construing experience through meaning: A language-based approach to cognition.* London, UK: Cassell.

Halliday, M. A. K., & Matthiessen, C. M. I. M. (2004). *An introduction to functional grammar* (3rd ed.). London, UK: Arnold.

Halliday, M. A. K., & Matthiessen, C. M. I. M. (2013). *Halliday's introduction to functional grammar* (4th ed.). London, UK: Routledge.

Jefferson, G. (2004). Glossary of transcript symbols with an introduction. In: G. Lerner (Ed.), *Conversation analysis: Studies from the first generation* (pp. 13-31). Philadelphia, PA: John Benjamins.

Linell, P. (2009). *Rethinking language, mind and world dialogically: Interactional and contextual theories of human sense-making* (pp. 248-274). Charlotte, NC: Information Age Publishing.

Martin, J. R. (1895). Process and text: Two aspects of human semiosis. In: J. D. Benson & W. S. Greaves (Eds.), *Systemic perspectives on discourse.* Norwood, NJ: Ablex.

Martin, J. R., & Rose, D. (2002). *Working with discourse: Meaning beyond the clause.* London, UK: Continuum.

Martin, J. R., & White, P. R. R. (2005). *The language of evaluation: Appraisal in English.* Basingstoke, UK: Palgrave Macmillan.

Michaelian, K., & Sutton, J. (2013). Distributed cognition and memory research: History and current directions. *Review of Philosophy and Psychology*, 4, 1-24. doi: 10.1007/s13164-013-0131-x

Mok, Z., & Müller, N. (2014). Staging casual conversations for people with dementia. *Dementia*, 13, 834-853. doi: 10.1177/1471301213488609

Müller, N., & Mok, Z. (2014). "Getting to know you": Situated and distributed cognitive effort in conversations with dementia. In: R. W. Schrauf & N. Müller (Eds.), *Dialogue and dementia: Cognitive and communicative resources for engagement* (pp. 61-86). New York, NY: Psychology Press.

Müller, N., Mok, Z. and Keegan, L. (2014). Systemic functional linguistics and qualitative research in clinical applied linguistics. In: M. J. Ball, N. Müller, & R. Nelson (Eds.), *Handbook of qualitative research in communication disorders* (pp. 149-170). New York, NY: Psychology Press.

Müller, N., & Schrauf, R. W. (2014). Conversation as cognition: Reframing cognition in dementia. In: R. W. Schrauf & N. Müller(Eds.), *Dialogue and dementia: Cognitive and communicative resources for engagement*(pp. 3-26). New York, NY: Psychology Press.

Müller, N. , & Wilson, B. T. (2008). Collaborative role construction in a conversation with dementia: An application of systemic functional linguistics. *Clinical Linguistics and Phonetics*, 22, 767-774. doi: 10. 1080/02699200801948488

O'Shea, E. , Cooney, A. , Murphy, K. , Devane, D. , Newell, J. , Casey, D. , … Wall, D. (2014). *Reminiscence for people with dementia in long-stay care*. Galway, Ireland: Irish Centre for Social Gerontology.

Sabat, S. , & Gladstone, C. M. (2010). What intact social cognition and social behavior reveal about cognition in the moderate stage of Alzheimer's disease. *Dementia*, 9, 61-78. doi: 10. 1177/1471301210364450

Sabat, S. R. (1994). Language function in Alzheimer's disease: A critical review of selected literature. *Language and Communication*, 14, 331-351. doi: 10. 1016/0271-5309(94) 90025-6

Sabat, S. R. (2005). Capacity for decision-making in Alzheimer's disease: selfhood, positioning and semiotic people. *Australian & New Zealand Journal of Psychiatry*, 39(11/ 12), 1030-1035. doi: 10. 1111/j. 1440-1614. 2005. 01722. x

Schrauf, R. W. , & Müller, N. (Eds.)(2014). *Dialogue and dementia: Cognitive and communicative resources for engagement*. New York, NY: Psychology Press.

Theiner, G. (2013). Transactive memory systems: A mechanistic analysis of emergent group memory. *Review of Philosophy and Psychology*, 4, 65-89. doi: 10. 1007/s13164-012- 0128-x

Vygotsky, L. (1978). *Mind in society: The development of higher psychological processes*. Cambridge, MA: Harvard University Press.

Washburn, A. M. , Sands, L. P. , & Walton, P. J. (2003). Assessment of social cognition in frail older adults and its association with social functioning in the nursing home. *Gerontologist*, 43(2), 203-212.

第 10 章

复杂协作活动中共同记忆的多模态加工

卢卡斯·M. 别蒂（Lucas M. Bietti），米夏埃尔·J. 巴克（Michael J. Baker）

本章的目的在于，将共同记忆的研究延展到工作场所中，延展到现实世界复杂的协作行为中。为了实现这一目的，我们旨在展示复杂协作行为中大量共同记忆是如何在言语领域以外发生的。我们将阐明言语、身体、社会和物质资源的交织，如何支持小组互动时与工作项目相关的共同记忆。我们关注那些与工作项目相关的、由提醒的问题触发的、与过去行为和事件相关的互动序列。我们把这些序列叫做"协作记忆序列"。我们对协作记忆序列的定性微观分析，是以会话分析（conversation analysis）为基础的（例如，Sacks，Schegloff，& Jefferson，1974；Sidnell，2010），并且是处理"真实世界"的组织记忆的案例。为支持我们的理论观点，我们所呈现的作为例证的小组互动，是从一个语料库中提取的。该语料库基于两项自然研究。这两项研究是我们与建筑师和动漫设计师在他们的工作场所所做的共同记忆的协作设计（collaborative design）。本章我们的目的并不涉及共同记忆言语、身体、社会和物质资源的可能好处或代价，而是旨在解释工作场合的记忆协作时两组协作设计工作的专家们如何使用各种资源的。

社会互动中的记忆包含与不同互动对象一起，重新唤起和重新建构一个可分享或者部分共享的过去（Bietti & Galiana Castelló，2013；Bietti & Sutton，2015；Hirst & Echterhoff，2012；Michaelian & Sutton，2013；Sutton，Harris，Keil，& Barnier，2010）。这种对过去经历的重新思考，涉及人类的精神"时间旅行"的能力，"这种能力，允许人类在时间上向后投射自己，以重新体验生命的各个阶段，或者向前，抵达生活事件发生前"（Suddendorf & Corballis，2007，p.299）。一起回忆是基于务实目的和社会角色的协作行为的形式，依赖于行为发生的社会背景和对话语境（Bietti，2010；Hirst & Manier，1996；Hirst，Manier，& Apetroaia，1997）。关于过去经历的对话，是人们发展对过去的共同记忆的一种方式（Bietti，

2014；Middleton & Brown，2005；Hirst & Echterhoff，2012）。当个人参与对话时，所涉及的机制通常包括语言和身体资源（如手势、眼神、姿势和面部表情）的协调，以达到共同的目标（例如尝试共同回忆我们刚才停车的地方）。

对话时使用身体资源与言语的结合是多模态交流（multimodal conversation）的一个实例（Allwood，2013）。多模态交流是指借助几种模式的感知和产出而实现的，信息同时有序的共同激活、分享和共同建构（Allwood，2008）。多模态交流中包括：（1）眼神注视（感知和产出）；（2）交流时的身体动作、手势和文字（产出）；（3）听觉（感知）；（4）语言和声音（产出）；（5）触觉（感知和产出）；（6）嗅觉（感知和产出）；（7）味觉（感知和产出）（Allwood，2013，p. 23）。对话是联合活动（Clark，1996；Clark & Brennan，1991），伙伴们必须"分享和同步他们个人精神状态的各个方面，并在世界上一起行为"（Brennan，Galati，& Kuhlen，2010，p. 304）。这种类型的动态协调有时并不被意识觉察（Dale，Fusaroli，Duran，& Richardson，2013；Raczaszek-Leonardi & Cowley，2012）。共同记忆可以被认为是一种互动实践。它是根植于参与社会互动，并受约束于社会互动及其序列组织的被试之间所产生的交流行为（Middleton & Brown，2005）。

几个学科传统考察了人们如何在日常生活环境中一起记忆。所谓日常生活环境就是一起记忆的人们所生活的社会和物质环境。在过去30年里，话语心理学家（discursive psychologists）（例如，Brown，Middleton，& Lightfoot，2001；Brown & Reavey，2015；Buchanan & Middleton，1995；Edward & Middleton，1986；Middleton，1997；Middleton & Edward，1990）对自然的社会互动（例如，住宅和日托中心的回忆小组，以及重症监护室的团队合作）使用了录音和转录的方式进行了探讨，以理解和解释人们如何在日常的社会和物质环境下的交流中进行记忆（另见 Henkel & Kris；Hydén & Forsblad；Gordon et al.；Müller & Mok，第8、第9、第23、第25章）。尽管话语心理学家的分析已经与关于过去经历的对话的录音内容紧密联系在一起，不过他们仍然提供了身体如何影响共同记忆的重要观点（Middleton & Brown，2005；Brown & Reavey，2015）。米德尔顿（Middleton）和布朗（Brown）声称在很多情况下（例如，纪念和仪式）身体都可以"作为记忆形成的场所"（Middleton & Brown，2005，p. 132）。

在认知科学的分布式认知框架中（Hollan，Hutchins，& Krish，2000；Hutchins，1995a），哈钦斯分析了航空飞行操作中的协作记忆行为。他的分析是基于航空驾驶舱中的录像和录音。这些研究的结果显示，驾驶舱中"记忆过程来自于飞行员的活动"（Hutchins，1995b，p. 286）。这表明了"驾驶舱记忆"，例如，飞行员在飞机着陆前记录飞机的速度时，不仅依赖于飞行员的记忆，还依赖于这些记忆与外部资源的相互作用，比如着陆数据卡和空速指示器。因此，哈钦斯声称"一个完整的个人记忆的理论，不足以解释我们想要理解的东西，因为如此多的记忆功能发生在个体之外"（Hutchins，1995b，p. 286；另见 Michaelian & Arango-Muñoz，Wilson，第13、第14章）。哈钦斯对驾驶舱内协作记忆的多模态分析，可能代表了在真实世界中探讨共同记忆的多模态和认知维度的第一次尝试。

使用视频记录和人工分析描述协作记忆在现实世界中是如何发生的，这样的技术也被应用于计算机领域的人机交互研究（human-computer interactions，HCI；例如，O'Hara et al.，2012；Wu et al.，2008）。吴（Wu）和同事们研究了家庭在真实世界中与失忆症作斗争而创造和使用的认知策略。这项研究共招募了 10 组家庭。这些家庭中都有家庭成员存在记忆问题。研究者探索了他们用于补偿成员记忆损伤的交流策略。策略包括技术设备的使用（如日历，电子记事簿和通讯）和言语训练。该研究显示，通过"被试和技术手段之间的分布式认知过程，家庭可以作为应对失忆症的认知系统而发挥作用"（Wu et al.，2008，p.833）。

对话语心理学（例如，Middleton & Brown，2005）、分布式认知研究（例如，Hutchins，1995b）和人机交互（HCI，human-computer interaction，Wu et al.，2008）中共同记忆的研究，反映了人们在日常生活中如何及为何使用记忆。这些提供了清晰的研究样例：利用生态效度较高的方法收集记忆研究数据。尽管这些方法是基于这样一种观点：怀旧是一种涉及自身的定位的实践；怀旧是现实生活的一部分。但是，这些样例中也没有详细说明，那些涉身资源（如姿势和眨眼）在共同记忆中的核心作用。

鉴于人类的认知活动通过与文化组织材料和社交世界的涉身互动与高级认知活动相关联（Hutchins，2010，p.712），在对话中协作记忆的这些涉身互动的详细描述是必不可少的。因此，如果我们同意肯登（Kendon，1986）关于手势在日常交流中发挥关键作用的观点，更好地理解协作记忆的多模态本质则是至关重要的。

"我认为手势是个体交流努力的一个组成部分，而且，它在这个过程中也起着直接作用。手势通常是言语生成的重要元素，也就是说，除非考虑到手势成分，否则无法完全理解言语单元。多数情况下可以看到，手势的成分与语言编码的内容有互补作用，因此只有在同时考虑言语和手势的情况下，才能理解所表达的意义。"（p.12，原文强调）

在协作记忆中，指示手势（如，用手指向某物）使说话者可以将视觉注意力集中在相关信息的来源上，继而使个人和共享的记忆有了外显的支持（Cienki et al.，2014）。另一方面，代表性的手势可被用于帮助自传体记忆的检索，还可以被用于交流，以唤起对话者对事件特定特征的共识（Bietti，2015）。凝视协调可用于调节交互转换的分布。例如，为了加强接受者对提问的回应，或者加强继续描述协作记忆的责任（Bietti & Galiana Castelló，2013；Cienki et al.，2014；Goodwin，1987）。此外，把视线从其他互动参与者身上移开，与个人语义提取和不确定性显示相关（Goodwin，1987）。

本章聚焦工作场所共同记忆的多模态过程，专注于协作设计的具体案例。协作设计是一种典型的知识丰富的创造性活动，为概念上丰富的交互序列提供了良好的潜力。为支持我们的理论观点，我们所呈现的作为例证的小组互动的资料来自一个语料库，语料库是基于我们与建筑师（Baker，Détienne，Lund，& Séjourné，2009；Détienne & Traverso，2009）和动漫设计师（Bietti，Baker，& Détienne，2015）在他们的工作场所所做的共同记忆的协作设计的两项观察研究。

一、 复杂协作行为中的共同记忆： 协作设计的案例

据我们所知，很少或者没有交互记忆方面的研究（例如，Ren & Argote，2010）关注组织内团队工作时协作记忆的多模态和涉身小组特征，尽管一些针对夫妇和成对组访谈的研究已经完成（Hollingshead，1998）。例如，霍林斯黑德显示互助记忆任务中的面对面的亲密伴侣要比依靠计算机系统答题的亲密伴侣得分更高（Hollingshead，1998）。这个结果与回忆任务中可以利用每个互动伙伴的非语言信息的有关。非语言信息对研究被试是有用的，他们参与工作场所中面对面的协同设计。

协作设计涉及一系列临时性的分布式活动，项目的新阶段建立在以往阶段的基础之上（例如，Détienne，Baker，& Burkhardt，2012；Wiltschnig，Christensen，& Ball，2013）。这意味着几乎在协作设计行为的每个点，团队必须成功回忆项目前阶段的相关内容。协作设计涉及文化和历史上有组织的材料和社会环境的语境互动。即使外部记忆设备可以记录和表征协作涉及决策过程及其合理性（例如，Vyas，van de Veer，& Nijholt，2013），但是这些表征必须是有选择的。这一事实意味着，未来并不是所有表征的使用都是可以预期的。既然这样，无论外部表征是否可用，团队工作的设计者们有时不得不重新建构项目之前阶段的语境意义，以便与其他成员保持实时互动（Bietti，Baker，& Détienne，2015）。因此，在协作设计项目的交互延展中，共同记忆何时发生、如何发生，对这些问题的深入理解，具有重要的理论和实践意义。

已经研发了几种方法来存储与设计项目相关的设计知识和决策。一种方法叫做"设计原理系统"。它提供了设计项目演变的文档，试图捕获为什么当前提议的设计是最好的前进方向（Burge，Carroll，McCall，& Mistrik，2008；Lee，1997；Lee & Lai，1991；Sagoo，Tiwari，& Alcock，2014）。设计原理系统可以提供决策形成过程的记录，可以当作负责文档设计决策的团队成员及后加入成员的外部记忆存储设备（例如，Bekhti & Matta，2003；Karsenty，1996）。设计原理系统是由项目的（选择性）历史及在实现过程中获得的经验组成的（Matta，Ribière，Corby，Lewkowicz，& Zacklad，2000）。它们对项目的推进发挥着重要作用，因为它们使得设计者们从过去经验中有所收获（例如，Castillo-Navetty & Matta，2005）。

尽管设计原理体现了共享设计项目的记忆，但是，它不可能包含未来项目发展阶段相关的所有方面。因此，无论它们是否理论中得以表征，我们认为它们的存在并不能消除随后交互的语境化，及设计元素意义的协商的需要。既然如此，重要的是理解背景和过程，通过这些背景和过程，过去的设计决策被交互地重新加以创建，或者"共同记忆"。换句话说，共同记忆作为一种交互现象，不仅超出了设计原理，而且对于设计团队来说永远是个潜在的需求，因为不断演进背景需要新的意义得以共建。

协作设计依靠设计者们通过向前和向后推导设计活动，对设计进行实时的交流反思。这样做，设计师们可以合作，并在连续的设计项目阶段达成共识。所谓共识，比如未来项目任务的

规划，通常依赖于对先前代码设计和里程碑事件的共同记忆（Bietti，Baker，& Détienne，2015）。这些共识在设计团队制定解决方案和建构共同点时至关重要（Détienne，2006；Détienne，Baker，& Visser，2009；Détienne，Baker，& Burkhardt，2012）。最近的研究已经扩展了协作设计的会话和交互方法（Heinemann，Landgrebe，& Matthews，2012；Kelly & Matthews，2014；Luck & McDonnell，2006），分析了团队创作和协作活动中手势的作用（Luck，2009；Murphy，Ivarsson，& Lymer，2012）。在区分了话题手势和互动手势的区别后（Bavelas，Chovil，Lawrie，& Wade，1992），维瑟和马赫（Visser & Maher，2011）发现特定种类的手势在建筑设计会议中发挥的作用不同。这项研究指出，在这些特定的工作场合中，话题手势——与伴随的讲话的语义内容相关的手势（Bavelas et al.，1992，p.473）被用于描述和说明正在设计的人工制品的属性、空间质量，以及潜在用户如何使用这些人工制品（Visser & Maher，2011，p.94）。另一方面，研究结果认为互动手势，即与其他人交谈过程中的某个方面的手势（Bavelas et al.，1992，p.473），与建筑师之间群体互动的组织有关。

在日常生活中，包括在设计室中，回忆和连续重构过去经历的环境是高度组织有序的，有助于回忆的表现（Cole，Hood，& McDermott，1978；Neisser，1997）。这些环境充满了人类和物理线索。这些线索有助于促进和激发个人和共享记忆的连续重构。科尔，霍德和麦克德莫特（Cole，Hood，& McDermott，1978）得出结论，这些动态组织的环境很难在智力活动的实验室模型中表现出来。在现实世界中，一种自然主义的共同记忆的方法，反映了人们在日常生活中如何以及为什么使用记忆。这是在没有提示的情况下，根据研究的具体目标来进行的共同记忆。这些目标通常都会超出活动的范围。

然而，很难找到真实世界的合作活动，在这些活动里，被试只关注重建个人和/或共享经历的记忆，除非我们分析回忆小组。即使在餐桌上分享记忆的情况下，集体共进午餐和晚餐的协作活动，其主要方面并不在记忆方面的合作，而是除了一顿饭以外的社会纽带。尽管共同记忆对于餐桌上的社交关系十分重要，但这种社会连接并不完全依赖于共同记忆。

复杂的协作活动，比如设计工作室中协作设计，也并不例外。协作设计中，共同记忆并不仅仅是一种检索协作项目先前几个阶段的信息的联合行动，也是一种面向未来的联合行动，在此期间，会做出对整个工作过程产生影响的决策（Bietti，Baker，& Détienne，2015）。

先前设计工作的共同记忆是协作设计的一个局部现象。它是目标导向的，并且发生在专业设计师之间的互动序列。因此，我们必须开发一种方式，用于挑出那些在协同设计中出现共同记忆的互动序列，并描绘它们对正在进行的集体活动相关的功能。协同设计中开始共同记忆的一种方式是使用问题作为提醒（Bietti，Baker，& Détienne，2015）。提醒通常是通过一些问题来实现的。这些问题旨在向被认为了解过去发生事件的人寻求信息。使用问题作为提醒，比如，"你是否记得什么时候……"将共享信息从过去带入现在，以实现具体的目标（如记住设计会议的截止日期）。我们定义这些特定的交互序列为"协作记忆序列"。一个协作记忆序列是一个多模态的共同记忆单元。这一共同记忆由遵守合作规则出发，以响应与过去有关的信息、与语义内容相关的问题、以令会话参与者满意的方式共同详细描述这些信息。即使互动伙伴正在争论某个特定的话题（例如，分享他们过去共同经历的某事的相反观点），他们的协作记忆序列也遵从合作原则。因此，控制对话动态和实现相互对话目标的合作规则，不应与社会合作的实例相混淆。在社会合作中，共同行动会带来互利（例如，Tomasello & Vaish，2013）。原则上，合作规则指的是对话中的贡献应该是信息性的、相关的、真实的和明确的（例如，Grice，1975）。

协作记忆序列以致谢或者改变话题作为结束的标志。这样的序列，使设计者们能够在长期的协作设计项目的互动中达成不同目标。这些目标可能从回顾以前为什么做出设计决策，从而达成共识，到要求澄清和提供关于截止日期的信息，以便及时做出决策和规划未来。当然，共同记忆也可以在没有明确的提问触发的情况下发生。鉴于这种自然主义研究方法的探索性和开创性的本质，我们的这里选择的例子仍然是基于提问的共同记忆。

协作记忆序列建立在会话分析基础上相邻对的概念之上（例如，Sacks & Schegloff，1973；Sacks，Schegloff，& Jefferson，1974；Schegloff，2007）。所谓相邻对，是由两个转折或者"配对类型"组成的会话单元（目前情况：问题 ＝＞答案）；配对类型中每次转折都必须来自一个不同的沟通者（A 和 B），并且相邻［①A：你完成模仿了吗？（问题）＝＞②B：是的，我已经发送给你（答案）］。除非被一个嵌入序列分开［①A：你完成模拟了吗？（问题）＝＞（②B：是镜头四吗？（要求澄清）＝＞③A：是的，镜头四（答案）（转折句②B③A 是嵌入序列）＝＞④B：是的，我已经发送给你（答案）］。第二个配对类型被认为与第一个配对类型是功能相关的（例如 A：我们什么时候去投递？B：周五）（Hutchby & Wooffitt，2008）。也就是说，作为提醒者的质疑行为（第一匹配类型）对答案（第二匹配类型）施加了特殊约束。在这种情况下，交谈双方互相约束，互相问责，在有关过去行为和事件中产生连贯可理解的行动方案。

除了问题＝＞答案，其他配对类型还包括："问候—问候"（A：嗨— B：嗨）；"邀请—接受/拒绝"（A：今天去酒店吃午餐！— B：好的，当然/不行，今天有紧急的事处理）；"抱怨/否认"（A：机器不工作啦— B：我已经一个多星期都没喝过咖啡啦）。协作记忆序列中，说出第一个匹配类型（作为提醒者的提问行为）的沟通者，假设接收者拥有所要求的信息或知识。因此，通常伴随相邻语对发生时，协作记忆序列是对接收者设计的或者朝向特定的沟通伙伴。构建协同记忆序列的相邻语对可能有多个应对部分，因此优先考虑最相关的答案（Pomerantz，1984），然后接下来谈话主题被启动话题的伙伴以感谢结束，要么改变谈话的主题。

接下来两个说明样例表征的是真实世界协作设计时发生的协作记忆序列，取自两个协作设计项目：一个是巴黎最专业的建筑公司的建筑师们（Détienne & Traverso，2009）；另一个是巴塞罗那一间视频设计工作室的动漫设计师们（Bietti，Baker，& Détienne，2015）。我们的研究目标引导我们选择样例：（1）将协作记忆研究延展到"真实世界"复杂多模态的协作行为；（2）我们试图提出一个共同记忆的交互单元，使我们更好的理解协同工作中记忆协作发生的序列；（3）阐明非言语信息在共同记忆中的关键作用，如目光注视方向上的定向和转变。音频和录像被特殊软件进行了详细的转录（Chrono Viz：Fouse，Weibel，Hutchins，& Hollan，2011）。音频还根据杰斐逊转录系统(Jefferson Transcription System)进行了转录(Jefferson，2004)①。请到公司网站上查看详细情况：https：//www.oup.co.uk/companion/collaborativeremembering

(一)协作记忆序列♯1：试误过程(trial and error process)

这个序列涉及一个问题，即寻找建筑设计计划会议或研讨会中心的特定房间的位置。这里呈现的摘录最初是由法国人进行翻译的，取自巴黎一家建筑公司的设计会议语料库中的音频和视频文件(Détienne & Traverso，2009)②。我们所分析的这段摘录是一个很好的样例，取自时长 1 小时 20 分的会议。视频从四个不同视角同步拍摄：(1)从桌子上方拍摄，三个建筑师围坐着正在咨询建筑计划；(2)侧面拍摄以更好地展示所有三名参与者；(3)建筑师保罗(Paul)正面视角；(4)建筑师皮埃尔(Pierre)和玛丽(Marie)正面视角，两人面对保罗紧挨着坐在一起。作为补充材料的剧照和剪辑只从顶部视角获取，因为这个摄像头视图提供了一个更好的视角，来描绘建筑师们如何操纵几个设计方案找到自己要找的房间。保罗是会议讨论的建筑项目的主管，皮埃尔负责项目实际实施，玛丽是一个内部建筑设计专家，作为顾问参与项目(化名)。建筑项目是将一座建于中世纪的法国城堡改造为一个会议或者研讨中心。这次特别会议在项目的"项目前总结"阶段(即项目正式实施之前)举行。此时，建筑计划的第一版已经完成，规划的原因也已经提出(这些计划什么的都摊在桌子上)。这次会议的目的是决定如何回复一份传真。这份传真由为城堡主人工作的经理人发来的。传真中罗列了对建筑方案的精确修改(例如，减少建筑内部电梯的数量)。收集语料库的过程中，研究者丝毫没有干涉方案及会议举行，尽管有一名研究人员在现场(沉默)以便观察建筑师们提及哪个方案。

[00:00.00]

1. 保罗：他告诉我们卧室号码 33，哪一间是卧室 33 号？

2. 卧室 33？

[00:03.67]

3. 玛丽：它有窗户吗？哦，不，不，我们有 34，30。

4. (7 sec.)

---

① 这是根据杰斐逊转录系统(Jefferson，2004)对所分析摘录的转录。
(2秒)：暂停时间
A：word[word；边界对齐的方括号表示重叠对话的开始
B：[word]
wor-；破折号显示突然停止
wo：rd；冒号表示说话者延伸了前面的声音
A：word＝
B：＝；Word 等号显示两个说话者之间的转折没有明显停顿，或者把两个声音放在一个回合内显示它们衔接的更紧密
＊＊＊＊；与文本记录相关的持续的非语言行为
② 2 MOSAIC 语料库收集了法国 COGNITIQUE 计划支持的大型研究项目资料。语料库和现状全部详细资料请参阅德迪恩内(Détienne)和特拉韦尔索(Traverso)(2009)的文章。

★★★★★★★（视频截图 10.1a）

［00：18.57］

5. 保罗：33

［00：19.87］

6. 皮埃尔：当然，当然。

7.（2 sec.）

［00：22.27］

8. 保罗：你放到哪儿了……？（笑声）

★★★★★★★★★★★★★★★（视频截图 10.1b）

9. 你要带我们去哪儿？

10. 卧室 33?

［00：27.70］

11.［嗯］

12. 在哪里？

★★★★★★★（视频截图 10.1c）

13.（1 sec.）

［00：29.43］

14. 皮埃尔：呃，我想它一定［听不见］。

［00：31.60］

15. 保罗：噢，是的是的，在这里，33。

★★★★★（视频截图 10.1d）

［00：32.90］

16. 皮埃尔：33。

［00：34.20］

17. 玛丽：哦，是的。

［00：34.73］

18. 保罗：它在一楼。

19.（3 sec.）

［00：38.67］

20. 玛丽：不对，那是 34、35。

★★★★★（视频截图 10.1e）

21.（2 sec.）

［00：45.23］

22. 保罗：它一定在那里，33 号有窗户吗？

★★★★★★★★★★★★★★（视频截图 10.1f）

23.［笑声］

［00：55.57］

24. 皮埃尔：呃（2 sec.）是的，它又没在那儿。

★★★★★★★★★★★★（视频截图 10.1g）

25.［笑声］

［00：57.43］

26. 保罗：真是个好问题。

［00：58.89］

27. 玛丽：让我们看看。

28.（2 sec.）

［01：01.67］

29. 保罗：是的因为你一直在画 30，30，30＝

［01：03.97］

30. 皮埃尔：＝呃＝

［01：04.02］

31. 保罗：＝不在＝

★★★★★★★（视频截图 10.1h）

［01：04.57］

32. 皮埃尔：＝噢

［01：05.67］

33. 保罗：你想想有一扇窗户

34.（2 sec.）

［01：10.34］

35. 皮埃尔：噢是的，你们发现什么了吧。

［01：12.87］

36. 保罗：是的，我们找到它了。

［01：13.97］

37. 皮埃尔：不，因为它事实上在方案某一节的图里。

★★★★★（视频截图 10.1i）

38. 窗户部分正好背向它因此事实上我。

39. 并不能准确指出它在那儿［事实上］。

［01：21.20］

40. 保罗：［是的，这不是必须。］

41. 画好。

42. 是的，是的，是的。

[01：22.67]

44. 皮埃尔：[是的。]

[01：23.00]

46. 保罗：OK。

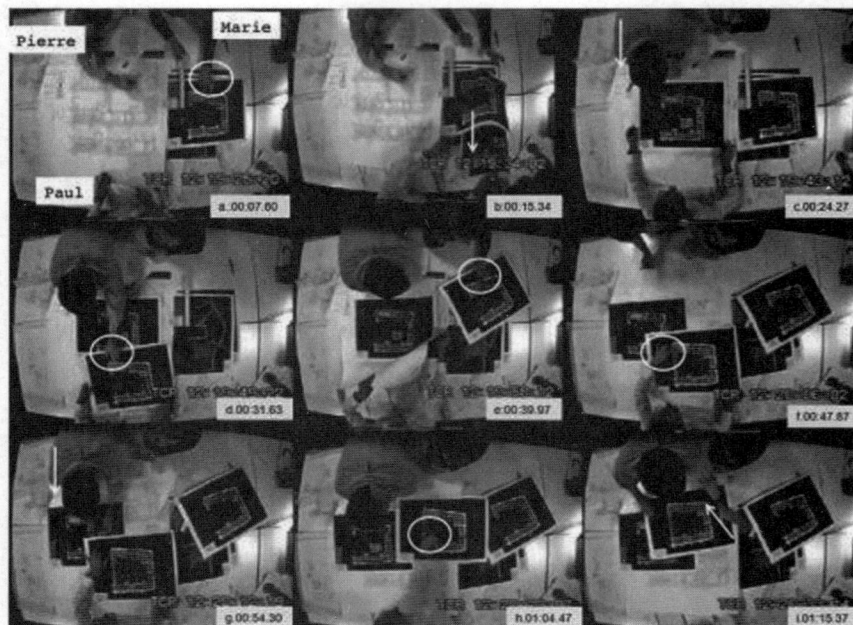

视频截图 10.1   共同记忆中的试误过程（卢卡斯·M. 别蒂提供转载）

    协作记忆序列的产生由保罗的问题触发，见 1~2 行"哪一间是卧室 33 号？"。保罗的问题作为协作记忆序列构建的配对类型中的第一配对类型发挥作用。第 1 行的人称代词"他"指的是协同设计会议的客户。保罗、皮埃尔和玛丽讨论的正是客户对前一周收到建筑方案的注释和评论。随后他们开始在自己设计和绘图的方案上寻找 33 号卧室。接下来一行，玛丽指着方案中靠近她的卧室中的一间并验证这间带窗户的卧室是 34 号，不是 33 号（视频截图 10.1a）。她似乎记得 33 号卧室有窗户但是不能准确指出是在哪儿。在玛丽没能准确指认房间 33 号卧室后有 7 秒钟的沉默。保罗在其他方案上寻找 33 号卧室，也就是城堡的其他楼层寻找（视频截图 10.1b）。这样做的过程中，他将他们正在讨论的一个方案放在桌子中间，从而使它成为一个新的视觉注意的分享焦点，这可以从皮埃尔身体姿势的变化上看出来（视频截图 10.1c，探身过去）。保罗采取行动（Clark，2003）试图将搜寻 33 号卧室转向建筑的不同楼层。这时候，作为项目主管的保罗问皮埃尔 —— 方案绘图的主要负责人，"你放到哪儿了？"与此同时皮埃尔探身过去查看放在桌子中间的方案（视频截图 10.1c）。

    然而 11~14 行，保罗和皮埃尔同意 33 号卧室位于不同的方案上，并不在保罗之前放在桌子中间的那张方案上。保罗询问"在哪里?"以及皮埃尔的回答"我想它肯定是[听不见]。"（12～14 行）采用了一种嵌入式的相邻对（adjacency pairs）以缩小 33 号卧室的搜索范围集中在城堡的特定楼层。这使得保罗从桌子右边的一堆方案中挑出一份。15 行，保罗与皮埃尔的手势几乎同步确认 33 号卧室位于城堡的楼层（视频截图 10.1d）。18 行，保罗明确了共识之一（"它在一楼"）。这样做便于将来基于共享知识达成共识，因为他们三人都记得它位于哪里，而没必要回到问题中重新寻找。问题是，保罗从一堆方案中挑出的这张让他与皮埃尔达成共识的图，正是皮埃尔 30 秒前排除的那张。因此当保罗将方案放回到桌子右边的一堆图中的时候，几乎同时，玛丽把它拿近查看（视频截图 10.1e）。这个过程中，她指着皮埃尔之前标记过的房间中的一排说："不对，这是 34、35。"这是第 3 行她在最初协作记忆序列开始的时候建议过的。然而有个事实一直没被提及：在协作记忆序列的前期，方案已经被排除。团队第二次定位 33 号卧室位置的失败尝试，使得保罗从一堆方案中挑出一张并放在桌子中间。最后，保罗发现了 33 号卧室。他指向这张方案中卧室位置的时候找到的（视频截图 10.1f）。他补充说这个房间有窗户，这跟玛丽之前在第三行所说的一样。但是正如之前发生的那样，他们没有再提及这一点。为了调动皮埃尔的相应资源（Stivers & Rossano，2012），保罗把目光转向他（转了下头，00:51.40）。皮埃尔主要负责建筑设计的绘图。探身过来的同时，皮埃尔声明 33 号卧室没有窗户（视频截图 10.1g，24 行）。接下来，保罗通过重构他做了什么，来明确皮埃尔的疏忽（29～33 行），并且指出窗户应该在哪里（视频截图 10.1h，31 行）。协作记忆序列结束。皮埃尔拿着有问题的方案凑近保罗（视频截图 10.1i），并向他解释他为什么当时没有给 33 号卧室画窗户。然后，他和保罗同意对方案进行改良（41～46 行）。经过几轮失败的尝试，建筑师团队最终记起了 33 号卧室在城堡中的位置，这让他们达成了共识（例如，33 号卧室有窗户），并计划未来的行动（如改良绘图）。协作记忆序列中试误动态指导着动态记忆过程，这些都得到身体资源（如手势）和物质资源（如方案）的支持。图 10-1 给出的是协作记忆序列一般互动结构。

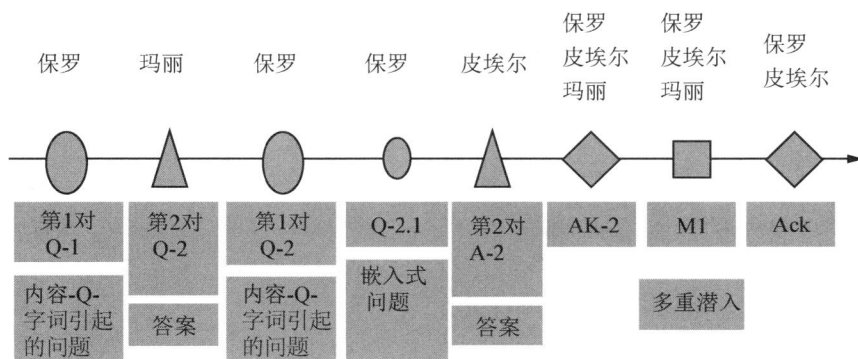

((Q-1; A-1)(Q-2; Q-2.1; A-2; AK-2)(M1; Ack))

图 10-1　第一协作记忆序列的互动结构

注："Q-1"代表触发的序列信息的内容－Q－字词引起的问题；"A-1"指的是"Q-1"的答案；"Q-2"指形成序列的第二内容－Q－字词引起的问题；"Q-2.1"是与"Q-2"相关的嵌入式问题；"A-2"是"Q-2"的答案；"MI"是建筑师做的多重潜入，既不是问题也不是答案；"Ack"是致谢结束序列。

　　协同记忆序列的互动结构，由两个相邻对组成，两者都是由内容-Q-字词引起问题（wh-词类引发的问题），作为第一对部分的触发元素。第二相邻对的第一配对部分由椭圆极性问题（椭圆形"是"和"否"的问题）补充。这三个问题是由团队主管保罗提出的。这两个问题的答案第一个来自玛丽，第二个来自皮埃尔。这表明这两个相邻对的第二部分构成了协作记忆序列。序列最后的致谢和多重嵌入都是序列的组成部分。

　　第一协作记忆序列的微分析显示了共同记忆 33 号卧室位置的重要性，是如何在语言领域之外产生的。这种共同记忆是通过与外部资源（如城堡的建筑方案）交互中，反复使用手势和其他身体行为（如改变身体姿势）产生的。作为第二协作记忆序列的样例，取自我们与巴塞罗那一群 3D 动漫设计师进行的观察学习。这一样例结合目光凝视作用的分析，进一步发展了共同记忆。

（二）协作记忆序列 ♯2：达成共识

　　接下来我们将呈现的协作记忆序列，取自我们对 3D 动漫设计师的一项观察研究。这项观察研究是关于现实生活中协作行为中的协作设计，是如何被记忆的。几位 3D 动漫设计师当时持续一周多的时间，在为俄罗斯电视的商业广告工作。最终的广告内容中既包括真实演员，也包括 3D 动漫形象设计。样例（视频截图 10.2）取自 45＋小时的视频和音频资料组成的语料库。我们利用了五个工作日，在巴塞罗那的一间设计工作室内，记录了一组图形和动漫设计师们的行为。他们当时在为俄罗斯电视台制作一个商业视频。参与制作这一广告的利益相关者是一家美国跨国食品制造公司的俄罗斯子公司（客户），一家大型国际广告公司的俄罗斯分公司，一家总部位于莫斯科的电影制作工作室，以及一家巴塞罗那的动漫制作工作室。我们在那里完成了实地调查。

　　在这一协作记忆序列中，卡拉（Carla），丹尼（Dani）以及尼克（Nico）相互交流，以便记住，并使拍摄的顺序和主要行动落地。协作记忆序列取自一天早上的小组会议。会议发生在与位于俄罗斯的制作工作室的两位代表举行视频会议的前一天。小组会议主要想对当时动画的状态达成共识，明确团队每个人必须完成的任务。这些任务要在当天完成。当晚所有材料会发送给位于俄罗斯的制作工作室。

　　　　［00：00.16］

　　　　1. 尼克：只有 1、2 个镜头怎么会拍到第三个？ 到底是他降落前

　　　　★★★★（视频截图 10.2a）★★★★（视频截图 10.2b）

　　　　（无声）还是（无声）降落时拍了第三个镜头？

　　　　［00：06.17］

　　　　3. 丹尼：拍第二下的时候他落［下］（fa［lls］）。

　　　　★★★★★★（视频截图 10.2c、10.2d）

　　　　4. 卡拉：拍第三下。

视频截图 10.2   共同记忆中共识的达成（由卢卡斯·M·别蒂提供）

[00:07.21]

5. 丹尼：拍第三下时它在空中

★★★★（视频截图 10.2e）★★★★★★（视频截图 10.2f）

[00:11.02]

6. 尼克：好吧，第三张和第四张本质上是一样的。

[00:13.45]

7. 丹尼：是的，准确。

[00:13.87]

8. 尼克：动画已达到国际标准。

第二种协作记忆序列的第一回合（1～2行），尼克问了一个内容-Q-字词引起的问题（wh-问题），以及一个选择性问题（X问题或者Y问题），以便掌握电视商业广告第三个镜头的活动信息（第三个镜头是什么?）。两个问题都起着提醒的作用，以使得丹尼和卡拉共同重建第三个镜头的活动，并且触发协作记忆序列的信息。当命名这个问题时，尼克做了一个手部动作来模仿第三个镜头中动漫的形象降落。

在此期间，卡拉拿出了镜头三的手写剧本，并将它展示给尼克（这一行为出现在视频截图10.2d，其实它在第二行之前几秒已经开始）。卡拉的行为代表了一种"采取行动"（Clark，2003），将镜头三的书面描述放到尼克注意力集中的范围内。卡拉采取行动的行为伴随着目光注视方向转向尼克。卡拉的注视迫使尼克深入研究镜头三中活动的书面描述，以便让自己记得镜头三到底讲些什么。

下一个回合，丹尼站起来答复尼克的信息询问（第3行）。这个过程中他有个手部姿势模仿动漫形象的滑倒（视频截图10.2d、2e）。他先注视着尼克（视频截图10.2d），然后将目光转移到后面镜头的书面描述上(video 10.2e)。卡拉的修正(第 4 行)是另一种启动的修复机制(例如,Bolden,2011)。这使得丹尼在下一个回合自我修复(第 5 行)。根据卡拉的说法,似乎丹尼最终指的是镜头三而不是镜头二。第 5 行丹尼将目光转移到尼克手里拿的剧本上。丹尼的手势及触碰剧本,其目的都是为了尝试转移尼克对剧本的注意(Clark,2003),以便建立协作记忆赖以发生的、基本的视觉注意的共享焦点。紧跟着丹尼又表演了另一个手部动作,模仿动漫形象在空中下降的样子(video 10.2f)。下一个回合,尼克同意的表示,似乎显得他记得镜头讲的什么。尼克,丹尼和卡拉就镜头的顺序、他们的行为及他们描绘的事件达成了共识。这让尼克与团队其他成员建立起关系,从而强化了他们之间的共识。这种共识直接的积极结果是在协作设计活动中,考虑到每一个包含想当然的信息的镜头与商业结构相联系。因此这一协作记忆序列以后,设计者们无须在浪费认知资源去重新解释镜头的顺序。图 10-2 描述的是协作记忆序列的互动结构。

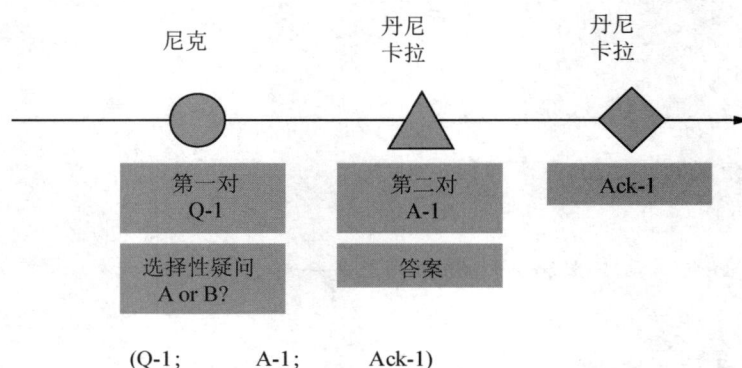

图 10-2　第二种协作记忆序列的互动结构

注:"Q-1"代表序列信息引发的选择性疑问;

　　"A-1"指答案;

　　"Ack-1"代表序列结束的确认信号。

协作记忆序列由一个邻接对组成。其第一配对部分是尼克提出的选择性疑问。尼克问题的答案由丹尼和卡拉以共同构建的协作话语的形式给出(3～5 行)。序列结束的标志是丹尼和尼克在协作记忆序列中达成共识。分析结果不仅显示手部动作(如指示和演示动作)如何支持复杂协作工作活动中的共同记忆,如同第一种协作记忆序列中观察到的那样;还揭示了在第二种多模态记忆序列中,目光注视作为触发视觉注意转移的具体资源的调节作用。这些视觉注意的转变对于外接共同记忆是至关重要的。

二、 结束语

我们的分析已经说明,复杂协作活动中的共同记忆,例如,协作设计如何依赖于联合回忆设计过程的分布式共同记忆。在现实世界中,比如这里讨论的建筑公司和 3D 动漫设计工作室,共同记忆是一种互动且目标导向的现象。我们分析的两个协作记忆序列，来自两个现实世界的协作性、创造性的设计项目。结果显示，共同记忆起到了集合设计项目中分布性知识的作用。在两个案例中，协作项目均主要被项目主管触发，以确保他们充分了解项目持续进展情况。

基于对话分析中邻接对的概念，我们确立了交互序列。在这些序列中，专家设计团队需要回溯并回忆设计过程的前几个阶段。我们把那些特定类型的互动序列命名为"协作记忆序列"。协作记忆序列可以被描绘为那些实时的多通道互动时刻。在复杂活动的协作进程中，团体决定后退，以便回顾协作的前几个阶段的协作工作，从而更好地前进。在我们研究的协作设计活动中，后退一步对达成设计决策的共识是必须的。因为，它为制定未来行动方案以及即时做出共同决策奠定了基础。

这两个案例均取自协作设计期间的小组会议。在第一个协作记忆序列中，建筑师们举行会议的目的，是如何应对客户对建筑方案的具体修改要求。为了形成对客户的专业回应，为了将来的设计做出决策行为，建筑师们不得不重新审视他们以前的一些工作（如 33 号卧室的位置）。记住设计方案中 33 号卧室的位置，是一种局部的目标导向的协作行为。当成功达成目标后，团队会继续进行针对客户的下一个回应。第二个协作记忆序列，取自相似类型的小组会议。设计师团队必须在与俄罗斯电影制作工作室举行视频会议之前，就动画的状态和未来几天和几周的工作计划达成共识。如同我们在建筑师团队中观察到的那样，设计工作室里的会议，也是回顾先前的设计工作以便达成共识。在这种情况下，设计师们必须共同回忆先前的设计决定，比如每个镜头的顺序和活动。

在第一个协作记忆序列中，我们观察到了不同的构建共同记忆的试误动力学的方式。这一共同记忆是关于 33 号卧室的位置。试误动力学管理协作记忆序列的卷入特质是图 10-1 中交互结构的证据。对城堡平面图中 33 号卧室位置的寻找，即项目先前他们设计和定位的卧室位置，揭示了物质和身体资源在共同记忆中的重要作用。而这些共同记忆发生在复杂的协作行为中。这些共同记忆在物质上受到各种身体行为的支持和管理。比如，身体上握着并指向设计方案，引起视觉注意的共享焦点的手势，以及改变注视方向以调动其他人的反应。

第二个协作记忆序列，是关于设计师团队如何回忆先前的工作，以便达成共识（每个镜头的活动和事件）。达成关于每个镜头的共识，可以强化设计项目的共享知识。这在之后会被认为是理所当然的。因此，设计者们不需要浪费认知资源再次回顾这些信息。这一序列是由尼克询问镜头三中活动和事件的连续顺序的两个问题触发的（1～2 行）。在这个例子中，与剧本的环境相耦合的手势，共同创建了一个参照点，用于协作记住镜头 2 和镜头 3 中动漫形象的动作。凝视方向的改变以及指向书本描述的手势，使专业设计师们创造了一个注意的共享焦点。这使得卡拉和丹尼能够帮助尼克寻找商业广告中镜头顺序的相关信息。为了记住镜头 2 和镜头 3 中活动和事件的连续顺序的互动，有助于加强对商业广告整体结构的共识。

与家人和朋友共同回忆以前的假期，与工作场所的共同记忆的差异在于，后者几乎完全面向未来。与亲近的人（比如家人或者熟悉的朋友）一起回忆，可以让小组成员对未来的度假目的地做出决策；或者解释说，应该尽量避免预订某家特定的酒店，因为它的食物真是太糟糕啦。然而这种共同记忆活动中面向未来的特质，是一个亲密团体之间社会互动的副产品。与亲近的人一起回忆，是社会性、群体凝聚力、身份认同以及共同生活故事构建的关键。

本章我们展示的多模态方法认为，复杂协作活动中的共同记忆，无论是一般的还是协作设计，不应仅被当作提取设计项目先前阶段信息的共同行为。协作设计中共同记忆是面向未来的，并且是达成工作场合的共识、做出决策和计划未来活动的必要条件。我们已经表明，在复杂的协作活动中，很大一部分共同记忆发生在语言领域之外。未来共同记忆协同工作的研究应该考虑多种方法，以及语言、身体、社会和物质资源的协调，在现实生活中支持了复杂的协作活动。而在现实世界中，记忆往往更多的是关于未来的而不是过去的。

致　　谢

我们由衷的感谢欧洲委员会（P7-PEOPLE-2012-IEFMC-IEF 326885）和瑞士国家基金会（Ambizione Grant PZ00P1-154968）的支持。我们感谢 F. 蒂埃蒂安（F. Détienne）协助分析了第一个摘录。我们感谢米歇尔·米德（Michelle Meade），阿曼达·巴尼尔，潘妮·范·伯根，西莉亚·哈里斯以及约翰·萨顿对手稿早期版本的个人反馈。

参考文献

Allwood，J.（2008）. Multimodal corpora. In：A. Lüdeling & M. Kytö（Eds.）, Corpus linguistics. *An international handbook*（pp. 207-225）. Berlin, Germany：Mouton de Gruyter.

Allwood，J.（2013）. A framework for studying human multimodal communication. In：M. Rojc & N. Campbell（Eds.）, *Coverbal synchrony in human-machine interaction*（pp. 17-39）. Boca Raton, FL：CRC Press, Taylor & Francis Group.

Baker，M. J. , Détienne, Lund, K. , & Séjourné, A.（2009）. Étude des profils interactifs dans une situation de conception collective en architecture. In：F. Détienne & V. Traverso（Eds.）, *Méthodologies d'analysede situations coopératives de conception：Corpus MOSAIC*（pp. 183-220）. Nancy, France：Presses Universitaires de Nancy.

Bavelas，J. B. , Chovil, N. , Lawrie, D. A. , & Wade, A.（1992）. Interactive gestures. *Discourse Processes*，15，469-489. doi：10. 1080/01638539209544823

Bekhti，S. , & Matta, N.（2003）. A formal approach to model and reuse the project memory. In：3rd *International Conference on Knowledge Management*（*I-KNOW*），*Industry meets Science，Graz-Austria，July* 2-4，2003（pp. 507-514）. Journal of Universal Computer Science，6，12-22.

Bietti，L. M. （2010）. Sharing memories，family conversation and interaction. *Discourse & Society*，21，499-523. doi：10. 1177/0957926510373973

Bietti，L. M. （2014）. *Discursive remembering：Individual and collective remembering as a discursive，cognitive and historical process*. Berlin/Boston：Walter de Gruyter.

Bietti，L. M. （2015）. Contextualizing embodied remembering：Autobiographical narratives and multimodal communication. In：C. B. Stone & L. M. Bietti （Eds.），*Contextualizing human memory：An interdisciplinary approach to understanding how individuals and groups remember the past*（pp. 127-153）. Hove，UK：Psychology Press.

Bietti，L. M.，& Galiana Castelló，F. （2013）. Embodied reminders in family interactions：Multimodal collaboration in remembering activities. *Discourse Studies*，15，665-686. doi：10. 1177/1461445613490010

Bietti，L. M.，Baker，M. J.，& Détienne，F. （2015）. Joint remembering in co-design：An ethnographic study of functions and multimodal processes. *Proceedings of the 33rd Annual European Conference on Cognitive Ergonomics*，2015— ECCE '15. doi：10. 1145/2788412. 2788429

Bietti，L. M.，& Sutton，J. （2015）. Interacting to remember at multiple timescales：Coordination，collaboration，cooperation and culture in joint remembering. *Interaction Studies*，16，419-50. doi：10. 1075/is. 16. 3. 04bie

Bolden，G. （2011）. On the organization of repair in multiperson conversation：The case of "other"-selection in other-initiated repair sequences. *Research on Language and Social Interaction*，44，237-262. doi：10. 1080/08351813. 2011. 591835

Brennan，S. E.，Galati，A.，& Kuhlen，A. （2010）. Two minds，one dialog：Coordinating speaking and understanding. In：B. Ross（Ed.），*The psychology of learning and motivation*，vol. 53（pp. 301-344）. Burlington，MA：Academic Press/Elsevier.

Brown，S.，& Reavey，P. （2015）. *Vital memory and affect：Living with a difficult past*. New York，NY：Routledge.

Brown，S. D.，Middleton，D.，& Lightfoot，G. M. （2001）. Performing the past in electronic archives：Interdependencies and in the discursive and non-discursive organization of remembering. *Culture & Psychology*，7，123-144. doi：10. 1177/1354067x0172001

Buchanan，K.，& Middleton，D. （1995）. Voices of experience：Talk，identity and membership in reminiscence groups. *Ageing and Society*，15，457-491. doi：10. 1017/s0144686x00002865

Burge，J. E.，Carroll，J. M，McCall，R.，& Mistrik，I. （2008）. *Rationale-based software engineering*. Berlin/Heidelberg：Springer.

Castillo-Navetty，O.，& Matta，N. （2005）. Learning from a profession memory for the

French textile clothing institute. *Academic Journal of Manufacturing Engineering*, 3, 5-11.

Cienki, A., Bietti, L. M., & Kok, K. (2014). Multimodal alignment during collaborative remembering. *Memory Studies*, 7, 354-269. doi: 10.1177/1750698014530624

Clark, H. H. (1996). *Using language.* Cambridge, UK: Cambridge University Press.

Clark, H. H. (2003). Pointing and placing. In: S. Kita (Ed.), Pointing. *Where language, culture, and cognition meet*(pp. 243-268). Mahwah, NJ: Lawrence Erlbaum.

Clark, H. H., & Brennan, S. A. (1991). Grounding in communication. In: B. Resnick, J. M. Levine, & S. D. Teasley(Eds.), *Perspectives on socially shared cognition* (pp. 127-148). Washington, DC: APA Books.

Cole, M., Hood, L., & McDermott, R. (1978). *Ecological niche picking: Ecological invalidity as an axiom of experimental cognitive psychology.* New York, NY: The Rockefeller University.

Dale, R., Fusaroli, R., Duran, N. D., & Richardson, D. C. (2013). The self-organization of human interaction. In: B. Ross (Ed.), *Psychology of learning and motivation*, vol. 59(pp. 43-95). Burlington, MA: Academic Press

Détienne, F. (2006). Collaborative design: Managing task interdependencies and multiple perspectives. *Interacting with Computers*, 18, 1-20. doi: 10.1016/j. intcom. 2005. 05. 001

Détienne, F., & Traverso, V. (Eds.)(2009). *Méthodologies d'analyse de situations coopératives de conception: Corpus MOSAIC.* Nancy, France: Presses Universitaires de Nancy.

Détienne, F., Baker M. J., & Visser, W. (2009). La co-conception du point de vue cognitif et interactif. In: F. Détienne & V. Traverso (Eds.), *Méthodologies d'analyse de situations coopératives de conception: Corpus MOSAIC* (pp. 19-37). Nancy, France: Presses Universitaires de Nancy.

Détienne, F., Baker, M. J., & Burkhardt, J. M. (2012). Quality of collaboration in design meetings: Methodological reflections. *CoDesign*, 8, 247-261. doi: 10.1080/15710882. 2012. 729063

Edwards, D., & Middleton, D. (1986). Joint remembering: Constructing an account of shared experience through conversational discourse. *Discourse Processes*, 9, 423-459. doi: 10.1080/01638538609544651

Fouse, A., Weibel, N., Hutchins, E., & Hollan, J. D. (2011). ChronoViz: A system for supporting navigation of time-coded data. *Proceedings of CHI* 2011, *SIGCHI Conference on Human Factors in Computing Systems*, 299-304. doi: 10.1145/1979742. 1979706

Goodwin, C. (1987). Forgetfulness as an interactive resource. *Social Psychology*

Quarterly，50，115-131. doi：10. 2307/2786746

Goodwin，C.（2007）. Environmentally coupled gestures. In：S. Duncan，J. Cassell，& E. Levy(Eds.)，*Gesture and the dynamic dimensions of language*(pp. 195-212). Amsterdam/ Philadelphia：John Benjamins.

Grice，H. P.（1975）. Logic and conversation. In：P. Cole & J. Morgan(Eds.)，*Studies in syntax and semantics iii：Speech acts*（pp. 183-198）. New York，NY：Academic Press.

Heinemann，T.，Landgrebe，J.，& Matthews，B.（2012）. Collaborating to restrict：A conversation analytic perspective on collaboration in design. *CoDesign*，8，200-214. doi： 10. 1080/15710882. 2012. 734827

Hirst，W.，& Manier，D.（1996）. Social Influences on remembering. In：D. Rubin （Ed.)，*Remembering the past*(pp. 271-290). New York，NY：Cambridge University Press.

Hirst，W.，& Echterhoff，G.（2012）. Remembering in conversations：The social sharing and reshaping of memories. *Annual Review of Psychology*，63，55-79. doi：10. 1146/annurev- psych-120710-100340

Hirst，W.，Manier，D.，& Apetroaia，I.（1997）. The social construction of the remembered self：Family recounting. In：J. G. Snodgras & R. L. Thompson(Eds.)，*The self across psychology*(pp. 163-188). New York，NY：The New York Academy of Sciences.

Hollan，J.，Hutchins，E.，& Kirsh，D.（2000）. Distributed cognition：Toward a new foundation for human-computer interaction research. *ACM Transaction on Computer-Human Interaction*，7，174-196. doi：10. 1145/353485. 353487

Hollingshead，A. B.（1998）. Communication，learning and retrieval in transactivememory systems. *Journal of Experimental Social Psychology*，34，423-442. doi：10. 1006/ jesp. 1998. 1358

Hutchby，I.，& Wooffitt，R.（2008）. *Conversation analysis*，2：*Principles，practices and implications*. Cambridge，UK：Polity.

Hutchins，E.（1995a）. *Cognition in the wild*. Cambridge，MA：MIT Press.

Hutchins，E.（1995b）. How a cockpit remembers its speeds. *Cognitive Science*，19，265- 288. doi：10. 1207/s15516709cog1903 _ 1

Hutchins，E.（2010）. Cognitive ecology. *Topics in Cognitive Science*，2，705-715. doi： 10. 1111/j. 1756-8765. 2010. 01089. x

Jefferson，G.（2004）. Glossary of transcript symbols with an introduction. In： G. H. Lerner(Ed.)，*Conversation analysis：Studies from the first generation*（pp. 13-31）. Amsterdam/Philadelphia：John Benjamins.

Karsenty，L.（1996）. An empirical evaluation of design rationale documents. *Proceedings of CHI* 1996，*SIGCHI Conference on Human Factors in Computing Systems*，150-156. doi：10. 1145/238386. 238462

Kelly，J.，& Matthews，B.（2014）. Displacing use：Exploring alternative relationships in a human centred design process. *Design Studies*，35，353-373. doi：10. 1016/j. destud. 2014. 02. 001

Kendon，A.（1986）. Some reasons for studying gesture. *Semiotica*，62，1-28. doi：10. 1515/semi. 1986. 62. 1-2. 3

Lee，J.（1997）. Design rationale systems：Understanding the Issues. *IEEE Expert：Intelligent Systems and Their Applications*，12，78-85. doi：10. 1109/64. 592267

Lee，J.，& Lai，K.-Y.（1991）. What's in design rationale? *Human-Computer Interaction*，6，251-280. doi：10. 1207/s15327051hci0603 & 4 _ 3

Luck，R.（2009）. "Does this compromise your design?" Interactionally producing a design concept in talk. *CoDesign*，5，21-34. doi：10. 1080/15710880802492896

Luck，R.，& McDonnell，J.（2006）. Architect and user interaction：The spoken representation of form and functional meaning. *Design Studies*，27，141-166. doi：10. 1016/j. destud. 2005. 09. 001

Matta N.，Ribière，M.，Corby，O.，Lewkowicz，M.，& Zacklad，M.（2000）. Project memory in design. In：R. Rajkumar（Ed.），*Industrial knowledge management：A micro level approach*. London，UK：Springer-Verlag.

Michaelian，K.，& Sutton，J.（2013）. Distributed cognition and memory research：History and current directions. *Review of Philosophy and Psychology*，4，1-24. doi：10. 1007/s13164-013-0131-x

Middleton，D.（1997）. Conversational remembering and uncertainty：Interdependencies of experience as individual and collective concerns in team work. *Journal of language and Social Psychology*，16，389-410. doi：10. 1177/0261927x970164002

Middleton，D.，& Edwards，D.（1990）. *Collective remembering*. Newbury Park，CA：Sage.

Middleton，D.，& Brown，S. D.（2005）. *The social psychology of experience：Studies in remembering and forgetting*. London，UK：SAGE.

Murphy，K.，Ivarsson，J.，& Lymer，G.（2012）. Embodied reasoning in architectural critique. *Design Studies*，33，530-556. doi：10. 1016/j. destud. 2012. 06. 005

Neisser，U.（1997）. The ecological study of memory. *Philosophical Transactions of the Royal Society B：Biological Sciences*，352，1697-1701. doi：10. 1098/rstb. 1997. 0151

O'Hara，K.，Helmes，J.，Bhomer，M.，Sellen，A.，Hoven，E.，van den，&

Harper，R.（2012）. Food for talk： Phototalk in the context of sharing a meal. *Human-Computer Interaction*，27，124-150. doi：10. 1080/07370024. 2012. 656069

Pomerantz，A.（1984）. Agreeing and disagreeing with assessments： Some features of preferred/dispreferred turn shaped. In： J. M. Atkinson & J. Heritage（Eds.），*Structure of social action*（pp. 57-101）. Cambridge，UK： Cambridge University Press.

Ren，Y. & Argote，A.（2011）. Transactive memory systems 1985-2010： An integrative framework of key dimensions，antecedents and consequences. *The Academy of Management Annals*，5，189-229. doi：10. 1080/19416520. 2011. 590300

Rączaszek-Leonardi，J. ，& Cowley，S. J.（2012）. The evolution of language as controlled collectivity. *Interaction Studies*，13，1-16. doi：10. 1075/is. 13. 1. 01rac

Sacks，H. ，& Schegloff，E.（1973）. Opening up closings. *Semiotica*，8，289-327. doi：10. 1515/semi. 1973. 8. 4. 289

Sacks，H. ，Schegloff，E. A. ，& Jefferson，G.（1974）. A simplest systematics for the organization of turn-taking for conversation. *Language*，50，696-735. doi：10. 1353/lan. 1974. 0010

Sagoo J. ，Tiwari，A. ，& Alcock，J.（2014）. Reviewing the state-of-the-art design rationale definitions，representations and capabilities. *International Journal of Design Engineering*，5，211-231. doi：10. 1504/ijde. 2014. 062377

Schegloff，E. A.（2007）. *Sequence organization in interaction： A primer in conversation analysis*，vol. 1. Cambridge，UK： Cambridge University Press.

Sidnell，J.（2010）. *Conversation analysis： An introduction*. West Sussex，UK： Wiley-Blackwell.

Stivers，T. ，& Rossano，F.（2012）. Mobilising response in interaction： A compositional view of questions. In： J. P. de Ruiter（Ed. ），*Questions： Formal，functional and interactional perspective*（pp. 58-80）. Cambridge，UK： Cambridge University Press.

Suddendorf，T. ，& Corballis，M. C.（2007）. The evolution of foresight： What is mental time travel and is it unique to humans? *Behavioral and Brain Sciences*，30，299-313. doi：10. 1017/s0140525x07001975

Sutton，J. ，Harris，C. ，Keil，P. ，& Barnier，A.（2010）. The psychology of memory，extended cognition，and socially distributed remembering. *Phenomenology and the Cognitive Sciences*，9，521-560. doi：10. 1007/s11097-010-9182-y

Tomasello，M. ，& Vaish，A.（2013）. Origins of human cooperation and morality. *Annual Review of Psychology*，64，231-255. doi：10. 1146/annurev-psych-113011-143812

Visser，W. ，& Maher，L. M.（2011）. The role of gesture in designing. *Artificial*

Intelligence for Engineering Design，Analysis and Manufacturing，25，213-220. doi：10. 1017/s0890060411000047

Vyas，D.，van der Veer，G.，& Nijholt，A.（2013）. Creative practices in the design studio culture：Collaboration and communication. *Cognition*，*Technology & Work*，15，415-443. doi：10. 1007/s10111-012-0232-9

Wiltschnig，S.，Christensen，B. T.，& Ball，L. J.（2013）. Collaborative problem-solution：Co-evolution in creative design. *Design Studies*，34，515-542. doi：10. 1016/j. destud. 2013. 01. 002

Wu，M.，Birnholts，J.，Richards，B.，Baeker，R.，& Massimi，M.（2008）. Collaborating to remember：A distributed cognition account of families coping with memory impairments. *Proceedings of the CHI* 2008，*SIGCHI Conference on Human Factors in Computing Systems*，825-834. doi：10. 1145/1357054. 1357186

第 *11* 章

情境化的自传体记忆： 记忆的扩展观

史蒂文·D. 布朗(Steven D. Brown)，保拉·雷维(Paula Reavey)

跨学科领域"文化记忆研究"(参见 Erll，2011)或者更简单地说"记忆研究"(参见 Brown，2008)的出现，标志着把"记忆"作为一个有意义的概念和经验对象。其学科范围具有多样化的特性。很多有贡献的学科都属于人文学科或社会学科。最近的"阿什盖特记忆研究公司(*Ashgate Research Companion to Memory Studies*)"是一位哲学家创立的。"文化记忆研究公司(*A Companion to Cultural Memory Studies*)"是一位文学学者创立的。多卷本《劳特利奇国际记忆研究手册》(*Routledge International Handbook of Memory Studies*)则是一位社会学家主编的。有意思的是，这套书总共 92 章节，仅有 9 章是由心理学家完成的。从学科本身来讲，当然应该是心理学才是记忆研究的基地。但纯粹从数字上来看，有很多关于记忆的研究不是在心理学领域内完成的。

我们该如何应对这种以记忆为导向的研究工作的激增？一个策略是对核心概念进行分类，而这些概念定义了记忆的心理学方法，正如勒迪格和沃茨(Roediger & Wertsh，2008)在《记忆研究》杂志创刊号上所做的著名声明一样。在此背景下，想要正式确定心理学家的"记忆"是什么(更重要的是，它不是什么)，并详细说明如何合理地研究它。这是可以理解的。对心理学家来说，在整个人文学科中，对记忆研究采用的推理形式和证据类型似乎是相当陌生的。他们通常采用严肃的哲学思辨并结合语言材料(例如，档案材料、口头史料证明、多媒体报道)，或物质与时间材料的分析(例如，博物馆文物、城市景观、遗迹)。对于一些心理学家来说，在论点和证据标准的建构上的差异，可能会导致这样的结论，人文科学家所谈论的记忆，究竟是不是"记忆"本身，还很难说。

然而，当我们探讨协作记忆这一主题时，贸然把心理学从非心理学中区分开来要冒很大的风险。与其他学科约定的术语会提前确定下来，因此，很难认识到，与核心概念的替代概念化接触的潜在好处。例如，认识不到社会学家莫里斯·哈布瓦赫（Maurice Halbwachs，1950/1980，1925/1992）的工作方式实际上提供了一种缜密的解释，来说明通过小组加工，社会衍生类别如何重建情境记忆（Missleton & Brown，2005），而不是像有时候所声称的那样，提供了神秘的"集体思维（collective mind）"的概念。这可以说让心理学和社会学之间的对话倒退了几十年。同样，心理学学科本身出现的对心理本质进行重大重构的方法，也可以被忽视。在协作记忆方面，其中两个重要的方法是独特的社会文化方法的兴起和话语心理学（discursive psychology）的贡献（例如，Edwards & Potter，1992a；Middleton & Edwards，1990）。这两种方法都优先考虑了话语和互动过程的地位，并重新定义了"心智"的概念，并将心理学置于更广泛的文化和历史背景下。

另一种策略是抛开认识和方法的差异，关注关键问题上的一致性。这种趋同一开始可能并不明显。因为它可能隐藏在对专业术语或数据类型的争论中。这种争论分散了对共有问题的认识。如果我们暂时停止质疑到底什么属于心理学的范畴，可能会看到一些共同的议程。在本章中，我们描述了这种议程可能是什么，以及如何通过对自传体记忆和话语心理学的讨论，来阐释对它的理解。我们通过四个主题组织讨论：功能、可及性、准确性和传记。在每一个主题之下，我们首先指出记忆心理学的一个核心概念，然后描述这个核心概念是如何通过对话语的关注而被重新表述的。（参见 Brown & Stenner，2009）。最后，我们将以这种认识，对于马丁·康韦（Martin Conway，2012）所呼吁的"现代观点"或者我们称之的"扩展的记忆的观点"有何启示意义，进行评论。

一、 功能

对记忆功能的关注，对记忆对个人的作用的关注，可以看作是仅属于记忆心理学下的研究趋势。其高峰期包括巴特利特（Bartlett，1932）的《记忆》的第二部分，和奈塞尔（Neisser，1978）对实验心理界众所周知的警示。巴特利特描述了记忆的社会文化基础和功能。这种基础和功能继续影响着当代的研究（Wagoner，2017）。而奈塞尔声称，对记忆在日常生活中的实际作用缺乏关注，严重破坏了实验研究（Brown & Reavey，2016a）。鉴于自传体记忆研究中已经明确涉及社会和文化问题，最近在自传体记忆中再次出现对记忆功能的关注也就不足为奇了（例如，Berntsen & Rubin，2012）。识别个体对自传体记忆的使用，有助于记忆过程的语境化（或者，正如最初表述的，"日常记忆"）（Gruenberg，Morris，& Sykes，1978）。

苏珊·布拉克（Susan Bluck）的研究中提出了功能的三个种类：指导性（即利用过去赋予当前和未来行动的特征）；同一性（即支持个体随时间而产生的连续感）；社交性（即易化社会交互和建立社会联系）（Alea & Bluck，2003；Bluck，Alea，Habermas，& Rubin，2005；亦见 Pasupathi & Wainryb，第 15 章）。这三个功能直觉上讲得通。如果能转化为哲学论述，他们大致与时间、身份和空间相对应。这三者是现代康德哲学的重要核心内容。但是从提供的实证证据上，证明这三者还是存在一定的问题的。哈里斯等（Harris et al.，2014）提出，当考虑何种信息需要被记忆的时候，每一个功能结构都有些站不稳脚跟。例如，对失败和负性事件的记忆就不符合功能的三维机制，因为失败和负性事件使得我们与自己及他人的关系更为复杂，并不是简单的或多或少的联系或联合。利用已有文献（例如，Webster，1993），哈里斯等人提出了一个功能的四因素模型，包括反思性（即自我关注），社交性（即通常是作为社会/对话的积极的记忆），沉思性（即对失败与威胁的自我关注）和生成性（即对过去的思考和讨论以计划未来，通常是在道德的范畴里）。虽然这貌似提供了一种更完整的解释，来说明我们如何与过去相联系，但哈里斯等人承认，它仍然不能完美解释记忆和情绪调节之间的复杂关系。

从话语的角度来讲，这些缺点说明了一种错误的企图，即把抽象的先验分类，强加于记忆情境。不可避免地，这些类别难以捕捉人们所利用的记忆的本质和微妙之处。因为它们是符合逻辑的，而不是基于经验的。根据众所周知的日常记忆习惯，爱德华和波特（Edward & Potter，1992b）认为，所有记忆的功能分类都是在相互作用的背景下进行的，在此过程中，"过去"变成了大家共同关注的主题。例如，乌尔克里．奈塞尔（1981）把约翰·迪安（John Dean）的水门事件证词解释为对自我形象的维护。爱德华和波特却把迪安的陈述当作一种情境行为来解读。他们理解迪安的陈述是针对参议院委员会提出的问题展开的，提供的对事件的解释有时候相互矛盾，以此来进行自我责任管理。"社交性"功能这一类别，随后被大规模扩展，以涵盖构成日常生活的详细的和细致的互动（Potter，2012）。或者换一种稍微不同的说法，除了社会功能，没有其他的东西通过话语的方式来实现："我们需要的不仅仅是将传统的认知关注扩展到现实世界的环境中，而是将注意力重新集中到社会行为的动态上，特别是话语上。"（Edward & Potter，1992b，p.188）。

这种重新聚焦，需要将注意力转移到作为分析单元的特定的、理想的、自然而言发生的互动上。正如对话分析师哈维·塞克斯说过的那样，"实际发生的事情"（Havy Sacks，1992，p.419）而不是猜测的过程，能够提供巨大的研究收益，但这是有代价的。代价就是要排除人们在他们"实际发生"的交流中寻找自我，以及为未来的行为而去记忆这一过程所代表的含义。例如，某个人面对自杀威胁时呼叫急救电话，并告知在过去生活中发生的可怕的事情，与之相伴的是与该段生活轨迹紧密联系的记忆具有重要位置。还需了解通过这段的电话交流，他们如何去解读他们过去的生活经历，但更需要了解的是关于不堪记忆的协作管理如何在危机发生时发挥作用。

有一个研究是考察在 2005 年 7 月 7 日的伦敦地铁爆炸案中，人们是如何对交通网络进行记忆的（Allen，2015；Allen & Brown，2011；Brown，Allen，& Reavey，2016）。我们有机会进行了一系列访谈。访谈对象都是经历了爆炸或者与该事件有紧密联系的。重要的是，当他们从火车隧道中出来的那一刻，幸存者就已经认识到，他们需要讲述的并不完全是他们自己，而是公共事件。在爆炸事件之后的恢复过程中，他们必须意识到，在向听众——媒体、警察、受害者的亲属、政府报告事件的时候，他们必须非常小心谨慎。这些听众认为要求他们对整个事件做出陈述是合理的。经历过埃奇韦尔路(EdgwareRoad)爆炸的约翰·塔洛克（Hohn Tulloch)说"当我面对鲁伯特默多克(Rupert Murdoch)的民众和其他人时，仅仅用我，构建中的我，重建中的我，与此同时，我努力重建我自己"(Brown et al.，2016，p. 343)。对于幸存者来讲，产生自我同一性（即在7月7日后构建在此之前与在此之后关于他们是谁的关系）变成是集体的而不是单纯个人的事情，因为需要持续不断的卷入一大批他人和机构的需要和议程中去。

实际上，很多幸存者在一段时间之后仅存有关于该事件的碎片化记忆。他们突然间面对地铁残骸的混乱和黑暗，某一些人还遇上身体的伤害。重建的过程因此就保存着一系列的集体意义。一些幸存者建立了国王十字联合会。在该协会中他们交换彼此的故事，描绘火车车厢，使得他们能够建立起在爆炸发生时他们与他人的关系(Brown，2016)。其他人通过媒体报道或照片去重建他们记忆中的元素。在少数情况下，通过他人的证明或与其他幸存者的相遇，使得他们的回忆在日后又与之前不同。这也会引发明显的痛苦。个人与公众之间的差别是不固定的。广义上讲，幸存者所记忆的并不是个体日益增加的不完整的记忆碎片，而是集体活动的产物。

记忆具有多种功能。我们利用带有那么多功能的记忆，必须与"实际发生的事情"挂钩。借用哲学家亨利·柏格森(Henri Bergson)的话说，从任何他处着手的构建所冒的风险，都类似于穿着"不合体的衣服"在大街上闲逛。但是我们也不能拘泥于经验主义这一种形式。经验主义只能解释这样或那样的特定交流行为。在《生命的记忆和情感》中(Brown & Reavey，2015a)，我们提出，在生活中，人们既感知到连续性也感知到非连续性，远远超越即时发生的事件。这样的生活借助协作记忆得以反映。因此，同一事件的记忆根据其发生的背景的不同，可能具有非常不同的意义，并演变成不同的事情。这就是艰难或痛苦的记忆发生的情况。这属于自传体记忆的亚类。因为它们难以忘怀或将持续下去，我们称之为"致命的"记忆(Brown & Reavey，2015a)。搞清楚人们如何理解生活轨迹中"负性事件"的意义，会引导我们转向社会记忆的情感维度的概念化，从而与哈里斯等人（2014)方向相同。

二、可及性

图尔文和珀尔斯通(1966)把特定记忆的可用性（即记忆是否在系统内）和可及性（即是否可以被提取）区分开来，这是理解自传体记忆如何唤起的核心。很多过去的经历对我们来说是可用的，但只有与当前情绪和工作自我的操作目标相匹配的经历才具有更高的可及性，也更可能被回忆起来(Conway，2005)。在康韦和皮尔斯(Pleydell-Pearce)对自传体记忆的自我记忆系统模型(Self Memory System model，SMS)的描述中，工作自我被分解成持久的自我形象、传记和信念/价值，并与持续的波动的目标系统产生交互，产生与更广泛的计划和愿望相关联的即时短期目标。这两种成分的交互作用，引导自传体记忆的激活模式，使得与工作自我的当前状态相关的情景记忆（即，我们如何感知自我以及其以何种方式引导我们的行为）的可及性水平更高。

最近有人提出了一个公式，对记忆和想象之间的关系进行了解读（Conway & Loveday，2015）。想象在这里被狭义定义为想象或预期未来事件的容量。尽管目标和计划对于自我记忆系统模型来说非常重要（即过去、现在与将来的期望关系），但记忆与想象的关系，直觉上应是错综复杂的。作为与想象同样的加工过程的一部分，我们回想对某些事情状态的预期，回想对自己和他人关系的期望。康韦，罗达和科尔（Loveday & Cole，2016）提出的记忆-想象系统（Remembering-Imagining System，RIS）假设，过去事件的可及度和对未来想象的特征，符合围绕当前状态的拟正态分布，这样我们回想过去或展望未来得越远，回忆事情或想象事件的清晰程度就越低。

当把一个抽象的概括化的机能具体化时，会遇到几个问题。记忆系统想象系统所描述的过去和将来就像通过鱼眼镜头拍摄的过去和将来，很难解释菲莱穆（Pillemer，2000）所说的对"重要事件"的"生动的记忆"。而无论过去与未来相距多远，这种重要事件毫无疑问对指向将来的想象具有清晰明确的指向功能。此外，对被预期事件的释义，也可能导致事件被想象到特征的水平，但时间离得却很远，显然这两者是相互矛盾的。例如，当配偶感觉陷入一段不愉快的关系中去，他可能会精细地想象，当他们能够打破当前的僵局之后，他的新家会是什么样子，他们的日常生活会是什么感觉。也许我们应该追随伯格森（Bergson，1908/1991），基于对当前情况的处理，探索注意如何扩张和收缩到回忆过去和预期未来方面，而不是仅仅谈论记忆和想象。

伯格森（1933/1992）呼吁重新关注记忆的价值，指出真正的要解决的问题不是"解释对过去的保持，而是解释对过去的遗忘"，因此我们"应该不再必须解释记住的，而是解释忘记的"（p.153）。对思想的想象"淹没"在记忆中，因此并没有表现在当前的行为中，这是对几十年前尼采提出的教条主义和怀旧的历史取向的批评的回应（Niezsche，1997）。自我记忆系统模型/记忆系统想象系统模型虽然被翻译成了系统状态的语言，但还是表达了这样的顾虑，担心被卷入过去中。

"记忆系统具有高度不稳定的激活模式，来响应不断变化的线索提示。这种记忆系统的一个问题是：记忆可能会淹没在意识中。因此，控制过程必须在监测长时记忆中线索驱动的激活变化模式的同时，调整哪些记忆在意识中得以具体化，来获取与当前目标相关的信息。"（Conway & Loveday，2015，p.575）

这里有一个观点是一致的，那就是有些事情需要按照常规进行操作。根据当前事件重新组织和管理我们与过去的关系。对于伯格森来说，这是一个本体论问题；对于尼采来说，这是一个历史问题；而对于实验心理学家来说，这则是一个认知神经问题。但，这里缺少一个层次，即用以组织记忆可及性的社会加工。在德里克·爱德华（Derek Edward）对过去事件的交互影响的解释中，这一层次可以通过查看涉及或要求给予解释的特定场合来加以说明（即对意向、责任、罪恶等的人物或事件的描述）。例如，在关系咨询中，夫妻应邀讲述他们个人的历史，并推出那些陈述与他们当前感知到的"问题"相关联的参照证据。爱德华兹（Edwards，1995）明确指出特定的修辞手法，例如利用时态（例如，将、会），副词（例如，经常，优势，通常）和成语（例如，一个巴掌拍不响）等是互惠方式的关键。采用这样的方式，伴侣们共同描绘以形成对对方的反指控。这些解释就是爱德华兹所说的由参与者提供的"面向解决方案的对话"的材料。同样，在警方对嫌疑人的审讯中，对过去事件的描述被当作确立意图和罪责的法律议程的一部分。爱德华兹（2008）展示了，警察是如何通过在各种不同类型问题格式之间转移的技术，来实现这一点的。这样就使得嫌疑人得重新表述他们的行为、结果和意图之间关系（例如，提到有目的的"敲打"窗户，代替中性的"碎了"）。在这两种情况下，爱德华兹指出，对过去的解释从来都不中立，而是按照所要求的方式进行系统的组织。

　　一个明显的问题是该研究仅仅考虑了事件一旦被回忆起，在表达的过程中总是被赋予附加的语言色彩。站在话语心理学的立场上，爱德华兹（2006）提出了反驳，指出尽管并不是人类存在的每一个方面都是语言性的，但谈话使我们理解心理是如何在日常生活中形成的，并能让人知道"无论是主观、无意识感受或客观现实等，不存在语言无法企及的方面"（Edwards，2006，p.42）。记忆是作为日常谈话实践的一部分而发生的。每一次谈话实践在识别和解释心理现象时均有其自身的程序，无论是避免对一段失败的关系的责备，还是从警察那里进行意图指控，或者通过心理学实验证明我们的能力（见 Potter，2012；Bietti & Baker；Hydén & Forsblad；McVittie & McKinlay；Müller & Mok，第9、第10、第12、第25章）。这使得心理以一种有趣的方式获得经验加工。既然我们试图去解释的内容属于谈话实践，那就不需要关注谈话之外的事情。对于以基本方式参与谈话实践的人们来说，这些内容是可解释的。例如，在咨询中，个体如何谈论情景记忆，以及何种类型的记忆被认为是相关的和有意义的，是通过各种不同的具体程序来控制的（例如，选择重要事件，讨论感受，提供解释）。谈话程序则是对自传体执行过程的实际"控制过程"。

　　然而，尽管对实践的关注有效地扩展了心理学对认知系统的狭义的定义，狭义的定义是指基于大脑的定义（Middleton & Brown，2005）。最终在对话实践中重新对它进行了界定。按照这种方式，本体论、史学、认知神经和社会都失去了一些特殊性，因为它们被融入了普遍的对话过程中，服务于实践。相反，我们应该在某种程度上区别对待正在进行的各种活动，但在特定情况下，这些过程会被融合在一起。举一个扩展的例子，当前英国的社会福利实践，改变了被收养儿童的传记。传记工作包含建立工作档案（就是一本书），以一种对被收养儿童有意义的和可理解的方式，讲述他们的人生故事。故事通常从出生开始。考虑到孩子在不同的照料环境之间的转换，看护者、养父母有责任确保生活故事定期更新。这种做法的挑战之一是：被收养的儿童，特别是在年幼时，通常会受到亲生父母的忽视或虐待，护理人员需要找到一种方法，以一种不带评价的方式去讲述这一问题。因为把亲生父母描述为各种不堪的人，并不利于儿童心理健康发展。收养者还必须用一种微妙和不带威胁的方式告知儿童他们的身世和当前的身份。

在一项针对收养父母的研究中（Brookfield，Brown，& Reavey，2008；Brown，Reavey，& Brookfield，2013），我们考察了对社会工作实践的组织记忆、收养家庭的家庭记忆和儿童本身的记忆等各种不同形式的记忆，是如何在传记工作中共同发挥作用的。其中最主要的一个主题是，如何处理过去经历中的信息缺失（例如，在国际收养时），或者如何处理有限的或者有问题的材料（例如，目前仅有的童年早期的照片是警方的照片）。收养父母强烈意识到，不论他们把什么放入档案中，都会变成家长所描述的关于领养孩子的精彩生活（Brookfield et al.，2008，p. 486）。他们认为自己在努力创造一种叙事和一套相应的图片，来搭建儿童可以记忆的东西和他们对早期经历的想象重建。这是一项需要小心谨慎的任务。有些情况下，这需要积极合作，发挥想象力。例如，一对夫妇在收养儿童的要求下，要放一张在儿童出生医院门口的照片。在所有上述情况下，把这些材料当成是真实材料都没有问题。当记忆无从获取时，这些专门提供的材料，被认为对生活叙事提供了支持。

我们把养父母所做的定义为一种协作的"管理可及性"。他们不仅是所收养儿童的法定监护人，也是他们自传体记忆的监护人。这些自传体记忆不仅来源于直接体验到的情景记忆，也来源于监护人和兄弟姐妹的故事、照片和想象重建。一位养父母讲述了他如何应对其养女儿对火的兴趣（Brown & Peavey，2015a，pp. 125-127）。这个孩子及他的哥哥姐姐，在其亲生父母引发房子着火后，被安置领养。这就导致了一个两难境地。如果养父母试图让收养儿童不再对火感兴趣，她就要冒着在日后被质疑不诚实的风险。这可能威胁到她成功领养。然而，在一个孩子不太可能把握事件的全部维度的年龄告诉孩子，被认为是一个更大的风险。最后妥协的结果是养父母通过购买适合的儿童年龄的消防员服装，来使这一兴趣变成娱乐。同时将这件事情推迟到日后告诉孩子。通过这种方式，既搭建起了儿童自传体记忆，同时又使得火灾对他们而言暂时不可及。

与他人协作并不仅仅是帮助记忆，它可能会使事件变得不可及。根据社会分享型提取诱发遗忘模型，费金等人（Fagin et al.，2015）认为，与他人的交流，会使与眼下讨论无关的情景记忆，更加遥不可及。这种效应在短期内特别明显（另见 Hirst 和 Yamashiro，第 5 章）。如果我们把这放到日常情景中，比如发生在成人和孩子之间，家庭内部和个人关系中，我们就可以开始将记忆的可及性当作一种协作记忆的成就。"控制过程"不仅不完全是认知的（以 SMS/RIS 模型建议的方式），而且现在还有双重的隐喻。在权力和权威不对称的情况下，协作记忆可以涉及对他人记忆的"接管"和"监护"。虽然这其中的大部分是在对话过程中得以实施，但它也将不同类型的记忆、证据形式和想象结果联系在一起。我们可能不只要问，自传体记忆是如何通过对话形成的，而且还要问，它是如何通过生活在特定的政治和经济时代而形成的。特定的管理模式（如残疾评估、事业福利监测以及精神病治疗）可以发挥集体记忆—想象系统的作用，塑造人们内在的关于过去可说和可听的东西（样例见 Brown 和 Reavey，2017a）。

三、 准确性

乍一看，"准确性"的标准似乎是记忆心理学的基础。当然，在过去大概一百年的实验室研究中，绝大多数的实验范式都依赖于一种方式，即特定的回忆能在多大程度上反映之前的刺激和事件。这就导致了，将准确性建构为认知系统应有的默认状态。从直觉上来说，记住实际上发生的事情，具有某种功能和/或适应价值(Tulving，1985)，因为它是将知识应用到当前环境的基础。但是当我们从语义记忆(在语义记忆中，正确与否非常重要)转移到自传体记忆时，这种准确性的判断标准就没有那么重要了。正如我们所看到的，对自传体记忆采取功能取向表明，对构成我们生活经历的事件，采取更加灵活的取向可能更具适应性。例如，以"经验教训"的方式，阐述或者扩展自传体记忆在当前的意义，或者在个人发展得更广阔领域内的价值，来重建不幸的自传记忆的能力，其适应价值远超于对基础细节的准确回忆。

正如奈塞尔(1978)所讲，理解情景记忆在日常情境形成的步骤，广受欢迎。伊丽莎白·罗芙特斯(Elizabeth Loftus)的大量工作，堪称典范(例如，Lofuts & Ketcham，1992，1995；Lofuts & Pickrell，1995)。尽管她的绝大多数工作都是在实验室而不是在自然环境中完成的，但是她的工作提出的问题，与这些环境是相关联的，并且极具价值。例如，她早期对目击见证的错误与偏见的研究(例如，Lofuts，1996)，涉及事件本身和在司法程序中多次证词之间的差异问题。莫茨考(Motzkau，2009；2010)对从事儿童目击见证工作的法律工作者的研究表明，一个关键问题是保存通过口头证词提供的证据。因为随着时间的推移，记忆的准确性变得越来越低。此外，鉴于目击证人常常被要求在多种情形下多次回忆事件，在准备审判的高度暗示性条件下，在法庭控辩的高度对抗条件下，有许多可能会出现潜在的错误和虚构。

尽管对偏见和错误的关注，提供了一种将实验室研究与现实世界的关注联系在一起的方法，但它也提出了一些困难的问题。在这种特殊情况下，实验室的发现，究竟会给公众辩论提供什么参考。罗芙特斯对所谓"记忆战争"的贡献，已经有了详细的记载和讨论(Lofuts & Ketcham，1992；Pope，1995；Campbell，2003)。她最重要的主张是，如果能在实验室条件下证明，被试明显愿意回忆那些并没有发生的事件的虚假信息，这会极大损害了"恢复的记忆"的可信度(即先前无法触及的创伤事件的记忆)(Lofuts & Pickrell，1995；Lofuts，1997)。基于认知论、方法论、道德和政治方面的原因，对这一主张，有许多反对意见(Ashmore，Brown & MacMillan，2005；Campbell，2003；Crook & Dean，1999)。但是，我们只想指出这一论点的不对称基础。实验室中产生"虚假"记忆的可能性，并不一定会让人怀疑恢复的记忆是否"真实"，因为对假性的验证并不等同于对真理的驳斥，尤其是当它涉及在不同语境、不同背景和不同实践活动中进行比较时。相反，保持实验室与法庭之间的模拟，需要实验证明，恢复的记忆是一种可伪造的现象。

显然，在广泛的研究领域中，将"错误记忆的研究"(Wade，Garry，Read，& Lindsay，

2002)分离出来是非常重要的。这项工作的重点是将"恢复的记忆"从研究"错误记忆"的工作中解构出来，尽管"错误记忆"本身是一个政治概念而不是一个科学概念（Campbell，2003）。然而，用"真实"和"虚假"来建构记忆，是不容易的。当罗芙特斯声称"本质上所有记忆在某种程度上都是错误的"（Bernstein & Lofuts，2009，p.373），那么能消除记忆歧义的想法，就可以从那些不能被证明是有问题的记忆中得到检验。如果这种差异不成立，那么为什么要把某些过程与所谓的"虚假"联系起来？科学上它们很可能是吸引外部对"真相"判断的相同过程？在别的地方，我们曾经建议那些从事真实/虚假区分工作的心理学家，在提到特定的回忆如何通过真实性和准确性测试时，做好采用"相对虚假的"和"尚未确认真实"的记忆来命名（Brown & Reavey，2017b）。

我们认为这种区分很重要。因为它把辩论从"假阳性"转移到了更广泛的关注记忆与专业实践相结合的方式上。"假阳性"是指某人记得的一件重大事件，比如儿童期的性虐待（childhood sexual abuse），但是随后这件事被进行了篡改。例如，选取 100 名女性作为调查对象，她们觉得自己可以对儿童期的性虐待进行指控。根据英国和美国的典型报告率，只有 32 例向警察报告。在这些案例中，只有 7 起案件导致逮捕，只有 3 起案列可能被移交给检察院。在审判中，100 个案例中只有 2 起案例被成功起诉。所以，特定的回忆是否迫切需要证伪，这种问题只应用到 3% 的案例中，因为只有 3% 的案例可能被提交法庭，并且只有 2% 的案件存在潜在的"假阳性"问题。这可能需要心理学研究来进行解构。剩余 97% 的案例属于"相对虚假"，即在某种程度上没有达到证据标准进入法律程序的下一个阶段。

乍看之下，这似乎确实表明"错误记忆过程"是一个问题，因为涉及数字，需要解释。然而，使用 100 名女性的参照组，我们可以判断 68 名没有正式报警的女性很可能会这样做，因为诸如对虐待者的恐惧、对警察的不信任、想要继续她们的生活等原因。在确实提交的报告中，有 25 起案件没有被追责。这可能是因为警方的调查无法获得其他形式的证据，或者证词不一致，或者受害者撤回诉状。4/7 的案例被检察官通过但并没有最终走上法庭。这几乎都是因为，检察官担心证人不能给陪审团留下好印象，因为她们表达不清、生气，或者不符合"受害者"的规范行为（Motzkau，2010）。在这个过程的最后，有 3 个案例最终获得了法律判决结果，因此，对"错误记忆过程"的影响进行提问是有意义的。然而，其他 97 起案例中，围绕"想象膨胀""社会渲染""暗示性"和"意向导引"等相关的"错误记忆"问题，是无关紧要的。因为这些案件没有进一步推进的原因，可能是诸如社会福利服务的参与，社会和经济条件，其他形式的情感虐待的共现，以及自我表现能力等因素。因此，绝大多数"相对虚假的记忆"（即实验传统中被称为"错误记忆"的东西）都可以探索社会因素而不仅仅是狭隘的心理学因素来进行解释。

在这里，价值变得清晰起来。话语心理学的方法论，焦点在自然数据上（即日常事件的视频记录），而不是实验室模拟数据。对话研究倾向于展示在对话实践领域内，一旦被拿出来评估，就会被认为是鲜活的过去的事件，而不是依照原则标准考虑真假记忆的区别。例如，克雷尔·马克马丁（Clare MacMartin）和琳达·伍德（Linda Wood）的研究分析了针对儿童期性虐待的实际司法量刑判决，以探索意图和同意的归因是如何进行推论构建的。根据对加拿大 74 起儿童性侵犯案件中的法律判决分析，他们展示了法官是如何使用性动机的语言来构建性侵者所犯下的罪行的。这些罪行需要非常特别和严厉的法律判决（McMartin & Wood，2005）。法官们还做了大量的工作，来重新描述被定罪的罪犯的行为和证词，看是否有某种形式的"悔意"（一种重要的司法考虑）（Wood & MacMartin，2007）。这说明，在儿童性虐待案件中，法律判决不仅取决于确定案件的基本"事实"，还取决于一项复杂的工作，即动机归因，讨论同意（即使在法律上不允许同意的情况下）、缓解和悔恨的问题。莫茨考（2010）指出，这一过程也在起作用。因为，在调查期间，与法律专业人士讨论是否继续起诉时，儿童证人的待遇也是如此。例如，对儿童进行视频采访的警官非常担心，在保证采访的准确进行的同时，究竟如何处理才可能会或可能不会导致未来对串通或"污点证据"的指控。这取决于他们所采用的特定的提问方式。他们在处理一个脆弱的年轻人时的情况表明，他们需要非常详细地描述案件。这对他们来说是非常痛苦的。

总之，伴随对法律"假阳性"的关注，导致了对司法进程中，记忆和证词得以处理的具体做法并没有得到该有的关注。调查人员和法官们都清楚记忆的弱点，以及什么是记忆，尤其是目击见证较为脆弱的情况下，在这种情况下，所谓的记忆是受害者和法律工作者在整个法律过程中共同合作的结果（McMartin，1999；2002）。法院会系统性地重新描述他们提供的证词，使这些证词被赋予意图归因、同意以及自我认识等属性。同样，这样的问题在其他环境中也有争议。例如治疗，在治疗中，根据对这些实践活动的推测，来访者会得到完全不同的治疗方案。例如，虽然展示事件的不可挽回的负面影响，对确保施虐者定罪至关重要，但在治疗中，受害者的想法可能在某种程度上被拒绝，以追求"幸存者"更具适应性的状态（Reavey & Warner，2003）。在日常成人生活中，遭受童年期性虐待的人，可能会将注意力转移到经历的一系列细节上，根据这些细节与她们当前生活的相关性，他们可能会积极寻求以不同的方式构建这些细节。

我们发现，探索在不同场合下，回忆相同的经历的差异，揭示了模糊性和矛盾性而不是准确性的价值（Reavey & Brown，2006；2009）。儿童性虐待的幸存者，通常会记住事件的非常具体的细节。但她们也记得这些细节在童年时是如何经历的，以及她们成人后如何反思这些细节。例如，一位女士记得她的施虐者如何从她儿时卧室的一件家具中取出抽屉。当时，这使得五斗橱看起来怪异而可怕，但随后，这演变成了对父亲背叛的回忆。回忆中，她的父亲从自己的孩子身上夺走了最基本的家庭舒适（Brown & Reavey，2015a）。另一名被试详细谈论了她的哥哥如何取下房间的门把手，然后对她实施了性侵。在对这个特殊行为的解释中，她描述自己如何反抗了一段时间。如果她的哥哥故意想锁门，就像他行为暗示的那样，这将使得他的行为是一个深思熟虑的选择。然而"她的一部分"希望这不是真的，她可以相信这只不过是他的不成熟的"好奇心"的问题（Brown & Reavey，2015a，pp. 94-97）。这一解释的困境进一步被记忆中的快乐元素所混杂，这对她来说是一种深深的罪恶感。对其哥哥的行为缺乏明确的解释，使得其哥哥的行为显得模糊不清。这似乎使得这位女士在此事件中以不清晰的记忆而一直存在矛盾心理。

虽然法律在某种程度上保持了合适的标准，儿童被认为可以行使一般权力，尤其是性行为方面，但这并不能阻止幸存者在某种程度上反复思考当时她们做出的某种选择的问题。事实上这很复杂，儿童性虐待很少发生在对虐待有利的一系列情景（如家庭关系、社会经济关系等等）之外。在一个案例中，幸存者描绘她小时候的家庭状况，家里如此的混乱，根本没有任何隐私可言。她主动选择待在一个亲戚的家里以获得一些空间。这很不幸，且不知不觉地将她自己置于性侵的危险之中（Brown & Reavey，2015a，pp.100-102）。如果说她作为一个孩子，在任何事情上都没有选择，显然就否定了她是如何积极参与一些事情的。这些事件似乎迫使她做出类似成人的选择。她回顾这些事件时，从其作用和受害者的复杂的角度进行筛选，这对她如何考虑自己目前的作用至关重要。

有些针对记忆的对话心理学方法，似乎暗示对准确性的关注并不重要（例如，Middleton & Brown，2005）。我们坚决反对，准确性总是非常重要的。然而，准确性确立的标准和程序因实践不同而相差悬殊。法律对记忆的要求不同于治疗对记忆的要求，而治疗又不同于家庭和个人关系对记忆的要求。以此类推。因为实验室是另一个有自己特定程序的实践之地，所以作为心理学家，我们不仅没有高标准去做出明确的判断，也没有个人经验可以去利用。如果记忆总是发生在一定语境中，并且总是协作的，那么我们应该研究这些语境行为的背景特异性，以及我们使用的适合处理手头事情的记忆方式。

四、 生命的故事

贯穿本章的主题是语境对理解人们利用自传体记忆的影响。功能、可及性和准确性是在交互语境、正式语境和相关实践中确立和管理的。但是还有另一个重要的语境维度：即"生活"的全部意义。这种意义，既来自我们对过去的经历，也是我们记忆过去经历的框架。康韦（2005）使用"一致性"的概念来表示"复杂的情景记忆"与持续的自我感觉的相对契合。通过这种方式，可以重新把准确性定义为，把回忆放置在当时生活历史和事件的两个维度中。然而，在自我记忆系统模型模型中，一致性是相对确定的，因为需要将过去事件融入当前的自我意识中（Conway，Singer，& Tagini，2004），这与哈伯马斯和科布尔（Habermas & Köber，2014）的研究结果一致。这就提出了一个问题，当被记住的东西与当前的自我意识中的版本有很大不同时会发生什么。

另一种方法是概念化，即将自我延续。这种自我延续感存在于我们目前参与讲述的每一段生活故事中（Alea & Blunk，2003）。这种前反思、感觉到存在的连续性，具有相当大的哲学吸引力。它表明，正如海德格尔（Heidegger，1962）曾经说过的，一旦把它放在一起，我们就会关心它是什么和它是谁，并因此不断地反思自己的过去，展望自己的未来。这种对将过去的经历融入一个正在进行的"视角"或者生命轨迹的关注，似乎从青春期就已经开始了（Bauer，Hättenschwiler，& Larkina，2016）。区分"自我连续性"和生活历史的另一个优点是，它允许在不同的历史时刻，以及跨文化背景下，有不同的方式构建"自我"以及自我相对的重要性，同时还保留了一种自我连续的想法。而这种自我联系的想法，被认为是所有这些"自我"的共同点。

接下来的问题是，理解自传体记忆如何与自我连续性交互作用。哈伯马斯和 de·西尔韦拉（de Silveira）（2008）通过自传体记忆，将这一概念概括化为在生活叙事中发展出的连贯性。即一个包罗万象的"生活故事"的渐进构成。然而，许多人还在经历生活事件，这些生活事件对他们的生活叙事造成了破坏。例如，工作或学业上的失利，作为父母和伴侣的缺点，意外事件带来的突变。在这种情况下，回顾那些支持先前生活叙事的情景事件，或者试图将现在同化到"生活"的宏大场景中，这本身可能是不够的。哈伯马斯和科布尔（2014）认为可能需要特定形式的"自传式推理"。例如，生命中的"转折点"或"经验教训"等的使用。这些形式的推理可以帮助修复生活叙事中的突发事件，维持自我连续感。

从对话的视角看，理解这些形式的推理作为叙事手段是有意义的。这里有大量的研究可以借鉴，包括布鲁纳（Bruner，1992）"讲故事"的概念，格根（Gergen，1995）对叙事解读的概念化，以及最贴切的阿尔（Harré）叙事"定位"的描述（Davis & Harré，1990）。这里的共同信息是，我们识别"自我"的技术从精神层面上说是文学机能。自我，是通过我们讲述的故事"创作"出来的（Bruner，2004）。我们通过对我们生活经历的描述来了解我们是谁。生活叙事使用了更广泛的修辞和故事模式。这些修辞和故事模式都存在于我们社会化的文化背景中。所以康韦和哈伯马斯认为的新生的认知技能，变成了马克·弗里曼（Mark Freeman，1993）从叙事角度看"重写自我"的习得的写作能力。

对话研究可以显示，这些技能是如何通过交流得以发展的。爱德华兹和米德尔顿（1986；1988）针对亲子共同回忆过去的研究，观察了父母指导孩子根据图片进行推断，以及构建与当前环境相关的过去事件的描述技能。对于爱德华兹和米德尔顿，记忆是一种习得的互动成果。然而，不像罗宾·菲伍什针对亲子互动记忆的类似研究（Fivush，2011；Fivush，Habermas，Waters，& Zaman，2011；另见 Fivush et al.，第3章），爱德华兹和米德尔顿对于推测对话过程和认知过程的关系不感兴趣。对话心理学家倾向于将经历当作一种互动成果，既不需要"认知"的概念也不需要"叙事"的连贯性（Potter，2002）。正如斯特劳森（Strawson，2002）声称的，很多人生活在"无情景生活"中，他们对过去的兴趣较为有限。

> 我对自己有一个很好的把握，因为我有一个特定的人格，但我完全不感兴趣去回答"是什么成就了你的一生？"以及"你是如何生活的？"我过着这样的生活，但是这些思考并不属于我的生活。这并不意味着我在任何方面是不负责任的。这只是说，就我关心自己和自己的生活而言，我关心的只是我现在的状况。我现在的样子，是由我的过

去深刻塑造的。但重要的是，过去事件所塑造的是现在，而不是过去本身（Strawson，2004，p.348）。

尽管我们并不赞同斯特劳森从更广泛的伦理和认识论层面对连续性的阐述，但他指出，我们不应该仅仅关注寻找生命连续性想法的即时价值，也应该重视，随着时间推移，人们不仅或多或少还是同一个人，更重要的是，要超越这些基本感觉。我们应该把自传体记忆当作人格的充分条件，而不是必要条件。确实，我们可以想象一下，一个人能够在没有相应的连续感的情况下，提供大量自传体记忆的例子（例如，某人可能认为其归属于几个不同的甚至可能存在冲突的团体）。缺乏连贯性，在自传体记忆文献中被认为是某种形式的象征或者认知和/或神经机能障碍。康韦用"破碎的记忆"来指代"个人信仰和意义不再被特定的自传体记忆束缚和约束"的例子（Conway & Loveday，2015，p.6）。但是这种记忆中病态的不连续性是没有帮助的，因为它缺少了各种各样的"非情景性"记忆，而在这种记忆中，我们得以与过去产生联结。

我们可能会以各种非偶发的方式与自己的过去联系起来。与目前在安全医院环境中接受法医精神病学治疗的精神病人合作（Brown & Reavey，2016b；Brown，Reavey，Kanyeredzi，& Batty，2014），我们发现，在这些环境中，如何提供精神病学服务有许多方面。这些方面决定了患者可以利用他们的过去。根据《精神卫生法》（mental health act）的某一个条款进行拘留（即被隔离），是一种重要的生活经历。此外，司法鉴定精神卫生服务使用者还被定罪或者被指控犯有刑事罪（或称"犯罪指数"）。安全单位最大的问题是，管理病人对自己或他人造成的风险。评估这种风险，要求工作人员注意最近监狱和/或医院中病人生涯有关的犯罪指数，但这不并需要详细了解他们以前的生活。事实上，研究调查期间病人最初最常见的反应之一便是，对在治疗之前就被询问之前的生活感到吃惊。就像一个病人所说，当他到达的时候，她实际上已经将过去的生活留在了"门口"，并希望在被释放的时候重新拾起它（Brown et al.，2014）。接下来这些病人生活在"非生活情景"，不是出于选择，也不是因为他们目前的精神健康状况，而是因为护理制度在这个单位的运作方式。对于病人而言，由于他们康复的不确定性（许多"部分"是开放式的依赖医学判断），以及封闭式病房内重复的生活，这变得更加复杂。

正如我们所看到的，痛苦的生活经历往往发生在特定的环境中。许多司法鉴定精神卫生服务使用者都是童年忽视或者性虐待的受害者，并经历艰难的经济生活。这些患者的自传体记忆中有许多他们不愿详述的内容。但与此同时，他们与过去的联系，以个人关系、家庭关系、甚至是地点关系的形式，又是至关重要的。精神卫生的社会背景方面的文献中，最重大的发现之一便是，这些关系对获得幸福感的重要性（Cromby，Harper，& Reavey，2013）。然而，这些关系因患者过去的行为而变得复杂，即使出院后恢复的可能性也很低。患者经常以一种极端理想化的方式谈论他们未来的生活，这在很大程度上影响了自传体记忆。例如，一个患者提出想再次见到自己孩子，听听他们的声音，但要听的是过去儿时的声音，而不是现在的声音。我们将一系列不连续的生命叙事连接在一起，以促进"非情景式"与自我的关系，而不是将其视为某种形式的"破碎的记忆"。

回忆过去和预知未来显然是交织在一起的。对许多人来讲，这可以是一种阐述丰富的叙事形式，在这种叙事中，他们是自己命运的作者。他们讲述故事时的中断部分，可以被巧妙融入他们不断编织的叙事的迂回曲折中去。毫无疑问，另一方面，有些人对过去的意义并不感兴趣。这要么因为他们有足够的文化和物质资本，所以对过去不感兴趣也不成问题；要么是因为他们生活的状态比较特殊，他们的主要心思在日常拼搏上。过着非情景式生活很少是选择的结果。它是一种社会经济条件促成的存在模式。通过不连续的生命叙事来谈论谁是谁，并不是病理学标志。这可能发生在那些不得不忍受痛苦经历，并且被剥夺了自我作者身份的人身上。

五、 结束语

在历史的重合点上，记忆心理学家拓宽了它的关注点和研究范围，超越了研究个人记忆的范围去探索记忆在更广泛的个人生活中的位置。马丁·康韦（Martin Conway）和同事们将这一运动的最新阶段称为"记忆的现代视角"（Conway，2012）。他们从权威的视角表明，记忆是建构而不是复制过去的经历；记忆涉及推断和时间压缩；它们是个人意义和更广泛的社会服务的来源；它们的价值来源于过去事件的对应关系和生命叙事的连贯性。对记忆的这种理解是理解记忆的核心原则（Conway et al.，2004）。尽管对于这种方法的操作化，存在哲学和方法论的争论，但对于那些希望将自己的努力引导到这个方向上来的人，确实有，就像我们，很少会将认知和谈话方法区分开来。这两种方法其实具有相似的问题，人们在实际生活中，如何利用记忆，记忆的功能、可及性、准确性和传记等的研究有什么意义，这样的问题在两种方法中都存在。

我们将"记忆的扩展观点"视为主要关注记忆的情景、语境和功能方面（Brown & Reavey，2015a，2015b）。记忆的扩展观点，将记忆看作不同环境中（法律环境、治疗环境、教育环境、家庭环境等等）许多过程的共同努力。每种方法都有其自己的程序和标准，来确定准确性和相关性。因此，我们会看到，所有情境性或者自传体记忆在某种程度上都是协作性的。因为它发生在与实际的或预期的其他人的日常互动过程中，并且受到完成它的特定环境所塑造。尽管我们的自传体记忆中有许多与日常生活的环境和实践密不可分的，但首要的问题是概念化，以及我们每个人如何设法保持某种程度的个人连续性，一种"生命"意识。

在自传体记忆每一个例子中，其工作当然包括与"颅内"神经功能有关的一些过程。但是，大部分的过程都属于不同的领域。这些领域被称为"扩展""分布式"和"相互作用"的认知领域（Sutton，Harris，Keil，& Barnier，2010；另见 Michaelian & ArangoMuñoz；van den Hoven et al.；Wilson，第13、第14、第22章）。其中包括社会实践和对话程序，并伴随正式的组织流程，比如归档、记录和数据管理。在这种更广泛的认知观中，记忆涉及意义的共同建构，材料的重新搜集，概念的确立和经验的挑战。我们建议，一种方法是看到"控制过程"这样的概念，我们可以研究颅腔内的活动，也可以研究颅腔之外的活动。正像我们在家里人领养儿童的记忆管理那部分内容中所讨论的那样，通过探索家庭成员在实际记忆中，经由对记忆档案等的使用，如何实现记忆的可及性，应该会获得大量的研究成果。"控制过程"在本质上可以看作自身的扩展和分布。

我们认识到，这种方式扩大心理学的领域，导致对概念创新的需求越来越大。一个有趣的设想，就是人类学家提姆·英戈尔德（Tim Ingold，2013）提出的"网状结构"的概念。例如，考虑一下正在凌空飞翔的风筝。一个合理的问题是，放风筝"好""坏"的区别是什么。显然这与掌握绳子的人的技能和经验有关。但同样重要的是，一方面是材料设计的功能，另一方面是风筝的结构。而且，风筝放得好坏还取决于气象条件，取决于特定的地形，和更广泛的气候氛围，以及阵风的变化模式。放风筝是这些技术"流"相结合的产物。不同的物理条件，不同的环境条件的波动，使放风筝变成了一个偶然的过程。英戈尔德使用"转换"来理解这些变化的发生。放风筝的人将经验转换为持续的动觉意识和对风筝飞行运动的反应能力，进而控制风筝的运动。这来自风筝对风的不断变化所做出的材料上的调整。风、风筝、绳子和手共同成就了飞行。

我们认为，在记忆中，也存在类似的规律。如果遗传学家可以合理地看待我们之前提出的通过环境条件的转换，导致 DNA 甲化基反应和组织蛋白修饰的过程，来实现狭隘的生物学结果，那么与此相应，记忆心理学家可能感觉自己所面对的问题可以做同样的解读。记忆心理学家可以认为，我们的记忆，包括神经、互动、物质和环境过程的转换，因而出现了认知概念的延展。大脑、声音、物体和环境共同形成了网状结构。情景记忆在这个网状结构中得以构建，并被用于某种目的。我们需要做的是，理解这些情况下发生的转换，跟随记忆，以了解事情发生的前因后果，站在当前的视角理解过去。

致　　谢

引自斯特劳森（2004）的引文已被斯特劳森 G. 允许转载，"Against Narrativity"，Ratio，Volume 17，Issue 4，pp. 409-27，Copyright © 2004 John Wiley and sons，doi：10.1111/j.1467-9329.2004.00264.x

参考文献

Alea，N.，& Bluck，S.（2003）. Why are you telling me that? A conceptual model of the social function of autobiographical memory. *Memory*，11，165-178. doi：10.1080/741938207

Allen，M.（2015）. *The labour of memory：Memorial culture and 7/7*. Basingstoke，UK：Palgrave Macmillan.

Allen，M.，& Brown，S.D.（2011）. Embodiment and living memorial：The affective labour of remembering the 2005 London Bombings. *Memory Studies*，4，312-327. doi：

10. 1177/1750698011402574

Ashmore, M., Brown, S. D., & MacMillan, K. (2005). Lost in the mall with Mesmer and Wundt: Demarcation and demonstration in the psychologies. *Science, Technology & Human Values*, 30, 76-110. doi: 10. 1177/0162243904270716

Bartlett, F. C. (1932). *Remembering: A study in experimental social psychology*. Cambridge, UK: Cambridge University Press.

Bauer, P. J., Hättenschwiler, N., & Larkina, M. (2016). "Owning" the personal past: Adolescents' and adults' autobiographical narratives and ratings of memories of recent and distant events. *Memory*, 24, 165-183. doi: 10. 1080/09658211. 2014. 995673

Bergson, H. (1908/1991). *Matter and memory*. New York, NY: Zone.

Bergson, H. (1933/1992). *The creative mind: An introduction to metaphysics*. New York, NY: Citadel.

Bernstein, D. M., & Loftus, E. F. (2009). How to tell if a particular memory is true or false. *Perspectives on Psychological Science*, 4, 370-374. doi: 10. 1111/j. 1745-6924. 2009. 01140. x

Berntsen, D., & Rubin, D. C. (Eds.). (2012). *Understanding autobiographical memory: Theories and approaches*. Cambridge, UK: Cambridge University Press.

Bluck, S., Alea, N., Habermas, T., & Rubin, D. C. (2005). A TALE of three functions: The self-reported uses of autobiographical memory. *Social Cognition*, 23, 91-117. doi: 10. 1521/soco. 23. 1. 91. 59198

Brockmeier, J. (2015). *Beyond the archive: Memory, narrative, and the autobiographical process*. Oxford, UK: Oxford University Press.

Brookfield, H., Brown, S. D., & Reavey, P. (2008). Vicarious and post-memory practices in adopting families: The construction of the past in photography and narrative. *Journal of Community & Applied Social Psychology*, 18, 474-491. doi: 10. 1002/casp. 960

Brown, S. D. (2008). The quotation marks have a certain importance: Prospects for a 'memory studies'. *Memory Studies*, 1, 261-271. doi: 10. 1177/1750698008093791

Brown, S. D., Allen, M., & Reavey, P. (2016). Remembering 7/7: The collective shaping of survivor's personal memories of the 2005 London Bombings. In: A. L. Tota & T. Hagen (Eds.), *Routledge international handbook of memory studies* (pp. 428-442). London, UK: Routledge.

Brown, S. D., & Reavey, P. (2015a). *Vital memory and affect: Living with a difficult past*. London, UK: Routledge.

Brown, S. D., & Reavey, P. (2015b). Turning around on experience: The 'expanded view' of memory within psychology. *Memory Studies*, 8, 131-150. doi: 10. 1177/1750698014558660

Brown，S. D. ，&. Reavey，P. (2016a). Dilemmas of memory: The mind is not a tape recorder. In: C. Tileaga &. E. Stokoe (Eds.), *Discursive psychology: Classic and contemporary issues* (pp. 210-223). London，UK: Routledge.

Brown，S. D. ，&. Reavey，P. (2016b). Institutional forgetting/forgetting institutions: Space and memory in secure forensic psychiatric care. In: E. *Weik* &. *P. Walgenbach* (Eds.), *Institutions Inc.* (pp. 7-29). London，UK: Palgrave.

Brown，S. D. ，&. Reavey，P. (2017a). Rethinking function，self and culture，in 'difficult' autobiographical memories. In: B. *Wagoner (Ed.)*，*Oxford handbook of culture and memory*. Oxford，UK: Oxford University Press.

Brown，S. D. ，&. Reavey，P. (2017b). False memories and real epistemic problems. *Culture* &. *Psychology*，23，171-185.

Brown，S. D. ，Reavey，P. ，&. Brookfield，H. (2013). Spectral objects: Material links to difficult pasts for adoptive parents. In: P. Harvey，E. Casella，G. Evans，H. Knox，C. McLean，E. Silva，N. Thoburn，&. K. Woodward (Eds.), *Objects and materials: A Routledge companion* (pp. 173-182). London，UK: Routledge.

Brown，S. D. ，Reavey，P. ，Kanyeredzi，A. ，&. Batty，R. (2014). Transformations of self and sexuality: Psychologically modified experiences in the context of forensic mental health. *Health*，18，240-260. doi: 10. 1177/1363459313497606

Brown，S. D. ，&. Stenner，P. (2009). *Psychology without foundations: History，philosophy and psychosocial theory*. London，UK: SAGE.

Bruner，J. (1992). *Acts of meaning*. Cambridge，MA: Harvard University Press.

Bruner，J. (2004). *Life as narrative. Social Research*，71，691-710.

Campbell，S. (2003). *Relational remembering: Rethinking the memory wars*. Lanham，MD: Rowman &. Littlefield

Conway，M. A. (2005). Memory and the self. *Journal of Memory and Language*，53，594-628. doi: 10. 1016/j. jml. 2005. 08. 005

Conway，M. A. (2012). *Ten things the law and others should know about human memory*. In: L. Nadel &. W. Sinnott-Armstrong(Eds.), Memory and law(pp. 359-372). New York，NY: Oxford University Press.

Conway，M. A. ，Loveday，C. ，&. Cole，S. N. (2016). The remembering-imagining system. *Memory Studies*，9，256-265. doi: 10. 1177/1750698016645231

Conway，M. A. ，&. Loveday，C. (2015). Remembering，imagining，false memories &. personal meanings. *Consciousness and Cognition*，33，574-581. doi: 10. 1016/j. concog. 2014. 12. 002

Conway，M. A. ，&. Pleydell-Pearce，C. W. (2000). The construction of autobiographical memories in the self-memory system. *Psychological Review*, 107, 261-288. doi: 10. 1037/ 0033-295x. 107. 2. 261

Conway, M. A. , Singer, J. A. , & Tagini, A. (2004). The self and autobiographical memory: coherence and correspondence. *Social Cognition*, 22, 491-529. doi: 10. 1521/ soco. 22. 5. 491. 50768

Cromby, J. , Harper, D. , & Reavey, P. (2013). Psychology, mental health and distress. Basingstoke, UK: Palgrave. Crook, L. , & Dean, M. (1999). "Lost in a shopping mall"— A breach of professional ethics. *Ethics & Behavior*, 9, 39-50. doi: 10. 1207/ s15327019eb0901 _ 3

Davies, B. , & Harré, R. (1990). Positioning: The discursive construction of selves. *Journal for the Theory of Social Behaviour*, 20, 43-63. doi: 10. 1111/j. 1468-5914. 1990. tb00174. x

Edwards, D. (1995). Two to tango: Script formulations, dispositions, and rhetorical symmetry in relationship troubles talk. *Research on Language and Social Interaction*, 28, 319-350. doi: 10. 1207/s15327973rlsi2804 _ 1

Edwards, D. (2006). Discourse, cognition and social practices: The rich surface of language and social interaction. *British Journal of Social Psychology*, 51, 425-435. doi: 10. 1177/1461445606059551

Edwards, D. (2008). Intentionality and mens rea in police interrogations: The production of actions as crimes. *Intercultural Pragmatics*, 5, 177-199. doi: 10. 1515/ip. 2008. 010

Edwards, D. , & Middleton, D. (1986). Joint remembering: Constructing an account of shared experience through conversational discourse. *Discourse Processes*, 9, 423-459. doi: 10. 1080/01638538609544651

Edwards, D, & Middleton, D. (1988). Conversational remembering and family relationships: How children learn to remember. *Journal of Social and Personal Relationships*, 5, 3-25. doi: 10. 1177/0265407588051001

Edwards, D. , & Potter, J. (1992a). *Discursive psychology. London*, UK: SAGE.

Edwards, D. , & Potter, J. (1992b). The Chancellor's memory: Rhetoric and truth in discursive remembering. *Applied Cognitive Psychology*, 6, 187-215. doi: 10. 1002/acp. 235 0060303

Erll, A. (2011). *Memory in culture*. London, UK: Macmillan.

Fagin, M. M. , Travis, G. C. , & Hirst, W. (2015). The effects of communicative source and dynamics on the maintenance and accessibility of longer-term memories: Applications to sexual abuse and its public disclosure. *Applied Cognitive Psychology*, 29, 808-819. doi: 10. 1002/acp. 3189

Fivush，R.（2011）. The development of autobiographical memory. *Annual Review of Psychology*，62，559-582. doi：10. 1146/annurev. psych. 121208. 131702

Fivush，R.，Habermas，T.，Waters，T. E. A.，& Zaman，W.（2011）. The making of autobiographical memory：Intersections of culture，narratives and identity. *International Journal of Psychology*，46，321-345. doi：10. 1080/00207594. 2011. 596541

Freeman，M.（1993）. *Rewriting the self：History，memory and narrative*. London，UK：Routledge.

Gergen，K. J.（1995）. *Realities and relationships：Soundings in social construction*. Cambridge，MA：Harvard University Press.

Gruenberg，M. M.，Morris，E. E.，& Sykes，R. N.（Eds.）.（1978）. *Practical aspects of memory*. San Diego，CA：Academic Press.

Habermas，T.，& Köber，C.（2014）. Autobiographical reasoning in life narratives buffers the effect of biographical disruptions on the sense of self-continuity. *Memory*，23，664-674. doi：10. 1080/09658211. 2014. 920885

Habermas，T.，& Silveira，C.，de（2008）. The development of global coherence in life narratives across adolescence：Temporal，causal，and thematic aspects. *Developmental Psychology*，44，707-721. doi：10. 1037/0012-1649. 44. 3. 707

Halbwachs，M.（1950/1980）. *The collective memory*. New York，NY：Harper & Row.

Halbwachs，M.（1925/1992）. *On collective memory*. Chicago，IL：University of Chicago Press.

Harris，C. B.，Barnier，A. J.，Sutton，J.，& Keil，P. G.（2014）. Couples as socially distributed cognitive systems：Remembering in everyday social and material contexts. *Memory Studies*，7，285-297. doi：10. 1177/1750698014530619

Heidegger，M.（1962）. *Being and time*. Oxford，UK：Blackwell.

Ingold. T.（2013）. *Making：Anthropology，archaeology，art and architecture*. London，UK：Routledge.

Loftus，E. F.（1996）. *Eyewitness testimony*（2nd Ed.）. Cambridge，MA：Harvard University Press.

Loftus，E. F.（1997）. *Creating false memories. Scientific American*，277，70-75. doi：10. 1038/scientificamerican0997-70

Loftus，E. F.，& Ketcham，K.（1992）. *Witness for the defence：The accused，the eyewitness and the expert who puts memory on trial*. New York，NY：St Martins.

Loftus，E. F.，& Ketcham，K.（1995）. *The myth of repressed memory：False memories and allegations of sexual abuse*. New York，NY：St Martins.

Loftus, E. F. , & Pickrell, J. E. (1995). The formation of false memories. *Psychiatric Annals*, 25, 720-725. doi: 10. 3928/0048-5713-19951201-07

MacMartin, C. (1999). Disclosure as discourse: Theorizing children's reports of sexual abuse. *Theory & Psychology*, 9, 503-532. doi: 10. 1177/0959354399094004

MacMartin, C. (2002). (Un)reasonable doubt? The invocation of children's consent in sexual abuse trial judgments. *Discourse & Society*, 13, 9-40. doi: 10. 1177/0957926502013001002

MacMartin, C. , & Wood, L. A. (2005). Sexual motives and sentencing: Judicial discourse in cases of child sexual abuse. *Journal of Language and Social Psychology*, 24, 139-159. doi: 10. 1177/0261927x05275735

Middleton, D. , & Brown, S. (2005). The social psychology of experience: Studies in remembering and forgetting. London, UK: SAGE.

Middleton, D. , & Edwards, D. (1990). *Collective remembering*. London, UK: SAGE Publications.

Motzkau, J. F. (2009). Exploring the transdisciplinary trajectory of suggestibility. *Subjectivity: International Journal of Critical Psychology*, 27, 172-194. doi: 10. 1057/sub. 2009. 3

Motzkau, J. (2010). Speaking up against justice: credibility, suggestibility and children's memory on trial. In: J. Haaken & P. Reavey (Eds.), *Memory matters: Contexts for understanding sexual abuse recollections*(pp. 63-85). London, UK: Routledge.

Neisser, U. (1978). Memory: What are the important questions? In: M. M. Gruenberg, E E. Morris & R. N. Sykes(Eds.), *Practical aspects of memory*(pp. 3-24). San Diego, CA: Academic Press.

Neisser, U. (1981). John Dean's memory: A case study. *Cognition*, 9, 1-22. doi: 10. 1016/0010-0277(81)90011-1

Nelson, K. (2003). Self and social functions: Individual autobiographical memory and collective narrative. *Memory*, 11, 125-136. doi: 10. 1080/741938203

Nietzsche, F. (1997). On the uses and disadvantages of history for life. In: D. Breazeale (Ed.), *Untimely meditations*(pp. 57-127). Cambridge, UK: Cambridge University Press.

Pillemer, D. B. (2000). *Momentous events, vivid memories: How unforgettable moments help us understand the meaning of our lives*. Cambridge, MA: Harvard University Press.

Pope, K. S. (1995). What psychologists better know about recovered memories, research, lawsuits, and the pivotal experiment. *Clinical Psychology: Science and Practice*, 2, 304-315. doi: 10. 1111/j. 1468-2850. 1995. tb00046. x

Potter, J. (2012). How to study experience. *Discourse & Society*, 23, 576-588. doi: 10. 1177/0957926512455884

Reavey, P., & Brown, S. D. (2006). Transforming past agency and action in the present: Time, social remembering and child sexual abuse. *Theory and Psychology*, 16, 179-202. doi: 10. 1177/0959354306062535

Reavey, P., & Brown, S. D. (2009). The mediating role of objects in recollections of adult women survivors of child sexual abuse. *Culture & Psychology*, 15, 463-484. doi: 10. 1177/1354067x09344890

Reavey, P., & Warner, S. (Eds.)(2003). *New feminist stories of child sexual abuse: Sexual scripts and dangerous dialogues*. London, UK: Routledge.

Roediger, H. L., & Wertsch, J. V. (2008). Creating a new discipline of memory studies. *Memory Studies*, 1, 9-22. doi: 10. 1177/1750698007083884

Sacks, H. (1992). *Lectures on conversation*. Oxford, UK: Blackwell.

Strawson, G. (2004). Against narrativity. *Ratio*, 17, 428-452. doi: 10. 1111/j. 1467-9329. 2004. 00264. x

Sutton, J., Harris, C. B., Keil, P. G., & Barnier, A. J. (2010). The psychology of memory, extended cognition and socially distributed remembering. *Phenomenology and the Cognitive Sciences*, 9, 521-560. doi: 10. 1007/s11097-010-9182-y

Tulving, E. (1985). Memory and consciousness. *Canadian Psychologist*, 26, 1-12. doi: 10. 1037/h0080017

Tulving, E., & Pearlstone, Z. (1966). Availability versus accessibility of information in memory for words. *Journal of Verbal Learning and Verbal Behavior*, 5, 381-391. doi: 10. 1016/s0022-5371(66)80048-8

Wade, K. A., Garry, M., Read, J. D., & Lindsay, D. S. (2002). A picture is worth a thousand lies: Using false photographs to create false childhood memories. *Psychonomic Bulletin & Review*, 9, 597-603. doi: 10. 3758/bf03196318

Wagoner, B. (2017). *The constructive mind: Bartlett's psychology in reconstruction*. Cambridge, UK: Cambridge University Press.

Webster, J. D. (1993). Construction and validation of the Reminiscence Functions Scale. *Journal of Gerontology*, 48, 256-262. doi: 10. 1093/geronj/48. 5. p256

Wertsch, J. V. (2002). *Voices of collective remembering*. Cambridge, UK: Cambridge University Press.

Wood, L. A., & MacMartin, C. (2007). Constructing remorse: Judges' sentencing decisions in child sexual assault cases. *Journal of Language and Social Psychology*, 26, 343-362. doi: 10. 1177/0261927x0730697

第 *12* 章
神经心理学访谈中的协作过程

克里斯·麦克维蒂(Chris McVittie),安迪·麦金利(Andy McKinlay)

近年来,研究者对记忆的社会特征与功能越来越感兴趣。例如,20 多年前,奈塞尔(1988)认为,任何记忆的特定情况,都处于两个不同目标的连续体上:一端是尽可能真实的回忆先前发生过的事情,另一端是在追寻当前目标时对过去进行描述。目前的目的之一就是产生自传体记忆。威尔逊和罗斯(Wilson & Ross,2003)指出,自传体记忆有两种功能,它们主要面向的是个人的建构和陈述,而不关注过去事件的准确细节。首先,在内省层面上,自传体记忆与当前的自我认同是相互关联的。因此,个体当前持有的观点、信念以及目标会影响他们对过去自我和事件的记忆,而当前的自我观点也反映了个体对先前事件和自我的记忆,并受到它们的影响。其次,在人际关系层面,个体将当前和过去的自我呈现给与他们互动的人:记忆行为通常是公共的或共同的事件,而不完全是内部的事件。威尔逊和罗斯(2003)认为公共记忆行为存在一定的风险,即观众也许不会接受个体对公共事件的解释。因此,如果拥有共同记忆的人们不接受个体产生的记忆版本,那么自传体记忆就会产生社会成本。然而,不管他们是否接受,自传体记忆都给自我认同提供了机会。因此,正如菲伍什(2010,p.88)所言"日常生活中,当我们向自己和他人叙述经历过的事件时,我们也同时在生活中创造了事件的结构与意义"(参见 Fivush et al.;Haden et al.;Hirst & Yamashiro;Pasupathi & Wainryb,第 2、第 3、第 5、第 15 章)。

记忆通常是一个社会事件(Roediger,Bergman,& Meade,2000)。然而,迄今为止在神经心理学领域,记忆的社会因素受到的关注相对较少。相反,关于个体记忆(individual memory)以及记忆失败的研究则得到了更多的关注。这些关注为访谈在神经心理学实践中的应用与解释提供了基本原理。通常情况下,神经心理学的访谈,经常作为评估临床病人的认知能力与损伤的手段(Hebben & Milberg,2009;Lezak,Howieson,& Loring,2004)。因此,在神经心理学的访谈（neuropsychological interviews）中，访谈者就像一个侦探一样，收集足够的数据并组织线索来'解开谜团'，而谜团就是患者表现出来的问题（Segal，June，& Marty，2010，p.1）。虽然患者在与别人分享记忆的环境中产生了记忆（或遗忘），但是访谈者很少关注患者报告时的背景条件。

因此，我们通常把神经心理学访谈的口头报告（verbal reports）当作患者的描述来对待。对这些报告的后续分析，通常是评估报告内容是否违背规范性预期和外部现实，以确定个体的能力水平或损伤程度。这样做，就可以不用考虑描述是如何产生的，以及临床医生对描述过程的影响等问题。这是在神经心理学访谈中经常被忽视的因素。这些因素及其对记忆的影响是本章关注的重点。没有检查患者描述时所处的社会背景，并不意味着这些背景没有作用，只是它们没有受到关注。此外，重新引入临床医生或记忆研究者与患者互动的背景，可以弄清协作过程是如何与神经心理学访谈中产生的记忆联系起来的。

一、 话语分析： 理论与方法

（一）将话语作为主题

为了研究神经心理学访谈中的协作过程，我们采用了话语分析法（discourse analysis）。话语分析法是一种以社会互动与语言为研究重点的理论与方法学框架。它也是一种研究语言使用的方法。我们将话语定义为"一种拥有多种特征的现象，而这些特征会对人类及其社会互动有影响"（McKinlay & McVittie，2008，p.8）。从这一角度来说，话语本身就可以成为一个研究主题。具体来说，话语拥有三个高度相关的特征。第一，话语是行为导向的：人们的话语总是指向一定的结果，要么主张一种自我身份，要么向他人描述一种身份，要么反对某种特定的分类等等（McKinlay & McVittie，2011）。因此，话语分析不是将话语视为一种（相对的）中立的传达信息的方式，而是关注在某些特定的情况下话语所产生的行为。第二，人们使用的话语以及产生的结果，与当前的语境有关。例如，人们的解释和产生的潜在结果可能会因其互动对象（家庭成员、医生或其他人）而异。最后，鉴于话语的行为导向及情境性，谈话者所说的内容，与其他人所说的可能不同；而其他人所说的内容，也会随着场景的变化而发生变化。因此，试图通过在这些重述的版本中筛选一个唯一"真实"的版本基本是不可能：话语的可变性无法使人们得到一个不变的现实，因为这一现实依赖于人们所使用的话语。因此，研究的焦点转向人们怎么在特定条件下使用话语构建事件版本，以及这些结构发挥的作用这些问题上。此外，话语分析关注在神经心理学访谈中的特定场景下，个体怎样通过话语解释记住和记不住的事件。我们的关注点在于个体如何使用一系列话语特征构建记忆的解释，以及在当时的语境下这些解释是怎样建立起来的，而不把这些解释作为个体潜在能力或损伤的证据（参见 Bietti & Baker；Hoyden & Forsblad；Müller & Mok，第 9、第 10、第 25 章）。

(二)谈话交流的访谈

采用话语分析法研究谈话的核心，是将访谈本身作为一种社会互动。在这一点上，话语分析对访谈的看法与其他方法形成了鲜明的对比。通常情况下，研究性访谈主要将访谈作为收集数据的方法，研究者设计和补充访谈的形式与内容，受访者谈除了回答访谈者提出的问题，几乎没有其他的投入。这种观点在大量访谈文本中都有所体现，而且也体现在把访谈作为研究方法的研究中。例如，经常被引用的定义是由麦科比和麦科比（Maccoby，Maccoby，1954，p. 449）提出的，他们认为"就研究目的而言，访谈就是一种面对面的语言交流，访谈者试图获取另一个人或群体所传达的信息或所表达的观点或信念。"在之后的关于该方法文章中，也可以找到相似的定义（例如，Kahn & Cannell，1957）。并且这些定义的假设通常只发生在对访谈结构形式的讨论、访谈问题的设计等过程中。

但是多年来，许多作者认为仅仅将访谈作为"获取信息"的过程，而不考虑访谈时的社会与互动这些因素，并不能完整的发挥访谈的作用。访谈的结果也只能是苍白的说明。例如，米什勒（Mishler）（1986）认为，以这种方式定义访谈，主要是将它们视为行为事件，关注的重点只是受访者如何回应采访者产生的（言语）刺激。缺乏对访谈中所使用的语言和话语特点的关注。尽管已有大量关于日常谈话和回答顺序中语言和对话特点的文献，但其结果是"访谈研究者几乎完全忽略了语言学习者在提问和回答的规则、形式和功能方面的研究"（1986，p. 12）。最近，许多作者指出访谈的特定特征是话语事件。例如，里普利（Rapley，2001）确定了几种访谈者和受访者共同构建访谈结果的方法。柯克伍德等人（Kirkwood et al.，2013）发现了当访谈者提出问题和回应出现微妙变化时，受访者的反应和注意是如何变化的，即尽管访谈者做出的变化十分微小，也可以让受访者随之出现明显的变化。该研究让受访者描述曾经遭受身体暴力的经历，受访者认为访谈者做出"是的"和"好的"的反应，是对他们所描述事件的含糊不清的回应，但是当访谈者做出"真的吗"和"天啊"的反应时，受访者认为这是访谈者对他们问题的一种评价。因此，在回应前者时，他们很少提供经历的更多细节。但是在回应后者时，他们会进行进一步详细的说明。特别是对于成人心理健康而言，访谈可以为访谈者和受访者协商主题形式和结果提供条件（Hepworth & McVittie，2016）。从这个角度看，访谈不仅仅是一种收集数据的中立的方法，而且是一种特殊的社交和"谈话交流"的形式（Potter & Wetherell，1987，p. 165）。这意味着话语分析的研究人员不仅要关注受访者在所有场景下做出的回答，而且要关注包含社交、访谈者的贡献以及其他交谈特征在内的访谈的各个方面。

(三)话语的分析

许多作者并不是简单地把"话语分析（discourse analysis）"这一术语描述为一种方法，而是一系列不同的方法。每一种方法都有其各自的兴趣点和关注点。（对于这些方法的回顾超出了本章内容的范围，因此不做详细描述，可参考 Potter & Wetherell，1987，p. 165）。本章使用的话语分析理论和方法的基础是传统的民族方法学（ethnomethodology）（Garfnkel，1967；Heritage，1984）和对话分析（conversation analysis）（Sacks，1992；Sacks，Schegloff，& Jefferson，1974），因为它们都采取了诸如话语心理学（discursive psychology）的形式（Edwards & Potter，2005；Potter，2003）。在这种方法中，研究者的研究兴趣是从日常互动中获得的谈话细节。特别是在民族方法学中，分析所关注的是发言者对自己参与的互动的理解，以及在直接对话的情境下他们如何协商自己关注的内容。对话分析主要关注发言者如何构建及组织他们的言语、使用的特殊的词汇和形式，以及这些因素如何明确和依次影响互动的过程。另外，对话分析不仅关注发言者说了什么，同时也关注怎么说的。停顿、语调、语速以及其他特征对谈话的过程都有重要影响。对个别发言者的语言表达也同样如此。结合这些兴趣点，话语分析关注的是个体在与他人互动过程中，如何描述具体细节。在这个情况下，关注的是对记住或遗忘的事件进行解释的细节。

这意味着本章关注的重点是整个访谈（或访谈记录），而不仅仅是受访者提供的描述。分析师将访谈作为对话和互动分析，主要关注两个方面：第一个方面所关注的问题是，发言者如何产生话语，主要关注这些话语微妙的"设计"特征。例如，选择和使用特定的词汇或更大的语言元素，包括描述性短语、隐喻、对比、概括（或特殊化）或列表等。同时，分析所关注的问题是这些语言元素是如何结合起来，进而对人、行为以及事件产生特定的描述。这些描述在神经心理学访谈背景下可能并不具有说服力。第二个方面主要关注，互动的顺序结构，特别是所有发言者的轮次，在互动中是否有轮流交谈以及这种轮流是如何进行的。通过这种方式，我们关注的问题是参与者在互动中如何回应上一轮的发言。例如，对记得或遗忘事情的解释，通过挑战或其他方式回应上一个发言者的发言等。分析法尤其关注谈话范围的确定。在这个范围内，参与者和研究者自己确定描述的记忆事件是否恰当。通过这些方式，分析旨在确定所有参与者使用的对话和对话的功能，以及对话对记忆协作解释的影响。

二、 神经心理学访谈中的记忆

为了弄清楚在神经心理学访谈中，话语分析对协作记忆产生的解释，我们引用了两个患有不同形式记忆损伤患者的访谈例子。这两个例子提供了特别有用的背景，通过它来考察记忆以及记住和遗忘是如何协调的。其中一个例子中的患者提供的描述缺乏细节，另一个例子中的患者提供的描述则相当详细（尽管也包括错误细节）。我们从第一个开始探讨，该患者在访谈互动中，不能描述场景的具体细节。

(一)记忆失败

第一个例子来自对一个患有重度健忘症患者的神经心理学访谈。由于海马的原发性损伤，这名重度健忘症患者表现出情景记忆困难。重度健忘症患者除了在回忆过去情节方面有问题外，让他们想象未来事件时，他们也表现出类似的困难（Klein，Lofus，& Kihlstrom，2002；Rosenbaum，McKinnon，Levine，& Moscovitch，2004；参见 Buckner & Carroll，2006；Hassabis et al.，2007；Rosenbaum，Kohler，Schacter，Moscovitch，& Westmacott et al.，2005；Tulving，2005）。基于这些研究发现，研究者认为在某种程度上，想象未来事件与回忆过去的情节有一定的相似性：两者都依赖于情景记忆的建构与重建功能（Addis Wong & Schacter，2007；Schacter & Addis，2007；Schacter，Addis，& Buckner，2007；Schacter，Addis，& Buckner，2008），或者它们两个共享同一个场景建构过程（Buckner & Carroll，2006；Hassabis，Kumaran，& Maguire，2007；Hassabis，Kumaran，Vann，& Maguire，2007）。虽然对情境记忆的建构和重建所提供的加工过程在想象未来和回忆过去情节的时候有所不同，未来事件更强调想象，回忆过去更强调相似，但我们没必要复述这些差异的细节。与我们当前目的相关的是，患者在两种情况下表现出的相似性：重度健忘症患者在回忆过去情节与想象未来事件时均不能描述细节。

研究数据来自哈萨比等人（Hassabis et al.，2007）对海马损伤病人做的一系列访谈。这些访谈是为了考察病人对想象的未来场景的描述。访谈期间，访谈者大声简洁的提出需要描述的主题，例如"想象你现在正躺在热带海湾美丽的白色沙滩上"，受访者需要尽量详细的描述这一场景。在正式提出主题之前的练习阶段，要确保患者在整个访谈过程中能够记住指导语及线索。哈萨比等人（2007）分析了患者描述内容的质量，并将这些描述与正常人的描述进行对比。接着数据由麦金利及其同事用话语分析的方法再次分析。分析针对这些想象的场景是如何产生的（McKinlay，McVittie，& DellaSala，2010）。我们将结合两种方法产生的结论，来研究话语分析法对理解参与者描述内容的作用。下面的内容摘自访谈对象 P05 按照访谈者的要求，想象自己"站在一个摆放着许多展品的博物馆主厅里"。

P05：[停顿]发生的事情并不是很多。那么你想象的场景是什么样子的？嗯，有一扇很大的门。开口很高，所以门的尺寸非常大，带有黄铜把手，天花板由玻璃制成，这样会有充足的光线。房间很大，两边都有出口，中间是通道和示意图，通道两旁是展品[停顿]，我不知道这些展品是什么[停顿]……有人[停顿]，实际上并没有很多人来。（访谈者：你有听到或闻到什么吗？）没有，这不是很真实。它并没有发生，我的想象中没有……嗯，我没有想象它。这样说吧，通常情况下你都可以想象它，不是吗？在此刻我什么也没有想。（访谈者：所以你现在什么也没看吗？）是的。

在第一部分的片段中，我们看到了哈萨比等人（2007）研究中常见的一种描述形式。P05 在访谈者开始提供线索时，以并不能想象很多作为回应，并以"什么都看不到"作为结束。哈萨比等人分析发现健忘症患者描述的感觉场景、空间参照、存在的物体以及思想、感情、行为的数量少于正常人。健忘症患者的存在感和比较突出的感知、空间连贯性以及总体质量的评分等级也较低。P05 的描述获得相对较低的分数和评级，证明了海马损伤患者构建心理场景时存在细节整合能力受损。因此，哈萨比及同事认为"我们的结果证实了双侧海马损伤的健忘症患者在这一任务上表现出明显的缺陷……患者在想象时表现出严重缺乏空间连贯性，这就导致了他们构建出的场景碎片化并缺少丰富性"（2007，p. 1729）。

从话语分析的角度看，几乎没有人认为这一交流结果是构建场景任务的失败。但问题在于这一结果在多大程度上反应了 P05 这样的损伤，而不是反映了其他互动的特点。话语分析（McKinlay et al.，2010）确定了与互动相关的一系列话语特点。就目前的目的来说，需要优先考虑互动的三个特点。

第一，我们应该指出 P05 的描述中包含了与要求他想象的场景相关的各种细节。在回答访谈者提出的主题时，P05 提供了场景的空间细节以及一些博物馆建筑元素的信息。例如，他描述了门（"很大而且带有黄铜把手"），天花板的结构与特点（"玻璃制的，因此会有充足的光线"），以及总体的布局（"房间两边都有出口"，"中间是通道和示意图"）。即使 P05 描述的感觉、空间参照，出现的物体以及思想、情感及行为细节数量比正常人少，但是他也报告了包括空间连贯性的标志并引用了一些特点，这些也可以看作包含了一定的细节。

第二，尽管 P05 提供了这些细节，但是他自己的描述还是不够充分。他最开始就说"并没有发生很多事情"，这提供了一个直接背景，在这个背景中随后的内容都会被当成问题，而且还被他后面报告不能想象相关画面而强化。描述的困难不仅仅与是否遗漏了细节有关，也与 P05 明确地表示想象场景困难有关。

第三，也许最重要的是，访谈者的提问破坏了 P05 描述场景的可行性。例如紧跟 P05 的描述，访谈者提问"你有听到或闻到什么吗?"，这并没有涉及 P05 已经提供的关于视觉/空间的信息，而是询问了其他信息。这样可能就使得 P05 最初的描述框架缺少细节。而且，访谈者最后的问题"那么你现在什么也看不到了吗?"，甚至使 P05 已经提供的视觉细节也存在了疑问，这破坏了 P05 构建场景的尝试。这一片段中另一个值得注意的特征是，访谈者最初设计的用于研究的各种引导语的关键点，在访谈过程中是不同的。哈萨比等人称要求访谈者使用"能鼓励进一步描述的一般引导语"（例如，"你还能看到场景中的其他事物吗?"），或者要求被试进一步详细的描述自己介绍的主题（例如，"你能详细地描述一下这搜渔船吗?"）（2007，p. 1730）。诸如此类已经使用的引导语，都是在语言上经过设计的，能够使用"还有其他的吗?"或"描述得再详细一些"等语言，来引导受访者把他们已经提到的内容进一步进行详细的描述。相反，在我们摘取的这个片段中，所使用的引导语并没有提供这些信息，而且还让受访者的进一步描述打了折扣。正如柯克伍德与同事（2013）指出的那样，即使是访谈者一些微小的变化，也会影响随后受访者的表现。在这个例子中，访谈者的问题也追求进一步的描述，但讽刺的是，却并没有产生让 P05 产生丰富细节的效果。

总而言之，这三个因素为我们提供了一个谈话和协作的背景。在这个背景中我们也许可以理解 P05 对访谈者最后一个问题的消极回应。尽管 P05 试图建构一个包含一些细节的场景，但是他自己已经将此作为一次失败的尝试，而且访谈者也阻止了他进一步的努力，因为访谈者的提问没有涉及 P05 已经提供的信息，而是将其作为不充分的信息。假定 P05 的描述是"缺乏空间连贯性"或"缺乏丰富性"，其实是无益于判断 P05 认知能力是否受损的。正如之前所说的，话语与话语产生的直接背景是紧密相连的。在这里，我们可以认为 P05 在这个任务上的失败，至少可以部分理解为是 P05 和访谈者一起造成的，在这个访谈中访谈者并不"盲目"，但该访谈结果还是认为被试在场景构建任务上是失败的。这样一个结果与前人研究相反。在前人的研究中，互动是可以促进记忆的。例如，西克雷尔（2011）认为，阿尔茨海默病患者的妻子可以通过各种方式为病人搭建"脚手架"，构建他们之间的互动，从而便于与病人互动。如果在我们引用的案例中，P05 有描述更多细节的趋势，那在这个任务上，我们可能已经得到了一个不同的结果。

（二）错误记忆的产生

第二个例子是对一个虚构症（confabulation）患者进行的访谈（McVittie，McKinlay，DellaSalla，& MacPherson，2014）。虚构症的定义是"包含了无意的但是有明显歪曲的记忆的陈述和行为"（Moscovitch & Melo，1997，p.1018）。他们在某些病理条件下会无意识地出现一些关于自己或世界的错误描述或陈述。虚构症通常与眶额叶和内侧额叶损伤有关（Gilboa & Moscovitch，2002；Schnider，2003；Turner，Cipolotti，Yousry，& Shallice，2008），而且通常表现在前段交通动脉瘤破裂的健忘症（amnesia）患者身上（Alexander & Freedman，1984；DeLuca & Diamond，1995；Vilkki，1985）。但是，在一些临床综合征，例如阿尔茨海默病、额颞痴呆（frontotemporal dementia）、科尔萨科夫综合征（Korsakoff's syndrome）、忽视症（neglect）和精神分裂（schizophrenia）等患者身上也会表现出虚构症。虚构症通常与逆行性自传体记忆或情境记忆有关（Bensonetal，1996；DallaBarba，Cappelletti，Signorini，& Denes，1997；Gilboa & Moscovitch，2002），而且也与描述当前或未来的个人行为有关（DallaBarba，Cappelletti，Signorini，& Denes，1997；DallaBarba，Nedjam，& Dubois，1999），也有可能出现在语义记忆（semantic memory）中（DallaBarba，1993；Kopelman，Ng，& VanDenBrouke，1997；Moscovitch & Melo，1997）。在一些例子中，有人确信她必须回家喂孩子，但其实她的孩子已经 30 岁了（Schnider，vonDaniken，& Gutbrod，1996）；有人打包行李准备离开医院去参加所谓的"会议"（Gilboa，Alain，Stuss，Melo，Miller，& Moscovitch，2006）；还有人认为去年在地下室过了圣诞节（Turner，Cipolotti，Yousry，& Shallice，2008）。

人们对虚构症研究主要的兴趣点，集中在它的表现形式上。在 20 世纪初（Bonhoeffer，1901；1904），邦赫费尔认为虚构症有两种形式：（1）尴尬的暂时虚构，患者为了弥补遭受质疑时暴露出来的记忆丧失，而报告了有关过去的错误记忆；（2）在没有提示的情况下，患者自发表现出来的奇妙的虚构，而且患者将会表现出虚构的行为。但是，最近施耐德（Schnider）（2008）提出了四种类型的虚构症，包括（1）简单的虚构症，通常在自由回忆测试中出现的词汇侵入或错误词汇的情况；（2）暂时的虚构，在回忆质疑或引发评论的情况下出现的错误记忆；
（3）在自由谈话过程中自发出现的虚构，标志着与现实的混淆，而且个体将会表现出虚构的行
为；（4）奇妙的虚构，包含奇异的不合理的信息，并且与现实中一般概念相冲突。

　　在施耐德（2008）的第二类分类中，暂时的虚构，为研究提供了最好的切入点。因为，与其
他类别不同，暂时的虚构通常是在回应质疑的过程中产生的。因此，它们涵盖了很有可能在访
谈环境下出现的记忆行为。事实上，神经心理学访谈中，极有可能出现要研究的暂时的虚构情
况。因此，在这些背景下产生的描述，给研究错误记忆建构的细节提供了机会。为了达到这一
目的，我们参考了一例神经心理学访谈中暂时虚构的话语分析案例（McVittie et al.，2014）。这
一分析来自对患者 OV 的访谈。在访谈期间（2004 年进行的访谈），OV 是一个 59 岁的男性。他
的记忆力很差，而且表现出明显的执行缺陷综合征（dysexecutive syndrome）。他出现了显著的
虚构症，而且也不能深入的了解他自己的记忆。下面列出来的与 OV 的交流，显示 OV 生动地描
述了他曾经见过英国首相，温斯顿·丘吉尔和他的狗。但是如果确实有这件事，那也是发生在距
离该访谈 39 年前的时候了，因为温斯顿·丘吉尔在 1965 年就已经去世了。OV 不可能见过前首
相，而且临床证据也不能证明 OV 在任何场合下都能回忆出这件事情的细节（见表 12-1）。

表 12-1　对患者 OV 的访谈

1	Int.	温斯顿·丘吉尔最喜欢的宠物是什么？
2	OV	哈哈（。）他的斗牛犬
3		（5）
4	OV	他的流着鼻涕的斗牛犬
5	Int.	[（（笑））]
6	OV	[（（幽默的咆哮声））]
7	Int.	[e：m]
8 9 10 11	OV	[↑但是它是一只可爱的老斗牛犬，因为我曾经很荣幸见过温斯顿·丘吉尔，他在房子外面溜狗（。）他的小狗（。）他的斗牛犬（。）舔了我的手，然后我弯下腰，那只斗牛犬舔了我的脸。]
12	Int.	嗯嗯
13 14 15 16 17	OV	并且温斯顿·丘吉尔说（。）你非常荣幸（。）你身上肯定有我的狗喜欢的味道或其他的什么东西（。）然后我说（。）温斯顿·丘吉尔先生（。）可能是因为您的狗是一只可爱的小狗，并且它闻到了我的狗的味道（。）因此（。）那会告诉您的狗我是一个友好的人，因为您的狗在我身上闻到了我的狗的味道。
18	Int	嗯嗯（。）你昨天做了什么？

　　我们摘取的第二个片段中，OV 以"斗牛犬"的答案回答了访谈者最初提出的问题，并进行

了一系列的轮流发言。在第 4 行和第 6 行，OV 描述了斗牛犬，在第 8 行到第 11 行展开描述了，并在第 13 行到第 17 行详细描述了遇到正在遛狗的温斯顿·丘吉尔的那一天。这些细节显然是不准确的，因此从神经心理学的角度来看，这些都是 OV 列出的暂时虚构的错误记忆。

假定描述的内容都不是对事件的准确回忆，让我们想一想这一结果是怎么得到的。为了回答这一问题，我们需要再一次思考整个互动过程，而不仅仅思考 OV 的回答。当我们检查互动中的所有话语细节时，有四个方面需要特别注意。

第一个兴趣点是第 1 行到第 3 行最初的互动部分。我们看到第 1 行访谈者提出了问题，第 2 行 OV 做出了看似正确的回答，访谈者并没有做出回应，既没有确认也没有否定它的正确性。相反，在第 3 行有 5 秒的停顿。谢格洛夫（Schegloff，1968）指出像这样在对话中的停顿，标志着前一个转折在某种程度上是不完整的或者是难以进行互动的。在这个交流中，停顿的作用表明 OV 第 2 行的回答是有问题的，尽管 OV 已经给出了一个看似正确的答案。这种显著的对话困难为后续的互动设定了背景。

第二，OV 在第 4 行意识到了这一停顿引起的对话困境，并试图通过对"斗牛犬"的描述进行扩展来解决这一问题。访谈者以笑声的形式认可了他的第一次扩展。但是，OV 在接下来第 6 行的扩展没有得到认可，而是获得了一个犹豫或难题的标志（"e：m"）。这一转变与访谈者前一个转变形成鲜明的对比，再次表明 OV 在交流的过程中存在问题，从而为剩下的交流奠定了基调。

第三，OV 随后在第 8 行到第 11 行以及第 13 行到第 17 行的转变可以看成是指向这一新的互动困境的标志。特别是他引出了斗牛犬是否应该咆哮这个问题，即，正如他在第 6 行表现的那样，因为这可能是很吓人的。因此，OV 继续解释这只私人的斗牛犬是友好的。在做出这一解释的时候，他提供了细节，并引用了这只狗是友好的这样的个人知识信息，更确切的说就是他见过正在溜狗的温斯顿·丘吉尔。由此，OV 让人们意识到这些解释是如何在日常谈话中发挥作用的。

第四，访谈者在后续的轮次中传达的信息与 OV 对自己遇见温斯顿·丘吉尔和他的狗这一描述是一致的。她在第 12 行明确表达的认同（"嗯嗯"）给了 OV 提供了一个积极的信号，从而鼓励 OV 继续扩展他的描述（Kirkwood et al.，2013；Schegloff，1982）。而 OV 在第 13 行到第 17 行也是这样做的。而且访谈者在最后一轮的第 18 行［"嗯嗯（.）你昨天做了什么?"］表明她认同 OV 的描述，同时平淡地转移了话题（Jefferson，1984；McKinlay & McVittie，2006）。这种形式的谈话主题转换，其作用通常是向另一方发出这样的信号，即上一个问题已经结束，现在可以转向其他问题了。与之前的积极信号结合起来，这一变化告诉 OV 他描述自己遇见首相的事情已经足够了。话语分析师指出，倾听者可以通过各种方式来质疑发言者提出的主张，这是我们需要记住的一点。特别需要指出的是，当发言者提出的细节看起来是令人信服的，倾听者也可以引用相同细节的任何部分，以不准确的信息或其他方式来质疑发言者（Potter，1996）。在这个案例中明显缺乏的就是这种质疑。而且，访谈者不仅没有质疑 OV 说的话（这些话将被认为是不准确的），相反还对 OV 描述自己遇见丘吉尔和斗牛犬这件事儿表达了认同。缺乏质疑并认同描述的内容其实并不奇怪，因为访谈者在这里使用的方法，与建议访谈者使用"友好、温和、不对抗"的语气提问是一致的（Rubin & Rubin，2012，p.37）。但是，正如波特和韦瑟尔（Potter & Wetherell，1987）提出的，访谈者的立场远不是"中立的"：他或她的任何形式的变化都会影响随后互动的形式。

这些特征共同揭示了这个访谈中，如何将 OV 的描述有效地理解为是协作过程的结果。访谈者没有对他最初的（正确）回答表示认可，紧跟着像有问题一样保持沉默，以及访谈者的变化，这些因素共同影响了 OV 描述时的背景。当然，OV 的描述有可能是错误记忆；但这并不是 OV 单独的责任。把访谈结果当成是虚构的，可以反映出临床医生和病人协作时的交流形式。

三、　结束语

在本章中，我们已经看到神经心理学访谈中记住和遗忘的行为是怎样完成的。在这些例子以及其他类似的访谈中可以明显地看出，在不考虑其他损伤的情况下，许多患者依然能够进行高度熟练的交流。正如在"记忆失败的产生"和"错误记忆的产生"两个部分中，像 P05 和 OV 这样的病人在与他人互动时，也能意识并注意到日常谈话中他人的期望。纵观他们与访谈者的互动，他们可以对问题和变化做出回应，紧跟主题并能做出变化。这些都证明了他们有能力与他人交流。从访谈者的角度看，他们并不仅仅要通过提问来收集数据并"组织线索"（Segal et al.，2010），也需要通过评论病人的描述，偶尔提出鼓励，或在某些情况下避免对病人做出回应等方式提出其他问题。所有这些特征都类似于我们在日常交谈中所期望发现的因素，说明神经心理学访谈在这些方面并没有什么不同。因此，神经心理学访谈可以应用于"遇到对话"的情况，并进行同样的分析和理解。

神经心理学访谈与日常对话，在主题和结果方面确实存在不同的地方。以访谈如何使重度健忘症患者不能构建心理场景为例，我们可以看到访谈者与患者的交替发言是如何引导健忘症患者缺乏细节这一协作结果的。在暂时虚构症的例子中，结果很充足但似乎含有错误记忆的描述。但就对话而言，访谈者与受访者之间的互动似乎有些奇怪。特别是，访谈者似乎不能在合适的时机，例如在明显是正确回答时表现认同，但在不适宜的时机，也就是在患者描述不可能是正确的细节时表现出认同。这绝对不是因为访谈者的转换而批评他们。相反，在不断变化的神经心理学访谈中，确定哪些信息是正确的哪些是错误的并不是直接目的。而且，有证据表明其他访谈的转换形式也有自己的问题（无意的）。例如，以前的作者（Moscovitch，1989；Turner & Coltheart，2010）发现虚构症患者可以以重复或扩展他们对错误记忆的描述来回应访谈者提出的质疑。特纳和科尔泰特（Turner & Coltheart，2010）报告了一个案例，患者 GN 称他曾经在伦敦国家档案中心目击了一场枪战。当访谈者质疑时，GN 并不考虑访谈者表现出的惊讶，以及他所说的这件事令人多么难以置信，而是继续称他目击了这件事。因此，需要重点注意的是，在任何神经心理学访谈中，访谈者的任何变化都与访谈结果有关。和其他访谈一样，对 OV 的访谈反映了访谈者与受访者之间的转换与协作，共同导致了上述问题。通过检验这些协作因素，我们可以深入了解记忆作为社会行为是怎样进行操作的。在这些背景下产生的记忆不可避免地会涉及威尔逊和罗斯（2003）提出的人际间加工过程，因为其他人可能并不接受个体提供的记忆。为了理解神经心理学访谈产生的特定结果，我们需要仔细思考访谈者与受访者互动时的详细细节。这样我们能更好地理解巴尼尔和萨顿（Barnier & Sutton，2008，p. 178）所描述的"协作的动态和微观过程"。在神经心理学访谈中的协作过程，与这些背景下产生的结果密切相关。

那么，临床神经心理学家和记忆研究人员关注的主要信息是什么呢？我们应该清楚，我们并没有把所有记忆能力与损伤的特征简化为话语现象。我们也不建议神经心理学家为支持其他方法而放弃访谈法。相反，事实上我们认为神经心理学访谈为神经心理学家和研究者提供了丰富的数据资源。然而，重要的是，我们需要严肃对待社会交往中的神经学访谈，而且需要区分参与者交谈的记忆，哪些可以统计，而哪些不可以统计。这需要关注所有交谈者产生的数据，而不仅仅是患者产生的描述。还有一个关键点是，在这样的条件下访谈者并不是被动的。不管访谈者对患者的情况是否是"盲目"的，他（她）都正在进行互动。在这个互动中，所有对话的变化都会影响记住事件（或不记得事件）表现的直接背景。即使访谈者提供的是最微小的回应，或不做出回应，他（她）都是互动中的主动参与者。因此访谈者说与不说，都向受访者表达了他（她）理解了他（她）的描述，从而成为互动结构中的一部分。而受访者则在这个过程中，找到接下来要说的内容（Sacks，1992；Schegloff，1982）。这些交流以及患者的描述和互动中的其他因素，共同构成了神经心理学访谈结果中所反映出来的协作。

致　　谢

摘自哈萨比等人（2007）的片段，经同意转载自 Hassabis，D.，Kumaran，D.，Vann，S. D.，和 Maguire，E. A "Patients with hippocamp alamnesia cannot imagine new experiences," *PNAS*，Volume 104，Issue 5，pp. 1726-1731，copyright © 2007 National Academy of Sciences，doi：10. 1073/pnas. 0610561104.

附件 12.1　片段 2 的转录表示法

（（咳嗽））	记录员将非语言的声音放在双括号中
（。）	括号中的句号表示话语间的短暂停顿
(2.5)	括号内的数字表示以秒为单位的话语之间的暂停
=	等号表示无法辨别来自不同发言者的话语
[	方括号表示重叠语音的开始
e∷h	冒号表示前一声音已延长
姓名	下划线表示更大的声音

↑	向上箭头表示语调上升
＞文本＜	左右单书名号表示更快地的语速

参考文献

Addis，D. R. ，Wong，A. T. ，& Schacter，D. L. （2007）. Remembering the past and imagining thefuture：Common and distinct neural substrates during event construction and elaboration. *Neuropsychologia*，45，1363-1377. doi：10. 1016/j. neuropsychologia. 2006. 10. 016

Alexander，M. P. ，& Freedman，M. （1984）. Amnesia afer anterior communicating artery aneurysm. *Neurology*，34，752-757. doi：10. 1212/wnl. 34. 6. 752

Barnier，A. J. ，& Sutton，J. （2008）. From individual to collective memory：Theoretical and empirical perspectives. *Memory*，16，177-182. doi：10. 1080/09541440701828274

Benson，D. F. ，Djenderedjian，A. ，Miller，M. D. ，Pachana，N. A. ，Chang，M. D. ，Itti，L. ，& Mena，I. （1996）. Neural basis of confabulation. *Neurology*，46，1239-1243. doi：10. 1212/wnl. 46. 5. 1239

Bonhoeffer，K. （1901）. *Die akuten geisteskrankheiten des gewohnheitstrinkers. Eine klinische Studie*. Jena，Germany：Gustav Fischer.

Bonhoeffer，K. （1904）. Der korsakowsche symptomenkomplex in seinen bezie-hungen zuden ver schiedenen krankheitsformen. *Allgemeine Zeitschrif für Psychiatrie und psychisch-gerichtliche Medicin*，61，744-752.

Buckner，R. D. ，& Carroll，D. C. （2006）Self-protection and the brain. *Trends in Cognitive Sciences*，11，49-57. doi：10. 1016/j. tics. 2006. 11. 004

Cicourel，A. V. （2011）The effect of neurodegenerative disease on representations of self in discourse. *Neurocase*，17，251-259. doi：10. 1080/13554794. 2010. 509321

Dalla Barba，G. （1993）. Different patterns of confabulation. *Cortex*，29，567-581. doi：10. 1016/s0010－9452(13)80281－x

Dalla Barba，G. ，Cappelletti，J. Y. ，Signorini，M. ，& Denes，G. （1997）. Confabulation：Remembering "another'' past，planning ''another'' future. *Neurocase*，3，425-36. doi：10. 1080/13554799708405018

Dalla Barba，G. ，Nedjam，Z. ，& Dubois，B. （1999）. Confabulation，executive functions and source memory in Alzheimer's disease. *Cognitive Neuropsychology*，16，385-398. doi：10. 1080/026432999380843

DeLuca，J.，& Diamond，B. J. (1995). Aneurysm of the anterior communicating artery： A review of neuroanatomical and neuropsychological sequelae. *Journal of Clinical and Experimental Neuropsychology*，17，100-121. doi： 10. 1080/13803399508406586

Edwards，D.，& Potter，J. (2005). Discursive psychology，mental states and descriptions. In： H. F. M. te Molder & J. Potter(Eds.)，*Conversation and cognition* (pp. 241-278). Cambridge，UK： Cambridge University Press.

Fivush，R. (2010). Speaking silence： The social construction of silence in autobiographical and cultural narratives. *Memory*，18，88-98. doi： 10. 1080/09658210903029404

Garfnkel，H. (1967). Studies in ethnomethodology. Englewood Cliffs，NJ： Prentice-Hall.

Gilboa，A.，& Moscovitch，M. (2002). The cognitive neuroscience of confabulation： A review and a model. In： A. D. Baddeley，M. D. Kopelman & B. A. Wilson(Eds.)，*Handbook of memory disorders* (pp. 315-342).

London，UK： Wiley. Gilboa，A.，Alain，C.，Stuss，D. T.，Melo，B.，Miller，S.，& Moscovitch，M. (2006). Mechanisms of spontaneous confabulations： A strategic retrieval account. *Brain*，129，1399-1414. doi： 10. 1093/brain/awl093

Hassabis，D.，Kumaran，D.，& Maguire，E. A. (2007) Using imagination to understand the neural basis of episodic memory. *Journal of Neuroscience*，27，14365-14374，doi： 10. 1523/jneurosci. 4549－07. 2007.

Hassabis，D.，Kumaran，D.，Vann，S. D.，& Maguire，E. A. (2007). Patients with hippocampal amnesia cannot imagine new experiences. *PNAS*，104，1726-1731. doi： 10. 1073/pnas. 0610561104

Hebben N.，& Milberg W. (2009). *Essentials of neuropsychological assessment*. *Hoboken*，NJ： John Wiley and Sons.

Hepworth，J.，& McVittie，C. (2016). The research interview in adult mental health： Problems and possibilities for discourse studies. In： M. O'Reilly & J. Lester(Eds.)，*The adult mental health handbook* (pp. 64-81). Basingstoke，UK： Palgrave Macmillan.

Heritage，J. (1984). *Garfnkel and ethnomethodology*. Cambridge，UK： Polity Press.

Jefferson，G. (1984). On stepwise transition from talk about a trouble to inappropriately next-positioned matters. In： J. M. Atkinson & J. Heritage(Eds.)，*Structures of social action： Studies in conversation analysis* (pp. 191-222). Cambridge，UK： Cambridge University Press.

Kahn，R. L.，& Cannell，C. F. (1957). *The psychological basis of the interview. The dynamics of interviewing： Theory，technique，and cases*. New York，NY： John Wiley & Sons.

Kirkwood，S.，McKinlay，A.，& McVittie，C. (2013). 'They're more than animals'：

Refugees' accounts of racially motivated violence. *British Journal of Social Psychology*，52，747-762. doi：10. 1523/jneurosci. 4549－07. 2007

Klein，S. B. ，Lofus，J. ，& Kihlstrom，J. F. (2002). Memory and temporal experience：The effects of episodic memory loss on an amnesic patient's ability to remember the past and imagine the future. *Social Cognition*，20，353-379. doi：10. 1521/soco. 20. 5. 353. 21125

Kopelman，M. D. ，Ng，N. ，& Van Den Brouke，O. (1997). Confabulation extending across episodic，personal and general semantic memory. *Cognitive Neuropsychology*，14，683-712. doi：10. 1080/026432997381411

Lezak，M. D. ，Howieson，D. B. ，& Loring，D. W. (2004). *Neuropsychological Assessment*(4th Ed.). Oxford，UK：Oxford University Press.

Maccoby，E. E. ，& Maccoby，N. (1954). The interview：A tool of social science. In：G. Lindzey(Ed.)，*Handbook of social psychology：Vol. 1. Theory and method*(pp. 449-487). Reading，MA：Addison-Wesley.

McKinlay，A. ，& McVittie，C. (2006). Using topic control to avoid the gainsaying of troublesome evaluations. *Discourse Studies*，8，797-815. doi：10. 1177/1461445606069330

McKinlay，A. ，& McVittie，C. (2008). *Social psychology and discourse*. Oxford，UK：Wiley-Blackwell.

McKinlay，A. ，& McVittie，C. (2011). *Identities in context：Individuals and discourse in action*. Oxford，UK：Wiley-Blackwell.

McKinlay，A. ，McVittie，C. ，& Della Sala，S. (2010). Imaging the future：Does a qualitative analysis add to the picture? *Journal of Neuropsychology*，4，1-13. doi：10. 1348/174866409x468395

McVittie，C. ，McKinlay，A. ，Della Sala，S. ，& MacPherson，S. (2014). The dog that didn't growl：The interactional negotiation of momentary confabulations. *Memory*，22，824-838. doi：10. 1080/09658211. 2013. 838629

Mishler，E. G. (1986). *Research interviewing：Context and narrative*. Cambridge，MA：Harvard University Press.

Moscovitch，M. (1989). Confabulation and the frontal system：Strategic versus associative retrieval in neuropsychological theories of memory. In：H. L. Roediger & F. I. M. Craik(Eds.)，*Varieties of memory and consciousness：Essays in honour of Endel Tulving*(pp. 133-160). Hillsdale，NJ：Erlbaum.

Moscovitch，M. ，& Melo，B. (1997). Strategic retrieval and the frontal lobes：Evidence from confabulation and amnesia. *Neuropsychologia*，35，1017-1034. doi：10. 1016/s0028－3932(97)00028－6

Neisser, U. (1988). What is ordinary memory the memory of? In: U. Neisser and E. Winograd, (Eds.)*Remembering reconsidered: Ecological and traditional approaches to the study of memory: Emory symposia in cognition*, 2 (pp. 356-373). New York, NY: Cambridge University Press.

Potter, J. (1996). *Representing reality: Discourse, rhetoric and social construction.* London, UK: SAGE.

Potter, J. (2003). Discursive psychology: Between method and paradigm. *Discourse & Society*, 14, 783-794. doi: 10.1177/09579265030146005

Potter, J., & Wetherell, M. (1987). *Discourse and social psychology: Beyond attitudes and behaviour.* London, UK: Sage.

Rapley, T. (2001). The art(fulness)of open-ended interviewing: some considerations on analyzing interviews. *Qualitative Research*, 1, 303-323. doi: 10.1177/146879410100100303

Roediger, H. L., Bergman, E. T., & Meade, M. L. (2000). Repeated reproduction from memory. In: A. Saito(Ed.), *Bartlett, culture and cognition*(pp. 115-134). London, UK: Psychology Press.

Rosenbaum, R. S., Kohler, S., Schacter, D. L., Moscovitch, M., Westmacott, R., Black, S. E., …Tulving, E. (2005). The case of K. C.: Contributions of a memory-impaired person to memory theory. *Neuropsychologia*, 43, 989-1021. doi: 10.1016/j.neuropsychologia.2004.10.007

Rosenbaum, R. S., McKinnon, M. C., Levine, B., & Moscovitch, M. (2004). Visual imagery defcits, impaired strategic retrieval, or memory loss: disentangling the nature of an amnesic person's autobiographical memory defcit. *Neuropsychologia*, 42, 1619-1635. doi: 10.1016/j.neuropsychologia.2004.04.010

Rubin, H. J., & Rubin, I. S. (2012). *Qualitative interviewing: The art of hearing data.* London, UK: SAGE.

Sacks, H. (1992). *Lectures on conversation, Vols.* 1 *and* 2(G. Jefferson, Ed.). Oxford, UK: Blackwell.

Sacks, H., Schegloff, E. A., & Jefferson, G. (1974). A simplest systematics for the organization of turntaking for conversation. *Language*, 50, 696-735. doi: 10.1353/lan.1974.0010

Schacter, D. L., & Addis, D. R. (2007). The cognitive neuroscience of constructive memory: Remembering the past and imagining the future. Philosophical Transactions of the Royal Society of London. *Series B, Biological Sciences*, 362, 773-786. doi: 10.1098/rstb.2007.2087

Schacter，D. L. ，Addis，D. R. ，& Buckner，R. L. （2007）. Remembering the past to imagine the future: The prospective brain. Nature Reviews. *Neuroscience*，8，657-661. doi: 10. 1038/nrn2213

Schacter，D. L. ，Addis，D. R. ，& Buckner，R. L. (2008). Episodic simulation of future events: Concepts，data，and applications. *Annals of the New York Academy of Sciences*，1124，39-60. doi: 10. 1196/annals. 1440. 001

Schegloff，E. A. （1968）. Sequencing in conversational openings. *American Anthropologist*，70，1075-1095. doi: 10. 1525/aa. 1968. 70. 6. 02a00030

Schegloff，E. A. (1982). Discourse as an interactional achievement: Some uses of 'uh huh' and other things that come between sentences. In: D. Tannen（Ed. ），*Analyzing discourse: Text and talk*（pp. 71-93）. Washington，DC: Georgetown University Press.

Schnider，A. (2003). Spontaneous confabulation and the adaptation of thought to ongoing reality. *Nature Reviews Neuroscience*，4，662-671. doi: 10. 1038/nrn1179

Schnider，A. (2008). *The confabulating mind: How the brain creates reality*. Oxford，UK: Oxford University Press.

Schnider，A. ，von Daniken，C. ，& Gutbrod，K. (1996). The mechanisms of spontaneous and provoked confabulations. *Brain*，119，1365-1375. doi: 10. 1093/brain/119. 4. 1365

Segal，D. L. ，June，A. ，& Marty，M. L. (2010). Basic issues in interviewing and the interview process. In: D. L. Segal & M. Hersen（Eds. ），*Diagnostic interviewing*（4th Ed. ）（pp. 1-22）. New York，NY: Springer.

Tulving，E. （2005）. Episodic memory and autonoesis. In: H. Terrance & J. Metcalfe （Eds. ），*The missing link in cognition: Origins of self-reflective consciousness*（pp. 3-56）. New York，NY: Oxford University Press.

Turner，M. ，& Coltheart，M. （2010）. Confabulation and delusion: A common monitoring framework. *Cognitive Neuropsychiatry*，15，346-376. doi: 10. 1080/13546800903441902

Turner，M. S. ，Cipolotti，L. ，Yousry，T. A. ，& Shallice，T. (2008). Confabulation: Damage to a specific inferior medial prefrontal system. *Cortex*，44，637-648. doi: 10. 1016/j. cortex. 2007. 01. 002

Vilkki，J. （1985）. Amnesic syndromes afer surgery of anterior communicating artery aneurysm. *Cortex*，21，431-444. doi: 10. 1016/s0010－9452(85)80007－1

Wilson，A. E. ，& Ross，M. (2003). The identity function of autobiographical memory: Time is on our side. *Memory*，11，137-149. doi: 10. 1080/741938210

第 13 章

协作记忆的知识： 分布式可靠主义的视角

库尔肯·米夏埃拉(Kourken Michaelian)，圣地亚哥·阿朗戈·穆尼奥斯(Santiago Arango-Muñoz)

协作记忆，是一种很普通的现象。它是指两个或两个以上的个体一起记忆。我们认为，尽管协作回忆很普通，但是它挑战了人们将记忆作为个人完成的认知加工过程的传统理解，也挑战了将记忆知识作为个人头脑中持有的合理记忆信念的传统理解。现在，协作记忆已经成为心理学研究中的一个重要领域，但目前还没有在认识论中进行讨论。本章，我们尝试对协作记忆的认识论意义进行首次探索，以近年来颅外专家的认知理论(cognition theories)与外在主义者理论(externalist theories)的碰撞所引发的"扩展知识(extended knowledge)"之争作为切入点(Carter et al.，2014；Carter et al.，即将出版)。

各种社会和技术的形式扩展了记忆。这在有关扩展知识的争论中发挥着重要作用。但目前的争论还没有特地将协作记忆考虑进去。我们认为协作记忆的研究发现，对外在主义者理论提供了新的支持：分布式可靠主义(distributed reliabilism)。除了吉雷(Giere，2004)研究分布式认知和塔加德(Tagard，1997)研究协作知识的方法外，分布可靠主义也从传统的可靠性(Goldman，2012)及其更新的理论，如扩展(Goldberg，2010)和社会可靠性(Goldman，2014)中分离出来。首先，分布可靠主义承认信念形成过程可以扩展到外部，包括其他个体和技术性的人工产品完成的加工过程。其次，它承认分布式社会技术系统本身就了解主体。总之，本章的主要目标是揭示协作记忆心理学研究在哲学中的意义。我们的观点，也许有利于扩展协作记忆的标准概念，使之不仅包括目前为止心理学研究关注的个体之间的直接互动，也包括那些间接的、受到技术支持的、中介的互动，因此也会对心理学有影响。

一、　扩展知识的争论

我们将逐步介绍协作记忆。在本节中，我们先回顾一下扩展知识争论的基本概要，介绍扩展和分布记忆系统的区别。在下一节，我们将介绍扩展记忆的认识论。最后一节，我们将介绍分布式记忆的知识论；这里协作记忆研究和分布可靠性认识论是关注的重点。

（一）外在主义者的知识理论

知识是什么？这个问题存在争议。但是认识论者普遍认为知识有三要素：前两个要素是信念（belief）和真相（truth）（知识是得到确认的真信念——柏拉图）。除了这一共识，几乎没有一致意见：很显然，知道命题 P 需要的不仅仅是知道命题 P 的真实信念，而是还需要其他的内容。认识论中的大部分活动都涉及知识的第三个要素[①]。

一般而言，知识的第三个要素通常是"确认（justifcation）"。现有的确认理论分为两大类。内在主义理论认为确认是认知主体内部的，在某种意义上，如果一个特定因素影响了信念的可确认地位，那么至少在原则上，该主体通过内省可以意识到是否存在这一因素。因此，例如一致主义者认为，信念的可确认地位取决于其在个体整体信念网络中的位置。这是一种内在主义理论，因为人们可以透视内部，并抓住其各种信念之间的关系。

相反，我们关注的外在主义理论认为，确认不一定是内部的。外在主义中最有影响的形式是可靠性（reliabilism）。可靠性的出现，一部分原因是担心内在主义对知识的要求太高——以至于主体怎么也达不到这样的高度。例如，像一致性主义认为的，我们可以掌握我们信念的所有关系，这一点其实是令人怀疑的。可靠主义者认为，决定某一信念是否合理，依据的是产生信念过程的可靠性。例如，如果个体的记忆系统倾向于产生更多的真实命题，而不是虚假命题，那么通过接受他记得的内容，形成的记忆就是可靠的。他的记忆信念也是合理的。而且如果这些都对，就相当于知识了。这是一种外在理论，因为我们不能仅仅通过自我观察来确定我们的信念产生过程的可靠性。

刚才描述的可靠主义的形式被称为过程的可靠性（process reliabilism）。虽然过程可靠性仍然具有影响力，但近年来一种德性可靠性（virtue reliabilism）的方法却使它越来越黯然失色。正如过程可靠性出于担心知识的内部标准太高，而德性可靠性则是担心知识的过程可靠性标准太低。思考这样一个场景，一个人通过电子日历来记住他的约会。尽管日历似乎在正常工作，但实际上它经常出故障，随机的显示约会时间。然而，这个人却并不知道这个问题。而他努力工作的秘书重新系统地安排了他的约会，以使他可以按照日历显示的时间赴约。主体的信念有可靠的形成过程（他总是按时赴约！），但是他在直觉上并不知道他约会的时间。

----

① 我们将 Gettier 的问题和认知运气暂时搁置。

　　自然能想到这个人缺乏这一知识的原因，就是因为信念产生过程中的可靠性与这个人自己的认知能力无关。这种直觉能力是产生德性可靠性的原因。这一观点认为知识是可以分析的，至少根据主体认知能力形成的真实信念的部分是可以分析的。德性可靠性在扩展知识争论中备受关注，我们称其为弱德性可靠性。正如普里查德（2010）所阐述的那样，弱德性可靠性认为，如果主体 S 知道命题 P，那么"S 的真实信念是，P 是可靠的信念形成过程产生的，它恰当的融入了 S 的认知角色中，这样他认知的成功对他的认知机能来说是非常值得信赖的"。

（二）颅外主义者的认知理论

　　扩展知识的争论所关注的是认识论的兼容性，例如，弱德性可靠主义与认知的分布式或扩展理论。分布式认知（Distributed cognition）是认知科学研究的传统。这一传统主要关注涉及多人的复杂的社会技术系统和技术成分（Hutchins，1995；1996）。反过来，扩展认知（extended cognition）指的是当前的心智哲学。它主要关注的是以单人主体为中心的系统中的认知。在某些情况下，外部技术或社会资源增强了这种认知（Clark & Chalmers，1998；Clark，2008）。目前，对分布式和扩展框架的相对优点进行辩论没有任何意义；重点是颅外主义理论（extracranialist theories）的核心。它既是两种框架的共同点，同时又是被内在主义否定的观点（Adams & Aizawa，2008）。颅外主义认为最好将认知视为（有时）超越个体大脑范围的过程（参见 van den Hoven et al.；Wilson，第 14、第 22 章）。

　　外部增强记忆（externally augmented memory）是颅外主义争论的核心。认知扩展理论学家倾向于简单地认为，外部技术资源只是个体记忆的补充。例如，克拉克和查默斯（Clark & Chalmers，1998）让我们想象一个假想的阿尔茨海默病患者奥托（Otto），他通常用笔记本（notebooks）来记录他需要的信息，以此来补偿他受损的记忆。如果我们想理解奥托的行为，我们必须将他和他的笔记本作为简单的外部记忆（external memory）系统。除了这些技术扩展，克拉克和查默斯也思考了社会扩展的可能性。但是，在这两种情况下，扩展认知理论学家分析的单元，依然是被技术或社会增强了记忆的个体。

　　相反，分布式认知理论学家倾向于强调复杂的社会技术系统（sociotechnical systems）中的记忆。哈钦斯（Hutchins，1995）对该系统做了一个经典的比喻，由飞机机组成员和相关的仪器设备组成一个系统，负责让飞机驾驶舱记住飞机的速度。哈钦斯认为，驾驶舱的记忆也不能简化为机组个人的记忆，也不能从任何机组个人的记忆中推断出来。它也不能简化为所有人类成员的记忆。相反，如果我们想理解驾驶舱的行为，我们必须将其视为包括人类和人工设备在内的单个分布式记忆系统。

　　根据扩展和分布式框架，我们要强调的是，想要充分理解记忆，需要同时考虑社会和技术方面的因素。有以下几个理由。首先，虽然分布式认知的理论争论在某种程度上为协作记忆研究提供了资料（Michaelian & Sutton，2013），但是后者侧重于纯粹的社会系统，而不是混合的社会技术系统。而且本章的目的之一，是建议将协作记忆的研究重点扩展到包括技术以及社会维度在内的记忆中去（另见 Hoskins；van den Hoven et al.，第 21、第 22 章）。其次，社会认识论的大部分工作都关注社会群体的记忆，忽视了人工技术的贡献，当然也有例外（例如，Palermos，2015）。本章的另一个目的就是强调技术与社会认识论的相关性。最后，既然社会认识论忽视了技术，扩展知识争论则是从个体认识论而非社会认识论中发展出来的，而且其主要关注点在技术增强系统，因此，本章的另一个目的是敦促扩展知识争论的参与者不要忽视外在认知的社会维度的重要性。

（三）颅外主义和知识

我们已经介绍了两个不同点：内在主义和外在主义之间的不同，颅内主义和颅外主义之间的不同点。扩展知识的争论主要是关于外在主义和颅外主义之间的关系。人们很容易认为这两种观点是自然而然的拟合在一起的。但是将它们结合起来比人们想象的要困难得多，而且也不能保证外在主义的所有形式都可以与颅外主义相互兼容。尤其是，虽然可靠主义的所有过程都关注一个既定信念产生的过程是否可靠，但是德性可靠主义不仅关心信念产生的过程是否可靠，同时也关心这一过程是否能与个体的认知特点相结合。这样的话，个体的成功认知则可以在很大程度上归因于他的认知能动性。因为大量认知过程产生的真实信念形式，都表现为外在资源，将这一过程以必要的方式整合到个体特点中，可能存在一定的困难。

因此，对扩展知识争论的许多观点都表明，诸如弱德性可靠主义这样的理论，确实与颅外主义更一致。普里查德（Pritchard，2010）认为，即使在简单的情况下，主体的认知能动性对真实信念的形成也具有重要的作用。例如，由于奥托在设置、维持和使用他的笔记本时的积极作用，笔记本已经以一种帮助他成功认知的方式，融入了他的认知特点中。当他依赖笔记本形成了一个真实信念时，这一信念对他的认知能动性来说是可信的。如果这是正确的，那么根据弱德性可靠主义，当奥托基于笔记本形成了一个真实信念时，这一信念也许可以等同于知识。对于奥托的情况来说，这种策略是相当合理的，但它推广程度目前还不清楚。弱德性可靠主义流派需要表明的是，在个体基于外部资源形成真实信念的所有（或至少是在重要的情况下）情况下，个体的认知能动性都发挥了重要的作用。扩展知识争论已倾向于关注外部记忆的假设案例。这些假设的案例，被简化为最好的程式化以及最差的现实性。我们在这里提出将争论与扩展式和分布式记忆研究紧密联系起来，是为了弄清上述策略，事实上并不那么具有推广性。

二、　扩展记忆的认识论

我们首先简单介绍一下扩展记忆（extended memory）。扩展记忆认为，主体在这种系统中的作用是高度可变的。这一结论在一定程度上否定了弱德性可靠主义。在考虑并排除了德性可靠主义扩展的替代形式之后，我们认为，可靠主义扩展过程的形式能够更能好的适应扩展记忆。

(一)外部记忆

在之前的工作中（Michaelian，2012），我们认为任何主体的记忆都必须解决两个问题。第一，选择问题：当面对需要的信息时，主体必须选择是从记忆中提取，还是依赖于其他认知资源。例如，他必须在记住的计算结果和重新进行计算中做出选择。第二，采纳问题：当主体从记忆中提取信息时，他必须决定接受或拒绝这一信息。我们最开始思考这些问题时，并没有考虑外部记忆；将外部记忆考虑进去会使问题变得更为复杂（Arango-Muñoz，2013）。选择问题会成为扩展选择问题，因为主体必须在基于内部和外部资源之间做出选择。例如，他可以选择向其他人询问答案，在网上寻找答案，或者是依赖他自己的内部记忆。与此相似，外部采纳问题可以补充（内部）采纳问题，因为主体必须决定是否采纳从外部资源获取的信息。例如，在网上搜索信息以后，主体必须决定是采纳这些信息，还是继续搜索另一个信息。

主体怎么解决这些问题呢？我们认为元认知（metacognition）在这里发挥着重要的作用。元认知是指对认知过程进行监测和控制的过程（Nelson & Narens，1990）。研究者认为信念的（Michaelian，2012）、超个人的（Clark，2015）或基于感觉（Arango-Muñoz，2013）的元认知可能会影响选择和采纳。我们所关注的是基于感觉的元认知①。比较常见的元认知体验有知晓感（feeling of knowing）、自信度（feeling of confdence）、错误感（feeling of error）、遗忘感（feeling of forgetting）以及舌尖效应（tip-of-the-tongue phenomenon）（Arango-Muñoz & Michaelian，2014）。另一方面，这些感觉也会影响主体是选择从内部记忆提取信息还是寻找适当的外部资源。例如，知晓感可能会激起主体搜索自己的内部记忆。自信度可能会让主体选择采纳他人或技术资源提供的信息。

人们很容易得出这样的结论，如果主体经常依靠元认知体验来解决选择和采纳的问题，那么他们的认知能动性就会在基于外部记忆的信念形成中发挥着重要的作用。但是，实际上认知能动性发挥的作用似乎可变性很大。想一想第一个扩展选择的问题。内部策略通常更快但代价也比较大，因为它需要工作记忆和注意的参与，通常也不准确。外部策略通常比较准确，但也需要感知运动成本，而且效率也不高，花费时间比较多。在某些情况下，主体可以依赖于元认知体验，成功地权衡这些得失（Reder，1987）。例如，卡尔尼凯特和惠特克（Kalnikaité & Whittaker，2007)已经证明，对外部记忆的依赖与主体感受到的不确定性有关（例如，我们经常在对内部记忆不确定时，才会主要依赖外部记忆）。这与斯帕罗等人（Sparrow et al.，2011）的结果完全吻合。他们发现，当主体不知道问题的答案时，主要通过网络搜索来获取答案。尽管主体的认知能动性在这些情况下明显地发挥着作用，但在其他情况下选择似乎是盲目的，主体的认知能动性发挥的作用也很小。主体可能会在大街上向他人询问方向和时间。她在选择提供信息的人时，或多或少是随机的。实际上，严格来说，在某些情况下主体也许不会选择，在不

---

① 这反映了我们对元认知相对重要性的评估，但需要对元认知所有形式的作用进行广泛的探索。

表现出任何能动性的情况下，仅仅依赖于一个习惯性的来源获得知识①。

在外部信息采纳问题上，认知能动性的作用同样也是变化的。主体通常基于元认知体验来决定是否采纳外部提取的信息。因此，正确感也许会促进采纳（Reber & Unkelbach，2010），而错误感则会引发拒绝（Gangemi et al.，2015）。但是，在很多情况下，认知能动性并不发挥作用。例如，在证词条件下，人们有采纳他人提供的信息的倾向（Michaelian，2010）；直觉上，我们在监测证人是否有欺骗行为，但实际上有大量证据表明我们并不经常监测不诚实的行为，而且我们在监测的时候并不擅长探查别人是否诚实（Vrij，2008）。在许多技术条件中，认知能动性的作用似乎是有限的。对提取信息不准确的敏感性取决于先前的知识（Sparrow & Chatman，2013）。当我们缺乏相关的先前知识时，主体就不能评估提取信息的意义了。

(二)扩展可靠主义

只要认知能动性在扩展记忆系统中发挥作用，那么我们就将继续面对一系列问题。一种极端情况是，主体同时在选择和采纳中发挥着积极的作用。在这样的条件下，主体认知能动性的作用也许符合弱德性可靠主义提出的重要标准。但另一种极端情况是，主体的能动性在选择和采纳中发挥的作用都很小。这种情况下，就弄不清楚主体的认知能动性符合哪些相关的标准了。

为了回答这一问题，我们可能会选择用扩展德性可靠主义（extended virtue reliabilism）的一种形式来代替弱德性可靠主义。例如，格林（Green，2012）提出了一种类似于社会扩展德性可靠主义（socially extended virtue reliabilism）的观点：如果主体 S 知道命题 P，则 P 有助于 S 形成的信念，不管这些能力是单独由 S 提供还是由其他主体提供，P 具有足够的可靠性使得 S 知道 P。同样的元认知体验可以影响我们对社会和技术资源的依赖，将这一情况考虑进去的话，则转向了另一种形式的社会和技术扩展德性可靠主义（socially and technologically extended virtue reliabilism）：如果主体 S 知道命题 P，则 P 有助于形成 S 信念，不管这些能力单独由 S 提供还是由其他人类或非人类资源提供，P 具有足够的可靠性使得 S 知道 P。

但是社会和技术扩展德性可靠主义存在一个问题：一项成果的可靠性仅仅由个体能动性指定，而认知扩展系统的非人类部分，通常不具备成为有丰富意义的个体机能的资格。给扩展系统的非人类部分指定可靠性，也许会被修正的社会和技术扩展德性可靠主义拒绝，以便将扩展系统作为一个整体去指定可靠性。但是这样的观点也会出现同样的问题。一项成果的可靠性只能被个体能动性指定，而认知扩展系统通常不具备成为有丰富意义的个体机能的资格（但参见 Kirchhoff & Newsome，2012）。因此，社会和技术的扩展德性可靠主义似乎并不是一个可行的选择。

---

① 我们在这里提出的观点是以习惯行为没有认知能动性参与这一观点为前提的，但也存在反对的观点（例如，萨顿等人，2011）。

鉴于德性可靠主义和过程可靠主义之间的紧密关系，很自然会采用过程可靠主义的一些形式，因此我们在说明知识时，并没有提到相关的能动性。这样做需要我们牺牲直觉能力。但是，虽然借鉴过程可靠主义会付出一些代价，但这些代价是值得的，因为这是为了避免出现与扩展记忆系统现实不兼容的情况。

如果我们要借鉴过程可靠主义的形式，我们应该借鉴哪种理论形式呢？原则上，我们也许只是回归到过程可靠主义的颅内主义形式，但鉴于颅外资源（包括外部记忆）在使主体形成真实信念方面所起的不可或缺的作用，这一举动似乎是没有道理的。例如，这一作用为戈德堡（Goldberg，2010）的社会扩展过程可靠主义（socially extended process reliabilism）提供了支持，戈德堡认为与认知相关的信念形成过程可以扩展到其他人类主体上，但不能扩展到非人类的技术资源上。然而，似乎没有一个原则性的理由可以区分人类的加工过程和人工技术的加工过程（Michaelian，2014a）。因此，转向社会和技术扩展过程可靠主义就更加自然了。这一主义认为与认知相关的信念形成过程，既可以扩展到人类主体，也可以扩展到非人类的技术资源。就像社会和技术扩展德性可靠主义一样。社会和技术扩展过程可靠主义的观点，与认为元认知体验可以影响我们对社会和技术资源的依赖这一观点是一致的。因此，它代表了可以容纳知识的认识论进一步发展的方向。这些知识基于社会和技术可以增强记忆。但是，就我们在下一个部分将会介绍的社会和技术扩展过程可靠主义来说，还是远远不够的，因为它没有认识到即使它们不符合心理机能的标准，但是分布式记忆系统作为认识主体还是合格的。

三、 分布式记忆认识论

当一个人与其他人一起记忆时，所谓的他人，可能会发挥不同的作用。到目前为止，我们只关注了相对简单的一个作用：其他人可以作为一个信息来源。主体可以将其他人提供的信息，整合到自己的记忆中。换而言之，其他人可以作为外部的记忆储存器，这已经涉及了颅外过程。在某种意义上，如果我们忽略了主体和外部储存器之间的信息流，那么我们就无法完全理解主体基于外部储存器而做出的行为。例如，当个体的外部储存器的信息是可靠的，那他就会倾向于（内部的）记住怎么从储存器中提取信息，而不是记住信息内容本身（Sparrow et al.，2011）。虽然扩展记忆系统中的记忆是颅外过程的一部分，但这一过程还是以主体为中心的。也就是说，尽管主体的能动性在主导整个记忆过程时的作用是微不足道的，但它仍然是记忆系统最终的控制中心。我们现在转向主体间（和工具间）的互动，这些互动产生了分布（而不是扩展）记忆系统。在许多系统中，包括协作记忆的研究在内，并没有明确的控制点。我们认为，即使一个既定系统的组成成分发挥着重要的作用（例如，主导型叙述者；Cuc et al.，2006），通常也就是一个系统作为整体在发挥作用，并将这个系统视为记忆实体。

（一）分布式记忆

协作记忆研究中涵盖了影响记忆的一系列社会因素（Rajaram & Pereira-Pasarin，2010）。

在极端情况下（如社会分享型提取诱发遗忘），尽管主体受到社会影响，但依然用颅内过程来对记忆进行解释。这种极端情况与威尔逊（2005）提出的社会表现论（social manifestation thesis）一致。社会表现轮认为，记忆是一种社会过程，在某种意义上个人的记忆有时取决于它在他人面前的表现。严格来说，鉴于我们关注的重点，我们并不关心社会表现论，但是我们关注社会和技术表现论（social and technological manifestation thesis）。社会和技术表现论认为记忆是一个社会和技术过程。在这个意义上，个人的记忆有时取决于在他人面前或技术手段中的表现和特点。在协作记忆的部分情况下（如，协作抑制），我们仅仅通过分析记忆小组就能充分地描述这一现象，但我们并没有将记忆小组本身作为记忆的机能。在另一种极端情况下（如，交互记忆），在交互记忆中，似乎必须把小组本身作为记忆实体的构成部分。这种情况与威尔逊提出的群体心智理论（group mind）一致。群体心智理论认为，记忆是一个社会过程，在这个意义上，有时小组本身也会记得。鉴于我们关注的重点，我们也不关心群体心智理论，而是关注社会技术系统心智理论（sociotechnical system mind thesis）。社会技术系统心智理论认为，记住是一个社会和技术过程，在这个意义上，有时社会技术系统本身也会记得①。

我们从其中一个极端开始。记忆社会传染效应的研究已经确定，他人再现的信息可以重塑一个人的记忆（Roediger et al.，2001；另见 Gabbert & Wheeler；Paterson & Monds，第 6 章和第 20 章）。虽然社会传染范式（social contagion paradigm）认为社会因素对记忆的影响是单向的过程，主要是说者对听者的影响。对话记忆的研究，则更强调社会因素的影响是一个双向过程。对话记忆可以重塑听者和说者的记忆。这一双向过程在提取诱发遗忘研究中进行了阐述（Hirst & Echterhoff，2008；另见 Hirst & Yamashiro，第 5 章）。个体内提取诱发遗忘是指主体个人提取的项目既会增强他对这个项目的记忆，同时也会造成他对与这个项目相关的项目的遗忘。社会分享型提取诱发遗忘是指当发言者提取一个项目时，同样会引起听者对与该项目相关的其他项目的遗忘（Cuc et al.，2007；Stone et al.，2012）。这一效应显然是因为听者在倾听的时候，同时提取了与说者同样的项目。换句话说，在对话记忆的条件下，个体内提取诱发遗忘，引起了社会分享型提取诱发遗忘。因此对话记忆中的记忆主体倾向于产生共同记忆表征，从而产生一种简单形式的共同记忆（Fagin et al.，2013；Stone et al.，2013）。

依我们看，协作记忆研究的领域，可以扩展到包括与技术和人互动的效应方面。我们认为，外部记忆技术原则上可以产生类似于社会分享型提取诱发遗忘的效应。例如，一个由人类主体和浏览器交互组成的小规模分布记忆系统，当人开始在地址栏中输入网址时，给他提示他可能要输入的网址（从他的浏览历史中获得的），这种提示可能会加强他对某些地址的记忆，同时忘记其他相关网址。而且，如果将浏览器设计为用户自适应模式，那么也可能是提取诱发遗忘的一种形式。一个足够复杂的网页浏览器，会基于过去的地址来调整未来建议的地址，加强

---

① 通过提供协作和交互记忆的例子，我们并不是说，随着研究范围的变化，协作的效应就越来越好。其与我们观点一致的是（作为一个偶然事件）记忆的协作形式越多越不利，记忆的协作形式越少越有利。我们关注的不是协作带来的好处，而是哪种形式的协作在一定程度上满足群体心智理论。

常用网址的"记忆"并最终"忘记"那些被拒绝的网址。因此，这种分布记忆系统可能表现出共同记忆的模式。这种模式与人类被试群组中观察到的社会分享型提取诱发遗忘相类似。

多个人和多种技术组成的较大规模的系统中，也可能存在类似的效应，例如，通过社交网站进行互动的多用户系统。在这些网站中，给既定用户呈现既定项目的突出程度，部分取决于该网站从其他使用这一社交网络的用户那里收到的大量的信息。因为有些项目更突出，有些项目不够突出，有些甚至根本不突出，用户的记忆也许会因为提取诱发遗忘而被重塑。前者对用户来说更容易回忆，而后者则容易忘记。反过来，这也许也会反馈到他在网站上的活动上，决定他对不同项目的注意程度。因为他的活动会影响到其他用户在他的社交网络中看到的内容，所以可能会产生类似的更广泛的分布式社会分享型提取诱发遗忘。

先抛开混合社会技术系统中对社会分享型提取诱发遗忘的推测，更为关键的是，在频繁、持续地进行对话记忆的群体中，如已婚夫妇，社会分享型提取诱发遗忘倾向于产生共同的记忆表征。显然社会分享型提取诱发遗忘的研究，与分布式记忆系统有关。但是这种形式的分布式记忆可以用社会（或社会和技术）表现论来解释。这个正在遭受质疑的系统完全可以用个体水平的机制来理解，就像秘密的提取。系统本身去记忆信息是没有意义的，因为它超越了构成它的个体能够记住的水平。

社会分享型提取诱发遗忘的研究关注的是社会背景下的个体记忆，而协作回忆的研究（Basden et al.，1997；Weldon & Bellinger，1997）则更加关注社会群体本身的记忆。因此，协作回忆的研究，将我们带入了从纯粹的社会表现到真正的群体心理之间的中点。协作回忆的研究已经确定了两种相互对立的效应（Barnier & Sutton，2008；Betts & Hinsz，2010；Weldon，2000；另见 Blumen；Henkel & Kris；Rajaram，第 4、第 8、第 24 章）。一方面，拉尔森（2009）提出了一种"弱协作"效应，即小组一起回忆的信息数量比小组中任何一个成员单独回忆的信息更多。这可能是因为小组成员所记住的是互相不重合的信息集。另一方面，协作抑制是指小组一起回忆的信息数量比名义组回忆的少（少于相同数量但是单独回忆的个体回忆出来的项目的无叠加之和）。协作抑制是因为小组回忆中的个体回忆的信息比单独回忆的信息少。有几个可能的机制在这里发挥着作用（Rajaram & Pereira-Pasarin，2010；Tompson，2008）。关键的机制似乎是提取破坏，即小组成员采用的不同提取策略之间产生了相互影响（Basden et al.，1997）。提取策略破坏假说已经得到了验证。有研究发现，当小组成员使用相似的提取策略时，可以克服或逆转协作抑制。这样，真实协作组就比名义组回忆的多。研究者已经在有特定领域专长的小组（Meade et al.，2009），以及已婚夫妻（Harris et al.，2014）中发现了这样的"协作促进"。总之，在稳定持续的群体中，协作回忆似乎可以以最小的代价获得最大的促进效应（Harris et al.，2011；2014）。

目前尚不清楚，协作回忆的研究是否支持从社会（和技术）表现论转向群体心理（或社会技术系统心理）理论。一方面，如果不参照真实的小组记忆（与名义组相对），就无法充分描述协作抑制；如果我们关注的重点是严格的颅内过程，或仅仅将小组视为无互动的一个个单独的个体，那么我们将会与这一效应失之交臂。另一方面，协作回忆范式也许并不能完全模拟真实小组层面的记忆，因为在这种情况下，小组并没有真正发挥作用：名义组比个体回忆的多，但也只是在纯粹的集合意义上如此（Pavitt，2003；Teiner et al.，2010）。协作抑制也许不同，因为这个效应只出现在真正的小组中，真正的小组协作，使得他们的回忆少于不协作的小组。然而，提取策略破坏假说认为，是个体层面的机制导致了这一效应。因此即使在协作抑制中，我们也不清楚是否能够将记忆作为群体层面的加工过程。

但是，有时在稳定持续的小组中发现的协作促进现象，又为我们将记忆视为群体层面加工过程提供了支持。群体水平的记忆聚焦在交互记忆的研究上（Hollingshead et al.，2011；Wegner，1987；Wegneret al.，1991）。交互记忆是指群体成员在记忆过程中，分别负责记忆的不同的阶段或不同的方面。广义上说，交互记忆系统（transactive memory system，TMS）由两部分组成（Teiner，2013）。代表性成分包括：小组成员的一级记忆（陈述性和程序性）；小组成员对组内其他成员持有记忆的元水平知识。其程序性成分包括各种（内隐的和外显的）交流过程。通过这种交流，小组成员分配责任并协调记忆过程。交互记忆系统通常比个体单独的表现好，至少在适合认知分工的任务中表现得比个体单独完成任务要好（例如，Liang et al.，1995；参见 Ren & Argote，2011 年的综述）（例如，Liang et al.，1995；参见 Ren & Argote，2011 年的综述）。瑟内尔（Theiner，2013）认为交互记忆系统的成员没有重叠记忆，因此他们不能互换：如果将足够多的交互记忆系统的成员移除，这一系统将会失败。这同样也是因为成员们没有重叠的知识；交互记忆系统的历史也会影响他们的表现，因此系统的拆散和重组都会影响他们的记忆能力；交互记忆系统之所以能结合在一起，是因为其成员了解其他成员负责的内容，因此成员间的合作和抑制行为对该系统功能的发挥至关重要。受温萨特（Wimsatt，1986）概念的影响，瑟内尔认为交互记忆系统构成了一种新的群体记忆的形式。在这个意义上，群体拥有自己的记忆能力，而且超过了其个体成员的记忆能力。

该领域的大多数实证研究都集中在交互记忆量的效应上。但交互记忆系统也许会表现出质的效应。哈里斯等人专注于研究已婚夫妻，因为已婚夫妻更可能形成交互记忆系统。哈里斯等人（2014；参见 Sutton et al.，2010）指出了另外几种出现的形式：出现的新信息（两个人都不能记住的信息）；出现"质"的增加（更丰富的情绪和情境记忆）；以及出现新的理解方式（例如，重新理解事件的重要性）（Barnie et al.，2014；Harris et al.，2011）。每一个都提供了一个例子，这说明了瑟内尔在他的论点中强调的组织依赖的形式：夫妻在面对问题时是作为一个整合的系统来解决问题，而不是简单的个体相加。因此，有充分的理由将交互记忆系统视为记忆的实体本身，将我们引导到纯粹的社会表现和真实群体心智之间的另一极端。

在转向群体记忆的认识论之前，让我们简单思考一下交互记忆系统与技术资源融合的方式，从而支持社会技术系统心智理论。牢牢地记住交互记忆系统中的一级记忆与元水平知识之间的区别是非常有用的。就一级知识而言，我们已经看到了技术资源经常作为外部记忆储存器，并且与其他主体和内部记忆一样受到元认知的监测；因此将这些资源纳入到交互记忆系统中似乎没有问题。实际上，从颅外主义的角度来看，这是可以预料的。大多数交互记忆系统的研究集中于纯粹的社会系统上，而不是混合的社会技术系统，但这可能是错误的。对这些系统进行探索的少数研究中，有一个研究，为混合社会技术的交互记忆系统存在的可能性提供了进一步的支持。吴等人（Wu et al.，2008）将个体记忆障碍的家庭治疗视为分布式认知系统。他们发现，这样的群体严重依赖技术支持（从日历到个人的数字助理），无损伤的家庭成员不仅要作为一级信息的来源，还要通过发展和维持技术支持来承担元认知的功能。

就这些元记忆功能而言，将小群体（如家庭）和较大群体（如商业组织）区分开是很有必要的。小群体中，个体可以使用他们自带的元记忆能力来监测哪种成分——人类还是技术——负责知道哪种知识。有趣的是，这为区分元记忆水平和一级水平的认知功能提供了可能性。在交互记忆系统中，不同成员对其技术成分负有不同的责任。例如，哈里斯等人（未发表的数据）发现，夫妻中总有一方主要负责保持和使用外部记忆储存器。这种对元认知功能的区分，对较大规模的交互记忆系统也许更重要，而交互记忆并不能很好的扩大规模，因为随着群体规模的增加，对群体成员的元记忆能力的需求也在增加（Moreland，2006；Ren & Argote，2011；Teiner，2013）。有个提议认为，在较大群体中实现交互记忆的方法，涉及对人类和技术成分的元认知分工。这就允许技术成分可以接管重要的元记忆功能，例如监测哪种成分负责了解给定的信息（Nevo & Wand，2005；Teiner，2013）。

总的来说，我们在描述协作记忆时，不应该排除人工技术的作用。就像如果我们把记忆当作纯粹的颅内过程，而忽略了他人的重要作用，我们就错过了许多负责人类记忆成功和失败的模式和机制。如果我们把记忆当作纯粹的社会过程，而忽视人工技术的重要作用，我们也会错过许多重要的模式和机制（另见 Hoskins；van den Hoven et al.，第21、第22章）。

（二）分布式可靠主义

在上一节中，我们提出了扩展记忆系统的运作过程。在扩展记忆系统中，主体的能动性经常发挥次要作用，为德性可靠主义向社会和技术扩展过程可靠主义的发展提供了支持。在本节中，我们认为分布式记忆系统，为形成社会和技术分布式过程可靠主义的某种形式，提供了进一步的支持。

我们认为，虽然在协作记忆的带领下研究了一些记忆现象，如社会分享型提取诱发遗忘，为相对较弱的社会和技术表现论提供了支持。但是其他记忆，如交互记忆，则为社会技术系统心智理论提供了强有力的支持。韦格纳（1987）也提出了一种类似的交互记忆的观点。他将交互记忆系统视为"知识获得，知识保存和知识使用的系统，该系统比它的单个成员系统的总和更大"。最近，巴尼尔等人（2008）也认为交互记忆框架"具备了一种真正的共享系统"，也就是说"可以预测交互系统中个体回忆的总量将比单独回忆的总和多"。因此交互记忆代表了分布式过程可靠主义的一种潜在的研究方向。

当然，将记忆和其他认知能力归因于社会群体和社会技术系统，已经遭到了许多反对（见

Wilson，2005）。虽然我们不能处理所有的反对意见，但是我们可以对一个与协作记忆问题相关性比较大的反对意见做出回应。直观上说，将分布式记忆系统作为记忆实体的前提是，将它们作为认知机能。但是，对群体或社会技术系统来说，认知能动性属性的合理性也确实让人担心。实际上，我们认为人们将会拒绝这种属性。因此，我们似乎必须拒绝，分布式记忆系统本身就是记忆实体这一观点。

原则上，我们也可以这样回应这一反对意见，即作为记忆实体实际上并不是以成为一种认知机能为前提的。但是一种更有前景的策略是，把成为认知机能当作成为记忆实体的前提，这个问题中的认知能动性并不会给我们的解释带来麻烦。威尔逊（2005）有效的区分了认知能动性的两个相关概念。功能能动性（functional agency）是最小的概念：它只要求系统能控制其范围内的内容，并对其范围之外的内容拥有自主性。认知能动性要求更高一些，但仍然是一个相当小的概念：它需要功能能动性以及认知能力。交互记忆系统正好具有内部控制和外部自主性，满足功能性的要求。此外，由于它们延续了其成员的认知能力，因此它们似乎也满足认知能动性的要求。

那么，我们为什么认为这类系统不应该成为机能呢？我们承认这一点是为了回应德性可靠主义的形式，这种形式要求我们为扩展记忆系统中认知的成功与失败分配信用和责任。这种分配假定了一个更丰富的能动性概念：可以称之为负责的认知能动性，而负责的认知能动性同时需要认知能动性和责任感。例如，交互记忆系统中认知的成功和失败将被赋予哪种责任，并没有明确的意义。从这个意义上说，我们认为扩展和分布式记忆系统并不具备认知机能的资格：他们可能是认知机能的简化物，但它们却不是负责的认知机能[①]。因为过程可靠主义不需要分配信用和责任。认知机能的简化物对社会和技术分布过程可靠主义（socially and technologically distributed process reliabilism）已经足够了。它通过将分布式认知系统视为认知主体来简单的扩展过程可靠主义。因此，我们的立场是，一些扩展的分布式记忆系统，具有成为认知机能的资格，也足以支持分布式可靠主义，但在理论方面还存在一些问题。

在广泛的对群体知识的争论中，相对于总结主义（summativists）和非总结主义（nonsummativism）的争论，社会和技术分布过程可靠主义与非总结主义观点一致（Quinton，1975）。总结论者认为群体只能在衍生意义上产生信念；例如，只有在群体 G 的大多数成员都相信 P 时，才能认为群体 G 相信 P。非总结主义者认为，群体可以与其成员有不一样的信念；即使群体 G 的大多数成员都不相信 P，但原则上群体 G 还是可以相信 P。

例如，某些投票过程可以让一个群体采纳某种观点，即使该群体中很少或没有人持有这种观点，这种情况就会诱发非总结主义。就像协作记忆研究表明的一样，群体及其成员信念间的分离，也可以在一起记忆的过程中更有条理地出现，例如，通过重组和重新建构个体记忆，先

---

① 关于哪些群体可以为他们认知的成功和失败负责的观点还留有一些空间。然而，虽然对集体道德责任概念的研究已经做了大量的工作，但据我们所知，对集体认知责任概念的研究则很少。

前群体中的个体记忆得以调整，会出现偏离群体成员个体记忆的共享记忆。

如果分布式认知系统能够（非总结性地）持有信念，那么原则上，就可以确定负责产生这些信念的分布式过程的可靠性。有些人可能会否定对分布式认知过程可靠性的评估就足以对所得信念的认知状态进行评估这一观点，他们的理由是分布式认知系统并不是认知评价的恰当主体。例如，吉雷（2004）接受分布式认知但是拒绝接受分布式知识。然而，他拒绝分布式知识，是因为他拒绝接受分布式能动性，就像我们看到的一样，能动性的概念太弱，以至于可以让我们将分布认知系统作为机能。如果分布式认知系统可以作为认知机能，那么至少在最小意义上，将它们视为认知者是有意义的，当然可能只是在最小意义上。

将分布式认知系统作为最小认知者，已经比多数认识论者期望的更进了一步，但也不是前所未有的。塔加德（1997）提出的"协作知识"与社会和技术分布式过程可靠主义的观点类似。塔加德关注的重点是可靠性的益处，这可以从科学探究的协作中获得。虽然我们已经谈到了协作记忆的代价和好处，但我们的关注点不同：社会和技术分布式过程可靠主义关注的不是协作的可靠性对记忆的影响，而是协作记忆知识本身的性质，我们把它作为可靠性来分析。因此，尽管在精神上相似，但这两种观点关注的是不同的问题。

与社会和技术分布式过程可靠主义比较接近的观点，是戈德曼（Goldman，2014）最近提出的"社会过程可靠主义（social process reliabilism）"。戈德曼区分了群体信念确认的"垂直"和"水平"维度。垂直维度从群体信念与成员信念之间的关系这一角度，来理解群体信念的；水平维度则是从产生信念的群体加工这一角度，理解群体信念的确认性。戈德曼的重点主要在垂直维度上（例如，对不同信念聚合规则效应的关注）。相反，因为我们将群体本身作为记忆主体，所以我们主要关注水平维度。关于水平维度，戈德曼认为过程可靠性标准可以适用于群体水平。因此，我们与他的关键差异在于，我们的观点不仅包括有人类主体组成的系统，还包括有人类主体和人工技术组成的混合系统。

四、　结束语

尽管社会和技术分布式过程可靠主义，比大多数认识论者期望的更进了一步，但至少在当前介绍的版本中，它并没有按照原则走向社会和技术分布的知识方向。我们关注的是，相对小规模的社会技术系统中的回忆和记忆知识。原则上，我们可能会尝试将论点扩展到更大规模的系统中——从交互记忆系统中的协作记忆转向社会和国家层面的集体记忆。这种举措不会是前所未有的。例如，阿纳斯塔西奥等人（2012）认为，记忆巩固的过程同时出现在个体和整个社会层面。然而，有充分的理由认为集体回忆的概念以及集体记忆知识的概念，并不应该仅从字面意义上理解。无论阿纳斯塔西奥等人（2012）是否真的发现了个体和集体巩固之间的相似性（有理由怀疑他们没有发现；Michaelian，2014b），尽管在最小的意义上，社会也不太可能作为认知机能表现出足够的控制和自主性。因此，分布式可靠主义最合理的就是适用于协作但不适用于集体记忆知识。

除了集体记忆，还有以下几点。当认识论学者试图通过纸上谈兵去分析知识时，就已经出现了误入歧途的风险。扩展知识争论清晰的说明了这一风险。这一争论不考虑认知科学和心理学的相关数据，产生的扩展和分布式知识是难以令人信服的。我们本章采用的方法是试图将相关数据考虑进去，以便对扩展和分布式知识进行更加合理的解释，尤其是协作记忆知识。颅外主义用认知的方法提供了令人信服的理由去把握记忆。他们认为记忆跨越了个体与外部社会以及技术资源的界限，而不是完全在大脑中展开的。在某种情况下，如交互记忆，最好将其视为整个分布式社会技术系统层面的加工过程。包括扩展和分布式理论的德性可靠主义，似乎并不能解释扩展和分布式记忆产生的知识。相反，分布式可靠主义则能更好地使用扩展和分布式记忆知识：将德性可靠主义关注的能动性撇开不谈，分布式可靠主义认为扩展和分布式记忆产生的信念是合理的（可以作为知识），仅仅是因为（并且在某种程度上）扩展和分布式记忆是可靠的。因此，分布式可靠主义为协作记忆知识提供了实证性的合理解释。

致　　谢

在这里作者想要感谢奥塔哥大学举办的 2015 年研讨会，法国皮艾尔·蒙德大学举办的 2015 年记忆与知识大会，麦考瑞大学举办的 2015 年澳大利亚哲学协会会议，以及 2016 年哥伦比亚逻辑、认识论和科学哲学会议。还要感谢编辑们对草稿的评论。本文由 Marsden 基金向 KM 提供的 16-UOO-016 基金资助，该基金由新西兰皇家学会管理。

参考文献

Adams，F.，& Aizawa，K.（2008）. *The bounds of cognition*. Oxford，UK：Wiley-Blackwell.

Anastasio，T. J.，Ehrenberger，K. A.，Watson，P.，& Zhang，W.（2012）. *Individual and collective memory consolidation：Analogous Processes on different levels*. Cambridge，MA：MIT Press.

Arango-Muñoz，S.（2013）. Scaffolded memory and metacognitive feelings. Review of *Philosophy and Psychology*，4，135-152. doi：10.1007/s13164-012-0124-1

Arango-Muñoz，S.，& Michaelian，K.（2014）. Epistemic feelings，epistemic emotions：Review and introduction to the focus section. *Philosophical Inquiries*，2，97-122.

Barnier，A.，Sutton，J.，Harris，C.，& Wilson，R.（2008）. A conceptual and empirical framework for the social distribution of cognition：The case of memory. *Cognitive Systems Research*，9，33-51. doi：10.1016/j. cogsys. 2007.07.002

Barnier, A. J. , Priddis, A. C. , Broekhuijse, J. M. , Harris, C. B. , Cox, R. E. , Addis, D. R. , …Congleton, A. R. (2014). Reaping what they sow: Benefts of remembering together in intimate couples. *Journal of Applied Research in Memory and Cognition*, 3, 261-265. doi: 10. 1016/j. jarmac. 2014. 06. 003

Barnier, A. J. , & Sutton, J. (2008). From individual to collective memory: Theoretical and empirical perspectives. *Memory*, 16, 177-182. doi: 10. 1080/09541440701828274

Basden, B. H. , Basden, D. R. , Bryner, S. , & Tomas, R. L. (1997). A comparison of group and individual remembering: does collaboration disrupt retrieval strategies? *Journal of Experimental Psychology: Learning, Memory, and Cognition*, 23, 1176-1191. doi: 10. 1037/0278-7393. 23. 5. 1176

Betts, K. R. , & Hinsz, V. B. (2010). Collaborative group memory: Processes, performance, and techniques for improvement. *Social and Personality Psychology Compass*, 4, 119-130. doi: 10. 1111/j. 1751-9004. 2009. 00252. x

Carter, A. , Clark, A. , Kallestrup, J. , Palermos, O. , & Pritchard, D. (Eds.) (forthcoming). *Extended epistemology*. Oxford, UK: Oxford University Press.

Carter, A. , Kallestrup, J. , Palermos, O. , & Pritchard, D. (Eds.)(2014). Extended knowledge. *Philosophical Issues*, 24, 1-23. doi: 10. 1111/phis. 12023

Clark, A. (2008). *Supersizing the mind: Embodiment, action, and cognitive extension*. New York, NY: Oxford University Press.

Clark, A. (2015). What "extended me" knows. *Synthese*, 192, 3757-3775. doi: 10. 1007/s11229-015-0719-z

Clark, A. , & Chalmers, D. (1998). The extended mind. *Analysis*, 58, 7-19. doi: 10. 1093/analys/58. 1. 7

Cuc, A. , Koppel, J. , & Hirst, W. (2007). Silence is not golden: A case for socially shared retrieval-induced forgetting. *Psychological Science*, 18, 727-33. doi: 10. 1111/j. 1467-9280. 2007. 01967. x

Cuc, A. , Ozuru, Y. , Manier, D. , & Hirst, W. (2006). On the formation of collective memories: The role of a dominant narrator. *Memory & Cognition*, 34, 752-762. doi: 10. 3758/bf03193423

Fagin, M. M. , Yamashiro, J. K. , & Hirst, W. C. (2013). The adaptive function of distributed remembering: Contributions to the formation of collective memory. *Review of Philosophy and Psychology*, 4, 91-106. doi: 10. 1007/s13164-012-0127-y

Gangemi, A. , Bourgeois-Gironde, A. , & Mancini, F. (2015). Feelings of error in reasoning—in search of a phenomenon. *Tinking & Reasoning*, 21, 383-386. doi:

10. 1080/13546783. 2014. 980755

Giere，R. （2004）. The problem of agency in scientifc distributed cognitive systems. *Journal of Cognition and Culture*，4，759-774. doi：10. 1163/1568537042484887

Goldberg，S. C. (2010). *Relying on others：An essay in epistemology.* New York，NY：Oxford University Press.

Goldman，A. I. （2012）. *Reliabilism and contemporary epistemology：Essays.* New York，NY：Oxford University Press.

Goldman，A. I. （2014）. *Social process reliabilism.* In：J. Lackey（Ed.），Essays in collective epistemology(pp. 11-41). Oxford，UK：Oxford University Press.

Green，A. （2012）. Extending the credit theory of knowledge. *Philosophical Explorations*，15，121-132. doi：10. 1080/13869795. 2012. 670720

Harris，C. B.，Barnier，A. J.，Sutton，J.，& Keil，P. G. （2014）. Couples as socially distributed cognitive systems：Remembering in everyday social and material contexts. *Memory Studies*，7，285-297. doi：10. 1177/1750698014530619

Harris，C. B.，Keil，P. G.，Sutton，J.，Barnier，A. J.，& McIlwain，D. J. F. （2011）. We remember，we forget：Collaborative remembering in older couples. *Discourse Processes*，48，267-303. doi：10. 1080/0163853x. 2010. 541854

Hirst，W.，& Echterhoff，G. （2008）. Creating shared memories in conversation：Toward a psychology of collective memory. *Social Research*，75，183-216.

Hollingshead，A. B.，Yoon，N. G. K.，& Brandon，D. P. （2011）. Transactive memory theory and teams：Past，present，and future. In：E. Salas，S. M. Fiore，& M. Letsky (Eds.)，*Theories of team cognition：Cross-disciplinary perspectives*（pp. 421-455）. Oxford，UK：Taylor and Francis.

Hutchins，E. (1995). How a cockpit remembers its speeds. *Cognitive Science*，19，265-288. doi：10. 1207/s15516709cog1903 _ 1

Hutchins，E. (1996). *Cognition in the wild.* Cambridge，MA：MIT Press.

Kalnikaité，V.，& Whittaker，S. （2007）. Sofware or wetware?：Discovering when and why people use digital prosthetic memory. In：*Proceedings of the SIGCHI conference on human factors in computing systems*，CHI '07(pp. 71-80). New York，NY：ACM.

Kirchhoff，M. D.，& Newsome，W. （2012）. Distributed cognitive agency in virtue epistemology. *Philosophical Explorations*，15，165-180. doi：10. 1080/13869795. 2012. 670722

Larson，J. R. (2009). In search of synergy in small group performance. New York，NY：Psychology Press.

Liang，D. W.，Moreland，R.，& Argote，L. （1995）. Group versus individual training and group performance: The mediating role of transactive memory. *Personality and Social Psychology Bulletin*, 21, 384-393. doi: 10. 1177/0146167295214009

Meade, M. L. , Nokes, T. J. , & Morrow, D. G. (2009). Expertise promotes facilitation on a collaborative memory task. *Memory*, 17, 39-48. doi: 10. 1080/09658210802524240

Michaelian, K. (2010). In defence of gullibility: The epistemology of testimony and the psychology of deception detection. *Synthese*, 176, 399-427. doi: 10. 1007/s11229-009-9573-1

Michaelian, K. (2012). Metacognition and endorsement. *Mind & Language*, 27, 284-307. doi: 10. 1111/j. 1468-0017. 2012. 01445. x

Michaelian, K. (2014a). JFGI: From distributed cognition to distributed reliabilism. *Philosophical Issues*, 24, 314-346. doi: 10. 1111/phis. 12036

Michaelian, K. (2014b). Review essay on Anastasio et al. , Individual and Collective Memory Consolidation: Analogous Processes on Different Levels. Memory Studies, 7, 254-264. doi: 10. 1177/1750698013515365

Michaelian, K. , & Sutton, J. (2013). Distributed cognition and memory research: History and current directions. *Review of Philosophy and Psychology*, 4, 1-24. doi: 10. 1007/s13164-013-0131-x

Moreland, R. L. (2006). Transactive memory: Learning who knows what in work groups and organizations. In: J. M. Levine, & R. L. Moreland(Eds.), *Small groups*(pp. 327-346). New York, NY: Psychology Press.

Nelson, T. O. , & Narens, L. (1990). Metamemory: A theoretical framework and new fndings. In: G. Bower (Ed.), *The psychology of learning and motivation: Advances in research and theory*, Vol. 26(pp. 125-173). New York, NY: Academic Press.

Nevo, D. , & Wand, Y. (2005). Organizational memory information systems: A transactive memory approach. *Decision Support Systems*, 39, 549-562. doi: 10. 1016/j. dss. 2004. 03. 002

Palermos, S. O. (2015). Active externalism, virtue reliabilism and scientifc knowledge. *Synthese*, 192, 1955-2986. doi: 10. 1007/s11229-015-0695-3

Pavitt, C. (2003). Colloquy: Do interacting groups perform better than aggregates of individuals? *Human Communication Research*, 29, 592-599. doi: 10. 1093/hcr/29. 4. 592

Pritchard, D. (2010). Cognitive ability and the extended cognition thesis. *Synthese*, 175, 133-151. doi: 10. 1007/s11229-010-9738-y

Quinton, A. (1975). Social objects. Proceedings of the Aristotelian Society, 76, 1-28. doi: 10. 1093/aristotelian/76. 1. 1

Rajaram, S. , & Pereira-Pasarin, L. P. (2010). Collaborative memory: Cognitive research and theory. *Perspectives on Psychological Science*，5，649-663. doi：10. 1177/1745691610388763

Reber，R. ，& Unkelbach，C.（2010）. The epistemic status of processing fluency as source for judgments of truth. *Review of Philosophy and Psychology*，1，563-581.

Reder，L. M.（1987）. Strategy selection in question answering. *Cognitive Psychology*，19，90-138. doi：10. 1007/s13164-010-0039-7

Ren，Y. ，& Argote，L.（2011）. Transactive memory systems 1985-2010：An integrative framework of key dimensions，antecedents，and consequences. *The Academy of Management Annals*，5，189-229. doi：10. 1080/19416520. 2011. 590300

Roediger，H. L. III，Meade，M. L. ，& Bergman，E. T.（2001）. Social contagion of memory. *Psychonomic Bulletin & Review*，8，365-371. doi：10. 3758/bf03196174

Sparrow，B. ，& Chatman，L.（2013）. Social cognition in the internet age：Same as it ever was? *Psychological Inquiry*，24，273-292. doi：10. 1080/1047840x. 2013. 827079

Sparrow，B. ，Liu，J. ，& Wegner，D. M.（2011）. Google effects on memory：Cognitive consequences of having information at our fngertips. *Science*，333，776-778. doi：10. 1126/science. 1207745

Stone，C. B. ，Barnier，A. J. ，Sutton，J. ，& Hirst，W.（2013）. Forgetting our personal past：Socially shared retrieval-induced forgetting of autobiographical memories. *Journal of Experimental Psychology：General*，142，1084-1099. doi：10. 1037/a0030739

Stone，C. B. ，Coman，A. ，Brown，A. D. ，Koppel，J. ，& Hirst，W.（2012）. Toward a science of silence：Te consequences of leaving a memory unsaid. *Perspectives on Psychological Science*，7，39-53. doi：10. 1177/1745691611427303

Sutton，J. ，Harris，C. B. ，Keil，P. G. ，& Barnier，A. J.（2010）. The psychology of memory，extended cognition，and socially distributed remembering. *Phenomenology and the Cognitive Sciences*，9，521-560. doi：10. 1007/s11097-010-9182-y

Sutton，J. ，McIlwain，D. ，Christensen，W. ，& Geeves，A.（2011）. Applying intelligence to the reflexes：Embodied skills and habits between Dreyfus and Descartes. *Journal of the British Society for Phenomenology*，42，78-103. doi：10. 1080/00071773. 2011. 11006732

Tagard，P.（1997）. Collaborative knowledge. *Noûs*，31，242-261. doi：10. 1111/0029-4624. 00044

Teiner，G.（2013）. Transactive memory systems：A mechanistic analysis of emergent group memory. *Review of Philosophy and Psychology*，4，65-89. doi：10. 1007/s13164-012-0128-x

Teiner，G. ，Allen，C. ，& Goldstone，R. L.（2010）. Recognizing group cognition. *Cognitive Systems Research*，11，378-395. doi：10. 1016/j. cogsys. 2010. 07. 002

Tompson, R. (2008). Collaborative and social remembering. In: G. Cohen, & M. A. Conway(Eds.), *Memory in the real world* (pp. 249-267). London, UK: Psychology Press.

Vrij, A. (2008). *Detecting lies and deceit: Pitfalls and opportunities* (2nd ed.). West Sussex, UK: John Wiley & Sons Ltd.

Wegner, D. M. (1987). Transactive memory: A contemporary analysis of the group mind. In B. Mullen, & G. R. Goethals(Eds.), *Theories of group behavior* (pp. 185-208). New York, NY: Springer. Wegner, D. M., Erber, R., & Raymond, P. (1991). Transactive memory in close relationships. *Journal of Personality and Social Psychology*, 61, 923-929. doi: 10. 1037/0022-3514. 61. 6. 923

Weldon, M. S. (2000). Remembering as a social process. *Psychology of Learning and Motivation*, 40, 67-120. doi: 10. 1016/s0079-7421(00)80018-3

Weldon, M. S., & Bellinger, K. D. (1997). Collective memory: Collaborative and individual processes in remembering. *Journal of Experimental Psychology: Learning, Memory, and Cognition*, 23, 1160-1175. doi: 10. 1037/0278-7393. 23. 5. 1160

Wilson, R. A. (2005). Collective memory, group minds, and the extended mind thesis. *Cognitive Processing*, 6, 227-236. doi: 10. 1007/s10339-005-0012-z

Wimsatt, W. C. (1986). Forms of aggregativity. In: A. Donagan, A. N. Perovich, & M. V. Wedin(Eds.), *Human nature and natural knowledge*, *Boston studies in the philosophy of science* (pp. 259-291). Dordrecht, Netherlands: Springer.

Wu, M., Birnholtz, J., Richards, B., Baecker, R., & Massimi, M. (2008). Collaborating to remember: A distributed cognition account of families coping with memory impairments. In: *Proceedings of the SIGCHI conference on human factors in computing systems*, CHI '08(pp. 825-834). New York, NY: ACM

第 *14* 章
群体层面的认知、 协作记忆与个体

罗伯特·A. 威尔逊（Robert A. Wilson）

在心理学的学科范围内，协作记忆是一个较新的定义。它既可以纳入现有的框架中，又可以促进更深层次的学科整合、反思，以及调整现有的工作框架。在这一章，我想跳出目前的主流方法，即以标准的科学方法来研究协作记忆，从历史和当代社会的角度，回答一些有关记忆在西方文化思想中的地位这类更加广泛的问题，以便用大家熟知的哲学思想呈现一种综合和反思的视角。特别是，我希望阐明协作记忆与我题目中其他两个主题——群体层面的认知和个体层面的认知之间的关系。

这里所做的大部分工作都涉及集体意向性（collective intentionality）的概念。我将以集体意向性与协作记忆的关系作为切入点。因为几乎没有直接关注协作记忆的观点，所以我将用一些简洁的评论总结这一主题，这些评论来自目前我与加拿大优生学（eugenics）幸存者开展的工作。

一、 集体意向性和协作记忆

我们的个人心理生活充满了信念、愿望、想象、记忆、假装、恐惧等具有代表性或有意图的活动。从这个意义上说，记忆是一系列指向、关于或代表世界上的事物现在、过去或将来可能是什么的心理活动，它具有意向性。

认为个体心理状态具有意向性的主要理由是认识和解释。这些状态可以使我们系统地了解为什么人类要做他们所做的事情。个体心理状态具有意向性的观点，受到了诸如行为主义和取消式唯物主义（eliminative materialism）的挑战，但是这种挑战作为心理哲学和认知科学中可行的替代性选项已经失败了。在很久以前，争论者们就已经达成一致，认为心理状态的意向性是理解人类行为所必需的工作框架的一部分(Wilson，1999)。最近，在不把意向性和表征的内容归因于这些状态的情况下，尝试将计算和动态的认知方法阐释清楚更有希望(Chemero，2011；Hutto & Myin，2013)，但是争议依然存在，而且只能针对认知加工过程的一部分进行推进，同时还面临着许多挑战(Shapiro，2014)。在任何情况下，这都是战场，用于认识与解释的战场。如果我们能抛开意向性来研究心理学就好了，但是我们似乎做不到。

集体意向性是"一种将客体、事实、事情的状态、目标或价值观整合在一起的思想力量"(Schweikard & Schmid，2013)。最近发现，集体意向性产生于与行动理论相同的一种认知和解释基础(Searle，1990)。它从开始就面临并将继续面临个人意向性随时间推移而有所改善的挑战。对集体意向性的挑战反映在更具试探性的方法中，这些方法经常把集体意向性引入对人类集体行为的讨论中：为了解释某些人类，甚至非人类(Wilson，2017)的社会行为和行动，我们是否需要假定超出个体意向性常见形式的意向性？

具体来说，人们大多数社会行为是合作的、分享的或者联合的。我们一起做事情：我们工作和游戏，我们行走和交谈，我们庆祝和哀悼，我们笑和哭。除了个人行动外，几乎没有人不愿意采取共同行动、接受协作行动。尽管协作行动需要(以及接受)进一步的哲学分析，但那些想要否定集体行动存在的人，也将面临一场艰苦的战斗。例如，一起生火或握手的集体行动，在本体论上并不比相应的个人行动更奇怪。

解释集体行为或行动本身的潜在根本状态并非如此。集体心理、群体思维、共享和整合各种认知，如记忆、承诺和信念，所有这些似乎都引发了一种心理存在主义。这一主义超越了我们对心理和意向性达成的共识，也超越了个人意向性在当代心理哲学中为自己找到的舒适区。

由于这个原因，一个充斥在集体意向性文献中的主要问题就是，是否有人可以充分解释这一现象，同时其观点又符合施魏卡特和施密德(Schweikard & Schmid，2013)提出的个人所有权的主张："集体意图是参与的个体拥有的，而且个体拥有的意图都归个人所有。"如果这个个人所有权的主张是正确的，那么我们似乎至少可以将集体意图分解为个人意图加上剩下其他非意图的内容。

我认为，一般情况下，意图的真实性也是真实的，尤其是记忆的意图。我们记忆的研究范式通常是个体记忆。研究个体记忆的范式，其令人眼花缭乱的分支形式和范围(情节 vs. 语义，短时 vs. 长时，陈述性 vs. 程序性)，使其成了心理学与认知科学中的热门领域。相反，集体记忆使记忆活动分布在各种机能之间，而不是简单地包含在某一机能中。尽管集体记忆独特的谱系(Wertsch，2002；Wilson，2005；参见 Abel et al.，第 16 章)没有将集体记忆与协作记忆简单地等同起来，但是这两个概念都探索了记忆的人际和社会维度。这一探索过程是通过挑战某些个体记忆的传统观点，即挑战记忆在个人生活中有重要作用等观点的方式实现的。

二、 记忆、 人格同一性和自我

当代哲学、心理学和认知科学中讨论的记忆，遵循了一种传统思想，即记忆在个体的心理生活中发挥着特殊的作用。这一传统通常基于约翰洛克的《人类理解论》(*An Essay Concerning Human Understanding*)第二版中关于人格同一性的讨论(1690，第二版，第 XXVII 章)。我们的记忆使我们成了独立的个体。记忆在我们这一物种中出现的特殊形式——叙述或自传体记忆(autobiographical memory)，是我们之所以成为我们的原因。自传体记忆是一个人所具有的对自己和随时间推移的个体经历的记忆，可以作为情景记忆加工的原材料。它不仅可以回忆很久以前的事，也可以对它们进行反思，并将这些回忆与反思整合到一个人如何思考自己，以及如何打算和计划未来的行为中(参见 Pasupathi & Wainryb，第 15 章)

自传体记忆在我们的理性能动性(rational agency)中发挥着关键的作用。在理性能动性中，自传体记忆不仅仅是根据我们当前的信念和愿望行事，也不仅仅是对所处环境带来的直接挑战做出的反应。相反，理性能动性的运作是根据一个人是谁，以及一个人如何随时间变化逐步变得广泛的个人意识，自觉地重塑自我和世界。想一想记忆是如何在讨论个人同一性的哲学中发挥这种特殊作用的，以及它在认知科学中有什么含义。

根据洛克的观点，在过去的 50 年里，哲学中的人格同一性主流观点(有时也称为新洛克主义，以此来标记它们的起源)也会采用心理连续性或联结性作为一个人的自我同一性的标准(Shoemaker，1963，1984；Schechtman，1996，2014)。连续性和联结性通常包含了一整套可以传达情感、思想和价值观的心理状态，但是随着时间的发展，连续性和联结性是由记忆活动促成的。对新洛克主义及洛克本人来说，在一段时间内，同一个人需要的不是当时相同的物质，而是(用洛克的话来说)相同的意识，这里的意识是指以记忆为中介的自我意识。

基于这样的观点，叙述和自传体记忆对思考"人是什么"具有特殊的意义。这种重要性在文化中广泛传播，足以令人在记忆日益减少的真实情境中产生后悔、失落甚至是恐惧的反应。记忆减少是一种日益普遍的情况，如阿尔茨海默病或其他与年龄有关的痴呆症。虽然与这些疾病有关的心理损失比自传体记忆的损失更广泛，但是自传体记忆的损失，通常削弱了一个人整合精神生活的能力，因此不由得让人质疑不同时期的个人生活的关系，即过去与现在、现在与未来，或者是过去与未来的关系(DeGrazia，2005，第 5 章)。

同样，自传体记忆在自我混乱的概念中发挥着重要作用。尽管这一作用随着时间已经发生了改变，但最突出的还是分离性障碍(dissociative disorder)。例如，《精神障碍诊断和统计手册》(*Diagnostic and Statistical Manual of Mental Disorders*，DSM)的第二版和第三版中提到的多重人格障碍(multiple personality disorder)。通常认为一个人的身体里住着一个以上的人格，而且这些人格可以用不同的方式控制身体的行为，甚至相互竞争。DSM 的第二版和第三版列出了多重人格障碍的概念，通过看似科学的方法支持了"一个身体住着两个人"的观点，使得新洛克主义关于人和人的自我同一性的观点更加复杂了(参见 Wilkes，1988；Braude，1991)。一个身体中存在着两个或多个交替控制身体的自传体记忆链，意味着从一个到两个(甚至多个)自我的增加。DSM 第四版将多重人格障碍重新定义为分离性身份识别障碍(dissociative identity disorder)。它强调这一疾病的核心是，一个身体中不同人格特质的分离或相互独立，类似于自我的分解或分裂，而不是自我的增加(Hacking，1995)。

正如我在其他地方提到的(Wilson & Lenart，2014)，尽管新洛克主义的观点背离了以物质为基础的人和人格同一性的观点，但他们对意识和记忆的关注，却与以理性为中心的概念存在着相同的地方，即人是什么，人与非人类的动物、植物和非生物有何区别。就像亚里士多德的"理性的灵魂"一样，提倡将人和其他生物区分开来，提倡随时间变化的心理连续性或连贯性，在人性观念中赋予理性特殊的作用，并推动某种个人主义的人的本质和自我同一性的发展。新洛克主义提出的个人和人格同一性的概念认为，情境记忆中所谓的"自主"(字面意思，自我感知)功能(Markowitsch & Staniloiu 2011；Prebble，Addis，& Tippett，2013)，以及他们在生活叙述中的整合与形成，对人格至关重要(Schechtman，2014)。这些记忆的形成与整合需要某种理性的认知能力，一般认为这些能力仅仅取决于个体自身。

简而言之，在哲学讨论中占主导地位的，以记忆为中心的关于个人和人格一致性的观点，以及与年龄有关的精神障碍和精神障碍的实证研究为前提的观点，都是既有理性中心主义又有个人主义。就像目前协作记忆和群体层面的认知所完成的工作一样，个人和人格同一性的特征与个体内部的记忆扩展及重新定义相关，并对认识自我，以及由成对或更大的小组共享形成的内容至关重要。但是在讨论这个问题之前，请思考理性中心主义与个人主义如何涵盖更多的精细记忆模型。

三、 隐喻和个体记忆模型

我之前提到的那些令人眼花缭乱的记忆分支，在概念化的记忆形式中仍然存在。思考一下将回忆过去事件的记忆活动割裂为两个不同活动的传统。威廉·詹姆斯(William James)在他的《心理学原理》(*Principles of Psychology*)一书中以记忆的"完整练习"作为前提来描述这一割裂现象："(1)记忆事实的保持；(2)其追忆、提取、复制或回忆"(1890年，第1卷，p. 653)。从詹姆斯更广泛的讨论中可以清楚地看到，储存和提取或保留和回忆这两个活动不仅是某个特定个体的活动，而且活动本身也不存在超越个体界限的任何内容。

詹姆斯本人试图建立一种联合主义。这种联合主义在英国经验主义中普遍存在。他们认为记忆是通过保留和回忆心理现象之间的联系来实现的，是"一种神经中枢习惯化的基本规律"(第654页)。但是这种神经退行主义，并不是个人主义在思考记忆的历史中采纳的唯一形式。它是以保留和回忆的形式表现出来的。保留从根本上被认为是一种内部储存。这种储存以某种印记的形式存在(储存模式字面上带有记忆编码方法的标志)，例如印章。回忆是对这些内部储存的项目的系统检索，通常以某种方式进行感知或读取。

正如玛丽·卡拉瑟斯(Mary Carruthers)在她的大作《记忆之书：中世纪文化中的记忆研究》(*The Book of Memory：A Study of Memory in Medieval Culture*)中主张的(Carruthers，1990)，个

体记忆在中世纪文化中发挥着重要的作用。她通过两个重要的隐喻来定义个体记忆。这两个隐喻引导人们产生了对记忆两个方面的思考。第一个隐喻认为，记忆是一个便笺本或写字板，某些项目被铭刻或印在上面。卡拉瑟斯说"这一想法在所有西方文化中是如此古老并如此持久，我认为在麦克斯·布莱克（Max Black）的短语中，必须将它视为统治模式或'认知原型'"（1990 年，第 16 页）。柏拉图在写《泰阿泰德篇》（*Teaetatus*）时引用了记忆的一个隐喻，他让苏格拉底要求我们想象"我们的思想中有一块蜡版"，并且"每当我们希望记住我们看见、听到或想到的东西时，我们就把这块蜡版放在各个感觉和各个观念下面，在蜡版上盖个章，就像我们用指环印章来盖印一样"（191D-E）。这一记忆概念以各种方式进入了早期的现代哲学思维中。最有影响力的也许就是将记忆作为心理图像（mental images），这样的话，保持就成了形成准确的心理图像的过程，而回忆就成了对这些图像进行调用、检查和操作的过程。

卡拉瑟斯在中世纪文化中确定的记忆的第二个概念是将记忆视为一个井井有条的仓库（internally organized storehouse）。《泰阿泰德篇》也有类似的隐喻。《泰阿泰德篇》将记忆比喻成鸽房中的鸽子。在这一概念中，储存和回忆都按顺序放在仓库中，这样既可以在特定位置轻松存放记忆，又可以随时进行检索提取。将记忆比喻成房子，比喻成独立、独特的房间，展现了所谓的"记忆艺术"。无论是以文本、视觉形式还是以口头形式保留的记忆材料，都能通过各种技巧进行提取。

就像我们前面提到过的，可能正是因为詹姆斯为阐释和捍卫自己的观点引用了这一隐喻，才让它依旧活跃在现在的记忆研究中（见 Koriat & Goldsmith 的评论，1996）。詹姆斯说：

> 我们在记忆中寻找一个被遗忘的想法，就像我们在脑子里搜寻一个丢失的物品一样。我们在它可能出现的物体下面、里面、旁边翻来覆去地找，如果它在它们附近，那很快就能找到（James，1890，p. 654）。

四、 群体层面的认知和扩展认知

虽然在认知和生物科学领域主要把记忆作为个体能力，但在当代社会科学中，通常将记忆作为某种集体现象，一种与群体认同、人类社会性以及各种记忆实践有关的现象（Connerton，1989）。集体记忆的研究与更广泛的对群体层面认知的诉求相一致，例如，集体意向性（Jankovic & Ludwig，2017）、群体内疚（Neier，1998）、理性集体化（Pettit，2003），以及以博物馆、墓园和仪式等为载体的记忆技术（Forty & Küchler，1999；Le Goff，1992）。这些例子也许可以说明，与人权、民族主义、重要的文化起源故事、遗忘伦理学相关的集体记忆具有明显的政治性。这一点我将在总结时再次进行说明（参见 Abel et al.；Hirst & Yamashiro；Hoskins；Wang，第

5、第16、第17、第21章）。

一种广泛流传的观点认为，单个有机体构成的群体，包括人类个体在内的生物群体具有一种心理状态。这一观念曾被社会科学家广泛接受。为了从这些人的工作中找到可以证明的观点，我提出了一个相似的观点：

群体心智假设（Group mind hypothesis）：生物群体是具有或可以认为有某种心理的，就像生物本身可以拥有心理一样（R. A. Wilson，2004，p.267；参见 R. A. Wilson，2001，p.S263）。

戴维·斯隆·威尔逊（David Sloan Wilson）在支持群体认知适应的观点时，认为群体层面的适应不仅包括身体活动，也包括认知活动，因为"群体也可以演变为认知活动（如决策、记忆和学习）的适应性单位"（D. S. Wilson，1997a，S128）。威尔逊主张的似乎是一种关于人类与非人类动物群体思维假设的形式。威尔逊也引用了一些社会学和人类学的创始人的观点，如埃米尔·迪尔克姆（Emile Durkheim）和威廉·麦克杜格尔（William McDougall），以此来支持人类群体以及人类个体可以拥有某种字面意义上的集体心理这一观点（D. S. Wilson，1997a，1997b）。

在探究威尔逊提出的社会科学史，以及他自己所主张的传统应在当代复兴这两个问题上，我认为这种复兴主义的热情有点不合时宜（R. A. Wilson，2001；2004）。因为许多相关文献倡导的并不是群体心理假设，而是我提出的社会表现论。

社会表现论：个体的属性中包括了心理属性。它仅在构成某种群体时才会表现出来（R. A. Wilson 2004，p.281；参见 R. A. Wilson 2001，第S265页）。

根据社会表现论，个体具有心理属性及心智，而群体则没有；但是包含这些个体的社会群体，在拥有这些属性方面发挥了重要的作用。这一作用并不是简单地作为背景条件，也不是作为认知的因果触发器，而是部分构成或实现了认知表现本身。

也许只有嵌入到心理边界的语境中才能最好地理解社会表现论的重要性。在本书的前几章中已经连续——也许可以说是持续的——对个体认知扩展观点进行了表述及辩护（Wilson，2004，第4~10章；参见 Wilson，1994；Clark & Chalmers，1998；Clark，2008）。社会表现论意在成为认知扩展假设的一种特殊的形式。

认知扩展假设：个体认知有时（经常、一直、总是）会出现超越认知主体系统操作的情况（参见 Adams & Aizawa，2008；Rupert，2009；Wilson & Clark，2009；Wilson，2014；同见 Michaelian & Arango-Mu驹z，第13章）。

这个版本的社会表现论为群体心理假设提供了一个更有说服力的替代理论，而且人类记忆（Barnier，Sutton，Harris，& Wilson，2008；同见 Harris，Keil，Sutton，Barnier，& McIlwain，2011；Harris，Barnier，& Sutton，2013）、道德心理学（Sneddon，2011）以及集体意向性（Huebner，2013；Rupert，2014；Teiner，2014)等领域已经对社会表现论进行了探索。

请注意，这种社会表现论是如何与施魏卡特和施密德（2013）提出的个体所有权相对立的："……集体意向性是参与的个体所拥有的，并且个体拥有的意图都是个体自己的"。社会表现论接受这一观点的第一部分，即集体意向性是属于个体的，但是不接受这一观点的第二部分，即个体意向性并不完全是"个体自己的"，因为该意向性部分取决于个体所处的社会环境。因此，社会表现论并不是为了针对个人主义而简化集体意向性，也没有将假定群体或其他集体作为意向性的主体。尽管一开始对这种组合会有些困惑，但许多社会属性恰恰处于这种混合状态。例如，一个人是有孩子的已婚人士、银行出纳员、加拿大人，有很多朋友，这个人想要拥有这些属性不仅取决于他或她本身，也取决于个体所处的社会环境。

但扩展认知本身又是什么呢？只有当内部和外部资源能够顺利地调节和整合，并足以支撑一个更大的系统(通常是部分生理机能加上外部认知支架的特定内容)参与到新的认知行为形式中去的时候，扩展的认知才会出现。正如我在其他地方提到的（Wilson & Clark，2009；Wilson，2014），支持扩展认知假设的关键论证之一是，首先要认识到扩展认知的各种形式。认知扩展系统的时间持续以及可靠性不断变化：它们可能是临时的（甚至是内外部资源的一次性组合）。它们也可以根据引用的认知扩展系统资源而变化：这些资源可能是自然环境的一部分，也可能是技术或社会的一部分（参见 Michaelian & Arango-Muñoz；van den Hoven et al.，第 13、第 22 章）。

这同样适用于扩展的记忆系统。唐纳德（Donald，1991，第 8 章)认为，将所谓的外部记忆领域融合进记忆实践中，对人类认知和文化的发展有至关重要的作用。在这两个方面，外部记忆主要由视觉符号和生成它们的设备所组成。科尔（Cole，1996)认为维果茨基的认知观同样依赖外部和内部符号的中介。这些符号需要在更广泛的文化系统背景下才能理解。尽管技术和文化创新在某些形式的扩展记忆中发挥着重要作用，但扩展记忆的其他部分则更直接地依赖于作为记忆扩展系统认知资源的他人。在扩展记忆的这一部分，我们发现了协作记忆、分布式和共同记忆。我将在下一部分来回顾这一内容（参见 Wilson & Foglia，2015）。

要为社会表现论进行定位，特别是结合了扩展认知假设后，就要向把群体心理和集体心理学构成的本体论当作解释论的观点发起挑战：群体心理和集体心理学是合理的，因为它们在解释社会科学方面起着不可忽视的重要作用。对群体心理的支持者来说，接受丰富的个体认知观（将其视为具身的、嵌入式的、扩展式的以及生成式的，并认识到这种人类认知"4E"观点的社会维度），同时说明这些观点可以解释集体心理学公认的标准案例，他们面临的最大挑战是如何识别需要人类群体认知的现象。而在为群体心理假设进行辩护的同时，已经直接或间接地引出了这一挑战。

最后要说明的一点是，因为人类认知的"4E"观点并没有将一般情况下的意图纳入个体认知中，而且也不受个体认知的约束，所以更难为集体意向性提供一个简洁的解释（参见 Rupert，2005）。在这种观点中，个体认知本身就是构成社会的一部分，所以无论是从个体发育还是从进化角度，从个体意向性到集体意向性再到社会性，都没有还原路径引导。这一观点也适用于所有从"4E"观点发展出来的关于协作记忆的解释（参见 Michaelian & Arango-Muñoz，第 13 章）。

五、 集体记忆和协作记忆

群体心理假设和社会表现论最根本的不同在于，如何理解集体记忆以及它与协作记忆和个体记忆有什么关系这一问题。莫里斯·阿尔布瓦克斯（1980，1992）在 1925 年的研究中首次介绍"集体记忆"这一术语时，将个体、个人或自传体记忆与集体、社会和历史记忆进行了比较。阿尔布瓦克斯将前者视为发生在自己身上的事，后者则是通过融合超出自身经历的世界信息，对记忆的扩展。对阿尔布瓦克斯来说，历史记忆是个体的记忆，但其内容却不仅仅是第一人称角色的经验。

阿尔布瓦克斯试图说明的是历史记忆优先于个体记忆，历史记忆组成了个体记忆的一种社会框架。阿尔布瓦克斯提出的这一观点在社会表现论中比较容易理解：这是对个体拥有的两种记忆，以及这两种记忆之间的关系的阐释。目前尚不清楚阿尔布瓦克斯关于集体记忆其他部分的观点是否也可以这样理解。尤其是在《记忆的社会框架》（*The Social Framework of Memory*）一书中，他研究了特定群体的集体记忆之后，上述问题就更难以确定了。把阿尔布瓦克斯的观点作为群体心理假设的一个版本去理解也许更自然，因为在这里，群体并不仅仅是产生个体记忆的背景，还是这些记忆的主体本身。

协作记忆是一种联合的或共享的记忆。它涉及多重机能的共同活动（joint activities），借助储存和检索这样的记忆操作，来实现记忆的整体功能，如计划和决策，以及至少一部分局部功能。因此，可以从这两个方式中的任何一个出发去理解集体记忆；在这两种方式中，阿尔布瓦克斯提到的集体记忆也得以解读。

举一个简单的例子，想象两个人正在一起回忆一件一年前发生的事。每个人都讲了事情的一部分，并且在相互协作中分享的量大致相等。他们两个都不能完整地回忆整个事件，而且一个人的回忆很容易根据另一个人的回忆进行调整和修改。我们可能会把这样一个协作回忆的实例概括为，参与到社会表现链上的两个人，其中一个人的回忆构成了每个人记忆中的社会背景。在这里，虽然个体处在一个他们合作创建的特定社会背景中，但记忆也是由个人完成的。

我们也可以把这两个人视为这一回忆活动的主体或代理人，这两个人是一个群体，因此协作记忆是一种群体活动。鉴于协作记忆与更广泛的集体记忆传统的联系，第二种理解方式与当代研究者所做的工作类似。第一种解释为社会表现论中的本体论提供了例证；第二种解释则是群体心智假设的一个版本。

尽管集体意向性中也存在对"群体意识"的讨论，但是对群体层面的认知比仅仅被这个短语或它的某种暗示所吸引而进行的讨论更加谨慎，并且也存在刚刚我们提到的与协作记忆一样的矛盾。例如，托马塞罗（Tomasello）的《人类思维的自然史》（*A Natural History of Human Thinking*）一书中，对集体意向性兴起的两阶段变革轨迹进行了阐释，并将其与人类文化起源紧密联系起来。尽管人类与灵长类都有个体意向性，但是托马塞罗认为所谓的共同关注才是人类特有的。它依赖于有限个体之间的分享形式或小规模的协作行为。反过来，共同关注开始延伸为"整个群体生活变成了一个大的协作活动，形成了一个更大，更永久的共享世界，这就是文化"（2014，p.5）。这一新的协作涉及的传统、制度以及交流的标准形式，就是托马塞罗所说的集体意向性，一种只有人类和人类的祖先所具有的集体意识（pp.5-6）。

托马塞罗用一个快乐的爵士音乐家来比喻社会背景在现代人类认知中的作用。他认为"人类思维是个体在社会文化矩阵下的即兴创作"（2014，p.1）。从满足自我的个人意向性开始，托马塞罗的共享和集体意向性就是在这样有限的认知条件下进行阐述的。这些阐述形成了以高度合作为标志的新型的人类社会性，反过来这些新形式又影响了这些阐述。不说别的，"群体意识"的观点符合社会表现论，甚至也符合严格的个人主义认知观。

六、　结束语

在讨论集体记忆并略微提及了集体记忆在社会科学中较长的历史的时候，我简单地指出了集体记忆和社会记忆的政治维度。因为集体记忆在讨论人权的纪念、遗忘的伦理学、民族主义以及具有重要文化起源的故事中发挥着重要的作用，因此附加政治色彩就不足为奇了。最后，我认为这对协作记忆也同样适用。

在这方面，我的出发点是基于过去 10 年来我对加拿大艾伯塔省优生学幸存者进行的社区大学的研究及扩展研究。艾伯塔省为性绝育进行了立法，并在 1928 年到 1972 年积极执行。这是政府支持的优生政策的一部分。几乎没有加拿大人知道这段历史的轮廓，就像最近几乎没有加拿大人知道住宿学校的历史以及加拿大土著所受到的待遇一样。将这些知识融入加拿大人的集体记忆是政治计划的一部分。协作记忆已经成了这一过程的关键部分，并且具有自己的政治观点。

我们完成的工作核心是一系列自传体记忆。这些记忆的提供者是优生学幸存者以及那些试图帮助残疾父母养育"新一代"，并继续面临这一压力的人。与社区大学的合作促进了我们对优生学幸存者的研究，因为认为残疾父母是"意志薄弱的"和"不聪明的父母"，所以他们被分类、被制度化、被绝育。我们在建构他们这方面的个人经历故事时，与幸存者进行了广泛的合作。这些访谈一开始被认为是对优生学和新一代幸存者的简短访谈，后来这些访谈不仅在访谈者与幸存者之间扩展了协作，而且当幸存者一起或分开讲述他们每个人想讲的故事时也得到了扩展。每一个访谈都是一个完整的个人故事，而且从幸存者的角度来说，作为一部纪录片，他们已经成为集体故事的基础(Miller，Fairbrother，& Wilson，2015)。

无论我们最初的观点是什么，有多么幼稚，协作记忆并不是偶然讲述这些故事的，那些故事从一开始就是协作记忆的核心。对于那些被社会边缘化的人、个人经历曾为自己带来羞耻感的人并需要从故事中理解自己的人来说，为他们提供一种可以安心回忆的社会背景，是协作记忆早期的目的，也是众多步骤中的第一步。首先要让他们认识到有些人关心他们发生了什么，他们可以讲故事，并且这些故事为更广泛的问题提供了宝贵的见解。在拥有相同口述历史权限的基础上，建立一种长时间的信任关系，是协作记忆在这一背景下的另一个政治维度。

优生学和新一代幸存者协作记忆的第三个政治层面，是促进所讲述的个人故事与关于优生学历史社会更广泛的故事之间的联系，这一层面在加拿大尤其普遍。我在其他地方(Wilson，2015)已经提过，我们可能正在讲述加拿大优生学的故事。这一故事在过去主要是由两类权威来讲的。一方面，由历史学家和对生殖控制、医学史、案例法、精神疾病或加拿大历史感兴趣的其他学者讲述(Strange & Stephen，2010；McLaren，1990；Dyck，2013)；另一方面，由记者、电影制作人和通过其他媒体为普通大众创作故事的人讲述(Harris-Zsovan，2010；McRae，Krepakevich，& Whiting，1996)。幸存者的协作记忆不仅仅是关于人们在去个体化之后怎么被制度化、如何被分类以及如何被对待的新信息，而且要以强有力的方式转述这些信息。我认为，这种力量的一部分在于它提出了一系列的问题——谁可以讲他们自己的故事，自己的故事是什么，以及谁的故事可以作为"我们的故事"的一部分(Miller，Fairbrother，& Wilson，2015)。

这些总结评论相对简洁，仅讨论了一个案例。然而，它们并不仅仅是为了提醒我们想起某些事情，而是可能会为进一步讨论协作记忆中的政治拓展空间。即使实验室为我们提供了一些精密的仪器，去验证协作记忆的某些观点，但和其他形式的记忆一样，无论好坏，协作记忆在人类社会中都有自己的归属。

参考文献

Adams，F.，& Aizawa，K.(2008). *The bounds of cognition*. Oxford，UK：Blackwell.

American Psychiatric Association Task Force on Nomenclature and Statistics (1968). *Diagnostic and statistical manual of mental disorders*(2nd Ed.). Washington，DC：American

Psychiatric Association.

American Psychiatric Association Task Force on Nomenclature and Statistics（1980）. *Diagnostic and statistical manual of mental disorders*（3rd Ed.）. Washington，DC：American Psychiatric Association.

American Psychiatric Association Task Force on Nomenclature and Statistics（1994）. *Diagnostic and statistical manual of mental disorders*（4th Ed.）. Washington，DC：American Psychiatric Association.

Barnier，A.，Sutton，J.，Harris，C.，& Wilson，R. A.（2008）. A conceptual and empirical framework for the social distribution of cognition：The case of memory. *Cognitive Systems Research*，9，33-51. doi：10. 1016/j. cogsys. 2007. 07. 002

Braude，S.（1991）. *First person plural：Multiple personality and the philosophy of mind*. London，UK：Routledge.

Carruthers，M.（1990）. *Te book of memory：A study of memory in medieval culture*. New York，NY：Cambridge University Press.

Chemero，T.（2011）. *Radical embodied cognitive science*. Cambridge，MA：MIT Press.

Clark，A.（2008）. *Supersizing the mind：Embodiment，action，and cognitive extension*. New York，NY：Oxford University Press.

Clark，A.，& Chalmers，D.（1998）. The extended mind. *Analysis*，58，7-19. doi：10. 1093/analys/58. 1. 7

Cole，M.（1996）. *Cultural psychology：A once and future discipline*. Cambridge，MA：Harvard University Press.

Connerton，P.（1989）. *How societies remember*. Cambridge，UK：Cambridge University Press.

DeGrazia，D.（2005）. *Human identity and bioethics*. New York，NY：Cambridge University Press.

Donald，M.（1991）. *The origins of the modern mind*. Cambridge，MA：Harvard University Press.

Dyck，E.（2013）. *Facing the history of eugenics：Reproduction，sterilization and the politics of choice in 20th-century Alberta*. Toronto，Canada：University of Toronto Press.

Forty，A.，& Küchler，S.（Eds.）（1999）. *The art of forgetting*. New York，NY：Berg.

Hacking，I.（1995）. *Rewriting the soul：Multiple personality and the sciences of memory*. Princeton，NJ：Princeton University Press.

Halbwachs, M. (1980). *The collective memory* (F. J. Didder, Jr., & V. Y. Ditter, Trans.). New York, NY: Harper & Row. (Originally published 1950)

Halbwachs, M. (1992). *The social frameworks of memory*. In: L. A. Coser(Ed.), *On collective memory* (pp. 37-189). Chicago, IL: University of Chicago Press.

Harris, C. B., Barnier, A. J., & Sutton, J. (2013). Shared encoding and the costs and benefts of collaborative recall. *Journal of Experimental Psychology: Learning, Memory, and Cognition*, 39, 183-195. doi: 10. 1037/a0028906

Harris, C. B., Keil, P. G., Sutton, J., Barnier, A. J., & McIlwain, D. J. F. (2011). We remember, we forget: Collaborative remembering in older couples. *Discourse Processes*, 48, 267-303. doi: 10. 1080/0163853x. 2010. 541854

Harris-Zsovan, J. (2010). *Eugenics and the frewall: Canada's nasty little secret*. Winnipeg, Canada: J. Gordon Shillingford Publishing.

Huebner, B. (2013). *Macrocognition: A theory of distributed minds and collective intentionality*. New York, NY: Oxford University Press.

Hutto, D., & Myin, E. (2013). *Radicalizing enactivism: Basic minds without content*. Cambridge, MA: MIT Press.

James, W. (1890). *The principles of psychology: Volume one*. New York, NY: Dover Publications.

Jankovic, M., & Ludwig, K. (Eds.). (2017). *The Routledge handbook on collective intentionality*. New York, NY: Routledge.

Koriat, A., & Goldsmith, M. (1996). Memory, metaphors, and the real-life/laboratory controversy: Correspondence versus storehouse conceptions of memory. *Behavioral and Brain Sciences*, 19, 167-188. doi: 10. 1017/s0140525x00042114

Le Goff, J. (1992). *History and memory*. (S. Rendall, & E. Claman, Trans.). New York, NY: Columbia University Press.

Living Archives on Eugenics in Western Canada(2014). *Our Stories module*. Retrieved from http://www. eugenicsarchive. ca/discover/our-stories [Online].

Locke, J. (1690/1975). An essay concerning human understanding. In: P. Nidditch (Ed.), *The clarendon edition of the works of John Locke: An essay concerning human understanding*. Oxford, UK: Oxford University Press.

Markowitsch H. J., & Staniloiu, A. (2011). Memory, autonoetic consciousness, and the self. *Consciousness and Cognition*, 20, 16-39. doi: 10. 1016/j. concog. 2010. 09. 005

McLaren, A. (1990). *Our own master race: Eugenics in Canada*, 1885-1945. Toronto,

Canada: McClelland and Stewart.

McRae, G., Krepakevich, J. (Producers), & Whiting, G. (Director). (1996). The *sterilization of Leilani Muir* [Motion picture]. Canada: National Film Board of Canada.

Miller, J., Fairbrother, N., & Wilson, R. A. (Producers/Directors). (2015). *Surviving eugenics* [Motion picture]. Canada: Moving Images Distribution.

Neier, A. (1998). *War crimes: Brutality, genocide, terror, and the struggle for justice*. New York, NY: Times Books.

Pettit, P. (2003). Groups with minds of their own. In: F. F. Schmitt(Ed.), *Socializing metaphysics*(pp. 167-194). Lanham, MD: Rowman and Littlefeld.

Prebble, S. C., Addis, D. R., & Tippett, L. J. (2013). Autobiographical memory and sense of self. *Psychological Bulletin*, 139, 815-840. doi: 10. 1037/a0030146

Rupert, R. (2005). Minding one's own cognitive system: When is a group of minds a single cognitive unit? *Episteme: A Journal of Social Epistemology*, 1, 177-88. doi: 10. 3366/epi. 2004. 1. 3. 177

Rupert, R. (2009). *Cognitive systems and the extended mind*. New York, NY: Oxford University Press.

Rupert, R. (2014). Against group cognitive states. In: S. R. Chant, F. Hindriks, & G. Preyer(Eds.), *From individual to collective intentionality: New essays*(pp. 97-111). New York, NY: Oxford University Press.

Schechtman, M. (1996). *The constitution of selves*. Ithaca, NY: Cornell University Press.

Schechtman, M. (2014). *Staying alive: Personal identity, practical concerns, and the unity of a life*. New York, NY: Oxford University Press.

Schweikard, D. P., & Schmid, H. B. (2013). *Collective intentionality*. Stanford Encyclopedia of Philosophy. Retrieved from http://plato. stanford. edu/entries/collective-intentionality/[Online].

Searle, J. (1990). Collective intentions and actions. In: P. Cohen, J. Morgan, & M. E. Pollack(Eds.), *Intentions in communication*(pp. 401-416). Cambridge, MA: Bradford Books.

Shapiro, L. A. (2014). Review of Radicalizing enactivism: Basic minds without content, by Daniel D. Hutto and Erik Myin. *Mind*, 123, 213-220. doi: 10. 1093/mind/fzu033

Shoemaker, S. (1963). *Self-knowledge and self-identity*. Ithaca, NY: Cornell University Press.

Shoemaker, S. (1984). Personal identity: A materialist's account. In: *S. Shoemaker*, & *R. Swinburne*, *Personal identity* (pp. 67-132). Oxford, UK: Blackwell.

Sneddon, A. (2011). *Like-minded: Externalism and moral psychology*. Cambridge, MA: MIT Press.

Strange, C., & Stephen, J. A. (2010). Eugenics in Canada: A checkered history, 1850s-1990s. In: A. Bashford & P. Levine (Eds.), *The Oxford handbook of the history of eugenics* (pp. 523-538). New York, NY: Oxford University Press.

Teiner, G. (2014). A beginner's guide to group minds. In: J. Kallestrup & M. Sprevak (Eds.), *New waves in philosophy of mind* (pp. 301-322). Boston, MA: Palgrave Macmillan.

Tomasello, M. (2014). *A natural history of human thinking*. Cambridge, MA: Harvard University Press.

Wertsch, J. V. (2002). *Voices of collective remembering*. New York, NY: Cambridge University Press.

Wilkes, K. (1988). *Real people: Person identity without thought experiments*. Oxford, UK: Clarendon Press.

Wilson, D. S. (1997a), Altruism and organism: Disentangling the themes of multilevel selection theory. *American Naturalist*, 150, S122-S34. doi: 10. 1086/286053

Wilson, D. S. (1997b). Incorporating group selection into the adaptationist program: A case study involving human decision making. In: J. Simpson and D. Kendrick (Eds.), *Evolutionary social psychology* (pp. 345-386). Hillsdale, NJ: Erlbaum.

Wilson, R. A. (1994). Wide computationalism. *Mind*, 103, 351-372. doi: 10. 1093/mind/103. 411. 351

Wilson, R. A. (1999). Philosophy: introduction. In: *R. A. Wilson* & *F. C. Keil* (Eds.), *The MIT encyclopedia of the cognitive sciences* (pp. xv-xxxvii). Cambridge, MA: MIT Press.

Wilson, R. A. (2001). Group-level cognition. *Philosophy of Science*, 68, S262-73. doi: 10. 1086/392914

Wilson, R. A. (2004). *Boundaries of the mind: The individual in the fragile sciences: Cognition*. Cambridge, UK: Cambridge University Press.

Wilson, R. A. (2005). Collective memory, group minds, and the extended mind thesis. *Cognitive Processing*, 6, 227-236. doi: 10. 1007/s10339-005-0012-z

Wilson, R. A. (2014). Ten questions concerning extended cognition. *Philosophical Psychology*, 27, 19-33. doi: 10. 1080/09515089. 2013. 828568

Wilson，R. A.（2015）．The role of oral history in surviving a eugenic past．In：S. High（Ed.），*Beyond testimony and trauma：Oral history in the afermath of mass violence*（pp. 119-138）．Vancouver，Canada：University of British Columbia Press.

Wilson，R. A.（2017）．Collective intentionality in non-human animals．In：M. Jankovic & K. Ludwig（Eds.），*Routledge handbook on collective intentionality*（pp. 420-432）．New York，NY：Routledge.

Wilson，R. A.，& Clark，A.（2009）．How to situate cognition：Letting nature take its course．In：P. Robbins & M. Aydede（Eds.），*Cambridge handbook of situated cognition*（pp. 55-77）．Cambridge，UK：Cambridge University Press.

Wilson，R. A.，& Foglia，L.（2015）．*Embodied cognition．Stanford Encyclopedia of Philosophy*．Retrieved from http://plato. stanford. edu/entries/embodied-cognition/［Online］.

Wilson，R. A.，& Lenart，B.（2014）．Extended mind and identity．In：J. Clausen & N. Levy（Eds.），*Handbook of neuroethics*（pp. 423-439）．Dordrecht，the Netherlands：Springer.

第 *15* 章

一起回忆美好或糟糕的时光： 协作记忆的作用

蒙妮莎・帕苏帕蒂（Monisha Pasupathi），塞西莉亚・温赖布（Cecilia Wainryb）

在本章中，我们将讨论协作记忆如何影响我们对自传体记忆功能的理解。我们首先介绍了协作记忆的本质如何为现存的有关思考功能的框架提供支持，并为其他有待考察的重要功能提供建议。然后我们提出了协作记忆是否对完善自传体记忆有特殊意义。最后，鉴于冲突和伤害对协作记忆提出的挑战，以及协作记忆对解决过去冲突和伤害事件的重要性，我们认为冲突和伤害的经历对于进一步研究协作记忆有重要价值。

人们经常参与协作记忆。而且，考虑到人际交往和自传体记忆的社会根源（Fivush & Nelson，2004；Reese & Fivush，1993；也见 Fivush et al.；Haden et al.；Reese；Salmon，第 2、第 3、第 18、第 19 章），以及其文化嵌入性（例如，Wang，Leichtman，& Davies，2000；另见 Wang，第 17 章），从某种意义上说，几乎所有的记忆，甚至是自己头脑中完成的记忆都有社会性。然而，考虑到大多数记忆都具有社会属性，我们使用协作记忆这一术语去描述交流情景下的记忆，或至少一部分是以口头回忆的方式来表达我们对这类记忆的特殊关注。协作记忆需要各方积极、平等地做出努力，但是也有变得更加不平等的时候，例如，当一个人向另一个主要作为听者的人进行回忆的时候（例如，Bavelas，Coates，& Johnson，2000；Bavelas & Gerwing，2011）。重要的是，尽管协作这个词具有积极的意义，但协作提取也可能是有争议的、不合作的以及消极的。协作提取对记忆效果也有各种不利和有利的影响，这在现有的研究中已经得到了很好的证实（例如，Choi，Blumen，Congleton，& Rajaram，2014；Cuc，Koppel，& Hirst，2007；Harris，Barnier，Sutton，& Keil，2010；Harris，Keil，Sutton，Barnier，& McIlwain，2011；Pasupathi & Hoyt，2009；Rajaram，2011；Weldon & Bellinger，1997；另见 Blumen；Gabbert & Wheeler；Henkel & Kris；Hirst & Yamashiro；

Paterson ＆ Monds，Rajaram，第 4、第 5、第 6、第 8、第 20、第 24 章）。尽管我们偶尔也会利用那些更广泛的记忆文献，但前提是那些文献信息量足够大，除此以外，我们主要关注的是自传体记忆。显然，我们对自传体记忆的关注，限制了我们在许多情况下解决准确性问题的能力。这既是因为自传体记忆的研究人员很少有办法去验证人们记忆的准确性，也是因为准确性本身并不是自传体记忆最重要的方面。

我们的回顾主要出于三个方面的考虑。首先，协作记忆的研究是否支持现有的关于记忆功能的观点，以及是否以重要的方式扩展现有的框架？其次，协作记忆对完善自传体记忆的功能是否有特殊的作用？最后，人际冲突和伤害（interpersonal conflict and harm）的背景是否可以告诉我们协作记忆的细节和更广泛的自传体记忆？

一、　当前对自传体记忆功能的看法

根据布卢克和他的合作者提出的框架，自传体记忆的功能可以分为四个类别，这个观点正在逐步获得认同（Bluck，Alea，Habermas，＆ Rubin，2005；另见 Olivares，2012）。从这个角度看，关于个人过去的记忆可以建立和维持认同感和自我连续性（self-continuity），从而更好地实现个人目标，并指导当前和未来的行动［通常被定义为自我调节（self-regulatory）］，建立新的和维持现有的人际关系（Bluck ＆ Alea，2011；Bluck et al.，2005；Rasmussen ＆ Habermas，2011；Waters，Bauer，＆ Fivush，2014）。[①] 这项研究的大部分内容都是基于自我报告的调查数据，这些调查主要问成年人为什么会回忆起过去。通常情况下，这些测量工具［最突出的是生活经历思考问卷（Tinking About Life Experiences measure，TALE，Bluck et al.，2005，还有回忆功能量表，Reminiscence Functions Scale，RFS，Webster，1993）］向人们展示了可以反映特定目的的记忆项目，例如，李克特量表中表现出的"与重要他人建立联系"。在多个国家背景中均发现了自我同一性、自我调控、建立人际关系以及维持人际关系功能的维度（Ochiai ＆ Oguchi，2013；Rasmussen ＆ Habermas，2011），并且已经证实了这些维度与发展理论存在一致性变化的方式（例如，Bluck ＆ Alea，2008；McLean ＆ Lilgendahl，2008；Webster ＆ Gould，2007）。虽然这些数据信息非常丰富，但显然不足以在至少三个方面充分捕捉自传体记忆的功能。

首先，将记忆功能还原到广义维度，非常具有启发性。这样可以组织更多具体的功能，但是它也可能无法识别与多个维度相关的具体功能，以及忽略同属一个维度的功能之间的重要区别。对于前一个问题，TALE 问卷最初的版本中包括了一个题目，它是关于回忆一个人伤害另一个人的事件，目的是应对已发生事件所产生的自我影响（Bluck et al.，2005）。这一项并没有很好地负载到 TALE 的某个维度上，因此在后面修订量表时剔除了这一项。为了解释它的多重

---

① 我们术语的选择与研究记忆功能的文献略有不同，但我们有意选择了能与记忆领域之外的其他文献充分联系的术语。

载荷，从概念上分，它明显包括了自我同一性、自我调控以及维持人际关系等成分。但是，正如我们前面所讲的(Pasupathi & Wainryb，2010)，这种记忆功能也许对道德发展尤其重要，但在探究记忆功能的正交维度结构中必然要被剔除。第二个问题可以用 RFS 来说明(Webster，1993)，RSF 包括 8 个分量表，每一个都比 TALE 的广义维度都更具体(例如，维持痛苦、减少厌倦、建立对话、教导/通知)。RSF 的分量表与 TALE 的维度建立了合理的相关(见 Bluck et al.，2005)。其中，减少厌倦和维持痛苦与 TALE 自我调控(直接的)相关最大，功能却截然不同。许多记忆情景也许只能满足二者中的一个。同样，自我连续性的机能也需要明显消极的(反刍)和积极的(反思)功能(Harris，Rasmussen，& Berntsen，2014)。

其次，必要的自我报告数据，依赖于人们对过去多种经历的记忆评价和整合，而这些评价和整合可能会有一些偏差。最重要的是，人们对记忆情境的回忆更多地关注有目的和突出的记忆经验(Rasmussen，Ramsgaard，& Berntsen，2015)。这并不是说那些无目的的记忆没有发挥作用(例如，Rasmussen & Berntsen，2009)，而仅仅是因为人们无法报告出那些功能。

最后，与之相关的是，人们能够回忆起来的更多的是记忆成功的例子，比如说自我连续性，而不是记忆功能无法实现的情况。因此，在某些条件下，自我报告的文献不能解决这样的问题，即记忆是否可以完善研究者通过各种研究方法识别出来的一些功能。为了充分地解释自传体记忆功能的影响，也为了弄清楚协作记忆对自传体记忆功能是否具有独特的重要性，应该有更多的可以直接检验功能影响的测验。

在本章的其他部分，我们关注的焦点是协作记忆。尽管把协作记忆与维持关系直接联系在一起的想法很具有诱惑性，但通过近距离观察协作记忆，我们认为它可以实现很多功能，其中就包括还没有融入现有的、基于调查法的功能。而且，我们认为协作记忆在实现自传体记忆的各种功能中具有特殊的地位，但是这也取决于协作记忆的质量。接下来，我们将考虑阐述自传体记忆的协作回忆，并强调其对协作记忆功能的意义。这产生了一系列的功能，包括那些我们刚刚回顾的功能，以及当人们审视协作回忆时变得非常突出的其他功能。

二、　可以从协作背景中推断出的协作记忆的功能

为了从协作记忆中推断出潜在的功能，我们考虑了两个问题。第一个，人们在社会背景中选择分享的记忆的特征，也就是说，我们可以从人们选择协作回忆的内容中推断出某些功能吗？第二个，在社会场合(social settings)下记忆是如何分享的，以及这些加工过程是否表明了特殊的功能？先泄露一下我们的结论，有一项研究探讨了人们选择什么内容来进行分享，结果表明，已经回顾的四个功能在协作记忆中表现得都相当明显。但是，我们还会继续寻找协作记忆必需的，但目前相关文献还未考虑的一些额外的功能。

(一)在协作的背景下人们回忆些什么

人们并不会与他人分享所有的经验。然而，关于与他人分享什么、不分享什么的研究归纳

了一些共同的特征。首先，人们通常不会分享普通的、无情绪的经历；自传体事件的协作回忆更多的是日常生活中的情绪经历（Pasupathi，McLean，& Weeks，2009；Rimé，Finkenauer，Luminet，Zech，& Phillipot，1998）。一些证据表明，人们极有可能在情绪事件发生的几天之内就分享给别人听。这一现象在大部分文化背景中都存在（Rimé et al.，1998）。越是激烈的情绪事件，人们就越可能在社交网络中向他人复述（Rimé & Christophe，1997）。

事件引起的情绪类型是否重要、有多重要，目前尚不清楚。里梅（Rimé）及其同事发现，不同情绪事件的公开程度几乎没有差异。其他理论和实证研究结果表明，人们在讲故事时，特别容易出现某种"麻烦"或混乱的事件。这意味着负性事件更可能被分享（Bruner，1990；McLean & Torne，2003；Torne，2000）。但是，负性情绪的分享可能取决于特定的情绪：一组研究表明，与其他类型的情绪事件相比，人们不太可能分享引起内疚和羞愧的经历，尽管如此，也应该注意到人们依然会向至少一个人表露这类经历（Pasupathi et al.，2009）。另有研究显示，记忆的独特功能与令人愉快的记忆和令人沮丧的记忆相关，前者与社会功能的联系更加密切（McLean & Lilgendahl，2008）。

这些发现强调，协作记忆与其他记忆一样，有助于应对对目标和情绪调控的挑战，即所有功能都在自我调控方面得到了很好的体现。然而，研究者也认为协作回忆可能起到了获取社会支持的作用。社会支持介于传统的自我调控和维持关系的功能之间。此外，对部分不当行为的忽略表明，协作记忆的自我保护和自我表现也许会跨过自我同一性和自我调控的功能。最后，高度情绪化事件的公开，揭示了协作记忆的重要性。这种重要性体现在对广泛的社交网络中的共享现实（shared reality）的调整（参见 Abel et al.；Hirst & Yamashiro，第 5、第 16 章）。

（二）记忆在社会背景下是如何分享的

协作记忆有多种形式，从相对独白的回忆交流，即其中一个人向其他听者叙述事件，到所有人都参与记忆形成的共同叙述（例如，Bavelas，Coates，& Johnson，2000；Hirst & Manier，1996；Norrick，2000）。在实验室条件下，协作回忆是实验者主导的；但是在自然环境中（例如，Hyman & Faries，1992；Pasupathi，Lucas，& Coombs，2002），以记忆为主题的介绍以及在谈话中展开的记忆，需要交谈的各方之间进行协商（参见 Pasupathi & Billitteri，2015）。也就是说，对话中的参与者必须同意记忆首先是可以叙述的（Clark，1996）。一旦成功协商了下一步可以交谈的记忆（实验者或访谈者说"现在我们想让你们一起回忆你们的经历"），为了展开记忆，叙述参与者必须解决的问题是谁提供什么信息。赫斯特及其同事（Hirst & Manier，1996；Hirst，Manier，& Apetroaia，1997；Manier，Pinner，& Hirst，1996）在研究这一过程时提出，人们可以在对话中扮演不同的角色：为叙述提供内容（叙述者），引导他人回忆信息（引导者），以及评估信息的准确性（监督者）。监督者的作用让人联想到实验室协作任务中观察到的错误修正（例如，Rajaram，2011），他们有助于识别和消除小组回忆中的错误。因此，在某些方面，当合理地评估准确性时，协作可以提高准确性。

协作记忆的动力和效果是不同的。动力大小和效果好坏取决于小组熟悉性和亲密的程度（例如，French，Garry，& Mori，2008；Harris et al.，2011），回忆记忆的共享和非共享程度（例如，Reese & Brown，2000），与回忆事件有关的个体的相关专业知识（例如，Meade，Nokes，& Morrow，2009；Pasupathi，Alderman，& Shaw，2007），以及小组中出现的叙述主导者（Cuc，Ozuru，Manier，& Hirst，2006；Hirst et al.，1997）等。但是，有些广泛的共性是，在小组背景下，不管是家人还是以前不熟悉的人，小组中的个体都会给另一个人提供线索，在相互帮助的情况下使得回忆更有效。人们通过彼此纠正，以积极或消极的方式努力进行关系的协商和记忆的加工，并倾向于关注共享信息，而不是非共享信息。这些行为会破坏个体的提取策略，并且通常会造成小组记忆的细节和复杂性低于两个或两个以上个体单独回忆时整合的记忆：这种现象叫作协作抑制（Barber，Harris，& Rajaram，2015；Harris，Barnier，Sutton，& Keil，2010；Weldon & Bellinger，1997；另见 Blumen；Henkel & Kris；Rajaram，第 4、第 8 和第 24 章）

谈话时一个人的回忆经常会导致多个参与者对相似或相关记忆的链式反应。当一个人叙述了一个侥幸脱险的经历时，紧接着小组中的另一个人也会分享类似的故事经历（Hyman & Faries，1992；Norrick，2000）。这种链式回忆（chained recall）具有多种作用，包括相互了解、娱乐以及社会支持。链式回忆也是协作记忆塑造记忆质量的一种方式，甚至当记忆本身并不共享而在不同背景下得以提取时，也可以塑造人们的记忆。一组具有创新性的研究要求参与者对2001 年 9 月 11 日的记忆进行链式回忆，首先单独回忆，然后在社会情境下回忆，但在社会情境下操纵了要回忆的内容。结果发现信息类型发生了变化，其中包括一个人改变了另一个人回忆的信息类型（Coman，Manier，& Hirst，2009），这是提取诱发遗忘扩展到自传体记忆和协作领域的一种现象。此外，链式回忆显然与关系维持的功能有关，因为它通常用于建立参与者之间的相似性和联系。

即使是在二人情境下，一个人将不共享的记忆叙述给另一个人，而他似乎"只是"在听，但本质上他就是一个合作者或联合叙述者（Bavelas et al.，2000；Norrick，2000；Pasupathi，2001；Pasupathi & Billitteri，2015）。作为叙述者，他的听众一直在进行口头或非口头的反应，这有助于叙述者在各个层面上决定听众可以听到和理解到的程度——例如，从使用特定的词汇到对经历意义的广泛总结（Bavelas et al.，2000；Clark & Schaefer，1989）。什么时候给出这些信号，需要相当高的精确度。一旦给出信号的时间不对，会破坏说话者建构话语的能力（例如，Krauss，1987；Krauss，Garlock，Bricker，& McMahon，1977）。当倾听者的注意力被其他活动分散时，倾听者反应的时间和范围就会遭到破坏，这也会给叙述者带来叙述困难。这些困难在承载故事意义的部分表现得特别明显，因为故事的各个方面对记忆功能可能都非常重要（Bavelas et al.，2000；Pasupathi & Hoyt，2009）。除了注意力外，倾听者也可以通过提问、评论和其他促进叙述者详细回忆的方法，参与到协作回忆中。倾听者是否这样做，他们如何有效地控制这一过程，每个人的表现可能都有所不同（例如，Jennings et al.，2013；Meade，

2013；Reese & Fivush，1993；另见 Echterhoff & Kopietz，第 7 章）。

因此，协作情境引进了交际的过程，如赞同和分歧、自己和他人的提示、发言者角色的协商、对记忆过程中的精心计划做出响应和鼓励等。协作同样会产生诸如协作抑制和社会分享型提取诱发遗忘的现象（另见 Hirst & Yamashiro，第 5 章）。除了这些现象，人们提取时的协作效应是多变的。协作效应取决于协作参与者的行为。就自传体记忆的功能而言，协作记忆的功能在关系推进和关系维持方面是一致的，除此以外，协作记忆还在包括娱乐的多种类别中表现出了不同的功能。鉴于人们通过协作来交谈经历的意义和重要性，协作回忆肯定会潜在地影响自我塑造、自我同一性，以及自我调控（如目标设定）。这些意义和重要性通常与叙述者的特点及其所处环境的本质有关。

然而，抛开这些不谈，基于对协作记忆展开方式的思考，或许可以认为协作回忆具有两个附加的功能。第一个功能，从广义上可以定义为，是对社会共享的个人知识，以及共享的过去经验的调整，我们称之为创造共享现实（Creating shared reality）（Cuc et al.，2006；Hardin & Higgins，1996；Norrick，2000；Harris，Barnier，Sutton，& Keil，2010；另见 Echterhoff & Kopietz，第 7 章）。协作回忆的这一功能在破坏个体回忆策略时尤为明显，通常会产生共同记忆，但完成度和复杂性往往比相同人数的个体回忆小组水平低。第二个功能，也许可以概括为小组成员协商（membership negotiation），包括更广泛的文化群体（Wang et al.，2000；Fivush & Nelson，2004；另见 Abel et al.；Wang，第 16、第 17 章），或者类似家庭这样更具体的子群体中的社会分享（Norrick，2000；Hirst et al.，1997；Hirst & Manier，1996；Manier，Pinner，& Hirst，1996；另见 Fivush et al.；Haden et al.，本卷）。第二个功能包含两种情形：一种是学习作为小组成员要记住些什么、怎么记住；另一种是获得许可，来讲述部分群体的重要故事。在单独回忆条件下，虽然个体可以用与在群体中类似的方式单独回忆特定的事件，来再次确定自己的群体成员身份，但是小组中的协作回忆给成员提供了一个更直接的途径去学习记什么和怎么记。小组内外的协作回忆也提供了更直接的机会，使参与人员成为小组成员。例如，诺里克（Norrick）探索了一个人融入家庭的方式。开始时，仅仅是假日餐桌旁倾听故事，但最终，多年后也会积极参与到叙述故事中去。

三、 社会性记忆/协作记忆对满足各种功能有什么特殊意义吗

在对搜集的文献进行概括后发现，协作记忆中的"记什么"和"怎么记"已经证实了自传体记忆的功能，并将这些功能扩展到了小组成员关系协商和创造共享现实中。在这里，我们认为协作记忆对实现这些功能有特殊的意义。显然某些功能，如创造共享现实和建立新的关系等，可能只有通过协作才能实现。其他的功能，如关系维持，则可以通过单独记忆来实现。例如，在一项研究中，与回忆一段虚构的人际关系事件相比，仅仅在实验室单独回忆一段浪漫的经历，就能增加与伴侣的亲密感（Alea & Bluck，2007）。其他结果发现，个人对人际关系事件记忆的

特征，与人际关系的质量密切相关；同时，个人对人际关系事件记忆的特征，还可以预测一年以上的关系维持或瓦解（Philippe，Koestner，& Lekes，2013）。布卢克和他的同事（Bluck，Baron，Ainsworth，Gesselman，& Gold，2013）把记忆分享定义为在听到或读到他人痛苦的经历后回忆起自己的痛苦经历。他们研究发现，听到或读到他人的痛苦经历后回忆起自己的痛苦经历，预示着同理心（之前—之后）的增加；而想着他人单独叙述这些痛苦的经历时，则不会如此（尽管这些发现没有达到统计上的显著性水平）。与维持关系一样，群体成员的关系似乎也可以部分经由单独的回忆经历来创建或者加强。

也就是说，协作对维持与他人的人际关系更有效；人们通过一起回忆他们共同和各自的经历来维持关系；人们通过谈论其他人的经历，促进关系修复和维持。访谈中伴侣协作回忆他们的关系史时，可以预测随着时间变化，他们的关系会持续还是停止（Buehlman，Gottman，& Katz，1992）。具体来说，如果同伴在回忆时表现出“咱们”（we-ness）感，并且没有表现出失望、消极或混乱的主题，那么他们之后离婚的可能性就很低。涉及不良行为的母子交谈，也与儿童早期的关系质量指数（包括对儿童配合母亲要求的意愿的评估）有关（Laible & Tompson，2000；Laible，2011）。对过去不良行为的交流往往涉及情感和道德评价，这与是否更愿意遵从母亲的要求以及更高的安全依恋有关。成年期友谊瓦解（friendship dissolution）的主要原因是缺乏由协作回忆产生的日常经历的亲密性。必须指出的是，这些发现早在社交媒体的兴起之前就已经有了（Rawlins，1994）。母亲通过帮助孩子回忆与兄弟姐妹以及朋友之间的冲突经历，促进友谊的修复和冲突的管理（Recchia，Wainryb，Bourne，& Pasupathi，2014）。最后，研究结果还发现熟悉组通过协作回忆得出的错误记忆更多（例如，French et al.，2008），说明错误记忆具有达成共识这一特征。它会让人们以类似的方式看待过去，从而维持人际关系。这一发现目前还没有直接的实验证据。然而，我们也可以进行合理的设想，虽然单独回忆可能会巩固群体成员的关系感及认同感，但是与纯粹的单独回忆群体事件相比，协作回忆是一种更直接、更即时的维持群体成员关系感和认同感的方式。

另一个有待解决的问题是，单独回忆是否具有充分的解决问题的功能。例如，就同一性和自我调控功能而言，协作回忆有什么特殊意义。首先，协作回忆在建构社会认可的身份以及社会支持的自我调控方面要比单独回忆更加适合。社会认同和支持在个体发展以及管理自我意识方面具有重要的作用。这一点在发展和社会科学中已经有一段较长的历史，并得到了实证研究的支持（例如，Bowlby，1980；Fonagy，Gergely，Jurist，& Target，2002；Goffman，1967；Mead，1934）。社会心理学家一直承认，社会和社会共识的重要性在很大程度上决定了人类对自己世界的“了解”和信念，以及由此产生的真实后果（例如，Festinger，Schachter，& Back，1950；Hardin & Conley，2001；Rhodewalt，1998）。所以，虽然这些功能似乎是最“孤立”的功能，但协作记忆对实现这些功能仍然特别重要。

协作记忆对同一性和自我调控功能具有重要意义的第二个原因是，协作可以通过各种方式影响记忆的质量。这些方式可能关系到记忆是否支持同一性和自我调控。在记忆领域的文献中，一般将更准确、更完整、更连贯或更有条理的记忆视作高质量的记忆，在自传体记忆中也具有深远的意义。这样的记忆（准确、完整、有条理且有意义）也可以更好地服务于已经概括好的功能。这样的记忆为同一性和自我调控提供了更坚实的基础，也为更亲密和更高质量的人际关系提供了基础。

如前所述，协作记忆可以通过很多方式来影响记忆的质量。一般来说，记忆研究发现协作可以带来更高的准确性（错误修正），但是完整性降低了（协作抑制），而且还会带来各种错误记忆（见 Gabbert & Wheeler；Paterson & Monds，第 6、第 20 章）。对许多记忆功能来说，协作的正确性可能具有积极的意义，但是协作对记忆质量的其他影响没有那么明显。而且，协作者投入协作情境的目的、协作者之间的关系，以及与他人一起投入回忆时的反应，都对记忆质量有不同影响（Barber et al.，2015；Harris et al.，2011；Manier，Pinner，& Hirst，1996；Pasupathi et al.，1998；Pasupathi & Hoyt，2009）。从目标角度来说，如果人们已经承担或接受要求去承担一系列事件中的派别角色时，他们就倾向于回忆在这些事件中与自己的角色相符的观点，而不是其他的观点，为此，他们在部分情况下会改变他们的记忆，内容（Lord，Ross，& Lepper，1979；McGregor & Holmes，1999；Tversky & Marsh，2000）。我们和其他研究者的研究发现，当人们记得他们伤害别人的事件时，即使自己是错的，人们也倾向于调整他们的记忆，使自己感觉起来像个好人（Baumeister et al.，1990；Pasupathi et al.，2015；Wainryb et al.，2005，Wainryb，Komolova & Brehl，2014）。即使这一点失败了，但这个过程也同样会塑造他们的记忆内容。

协作者之间的关系也会影响记忆质量。作为协作者，母亲与朋友不同，她拥有不同的记忆目标和技巧（McLean & Jennings，2012；Weeks & Pasupathi，2010），并善于在协作记忆的条件下为孩子建构意义（例如，Habermas，Negele，& Mayer，2010；Recchia et al.，2014；Recchia & Wainryb，2014；Reese，Haden，& Fivush，1993）。但如果超出一般的关系，在形成协作记忆的内容和质量方面，协作者的反应也许是非常重要的。例如，当儿童与母亲一起回忆经历过的事情时，母亲对悲伤或愤怒的回应是不同的（Fivush，Berlin，Sales，Mennuti-Washburn，& Cassidy，2003）。关于悲伤，母亲更关注孩子回忆的那些强调应对和自我调控，以及用以改善感受的记忆内容；然而关于愤怒，母亲更关注那些强调同一性和自我概念的记忆内容。这些记忆内容上的变化，也许会影响它们是否服务于自我调控，以及怎样服务于自我调控。

从经验上讲，探索协作记忆对实现功能具有某种特殊意义的理想证据，需要将协作记忆与单独记忆以及非记忆控制组进行比较，并且检验功能有没有在一定程度上有效地发挥作用。在大多数情况下，这种证据是无法得到的。麦克莱恩和帕苏帕蒂（Pasupathi & McLean，2011）对同一性进行了研究。他们在几个测量条件下研究了与自我定义相关的自我意义的建构与保持。最初，他们在单独回忆条件下测量了这些意义，然后在协作条件下测量了个体与恋人一起回忆自我定义事件时的意义，接着进行协作后评估，一个月后再次进行延迟协作后评估。他们研究了这些意义的本质(是否通过改变或保持不变来培养同一性，是积极的还是消极的)，以及他们是否在协作后成为同伴表征的一部分(共享状态)。共享状态是促进保持同一性相关意义的主要因素。

同样，就自我调控功能而言，协作记忆具有特殊意义的最好的证据，来自消退影响偏差的文献。消退影响偏差是指随着时间的推移，与经验相关的负性情绪比正面情绪消退得更快。在典型条件下，负性事件的记忆随时间推移往往不会引起强烈的痛苦。但是向一个可以做出回应的倾听者回顾事件，可以加快消退(Muir，Brown，& Madill，2015；Nils & Rimé，2012；Skowronski，Gibbons，Vogl，& Walker，2004)。更广泛地说，与母亲的支持、家庭叙述以及协作记忆中倾听者的回应等相关的文献，说明了回应以及支持导向的倾听可以促进详细且有意义的记忆。而这些可以更好地服务于同一性和自我调控(Jennings，McLean，& Pasupathi，2013；Marin，Bohanek，& Fivush，2008；Reese，Bird，& Tripp，2007；Weeks & Pasupathi，2011)。

总的来说，不管是从概念上还是从实证研究方面，协作记忆对记忆功能有着特殊的意义。与单独记忆相比，协作记忆的影响部分取决于协作对记忆质量产生影响的方式，而这反过来又取决于协作过程的各个方面。这也将我们带入人际关系冲突和伤害的背景中：这一背景对构建共享现实有重要的作用，而且对其他功能也有重要意义。这一背景对记忆质量、协作过程以及成功实现记忆功能提出了特殊的挑战。

四、 重新审视协作记忆在人际冲突或伤害的特殊背景下的作用

我们对人际冲突的体验和记忆的方式，对所有记忆功能都很重要，它使我们的认同感变得尖锐和具有挑战性，需要我们进行自我调控，而且会通过多种方式影响我们的人际关系，挑战我们与他人相似的看待现实的能力，还可能让社会群体的成员关系变得突出和复杂化。还有一种可能是，人际关系冲突中的协作记忆履行的功能，与其他类型经验中的协作记忆所履行的功能不同。例如，有研究表明，不愉快背景下的协作记忆涉及了更多地同一性和自我调控功能(Pasupathi et al.，2002；Pasupathi & Hoyt，2009)，而积极背景更多地涉及创建共享现实的协作记忆(Pasupathi et al.，2002)。然而，如果只关注不同功能，我们将难以认识到人际关系冲突和伤害在加深我们对协作记忆功能理解方面的潜在重要性。从广义上讲，有关冲突和伤害经历的协作记忆存在两种挑战：一种是潜在的冲突和伤害记忆的矛盾性；另一种是在回忆冲突和伤害背景下，记忆的功能的矛盾性。

(一)矛盾的记忆

人际冲突和伤害所带来的挑战源于冲突的性质，而这也引起了各方之间的分歧和争议。实际上，人们可能只意识到存在分歧，但根本没有理解对方的观点；人们也可能完全理解对方的

观点，但是难以接受、容忍并接受这种观点。有些冲突是微不足道的，可以忽略不计（"你说马铃薯，我说马冷薯"），但在许多情况下，冲突会威胁到人类的基本需求。这种基本需求就是人们必须感受到他们对世界的理解，尤其是他们对自己经历的理解是正确和真实的（例如，Ross & Ward，1996）。即使在冲突中，人们确实掌握了彼此互相冲突的观点，但他们可能难以证实冲突的观点谁对谁错，或者难以从对方角度思考冲突的观点。

由于人们经历的性质和个人对冲突的记忆，额外的挑战出现了。在实证研究中，让人们回忆伤害他人的经历，或者自己受到伤害的经历，他们经常提供大量重复的解释。在这个意义上，他们一般会表达和承认伤害行为，也会提供某些背景，以及认可发生事件的某些真实方面。然而，我们和其他研究者的研究发现，受害者和加害者会回忆他们经历的不同方面，并对这些事件做出明显不同的解释（例如，Baumeister et al.，1990；Pasupathi et al.，2015；Wainryb et al.，2005；Wainryb et al.，2014；另见 Ross，Smith，Spielmacher，& Recchia，2004）。加害者通常更愿意回忆背景因素，以使得别人理解他们的伤害行为，同时表明自己和受害者的观点，提到努力做出赔偿，并将事件视为"已经结束了"。相反，受害者更可能从线性的角度来回忆。他们关注对他们的伤害结果，将加害者的行为视为不可理喻的，关注事件产生的持续后果。因为这类研究多用被试内设计，同一个个体因为角色的不同，回忆的事件也不同。这些结果清楚地说明，协作回忆人际伤害事件对协作加工提出了挑战，因为与共享假期的回忆或其他积极和中性事件相比，这类事件中双方的重合经历较少，并存在很多冲突的地方。

对事件的协作记忆可能倾向于一个更加统一的、简单的事件记忆的版本，而不是将个人回忆汇集起来独立进行评估（Barber et al.，2015；Harris et al.，2011；Weldon，2000）。协作记忆也会引起社会分享型提取诱发遗忘（Cuc et al.，2007），因此协作回忆的共享记忆通常也不是很复杂。而且，至少在协作过程的某些方面，研究者所关注的是对准确性的监测和错误修正。对于日常的、积极的经历，相对简单的共享记忆就可以轻松容纳所有参与者协调一致的观点，而且可以很容易地忽略有分歧的部分，并认为可以构建准确的解释。但是，对于冲突和伤害的经历，达成共同记忆是有难度的，因为受害者、加害者和旁观者的冲突观点需要建构一个更复杂且可能容纳内部矛盾的解释。信息冲突这一问题引发了一个重要且复杂的问题，即准确性和对准确性的认知。这与构建过去事件的共同理解之间存在怎样的关系？当受害者的解释与加害者的解释不一样时，怎样判定谁的版本是准确的，并将其融入他们自己的理解中？将冲突版本整合到一个被视为足够准确的共享记忆中的难度，意味着人们可能无法获得这样一个共享版本，因为当故事存在不同视角或对发生的事存在不同理解时，我们不能只接受故事的单方面版本。即使人们可以协作建构一段一致同意的记忆，但是个体去建构保持复杂、冲突观点的记忆可能也是困难的。事实上，这代表了协作记忆研究中的一个重要问题，即与不包含内部冲突信息的回忆相比，如何构建可以随时间变化而变化，并包含冲突信息的协作回忆。除了复杂和冲突意义的记忆问题外，对人们来说，构建事件的协作记忆，或随时间推移维持记忆的复杂和冲突性的困难在于，有时冲突会一直保持下去，甚至变得越来越两极化，根深蒂固到无法解决。

(二)矛盾的功能

在许多协作记忆的文献中，同时实现不同的功能所带来的紧张关系，不一定显而易见，也不一定真的存在。在回忆一段假期时，一对夫妻可以实现同一性功能，如建立和维持亲密关系、管理共享知识，甚至是计划他们下一次的旅行，所有这些都是精心的、细致的、连贯的以及积极的记忆。他们产生的分歧，可能相对来说并不重要或没有威胁性；了解配偶对假期的喜好，要比自己的喜好更富有意义。相反，当一对夫妇回忆起彼此之间发生的严重冲突，其中有人提到了具有伤害性的事情时，就可能出现挑战，有时甚至不能构建起一种实现任何功能的协作回忆，比如，亲密关系，同时也不能实现其他功能，例如，保持理想的自我。保持亲密关系的协作回忆，可能需要接受其中一个协作同伴的不良行为。根据关系的质量，这种接受可能对双方来说都是困难的。因此，对冲突情况的协作记忆也突出了这样一个事实，即记忆的不同功能彼此之间也可能不一致。

实际上，达成关于冲突事件的共享现实的困难，与协作回忆冲突事件之间存在着某种关系。对冲突的协作回忆可能服务于一个功能，同时也可能破坏了另一个功能。例如，如果问题是为了修复并维持亲密关系，配偶的一方必须承认自己是个"混蛋"，这时协作记忆就服务于维持关系的功能，那么这对夫妻就不能轻易地创建一个冲突的记忆。在这个冲突记忆中，既要同时支持攻击型伴侣的自我形象，又要允许伴侣在修复和改善关系中继续向前。

(三)冲突和伤害的协作记忆不仅仅涉及受害者—加害者的交流

到目前为止，我们主要解决了冲突或伤害事件中的各方试图记住该事件的情况。当然，这些事件也有与其他人的协作记忆，如目击者和旁观者，来自同一社交圈但不在场的其他人，甚至包括明显没有参与的其他人。对于大多数经历来说都是如此，即人们与参与其中的他人分享事件，也与未参与事件的他人分享事件的回忆。

但是，伤害凸显了与具有不同知识和参与水平的多个他人一起回忆事件时的潜在重要性和误区。从外行的角度来看，这些听众可能更愿意协作，而这种协作回忆可以改善加害者和受害者不同回忆之间的紧张关系。重要的是，人们仍然可能同时从对他们自己有利的角度以及对其他各方都有利的角度坚持不同的观点。从受害者和加害者的角度来看，我们知道通常加害者的解释更为真实(Baumeister et al.，1990；Wainryb et al.，2005)，但这更有可能发生在长期稳定的关系中。让一个拥有较少派别的合作者来构建冲突记忆，很可能会促成一种包含多种观点和更复杂的表现形式(Itzchakov, Kluger, & Castro, 2016；Recchia, Wainryb, Bourne, & Pasupathi, 2014；Twali, 2013)。

然而，参与程度较低的协作者未必没有议程安排或计划，特别是那些拥有长期人际关系和社会群体中的人。父母、配偶、老师和朋友至少有兴趣推进某个事件版本而不是其他版本。例如，在浪漫的情侣中，在协作记忆情境下，协作者似乎寄希望于提高同伴认同的稳定性（McLean & Pasupathi，2011）。在母子交谈中，母亲有社会化目标，即需要帮助孩子了解记什么以及怎么记，又要随着时间的推移促进其他结果的发展，如自我同一性的发展及亲社会性的发展（例如，Fivush et al.，2008；Habermas et al.；2010；Recchia et al.，2014；Wang et al.，2000；另见 Fivush et al.，第 3 章）。

回想一下，里梅及其同事的研究已经表明，高度情绪化的事件会在社交网络中多次重复地传播给越来越疏远的当事人，例如，某个与事件有关的八卦（例如，Rimé & Christophe，1997）。在冲突与加害者和受害者的社交网络重合的情况下，相互冲突的记忆版本可能会渗透到群体中，如用事件的恶意版本记忆。这对群体动力学的意义提出了一个重要的问题，并强调了协作记忆在群体成员关系的协商以及联盟形成中的作用。

正如一些更成熟的研究提到的（Barber，Rajaram，& Fox，2012；Brown et al.，2009；Cuc et al.，2006；Hammack，2011；Stone et al.，2013；另见 Abel et al.，第 16 章），协作记忆的害处是它会导致派系的出现、派系的发展以及群体成员分派。协作记忆是人际交往的过程，通过这个过程，无论是个人经历还是通过协作回忆传递的历史事件，事件的集体表征都能得以发展。鉴于协作记忆的群体身份协商功能，在伤害的情境下，对这种身份进行协商是特别令人担心的，而且，这种协商具有潜在的长期影响。

尽管充满了挑战，但可以说比起仅仅关注中性和积极经历的共享，应对冲突和伤害挑战的共享更为重要。而且，虽然不能完全分辨事件冲突的各个版本和矛盾的记忆活动，但一起试着去解决问题是很重要的。

五、 结束语

在本章的回顾中，我们对协作记忆的三个要点进行了说明。首先，有一些特定的记忆功能只能通过与他人一起回忆来实现：共享现实的建构以及小组成员关系的协商。其次，对那些只能通过单独回忆实现的功能，协作也可能具有特殊作用。尽管目前这个重要的领域还需要实证研究进一步验证。最后，由于冲突各方对事件以及意义有不同的解读，为解决冲突而处理好这些不同的解读就很重要。在人际冲突的情况下，协作尤其具有挑战性和必要性。冲突背景下的协作强调了这样的观点，即在记忆中一个人并不能一直实现所有的作用。在这一研究领域进一步发展的过程中，研究者必须考虑各种作用之间的取舍。

我们在回顾部分也提出了发展方向。这对我们进一步理解协作记忆及自传体记忆的功能具有促进意义。这一范围包括一些相当具体的设计，以及一些比本章更具思想性和空间性的概念化和挑战性的问题。一开始，关于功能的文献更多关注功能的识别和分类（在某种程度上，我们在这里已经完成了），而不是考察记忆实际实现这些功能的条件。值得注意的是，我们决定关注同一性和自我调控功能，而不是自我连续性和命令功能，部分原因在于同一性和自我调控将记忆研究人员与丰富的研究联系起来。这些研究可能对如何进行外显的测试来了解身份认同和自我调控功能具有提示作用。记忆和身份认同的文献提供了关于身份认同如何受到威胁的观点，还有一些阐明了自传体记忆的功能(Jennings，McLean，& Pasupathi，2013)。同理，虽然协作具有实证线索和概念基础，它们对实现记忆的功能具有特殊意义，但当前关于功能的文献有一个巨大的缺陷，那就是过于强调单独回忆及书面回忆。

为了记录是否所有的功能都能实现，关注更具体的功能而不是笼统的、用问卷方法产生的广泛的启发式框架功能显得更重要。有两个原因。首先，特定事件的协作记忆(实际上，任何类型的记忆)可能并不能解决诸如同一性功能的所有方面。相反，这类记忆更有可能解决的是自我连续性当中更具体的方面，如一些特定的自我品质，或在特定人际关系背景下的自我连续性。其次，特定经历的具体回忆可能并不完全符合该文献提到的三个或四个类别的功能。例如，我们在自己的研究中提到，减少伤害他人对自我带来的负面影响，可能是对伤害事件进行协作回忆的主要功能(Pasupathi & Wainryb，2010)。然而，这种功能超出了身份认同、自我调控和关系功能，导致其从早期问卷调查中被剔除(Bluck et al.，2005)。指定更具体功能的优点在于，它通过提供一个基础来说明记忆是否为功能服务，从而能更好地设计实证调查。

在这样做的过程中，重要的是要考虑对于不同类型的事件，特定条件下的协作记忆和一般条件下的记忆可能会起到不同的作用。我们从单独记忆的情境中了解到，不同类型的事件(例如，积极/消极、受害者/加害者、愤怒/悲伤)在被讲述的时候，针对的是不同的目标(Pasupathi et al.，2009；McLeanet al.，2007)，而且是以不同的方式讲述的(Baumeister et al.，1990；Wainryb et al.，2005；Mansfeld，McLean，& Lilgendahl，2010；Habermas，Meier，& Mukhtar，2009)。这使得对这些事件的记忆很可能具有不同的功能。还有一个相关的问题是，记忆和叙述文献中对特定事件回忆的重视，因为沃特斯、鲍尔和菲伍什(Waters，Bauer，& Fivush，2014)的研究结果发现，重复或一般的事件记忆对于社会功能有重要的作用(参见 Norrick，2000)。

值得注意的是，在思考事件时，现有的关于协作记忆的文献在涉及现实世界的经历时，往往集中在关于假期等中性或积极经历的记忆上(例如，Harris et al.，2011)。虽然一些研究人员已经研究过创伤事件(例如，Harris et al.，2010；Cuc et al.，2007)，但很少有研究者使用协作记忆范式来考察人际冲突和伤害的记忆。即使有人关注了人际冲突和伤害事件，通常也不是关注记忆的问题(例如，Fingerman，1995；Schütz，1999)。我们在这里已经证明了冲突经历可以为协作记忆的功能提供独特的重要视角，并说明了一些有待考察的针对协作记忆的重大挑战。这些挑战与已经讨论过的功能相关，在法医和临床情境中可能也有应用价值。

最后，几乎所有关于记忆功能相关的研究(实际上是关于记忆的)，都是关于记忆随着时间变化表现出潜在的流动性和波动性。那些被研究者认为已经实现一个或另一个功能的协作记忆的例子，只不过是个人生命中正在进行的加工过程的一个快照。在长时记忆中，这一记忆的实例能不能实现这些功能的意义，还不清楚。另外，虽然对长时记忆(例如，Bahrick，Bahrick，

& Wittlinger，1975）和记忆巩固（例如，Johnson & Chalfonte，1994；Stanhope, Cohen, & Conway，1993）的研究表明记忆在初始阶段后开始稳定，但需要重点注意的是，协作记忆有可能继续干扰、丰富、消除以及挑战记忆。而且协作还可以对那些似乎永远消失的内容产生提示作用。无论好坏，协作都可以改变人们的生活和记忆。

参考文献

Alea，N.，& Bluck，S.（2007）．I'll keep you in mind：The intimacy function of autobiographical memory. *Applied Cognitive Psychology*，21，1091-1111. doi：10.1002/acp.1316

Bahrick，H. P.，Bahrick，P. O.，& Wittlinger，R. P.（1975）．Fifty years of memory for names and faces：A cross-sectional approach. *Journal of Experimental Psychology：General*，104，54-75.

Barber，S. J.，Harris，C. B.，& Rajaram，S.（2015）．Why two heads apart are better than two heads together：Multiple mechanisms underlie the collaborative inhibition effect in memory. *Journal of Experimental Psychology：Learning，Memory，and Cognition*，41，559-566. doi：10.1037/xlm0000037

Barber，S. J.，Rajaram，S.，& Fox，E. B.（2012）．Learning and remembering with others：The key role of retrieval in shaping group recall and collective memory. *Social Cognition*，30，121-132. doi：10.1521/soco.2012.30.1.121

Baumeister，R. F.，Stilman，A.，& Wotman，S. R.（1990）．Victim and perpetrator accounts of interpersonal conflict：Autobiographical narratives about anger. *Journal of Personality and Social Psychology*，59，994-1005. doi：10.1037/0022-3514.59.5.994

Bavelas，J. B.，& Gerwing，J.（2011）．The listener as addressee in face-to-face dialogue. *International Journal of Listening*，25，178-198. doi：10.1080/10904018.2010.508675

Bavelas，J. B.，Coates，L.，& Johnson，T.（2000）．Listeners as co-narrators. Journal of*Personality and Social Psychology*，79，941-952. doi：10.1037/0022-3514.79.6.941

Bluck，S.，& Alea，N.（2008）．Remembering being me：The self-continuity function of autobiographical memory in younger and older adults. In：F. Sani & F. Sani（Eds.），*Self-continuity：Individual and collective perspectives*（pp.55-70）．New York，NY，US：Psychology Press.

Bluck，S.，& Alea，N.（2011）．Crafing the TALE：Construction of a measure to assess the functions of autobiographical remembering. *Memory*，19，470-486. doi：10.1080/09658211.2011.590500

Bluck，S.，Alea，N.，Habermas，T.，& Rubin，D. C.（2005）．A tale of three functions: The self-reported uses of autobiographical memory. *Social Cognition*, 23, 91-117. doi: 10.1521/soco. 23.1.91.59198

Bluck, S., Baron, J. M., Ainsworth, S. A., Gesselman, A. N., & Gold, K. L. (2013). Eliciting empathy for adults in chronic pain through autobiographical memory sharing. *Applied Cognitive Psychology*, 27, 81-90. doi: 10.1002/acp. 2875

Bowlby, J. (1980). *Attachment and loss*. New York, NY, US: Basic Books.

Brown, N. R., Lee, P. J., Krslak, M., Conrad, F. G., Hansen, T. G. B., Havelka, J., & Reddon, J. R. (2009). Living in history: How war, terrorism, and natural disaster affect the organization of autobiographical memory. *Psychological Science*, 20, 399-405. doi: 10.1111/j. 1467-9280.2009.02307. x

Bruner, J. (1990). *Acts of meaning*. Cambridge, MA: Harvard University Press.

Buehlman, K. I., Gottman, J. M., & Katz, L. F. (1992). How a couple views their past predicts their future: Predicting divorce from an oral history interview. *Journal of Family Psychology*, 5, 295-318. doi: 10.1037/0893-3200. 5. 3-4. 295

Choi, H.-Y., Blumen, H. M., Congleton, A. R., & Rajaram, S. (2014). The role of group confguration in the social transmission of memory: Evidence from identical and reconfgured groups. *Journal of Cognitive Psychology*, 26, 65-80. doi: 10.1080/20445911. 2013. 862536

Clark, H. H. (1996). Using language. Cambridge, MA: Cambridge University Press.

Clark, H. H., & Schaefer, E. F. (1989). Contributing to discourse. *Cognitive Science*, 13, 259-94. doi: 10.1207/s15516709cog1302 _ 7

Coman, A., Manier, D., & Hirst, W. (2009). Forgetting the unforgettable through conversation: Socially shared retrieval-induced forgetting of September 11 memories. *Psychological Science*, 20, 627-633. doi: 10.1111/j. 1467-9280. 2009. 02343. x

Cuc, A., Koppel, J., & Hirst, W. (2007). Silence is not golden: A case for socially shared retrieval-induced forgetting. *Psychological Science*, 18, 727-733. doi: 10.1111/j. 1467-9280. 2007. 01967. x

Cuc, A., Ozuru, Y., Manier, D., & Hirst, W. (2006). On the formation of collective memories: The role of a dominant narrator. *Memory & Cognition*, 34, 752-762. doi: 10.3758/BF03193423

Festinger, L., Schachter, S., & Back, K. (1950). *Social pressures in informal groups: A study of human factors in housing*. New York, NY: Harper.

Fingerman, K. L. (1995). Aging mothers' and their adult daughters' perceptions of conflict behaviors. *Psychology and Aging*, 10, 639-649.

Fivush, R., & Nelson, K. (2004). Culture and language in the emergence of autobiographical memory. *Psychological Science*，15，586-590. doi：10. 1111/j. 0956-7976. 2004. 00722. x

Fivush，R. ，Berlin，L. J. ，Sales，J. M. ，Mennuti-Washburn，J. ，& Cassidy，J. （2003）. Functions of parent-child reminiscing about emotionally negative events. *Memory*，11，179-92. doi：10. 1080/741938209

Fivush，R. ，Sales，J. M. ，& Bohanek，J. G. （2008）. Meaning making in mothers' and children's narratives of emotional events. *Memory*，16，579-594. doi：10. 1080/09658210802150681

Fonagy，P. ，Gergely，G. ，Jurist，E. L. ，& Target，M. （2002）. *Affect regulation, mentalization, and the development of the self*. New York，NY：Other Press.

French，L. ，Garry，M. ，& Mori，K. （2008）. You say tomato? Collaborative remembering leads to more false memories for intimate couples than for strangers. *Memory*，16，262-73. doi：10. 1080/09658210701801491

Goffman，E. （1967）. *Interaction ritual*. New York，NY：Pantheon.

Habermas，T. ，Meier，M. ，& Mukhtar，B. （2009）. Are specifc emotions narrated differently? *Emotion*，9，751-762. doi：10. 1037/a0018002

Habermas，T. ，Negele，A. ，& Mayer，F. B. （2010）. "Honey，you're jumping about"—Mothers' scaffolding of their children's and adolescents' life narration. *Cognitive Development*，25，339-51. doi：10. 1016/j. cogdev. 2010. 08. 004

Hammack，P. L. （2011）. *Narrative and the politics of identity*. New York City，NY：Oxford University Press.

Hardin，C. D. ，& Conley，T. D. （2001）. A relational approach to cognition：Shared experience and relationship afrmation in social cognition. In：G. B. Moskowitz(Ed.)，*Cognitive social psychology：The Princeton symposium on the legacy and future of social cognition* （pp. 3-17）. Mahwah，NJ：Lawrence Erlbaum.

Hardin，C. D. ，& Higgins，E. T. （1996）. Shared reality：How social verifcation makes the subjective objective. In：R. M. Sorrentino & E. T. Higgins （Eds. ），*Handbook of motivation and cognition：Vol. 3 The interpersonal context* （pp. 28-84）. New York，NY：Guilford Press.

Harris，C. B. ，Barnier，A. J. ，Sutton，J. ，& Keil，P. G. （2010）. How did you feel when 'The crocodile hunter' died? Voicing and silencing in conversation influences memory for an autobiographical event. *Memory*，18，185-197. doi：10. 1080/09658210903153915

Harris，C. B. ，Keil，P. G. ，Sutton，J. ，Barnier，A. J. ，& McIlwain，D. J. F. （2011）. We remember，we forget：Collaborative remembering in older couples. *Discourse Processes*，48，267-303. doi：10. 1080/0163853X. 2010. 541854

Harris, C. B. , Rasmussen, A. S. , & Berntsen, D. (2014). The functions of autobiographical memory: An integrative approach. *Memory*, 22, 559-581. doi: 10. 1080/09658211. 2013. 806555

Hirst, W. , & Manier, D. (1996). Remembering as Communication: A family recounts its past. In: D. C. Rubin (Ed.), *Remembering our past* (pp. 271-359). Cambridge, MA: Cambridge University Press.

Hirst, W. , Manier, D. , & Apetroaia, I. (1997). Te social construction of the remembered self: Family recounting. In: J. G. Snodgrass & R. C. Tompson(Eds.), *The self across psychology* (pp. 163-188). New York, NY: New York Academy of Sciences

Hyman, I. E. , & Faries, J. M. (1992). The functions of autobiographical memory. In: M. A. Conway, D. C. Rubin, H. Spinnler, & W. A. Wagenaar (Eds.), *Theoretical perspectives on autobiographical memory*(pp. 207-221). Dordrecht, the Netherlands: Kluwer Academic Publishers.

Itzchakov, G. , Kluger, A. N. , & Castro, D. R. (2016). I am aware of my inconsistencies but can tolerate them: The effect of high quality listening on speakers' attitude ambivalence. *Personality and Social Psychology Bulletin*. Retrieved from http://journals. sagepub. com/doi/abs/10. 1177/0146167216675339? journalCode=pspc [Online].

Jennings, L. , McLean, K. C. , & Pasupathi, M. (2013). "Intricate lettings out and lettings in": Listener scaffolding of narrative identity in newly-dating romantic partners. *Self and Identity*, 13, 214-230. doi: 10. 1080/15298868. 2013. 78620

Johnson, M. K. , & Chalfonte, B. L. (1994). Binding complex memories: The role of reactivation and the hippocampus. In: D. L. Schacter & E. Tulving(Eds.), *Memory systems* (pp. 311-350). Cambridge, MA: MIT Press.

Krauss, R. M. (1987). The role of the listener: Addressee influences on message formulation. *Journal of Language and Social Psychology*, 6, 81-98. doi: 10. 1177/0261927x8700600201

Krauss, R. M. , Garlock, C. M. , Bricker, P. D. , & McMahon, L. E. (1977). The role of audible and visible back-channel responses in interpersonal communication. *Journal of Personality and Social Psychology*, 35, 523-529. doi: 10. 1037/0022-3514. 35. 7. 523

Laible, D. (2011). Does it matter if preschool children and mothers discuss positive vs. negative events during reminiscing? Links with mother-reported attachment, family emotional climate, and socioemotional development. *Social Development*, 20, 394-411. doi: 10. 1111/j. 1467-9507. 2010. 00584. x

Laible, D. J. , & Tompson, R. A. (2000). Mother-child discourse, attachment security, shared positive affect, and early conscience development. *Child Development*, 71, 1424-1440. doi: 10. 1111/1467-8624. 00237

Lord，C. G.，Ross，L.，& Lepper，M. R.（1979）. Biased assimilation and attitude polarization：The effects of prior theories on subsequently considered evidence. *Journal of Personality and Social Psychology*，37，2098-2109. doi：10. 1037/0022-3514. 37. 11. 2098

Manier，D.，Pinner，E.，& Hirst，W.（1996）. Conversational remembering. In：D. Hermann，C. McEvoy，C. Hertzog，A. Hertel，& M. K. Johnson（Eds.），*Basic and applied memory research*，Vol. 2(pp. 269-286).

Mahwah，NJ：Erlbaum. Mansfeld，C. D.，McLean，K. C.，& Lilgendahl，J. P.（2010）. Narrating traumas and transgressions：Links between narrative processing，wisdom，and well-being. *Narrative Inquiry*，20，246-273. doi：10. 1075/ni. 20. 2. 02man

Marin，K. A.，Bohanek，J. G.，& Fivush，R.（2008）. Positive effects of talking about the negative：Family narratives of negative experiences and preadolescents' perceived competence. *Journal of Research on Adolescence*，18，573-593. doi：10. 1111/j. 1532-7795. 2008. 00572. x

McGregor，I.，& Holmes，J. G.（1999）. How storytelling shapes memory and impressions of relationship events over time. *Journal of Personality and Social Psychology*，76，403-419. doi：10. 1037/0022-3514. 76. 3. 403

McLean，K. C.，& Jennings，L. E.（2012）. Teens telling tales：How maternal and peer audiences support narrative identity development. *Journal of Adolescence*，35，1455-1469. doi：10. 1016/j. adolescence. 2011. 12. 005

McLean，K. C.，& Lilgendahl，J. P.（2008）. Why recall our highs and lows：Relations between memory functions，age，and well-being. *Memory*，16，751-762. doi：10. 1080/0965 8210802215385

McLean，K. C.，& Pasupathi，M.（2011）. Old，new，borrowed，Blue？The emergence and retention of personal meaning in autobiographical storytelling. *Journal of Personality*，79，135-164. doi：10. 1111/j. 1467-6494. 2010. 00676. x

McLean，K. C.，Pasupathi，M.，& Pals，J. L.（2007）. Selves creating stories creating selves：A process model of self-development. *Personality and Social Psychology Review*，11，262-278. doi：10. 1177/1088868307301034ReFeRenCeS 27

McLean，K. C.，& Torne，A.（2003）. Late adolescents' self-defning memories about relationships. *Developmental Psychology*，39，635-645. doi：10. 1037/0012-1649. 39. 4. 635

Mead，G. H.（1934）. Mind，self and society：From the standpoint of a social behaviorist. In：C. W. Morris(Ed.)，*Mind，self & society from the standpoint of a social behaviorist*. Chicago，IL：University of Chicago Press.

Meade，M. L.（2013）. The importance of group process variables on collaborative memory. *Journal of Applied Research in Memory and Cognition*，2，120-121. doi：10. 1016/

j. jarmac. 2013. 04. 004

Meade, M. L. , Nokes, T. J. , & Morrow, D. G. (2009). Expertise promotes facilitation on a collaborative memory task. *Memory*, 17, 39-48. doi: 10. 1080/09658210802524240

Muir, K. , Brown, C. , & Madill, A. (2015). The fading affect bias: Effects of social disclosure to an interactive versus non-responsive listener. *Memory*, 23, 829-847. doi: 10. 1080/09658211. 2014. 931435

Nils, F. , & Rimé, B. (2012). Beyond the myth of venting: Social sharing modes determine the benefts of emotional disclosure. *European Journal of Social Psychology*, 42, 672-681. doi: 10. 1002/ejsp. 1880

Norrick, N. R. (2000). Conversational narrative: Storytelling in everyday talk. Amsterdam, the Netherlands: John Benjamins B. V. Ochiai, T. , & Oguchi, T. (2013). Development of a Japanese version of the TALE Scale. *Japanese Journal of Psychology*, 84, 508-514. doi: 10. 4992/jjpsy. 84. 508

Olivares, O. J. (2012). Meaning making, uncertainty reduction, and autobiographical memory: A replication and reinterpretation of the TALE Questionnaire. *Psychology*, 3, 192-207. doi: 10. 4236/psych. 2012. 32028

Pasupathi, M. (2001). The social construction of the personal past and its implications for adult development. *Psychological Bulletin*, 127, 651-672. doi: 10. 1037/0033-2909. 127. 5. 651

Pasupathi, M. , & Billitteri, J. (2015). Being and becoming through being heard: Listener effects on stories and selves. *International Journal of Listening*. 29, 67-84. doi: 10. 1080/10904018. 2015. 1029363

Pasupathi, M. , & Hoyt, T. (2009). The development of narrative identity in late adolescence and emergent adulthood: The continued importance of listeners. *Developmental Psychology*, 45, 558-574. doi: 10. 1037/a0014431

Pasupathi, M. , & Wainryb, C. (2010). Developing moral agency through narrative. *Human Development*, 53, 55-80. doi: 10. 1159/000288208

Pasupathi, M. , Alderman, K. , & Shaw, D. (2007). Talking the talk: Collaborative remembering and self-perceived expertise. *Discourse Processes*, 43, 55-77.

Pasupathi, M. , Billitteri, J. , Mansfeld, C. D. , Wainryb, C. , Hanley, G. , & Taheri, K. (2015). Regulating emotion and identity by narrating harm. *Journal of Research in Personality*, 58, 127-136. doi: 10. 1016/j. jrp. 2015. 07. 003

Pasupathi, M. , Lucas, S. , & Coombs, A. (2002). Conversational functions of autobiographical remembering: Long-married couples talk about conflicts and pleasant topics. *Discourse Processes*, 34, 163-192. doi: 10. 1207/s15326950dp3402 _ 3

Pasupathi, M. , McLean, K. C. , & Weeks, T. (2009). To tell or not to tell: Disclosure and the narrative self. *Journal of Personality*，77，89-124. doi：10. 1111/j. 1467-6494. 2008. 00539. x

Pasupathi，M.，Stallworth，L. M.，& Murdoch，K. (1998). How what we tell becomes what we know：Listener effects on speakers' long-term memory for events. *Discourse Processes*，26，1-25.

Philippe，F. L.，Koestner，R.，& Lekes，N. (2013). On the directive function of episodic memories in people's lives：A look at romantic relationships. *Journal of Personality and Social Psychology*，104，164-179. doi：10. 1037/a0030384

Rajaram，S. (2011). Collaboration both hurts and helps memory：A cognitive perspective. *Current Directions in Psychological Science*，20，76-81. doi：10. 1177/0963721411403251

Rasmussen，A. S.，& Berntsen，D. (2009). Emotional valence and the functions of autobiographical memories：Positive and negative memories serve different functions. *Memory & Cognition*，37，477-492. doi：10. 3758/MC. 37. 4. 477

Rasmussen，A. S.，& Habermas，T. (2011). Factor structure of overall autobiographical memory usage：The directive，self and social functions revisited. *Memory*，19，597-605. doi：10. 1080/09658211. 2011. 592499

Rasmussen，A. S.，Ramsgaard，S. B.，& Berntsen，D. (2015). Frequency and functions of involuntary and voluntary autobiographical memories across the day. Psychology of Consciousness：Theory，*Research*，*and Practice*，2，185-205. doi：10. 1037/cns0000042

Rawlins，W. K. (1994). Being there and growing apart：Sustaining friendships during adulthood. In：D. J. Canary & L. Stafford(Eds.)，*Communication and relational maintenance* (pp. 275-296). San Diego，CA：Academic Press.

Recchia，H. E.，& Wainryb，C. (2014). Mother-child conversations about hurting others：Supporting the construction of moral agency through childhood and adolescence. In：C. Wainryb & H. E. Recchia(Eds.)，*Talking about right and wrong：Parent-child conversations as contexts for moral development* (pp. 242-269). New York City，NY：Cambridge University Press.

Recchia，H. E.，Wainryb，C.，Bourne，S.，& Pasupathi，M. (2014). The construction of moral agency in mother-child conversations about helping and hurting across childhood and adolescence. *Developmental Psychology*，50，34-44. doi：10. 1037/a0033492

Reese，E.，& Brown，N. (2000). Reminiscing and recounting in the preschool years. *Applied Cognitive Psychology*，14，1-17. doi：10. 1002/(sici)1099-0720(200001)14：1<1：：aid-acp625>3. 0. co；2-g

Reese，E.，& Fivush，R. (1993). Parental styles of talking about the past. *Developmental Psychology*，29，596-606. doi：10. 1037/0012-1649. 29. 3. 596

Reese，E.，Bird，A.，& Tripp，G. (2007). Children's self-esteem and moral self：Links to parent-child conversations. *Social Development*，16，460-478. doi：10. 1111/j.

1467-9507. 2007. 00393. x

Reese, E., Haden, C. A., & Fivush, R. (1993). Mother-child conversations about the past: Relationships of style and memory over time. *Cognitive Development*, 8, 403-430. doi: 10. 1016/s0885-2014(05)80002-4

Rhodewalt, F. (1998). Self-presentation and the phenomenal self: Te "carryover effect" revisited. In: J. M. Darley & J. Cooper(Eds.), *Attribution and social interaction* (pp. 373-98). Washington, DC: American Psychological Association.

Rimé, B., & Christophe, V. (1997). How individual emotional episodes feed collective memory. In: J. W. Pennebaker, D. Paez & B. Rimé(Eds.), *Collective memory of political events: Social psychological perspectives*(pp. 131-145). Mahwah, NJ: Lawrence Erlbaum.

Rimé, B., Finkenauer, C., Luminet, O., Zech, E., & Phillipot, P. (1998). Social sharing of emotion: New evidence and new questions. *European Review of Social Psychology*, 9, 145-189. doi: 10. 1080/14792779843000072

Ross, H., Smith, J., Spielmacher, C., & Recchia, H. (2004). Shading the truth: Self-serving biases in children's reports of sibling conflicts. *Merrill-Palmer Quarterly*, 50, 61-85. doi: 10. 1353/mpq. 2004. 0005

Ross, L., & Ward, A. (1996). Naive realism: Implications for social conflict and misunderstanding. In: T. Brown, E. Reed & E. Turiel (Eds.), *Values and knowledge* (pp. 103-135). Hillsdale, NJ:

Lawrence Erlbaum. Schütz, A. (1999). It was your fault! Self-serving biases in autobiographical accounts of conflicts in married couples. *Journal of Social and Personal Relationships*, 16, 193-208.

Skowronski, J. J., Gibbons, J. A., Vogl, R. J., & Walker, W. R. (2004). The effect of social disclosure on the intensity of affect provoked by autobiographical memories. *Self and Identity*, 3, 285-309. doi: 10. 1080/13576500444000065

Stanhope, N., Cohen, G., & Conway, M. (1993). Very long-term retention of a novel. *Applied Cognitive Psychology*, 7, 239-256.

Stone, C. B., Barnier, A. J., Sutton, J., & Hirst, W. (2013). Forgetting our personal past: Socially shared retrieval-induced forgetting of autobiographical memories. *Journal of Experimental Psychology: General*, 142, 1084-1099. doi: 10. 1037/a0030739

Torne, A. (2000). Personal memory telling and personality development. *Personality and Social Psychology Review*, 4, 45-56. doi: 10. 1207/s15327957pspr0401 _ 5

Tversky, B., & Marsh, E. J. (2000). Biased retellings of events yield biased memories. *Cognitive Psychology*, 40, 1-38. doi: 10. 1006/cogp. 1999. 0720

Twali, M. S. (2013). Children's narrative accounts of being hurt: Self-referential focus and consideration of the perpetrator's experience. (Masters). Salt Lake City, UT: University of Utah.

Wainryb, C., Brehl, B., & Matwin, S. (2005). Being hurt and hurting others: Children's narrative accounts and moral judgments of their own interpersonal conflicts. *Monographs of the Society for Research in Child Development*, 70, 1-122.

Wainryb, C., Komolova, M., & Brehl, B. (2014). Children's narrative accounts and judgments of their own peer-exclusion experiences. *Merrill-Palmer Quarterly*, 60, 461-490. doi: 10.13110/merrpalmquar1982.60.4.0461

Wang, Q., Leichtman, M.D., & Davies, K.I. (2000). Sharing memories and telling stories: American and Chinese mothers and their 3-year-olds. *Memory*, 8, 159-178. doi: 10.1080/096582100387588

Waters, T.E.A., Bauer, P.J., & Fivush, R. (2014). Autobiographical memory functions served by multiple event types. *Applied Cognitive Psychology*, 28, 185-195. doi: 10.1002/acp. 2976

Webster, J.D. (1993). Construction and validation of the Reminscence Functions Scale. *Journal of Gerontology: Psychological Sciences*, 48, pp. 256-262. doi: 10.1093/geronj/48.5.p256

Webster, J.D., & Gould, O. (2007). Reminiscence and vivid personal memories across adulthood. *International Journal of Aging & Human Development*, 64, 149-170. doi: 10.2190/q8v4-x5h0-6457-5442

Weeks, T.L., & Pasupathi, M. (2010). Autonomy, identity, and narrative construction with parents and friends. In: K.C.McLean & M.Pasupathi(Eds.), *Narrative development in adolescence: Creating the storied self* (pp. 65-91). New York, NY: Springer Science+Business Media.

Weeks, T.L., & Pasupathi, M. (2011). Stability and change self-integration for negative events: The ole of listener responsiveness and elaboration. *Journal of Personality*, 79, 469-98. doi: 10.1111/. 1467-6494. 2011. 00685. x

Weldon, M.S. (2000). Remembering as a social process. In: D.L.Medin (Ed.), *Psychology of learning and otivation* (Vol. 40, pp. 67-120). San Diego, CA: Academic Press.

Weldon, M.S., & Bellinger, K.D. (1997). Collective memory: Collaborative and individual processes in remembering. *Journal of Experimental Psychology: Learning, Memory, and Cognition*, 23, 1160-1175. doi: 10.1037/0278-7393. 23. 5. 1160

第 *16* 章
集体记忆： 群体如何记住过去

玛格达莱娜·阿贝尔(Magdalena Abel)，沙尔达·乌马纳特(Sharda Umanath)詹姆斯·V.沃茨(James V. Wertsch)，亨利·L. 勒迪格三世(Henry L. Roediger，III)

集体记忆是指对超越个人以及对广泛的社会认同有重要意义的事件的记忆(例如，美国人对 2001 年"9·11"事件的记忆)。我们在这里首次尝试对这一术语进行定义，并讨论它与协作记忆的关系，然后我们希望可以提出一些重要的理论机制，进一步理解集体记忆。在本章，我们通过实验室研究以及广泛的社会背景条件下的案例来说明我们的观点。集体记忆是一个获益于多重视角的跨学科领域。

一、 什么是集体记忆

集体记忆这一术语可以追溯至法国社会学家阿尔布瓦克斯。他在 20 世纪 20 年代引入了这一术语，随后被译为英文(1980 年，1992 年；阿尔布瓦克斯于 1945 年在布痕瓦尔德集中营中去世)。自引入以来，集体记忆这个术语已经被来自多个学科的众多学者使用，如历史、哲学、社会学、人类学、政治学和心理学(例如，Assmann & Czaplicka，1995；Gedi & Elam，1996；Olick & Robbins，1998；Schumann & Scott，1989)。因此，这一术语在不同的学术背景下以不同的方式出现并用来描述不同现象。这一点也不奇怪。尽管对集体记忆有不同的定义，但这一术语的核心含义是指群体共享的记忆，而且这些记忆对群体的身份认同至关重要(参见 Hirst & Manier，2008)。

杜达伊(Dudai，2002)认为集体记忆可以用来指代三个不同的组成部分：一个知识体系、一种属性和一个过程。作为知识体系，集体记忆是相对静止的。例如，对于美国人来说，知识系统部分可以是有关 1776 年 7 月 4 日签署《独立宣言》，也可以是最近几位总统的名单这样事实性的知识（尽管最近几位总统的名单不断地随时间变化；参见 Roediger & DeSoto，2014）。集体记忆在作为属性时涉及人的形象。例如，作为"被选中的人"的犹太人或在第二次世界大战中作为"最伟大的一代"而战斗的美国人。可能最有趣的是第三个组成部分，一个过程，因为它指的是集体记忆中不安定的性质。通常情况下，不同群体对历史事件的记忆就是一场对谁拥有过去的竞争。许多国家都存在类似有争议的案例。我们将在本章的后面来探讨这些主题。一般来说，杜达伊（2002）认为集体记忆的三个组成部分不仅可以发生，而且可以互动。例如，我们对一个团体过去的特定知识可能会影响集体记忆的加工过程。

沃茨和勒迪格（2008）也指出了集体记忆的多种解读，他们写道，集体记忆"有多少研究者写，就有多少种定义"（p.318）。他们列出了三组对立的概念来区分这些术语的不同含义，即集体记忆与集体回忆、历史与集体回忆，以及个体回忆与集体回忆。第一组对比了集体记忆与集体回忆，对应于杜达伊提出的一种知识和一个过程。前者指相对静止的个体与群体共享的重要事件或事实的知识体系；而后者则是指一种活动，通常是在重构过去事件并使过去的事件具有意义的活动。第二组对立概念中，历史通常作为一个专业学科，旨在通过集体回忆对过去事件提供准确的、客观的描述，经常依赖于简单的、概括性的描述。相反，集体回忆的过程通常是基于过去的群体认同的一部分。因此集体回忆涉及的不仅仅是简单的和基础的描述，而且还涉及某些事件如何展开的高度情绪化的观点。正如我们在 2015 年 7 月写道的，关于南方各州联邦战役旗帜含义的争论在美国再次兴起。1865 年，美国内战结束。但即使是现在，南方联邦的旗帜之一仍然是一根避雷针。一些人仍然认为这个州代表了南方的历史与文化（这是区别这一地区与其他地区的标志），而忽视了这一遗留与奴隶制度乃至现在针对非裔美国人的种族主义之间密不可分的关系。因为这些视角对不同群体的身份认同至关重要，所以即使人们面对的是事实证据或是情感诉求，并能充分或恰当地反对他们的观点，也很难改变他们的想法。有意思的是，2015 年 6 月在南卡罗来纳州查尔斯顿的一座教堂，发生了一起致使 9 人死亡的悲剧性谋杀案，这成了一个重要的转折点，导致大多数美国人将南方联邦的旗帜作为仇恨的象征。

最后，沃茨和勒迪格的第三组对比是个人回忆与集体回忆。绝大多数心理学的经典记忆研究都是个体对过去事件或自己独有事件的记忆；而集体回忆的研究关注的是个体作为群体中的一员如何回忆，以及这些回忆如何影响他们的个体认同（例如，哪些关键事件是几乎所有俄罗斯人都记得的、可以作为他们民族认同的一部分的事件）。从这个角度来看，回忆的主体是个人，但是却被视为是社会的（生活在特定时间和地方的具有相同设想的群体），他们在回忆过去时，利用了一套特定的文化工具。我们认为这一主要的工具是概括性叙述，即一个群体过去的故事。通过这个故事，他们回忆过去的事件，并解释新的事件。例如，中国人都记得近代"百年屈辱史"，并且依然通过这个镜头（或叙事图式，如 Wang，2012）来解释现代事件。当然，处于不同社会背景下的其他群体（非中国人）则不太可能理解这份感情（另见 Hirst & Yamashiro；Wang；Wilson，第 5、第 14、第 17 章）。

二、 集体和协作记忆： 它们之间有什么联系

本书的主题——协作记忆的研究，让我们洞悉了个体与他人一起记忆时的加工过程。特别是这类研究强调记忆的社会性质。这里的"社会"可以理解为与小群体的互动。人类作为社会人，一直在与他人进行经验交流和分享（Harber & Cohen，2005；Pasupathi，McLean，& Weeks，2009）。而且，这种交流在不同的情境和设置中可以采用重要的方式塑造记忆（综述见Hirst & Echterhoff，2012）。然而，协作记忆的实验室研究，通常采用的范式是协作回忆范式。在这个范式中，人们学习简单的材料（如常用词汇表），然后要么单独回忆要么小组回忆（如轮流回忆），将个体回忆的分数（回忆的词的数量）与小组共同回忆的数量进行比较。使用这种范式，研究发现三人或四人小组记忆的总数比单独回忆的多，但是小组回忆的累积和非冗余回忆量比同样数量的个体单独回忆的总和少。也就是说，如果把4个单独回忆个体的分数放在一起计分，那他们回忆的总数比4个一起回忆的个体的分数要好。因此，4个人的头脑比1个人的好，但是，4个单独回忆的成绩比4个一起回忆的成绩好。后面的现象被称为协作抑制，因为小组回忆比相同数目的单独回忆的个体回忆的更少。一种解释是，在协作回忆条件下，人们互相破坏了彼此独有的策略（Basden，Basden，Bryner，& Tomas，1997；Weldon & Bellinger，1997；另见Rajaram，Henkel，& Kris；Blumen；第4、第8、第24章）。

然而，使用协作回忆研究范式的研究结果并非都是消极的，因为有证据表明，协作可以促进经历过协作回忆的个体记忆成绩的提高（例如，Blumen & Rajaram，2008）。也就是说，经历协作的个体可以获得其他人回忆的内容，这一过程可以提高他们后面测试的成绩。另外，在这种条件下的协作回忆会产生共同记忆，并因此在后面的回忆过程中，与之前的小组成员有更多的重合内容（例如，Henkel & Rajaram，2011）。康格尔顿和拉贾拉姆（2014）探索了协作的频率和时机对形成过去事件共同表征的影响。被试在实验过程中单独学习材料，然后在学习后立即进行协作回忆，或延迟一段时间后在个体回忆前协作回忆，或两个时间均进行协作回忆，或不进行协作回忆。所有类型的协作均使后续的个人回忆中出现了较高的共同记忆的重叠。而非协作组则没有出现这种现象，但是重复协作的重叠记忆最高。这些研究说明协作记忆范式可以让我们更深入地了解小组回忆如何影响记忆，以及形成对过去事件的共同表征。尤其是观察到的协作后的记忆重合现象，可以作为集体记忆出现的重要组成部分（参见Barber，Rajaram，& Fox，2012；Cuc，Ozuru，Manier，& Hirst，2006；Harris，Paterson，& Kemp，2008；Hirst & Echterhoff，2012；另见Hirst & Yamashiro；Rajaram，第4、第5章）。

然而，集体记忆和协作记忆研究有两个重要的差异，它们反映了两种记忆的不同特征。首先，正如已经概括出的，集体记忆的概念可以用不同的方式来进行定义，而协作回忆则是一个相对明确的术语。集体记忆可以看作一个总括性的术语，它可以包括不同的方法以及不同兴趣领域的研究主题。我们已经讨论了集体记忆可以被定义为知识的体系、人们的属性，或者是一

个关于过去如何被记住的持续性争论（Dudai，2002；Wertsch & Roediger，2008；另见 Roediger & Abel，2015）。相反，术语"协作记忆"通常指一种特定的研究类型，这一研究类型频繁应用协作记忆范式来比较小组回忆和个体回忆的差异。由于协作记忆的研究扩大了我们对小群体共同回忆的基本认识，所以它与集体记忆的研究是有关系的。

其他研究领域也可能同协作记忆一样，与集体记忆包罗万象和多样化的主题相关。举几个例子，一些研究重点关注的是如何在很长一段时期内记住和遗忘重要的历史信息（例如，Roediger & DeSoto，2014）；公共场所的记忆如何表达和影响文化认同和集体记忆（例如，Winter，1999）；在几十年或上百年后，不同的国家依然将哪些历史事件视作具有特殊意义的事件（Pennebaker，Páez，& Deschamps，2006）；有关历史的和生活变故的冲突事件通过哪些方式传递到下一代（例如，Svob & Brown，2012）；又或者是历史人物的形象是怎样随时间变化和演变的（Schwartz & Schumann，2005）。另外，协作记忆的实验室研究在于其明确的定义和精确的实验控制，所以能为一般的集体记忆研究提供重要的思路。然而，协作回忆范式和其他类似的实验室范式可能无法对许多集体记忆的其他方面进行研究。

事实上，第一个差异，即重点研究领域的紧密性，可能已经暗示了协作记忆和集体记忆的第二个主要不同点。特别是绝大多数集体记忆的定义都强调集体记忆含有对群体认同很重要的信息（facts important to group identity），因此对群体成员具有突出意义，甚至可能与高水平的情绪有关。将集体记忆描述为较大群体的"身份认同项目"（参见 Wertsch & Roediger，2008），是与协作记忆的实验室方法最大的不同点。尽管协作记忆的研究面临的也是小组如何记忆信息的问题，以及小组回忆如何影响个体随后的记忆，但很少涉及情绪性的、对个体有突出意义的以及与个体或群体认同相关的信息。相反，协作记忆研究范式通常要求随机组合的被试共同（或单独）回忆任意的材料（尽管有一些例外的情况，研究者调查朋友或夫妻组成的小组的协作记忆。例如，Harris，Keil，Sutton，Barnier，& McIlwain，2011；Harris，Barnier，& Sutton，2013）。然而，正如所讨论的那样，协作记忆期间观察到的动态，也许对理解共同记忆的基本形式是很重要的（例如，Hirst & Echterhoff，2012），离开实验室，"在自然条件下"共同记忆也许是集体记忆形成的基础。相关研究说明，与他人一起交流对建立和确定个人和群体身份也是重要的（例如，Hecht，Warren，Jung，& Krieger，2005；Hogg & Reid，2006；Pasupathi，2001）。尽管如此，目前协作记忆的研究并没有解决回忆生活中重要事件的问题，这一问题对集体记忆的研究具有非常重要的意义。

在这种情况下，协作记忆研究中的被试通常在组成小组前，彼此互不了解，在考虑集体记忆及其群体认同的作用时，可以将这种情况视为另一潜在的差异。但是，集体记忆的小组并非只比协作记忆小组大，它也涉及小组成员可能是彼此不认识的情况，例如，我们提到的"俄罗斯民族记忆"。更适合的术语也许可以借鉴本尼迪克特·安德森（Benedict Anderson）的描述，他将集体记忆描述为想象共同体（imagined community）（Anderson，1991），因为"X 的国家记忆"这一短语中，X 是一个特定的国家，它允许我们想象这一国家的公民（基本没相见过）对过去持有的某些共同的记忆和态度。我们在集体记忆研究中使用的群体与想象共同体具有相同的意义，人们的群体认同受过去事件共同表征的影响。

总之，虽然现实世界中的协作记忆也许有不同的功能，但是其中一种功能也许就能创造共同记忆。同理，协作记忆也许只是构成集体记忆的一个子集，集体记忆不仅由群体（通常是大型的）共享，而且它对群体认同也是至关重要的。在下一部分，我们将转向与集体记忆研究相关的理论。首先，我们将概括沃茨（2002）提出的想法，探讨图式性叙事模板对集体记忆的影响。其次，我们将思考这一观点潜在的心理学机制，以及它们可以对集体记忆未来的实验研究提供的潜在信息。

三、 理论思考： 集体记忆的心理机制是什么

记忆心理学研究中最有力的一个发现是，我们倾向于记忆事件的总体轮廓或"要点"，而详细信息或"具体"信息则往往会丢失（Bartlett，1932；Brainerd & Reyna，2005；Schacter，Gutchess，& Kensinger，2009）。这种模式也适用于集体记忆，不同的是，个体是作为群体成员来记忆的。阿尔布瓦克斯认为有多少集体就有多少集体记忆，这一观点认为每个群体明显都具有记忆过去事件大概轮廓的趋势。

沃茨（2002）试图用"图式性叙事模板"这个概念来解释这个问题。"图式性叙事模板"这一概念可能成为不同群体观察和解释世界的方式的基础。特别是他认为国家集体对过去描述之间的差异，反映了图式性叙事模板对"深刻记忆"的影响（参见 Wertsch，2009）。这些广义的基础代码与"特定叙述"形成对比。"特定叙述"包含关于时间、地点、字符和其他细节的具体信息（例如，更高的特异性）。虽然单个重要事件可能存在各种具体的叙述，但这些细节被组织成一个连贯故事的方式将取决于示意性的叙事图式，这些图式在不同的国家集体中可能是不同的（例如，土耳其人和亚美尼亚人对 1915 年的记忆）。因此，抽象概念将改变故事讲述时的具体细节（例如，将事件称为种族灭绝或认为是战争中的"正常"杀戮）。

在记忆过去事件时，不同国家有时也会采用相似的图式性叙事模板，但这种相似往往是表面的。例如，美国人对太平洋地区第二次世界大战的描述似乎与俄罗斯的叙事结构相似，从外国最初的侵略（1941 年日本对珍珠港的袭击），以及美国随后的反击（中途岛战役和太平洋岛屿的许多战役，如硫磺岛、天宁岛和其他岛的战役）到最终的决定性胜利（通过投放原子弹实现的胜利；见 Zaromb，Butler，Agarwal，& Roediger，2014）。然而，各国采用不同的叙事图式，也许会有不同的观点，因此出现了与过去截然不同而且相互矛盾的说法。然后，一方面，来自世界各个国家的叙事图式可能采用相对较少的基础图式，但表现出很大的相似性。另一方面，记忆群体对谁是核心行动者（不约而同地引入以种族为中心的自我中心偏见；Sumner，1906），以及调用叙事图式的时间与频率仍然存在关键性的差异。例如，美国人可能会认可俄罗斯人在希特勒入侵的情况下，用驱逐外国人入侵的叙事图式来描述事件，但是对 2008 年与格鲁尼亚

的战争他们却不这样认为。

沃茨认为图式性叙事模板对集体记忆的重要贡献，主要体现在三个基本概念上：图式、叙事和情感。每个概念都为图式性叙事模板的概念提供了独特的功能，我们将依次讨论每个概念。关于图式，集体成员在回忆过去和解释当前发生的新事件时，都倾向于按照特定的方式组织记忆；关于叙事，集体记忆的形式通常也是故事的形式；关于情感，故事通常是高度情绪化的，而且如果叙述受到局外人的质疑，集体成员对他们的回应往往是愤怒。此外，现在已经对图式和叙述进行了大量研究。在下文中，我们将简要讨论前人对图式和叙述的研究，并尝试确定这些心理概念如何适应或扩展我们对集体记忆的理解。这也许可以激发新的研究思路。

(一)作为图式知识表征的集体记忆

布鲁尔和中村（Brewer & Nakamura，1984）为了简要定义图式，将其描述为与无意识心理加工过程相关的高级认知结构。因此图式可以解释新旧知识的相互作用，从而积极地影响认知、记忆和思维。图式作为影响记忆的抽象知识表征，可以追溯到巴特利特（1932）。他发现，当让被试回忆美国本土民间故事（Native American folktales）《幽灵之战》（*The War of the Ghost*）时，他们经常删减和简化材料。为了解释被试为什么会经常忽略不熟悉的信息，而且将其转化为更为熟悉的信息，巴特利特认为图式作为一般世界知识心理表征，对记忆的加工过程有着深刻的影响（参见 Brewer，2000）。

自从巴特利特第一次提出对这一主题的思考以来，研究者已经开展了许多关于图式的研究，为我们更好地了解这些知识结构如何影响我们记忆新旧知识提供了帮助。根据鲁姆哈特和奥尔托尼（Rumelhart & Ortony，1977）的观点，图式的功能代表了记忆中的一般概念，虽然这些一般概念可以影响编码内容，但也可以作为回忆、解释以及记忆重建的辅助。奈塞尔（1976）提到，可以将图式视为"过去影响未来的媒介"（p.22）。考虑到这一观点以及其他图式的概念，可以认为他们构成了集体记忆研究的基础。上述叙述都是认知心理学家强调的对图式"冷的、认知的"说明。这些说明中几乎没有情感色彩，但是根据我们前面提到的，群体在记忆过去时使用的图式通常是带有情感的（比如，非洲裔美国人记得他们的奴役和自由历史、吉姆克劳法律、公民权利困扰和缺乏，以及其他的侮辱）。因此，当群体回忆过去的事件时，情绪和情感发挥着重要的作用。当应用于集体记忆时，需要重新定义图式的本质，并将这些维度考虑进去，因此，沃茨提出了图式性叙事模板。

图式经常用来描述代表一般知识积累的中性认知结构。与图式的概念相比，图式性叙事模板涉及情感，并经常成为群体记忆的争论基础。因为这些知识表征与群体认同密切相关。它们是富有情感的。图式知识结构与情感的联结又引发了其他问题。它很自然地让人预想到，富有情感的图式比没有情感的图式更强大。这种期望反映在各种群体关于如何记录和回忆过去的争论中。这些经常是情绪化的。

考虑到含有强烈情感的图式性叙事模板对变化的开放性，应该把它与其他图式区分开。例如，皮亚杰（1952）提出，我们通常认为图式具有很强的适应性。皮亚杰总体上强调了图式或认知结构的作用，而且认为这些结构的适应性对智力发展至关重要。具体来说，同化过程是把新信息纳入已有的认知结构中去；顺应是指当已有的认知结构无法满足新信息时，就扩展或改变已有认知结构来适应新的信息。相反，图式性叙述模板是保守且不易变化的（Wertsch & Roediger，2008）。如果一个事实与叙述模板相反，最常见的处理方式是不相信这一事实，或至少对这一事实的真实性打了折扣，并坚持相信表达了群体认同的叙述。同样，这也许是和他们的群体认同、情感负荷以及对自我特征的核心定义有关，为了保持相同的图式性叙事模板及群体认同，在集体记忆中同化也许比顺应更常见。

　　尽管存在这些潜在的差异，但以往大量关于图式知识结构与认知相互作用的研究所获得的结果，也可以应用于实证研究，进一步加深我们对集体记忆的理解。认知心理学家对图式也投入了大量的关注。布鲁尔和中村（1984）对图式文献进行了完美的回顾，并总结了三种可以影响记忆的主要方式（一些相反的观点，见 Alba & Hasher，1983）。首先，图式可以作为一种框架。在这种框架中，与图式相关的情境记忆可以进行整合并得以保持。实际上，一些经典研究表明，在实验前呈现图式启动刺激，与在实验后呈现刺激相比，前者更容易回忆起与图式相关的信息（例如，Bransford & Johnson，1972；Torndyke，1977）。其次，图式经常会触发研究中获得的新的情节信息，并与激活图式中的通用信息整合。一直以来，已有文献中都体现了回忆过程中有大量的与图式相关的入侵信息，以及再认过程中与图式相关的关键诱饵（例如，Bower，Black，& Turner，1979；Graesser，Gordon，& Sawyer，1979；Graesser & Nakamura，1982）。这些错误随着保存时间间隔的延长变得更严重（例如，Sulin & Dooling，1974；Van Dijk & Kintsch，1978）。最后，图式可以作为回忆过去情节时的辅助。例如，一些研究表明，在回忆过程中采取不同的观点，可能会产生不同的细节。例如，与其中一个观点一致，但与其他的观点不同（例如，要求被试从潜在的购房者以及从盗贼的视角去回忆一次房屋游览的不同细节；参见 Anderson & Pichert，1978；Pichert & Anderson，1977）。

　　大量文献表明，已经存在了经过充分验证的实验方法。它们可以用来研究抽象知识框架，如图式或脚本在多大程度上代表了不同记忆群体的集体记忆（Schank & Abelson，1977）。虽然沃茨（2002）提出的图式性叙事模板表明它们应该对集体记忆有所贡献，但我们也确定了几种与经典图式的定义（中性的、易于调整的）有所不同的图式或脚本，例如，餐厅点菜的经典日常知识图式。在一系列系统研究中，研究图式过程对集体记忆的贡献（这些贡献经常被忽视和被视为无意义的），可能有助于弄清沃茨提出的观点。不同的记忆共同体编码新信息或提取旧信息时是否依赖于不同的图式？一项跨国家和民族群体的研究有助于揭示特定时间特定群体的集体记忆的基础原则，并能以更普遍的方式应用于集体回忆。

　　许多集体记忆研究（例如，那些在《记忆研究》上发表的研究报告）代表了对特定时间和时期的集体记忆的详细研究。当然，这些研究在这一领域中有着重要的地位，但人们可能想知道这些研究结果是否能代表特殊的现象，或者代表另一种更普遍的原则。只有跨民族和跨文化的研究，对每个群体使用相似的方法，才有助于确定集体记忆的一般原则。其中一些研究也存在不足(主要的难题是将"同样"的问题翻译为不同的语言)。如果我们可以获得普遍知识，那这样的努力也是值得的。根据图式理论，我们如何回忆旧信息以及如何解释新信息取决于我们过去获得的知识结构。就集体记忆来说，研究尚未提供这些图式表象怎样影响编码、提取和综合过程的细节。

(二)作为叙事的集体记忆

我们认为人们使用图式来指导对个体和集体记忆的回忆。此外，我们用这些记忆来讲故事，这就引入了叙事(White，1981)。人类是叙述者；我们的生活由我们听到和讲述的故事构成。集体记忆是不同的。国家层面的集体记忆或其他集体记忆的叙事结构通常含有情绪性图式(Wertsch，2008b)。由于一般把叙事当作文化的中心，并且"塑造了人类经验的时间维度"，因此集体记忆采用叙事形式似乎很自然。

叙事由两个主要元素组成：内容和情节。叙事的情节遵循典型的时间顺序结构，从事情的发生，到危机的高潮以及最终的解决。这也同样适用于集体记忆，因为它们也受符合叙事结构的图式性叙事模板的约束和影响(Wertsch，2007)。就适合叙事结构的不同事件的集体记忆来说，这些记忆的行为者和特定时间、地点的细节(情节的基本内容)也是不同的，但是事件的主要故事线和情节往往保持不变，因此叙事的图式也保持不变(Wertsch，2008b；另见，Propp，1968)。这些叙事是文化工具(Wertsch，1997)，通过它，个体可以了解集体、个人身份(例如，Bruner，1990)，也可以与更大的群体身份联系起来(Rowe，Wertsch，& Kosyaeva，2002)。一个人很可能有一类这样积累的故事，当他/她在集体中解释一个事件时，他/她可以从中选择，就像他/她在解释个人生活事件时有脚本可供选择一样(Schank & Abelson，1995)。关键是，图式性叙事模板的叙事构成，也意味着他/她会通过框架结构发出声音或表达观点(Eyerman，2004；Wertsch，2008b)。

值得注意的是，为了构建和应用这样的叙事，真相(专业历史学家解释的)是可以歪曲的。即尚克(Schank)和埃布尔森(1995)提到的："我们必须忽略那些不合适的细节，并创造一些细节，使事情变得更好。"(p.34)。这种叙事的构建和重建的结果改变了故事本身。人们因为复述方式的不同，所以记住的事件、故事和经验也不同(Marsh，2007；Marsh & Tversky，2004；Tversky & Marsh，2000)。尽管集体叙事中的变化较为缓慢，但也会出现这样的情况。最终，我们想要的是完整连贯的故事(Baumeister & Newman，1994)。

集体叙事与自传体故事存在许多相似之处，只是集体叙事的规模更大一些。因此，研究个体如何讲述他们的生活故事，有助于概括集体记忆的图式性叙事模板。当询问人们的生活故事时，大多数人都能讲述他们生活的一般情况(McAdams，2001；McAdams，Bauer，& Sakaeda et al.，2006)。哈伯马斯和布卢克(2000)提出了描述生活故事时的四种连贯性：时间、因果、主题和传记。前三种类型是具有相关性的，它们可以归于任何一种叙事类型。通过这些连贯性，叙事为故事和解释提供了框架。事件的时间连贯性不言自明，为叙事提供了时间线。对于集体记忆，可以用已经概括出的叙事结构的一般情节点来验证。因果连贯性为故事的行为和变化提供了基本的理由。在生活故事里，人们会对生活经历的变化和选择进行解释。鉴于集体记忆的图式性质，因果连贯性并不总是很明显，但集体成员可能持有潜在的想法。最后，主题连贯性赋予了整个故事以意义，并能通过标识关键过渡点来提供对事件的评价（参见 Conway & Pleydell-Pearce，2000）。就因果和主题连贯而言，个体为了提供更广泛的背景，可能会给陌生人提供更多的因果连贯的细节（Alea & Bluck，2003；Grice，1989；Hirst & Manier，1996），所以当集体成员给集体外的人讲述时，所使用的图式性叙事模板可能会包含更多的因果与主题的细节。正如沃茨和卡鲁米泽（Wertsch & Karumidze，2009）说的那样，国家叙事可以作为"努力解释的工具，经常用它向国内和国外观众证明其行为的正当性"（p.388）。而且，图式性叙事模板中的因果关系和主题连贯性更可能激起集体中的群体凝聚力，就像将他们每个人的生活故事联系在一个单一的生活故事中一样（参见 Nelson，2003）。人们喜欢向彼此讲述相同的故事。

有趣的是，讲述个人生活故事的倾向取决于个体所处的文化。王（2015）认为"美国人喜欢讲述我们的人生故事"。美国前总统詹姆斯伯爵卡特（James Earl Carter）写了 8 本自传；美国第 44 任总统巴拉克·奥巴马（Barack Obama），在他 40 岁当选总统之前写了 2 本自传。不仅美国名人写回忆录，20 多岁的流行歌星和肥皂剧人物也写他们的生活故事。可以说，这种倾向反映了一种自我痴迷、自恋的文化。并且，王（2013）的跨文化分析表明，这种趋势肯定不是普遍的（参见 Wang，第 17 章）。在亚洲文化中，谦虚是一种美德，人们通常不会谈论自己。与许多美国父母不同，亚洲父母不会向孩子讲述他们的生活故事，也不鼓励孩子向父母讲述他们自己的故事（你今天做了什么？）。即使最著名的亚洲政客也不会写回忆录，或者必须在极力劝说下才会写。王（2015）评论说，即使像圣雄甘地那样伟大的人物"也不得不与写自传的想法搏斗，因为这样一种自我关注的叙事与谦虚的价值观相矛盾"。

当一个人讲述自己的故事（自传）或由第三方（传记）讲述时，就存在图式性叙事模板。一般生活故事常用"文化生活剧本"（cultural life script）这一术语，它是指在特定文化下按时间顺序来描述理想生活事件（Berntsen & Rubin，2004；Bohn & Berntsen，2013；Janssen & Rubin，2011）。这一生活剧本用于组织和处理个人生活的故事和经历（例如，Bohn & Berntsen，2013；Tomsen & Berntsen，2008）。哈伯马斯和布卢克在生活故事的传记连贯性概念中借鉴了这一观点：建立个人生活与文化之间的联系。一般情况下，人们认为一般文化生活剧本来自社会传统，而不是个体经历，例如，"生活就像……"的语义记忆（例如，Bohn & Berntsen，2013；Janssen & Rubin，2011；Tomasello，2001 年）。这样的剧本似乎对一个人的身份认同至关重要，而且个人与集体的联系可以用来解释过去的事件或预测未来。正如本章后面所讨论的，研究人员可以利用文化生活剧本的相关文献，进一步对国家层面的其他图式性叙事模板进行实证研究。

对生活脚本差异的跨文化研究（例如，Ottsen & Berntsen，2014）以及人们讲述自己生活事件的倾向性研究刚刚起步。但是我们猜测，了解和叙述个人和国家脚本的趋势将成为一个普遍的趋势：一个带来社会或群体凝聚力的趋势。

未来实证研究还要解决的一个问题是，特定集体的成员在记忆相关事件时采用的叙事图式的主要情节点。扎罗姆等人（2014）已经开始关注这一点了，他们通过探究美国老年人和青年人认为的三次不同的战争（美国内战、第二次世界大战和伊拉克战争）中最重要的事件，来探讨这一问题。但是，图式性叙事模板还需要进一步进行研究，以便人们可以生成一个综合的故事线索，但目前还不清楚集体中这种知识模板是否明确。我们希望集体记忆的某些方面足够外显，而其他方面是内隐的、不用做出太多思考的。图式性叙事模板在一定程度上是外显的，研究者可以凭借经验记录这些叙事图式。但是，群体成员在应用图式时，有时是无意识和自动的，因此可以通过某种不需要意识参与的方式来解释。实际上，正如沃茨（2007）指出的那样，人们可能认为他们只是在一个特定事件发生时叙述了它，而并没有意识到他们的解释来自他们所处集体的叙事图式，而这一图式只有他们这个集体使用。在这些情况下，研究者必须更具有创造性：比较记住事件的方式，而不是直接询问参与者。

在记录特定人群的文化生活剧本时，研究者经常要求人们描述在其文化背景中新发生的典型的最重要生活事件，而不是简单地询问生活中使用文化脚本的方式（Berntsen & Rubin，2004；Erdöan，Baran，Avlar，Taş，& Tekcan，2008；Ottsen & Berntsen，2014；Rubin et al.，2009）。通过这种方式，可以间接地询问集体成员使用的叙事图式。例如，在扎罗姆等人（2014）的方法基础上询问美国人，在特定的国际冲突以及未来潜在的冲突中，美国做的最重要的事件或采取的最重要的措施是什么。根据大样本的回答，可以提炼出美国参与国际冲突的叙事套路。另一种方法是让参与者对不同的事件进行完整的描述，然后对关键事件的叙述和所有人的共同点进行编码，描绘出他们的叙事结构和主要情节点。这些叙事的特定性质，也可以用不同的连贯性来进行检验，可以采用哈伯马斯和布卢克（2000）创造的个体讲述生活故事连贯性的编码图式。许多方法可以让我们更仔细地研究集体记忆及其特征，证明个体在解释历史事件时采用过这种图式性叙事。

四、 结束语

我们在前面详细描述到，集体记忆这一术语的核心是指由一群人共享的记忆，而且对群体身份认同至关重要。然而，这一术语的意义在不同的条件下有所不同，也因此发现了不同的现象。本章，我们试图对这一术语进行概括，将它与通常使用协作回忆范式进行研究的协作记忆区分开，并且也为一般心理结构如何为集体记忆研究奠定基础、促进集体记忆研究提供了一些想法。特别是先前的实验研究发现，人类的认知图式和叙事可以在进一步研究集体记忆的动态性中发挥重要作用。然而，先前研究提出的实验方法虽然有用，但只是研究人们如何记住（并争夺)共享过去这个主题的一种方式。集体记忆这一术语开辟了一系列的研究主题，尽管其概念的多样化也许会成为它最大的弱点，但是这一多样性也同样使得研究这一主题的方法可以多种多样。因此，概念和方法的多样性同时代表了集体记忆研究的优势。

本章的最后一部分可能是简单地反映整体图景的好机会。尽管集体记忆的研究开辟了人们思考记忆如何在群体中传播和分享，以及团结群体的新方法，但是这样的研究也许更加具有实际意义。事实上，了解群体如何形成、建立、争夺、保持和重新谈判他们过去生活事件关键部分的记忆是非常重要的，因为这些记忆对群体认同是至关重要的。历史表明，在"身份认同"或"命运的幻想"中，这些记忆与情感紧密相连(Sen，2006)，有时是国家层面，有时是国家中的较小群体层面，这些情感可能会带来群体间的冲突，其中一些可能会持续很长一段时间，在某些情况下还可能会引发暴力冲突，甚至引发战争。

社会心理学研究长期关注的问题，是群体内认同与群体外的敌意之间存在着怎样的关系(例如，见 Tajfel，1982)。戈利克·德·萨瓦拉、奇科卡、艾德尔森和贾亚维克勒姆(Golec de Zavala，Cichoka，Eidelson，& Jayawickreme，2009)提出了"集体自恋(collective narcissism)"这一术语。它指的是对群体的情感认同，依赖于对群体伟大性的不切实际的信念或高估。正如本章前面提到的，集体记忆可以被概念化为一种属性或以人们的"画像"的形式存在。这其中就暗示了集体记忆的叙事性图式可能会夸张或过分强调该集体在世界中的独特性、贡献以及重要性(也就是说，它们可能反映了集体的"膨胀的形象"，见 Golec de Zavala et al.)。因此，集体记忆可能是一种媒介和民族中心主义的产物，即一种群体自我中心主义的特殊形式(Sumner，1906；另见 Bizumic，2014)。这可以用极端形式促成对其他外群体的攻击性(即，作为对内群体形象的侮辱和威胁的结果而产生的攻击性，参见 Golec de Zavala et al.，2009)。

总之，这些因素强调我们需要积累更多知识。这些知识是关于不同群体如何以不同方式记住相同的重要历史事件。我们需要弄清集体记忆中的差异，在什么条件下就导致了群体之间的冲突(另见 Pasupathi & Wainryb；Wilson，第14、第15章)。虽然我们经常专注于从不同的角度讨论集体记忆中的潜在冲突，但群体之间的历史冲突也不一定就会产生进一步冲突的记忆和集体叙事。例如，美国和第二次世界大战后的前轴心国(德国、日本和意大利)之间关系的发展。尽管美国和这些国家在战争期间是残酷的敌人(参见 Dower，2012)，但它们目前维持着良好的关系(现在已有数十年)。对共同过去的共同解释似乎有助于克服争端，并为未来建立更好的可持续关系创造基础。要找出如何实现这种共享的集体记忆可能是未来研究的一个非常重要的问题，同时实证工作还需要深入挖掘集体记忆背后的机制。

总而言之，关于群体如何记忆他们的过去，还存在许多有待解决的重要问题和难题。科学和人文方法的多样性，只会促进集体记忆这一主题的研究。虽然不同学科或思想流派之间的对话有时可能具有挑战性，但我们希望对这一主题感兴趣的众多学者可以互相借鉴彼此的词汇和方法。本章展示了一种心理学的、主要以实验为导向的视角。我们希望将来从这个角度发展起来的研究能够做出它的贡献，帮助我们理解世界各地的群体是如何记忆(争论)他们的过去的。

当然，我们也承认研究集体记忆的其他方法的重要性，我们也将从中有所获益。

参考文献

Alba, J. W., & Hasher, L. (1983). Is memory schematic? *Psychological Bulletin*, 93, 203-231. doi: 10. 1037/0033-2909. 93. 2. 203

Alea, N., & Bluck, S. (2003). Why are you telling me that? A conceptual model of the social function ofautobiographical memory. *Memory*, 11, 165-178. doi: 10. 1080/741938207

Anderson, B. (1991). *Imagined communities: Reflections on the origin and spread of nationalism*. London, UK: Verso.

Anderson, R. C., & Pichert, J. W. (1978). Recall of previously unrecallable information followinga shif in perspective. *Journal of Verbal Learning and Verbal Behavior*, 17, 1-12. doi: 10. 1016/s0022-5371(78)90485-1

Assmann, J., & Czaplicka, J. (1995). Collective memory and cultural identity. *New German Critique*, 65, 125-133. doi: 10. 2307/488538

Barber, S. J., Rajaram, S., & Fox, E. B. (2012). Learning and remembering with others: The key role ofretrieval in shaping group recall and collective memory. *Social Cognition*, 30, 121-132. doi: 10. 1521/soco. 2012. 30. 1. 121

Bartlett, F. C. (1932). *Remembering: A study in experimental and social psychology*. Cambridge, UK: Cambridge University Press.

Basden, B. H., Basden, D. R., Bryner, S., & Tomas, R. L., III (1997). A comparison of group andindividual remembering: Does collaboration disrupt retrieval strategies? *Journal of Experimental Psychology: Learning, Memory, and Cognition*, 23, 1176-1189. doi: 10. 1037/0278-7393. 23. 5. 1176

Baumeister, R. F., & Newman, L. S. (1994). How stories make sense of personal experiences: Motives that shape autobiographical narratives. Personality and *Social Psychology Bulletin*, 20, 676-690. doi: 10. 1177/0146167294206006

Berntsen, D., & Rubin, D. C. (2004). Cultural life scripts structure recall from autobiographical memory. *Memory & Cognition*, 32, 427-442. doi: 10. 3758/bf03195836

Bizumic, B. (2014). Who coined the concept of ethnocentrism? A brief report. *Journal of Social and Political Psychology*, 2, 3-10. doi: 10. 5964/jspp. v2i1. 264

Blumen, H. M., & Rajaram, S. (2008). Influence of re-exposure and retrieval disruption during group collaboration on later individual recall. *Memory*, 16, 231-244. doi: 10. 1080/09658210701804495

Bohn, A. , & Berntsen, D. (2013). The future is bright and predictable: The development of prospective life stories across childhood and adolescence. *Developmental Psychology*, 49, 1232-1241. doi: 10. 1037/a0030212

Bower, G. H. , Black, J. B. , & Turner, T. J. (1979). Scripts in memory for text. *Cognitive Psychology*, 11, 177-220. doi: 10. 1016/0010-0285(79)90009-4

Brainerd, C. J. , & Reyna, V. F. (2005). *The science of false memory*. New York, NY: Oxford.

Bransford, J. D. , & Johnson, M. K. (1972). Contextual prerequisites for understanding: Some investigations of comprehension and recall. *Journal of Verbal Learning and Verbal Behavior*, 11, 717-726. doi: 10. 1016/s0022-5371(72)80006-9

Brewer, W. F. (2000). Bartlett's concept of the schema and its impact on theories of knowledge representation in contemporary cognitive psychology. In: A. , Saito (Ed.), *Bartlett, culture and cognition* (pp. 67-89). Hove, UK: Psychology Press.

Brewer, W. F. , & Nakamura, G. V. (1984). The nature and functions of schemas. In: R. S. Wyer Jr. , & T. K. Scrull (Eds.), *Handbook of social cognition*, Vol. 1 (pp. 119-60). Hillsdale, NJ: Lawrence Erlbaum Associates Inc. Brockmeier, J. (2002). Remembering and forgetting: Narrative as cultural memory. *Culture & Psychology*, 8, 15-43. doi: 10. 1177/1354067x0281002

Bruner, J. S. (1990). *Acts of meaning*. Cambridge, MA: Harvard University Press.

Congleton, A. R. , & Rajaram, S. (2014). Collaboration changes both the content and the structure of memory: Building the architecture of shared representations. *Journal of Experimental Psychology: General*, 143, 1570-1584. doi: 10. 1037/a0035974

Conway, M. A. , & Pleydell-Pearce, C. W. (2000). The construction of autobiographical memories in the self-memory system. *Psychological Review*, 107, 261-288. doi: 10. 1037/0033-295x. 107. 2. 261

Cuc, A. , Ozuru, Y. , Manier, D. , & Hirst, W. (2006). On the formation of collective memories: The role of a dominant narrator. *Memory & Cognition*, 34, 752-762. doi: 10. 3758/bf03193423

Dower, J. W. (2012). *Ways of forgetting, ways of remembering: Japan in the modern world*. New York, NY: The New Press.

Dudai, Y. (2002). *Memory from A to Z: Keywords, concepts and beyond*. Oxford, UK: Oxford University Press.

Erdöan, A. , Baran, B. , Avlar, B. , Ta, ş, A. C. , & Tekcan, A. İ. (2008). On the persistence of positive events in life scripts. *Applied Cognitive Psychology*, 22, 95-111. doi:

10. 1002/acp. 1363

Eyerman，R. (2004). The past in the present：Culture and the transmission of memory. *Acta Sociologica*，47，159-169. doi：10. 1177/0001699304043853

Gedi，N. ，& Elam，Y. (1996). Collective memory—What is it? *History and Memory*，8，30-50.

Golec de Zavala，A. ，Cichocka，A. ，Eidelson，R. ，& Jayawickreme，N. (2009). Collective narcissism and its social consequences. *Journal of Personality and Social Psychology*，97，1074-1096. doi：10. 1037/a0016904

Graesser，A. C. ，Gordon，S. E. ，& Sawyer，J. D. (1979). Recognition memory for typical and atypical actions in scripted activities：Tests of a script pointer + tag hypothesis. *Journal of Verbal Learning and Verbal Behavior*，18，319-332. doi：10. 1016/s0022-5371(79) 90182-8

Graesser，A. C. ，& Nakamura，G. V. (1982). The impact of a schema on comprehension and memory. In：G. H. Bower(Ed.)，*The psychology of learning and motivation：Advances in research and theory*(Vol. 16). New York，NY：Academic Press.

Grice，H. P. (1989). *Studies in the way of words*. Cambridge，MA：Harvard University Press.

Habermas，T. ，& Bluck，S. (2000). Getting a life：The emergence of the life story in adolescence. *Psychological Bulletin*，126，748-769. doi：10. 1037/0033-2909. 126. 5. 748

Halbwachs，M. (1980). *The collective memory* (F. J. Didder，Jr. ，& V. Y. Ditter，Trans.). New York，NY：Harper & Row.

Halbwachs，M. (1992). *On collective memory* (L. A. Coser，Trans.). Chicago，IL：University of Chicago Press.

Harber，K. D. ，& Cohen，D. J. (2005). The emotional broadcaster theory of social sharing. *Journal of Language and Social Psychology*，24，382-400. doi：10. 1177/02619 27x05281426

Harris，C. B. ，Barnier，A. J. ，& Sutton，J. (2013). Shared encoding and the costs and benefts of collaborative recall. *Journal of Experimental Psychology：Learning，Memory，and Cognition*，39，183-195. doi：10. 1037/a0028906

Harris，C. B. ，Keil，P. G. ，Sutton，J. ，Barnier，A. J. ，& McIlwain，D. J. F. (2011). We remember，we forget：Collaborative remembering in older couples. *Discourse Processes*，48，267-303. doi：10. 1080/0163853x. 2010. 541854

Harris，C. B. ，Paterson，H. M. ，& Kemp，R. I. (2008). Collaborative recall and collective memory：What happens when we remember together? *Memory*，16，213-230. doi：

10. 1080/09658210701811862

Hecht，M. L.，Warren，J. R.，Jung，E.，& Krieger，J. L.（2005）. The communication theory of identity — Development，theoretical perspective，and future directions. In：W. B. Gudykunst（Ed.），*Theorizing about intercultural communication. Fullerton*，CA：SAGE Publications，Inc.

Henkel，L. A.，& Rajaram，S.（2011）. Collaborative remembering in older adults：Age-invariant outcomes in the context of episodic recall defcits. *Psychology & Aging*，26，532-545. doi：10. 1037/a0023106

Hirst，W.，& Echterhoff，G.（2012）. Remembering in conversations：The social sharing and reshaping of memories. *Annual Review of Psychology*，63，55-79. doi：10. 1146/annurev-psych-120710-100340

Hirst，W.，& Manier，D.（1996）. Remembering as communication：A family recounts its past. In：D. C. Rubin（Ed.），*Remembering our past：Studies in autobiographical memory* （pp. 271-290）. New York，NY：Cambridge University Press.

Hirst，W.，& Manier，D.（2008）. Towards a psychology of collective memory. *Memory*，16，183-200. doi：10. 1080/09658210701811912

Hogg，M. A.，& Reid，S. A.（2006）. Social identity，self-categorization，and the communication of group norms. *Communication Theory*，16，7-30. doi：10. 1111/j. 1468-2885. 2006. 00003. x

Janssen，S. M. J.，& Rubin，D. C.（2011）. Age effects in cultural life scripts. *Applied Cognitive Psychology*，25，291-298. doi：10. 1002/acp. 1690

Marsh，E. J.（2007）. Retelling is not the same as recalling implications for memory. *Current Directions in Psychological Science*，16，16-20. doi：10. 1111/j. 1467-8721. 2007. 00467. x

Marsh，E. J.，& Tversky，B.（2004）. Spinning the stories of our lives. *Applied Cognitive Psychology*，18，491-503. doi：10. 1002/acp. 1001

McAdams，D. P.（2001）. The psychology of life stories. *Review of General Psychology*，5，100-122. doi：10. 1037/1089-2680. 5. 2. 100

McAdams，D. P.，Bauer，J. J.，Sakaeda，A. R.，Anyidoho，N. A.，Machado，M. A.，Magrino-Failla，K.，… Pals，J. L.（2006）. Continuity and change in the life story：A longitudinal study of autobiographical memories in emerging adulthood. *Journal of Personality*，74，1371-1400. doi：10. 1111/j. 1467-6494. 2006. 00412. x

Neisser，U.（1976）. *Cognition and reality*. San Francisco，CA：W. H. Freeman.

Nelson，K.（2003）. Self and social functions：Individual autobiographical memory and collective narrative. *Memory*，11，125-136. doi：10. 1080/741938203

Olick，J. K.，& Robbins，J.（1998）. Social memory studies：From "collective memory" to the historical sociology of mnemonic practices. *Annual Review of Sociology*，24，105-140. doi：10. 1146/annurev. soc. 24. 1. 105

Ottsen，C. L.，& Berntsen，D.（2014）. The cultural life script of Qatar and across cultures：Effects of gender and religion. *Memory*，22，390-407. doi：10. 1080/09658211. 2013. 795598

Pasupathi，M.（2001）. The social construction of the personal past and its implications for adult development. *Psychological Bulletin*，127，651-672. doi：10. 1037/0033-2909. 127. 5. 651

Pasupathi，M.，McLean，K. C.，& Weeks，T.（2009）. To tell or not to tell：Disclosure and the narrative self. *Journal of Personality*，77，1-35. doi：10. 1111/j. 1467-6494. 2008. 00539. x

Pennebaker，J. W.，Páez，D.，& Deschamps，J. C.（2006）. *The social psychology of history*. Psícologia Política，32，15-32.

Piaget，J.（1952）. *The origins of intelligence in children*. New York，NY：International University Press.

Pichert，J. W.，& Anderson，R. C.（1977）. Taking different perspectives on a story. *Journal of Educational Psychology*，69，309-315. doi：10. 1037/0022-0663. 69. 4. 309

Propp，V.（1968）. Morphology of the folktale（L. Scott，Trans.）. Austin，TX：University of Texas Press. Roediger，H. L.，& Abel，M.（2015）. Collective memory：A new arena for cognitive study. *Trends in Cognitive Sciences*，19，359-361. doi：10. 1016/j. tics. 2015. 04. 003

Roediger，H. L.，& DeSoto，K. A.（2014）. Forgetting the presidents. *Science*，346，1106-1109. doi：10. 1126/science. 1259627

Rowe，S. M.，Wertsch，J. V.，& Kosyaeva，T. Y.（2002）. Linking little narratives to big ones：Narrative and public memory in history museums. *Culture & Psychology*，8，96-112. doi：10. 1177/1354067x02008001621

Rubin，D. C.，Berntsen，D.，& Hutson，M.（2009）. The normative and the personal life：Individual differences in life scripts and life story events among USA and Danish undergraduates. *Memory*，17，54-68. doi：10. 1080/09658210802541442

Rumelhart，D. E.，& Ortony，A.（1977）. The representation of knowledge in memory. In：R. C. Anderson，R. J. Spiro，& W. E. Montague（Eds.），*Schooling and the Acquisition of Knowledge*（pp. 99-135）. Hillsdale，NJ：Erlbaum.

Schacter，D. L.，Gutchess，A. H.，& Kensinger，E. A.（2009）. Specifcity of memory：Implications for individual and collective remembering. In：P. Boyer & J. V. Wertsch（Eds.），*Memory in mind and culture*（pp. 83-111）. Cambridge，UK：Cambridge University Press.

Schank, R. C. , & Abelson, R. P. (1977). *Scripts, plans, goals, and understanding: an inquiry into human knowledge structures.* Hillsdale, NJ: Lawrence Erlbaum.

Schank, R. C. , & Abelson, R. P. (1995). Knowledge and memory: Te real story. *Advances in Social Cognition*, 8, 1-85. doi: 10. 1080/09658210802541442

Schumann, H. , & Scott, J. (1989). Generations and collective memories. *American Sociological Review*, 54, 359-381. doi: 10. 2307/2095611

Schwartz, B. , & Schumann, H. (2005). History, commemoration, and belief: Abraham Lincoln in American memory, 1945-2001. *American Sociological Review*, 70, 183-203. doi: 10. 1177/000312240507000201

Sen, A. (2006). *Identity and violence: The illusion of destiny.* New York, NY: W. W. Norton.

Sulin, R. A. , & Dooling, D. J. (1974). Intrusion of a thematic idea in retention of prose. *Journal of Experimental Psychology*, 103, 255-262. doi: 10. 1037/h0036846

Sumner, W. G. (1906). *Folkways.* Boston, MA: Ginn and Company.

Svob, C. , & Brown, N. R. (2012). Intergenerational transmission of the reminiscence bump and biographical conflict knowledge. *Psychological Science*, 23, 1404-1409. doi: 10. 1177/0956797612445316

Tajfel, H. (1982). Social psychology and intergroup relations. *Annual Review of Psychology*, 33, 1-39. doi: 10. 1146/annurev. ps. 33. 020182. 000245

Tomsen, D. K. , & Berntsen, D. (2008). The cultural script and life story chapters contribute to the reminiscence bump. *Memory*, 16, 420-435. doi: 10. 1080/0965821080 2010497

Torndyke, P. W. (1977). Cognitive structures in comprehension and memory of narrative discourse. *Cognitive Psychology*, 9, 77-110. doi: 10. 1016/0010-0285(77)90005-6

Tomasello, M. (2001). Cultural transmission: A view from chimpanzees and human infants. *Journal of Cross-Cultural Psychology*, 32, 135-146. doi: 10. 1177/0022022101032002002

Tversky, B. , & Marsh, E. J. (2000). Biased retellings of events yield biased memories. *Cognitive Psychology*, 40, 1-38. doi: 10. 1006/cogp. 1999. 0720

Van Dijk, T. A. , & Kintsch, W. (1978). Cognitive psychology and discourse: Recalling and summarizing stories (pp. 61-80). In: W. U. Dressler (Ed.), *Current trends in text linguistics.* Berlin: Walter de Gruyter.

Wang, Q. (2013). *The autobiographical self in time and culture.* New York, NY: Oxford University Press.

Wang, Q. (2015). Why Americans are obsessed with telling their stories and Asians aren't. *Ozy*. Retrieved from http://www. ozy. com/pov/why-americans-are-obsessed-with-telling-their-own-stories-asiansarent/33961 [Online].

Wang，Z.（2012）. *Never forget national humiliation：Historical memory in Chinese politics and foreign relations*. New York，NY：Columbia University Press.

Weldon，M. S. ，& Bellinger，K. D.（1997）. Collective memory：Collaborative and individual processes in remembering. *Journal of Experimental Psychology：Learning，Memory，and Cognition*，23，1160-1175. doi：10. 1037/0278-7393. 23. 5. 1160

Wertsch，J. V.（1997）. Narrative tools of history and identity. *Culture & Psychology*，3，5-20. doi：10. 1177/1354067x9700300101

Wertsch，J. V.（2002）. *Voices of collective remembering*. Cambridge，UK：Cambridge University Press.

Wertsch，J. V.（2007）. National narratives and the conservative nature of collective memory. *Neohelicon*，34，23-33. doi：10. 1007/s11059-007-2003-9

Wertsch，J. V.（2008a）. A clash of deep memories. *Profession*，2008，46-53. doi：10. 1632/prof. 2008. 2008. 1. 46

Wertsch，J. V.（2008b）. The narrative organization of collective memory. *Ethos*，36，120-35. doi：10. 1111/j. 1548-1352. 2008. 00007. x

Wertsch. J. V.（2009）. Collective memory. In：P. Boyer & J. V. Wertsch（Eds. ），*Memory in mind and culture*（pp. 117-137）. Cambridge，UK：Cambridge University Press.

Wertsch，J. V.（2014）. Understanding Putin's motivations. *The Straits Times*，A21. Retrieved from http://news. wustl. edu/news/Pages/26776. aspx [Online].

Wertsch，J. V. ，& Karumidze，Z.（2009）. Spinning the past：Russian and Georgian accounts of the war of August 2008. *Memory Studies*，2，377-91. doi：10. 1177/1750698008337566

Wertsch，J. V. ，& Roediger，H. L.（2008）. Collective memory：Conceptual foundations and theoretical approaches. *Memory*，16，318-326. doi：10. 1080/0965821070180143

White，H.（1981）. The value of narrativity in the representation of reality. In：W. J. T. Mitchell（Ed. ）. *On narrative*（pp. 1-23）. Chicago，IL：University of Chicago Press.

Winter，J.（1999）. *Sites of memory，sites of mourning：The great war in European cultural history*. Cambridge，UK：Cambridge University Press

Zaromb，F. ，Butler，A. C. ，Agarwal，P. K. ，& Roediger，H. L.（2014）. *Collective memories of three wars in United States history in younger and older adults*. *Memory & Cognition*，42，383-399. doi：10. 3758/s13421-013-0369

第 *17* 章
协作记忆中的文化

王琪(Qi Wang)

我们与他人分享我们的经验或每天倾听别人的故事时，这些故事几乎涉及任何事情：前往异国情调岛屿的旅行中发生的骇人的经历；最近办公室隐退的丑闻谣言；因重要晋升失败而产生的无法忍受的挫败感；获得赫赫有名的奖项时的光辉荣耀；约会的私密细节；或者只是关于一个人之前冗长的、单调的行踪细节。我们有这样的需求：讲述自己故事，并听取他人对它们的看法。最近，人类的这种记忆共享倾向，或广义上的协作记忆，被现代技术所支持的社交媒体赋予了更强能力。它超越了地理位置、物理界限和心理存储，并在此过程中获得了无限的可能性(Wang，2013；另见 Hoskins，第 21 章)。

我将在本章中讨论的是，对记忆共享和对关于个人经历的协作记忆的需求不是普遍的，或者至少不具有"普遍易得性"。普遍易得性是指所有文化都存在的一种心理结构或过程，其被用于解决不同文化中的相同问题，并且在不同文化中具有相同程度的易得性(Norenzayan & Heine，2005)。相反，它在功能和使用频率上有所不同，相应地，它在不同文化中的风格和内容也各不相同。我概括了文化影响协作记忆的建构过程的动态模型。为了说明这些观点，我分析了两种协作记忆：一种是发生在最亲密和最直接的家庭社交背景下的亲子共享记忆；另一种则是发生在距离遥远的间接背景下，自传体作家向广大不知姓名的观众讲述他们的故事。

在整个章节中，我关注过去事件的记忆，而不是其他类型的记忆。使用来自东亚和欧美样本的研究数据来证明，文化如何塑造协作记忆的功能和易得性，并进一步分析文化对协作记忆的风格和内容的影响。值得注意的是，虽然分析受到当前文献的限制，这些文献侧重于西方与东亚样本之间的对比，特别是欧美与东亚样本的对比，但该模型旨在超越特定的地理位置，阐明文化对协作记忆的动态影响。在结尾部分，我讨论了不同模式的协作记忆对个体记忆的影响。

一、　协作记忆的文化动态模型

　　文化动态模型最重要的前提是，协作记忆发生在特定的文化背景中，并因此受到特定文化背景的影响（见图 17-1）。文化背景包括：明确的价值观和信仰，按重要性排列的自我目标和动机，文化性（包括技术性）工具和人工制品，以及总体上指导日常人际互动的社会规范和习俗，特别是协作记忆的实践。这些文化因素对协作记忆的互动成分产生了影响，塑造了记忆过程的每个阶段及其结果。因此，根据文化动态模型，最好将协作记忆视为一种在文化的大量影响下出现、发展和改变的开放系统（Wang，2016）。

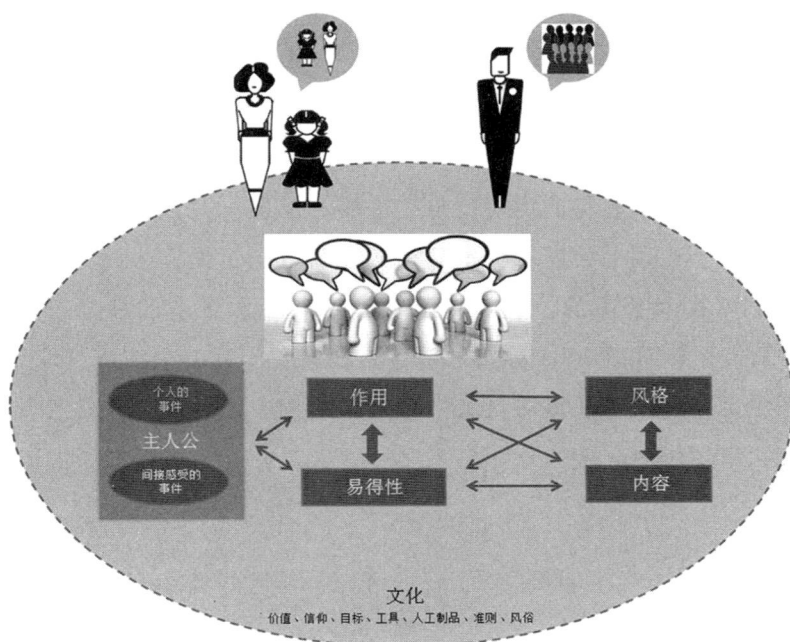

图 17-1　协作记忆的文化动态模型

　　协作记忆的文化动态模型，进一步强调了记忆成分或不同方面的动态互动，而这些都受到文化影响。图 17-1 显示了笔者将在此分析中关注的一些成分（参见 Wang，2013，关于协作记忆的其他方面的讨论）。首先，所讨论的过去事件的性质，与协作记忆的目的（功能）和频率（易得性）相关联。描述对话事件的一种方式是研究主角的身份：人们可以分享自己亲身经历的事件故事，以此来拥有对个人事件的记忆。他们还可以讨论家人、朋友或其他人经历的事件，以及社区或整个社会的事件（例如新闻事件）。这一类他们自己没有直接经验的事件，即间接事件。

　　对于不同类型的事件，协作记忆具有不同的功能，并且出现的频率也不同。在文化背景下，文化因素可以进一步影响对话引出的个人事件或间接事件的程度，进行对话的目的，以及为了既定目的进行类似对话的频率。反过来，记忆会话的功能和易得性，也许与对话开始呈现的风格（例如对话精细或详细的程度）以及对话所关注的内容（例如，过去的经历如何揭示一个人积极的自我观点)相互作用。这种相互作用再次受到文化因素的影响。请注意，此处的模型中不包含记忆准确性。重要的是，尤其在法律环境下(另见 Paterson & Monds，第 20 章)，纯粹的记忆准确性并不是研究个体记忆的主要关注点。相反，由于记忆重建(甚至扭曲)是基于个人文化知识并为特定目标服务的，因此记忆内容受到了重视(Nelson，1993；Pillemer，1998；Wang，2013；另见 Pasupathi & Wainryb，第 15 章)。重要的是，虽然来自不同文化背景的人们可能具有同等的准确记忆信息的能力，但他们记忆的内容受他们各自文化信仰的影响(Han，Leichtman，& Wang，1998；Wang & Ross，2007；也见 Abel et al.，第 16 章)。

在广泛的文化因素中，研究者已经证明了存在一个普遍的文化信念系统(belief systems)。这一文化信仰系统对人类的认知、情感和行为有深刻的影响。也就是说，文化价值体系是一种文化的价值自主性与关联性(Markus & Kitayama，1991；Shweder，Goodnow，Hatano，LeVine，Markus，& Miller，1998)。尽管自主性和关联性反映了人类的基本需求和普遍的发展目标(Costanzo，1992；Deci & Ryan，2000)，但它们在不同文化中强调的程度和培养的方式是不同的。西方，特别是北美的文化，更强调个性和自主性的价值。这种文化鼓励个人通过关注自我，通过发现和表达他们独特的内在特点、感受和品质，尤其是积极的部分，来寻找和保持其独立性。相比之下，中国、韩国和日本等东亚文化，则更关注人际和谐和关联性。在这种文化中，人们希望个体找到合适的位置，并依照特定人际背景中的社会规则行事(Markus & Kitayama，1991；Wang & Chowdhary，2006)。这些文化不同的关注重点或导向，可以引起协作记忆的变化。无论是在父母与儿童对过去事件的谈话中，还是在自传体作家向全世界讲述他们的故事时，它都会产生影响。

二、 亲子协作记忆中的文化

家庭可以说是协作记忆最重要的微观文化背景。在日常家庭活动中，关于过去事件的共同对话，可能以许多不同的方式产生。它们可能围绕儿童产生，而其他人被安排为听众。这些被邀请的听众可能是因为儿童而故意出现的。它们也可能是关于扮演主角的儿童而产生的(Climo，2002；Miller，2009；Pratt & Fiese，2004)。从儿童的角度来看，正在讨论的过去事件可能是他或她自己的经历，也可能是其他人的经历，如父母、祖父母或朋友。无论协作记忆是如何引发的，也无论对话是否涉及儿童个人或替代性事件，家长往往在构建讨论和支持儿童参与等方面发挥着引导作用(回顾见 Nelson & Fivush，2004；还有见 Fivush et al.；Haden et al.；Reese；Salmon，第 2、第 3、第 18、第 19 章)。更重要的是，根据文化动态模型(图 17-1)，协作记忆的家庭实践，被交织到更大的文化背景中。其中文化价值观、信仰和意识形态被制度化，以创建和重新巩固儿童记忆的不同目的和模式(Wang & Brockmeier，2002；Wang，2006a)。

迄今为止，大多数关于家庭协作记忆的研究都采用了半结构化访谈(semistructured

interviews)的方法。访谈一般是要求父母和儿童在熟悉的环境中分享记忆，通常是在家中(例如，Fivush，1994；Reese & Fivush，2008；Wang & Fivush，2005)。研究方法还包括自然观察(例如 Mullen & Yi，1995)、父母访谈(parental interviews)(例如 Kulkofsky，Wang，& Koh，2009)和对照实验(例如 Hedrick，Haden，& Ornstein，2009)。无论采用哪种方法，该研究都集中在有关儿童的过去事件的亲子对话上，即儿童的个人事件。一般认为这种类型的协作记忆对于年幼的儿童来说尤为重要，因为他们可以从父母的对话风格、思维方式和关于过去的谈话中，学习如何构建对自己过去经历的记忆，并进一步认识到这些经历的情感意义和对自己的重要性(Nelson & Fivush，2004；另见 Reese，第 18 章)。然而，尽管这种协作记忆形式可能是重要的，但是因为不同的文化取向，其在功能性和易得性方面存在着跨文化的差异(Wang，2013)。

　　一般来说，为了促进儿童的自主和独立，西方父母通常使用记忆对话来鼓励儿童理解和表达自己，并促进儿童积极的自我认知(Miller，Fung，& Mintz，1996；Mullen & Yi，1995；Wang，Leichtman，& Davies，2000)。对共享时光轻松愉快的聊天，可以很好地满足这一目的。矛盾的是，西方父母也经常使用记忆对话来加强亲子关系(Kulkofsky，Wang，& Koh，2009)。其实这也符合这样的观念，在强调自主性和个性的文化背景下，人际关系往往是自愿的，并且可以通过个人选择轻易地形成或解除(Markus & Kitayama，1991；Shweder et al.，1998)。因此，个体必须积极维持他们的关系(Schug，Yuki，& Maddux，2010)。与他人分享个人记忆，可以引发强烈的同情和情绪反应，从而加深对话伙伴之间的亲密关系(Fivush，1994；Nelson，1993；Pillemer，1998)。因此，西方文化认为"使永久的人际关系成为可能"是一项重要的实践(Neisser，1988，p.48)。

　　在一名欧裔美国母亲提供的详细描述中说明了，在西方家庭中，儿童个人经历频繁的协作记忆，对自我理解和培养积极关系的影响。在访谈中她被询问何时以及为何经常与她 4 岁的儿子杰克分享记忆。

　　　　每天吃晚餐时，我们会讨论白天发生的事情。我们会询问他当天发生了什么事，他和谁一起玩，当天发生的最好的事情是什么。另外我会询问白天是否有什么让他难过的事情。有时候，大约每周一次，在睡觉的时候，我会告诉杰克一些他婴儿时期做的事情。他喜欢那样。杰克也总是喜欢听我丈夫和我讲我们年轻时做过的事情。大约每月一次，我们会拿出我们拍摄的家庭旅行录像带，里面有杰克。这对孩子们来说好像很无聊，但实际上他们很喜欢谈论假期，并且喜欢用这种方式回忆。我们通常会谈论美好的记忆。我们通常只会在我们尝试说出"这是上一次发生的事情，我们不想再让这种事情发生"时，谈论悲伤或不愉快的回忆。比如我们因为行为不当，不得不离开一家餐厅时。为了看到杰克的微笑，为了分享快乐时光的回忆，为了想起我们想要再次经历快乐的体验，我会分享美好的回忆，因为我知道这是杰克非常享受的时光。

在这个案例中，母亲鼓励儿童明确表达自己的经历，表达自己的好恶，并对发生的事情进行评估。她关注那些对儿童个人来说很重要的情感性关键事件，并且常常以快乐的记忆为基础，来培养儿童对自己和他人的积极感受。她还努力去谈论发生在儿童或父母身上的早期事件，或最近的家庭活动，来为儿童和她自己创造共同重新体验过去的机会。她还鼓励儿童讲述可以让她表达同情和关心的个人故事，并利用这些对话重新创造共同的想法和感受。协作记忆的不同方式，能够帮助儿童创建个人故事，以突出自主意识，并使母亲和儿童更加亲近。

实证研究进一步表明，与东亚父母相比，欧裔美国父母往往更渴望与他们的儿童就过去进行交谈（Fivush & Wang，2005；Martini，1996；Minami & McCabe，1995；Mullen & Yi，1995；Wang，2001a）。在一项考察欧美和韩国母亲及其三岁儿童之间的对话交流的研究中，马伦和李（Mullen & Yi，1995）要求母亲和儿童在一天的观察中，各自穿一件装有小型录音机的背心，以记录他们自然产生的谈话。研究人员发现，欧裔美国母亲与他们的儿童谈论过去事件的次数，是韩国母亲的三倍。同样，马提尼（Martini，1996）观察到，在家中吃晚餐时，欧裔美国父母要求儿童谈论过去事件的可能性是日本裔美国父母的两倍。

就像对个人事件的协作记忆一样，对替代性事件的协作记忆在其功能、可得性、风格和内容重点方面也受文化影响，其过程反映了当地的社会价值和目标（Wang，2013）。总的来说，与支持个性和自主性的文化相比，谈论替代性事件，在认为重要他人和关系可以定义自我特征的文化中，可能更为普遍。例如，里斯及其同事指出，新西兰裔欧洲母亲在与年幼的孩子分享回忆时，经常就儿童最近经历的事件进行精细的谈论。这些事件往往以儿童为主角，因此有助于儿童的自主性（Reese，Hayne，& MacDonald，2008）。相比之下，新西兰毛利母亲，经常讲述关于家庭和社会事件的丰富故事。这符合毛利文化中的讲故事传统。其中关于家庭和文化重要性的故事从老年人传递到年轻人。这些关于家庭和社会事件的故事，通常通过将儿童放置在扩展的关系网络中来讲述，从而促进了一种联系感（Reese & Fivush，2008）。与此相似，在美国印第安人中，对替代性事件的协作记忆是一种共同的文化活动。在协作记忆时，社会中的父母和长辈以讲故事的方式来传达知识和道德教训，并教导儿童如何行事（Tsethlikai & Rogoff，2013）。

三、"协作的"自传体写作中的文化

显而易见，以自传或回忆录的正式方式，或者以在线个人博客（blog）的非正式方式撰写一个人的生活故事，不符合协作记忆的通常定义。写作过程似乎只涉及一方，即作者；而协作记忆，如母子记忆对话的情况，通常包括两个以上的参与对话者。然而，对生活故事的正式和非正式的写作都内在地嵌入了一种交际或交流过程。在这个过程中，作者可以把自己的故事告诉目标读者，无论读者的物理距离多远，也不管心理上的匿名性。作者所认为的读者特征、身份和期望可以深刻地影响作者的观点，而且可能影响当前写作的行为（Wang，2013）。因此，最终的结果是协作记忆的联合生成。根据文化动态模型，协作记忆会进一步受到文化的影响（Wang，2016）。

值得注意的是，自传体写作与典型的协作记忆形式之间的一个重要区别在于，前者发生在公共领域，拥有无限的读者，故事印在印刷品或发布在网络空间中永久存在（另见 Hoskins，第21 章）。因此，公众认可，可能成为了自传体写作的关注点或动机，因而文化信仰和规范的影响可能会增强（Wang，2013）。个人博客就是一个很好的例子，博客作者被戏称为"网络中的故事讲述者"（Lenhart & Fox，2006）。他们向公众传播传统上被认为是个人的、私人的日记信息。虽然许多博主认为博客是为了他们自己的一种个人努力，但其中大多数人都期望来自观众的反馈。而且，还有一些人发布素材主要是为了吸引他们的目标读者（Lenhart & Fox，2006；Stefanone & Jang，2008）。因此，博客被用作个人表达和人际沟通的工具。

自传或回忆录的正式写作也受到文化制约。作为第一部现代（西方）自传，卢梭的《忏悔录》（*Confessions*），在一开始作者就声称（1782/2000，p.5）：

　　我决心做一个没有榜样，没有模仿者的承诺。我想向我的同胞展示一个充满自然真理的人；而这个人就是我自己。我一个人。我感觉到我的心，我了解人类。我与我所看到的任何东西都不一样；我尝试相信我与任何存在的东西都不一样。也许我的价值不是很高，但至少我与众不同。至于大自然打破我被铸造的模子究竟是好还是坏，在他们阅读完我之前，这是没有人可以判断的事情。

这个段落显示了一种独一无二的且与众不同的自我的有意识的承诺，这种自我是独特的、无与伦比的、不可复制的。它反映了西方社会当时新兴的关于个性的概念，在这种观念中，个人的独特性得到了赏识和赞美。尽管自 18 世纪后期以来，关于自我的概念在西方社会中不断演变，但对个性的信仰仍然是其核心。作为个性空前的表现机会，自传式写作已成为现代西方文化的定义性因素（Lejeune，1989；Pascal，1960）。

文化差异进一步存在于自传体写作的易得性中。自传在西方文化中非常流行。特别是在美国，每个人都渴望探索和表达自己，并成为自己生命的主人（Lejeune，1989）。不仅仅是名人和政治家在自传和回忆录中讲述他们的故事，普通人也在试图让他们的故事被听到。甚至还有为猫和狗写的回忆录（Yagoda，2009）。近几十年来，虽然写自传或回忆来与世界分享一个人的生活故事，在许多文化中崛起，但对于其他人来说，其没有达到与美国人一样重要的程度（Wang，2013）。特别是，许多亚洲文化可能会认为，谈论自己或吸引别人对自己的关注，在社交上是不合适的行为。人们常常因为害怕公众对极端利己的谴责而不愿意告知自己的人生故事（Wu，1990）。与多产的美国政治家和名人相反，亚洲政治家和名人也回避关于他们生活的写作（Yagoda，2009）。即使像甘地这样伟大的人，也不得不努力控制写自传的想法，因为产生这样一种自我关注的陈述，与印度教的谦虚价值观相矛盾（Mamali，1998）。

与此相关的是，在不同文化中，自传体写作在它的写作方式和它的关注点上有所不同（Wang，2013）。西方自传体写作的特点往往是强烈的自我兴趣。作者在自传中会详细描述具体的细节，以及他作为故事核心人物的个人经历中的独特部分。在作者为他的经历赋予意义的过程中，他会进一步公开透露并有意识地反思自己的内在想法、情感和动机，来阐明他的独特性格（Yagoda，2009；Weintraub，1975）。例如，广播员兼前政治顾问乔治·斯蒂芬诺普洛斯（George Stephanopoulos）在他的回忆录中描述了1992年民主党全国代表大会，当时比尔·克林顿（Bill Clinton）被提名为该党的总统候选人（1999，p. 85）。

> "……我们周围的人注视克林顿和我说话的方式，让我感觉我们好像是一部无声电影中的演员。在某种程度上，我们就是演员。克林顿扮演的是一位老政治家，而我扮演街区上的一名新儿童。我和克林顿在一起的几个月不仅带给我政治权力，我也成为了一名政治名人……我享受这种关注，鼓励它，喜欢它——即使有时它会使我尴尬，并希望我不再需要它……在我面前，在起立的屋子里，只有人群在唱歌、尖叫和摇动，标志被高高举起，形成了一种颜色和声音的漩涡，一路流向房椽……现在我站在地板的中央，被这些举止和情感迷住，同时感觉自己渺小和有十英尺高。"

在此，斯蒂芬诺普洛斯把注意力完全集中在自己，而不是实际的主角克林顿身上。他不仅描述了发生在他周围的事情的生动细节，而且还在那个时刻反思自己，并且不害怕表达他的自豪感和享受感。在这个小段落中，丰富的个人细节和内心反思阐明了作者是什么样的人。

因此，就像家庭中的协作记忆一样，为协作而努力的自传式写作在其功能、易得性、风格和内容关注点上受到文化影响。尽管他们在记忆背景（私人的 vs. 公开的），所涉及各方之间的合作方式和程度（面对面 vs. 身体远离）以及沟通方式（谈话 vs. 写作）等方面存在差异，但这两种形式的协作记忆既反映了自我概念，又反映了特定文化背景下的社会关系性质。重要的是，它们对进一步延续个体记忆的文化类型具有特殊意义。它们本身就可能成为一种文化规范。因此，协作记忆过程反过来又对个体记忆具有重要影响。

四、 结束语

人们已经对成人和儿童个体记忆进行了广泛的研究。在方法学上，对独立个体记忆的研究通常要求成人在私人空间中详细记录他们的回忆，以确保机密性和匿名性，并避免出现对自我表达的担心。通常由熟悉的成人在熟悉的环境（例如家庭或学校）中对儿童进行访谈，为匹配年龄，记忆任务通常被设计为没有正误答案的游戏。这些策略，是让儿童们畅所欲言并减少自我表达担心的关键。因此，与对协作记忆的研究不同，在对个体记忆的研究中，其他人的影响被降至最低。

协作记忆，无论是在线的，日常对话还是自传体写作，都被当作当代西方文化背景下的生活必需品(Lejeune，1989；Neisser，1988；Wang，2013)。人们常常倾向于谈论他们个人的戏剧性事件，并着迷于他人的这类事件(Kulkofsky et al.，2009；Kulkofsky，Wang，& Hou，2010；Pillemer，1998)。在西方流行文化中，西方心理学理论进一步明确了协作记忆的价值，这种理论认为共享记忆正是记忆的目的："如果记忆没有被谈论，对自己或他人来说，它是否应该存在?"(Nelson，1993，p.378)。与感兴趣的其他人一起讲述和重述自传性活动，不仅可以创造丰富、精细、持久的生活故事，还可以激励个体去参与并记住正在发生的及未来的事件。因此，个体讲述故事的文化能够促成自传体记忆。

致　　谢

本章部分基于国家科学基金会的 Grant BCS-0721171 项目和美国农业部给作者提供的 Hatch Grant 支持。

参考文献

Chen，Y.-N. K.（2010）. Examining the presentation of self in popular blogs：a cultural perspective. *Chinese Journal of Communication*，3，28-41. doi：10.1080/17544750903528773

Climo，J. J.（2002）. Memories of the American Jewish aliyah：Connecting individual and collective experience. In：J. J. Climo & M. G. Cattell（Eds.），*Social memory and history：Anthropological perspectives*(pp.111-27). Walnut Creek，CA：Altamira Press.

Costanzo，P. R.（1992）. External socialization and the development of adaptive individuation and social connection. In：D. N. Ruble，P. E. Costanzo，& M. E. Oliveri(Eds.)，*Social psychology and mental health*(pp.55-80). New York，NY：Guilford.

Deci，E. L.，& Ryan，R. M.（2000）. The "what" and "why" of goal pursuits：Human needs and the self-determination of behavior. *Psychological Inquiry*，11，4，227-268. doi：10.1207/s15327965pli1104＿01

Engel，S.，& Li，A.（2004）. Narratives，gossip，and shared experience：How and what young children know about the lives of others. In：J. M. Lucariello，J. A. Hudson，R. Fivush，& P. J. Bauer（Eds.），*Thedevelopment of the mediated mind：Sociocultural context and cognitive development*（pp.151-174）. Mahwah，NJ：Lawrence Erlbaum Associates.

Fiese，B. H.，& Bickham，N. L.（2004）. Pin-curling grandpa's hair in the comfy chair：Parents' stories of growing up and potential links to socialization in the preschool years. In：M. W. Pratt，B. H. Fiese，M. W. Pratt，& B. H. Fiese（Eds.），*Family stories and the life course：Across time and generations*（pp.259-577）. Mahwah，NJ：Lawrence Erlbaum

Associates.

Fivush, R. (1994). Constructing narrative, emotions, and self in parent-child conversations about the past. In: U. Neisser & R. Fivush (Eds.), *The remembering self: Construction and accuracy in the self-narrative* (pp. 136-157). New York, NY: Cambridge University Press.

Fivush, R. (2008). Autobiography, time and history: Children's construction of the past through family reminiscing. In: N. Galanidou & L. H. Dommasnes (Eds.), *Telling children about thepast: Interdisciplinary approaches* (pp. 42-58). Ann Arbor, MI: International Monographs in Prehistory.

Fivush, R., & Wang, Q. (2005). Emotion talk in mother-child conversations of the shared past: The effects of culture, gender, and event valence. *Journal of Cognition and Development*, 6, 489-506. doi: 10.1207/s15327647jcd0604_3

Galanidou, N., & Dommasnes, L. H. (2008). (Eds.). *Telling children about the past: Interdisciplinary approaches*. Ann Arbor, MI: International Monographs in Prehistory.

Han, J. J., Leichtman, M. D., & Wang, Q. (1998). Autobiographical memory in Korean, Chinese, and American children. *Developmental Psychology*, 34, 701-773. doi: 10.1037/0012-1649.34.4.701

Hedrick, A. M., Haden, C. A., & Ornstein, P. A. (2009). Elaborative talk during and after an event: Conversational style influences children's memory reports. *Journal of Cognition and Development*, 10, 188-209. doi: 10.1080/15248370903155841

Hsu, F. L. K. (1953). *Americans and Chinese: Purpose and fulfillment in great civilizations*. New York, NY: The Natural History Press.

Kulkofsky, S., Wang, Q., & Hou, Y. (2010). Why I remember that: The influence of contextual factors on beliefs about everyday memory. *Memory & Cognition*, 38, 461-473. doi: 10.3758/mc.38.4.461

Kulkofsky, S., Wang, Q., & Koh, J. B. K. (2009). Functions of memory sharing and mother-child reminiscing behaviors: Individual and cultural variations. *Journal of Cognition and Development*, 10, 92-114. doi: 10.1080/15248370903041231

Lejeune, P. (1989). *On autobiography*. Minneapolis, MN: University of Minnesota Press.

Lenhart, A., & Fox, S. (2006). Bloggers: A portrait of the Internet's new storytellers. *Pew Internet & American Life*. Retrieved from http://www.pewinternet.org/~/media//Files/Reports/2006/PIP%20Bloggers%20Report%20July%2019%202006.pdf.pdf [Online].

Mamali, C. S. (1998). *The Gandhian mode of becoming*. Ahmedabad, India: Gujarat

Vidyapith.

Markus, H. R., & Kitayama, S. (1991). Culture and the self: Implications for cognition, emotion, and motivation. *Psychological Review*, 98, 224-253. doi: 10. 1037/0033-295x. 98. 2. 224

Martini, M. (1996). 'What's new?' at the dinner table: Family dynamics during mealtimes in two cultural groups in Hawaii. *Early Development and Parenting*, 5, 23-34. doi: 10. 1002/(sici)1099-0917(199603)5: 1<23:: aid-edp111>3. 0. co; 2-d

Miller, P. J. (2009). Stories have histories: Reflections on the personal in personal storytelling. *Taiwan Journal of Anthropology*, 7, 67-84.

Miller, P. J. , Fung, H. , & Mintz, J. (1996). Self-construction through narrative practices: A Chinese and American comparison of early socialization. *Ethos*, 24, 237-280. doi: 10. 1525/eth. 1996. 24. 2. 02a00020

Miller, P. J. , Sandel, T. L. , Liang, C. , & Fung, H. (2001). Narrating transgressions in Longwood: The discourses, meanings, and paradoxes of an American socializing practice. *Ethos*, 29, 159-186. doi: 10. 1525/eth. 2001. 29. 2. 159

Minami, M. , & McCabe, A. (1995). Rice balls and bear hunts: Japanese and North American family narrative patterns. *Journal of Child Language*, 22, 423-445. doi: 10. 1017/s0305000900009867

Mullen, M. K. , & Yi, S. (1995). The cultural context of talk about the past: Implications for the development of autobiographical memory. *Cognitive Development*, 10, 407-419. doi: 10. 1016/0885-2014(95)90004-7

Neisser, U. (1988). Five kinds of self-knowledge. *Philosophical Psychology*, 1, 35-59. doi: 10. 1080/09515088808572924

Nelson, K. (1993). The psychological and social origins of autobiographical memory. *Psychological Science*, 4, 7-14. doi: 10. 1111/j. 1467-9280. 1993. tb00548. x

Nelson, K. , & Fivush, R. (2004). The emergence of autobiographical memory: A social cultural developmental theory. *Psychological Review*, 111, 486-511. doi: 10. 1037/0033-295x. 111. 2. 486

Norenzayan, A. , & Heine, S. J. (2005). Psychological Universals: What Are they and how can we know?. *Psychological Bulletin*, 131, 763-784. doi: 10. 1037/0033-2909. 131. 5. 763

Pascal, R. (1960). *Design and truth in autobiography*. Cambridge, MA: Harvard University Press.

Peterson, C. , Wang, Q. , & Hou, Y. (2009). "When I was little": Childhood recollections in Chinese and European Canadian grade-school children. *Child Development*, 80,

506-518. doi: 10. 1111/j. 1467-8624. 2009. 01275. x

Pillemer, D. B. (1998). *Momentous events, vivid memories*. Cambridge, MA: Harvard University Press.

Pratt, M. , & Fiese, B. (Eds.). (2004). *Family Stories and the Life Course: Across time and generations*. Mahwah, NJ: Lawrence Erlbaum Associates.

Reese, E. , & Fivush, R. (2008). The development of collective remembering. *Memory*, 16, 201-12. doi: 10. 1080/09658210701806516

Reese, E. , Hayne, H. , & MacDonald, S. (2008). Looking back to the future: Māori and Pakeha mother-child birth stories. *Child Development*, 79, 114-125. doi: 10. 1111/j. 1467-8624. 2007. 01114. x

Rousseau, J. J. (1782/2000). *Confessions*. New York, NY: Oxford University Press.

Rui, C. (2009). *Life begins at thirty*. Beijing, China: Chinese Renmim University Press.

Schug, J. , Yuki, M. , & Maddux, W. (2010). Relational mobility explains between- and within-culture differences in self-disclosure to close friends. *Psychological Science*, 21, 1471-1478. doi: 10. 1177/0956797610382786

Shweder, R. A. , Goodnow, J. , Hatano, G. , LeVine, R. A. , Markus, H. , & Miller, P. (1998). The cultural psychology of development: One mind, many mentalities. In: W. Damon(Series Ed.), and R. M. Lerner(Vol. Ed.), *Handbook of child psychology* (5th Ed.), *Vol*. 1. *Theoretical models of human development* (pp. 865-937). New York, NY: Wiley & Sons.

Stefanone, M. A. , & Jang, C. -Y. (2008). Writing for friends and family: The interpersonal nature of blogs. *Journal of Computer-Mediated Communication*, 13, 123-40. doi: 10. 1111/j. 1083-6101. 2007. 00389. x

Stephanopoulos, G. (1999). *All too human: A political education*. New York, NY: Little, Brown and Company.

Sturrock, J. (1993). Theory versus autobiography. In: R. Folkenflik(Ed.), *The culture of autobiography* (pp. 21-37). Palo Alto, CA: Stanford University Press.

Tsethlikai, M. , & Rogoff, B. (2013). Involvement in traditional cultural practices and American Indian children's incidental recall of a folktale. *Developmental Psychology*, 49, 568-578. doi: 10. 1037/a0031308

Wang, Q. (2001a). "Did you have fun?": American and Chinese mother-child conversations about shared emotional experiences. *Cognitive Development*, 16, 693-715. doi: 10. 1016/s0885-2014(01)00055-7

Wang，Q.（2001b）. Cultural effects on adults' earliest childhood recollection and selfdescription：Implications for the relation between memory and the self. *Journal of Personality and SocialPsychology*，81，220-233. doi：10. 1037//0022-3514. 81. 2. 220

Wang，Q.（2004）. The emergence of cultural self-constructs：Autobiographical memory and self-description in European American and Chinese children. *Developmental Psychology*，40，3-15. doi：10. 1037/0012-1649. 40. 1. 3

Wang，Q.（2006a）. Culture and the development of self-knowledge. *Current Directions in Psychological Science*，15，182-187. doi：10. 1111/j. 1467-8721. 2006. 00432. x

Wang，Q.（2006b）. Earliest recollections of self and others in European American and Taiwanese young adults. *Psychological Science*，17，708-714. doi：10. 1111/j. 1467-8721. 2006. 00432. x

Wang，Q.（2006c）. Relations of maternal style and child self-concept to autobiographical memories in Chinese，Chinese immigrant，and European American 3-year-olds. *Child Development*，77，1794-1809. doi：10. 1111/j. 1467-8624. 2006. 00974. x

Wang，Q.（2007）. 'Remember when you got the big，big bulldozer?' Mother-child reminiscing over time and across cultures. *Social Cognition*，25，455-471. doi：10. 1521/soco. 2007. 25. 4. 455

Wang，Q.（2009）. Are Asians forgetful? Perception，retention，and recall in episodic remembering. *Cognition*，111，123-131. doi：10. 1016/j. cognition. 2009. 01. 004

Wang，Q.（2013）. *The autobiographical self in time and culture*. New York，NY：Oxford University Press.

Wang，Q.（2016）. Remembering the self in cultural contexts：A cultural dynamic theory of autobiographical memory. *Memory Studies*，9，295-304. doi：10. 1177/1750698016645238

Wang，Q.，& Brockmeier，J.（2002）. Autobiographical remembering as cultural practice：Understanding the interplay between memory，self and culture. *Culture & Psychology*，8，45-64. doi：10. 1177/1354067x02008001618

Wang，Q.，& Chowdhary，N.（2006）. The self. In：K. Pawlik & G. d'Ydewalle （Eds.），*Psychological concepts：An international historical perspective*（pp. 325-358）. New York，NY：Psychology Press.

Wang，Q.，& Conway，M. A.（2004）. The stories we keep：Autobiographical memory in American and Chinese middle-aged adults. *Journal of Personality*，72，911-938. doi：10. 1111/j. 0022-3506. 2004. 00285. x

Wang，Q.，& Fivush，R.（2005）. Mother-child conversations of emotionally salient events：Exploring the functions of emotional reminiscing in European American and Chinese families. *Social Development*, 14, 473-495. doi: 10. 1111/j. 1467-9507. 2005. 00312. x

Wang, Q. , Leichtman, M. D. , & Davies, K. (2000). Sharing memories and telling stories: American and Chinese mothers and their 3-year-olds. *Memory*, 8, 159-177. doi: 10. 1080/096582100387588

Wang, Q. , & Ross, M. (2007). Culture and memory. In: H. Kitayama & D. Cohen (Eds.), *Handbook of cultural psychology* (pp. 645-667). New York, NY: Guilford Publications.

Wang, Q. , & Song, Q. (2014). "Did you apologize?" Moral talk in European American and Chinese immigrant mother-child conversations of peer experiences. In: C. Wainryb & H. Recchia(Eds.), *Talkingabout right and wrong: Parent-child conversations as contexts for moral development* (pp. 217-241). New York, NY: Cambridge University Press.

Wang, X. , Bernas, R. , & Eberhard, P. (2008). Responding to children's everyday transgressions in Chinese working-class families. *Journal of Moral Education*, 37, 55-79. doi: 10. 1080/03057240701803684

Weintraub, K. J. (1975). Autobiography and historical consciousness. *Critical Inquiry*, 1, 821-848. doi: 10. 1086/447818

Wells, M. V. (2009). *The die and not decay: Autobiography and the pursuit of immorality in early China*. Ann Arbor, MI: Association for Asian Studies, Inc.

Wu, P. -Y. (1990). *The Confucian's progress: Autobiographical writings in traditional China*. Princeton, NJ: Princeton University Press.

Yagoda, B. (2009). *Memoir: A history*. New York, NY: Riverhead Books.

第三部分　协作记忆的应用

第 *18* 章
鼓励年幼儿童与其照顾者之间的协作记忆

伊莱恩·里斯(Elaine Reese)

当儿童开始说话时，照顾者和儿童之间的协作记忆几乎就开始了。大约 18 个月时，许多儿童开始在他们的谈话中提到过去(Fenson et al.，1994；另见 Fivush et al.；Haden et al.；Salmon；Wang，第 2、第 3、第 17、第 19 章)。起初，这种关于过去的讨论是粗糙的。它们由一两个词组成，通常指的是一个最近消失的物体(例如，再见，气球；Reese，1999；Sachs，1983)。然而，许多父母抓住了这些提到的东西，创造了与他们孩子的第一次回忆谈话("是的，气球飘走了。你挥手告别了吗?"Eisenberg，1985；Sachs，1983)。在接下来的几个月和几年里，这些谈话发展为对过去一年中发生事件的成熟的回忆(Hudson，1990)。在两岁半的时候，儿童很容易在与父母的谈话中提供新的记忆信息，有时甚至会用开头来引发回忆："你还记得什么时候……"到了 3.5 岁，儿童可以向一个没有参加活动的成人连贯地讲述过去事件，而成人(大多数)也能够理解发生的事情(Fivush，Haden，& Adam，1995)。本章中我的关注点是关于个人经历的成人—儿童间对话。这些对话既可以塑造又可以揭示儿童自传体记忆能力的发展(另见 Fivush et al.；Haden et al.；Salmon；Wang，第 2、第 3、第 17、第 19 章)。正如我将要说明的那样，这些关于过去经历的对话，同时塑造和揭示了儿童的互动性、社交性和情感性发展。

在 1.5 岁时，儿童能够开始谈论过去，两年之后，在 3.5 岁时，独立记忆对于儿童的自传体记忆发展以及其他成就的发展至关重要。在这两年中，父母自然会与他们年幼的孩子进行短暂但频繁的协作记忆(回忆)。在一项记录了自然条件下发生互动的研究中，欧裔美国父母和他们 3 岁的孩子以每小时五次的频率谈论过去(Mullen & Yi，1995)。接下来，我将呈现儿童安娜 1.5 岁、2.5 岁、3.5 岁时，母女两人的回忆。

安娜一岁半，跟她的妈妈一起回忆

妈妈：你能告诉妈妈我们什么时候去农场吗？

安娜：啊。

妈妈：我们在农场看到了什么？

安娜：啊，刀羊(daum)。

妈妈：小婴儿羔羊(lamb)，羊羔。聪明的女孩。

你对羔羊做了什么？(停顿)你对农场的羔羊做了什么？

安娜：啊。

妈妈：羔羊。那里有多少只羊羔？

安娜：两几(do)。

妈妈：两只(two)小羔羊。格蒂和乔治。

安娜：他。

妈妈：他们的尾巴很小，不是吗？

他们的尾巴做了什么？

安娜：摇动。

妈妈：是的，他们会一摇一摆。

安娜给了羔羊什么东西？你给了它们一个瓶子吗？

安娜：是的。

妈妈：你做到了！

瓶子里有什么？

安娜：牛奶。

妈妈：聪明的女孩。牛奶在瓶子里。

安娜：牛奶瓶。

安娜两岁半，跟她的妈妈一起回忆

妈妈：好的，那么你还记得有一次我们去罗克本。罗克本发生了一件非常特别的事。那是什么事情？你还记得谁去过罗克本吗？

安娜：不。

妈妈：谁去了罗克本？

安娜：我们。

妈妈：我们。妈妈必须做什么？

安娜：走出去。

妈妈：我必须走出去吗？

安娜：是的。

妈妈：妈妈在车里干什么？

安娜：做你的论文。

妈妈：论文。当妈妈在做论文时，爸爸和你做了什么？爸爸带你去了哪里？

安娜：到了山上。

妈妈：到了山上。聪明的女孩。山上有一些东西。

它是什么东西？特别的东西。我没有看到它。我没看到山上的东西。但你看到了。

安娜：是的。

妈妈：它是什么？一些小东西。那是什么，你还记得它们是什么吗？

安娜：不记得。

妈妈：小蜥蜴。

安娜：蜥弟（Lidards）。

妈妈：蜥蜴（Lizards）。

安娜：蜥蜴。

安娜三岁半，跟她的妈妈一起回忆

妈妈：你还记得去过摩拉基巨石吗？

安娜：不记得。

妈妈：我们在假期去了那儿，不是吗？谁去了巨石？

安娜：我们去了。

妈妈：我们去了。每个人都去了。他们喜欢什么？

安娜：我不知道。

母亲：巨石。

安娜：不，不知道。

妈妈：你不知道？

安娜：不知道。

母亲：嗯，当我们度假时摩拉基还有什么？

安娜：我不想告诉你别的事情。我睡在那张低矮的床上。

妈妈：你睡在低矮的床上。好女孩。

安娜：妮可（姐妹）睡在高的床上。

妈妈：她在高的床上睡了吗？

安娜：在我床旁边的高床上。

妈妈：对。那个房间有很多床，不是吗？

　　并非所有亲子之间的协作记忆都是这样创造的。安娜的母亲从女儿年幼时起就使用了精细的风格与女儿一起回忆（Reese & Fivush，1993；Reese，2013）。精细的回忆包括使用开放性问题("我们在农场看到了什么？谁去了罗克本？妈妈在车上做了什么？摩拉基还有什么?")，肯定("聪明的女孩。你做过!")以及对安娜初始回忆的扩充("小婴儿羔羊。瓶子里有什么?")。在安娜三岁半时，安娜的母亲问她在家庭度假时，他们看到巨石的事情时遭到了一些拒绝，她巧妙地转向了安娜更有兴趣讨论的假期的另一个方面：睡在客舱的双层床上。值得注意的是，并非所有个体都能像安娜和她的母亲一样经历如此顺利和协作的回忆过程，特别是在儿童年幼时。

从这些例子中可以很容易地看出，精细的回忆与儿童更好的记忆反应有关。这在同样的对话与不同的时间中均有所体现。实证研究也证实了这一观察结果。童年早期的精细回忆，与儿童在相同对话中提供给母亲的更多记忆信息，以及在之后提供给对话伙伴的关于过去事件的更多记忆信息有关（Farrant & Reese，2000；Haden，Ornstein，Rudek，& Cameron，2009；Reese，Haden，& Fivush，1993）。父亲只参与了很少一部亲子回忆的研究（例如，Reese & Fivush，1993；Fivush，Marin，McWilliams，& Bohanek，2009）。父亲在回忆时也表现出了与母亲相似的个体差异，但父子回忆与儿童的远程记忆之间的联系不像母子回忆与其的联系一样紧密（Haden，Haine，& Fivush，1997）。毫无疑问，对于经常参与年幼儿童回忆的主要照顾者父亲来说，这些联系会更紧密。该领域还需要解决这一重要问题。在我的总结中，我将回到亲子回忆中父亲的角色。

一、 记忆发展的理论

关于成人—儿童间回忆发展的主导理论源于维果茨基（1978）的认知发展理论（theory of cognitive development）。维果茨基提出，认知发展主要通过儿童与成人或其他更有能力的合作伙伴之间的社会互动来实现。这种支架式对话是理论的核心（参见 Fivush et al.，Haden et al.；Salmon；Wang，第2、第3、第17、第19章）。通过超出儿童目前能力水平的对话，父母和其他成人促进了儿童在认知上的进步。当这一理论应用于记忆中时，则体现在他们与幼儿谈论过去的对话中，父母开放式的问题和儿童贡献的扩展，为儿童提供了记忆的模型，并且同时鼓励儿童把记忆用语言表达出来（Fivush & Nelson，2004；Nelson & Fivush，2004；Reese et al.，1993；Reese，2002a，2002b，2009）。对儿童的记忆和语言能力敏感的精细回忆，与儿童回忆更多特定的过去事件有关（Cleveland & Reese，2005；Cleveland，Reese，& Grolnick，2007）。

在我新兴的记忆理论（emergent remembering theory）中（Reese，1999，2002a，2002b，2009；见表18-1），我提出事件的特征、儿童的特征和成人对话伙伴的特征共同促进了儿童早期记忆的保持。这些特征包括：（1）事件随时间的独特性（即事件不再重复）；（2）对儿童和照顾者来说事件的重要性，使得共同回忆更有可能发生；（3）照顾者对事件的精细的回忆，同时有助于恢复记忆以及鼓励儿童积极参与回忆，并且能够塑造日常生活中记忆的重要性；（4）儿童的高级语言水平；（5）儿童的高级自我意识。最后，关于事件、儿童和成人的这些个体差异都存在于儿童的文化背景中。在不同文化中，自传体记忆的重要性不同（参见 Nelson & Fivush，2004；Reese & Fivush，2008；Reese，Hayne，& MacDonald，2008；Wang，2013；另见 Wang，第 17 章）。在重视记忆，特别是口头记忆的文化价值观中长大的成人，会更早地出现自传体记忆（MacDonald，Uesiliana，& Hayne，2000；Wang，2001）。王（2013）观察到西方文化更有可能因为自我理解和社交联系而重视自传体记忆；而在东亚文化中，由于其强制性的家族关系，不需要为了这样的目的而使用共享记忆。因此，东亚父母与子女讨论过去的次数较少（Mullen & Yi，1995）。即使谈论，也不是那么精细地谈论（Wang，2007）。我认为事件、儿童、成人和文化的这些特征会以附加的方式起作用（见表 18-1）。向儿童呈现的特征数量越多，儿童拥有更早记忆的可能性就越大，尤其是对于那些比较独特，并且更有可能被讨论的事件的记忆。如果所有这些特征都出现在特定儿童的身上，很可能到了青春期时，这个儿童将能够回忆起童年时期更早的事件（Jack，MacDonald，Reese，& Hayne，2009；Reese，Jack，& White，2010）。请注意，母亲们确认了这些早期记忆的准确性，但记忆准确性往往不是回忆研究的重点。相反，研究主要关注的是协作记忆对儿童日益增长的自传体记忆、自我概念、叙述技巧和情感发展的贡献。因此，儿童言语记忆的数量和内容是重点，而不是准确性。

表 18-1　新兴的记忆理论：促进早期记忆的特征

事件的特征	儿童的特征	父母的特征	文化的特征
独特的不重复	在儿童早期较好的语言发展	对儿童的兴趣敏感	重视自传体记忆
对儿童意义重大	在儿童早期较好的自我意识发展	与儿童一起对儿童的个人经历进行精细的回忆	重视口头的记忆
对儿童家庭中的其他人有意义重大		与儿童一起对家族史进行精细的回忆	重视一般性记忆

二、　研究照顾者—儿童回忆和儿童发展的方法

研究照顾者—儿童的回忆（caregiver-child reminiscing）主要有两种方法：相关设计以及实验设计。相关设计捕捉照顾者和儿童间自然发生的或被引起的记忆对话。这些记忆对话发生在一个或多个时间点上。实验设计包括对成人—儿童对话的某种操纵。要么通过教给成人一种谈论过去的新方式，要么以不同的方式为成人构建对话。我将首先介绍相关研究，然后介绍实验研究。

如本章前面所述，大量的相关性研究已经探讨了父母（尤其是母亲）的精细回忆与儿童记忆贡献之间的联系。在这些相关性研究中，用录像记录父母与他们年幼的孩子在半结构化对话中的回忆，在对话中邀请他们和孩子谈论过去。在其中一些研究中，研究人员指导父母选择一种特定类型的事件来回忆，例如，过去积极或消极的事件，悲伤的、快乐的或愤怒的事件。这些回忆对话发生在一个时间点（同时发生的相关设计），或者儿童成长的几个时间点（纵向相关设

计）。通常，研究人员还独立评估儿童的语言能力和与一名研究人员的回忆，以及任何其他感兴趣的发展领域。研究发现，无论是同时发生还是随着时间的推移发生的，父母的回忆风格与儿童的记忆和其他发展都相关。为了确保任何关联对于回忆和记忆是独立的，而不仅仅是因为一些母亲和儿童比其他人说话更多并且具有更好的表达性语言技能，因而在相关分析中，儿童的语言或母亲的健谈有时是共变的。如前所述，这些研究表明，即使在儿童的语言技能和父母的教育程度共变的条件下，母亲的精细回忆与最近一段时间内母亲与孩子的对话、母亲与研究人员的对话有关（例如，Farrant & Reese，2000；Haden et al.，2009；Reese et al.，1993；Reese & Neha，2015）。这些相关研究还建立了母亲的精细回忆与儿童的语言发展（Farrant & Reese，2000；Valentino et al.，2015）、社会情感的发展（socioemotional development）（Laible，2004；Laible，Panfile Murphy，& Augustine，2013；Leyva & Nolivos，2015；Valentino et al.，2015）、自我概念（self-concept）（Bird & Reese，2006；Reese，Bird，& Tripp，2007；Valentino et al.，2014）以及压力调节（Valentino et al.，2015）之间的联系。我将简要回顾这些相关研究的结果。这些研究将精细回忆的范围扩展到记忆之外。然而，我的主要关注点是，回顾以短期实验和长期干预形式进行的、对精细回忆的实验研究，以揭示回忆对儿童发展的好处。

在短期实验研究中，儿童首先在实验室或家中体验某种新奇事件，例如参观精心装扮的动物园。研究人员随机地将儿童分配到各种回忆条件（要么是高精细度与低精细度相比，要么是精细回忆与完全没有回忆相比）。经历过事件之后，研究人员以不同的方式与儿童回忆那个事件，另一种条件则不进行回忆。一段时间之后，由不了解实验条件的研究人员对所有儿童进行言语的和非言语的记忆测试。然后根据成人的回忆风格，评估儿童对新奇事件的短期记忆。相比之下，对回忆进行干预的研究中，研究人员指导一些照顾者更精细地与儿童一起回忆，然后观察照顾者与儿童的互动以及儿童发展的长期变化。通过这些干预设计，研究人员首先收集照顾者—儿童自然出现的基线回忆。然后他们随机地将父母或老师分配到实验或控制条件。之后研究人员指导在实验条件下的照顾者与年幼的儿童进行更长时间的、更精细的回忆，时间从一个月到一年不等。控制条件下的照顾者通常参与一些其他控制活动，例如学习与儿童玩耍时做出积极响应。然后，研究人员比较了未接受任何特殊回忆指导的儿童与有回忆指导的儿童，在认知、语言和社会性情感技能等方面的差异。我接下来将回顾这些实验研究的结果。

三、 亲子协作回忆的应用

（一）儿童自传体记忆的研究结果

这项研究的大部分内容，都集中于成人进行的精细回忆对儿童自传体记忆的好处上。根据相关研究的结果，研究人员进行了短期实验并且采取了干预措施，以考察精细回忆对儿童言语和非言语记忆的影响，并发现了潜在的机制。短期实验都是让儿童去体验一个新奇事件。与自然条件下发生的事件相比，这一程序在检验儿童记忆准确性方面具有明显优势。麦圭根和萨蒙（2004，2006）编造了一个精心设计的动物园事件，在这个事件中，让学龄前儿童以一系列复杂的、不同寻常的动作与毛绒动物和道具互动（例如，通过用纸巾擦她的鼻子来照看生病的考拉）。儿童随机参加了四种条件中的一种：（1）在事件前进行交谈，在这个条件下，研究人员预先 2～3 天向他们介绍了事件；（2）在事件期间进行交谈，在这个条件下，研究人员在儿童经历事件时与他们交谈；（3）在事件后进行交谈，在这个条件下，研究人员在 2～3 天之后与他们谈论事件；或者（4）不涉及事件的交谈，在这个条件下，研究人员在事件期间与儿童交谈，但谈话没有任何内容（例如，现在我希望你这样做）。在事件前和事件后的交谈条件下，研究人员也在事件期间对儿童进行不涉及事件的交谈。事件后的交谈条件类似于父母的精细回忆。两周后，没参加前期实验的研究人员测试了儿童对动物园事件的言语和非言语记忆。学龄前儿童在事件后交谈（精细的回忆）的条件下，表现出更准确、更大量的言语记忆和更好的非言语记忆。在短期实验的另一个例子中，赫德里克、黑登和奥恩施泰因（2009）在家中为学龄前儿童举办了一次新颖的露营活动。伴随着研究人员的引导谈话，儿童参与了四个条件中的一个：（1）在事件期间和事件后进行高精细度谈话；（2）事件期间的高精细度和事件后低精细度谈话；（3）事件期间低精细度和事件后高精细度谈话；（4）事件期间和事件后低精细度谈话。正如预期的那样，参与事件期间和事件后高精细度谈话的儿童，三周后，对露营事件表现出了最高水平的、准确的语言回忆。有迹象表明，事件期间的精细谈话比事件后的精细谈话，对儿童的回忆更有益。这一发现与麦圭根和萨蒙（2004）的研究结果不同。显然，在事件期间（精细的编码）和事件后（精细的回忆）的精细谈话对于儿童的记忆非常重要。在日常生活中，那些在回忆中比较精细的母亲也可能在事件期间进行更精细地谈话（参见 Haden & Fivush，1996）。正是这种双倍量的精细创造了最有力量的记忆（Hedrick et al.，2009）。赫德里克等人认为，精细的回忆谈话有助于巩固精细编码对记忆的影响，从而增强了事件期间精细谈话的效果。

当然，精细的回忆不仅仅是对事件事实的回忆，也涉及亲子间对事件的主观看法（subjective perspectives）。因此，范伯根和萨蒙（2010）创造了一个新版本的动物园范式。在这个范式中，操纵事件发生两天后回忆谈话的情感性内容（例如，猴子对某件事感到非常兴奋；你还记得那件事是什么吗？）。相比无情感性内容的精细回忆条件，体验过高情感性内容精细回忆的儿童，在两周的记忆测试中回忆出更多的内容。至关重要的是，这种对情感性内容的记忆优势并非特定于情感性内容：不仅包括回忆中的情感性内容，而且延伸到了事件非情感性方面的内容。

这些短期实验的结果与对母亲和学龄前儿童的精细回忆进行干预的研究结果在很多方面非常相似。在第一次对母亲精细回忆进行的大规模干预研究中，里安农·纽科姆（Rhiannon Newcombe）和我首次考察了 100 多位母亲和她们 19 个月大的儿童之间的精细回忆。这是儿童提到过去的起始年龄（Reese & Newcombe，2007）。我们还通过自我识别的镜子测试，来评估儿童的自我意识。在这个测试中，我们偷偷地用蓝色面漆涂在儿童的鼻子上，然后让儿童站在镜子前面。一般认为那些触摸自己的鼻子而不是触摸镜像的儿童，拥有了对自我的表征。基线测试之后，我们随机地将一半的母亲分配到精细回忆条件。在这种条件下，我们指导母亲在下一年间与他们的幼儿进行更精细地、更灵敏地回忆。在这一年间，我们会不断地探访对照组的母亲，并且关注儿童的语言和记忆发展，但对照组并没有让母亲们参与回忆。当儿童们 2 岁时，与对照组中的母亲和儿童相比，精细回忆条件下的母亲会与他们的儿童进行更精细地回忆，他们的孩子在同样的谈话中产生了更多的记忆信息。在 3.5 岁时，干预条件下的儿童给研究人员提供了大量准确的对于过去事件的的描述，但前提是在干预开始时，他们在镜像任务中表现出了更高水平的自我认知。这一发现强调了儿童的发展水平对于精细回忆的重要性（最有可能的是，在儿童形成自我概念来附加这些记忆之前，儿童的自传体记忆不能从精细回忆中受益（参见 Howe & Courage，1993）。大多数儿童在 15 到 24 个月之间形成了一种客体我概念（Lewis & Brooks-Gunn，1979）。因此在 2 岁后，精细回忆更有可能增强儿童的记忆。

与短期实验研究一样，精细回忆的情感性内容也是重要的。在里斯和纽科姆（2007）的干预性研究中，没有明确指导母亲进行情感性回忆。有三项干预研究明确指导母亲在精细回忆中提及情感（Valentino, Comas, Nuttall, & Thomas, 2013；Salmon, Dadds, Allen, & Hawes, 2009；Van Bergen, Salmon, Dadds, & Allen, 2009）。研究发现，儿童的自传体记忆与母亲之间存在显著的联系。所有这三项研究都指出了精细的、情感性的回忆对儿童整体的言语性记忆有促进作用，尤其能促进在后来与母亲交谈时他们的情绪参照，尽管这种影响没有延续到六个月后的回忆测验中（Van Bergen et al.）。虽然短期实验研究证明了对特定事件记忆的短期好处，但儿童需要更长时间才能内化母亲的回忆风格，并将其应用于新事件中。这两项干预研究表明，儿童能够独立回忆的时间至少延迟了一年（Peterson et al.，1999；Reese & Newcombe, 2007）。此外，这两项干预研究还为母亲提供了更长时间的回忆训练（虽然不一定是更强的"程度"）。彼得森等人的培训课程，在这一年中每两个月进行一次；而里斯和纽科姆的培训课程，则一年内进行三次；相比之下，范伯根等人研究中的训练则是一个月四次课程。也许是回忆训练课程的间隔，而不完全是精细回忆的强度促进了儿童的独立记忆。

精细回忆对于儿童记忆的最后一个关键维度，是照顾者进行精细谈话时的灵敏性。相关研究表明，当母亲们给孩子提供的支持更具有自主性（也就是说，在回忆中她们追随儿童们的兴趣）并且同时进行精细的谈话时，儿童能够在分享对话时回忆起最多的信息（Cleveland & Reese, 2005）。卡利夫兰和莫里斯（Cleveland & Morris, 2014）进行了一项干预研究，以继续探讨这一发现。在这一研究中，他们指导母亲在动物园事件中观察儿童后，以更自主的、支持的方式，或精细的方式去回忆。自主支持性训练的关注点是，引出儿童对动物园事件的看法。精细训练的关注点是，提供丰富的线索，以引起儿童对事件的记忆，而不对儿童的观点进行敏感的回应。结果发现，在事件发生两周后与研究人员一起回忆时，精细条件下的儿童回忆得更好；而在事件发生八个月后，与仅处于精细条件下的儿童相比，自主支持性条件下的儿童更加投入，并且产生了更好的回忆。因此，精细的结构加上灵敏的反应，可能对促进儿童自传体记忆的效果最好。仅有精细结构并没有为儿童带来远程记忆的好处，但这一结果需要在其他长期实验研究中进行重复验证。

（二）儿童口语技能的研究结果

精细回忆的好处并不局限于自传体记忆。对父母进行干预的几项研究评估了儿童的口语能力（oral language skills），如儿童的词汇习得、故事理解和叙述技能。这些口语技能（oral language skills）与儿童之后的阅读和学业成就至关重要（Dickinson，Tabors，& Snow，2001；Reese，Suggate，Long，& Schaughency，2010；见 Shanahan & Lonigan，2010）。在第一项研究中，当孩子三岁半时，一些低收入的加拿大母亲参加了一项精细回忆训练（鼓励开放式问题，特别是关于事件背景的问题）（Peterson，Jesso，& McCabe，1999）。经过一年的干预，与无处理的对照组儿童相比，干预组儿童接纳词汇的得分更高。一年后，当儿童五岁半时，与对照组儿童相比，他们给研究人员提供了更高水平的个人叙事。他们的叙述总体上更长，而且包括更多关于时间和地点的背景信息。之前在"对儿童自传体记忆的影响"这一部分中讨论的里斯和纽科姆（2007）的研究，重复了精细回忆对儿童叙述技能的有利地方。干预结束的一年后，相比对照组的儿童，实验组的儿童在个人叙事中包括了更多的动作（动词）。另一项对低收入父母的干预研究，比较了精细回忆和精细的书籍阅读条件（对话阅读）对入学准备状态儿童的影响（Reese，Leyva，Sparks，& Grolnick，2010）。在 6 个月的干预结束时，两种条件下的儿童词汇量没有差异；然而，处于精细回忆条件下的儿童，运用了更高级的叙述技能，重新讲述了他们从书中听到的故事。这些高级叙述技能包括，对话的使用，时间因果术语还有内心状态（例如，思考、生气的、决定）的描述。精细回忆小组中的儿童，也比精细读书小组中的儿童，对故事有更高水平的理解。我们怀疑，在这个低收入母亲的多元化群体中，对于她们来说，相比共享的书籍阅读，回忆是一种更为自然的活动。值得注意的是，由于日程安排的困难，本研究中的培训仅限于一次课程。相比中产阶级家庭，给低收入家庭进行记忆培训更具有挑战性，但这些培训仍然为儿童带来了好处。

总的来说，这些结果表明，对个人经历进行精细回忆，有助于儿童在长时间内构建更详细的叙述。这些影响并不仅仅局限于个人叙事，它们还扩展到儿童对故事书的叙述中。此外，这些影响对于来自不同文化和社会经济背景的儿童来说，都是显而易见的。然而，对于精细回忆能够帮助儿童提高词汇量这个说法，并没有明显的证据能被提供。也许是因为在回忆时，即使是精细回忆条件下，这个领域并不存在足够的新词来帮助儿童。与儿童进行的其他对话，例如在共享的书籍阅读中发生的对话，对于提高儿童的词汇量则非常有效（参见 Reese，2012 年的评论）。最有可能的是，回忆对儿童词汇量的影响取决于对话中词汇的多样性，但人们尚未在话语的这一水平下，对回忆谈话进行研究（见 Rowe，2012）。

（三）儿童对心理状态理解的研究结果

儿童对自己和他人的心理状态（包括愿望、信念、认知和情感）的理解（mental state

understanding)能力，对于他们社会情感的发展至关重要(Denham et al.，2003)。对内心的理解涉及较为广泛的能力，包括儿童理解错误信念的能力，以及理解他们情感知识的能力(Pons，Harris，& de Rosnay，2004)。因为回忆需要讨论儿童和他人的心理状态，所以它是一种训练儿童理解思想和情感的机会(Reese & Cleveland，2006；Van Bergen et al.，2009)。儿童讨论自己过去的情感状态可能对他们理解情感非常有帮助，因为他们在讨论过去的时候，不再处于压力之中(Fivush，1993)。幸运的是，研究现在开始探讨精细回忆对儿童理解心理状态的好处。第一项表明这种好处的研究是范伯根等人(2009)的研究。研究人员指导实验组中学龄前儿童的父母进行精细的、情感丰富的回忆，其中包括对过去情感的原因和后果的讨论。研究人员指导对照组儿童的父母参与儿童主导的游戏，在游戏中他们配合儿童的兴趣。在干预阶段之后，实验组的儿童在与母亲回忆时更多地谈论了情感。更重要的是，在干预结束6个月后，实验组儿童在情感理解的独立测试中也表现出更高水平的情感知识。萨蒙及其同事将这种设计扩展到了母亲以及有反抗行为的儿童样本中(Salmon，Dadds，Allen，& Hawes，2009)。除了为实验组提供精细的、情感性回忆训练，以及为对照组提供儿童主导的游戏训练外，还向实验组和对照组的父母进行管理培训(参见 Salmon，Dittman，Sanders，Burson，& Hammington，2014)。在干预阶段结束之后，与对照组儿童相比，实验组儿童更多地与母亲提到感情性的东西。通过相似的方式，华伦天奴(Valentino)等人(2013)指导低收入的、有施虐情况的母亲参与更精细和富有情感的回忆，发现与对照组的施虐母亲以及她们的孩子相比，这类儿童在与他们的母亲一起回忆时，情感性谈话受到了短期影响。虽然萨蒙等人及华伦天奴等人的研究都不包括长时间间隔的后测或是情感知识评估，但它们也比较引人注目，因为它们都是对临床的、高风险的样本的研究(参见 Salmon，第19章)。因此，可以教导临床样本中的母亲，以更精细和情感性的方式与她们的孩子进行回忆，从而有利于儿童与母亲的情感交谈。然而，临床样本进行精细的、情感性回忆的远程效果尚未确定。

在唯一一项关注儿童对心理理解的回忆干预研究中，陶莫佩奥和里斯(2013)发现，用与里斯和纽科姆(2007)研究中相同的样本进行精细的回忆，也促进了儿童心智理论的发展。这个研究中的心智理论是一个合成的变量，包含了儿童的错误信念以及他们对知识起源的理解。具体而言，与语言水平较低且母亲在控制组的儿童相比，那些语言水平较低且与母亲进行精细回忆的儿童，在3.5岁时表现出了更好的心智理论。事实上，在3.5岁时，语言水平原本较低的但参与了精细回忆的儿童，其心智理论水平与原本语言水平较高的但没有参加精细回忆的儿童相当。

因此，精细的、富有情感的回忆可以促进儿童与母亲的情感交谈，促进儿童对情感的理解，促进儿童的心智理论水平提高。对心智理论的影响仅限于语言水平较低的儿童，说明了一种缓冲效应。然而，这一效应显著存在于社会经济和风险水平不同的样本中。这再次表明，对于来自各种背景的母亲来说，回忆是可以传授的。增加灵敏的精细回忆，无疑对风险样本具有长期积极的重要影响。目前，我们还尚未确定精细回忆对儿童心理状态理解的积极影响。

四、 精细回忆的机制

从这些实验研究中可以清楚地看出，精细回忆可以支持儿童各个领域的发展，特别是在记忆、叙述和情感理解方面。然而，主要的问题是，这是如何发生的？精细回忆发挥作用的机制是什么？从理论上说，有多种因素发挥着作用：首要的是，成人精细的话语为儿童提供了丰富的线索来唤起记忆。但并不是成人的陈述与儿童的记忆有关；而似乎是成人对事件开放的、精细的问题，对年幼儿童的回忆最有效（例如，"我们在动物园看到了什么动物"，Farrant & Reese，2000；Haden，1998；Reese & Newcombe，2007）。这些包含了新信息的开放性问题，鼓励儿童将他们的经历转化成文字。仅仅是这种表露他们记忆的行为，就会促使儿童形成对事件更丰富的表征。此外，提及情感性内容的精细回忆，能创造更强的记忆，并且能增加情感知识。最后，精细回忆以连贯的叙述形式呈现事件，从而形成了一种整合的、并且有因果关系的描述。这种描述进一步增强了记忆（和叙述）。对于幼年时期语言技能以及自我意识能力水平较高的儿童来说，这些精细回忆的效应会增强他们的记忆。在经典的"丰富的会变得更丰富"的效应中，具有更好语言技能和自我概念能力的儿童，似乎能够更好地利用精细回忆来加强他们的自传体记忆。

然而，有限的证据表明，精细回忆对儿童理解不同心理状态的能力具有减缓，而不是增强的效应（Taumoepeau & Reese，2013）。语言水平较低的儿童的心理理论从精细回忆中受益最多。这一发现与心理理论文献中其他减缓效应一致。例如，有兄弟姐妹的儿童只有在语言能力较低时，才能表现出高级的心理理论（Jenkins & Astington，1996）。相反，无论他们的家庭情况如何，语言水平较高的儿童都表现出了高级的心理理论。最有可能的是，对于语言水平较低的儿童来说，精细回忆的对话发生在他们理解内心状态的关键时刻，从而使他们能够更好地理解自己以及别人的观点（见 Taumoepeau & Reese，2013）。如果干预措施在这之后开始，例如，在儿童三岁半时，这时他们的语言水平更高了，我们可能就不会发现其对心理理论的影响。

因此，这一次回顾的主要结论是，每天通过自然的或实验的方式体验精细回忆的儿童，能够以更详细的方式记住和叙述他们的经历，并且对情感和其他心理状态有更深入的理解。但有一个问题是，如果没有合作，这些影响是否能够发生。例如，对于成人来说，只需要思考最近学到的信息（以测验的形式），就可以增强回忆（Roediger & Karpicke，2006）。对于成人而言，写一篇关于过去的困难事件的文章具有情感上的好处（参见 Fivush，Marin，Crawford，Reynolds，& Brewin，2007；Pennebaker，1997）。我认为成人—儿童回忆的协作性质对于年幼儿童体验其语言和情感优势至关重要。在大约三岁半之前，儿童还不能独立完成对过去事件连贯的叙述（Farrant & Reese，2000）。成人的个人回忆可以通过合作被增强或削弱（Rajaram，2011），但对于年幼儿童来说，在不与成人合作的情况下，非常年幼的儿童几乎不能进行言语回忆。当然，现实中引起回忆的物体可以给非言语性的记忆提供线索，即使对婴儿来说也是如此（Hayne & Rovee-Collier，1995）。然而，直到学龄期前后，这些物体才能够帮助儿童进行言语回忆（在 Salmon，Bidrose，& Pipe，1995 年的研究中认为是五岁）。因此，成人—儿童回忆，以及儿童语言技能和自我意识的发展，有助于童年早期记忆的言语表达（例如，Reese，2002a）。协作回忆的有利影响并不仅仅是因为它是父母与儿童之间一对一的互动。范伯根等人（2009）的研究表明，当训练父母在与儿童一对一的互动中保持温暖和回应性时，并没有出现精细回忆对记忆或情感的有益影响，里斯等人（2010）的研究表明，在一对一的书籍阅读互动中，培训了的父母也没有产生精细回忆对叙事的有益影响。然而，我们需要对对照组进行更多研究，以便完全了解回忆产生的独特益处。

五、 结束语

精细回忆的实验研究中得出的，对于儿童的记忆、叙述和情感理解的结果，是明确且一致的，但它们在其他领域的结果尚不清楚。通过关注儿童的个人经历，精细回忆也应该能够帮助儿童创造更强大、更精细的自我概念。实际上，相关研究一致地表明了，精细回忆、自我概念（Bird & Reese，2006；Reese，Bird，& Tripp，2007；Song & Wang，2013；Valentino et al.，2014）、以及自我调节（Leyva & Nolivos，2015）之间的联系，但研究人员尚未通过实验方法证明这一结果。我目前正在对母亲参与精细回忆的儿童进行青少年期追踪研究（Reese & Newcombe，2007），以检验这种可能性。

精细回忆研究令人兴奋的新方向是，它在幼儿对于压力的生理调节中发挥的作用。华伦天奴等人（2015）的研究表明，在对施虐的母亲进行干预研究的基线阶段，精细回忆与儿童当天的皮质醇下降有关。皮质醇是压力调节的一个指标。这一研究的干预阶段将揭示，精细回忆对儿童应对压力时生理调节的影响。这种调节对儿童的行为和情感功能至关重要。

目前关于精细回忆对儿童词汇技能的影响效应的研究结果并不统一。一些实验研究发现了这种效应（Peterson et al.，1999）；而另一些研究则没有发现（Reese et al.，2010；Taumoepeau & Reese，2013）。一些操纵词汇多样性以及不同年龄、不同语言水平的儿童进行精细回忆形式的短期实验研究，将有助于明确这种效应。对自然条件下回忆的词汇内容进行深入的话语分析，也可以支持这些观点。我推测，只有当成人在回忆时使用了不常见的词汇，特别是当他们以开放式问题的形式呈现这些新词时，精细回忆才会有助于儿童词汇量的增加。这些发现将成人—儿童书籍阅读的作用，在儿童的词汇习得中进行了呼应。然而，共享的书籍阅读根本上可能更有利于提高词汇量，因为它拥有图片并伴随着成人的解读，因此存在内在优势（见 Reese，2015）。

与描绘他人经历的全彩图画书的对话形成鲜明对比的是，精细回忆鼓励儿童通过同伴的话语帮助，来使他们自己的经历形象化。这种活动对儿童的认知要求要高得多。事实上，相关研究表明，精细回忆与儿童的高级象征技能有关，包括他们对印刷字体的概念，还有他们对语音的意识（Reese，1995；Leyva，Reese，& Wiser，2012；Leyva，Sparks，& Reese，2012）。干预研究尚未表明精细回忆对象征技能的影响。这些影响可能源于第三个变量，例如母亲在一系列背景下的复杂谈话促进了抽象思维。然而，我们确实知道精细回忆能够有助于儿童的口语叙述技能，这对他们之后的阅读技能至关重要（Reese et al.，2010）。具有更好的口头语言技能的儿童更善于理解他们在小学后期阅读到的内容（Dickinson et al.，2001）。在我进行的对青少年样本的追踪调查中（Reese & Newcombe，2007），我将评估青少年的阅读理解以检验这种精细回忆的长期效果。我希望正在进行纵向回忆干预研究的其他研究人员也这样做。关于精细回忆对儿童象征技能影响的短期实验研究也在有序进行。

最后，是时候将协作回忆干预扩展到对年龄较大儿童和青少年的影响方面了。在相关研究中发现，父母的精细回忆与青少年的幸福感有关（例如，Fivus et al.，2009），但我们还没有这种效应的实验证据。接下来，我对青少年样本的追踪调查将去检验这一效应。

现在也是时候将研究扩展到与父亲、同龄人、祖父母和老师的协作回忆等方面了。在不同情况下，与母亲之外的同伴一起回忆，可能会出现与主要照顾者母亲不同的效果。除了母亲，在家庭以外的环境中，以及与年龄较大的其他人一起回忆，可能对促进儿童的心理理论、自我调节和亲社会行为的发展更加有效。这些合作伙伴可能很难回忆出早年的共享经历，但我认为，非共享经历的回忆对儿童的记忆和他们的发展也很重要（见表 18-1）。例如，祖父母在回忆时可以引用家族历史的特殊知识。尽管对于教师来说，与个别儿童深入讨论这些经历的机会可能有限，但在回忆时，教师有大量的课堂社会经历，以及许多儿童的同龄人闯祸的信息，来与儿童进行讨论。在青春期时，同龄人和兄弟姐妹成为回忆共享和非共享经历越来越重要的同伴，但我们几乎不知道同龄人和兄弟姐妹的回忆如何影响青少年的发展。自从三十年前首次考察与儿童谈论过去的研究开始，协作回忆这一领域已经走过了漫长的道路。令人兴奋的是，仍有大量未知领域需要探索。

参考文献

Bird，A.，& Reese，E.（2006）. Emotional reminiscing and the development of an autobiographical self. *Developmental Psychology*，42，613-626. doi：10.1037/0012-1649.42.4.613

Cleveland，E. S.，& Morris，A.（2014）. Autonomy support and structure enhance children's memory and motivation to reminisce：A parental training study. *Journal of Cognition and Development*，15，414-436. doi：10.1080/15248372.2012.742901

Cleveland，E.，& Reese，E.（2005）. Maternal structure and autonomy support in conversations about the past：Contributions to children's autobiographical memory. *Developmental Psychology*，41，376-388. doi：10.1037/0012-1649.41.2.376

Cleveland，E. S.，Reese，E.，& Grolnick，W.（2007）. Children's engagement and competence in personal recollection：Effects of parents' reminiscing goals. *Journal of*

Experimental Child Psychology, 96, 131-149. doi: 10.1016/j. jecp. 2006.09.003

Denham, S. A., Blair, K. A., DeMulder, E., Levitas, J., Sawyer, K., Auerbach-Major, S., & Queenan, P. (2003). Preschool emotional competence: Pathway to social competence? *Child Development*, 74, 238-256. doi: 10.1111/1467-8624.00533

Dickinson, D. K., Tabors, P. O., & Snow, C. E. (2001). *Beginning literacy with language: Young children learning at home and school*. Baltimore, MD: Paul Brookes Publishing.

Eisenberg, A. R. (1985). Learning to describe past experiences in conversation. *Discourse Processes*, 8, 177-204. doi: 10.1080/01638538509544613

Farrant, K., & Reese, E. (2000). Maternal style and children's participation in reminiscing: Stepping stones in autobiographical memory development. *Journal of Cognition and Development*, 1, 193-225. doi: 10.1207/s15327647jcd010203

Fenson, L., Dale, P. S., Reznick, J. S., Bates, E., Thal, D. J., Pethick, S. J., … Stiles, J. (1994). Variability in early communicative development. *Monographs of the Society for Research in Child Development*, 59, 1-185. doi: 10.2307/1166093

Fivush, R. (1993). Emotional content of parent-child conversations about the past. In: C. A. Nelson(Ed.), *The Minnesota symposium on child psychology: Memory and affect in development* (pp. 39-77). Hillsdale, NJ: Erlbaum.

Fivush, R., Haden, C., & Adam, S. (1995). Structure and coherence of preschoolers' personal narratives over time: Implications for childhood amnesia. *Journal of Experimental Child Psychology*, 60, 32-56. doi: 10.1006/jecp. 1995.1030

Fivush, R., Marin, K., Crawford, M., Reynolds, M., & Brewin, C. R. (2007). Children's narratives and well-being. *Cognition and Emotion*, 21, 1414-1434. doi: 10.1080/02699930601109531

Fivush, R., Marin, K., McWilliams, K., & Bohanek, J. G. (2009). Family reminiscing style: Parent gender and emotional focus in relation to child well-being. *Journal of Cognition and Development*, 10, 210-235. doi: 10.1080/15248370903155866

Fivush, R., & Nelson, K. (2004). Culture and language in the emergence of autobiographical memory. *Psychological Science*, 15, 573-7. doi: 10.1111/j. 0956-7976. 2004.00722. x

Haden, C. A. (1998). Reminiscing with different children: Relating maternal stylistic consistency and sibling similarity in talk about the past. *Developmental Psychology*, 34, 99-114. doi: 10.1037//0012-1649. 34.1.99

Haden, C. A., & Fivush, R. (1996). Contextual variation in maternal conversational styles. *Merrill-Palmer Quarterly*，42，200-227.

Haden，C. A. ，Haine，R. A. ，& Fivush，R. (1997). Developing narrative structure in parent-child reminiscing across the preschool years. *Developmental Psychology*，33，295. doi：10. 1037//0012-1649. 33. 2. 295

Haden，C. A. ，Ornstein，P. A. ，Rudek，D. J. ，& Cameron，D. (2009). Reminiscing in the early years：Patterns of maternal elaborativeness and children's remembering. *International Journal of BehavioralDevelopment*，33，118-130. doi：10. 1177/0165025408098038

Hayne，H. ，& Rovee-Collier，C. (1995). The organization of reactivated memory in infancy. *Child Development*，66，893-906. doi：10. 1111/j. 1467-8624. 1995. tb00912. x

Hedrick，A. M. ，Haden，C. A. ，& Ornstein，P. A. (2009). Elaborative talk during and after an event：Conversational style influences children's memory reports. *Journal of Cognition and Development*，10，188-209. doi：10. 1080/15248370903155841

Howe，M. L. ，& Courage，M. L. (1993). On resolving the enigma of infantile amnesia. *Psychological Bulletin*，113，305-326. doi：10. 1037//0033-2909. 113. 2. 305

Hudson，J. A. (1990). The emergence of autobiographical memory in mother-child conversation.

In：R. Fivush，& J. A. Hudson (Eds.)，*Knowing and remembering in young children* (Vol. 3). New York，NY：Cambridge University Press.

Jack，F. ，MacDonald，S. ，Reese，E. ，& Hayne，H. (2009). Maternal reminiscing style during early childhood predicts the age of adolescents' earliest memories. *Child Development*，80，496-505. doi：10. 1111/j. 1467-8624. 2009. 01274. x

Jenkins，J. M. ，& Astington，J. W. (1996). Cognitive factors and family structure associated with theory of mind development in young children. *Developmental Psychology*，32，70-78. doi：10. 1037//0012-1649. 32. 1. 70

Laible，D. (2004). Mother-child discourse in two contexts：links with child temperament，attachment security，and socioemotional competence. *Developmental Psychology*，40，979-92. doi：10. 1037/0012-1649. 40. 6. 979

Laible，D. ，Panfile Murphy，T. ，& Augustine，M. (2013). Constructing emotional and relational understanding：The role of mother-child reminiscing about negatively valenced events. *SocialDevelopment*，22，300-318. doi：10. 1111/sode. 12022

Lewis，M. ，& Brooks-Gunn，J. (1979). *Social cognition and the acquisition of self*. New York，NY：Plenum Press.

Leyva，D. ，& Nolivos，V. (2015). Chilean family reminiscing about emotions and its relation to children's selfregulation skills. *Early Education and Development*，26，770-

791. doi：10. 1080/10409289. 2015. 1037625

Leyva，D.，Reese，E.，& Wiser，M.（2012）. Early understanding of the functions of print：Parent-child interaction and preschoolers' notating skills. *First Language*，32，301-323. doi：10. 1177/0142723711410793

Leyva，D.，Sparks，A.，& Reese，E.（2012）. The link between preschoolers' phonological awareness and mothers' book-reading and reminiscing practices in low-income families. *Journal of Literacy Research*，44，426-447. doi：10. 1177/1086296x12460040

MacDonald，S.，Uesiliana，K.，& Hayne，H.（2000）. Cross-cultural and gender differences in childhood amnesia. *Memory*，8，365-376. doi：10. 1080/09658210050156822

McGuigan，F.，& Salmon，K.（2004）. The time to talk：The influence of the timing of adult-child talk on children's event memory. *Child Development*，75，669-686. doi：10. 1111/j. 1467-8624. 2004. 00700. x

McGuigan，F.，& Salmon，K.（2006）. The influence of talking on showing and telling：adult-child talk and children's verbal and nonverbal event recall. *Applied Cognitive Psychology*，20，365-381. doi：10. 1002/acp. 1183

Mullen，M. K.，& Yi，S.（1995）. The cultural context of talk about the past：Implications for the development of autobiographical memory. *Cognitive Development*，10，407-419. doi：10. 1016/0885-2014(95)90004-7

Nelson，K.，& Fivush，R.（2004）. The emergence of autobiographical memory：A social cultural developmental theory. *Psychological Review*，111，486-511. doi：10. 1037/0033-295x. 111. 2. 486

Pennebaker，J. W.（1997）. Writing about emotional experiences as a therapeutic process. *Psychological Science*，8，162-166. doi：10. 1111/j. 1467-9280. 1997. tb00403. x

Peterson，C.，Jesso，B.，& McCabe，A.（1999）. Encouraging narratives in preschoolers：An intervention study. *Journal of Child Language*，26，49-67. doi：10. 1017/s0305000998003651

Pons，F.，Harris，P. L.，& de Rosnay，M.（2004）. Emotion comprehension between 3 and 11 years：Developmental periods and hierarchical organization. *European Journal of Developmental Psychology*，1，127-152. doi：10. 1080/17405620344000022

Rajaram，S.（2011）. Collaboration both hurts and helps memory：A cognitive perspective. *Current Directions in Psychological Science*，20，76-81. doi：10. 1177/0963721411403251

Reese，E.（1995）. Predicting children's literacy from mother-child conversations. *Cognitive Development*，10，381-405. doi：10. 1016/0885-2014(95)90003-9

Reese，E.（1999）. What children say when they talk about the past. *Narrative Inquiry*，

9，215-242. doi：10.1075/ni. 9. 2. 02ree

Reese，E.（2002a）. A model of the origins of autobiographical memory. In：J. W. Fagen & H. Hayne（Eds.），*Progress in Infancy Research*，*Vol.* 2（pp. 215-260）. Mahwah，NJ：Erlbaum.

Reese，E.（2002b）. Social factors in the development of autobiographical memory：The state of the art. *Social Development*，11，124-142. doi：10.1111/1467-9507. 00190

Reese，E.（2009）. Development of autobiographical memory：Origins and consequences. In：P. Bauer（Ed.），*Advances in Child Development and Behavior*，*Vol.* 37（pp. 145-200）. Amsterdam，the

Netherlands：Elsevier. Reese，E.（2012）. The tyranny of shared book-reading. In：S. Suggate & E. Reese（Eds.），*ContemporaryDebates in Childhood Education and Development* （pp. 59-68）. Oxford，UK：Routledge.

Reese，E.（2013）. *Tell me a story：Sharing stories to enrich your child's world.* New York，NY：Oxford University Press.

Reese，E.（2015）. What good is a picturebook? Developing children's oral language and literacy through shared picturebook reading. In：B. Kummerling-Meibauer，J. Meibauer，K. Nachtigaller，& K. Rohlfing（Eds.），*Learning from picturebooks.* New York，NY：Routledge.

Reese，E.，Bird，A.，& Tripp，G.（2007）. Children's self-esteem and moral self：Links to parent-child conversations about emotion. *Social Development*，16，460-478. doi：10.1111/j. 1467-9507. 2007. 00393. x

Reese，E.，& Cleveland，E.（2006）. Mother-child reminiscing and children's understanding of mind. *Merrill-Palmer Quarterly*，52，17-43. doi：10.1353/mpq. 2006. 0007

Reese，E.，& Fivush，R.（1993）. Parental styles of talking about the past. *Developmental Psychology*，29，596-606. doi：10.1037//0012-1649. 29. 3. 596

Reese，E.，& Fivush，R.（2008）. The development of collective remembering. *Memory*，16，201-12. doi：10.1080/09658210701806516

Reese，E.，Haden，C. A.，& Fivush，R.（1993）. Mother-child conversations about the past：Relationships of style and memory over time. *Cognitive Development*，8，403-442. doi：10.1016/s0885-2014(05)80002-4

Reese，E.，Hayne，H.，& MacDonald，S.（2008）. Looking back to the future：Māori and Pakeha mother-child birth stories. *Child Development*，79，114-125. doi：10.1111/j. 1467-8624. 2007. 01114. x

Reese，E.，Jack，F.，& White，N.（2010）. Origins of adolescents' autobiographical memories. *Cognitive Development*, 25, 352-367. doi: 10. 1016/j. cogdev. 2010. 08. 006

Reese, E., Leyva, D., Sparks, A., & Grolnick, W. (2010). Maternal elaborative reminiscing increases lowincome children's narrative skills relative to dialogic reading. *Early Education & Development*, 21, 318-342. doi: 10. 1080/10409289. 2010. 481552

Reese, E., & Neha, T. (2015). Let's kōrero (talk): The practice and functions of reminiscing among mothers and children in Māori families. *Memory*, 23, 99-110. doi: 10. 1080/09658211. 2014. 929705

Reese, E., & Newcombe, R. (2007). Training mothers in elaborative reminiscing enhances children's autobiographical memory and narrative. *Child Development*, 78, 1153-1170. doi: 10. 1111/j. 1467-8624. 2007. 01058. x

Reese, E., Suggate, S., Long, J., & Schaughency, E. (2010). Children's oral narrative and reading skills in the first three years of instruction. *Reading and Writing: An Interdisciplinary Journal*, 23, 627-644. doi: 10. 1007/s11145-009-9175-9

Roediger, H. L., & Karpicke, J. D. (2006). Test-enhanced learning taking memory tests improves long-term retention. *Psychological Science*, 17, 249-255. doi: 10. 1111/j. 1467-9280. 2006. 01693. x

Rowe, M. L. (2012). A longitudinal investigation of the role of quantity and quality of child-directed speech in vocabulary development. *Child Development*, 83, 1762-1774. doi: 10. 1111/j. 1467-8624. 2012. 01805. x

Sachs, J. (1983). Talking about the there and then: The emergence of displaced reference in parent-child discourse. *Children's Language*, 4, 1-28.

Salmon, K., Bidrose, S., & Pipe, M. E. (1995). Providing props to facilitate children's event reports: A comparison of toys and real items. *Journal of Experimental Child Psychology*, 60, 174-194. doi: 10. 1006/jecp. 1995. 1037

Salmon, K., Dadds, M. R., Allen, J., & Hawes, D. J. (2009). Can emotional language skills be taught during parent training for conduct problem children? *Child Psychiatry and Human Development*, 40, 485-498. doi: 10. 1007/s10578-009-0139-8

Salmon, K., Dittman, C., Sanders, M., Burson, R., & Hammington (2014). Does adding an emotion component enhance the Triple P— Positive Parenting Program? *Journal of Family Psychology*, 28, 244-252. doi: 10. 1037/a0035997

Shanahan, T., & Lonigan, C. J. (2010). The National Early Literacy Panel: A summary of the process and the report. *Educational Researcher*, 39, 279-285. doi: 10. 3102/0013189x10369172

Song, Q., & Wang, Q. (2013). Mother-child reminiscing about peer experiences and children's peer-related self-views and social competence. *Social Development*, 22, 280-

299. doi：10. 1111/sode. 12013

Taumoepeau，M.，& Reese，E.（2013）. Maternal reminiscing，elaborative talk，and children's theory of mind：An intervention study. *First Language*，33，388-410. doi：10. 1177/0142723713493347

Valentino，K.，Comas，M.，Nuttall，A. K.，& Thomas，T.（2013）. Training maltreating parents in elaborative and emotion-rich reminiscing with their preschool-aged children. *Child Abuse & Neglect*，37，585-595. doi：10. 1016/j. chiabu. 2013. 02. 010

Valentino，K.，Hibel，L. C.，Cummings，E. M.，Nuttall，A. K.，Comas，M.，& McDonnell，C. G.（2015）. Maternal elaborative reminiscing mediates the effect of child maltreatment on behavioral and physiological functioning. *Development and Psychopathology*，*Special Issue on Multilevel DevelopmentalPerspectives on Child Maltreatment：Current Research and Future Directions*，27，1515-1526. doi：10. 1017/S0954579415000917.

Valentino，K.，Nuttall，A. K.，Comas，M.，McDonnell，C. G.，Piper，B.，Thomas，T. E.，& Fanuele，S.（2014）. Mother-child reminiscing and autobiographical memory specificity among preschool-age children. *Developmental Psychology*，50，1197-1207. doi：10. 1037/a0034912

Van Bergen，P.，& Salmon，K.（2010）. Emotion-oriented reminiscing and children's recall of a novel event. *Cognition & Emotion*，24，991-1007. doi：10. 1080/02699930903093326

Van Bergen，P.，Salmon，K.，Dadds，M. R.，& Allen，J.（2009）. The effects of mother training in emotionrich，elaborative reminiscing on children's shared recall and emotion knowledge. *Journal of Cognitionand Development*，10，162-87. doi：10. 1080/15248370903155825

Vygotsky，L. S.（1978）. *Mind in society*.（M. Cole，V. John-Steiner，S. Scribner，& E. Souberman，Eds.）. Cambridge，MA：Harvard University Press.

Wang，Q.（2001）. Culture effects on adults' earliest childhood recollection and self-description：implications for the relation between memory and the self. *Journal of Personality and Social Psychology*，81，220-233. doi：10. 1037//0022-3514. 81. 2. 220

Wang，Q.（2007）. "Remember when you got the big，big bulldozer?" Mother-child reminiscing over time and across cultures. *Social Cognition*，25，455-471. doi：10. 1521/soco. 2007. 25. 4. 455

Wang，Q.（2013）. *The autobiographical self in time and culture*. New York，NY：Oxford University Press.

第 *19* 章

回忆谈话中个人记忆的亲子构建： 对儿童精神病理学发展和治疗的启示

卡伦·萨蒙(Karen Salmon)

从发展早期开始，父母与儿童之间的讨论就一起建构了个人记忆。这一观点得到了许多强有力的证据支持。这些证据以社会文化发展理论为基础，特别是在为自传体记忆提供基础的技能的发展中，亲子对过去的交谈起着至关重要的作用；这些技能是指儿童从自己的个人经历中去回忆、讨论、评价和汲取意义的能力(Habermas & Reese，2015；Nelson & Fivush，2004；另见 Fivush et al.；Haden et al.；Reese；Wang，第2、第3、第17、第18章)。此外，通过不断增长的语言技能以及参与谈话等方式，儿童获得了与自我、他们自己的和他人的情感和思想以及人际关系等相关的丰富知识，这反过来，又可以影响他们反思和调节自己行为和感受的能力(Fivush，Haden，& Reese，2006；Nelson，2007；Salmon & Reese，2015)。

即使从这些粗略的介绍性评论中，也可以明显看出，对如何在亲子之间创建记忆的理论和研究的探索，具有很大的临床意义。最明显的是，如果亲子之间在讨论时出现问题的话，儿童记忆、叙述和评价个人经历，以及理解自我和他人的能力发展也会存在问题，儿童可能会出现适应不良。随着时间的推移，某个领域中的功能性问题的加剧，会波及并影响其他领域的发展（一种消极的发展性传递；Masten & Tellegen，2012)。那么儿童精神障碍可能会以不同的方式，影响早期亲子回忆对话的风格和内容。关键任务是明确这些谈话互动会如何受到影响，以及随着时间的推移，其对儿童发展的潜在影响。鉴于人们越来越强调通过发展过程来理解精神机能障碍(Allen & Dahl，2015；Brock & Kochanska，2016)，同时几乎完全没有考虑语言和对话的作用，是时候关注对谈话过程的理论和实证研究了。

第二个影响则是更为积极的。具体来说，对于导致引起和维持童年期困难的发展过程的深刻而具体的理解，以及对于父母和年幼儿童间谈话风格与内容的深刻而具体的理解，可能对于存在情绪性和行为性困难的年幼儿童（甚至是年龄更大儿童）来说，是一种临床干预的有效聚焦点。由于这些情绪性和行为性困难，他们记忆和理解他们自己经历和他人经历的方式被损害了（参见回顾 Salmon & Reese，2015；Wareham & Salmon，2006）。

　　这两种影响都很重要。许多精神障碍源于生命早期；大约一半的终生障碍在青少年中期之前就已发病（Kessler et al.，2007）。早期干预可以潜在地预防最坏的结果，即在儿童期间和进入成年期后，情绪性和行为性问题持续和增强。例如，最常见的儿童期精神障碍的形式（行为或举止问题以及焦虑）以及与其持续存在相关的教养方式，似乎在儿童期早期是最具有可塑性的。也许是因为困难不那么根深蒂固，父母认为儿童的问题可以缓解。在儿童期，这种乐观态度尚未被削弱。而且，儿童期也是发展与积极影响传递的最好时期（Brock & Kochanska，2016；Rapee，2013；Shaw & Shelleby，2014；Shonkoff & Fisher，2013）。

　　这一章的主要目的，是回顾文献。这些文献涉及已有的关于亲子间对个人记忆进行协作建构的文献，理解儿童早期的心理挫折如何发展和维持意义的文献、以及对儿童早期进行临床干预的意义等文献。因为第一个相关回顾主要针对精神障碍的发展和治疗，相关研究仍然相对不足，所以这一章只是一种探索（Wareham & Salmon，2006）。

一、　理论性观点

　　正如笔者在开头段落中所指出的，这次回顾的引导性理论框架是社会文化发展理论。该理论认为基于语言的互动是发展的一个至关重要的过程（Fivush et al.，2006）。具体而言，儿童通过参与由父母引导的、对过去的讨论，学会了为何要谈论和记住过去的个人经历，以及如何谈论，并且在此过程中发展了重要的洞察力以及理解自我和他人的能力（Fivush & Nelson，2006）。根据这种观点，虽然任何时候，与事件相关讨论都可以促进儿童的记忆（McGuigan & Salmon，2004），但谈论过去对自传体记忆的发展以及对自我和社会的理解，具有重要的理论意义（Nelson & Fivush，2004）。对过去的讨论需要对现有环境中不再出现的事物的共享内在表征；通过使用谈话性陈述策略，这种表征能力可以将过去事件与评价性及解释性的信息联系起来，使儿童能够意识到个体之间的心理过程可能有所不同（Fivush & Nelson，2006；Nelson & Fivush，2004）。通过这些方式，随着时间的推移，谈话、叙述和儿童的正在发展的表征能力，推动了自我以及其他方面重要的发展，"包括将过去和现在以及自我和他人联系起来的思想、情感、信念和愿望的发展"（Fivush & Nelson，2006，p.236；另见 Fivush et al.；Haden et al.；Reese；Wang，第 2、第 3、第 17、第 18 章）。

　　来自发展性精神障碍的一些关键想法，也是相互关联的。第一个想法强调理解典型性发展的重要性，以便充分理解非典型性发展，反之亦然（Cicchetti & Toth，2005）。第二个想法认为，潜在的积极或消极的心理结果的各种路径，可以通过儿童是否已经获得早期的基础认知和情感技能，以及其生活中的风险和保护性因素是否平衡等（Cicchetti & Toth，2005；Masten &

Cicchetti，2010)，来塑造积极或消极的后果。因此，儿童在获得语言、叙述以及理解自我和他人技能时存在的困难，对其正在发展的社会性情感以及认知功能产生了长期的、连续的潜在影响。确实，很有可能伴随儿童语言发展，在儿童发展的早期的亲子谈话的行为互动中出现的一些模式，可能会在很多发展领域中传递消极影响。

在发展性精神障碍视角强调理解典型性发展的指引下，在第一部分我(相对简要地)回顾了探索语言与对话对正常发展儿童的记忆和社会情感技能发展有何影响的研究。之后，我以儿童的行为问题和焦虑为例，探讨了亲子对话与精神障碍的发展是怎样相互影响的。为此，我思考了为人所知的亲子互动模式，如一些已有的存在于各种障碍中的亲子互动模式，为数不多的研究各种障碍中亲子对话的文献是否揭示了这些模式的连续性，以及它们如何与社会文化发展理论中确定的关键维度相结合等问题。最后，我回顾了一些研究，在这些文献中，他们指导了在临床上存在问题的亲子双人组，以增加父母与儿童的回忆谈话。

二、 亲子回忆：典型性发展

大量的研究主要关注自传体记忆的发展，支持了社会文化发展理论中的关键理论思想。这些研究在其他地方已经得到了充分的回顾(例如，Fivush，2014；Fivush et al.，2006；Reese，2014；另见 Fivush et al.；Haden et al.；Reese；Wang，第2、第3、第17、第18章)，所以在此仅简要概述一些关键结果。横断研究、纵向研究(例如 Reese & Newcombe，2007；参见Reese，2014，供回顾)、实验研究(例如，Conroy & Salmon，2006；Hedrick，Haden，&Ornstein，2009；McGuigan & Salmon，2004)以及训练型研究(例如，Boland，Haden，&Ornstein，2003)，均包含了对亲子回忆谈话的详细观察和编码，对这些谈话进行定量分析发现，父母与年幼的儿童讨论过去的方式存在稳定的个体差异，而且随着时间的推移，这些个体差异进一步反映在儿童自己的个人叙述和他们的认知和情感功能的其他方面。请注意，记忆的准确性不是该领域研究者的主要关注点，比如，不像研究儿童目击者的证词时那样关注(参见Paterson & Monds，第20章)。相反，研究者主要关注的是成人如何帮助儿童参与回忆谈话，了解自己的经历并从中汲取意义。

有些父母的回忆是非常精细的(他们通过使用可以为叙述增添新信息的问题和陈述，来确认、扩展和建构儿童的回忆)；而另一些父母的回忆则不那么精细(提供较少的结构并且倾向于重复他们自己的问题)。在学龄前末期，无论是与父母还是与其他成人一起回忆，高(相对于低)精细程度父母的孩子更详细、更连贯地叙述了他们的个人经历。这些模式一直保持到儿童期和青春期(Fivush，2011；Fivush et al.，2006)。

此外，有些父母在他们的回忆谈话中涉及情感内容，有些则没有；前者的孩子也会提及情绪(Brown & Dunn，1996；Kuebli，Butler，& Fivush，1995)。在学龄前阶段，父母和儿童对过去消极情绪经历的讨论，往往关注儿童的错误行为或忧虑。这种讨论为儿童对情绪理解的发展提供了特别有利的环境，因为当强烈的情绪平息后，父母可能会引导儿童对经历进行反思和评价（Fivush et al.，2006；Laible，Murphy，& Augustine，2013）。

因此，通过这种回忆谈话，儿童形成了一个对自传体及情绪知识高度通达的储存库（即他们理解自己和他人的感受并且处理情绪体验的能力，这种能力会引导他们适当的表达情绪）。同时，他们的情绪知识可以促进他们的自我理解，并且引导他们在不断扩展的社会中努力向前（Bird，Reese，& Tripp，2006；Brown & Dunn，1996；Fivush & Nelson，2006；Pons，Harris，& de Rosnay，2004；Salmon et al.，2013；Van Bergen et al.，2009）。这具有重要的流动效应。情绪知识有助于儿童对情绪性信息的回忆，创造了一个积极的循环（Van Bergen & Salmon，2010；Wang，Hutt，Kulkofsky，McDermott，& Wei，2006）。并且，正如通过横断和纵向研究充分证明的那样，与对情绪理解较差的儿童相比，对情绪有更好理解的儿童拥有更高质量的人际关系、更高的学业成就以及更少的心理挫折（例如，Denham et al.，2003；Ensor，Spencer，& Hughes，2011；Finlon et al.，2015；Sprung et al.，2015）。

母亲提供自主支持的程度（即支持儿童在谈话中的观点），也会影响儿童的自传体回忆；而母亲对谈话的控制程度则不会影响儿童的自传体记忆。当儿童的母亲既提供自主支持又非常精细时，儿童会表现出更好的记忆；而当母亲在两个维度的表现都很低时，儿童的自传体记忆最差（Cleveland，Reese，& Grolnick，2007；Cleveland & Reese，2005）。更普遍的是，并不奇怪，当与安全依恋的（而不是不安全依恋的）儿童一起回忆时，母亲倾向于更加精细地回忆，并且更多地提及情感性和评价性内容（Fivush et al.，2006；Newcombe & Reese，2004）。由于尚未开展可以使我们非常自信地得出因果推论的实验研究，因此，我们对于依恋和回忆风格之间关系的确切性质尚不清楚。然而，我们可以推测，尽管随着时间的推移，亲子之间可能存在相互影响，但这可能主要取决于父母自身的敏感性。因此，在支持性和敏感性的情感环境中，儿童能够发现他们的观点是有价值的。他们可以安全地讨论情绪而不是回避。更概括地说，就是这些人际关系是可以信任的（例如，Thompson，2000）。

然而，即使拥有精细的父母，也并非所有儿童都能轻易地参与回忆。儿童的气质（指的是反应性和自我调节的个体差异，Rothbart，Ahadi，& Evans，2000）也可能会产生影响。当儿童在努力控制（即更能够调节他们的情绪），或者在消极情绪的维度上得分更高时，如果母亲的回忆更精细或是包含更多的情感内容，那么儿童的气质类型与他们的回忆会更加匹配（例如，Bird，Reese，& Tripp，2006；Fivush et al.，2006；Laible，2004）。这些发现中的因果趋势并不明确。但是，我们可以推测，随着时间的推移，我们会看到周期性的影响模式。现在已经不再认为气质是固定的和特质化的，而认为其是一种总结个体情绪反应倾向的方式。这种倾向可以随着成熟和环境的影响而变化（Hollenstein & Lougheed，2013）。因此，尝试逐渐地和建构性地与有消极倾向的儿童进行精细回忆的母亲，可以减少儿童的这种倾向。

在正常发展的儿童中发现的这些结果一致表明，在敏感的、自主支持性的、精细的以及富有感情的回忆谈话中，儿童可以学习以详细的和连贯的方式，回忆、讨论、理解并反思自己的个人经历，意识到他们拥有有价值的个人观点，并且能理解、评估和管理自己的情感体验和他人的情感体验。这并非表明，谈话是儿童了解自我和情感的唯一方式。例如，情绪反应也是通过亲子行为互动进行塑造和模仿的（"亲子的谈话会如何影响儿童的回忆"的关注点）。然而，语言和对话为儿童理解概念奠定了基础，儿童的概念理解促进了表征自我和他人经历的能力，并且能够认识那些并非当前现实存在的经历。

亲子对话会如何影响儿童的回忆？

为了探讨影响精细的、富有情感的对话有效性的机制，采用了分阶段事件和与研究人员进行对话的脚本叙述的实验研究。研究结果表明，这些回忆谈话包含了许多已知的、能确保最佳记忆的因素（例如，Brown，Roediger，& McDaniel，2014；Schmidt & Bjork，1992）。例如，儿童必须从记忆中提取先前经历过的事件，与此同时生成信息回答成人的问题（McGuigan & Salmon，2004；Slamecka & Graf，1978）。除了精细回忆之外，情感内容也可以促进对积极和消极经历的记忆（Van Bergen & Salmon，2010；见 Adelman & Estes，2013）。当回忆涉及情绪动机（Van Bergen & Salmon，2010），关注的是消极（相对于积极和中性的）情绪和经历时，会再次激发儿童的回忆（Van Bergen，Wall，& Salmon，2015）。由于消极情绪往往涉及无法预期目标或结果的经历，人们需要更多的努力去理解这些经历；因此，回忆消极（相对于积极的）情绪和经历，通常包含更多样的、更复杂的情感语言，以及情绪与其他心理状态之间更强的联系（Fivush et al.，2006；Habermas，Meier，& Mukhtar，2009；Sales，Fivush，& Peterson，2003）。这些特征意味着，相比积极经历的对话，消极经历的对话在认知上的要求更高，而且对于增强回忆来说，这种要求可能有所不同。

因此，经常使用高度精细的风格，与儿童一起回忆消极情绪及原因的父母，似乎可以通过三种途径（风格、内容、事件类型；Van Bergen & Salmon，2010），改善儿童的自传体回忆以及对自我和社会的理解。早期记忆的情感内容和叙述的连贯性（它们包含了环境细节，被时间序列化、并且具有一个明确发展的关注点的程度），决定了其随时间变化的持久性。这表明母亲回忆风格的结构化影响不是短暂的（Peterson，Morris，Baker-Ward，& Flynn，2014）。

三、 亲子回忆：非典型性发展

目前在生命早期预防和治疗儿童期障碍的方法，通常以社会学习理论及其变种为基础。这些理论已经确定了亲子间认知和行为的循环。随时间推移，这种循环能够维持和加剧精神障碍（Granic & Patterson，2006；Scott & Dadds，2009）。我接下来会介绍已知的各种互动行为的循环知识，因为它提供了重要线索，说明随着语言的发展，亲子对话中可能出现哪些模式。

(一)行为问题

行为问题的性质。概括性术语"行为问题"，是指反映情绪和行为调节异常的各种问题行为。这些行为从相对较轻的，如说脏话和发脾气，到对权威人士的反抗和挑衅行为，再到盗窃和暴力犯罪(Loeber，Burke，& Pardini，2009)。研究结果一致表明，从 3 岁左右甚至更年幼的时候，就可以确定一部分"早期开始的"、具有行为问题的儿童。这些儿童接下来做出更严重的问题行为的风险更高。这些行为从家庭泛化到学校，并且在整个青春期以及成年期时依然存在(Loeber et al.，2009；Smith et al.，2014)。

在理解自我和他人的能力方面，早期开始的儿童会遇到一系列困难。这可以预测他们的攻击性和反抗行为随着时间增长的变化(Denham et al.，2002；Mandy，Skuse，Steer，St Pourcain，& Oliver，2013；Trentacosta & Fine，2010)。这些困难包括贫乏的情感语言(频率更低、更简略、更差的解释情绪；O'Kearney & Dadds，2005)，对愤怒和威胁的过度解释(归因偏见；Schultz，Izard，& Bear，2004)，以及普遍缺乏情绪知识及对情绪的理解(例如，情绪原因，混合情绪；Denham et al.，2002)。

有行为问题的青少年对自传体记忆的功能知之甚少，进一步证明了他们发展心理洞察力和理解力的困难。温赖布及其同事在研究中做出了令人信服的阐释。他们将暴力青少年与对照的青少年在叙述中所做出的伤害他人的例子进行了比较。虽然两组的叙述有一些相似之处(例如，在他们对事实的报告中)，但是犯罪的青少年表现出更少的反思、解释，并很少提及他人的认知和情绪。作者指出，"心理语言如此贫乏，以至于他们难以形成对自己行为的理解"(Wainryb，Komolova，& Florsheim，2010，p.210)。

亲子互动模式。基于实时的微观社会观察的结果表明，越来越强制的、死板的、冲突性的循环，是父母与问题行为儿童互动的特征(强制的循环；Granic & Patterson，2006)。从幼儿期到学龄期，强制的过程以及相关的严厉的、不一致的教养方式，可能是行为问题加剧的原因(Smith et al.，2014)。

强制的循环可能发生在这样的情况下，当儿童以愤怒或反抗回应父母的要求时遭遇了父母的愤怒，这会进一步引发儿童的愤怒，直到某一方退让，通常是父母一方退让(表现出中性的或者积极的情绪)。这个循环终止，儿童的行为被消极地强化了(Granic & Patterson，2006；Snyder，Stoolmiller，Wilson，& Yamamoto，2003)。父母对儿童的愤怒表现出愤怒的、无视的和轻蔑的反应，与儿童表现愤怒的间隔时间越来越短有关(Snyder，Cramer，Afrank，& Patterson，2005；Snyder et al.，2003)。

强制型的亲子互动可能从婴儿期就开始，并且随着儿童学会走路而增加(Granic & Patterson，2006；Smith et al.，2014)。婴儿的气质可能是反应性的、容易生气的、难以养育的，同时父母也可能会形成消极的人际关系图式(即将儿童的行为看作是故意的)，并且他们可能难以理解和满足儿童的需求(Brock & Kochanska，2016；Smith et al.，2014；Smith，Dishion，Shaw，& Wilson，2015)。家庭的贫困、父母的抑郁以及更广泛的环境压力会进一步削弱养育的质量(Evans & Cassells，2013；Shaw & Shelleby，2014)。儿童如果接受的是照顾者的强制互动，当他们的失调情绪及行为得到强化和增强时，一种消极的连续传递就出现了。

儿童学会了与他人建立联系的模式。他们将这种模式带入与同龄人及教师的互动中，同时也会越来越损害儿童的认知和情绪技能（Lougheed，Hollenstein，Lichtwarck-Aschoff，& Granic，2015；Smith et al.，2014）。

亲子对话。随着儿童产生了语言，一种新的可用于强制循环的互动模式就出现了。在某种程度上，可以在言语互动中明显的观察到行为互动中出现的死板的、僵化的模式。我们预测亲子回忆谈话的特点是，低精细度父母对儿童的观点是不接纳的（高控制和低自主支持），对儿童消极情绪（标签、原因和处理，很少关注积极情绪）的建设性讨论是有限的，以及使用不敏感的、蔑视情绪的或无效化的情绪语气。我们还预测，这些模式与儿童贫乏的自我概念、自传体记忆以及对情绪的理解有关（Bird & Reese，2006；Wareham & Salmon，2006）。对早期行为问题的亲子对话互动研究非常有限。这些研究通常关注的是年龄较大的儿童，他们与父母的互动循环模式可能已经建立了很多年。

尽管如此，我们可以在探讨父母和儿童（8～12 岁）对话的研究中，找到关于强制循环的线索性证据（Lougheed et al.，2015）。这些对话是对积极经历和过去的或持续的冲突的实时交流。相对于正常发展的儿童，问题行为儿童的母亲更不可能对儿童的消极情绪做出支持性的反应，儿童也不可能通过母亲使用确认和重新评估过去经历等策略支持他们的情绪调节，来摆脱消极情绪。在探讨儿童行为问题治疗（父母管理训练以及认知治疗；Granic，O'Hara，Pepler，& Lewis，2007）以改变亲子（儿童的年龄是 7～11 岁）互动行为的研究中，出现了类似的结果。在对消极事件（说谎、打架、违规等）进行问题解决性对话的过程中，未能在治疗后表现出改善的亲子，继续表现出了情绪性僵化（例如，反映在难以从消极的敌对互动转变到更积极的互动模式上）。相反，治疗后的改善则可以增加谈话灵活性。尽管这两项研究都不是从社会文化发展理论的角度进行的，但他们的研究表明，父母和孩子在行为问题上的言语互动很可能反映了行为发现，即在解决情感和转向更积极的体验方面表现出不灵活性，以及对孩子观点的有限接纳。

总结，从发展的早期开始，有行为问题的儿童和他们的父母就会进入死板的、不断加强的行为模式，之后表现为谈话模式。这些可能会对儿童的最佳发展产生多重影响。最明显的是，没有让儿童发展出有效的理解和应对情绪的策略，而是"训练"儿童关注并体验消极情绪。虽然直接关注亲子回忆对话的研究非常有限，但有证据表明，在讨论过去的消极情绪经历时，母亲和儿童都陷入了情绪性僵化的、循环的敌对模式。这种模式对儿童的情绪几乎没有敏感性，对情绪性经历的处理是有限的，而且几乎不会提及或关注积极的情感状态。这些互动模式很可能为自传体记忆和社会情感功能的匮乏创造了基础。然而，鉴于我们对非典型人群中亲子回忆的风格和内容理解有限，研究者需要进一步进行研究，以便理解其可能的发展连续性。

（二）儿童焦虑

儿童焦虑的本质。焦虑也是一种常见的儿童期失调。评估显示，任何时候都有多达 5% 的儿童和青少年符合诊断标准（Mihalopoulos et al.，2015）。焦虑的儿童（和成人）会对威胁产生注意偏见，出现各种消极的解释偏见（例如预期最坏的结果），还会出现重复的消极思维，并且这些思维模式增加了他们试图躲避相关威胁性情境及感受的可能性（McEvoy，Watson，Watkins，& Nathan，2013；Murray et al.，2014）。具有高度抑制和退缩行为（即表现出抑制性气质）的儿童焦虑的风险更高，特别是在他们的父母也焦虑的情况下（高达 80％的焦虑症青少年，其父母也有焦虑；Rapee，2013）。

探讨焦虑儿童的社会认知或自传体记忆的研究相对还很少，但研究结果表明，他们在这两个方面都存在困难（参见 Salmon & O'Kearney，2014，作为回顾）。例如，相比具有更好的情绪知识的儿童，在刚入学时情绪知识更差的儿童更有可能在几年后出现焦虑和抑郁（Fine，Izard，Mostow，Trentacosta，& Ackerman，2003；另见 Trentacosta & Fine，2010）。此外，年龄较小的患有焦虑或抑郁的青少年，其情绪性的语言更贫乏并且过于笼统，很少有特定的情感语言；而且相比没有临床症状的同龄人，他们对情绪的解释更少（O'Kearney & Dadds，2005）。正如对焦虑的成人的研究所报告的那样，对情感语言和理解的困难，可能会影响并且反映出，焦虑的儿童是如何谈论和理解情感性经历的（O'Toole，Hougaard，& Mennin，2013）。

有限的证据表明，处于焦虑中的儿童其自传体记忆也有问题。他们的自传体记忆的模式通常表现出消极的歪曲，或者会夸大对威胁性信息的记忆。例如，当让儿童回忆在牙科手术过程中经历的疼痛时，相比于即时报告，在延迟之后，具有较高特质焦虑的儿童报告出了更多的疼痛（Rocha，Marche，& Von Baeyer，2009）。这种模式与对社交焦虑的成人的研究发现是一致的，随着时间的推移，他们对社会压力情境的回忆越来越被消极地夸大（Schmitz et al.，2011）。尽管如此，焦虑症中的自传体记忆的研究尚少。

亲子互动的模式。目前被有力的证据支持的理论观点表明，抑制性或焦虑性气质的儿童和他们焦虑的父母之间的互动陷入了这样一种循环：父母的（过度）保护和侵扰，会导致儿童焦虑不断加剧，儿童加剧了的焦虑又导致父母进一步的保护（有时被称为"保护的牢笼"；Rapee，2013）。父母的信息加工偏见，以及他们容忍其脆弱或压抑的孩子及其自身消极情绪的困难，加剧了这些行为。因此，父母可能认为自己的孩子甚至会将具有轻微挑战性的情境视为具有威胁性的和令人忧虑的，而且他（父母）减少或控制儿童焦虑反应的能力也有限。为了停止儿童（以及他们自己）的忧虑，父母倾向于采用"过度控制"的策略，例如批评和干涉（Creswell，Apetroaia，Murray，& Cooper，2012；Orchard，Cooper，& Creswell，2015；Tiwari et al.，2008）。当然，这种策略减少了儿童认识到日常挑战和情绪是可控的的机会，同时也鼓励儿童把回避作为更优先的应对反应（Murray et al.，2014；Wei & Kendall，2014）。随着时间的推移，增强了儿童的抑制水平，就导致了临床水平的焦虑（Rapee，2013；Wei & Kendall，2014）。

在儿童的生命中，这些有问题的模式很早就出现了。例如，研究结果表明，在观察到儿童的母亲与陌生人之间的互动后发现，社交焦虑母亲其行为具有抑制的特点，其婴儿在与这样的母亲互动后，也变得越来越害怕，逃避与陌生人在一起。显然这是因为母亲几乎没有鼓励儿童与陌生人互动（de Rosnay，Cooper，Tsigaras，& Murray，2006；Murray et al.，2008）。随着儿童语言的发展，成人用言语传递出的恐惧或焦虑，可以增加他们的消极解释方式和恐惧反应。这在一些实证研究中得到了很好的证实。这些研究探讨了，在传递不同程度的威胁性言语信息之后，儿童对不熟悉刺激的反应（Dalrymple-Alford & Salmon，2015；Field & Field，2013；Lester et al.，2015），以及在与他们焦虑的父母讨论后，他们对假定片段具有更高的威胁解释（Barrett，Rapee，Dadds，& Ryan，1996）。然而，重要的是检验这些发现在现实世界对话中的普遍性。

亲子对话。从某种程度上说，这些行为互动是在回忆父母和孩子之间的讨论中发现的。那么，特别是在讨论消极的情感经历时，我们可能期望孩子的观点得到有限的支持，尝试控制负面体验的低精细度的讨论（低自主支持或自主控制），避免或减少情绪体验的讨论，而没有通过因果对话和解决方案来支持儿童的理解。一些对儿童中期和年龄更大的儿童进行的研究，采用实时方法来探讨焦虑儿童的亲子讨论的性质。总的来说，研究结果支持了焦虑儿童的母亲在讨论中难以支持儿童自主性和消极情绪表达的行为研究结果。

例如，摩尔等人（Moore et al.，2004）要求父母（焦虑或非焦虑的）和儿童（也是焦虑或非焦虑的，年龄在7～15岁）讨论两个过去的事件（母子之间的争论；让儿童焦虑的经历）。无论焦虑儿童的母亲的焦虑水平如何，她们在谈话中给予儿童更少的自主性（例如，反映在较少的征求和尊重儿童的意见），而且热情程度更低（表现出较少的感情，反应和参与）。相比之下，无论儿童的焦虑水平如何，焦虑的母亲都认为结果将是消极的（灾难性的）。其他研究也支持了这一特点，即母亲和焦虑儿童对过去经历进行讨论时温暖水平更低而干预程度更高（Suveg，Sood，Hudson，& Kendall，2008）。此外，在一项评估了母亲精细性的研究中，相对于焦虑水平低的儿童的母亲，焦虑水平高的儿童（10～12岁）的母亲在讨论冲突情境时精细度更低（Brumariu & Kerns，2015）。有趣的是，有一种观点认为，相比于积极情绪，在与焦虑儿童一起回忆消极情绪时，母亲的干预程度更高（Hudson，Comer，& Kendall，2008）。总之，这项研究为不断增加的证据再次提供了支持，即焦虑儿童的母亲——特别是当她们也焦虑时——难以忍受自己孩子的消极（而不是积极的）情绪，并且试图通过消极的方式（过度控制和干预）提供更多的帮助，或直接接管来减轻儿童的忧虑。

虽然这一章的关注点是亲子回忆，但考虑到未来对焦虑认知的关注，亲子对未来的谈话可能与理解亲子对话的性质及其对焦虑儿童的影响有关（Newby，Williams，& Andrews，2014）。关于即将发生的抽象未知事件的亲子对话，对幼儿来说，在认知上尤其具有挑战性。但它们也可以影响幼儿对经历的解释和随后对解释的回忆（Salmon，Mewton，Pipe，& McDonald，2011）。事实上，在记忆过去和预测未来之间存在着密切的联系，在功能性磁共振成像（fMRI）研究中有所发现，研究发现了相关神经区域的重叠（Addis，Schacter，& Wong，2007）。

在一项大型的前瞻性纵向研究中，默里和同事（2014）从婴儿期开始追踪，探讨了社交焦虑母亲与他们年幼的孩子（4～5 岁）以绘本为媒介，对挑战性未来事件（开始上学）的讨论，这种讨论塑造了焦虑儿童消极的归因偏见。研究结果显示，非焦虑的对照组母亲引导她们的孩子，在儿童的能力范围内，把上学看作是愉快的；而社交焦虑的母亲更有可能将这种经历描述为是具有潜在威胁性的（例如，"那位女士在那里以确保你上学时不会被杀"，p.1541），并且没有注意到儿童明显的担忧。这些叙述性特征，即较少的鼓励和威胁性解释，随着时间的推移，预测了儿童各个方面的表现（例如，关于上学的玩偶游戏表征以及焦虑症状）。作者评论了他们对婴儿期观察到的威胁和缺乏鼓励的沟通行为，与在亲子讨论中出现的这些维度相同，且具有惊人的相似性。因此，关于即将到来的经历的讨论，可能会影响儿童对威胁的解释，从而影响儿童回忆和之后讨论的内容。

在行为上抑制儿童的父母，特别是当他们也焦虑时，似乎参与了一个不断加剧的行为循环。在这个循环中，他们避免对消极情绪和威胁进行解释。在亲子对话中也会观察到这些模式。似乎焦虑的父母难以容忍自己和儿童的忧虑，并且会采取措施限制这种体验。这导致他们在回应儿童时的敏感性受损。这些互动模式可能会对儿童的社会性情感的发展（自传体记忆、情绪理解）产生持续的影响。然而，目前对于行为问题的相关研究还很少。

（三）一般性结论

研究者很少研究儿童早期，以及有行为问题或焦虑儿童的亲子对话性质。对有限的文献的回顾发现了儿童在自传体记忆和情感能力方面表现出的缺陷。本章讨论的两种失调的共同点是，在容忍和讨论消极情绪方面存在问题，对父母和儿童都如此；另外，父母无法支持儿童讨论自主性问题。详细说明非典型人群回忆讨论的本质，对理解语言互动如何促成儿童消极的发展，以及如何能够避免这种情况发生，具有重要的意义。

四、 对临床干预的潜在影响

前面阐释的研究结果表明，亲子之间的回忆谈话反映了他们的行为互动。这种行为互动塑造并且维持了儿童时期的行为问题和焦虑。但正如我所讨论的，除了这些行为互动模式之外，亲子回忆中的问题也可能会显著损害儿童的理解自己和他人的能力的发展。因此，在临床干预期间有目的的亲子回忆，能够潜在地纠正关于儿童消极经历的死板的、敌对的、无效的或者回避性的对话，拓宽儿童的情绪范围和自主意识，促进自传体记忆和对自我以及他人理解的发展。

一些研究旨在改变临床人群中的亲子回忆，以期改善儿童的社会情绪功能（参见 Reese，第 18 章，对训练研究进行了更广泛的回顾）。迄今为止研究的关注点是，问题行为和对儿童的虐待；还没有针对焦虑儿童及其父母的研究。必须指出的是，与旨在解决强制循环（行为问题）和保护牢笼（焦虑症）的行为性干预相反，亲子回忆干预采取了"首次广泛清扫"的方法，其主要目标是改变父母和儿童的精细且情感丰富的语言。也就是说，迄今为止的研究，还缺乏对特定行为(强制的、死板的、保护性的)模式性质的理解。

(一)训练研究

有四项明确针对临床样本中亲子回忆的研究。然而，我介绍的第一项研究针对的是正常发展的父母和儿童；依据发展性精神障碍的观点，这个研究为随后研究临床人群提供了实证和方法论基础。在这个研究中(Van Bergen，Salmon，Dadds，＆ Allen，2009)，对父母和正在正常发展的儿童(4～7岁)进行精细的和情感丰富的回忆训练；同时研究者测试了训练对回忆以及儿童的社会性情感技能的影响。参与者参加两种训练条件中的一种：回忆条件，鼓励父母(通常是母亲)经常使用开放式的"是什么(wh)"的问题、用精细的描述建构儿童回忆的信息以及讨论情绪，包括情绪的标签、原因和解决等方法，来与儿童一起回忆；儿童主导游戏的条件，在这种条件下鼓励母亲经常参与儿童主导的游戏，包括照顾儿童、以儿童的步调进行游戏，并且允许儿童主导游戏。这个研究有四次训练课程，并对父母和儿童在6个月后进行追踪。在每种条件下，研究者在训练视频中对相关技能进行了模式化，并且提供了一个记录着关键点的小册子。因为在技能训练的课程中儿童是在场的，研究者通过"直接对个体"进行反馈，以及基于训练期间的一周录音对话的方式提供反馈。在追踪期间，研究者通过电话督促父母继续练习他们的新技能。为了降低他们在回忆谈话时的潜在紧张度，研究者鼓励父母在参与日常活动(例如，驾驶、吃饭)时与儿童交谈，而不是在面对面互动时，并且在两种条件下，当儿童表示希望停止时父母得停止。

研究结果显示，第四次干预刚结束时和在6个月后的追踪中，回忆条件下的父母和儿童在对过去进行的共享谈话中，采用了更为精细的和情感丰富的语言，尽管这并没有扩展到儿童对研究人员的独立叙述中。有趣的是，6个月后，在追踪中，母亲或儿童的精细性或情绪话语并没有显著减少。此外，根据6个月后的追踪，儿童在社会性情感能力(他们对情感原因的理解和产生)方面表现出了改善。相反，在儿童主导游戏的对照条件下，父母和儿童的回忆并没有显著变化。这些研究结果说明，虽然父母和儿童分享对话的风格和内容的变化(近端因素)可能会很快被看到，但儿童与他人的独立对话，以及社会性情感技能(远端因素)的变化可能出现得比较慢。

这项研究的一个优点是有力且积极的控制条件。事实上，已经有研究证明，当儿童的气质类型属于困难型时，相对于普通的游戏控制条件，儿童主导游戏可以改变消极教养方式下失调儿童的发展过程(Brock ＆ Kochanska，2016)。这表明，如果没有直接的引导，亲子间回忆风格和内容不一定会发生改变。其次，也证明了训练方法中包含了一些能够提高回忆和技能迁移的因素(例如，模仿、反馈、提醒、间隔性学习)，这可能可以解释跟随时间的持续变化(例如，Schmidt ＆ Bjork，1992)。然而，这两种条件也存在明显的局限，参与者坚持不下去的比率很高(尽管程度相似)。出现这一问题的主要障碍，可能是经常要求参加者在出行高峰期去大学训练。

在检验了这种针对典型性发展样本的干预后（Salmon，Dadds，Allen，& Hawes，2009），我们招募了具有反抗行为问题（oppositional behavior problems）的儿童（3~8 岁）父母，但这一次，除了两次回忆训练（或儿童主导游戏）之外，我们还加入了行为管理训练（两次课程）。给父母进行管理训练的原因有两个：首先，为了解决父母与不守规矩的儿童进行回忆谈话，或参与儿童主导的游戏时可能遇到的困难；其次，是针对父母对儿童的消极归因或信念的，因为这可能会为亲子回忆增加障碍。在干预后的评估中，两种条件下，儿童的反抗行为都有相似程度的降低。正如我们预期的那样，相对于儿童主导游戏的条件，回忆条件下的父母使用了更多的精细和情感性的话语，同时儿童在与父母的讨论中，也同样增加了这些因素。儿童谈话风格的改变并没有扩展到与研究人员的对话中，同时儿童的情绪知识也没有发生任何变化。这些研究结果表明，指导在临床上表现出反抗问题的儿童的父母来改变他们的谈话风格，他们的孩子在与父母交谈时也会改变自己的风格。

这项研究也存在局限：没有在即时干预评估后追踪这些父母和儿童。这一局限是有问题的，因为越来越多的理论和证据表明，发展过程中不易觉察的、但显著的变化可能会在更长的时段中出现（Brock & Kochanska，2016），而且相比对行为的干预，比如遵从，对语言的干预可能更为缓慢（Salmon，Dittman，Sanders，Burson，& Hammington，2014）。此外，和之前的研究一样，退出率相对较高（尽管在各种条件都是这样）。除了参加课程的要求之外，另一个原因可能是，我们未能使参与者充分地相信参与回忆和游戏干预的好处，尤其是在改善了儿童的反抗性行为之后，他们也没有相信干预带来的好处。有充分的证据表明，对影响儿童发展因素的知识有限、了解不够，会降低父母采取可能有益于儿童发展的行为的程度（Suskind et al.，2015）。

华伦天奴和同事（Valentino，Comas，Nuttall，& Thomas，2013）提供了进一步的证据，证明有可能成功地招募存在很大问题的父母参与精细且情感丰富的回忆训练，他们的目的是指导种族多样化的、低收入的、施虐的父母和他们年幼的孩子（3~6 岁）。这项研究的程序和材料来自上面报告的两项研究，并进行了一些改动（例如，向父母提供视频而不是口头反馈，为回忆谈话的家庭练习提供了更好的结构）。该研究不包含父母管理训练。控制组来自招募来参加培训的一部分家。四次课程训练在参与者的家中进行，持续参与率很高（90%）。研究结果与萨蒙等人（2009）的研究结果相似；在干预后评估中，相对于控制条件，干预条件下的父母使用了更多精细化的以及情感性的语言，同时他们的孩子为回忆谈话做出了更多独特的贡献，包括情感性的语言。和萨蒙等人（2009）研究的发现一样，儿童的独立叙述没有发生变化，他们的情绪知识也没有发生变化。研究没有报告除了干预后立即评估之外的追踪数据。

之前的研究专注于干预期间的课程，具体来说，专注于对亲子之间回忆的训练，但随着时间的推移，父母参与的减少会抵消持续干预带来的潜在好处。因此，我们（Salmon et al.，2014）检验了为改善儿童行为问题，而在群体性传递的 3 P—积极养育项目（Positive Parenting Program，Triple P）（Sanders，2012）中增加情感回忆成分的有效性，但并没有增加父母参加的课程数量。3P—积极养育项目借鉴了社会学习理论，为父母提供管理儿童行为的积极策略（例如，通过表扬、偶然的教授新技能和行为、以及忽视不良行为、安静时光等方法，来增加理想的行为）。与群体性传递的3P—积极养育项目的标准化传递相比，父母在干预后立即表现出了对情绪标签的更多使用、对原因的更多解释以及对情绪的更多指导。但这种情绪指导仅保持了4个月，并且与儿童的情绪知识的改善没有关系。实际上，有人认为，增加情感成分会损害该计划其他方面的有效性。这些研究结果表明，尽管父母可以改变与儿童讨论的风格和内容，但这些技能的发展仍需要明确的和精心的关注。

（二）临床干预的价值：目前的状况和突出的问题

总体而言，训练型研究的结果表明，研究者可以通过指导在临床上有问题的父母和儿童，来改变他们回忆谈话的风格和内容。训练型研究很有前景。但是仍然有一些理论性和实证性问题存在。首先，正如我在这一章中所讨论的那样，我们需要更全面地了解患有发展性精神障碍儿童的父母是如何讨论过去的。这种更好的理解，将有助于我们超越"宽阔扫描"的方法，以便进行更具体的、具有针对性的干预（例如，除了关注行为表现之外，还要关注强制性的或保护性的谈话风格）。其次，我们需要了解，回忆训练是否可以单独作为临床性干预，还是为了其有效的和灵活的实施，应该将其纳入其他直接针对某些潜在障碍的方法中。例如，实证研究表明，受社会学习理论指导的父母管理训练，首先提供了减少亲子行为互动中明显的强制性的或保护性的循环的机会，而且也可能包含了对父母关于儿童是顽劣的还是极度脆弱的信念和归因的关注（Rapee，2013；Sanders，2012）。这可能会增加父母的敏感度，以及容忍和满足儿童情绪表达的能力。此后，回忆指导可能对于儿童的（以及他们父母的）更长期结果最有益处，其包括了儿童行为问题中贫乏的情绪和自传体记忆能力，以及在行为和焦虑问题中，过度解读敌意的倾向。总而言之，在我们找到可以改善亲子间适合发展适宜性的、敏感性的、最佳的回忆方式之前，我们还有很长的路要走。因此探索发展性变化发生的机制的研究，非常关键（McLaughlin，2016）。例如，由于亲子关系改善的泛化效果，改变回忆将足以改善亲子的行为互动。在对足够大的样本进行更长时间的追踪研究适当地开展之前，这仍然处于推测的范畴。

五、　结束语

在发展性理论的引导下，大量有影响力的文献证明了，亲子回忆对话对于幼儿认知和社会情感发展的多重益处。社会共享记忆在理解个人经验、情绪调节和心理健康方面发挥着至关重要的作用，同时，对回忆可能受损的临床人群的研究，可以帮助我们进一步了解其影响。现在是时候将这一理论和研究与发展性精神障碍的观点充分结合起来，以加深我们对在临床背景下亲子回忆讨论中出现的微妙模式的理解，加深对这些模式与儿童生活中消极的发展性传递的关系的理解。而这些模式正是因为父母对他们自己以及他们所在的世界的理解受到了损害导致的。通过有针对性的、经过检验的干预，可以找到打破这些循环的最佳方式。

参考文献

Addis，D. R.，Wong，A. T.，& Schacter，D. L.（2007）. Remembering the past and imagining the future：Common and distinct neural substrates during event construction and elaboration. *Neuropsychologia*，45，1363-1377. doi：10. 1016/j. neuropsychologia. 2006. 10. 016

Adelman，J. S.，& Estes，Z. E.（2013）. Emotion and memory：A recognition advantage for positive and negative words independent of arousal. *Cognition*，129，530-535. doi：10. 1016/j. cognition. 2013. 08. 014

Allen，N.，& Dahl，R. E.（2015）. Multi-level models of internalizing disorders and translational developmental science：Seeking etiological insights that can inform early intervention strategies. *Journal of Abnormal Psychology*，43，875-883. doi：10. 1007/s10802
—015—0024—9

Barrett，P. M.，Rapee，R. M.，Dadds，M. M.，& Ryan，S. M.（1996）. Family enhancement of cognitive style in anxious and aggressive children. *Journal of Abnormal Child Psychology*，24，187-203. doi：10. 1007/BF01441484

Bird，A.，Reese，E.，& Tripp，G.（2006）. Parent-child talk about past emotional events：Associations with child temperament and goodness-of-fit. *Journal of Cognition and Development*，7，189-210. doi：10. 1207/s15327647jcd0702 _ 3

Boland，A. M.，Haden，C. A.，& Ornstein，P. A.（2003）. Boosting children's memory by training mothers in the use of an elaborative conversational style as an event unfolds. *Journal of Cognition and Development*，4，39-65. doi：10. 1207/S15327647JCD4

Brock，R. L.，& Kochanska，G.（2016）. Toward a developmentally informed approach to parenting interventions：Seeking hidden effects. *Development and Psychopathology*，28，583-593. doi：10. 1017/S0954579415000607

Brown，J. R.，& Dunn，J.（1996）. Continuities in emotion understanding from three to six years. *Child Development*，67，789-802. doi：10. 2307/1131861

Brown，P. C.，Roediger，H. R.，& McDaniel，M. A.（2014）. *Make it stick：The science of successful learning*. Cambridge，MA：Harvard University Press.

Brumariu，L. E.，& Kerns，K. A.（2015）. Mother-child emotion communication and childhood anxiety symptoms. *Cognition and Emotion*，29，416-431. doi：10. 1080/0299931. 2014. 917070

Cicchetti，D.，& Toth，S. L.（2005）. Child maltreatment. *Annual Review of Clinical Psychology*，1，409-438. doi：10. 1146/annurev. clinpsy. 1. 102803. 144029

Cleveland, E. S. , & Reese, E. (2005). Maternal structure and autonomy support in conversations about the past: contributions to children's autobiographical memory. *Developmental Psychology*, 41, 376-388. doi: 10.1037/0012—1649. 41. 2. 376

Cleveland, E. S. , Reese, E. , & Grolnick, W. S. (2007). Children's engagement and competence in personal recollection: Effects of parents' reminiscing goals. *Journal of Experimental Child Psychology*, 96, 131-149. doi: 1016/j. jecp. 2006. 09. 003

Conroy, R. , & Salmon, K. (2006). Talking about parts of a past experience: The impact of discussion style and event structure on memory for discussed and nondiscussed information. *Journal of ExperimentalChild Psychology*, 95, 278-297. doi: 10. 1016/j. jecp. 2006. 06. 001

Creswell, C. , Apetroaia, A. , Murray, L. , & Cooper, P. (2012). Cognitive, affective, and behavioral characteristics of mothers with anxiety disorders in the context of child anxiety disorder. *Journal of Abnormal Psychology*, 122, 26-38. doi: 10. 1037/a0029516

Dalrymple-Alford, S. , & Salmon, K. (2015). Ambiguous information and the verbal information pathway to fear in children. *Journal of Child and Family Studies*, 24, 679-686. doi: 10. 1007/s10826—013—9878—z

de Rosnay, M. , Cooper, P. J. , Tsigaras, N. , & Murray, L. (2006). Transmission of social anxiety from mother to infant: An experimental study using a social referencing paradigm. *Behaviour Research and Therapy*, 44, 1165-1175. doi: 10. 1016/j. brat. 2005. 09. 003

Denham, S. A, Blair, K. A, DeMulder, E. , Levitas, J. , Sawyer, K. , Auerbach-Major, S. , & Queenan, P. (2003). Preschool emotional competence: pathway to social competence? *Child Development*, 74, 238-256. doi: 10. 1111/1467—8624. 00533

Denham, S. A. , Caverly, S. , Schmidt, M. , Blair, K. , DeMulder, E. , Caal, S. , … Mason, T. (2002). Preschool understanding of emotions: Contributions to classroom anger and aggression. *Journal of ChildPsychology and Psychiatry and Allied Disciplines*, 43, 901-916. doi: 10. 1111/1469—7610. 00139

Ensor, R. , Spencer, D. , & Hughes, C. (2011). "You feel sad?" Emotion understanding mediates effects of verbal ability and mother-child mutuality on prosocial behaviors: Findings from 2 years to 4 years. *Social Development*, 20, 93-110. doi: 10. 1111/j. 1467—9507. 2009. 00572. x

Evans, G. W. , & Cassells, R. C. (2013). Childhood poverty, cumulative risk exposure, and mental health in emerging adults. *Clinical Psychological Science*, 2, 287-296. doi: 10. 1177/2167702613501496

Field, Z. , & Field, A. P. (2013). How trait anxiety, interpretation bias and memory affect fear in children learning about new animals. *Emotion*，13，409-423. doi：10. 1037/a0031147

Fine，S. E. ，Izard，C. E. ，Mostow，A. J. ，Trentacosta，C. J. ，& Ackerman，B. P. （2003）. First grade emotion knowledge as a predictor of fifth grade self-reported internalizing behaviors in children from economically disadvantaged families. *Development and Psychopathology*，15，331-342. doi：10. 1017/S095457940300018X

Finlon，K. J. ，Izard，C. E. ，Seidenfeld，A. ，Johnson，S. R. ，Cavadel，E. W. ，Ewing，E. S. K. ，& Morgan，J. K. （2015）. Emotion-based preventive intervention：Effectively promoting emotion knowledge and adaptive behavior among at-risk preschoolers. *Development and Psychopathology*，1-13. doi：10. 1017/S0954579414001461

Fivush，R. （2011）. The development of autobiographical memory. *Annual Review of Psychology*，62，559-582. doi. org/10. 1146/annurev. psych. 121208. 131702

Fivush，R. （2014）. Maternal reminiscing style：The sociocultural construction of autobiographical memory across childhood and adolescence. In：P. J. Bauer & R. Fivush(Eds.)，*The Wiley handbook on thedevelopment of children's memory* （pp. 568-585）. New York，NY：Wiley-Blackwell.

Fivush，R. ，& Nelson，K. （2006）. Parent-child reminiscing locates the self in the past. *British Journal of Developmental Psychology*，24，235-251. doi：10. 1348/026151005X57747

Fivush，R. ，Haden，C. A. ，& Reese，E. （2006）. Elaborating on elaborations：Role of maternal reminiscing style in cognitive and socioemotional development. *Child Development*，77，1568-1588. doi. org/10. 1111/j. 1467－8624. 2006. 00960. x

Granic，I. ，& Patterson，G. R. （2006）. Toward a comprehensive model of antisocial development：a dynamic systems approach. *Psychological Review*，113，101-131. doi. org/10. 1037/0033－295X. 113. 1. 101

Granic，I. ，O'Hara，A. ，Pepler，D. ，& Lewis，M. D. （2007）. A dynamic systems analysis of parent-child changes associated with successful "real-world" interventions for aggressive children. *Journal ofAbnormal Child Psychology*，35，845-857. doi：10. 1007/s10802－007－9133－4

Habermas，T. ，& Reese，E. （2015）. Getting a life takes time：The development of the life story in adolescence，its precursors and consequences. *Human Development*，58，172-201. doi：10. 1159/000437245

Habermas，T. ，Meier，M. ，& Mukhtar，B. （2009）. Are specific emotions narrated differently? *Emotion*，9，751-762. doi：10. 1037/a0018002

Hedrick，A. M. ，Haden，C. A. ，& Ornstein，P. A. （2009）. Elaborative talk during and after an event：Conversational style influences children's memory reports. *Journal of*

Cognition and Development，10，188-209. doi：10. 1080/1524837090315584

Hollenstein，T.，& Lougheed，J. P.（2013）. Beyond storm and stress：Typicality, transactions，timing，and temperament to account for adolescent change. *American Psychologist*，68，444-454. doi：10. 1037/a0033586

Hudson，J. L.，Comer，J. S.，& Kendall，P. C.（2008）. Parental responses to positive and negative emotions in anxious and nonanxious children. *Journal of Clinical Child and Adolescent Psychology*，37，303-313. doi. org/10. 1080/15374410801955839

Kessler，R. C.，Amminger，G. P.，Aguilar-Gaxiola，S.，Alonso，J.，Lee，S.，& Ustun，T. B.（2007）. Age of onset of mental disorders：A review of recent literature. *Current Opinion in Psychiatry*，20，359-364. doi：10. 1097/YCO. 0b013e32816ebc8c

Kuebli，J.，Butler，S.，& Fivush，R.（1995）. Mother-child talk about past emotions：Relations of maternal language and child gender over time. *Cognition & Emotion*，9，265-284. doi：10. 1080/02699939508409011

Laible，D.（2004）. Mother-child discourse in two contexts：Links with child temperament，attachment security，and socioemotional competence. *Developmental Psychology*，40，979-992. doi：10. 1037/0012－1649. 40. 6. 979

Laible，D.，Panfile Murphy，T.，& Augustine，M.（2013）. Constructing emotional and relational understanding：The role of mother-child reminiscing about negatively valenced events. *SocialDevelopment*，22，300-318. doi：10. 1111/sode. 12022

Lester，K. J.，Lisk，S. C.，Mikita，N.，Mitchell，S.，Huijding，J.，Rinck，M.，& Field，A. P.（2015）. The effects of verbal information and approach-avoidance training on children's fear-related responses. *Journal ofBehavior Therapy and Experimental Psychiatry*，48，40-49. doi：10. 1016/j. jbtep. 2015. 01. 008

Loeber，R.，Burke，J. D.，& Pardini，D. A.（2009）. Development and etiology of disruptive and delinquent behavior. *Annual Review of Clinical Psychology*，5，291-310. doi：10. 1146/annurev. clinpsy. 032408. 153631

Lougheed，J. P.，Hollenstein，T.，Lichtwarck-Aschoff，A.，& Granic，I.（2015）. Maternal regulation of child affect in externalizing and typically-developing children. *Journal of Family Psychology*，29，10-19. doi：10. 1037/a0038429

Mandy，W.，Skuse，D.，Steer，C.，St Pourcain，B.，& Oliver，B. R.（2013）. Oppositionality and socioemotional competence：Interacting risk factors in the development of childhood conduct disorder symptoms. *Journal of the American Academy of Child and Adolescent Psychiatry*，52，718-727. doi：10. 1016/j. jaac. 2013. 04. 011

Masten，A. S.，& Cicchetti，D.（2010）. Developmental cascades. *Development and*

Psychopathology，22，491-495. doi：10. 1017/S0954579410000222

Masten，A. S.，& Tellegen，A.（2012）. Resilience in developmental psychopathology：Contributions of the Project Competence Longitudinal Study. *Development and Psychopathology*，24，345-361. doi：10. 1017/S095457941200003X

McEvoy，P. M.，Watson，H.，Watkins，E. R.，& Nathan，P.（2013）. The relationship between worry，rumination，and comorbidity：Evidence for repetitive negative thinking as a transdiagnostic construct. *Journal of Affective Disorders*，151，313-320. doi. org/10. 1016/j. jad. 2013. 06. 014

McGuigan，F.，& Salmon，K.（2004）. The time to talk：The influence of the timing of adult-child talk on children's event memory. *Child Development*，75，669-686. doi：10. 1111/ j. 1467－8624. 2004. 00700. x

McLaughlin，K.（2016）. Future directions in childhood adversity and youth psychopathology. *Journal of Clinical Child & Adolescent Psychology*，45，361-382. doi：10. 1080/15374416. 2015. 1110823

Mihalopoulos，C.，Vos，T.，Rapee，R. M.，Pirkis，J.，Chatterton，M.，Lou Lee，Y.－C.，& Carter，R.（2015）. The population cost-effectiveness of a parenting intervention designed to prevent anxiety disorders in children. *Journal of Child Psychology and Psychiatry*，56，1026-1033. doi：10. 1111/jcpp. 12438

Moore，P. S.，Whaley，S. E.，& Sigman，M.（2004）. Interactions between mothers and children：Impacts of maternal and child anxiety. *Journal of Abnormal Psychology*，113，471-476. doi：10. 1037/0021－843X. 113. 3. 471

Murray，L.，Pella，J. E.，De Pascalis，L.，Arteche，A.，Pass，L.，Percy，R.，…Cooper，P. J.（2014）. Socially anxious mothers' narratives to their children and their relation to child representations and adjustment. *Development and Psychopathology*，26，1531-1546. doi：10. 1017/S0954579414001187

Murray，L.，Rosnay，M. de，Pearson，J.，Bergeron，C.，Schofield，E.，Royal-Lawson，M.，& Cooper，P. J.（2008）. Intergenerational transmission of social anxiety：The role of social referencing processes in infancy. *Child Development*，79，1049-1064. doi：10. 1111/j. 1467－8624. 2008. 01175. x

Nelson，K.（2007）. *Young minds in social worlds：Experience，meaning，and memory*. Cambridge，MA：Harvard University Press.

Nelson，K.，& Fivush，R.（2004）. The emergence of autobiographical memory：A social cultural developmental theory. *Psychological Review*，111，486-511. doi：10. 1037/0033－295X. 111. 2. 486

Newby, J. M., Williams, A. D., & Andrews, G. (2014). Reductions in negative repetitive thinking and metacognitive beliefs during transdiagnostic internet cognitive behavioural therapy(iCBT) for mixed anxiety and depression. *Behaviour Research and Therapy*, 59, 52-60. doi: 10. 1016/j. brat. 2014. 05. 009

Newcombe, R., & Reese, E. (2004). Evaluations and orientations in mother-child narratives as a function of attachment security: A longitudinal investigation. *International Journal of Behavioral Development*, 28, 230-245. doi: 10. 1080/01650250344000460

O'Kearney, R., & Dadds, M. R. (2005). Language for emotions in adolescents with externalizing and internalizing disorders. *Development and Psychopathology*, 17, 529-548. doi: 10. 1017/S095457940505025X

O'Toole, M. S., Hougaard, E., & Mennin, D. S. (2013). Social anxiety and emotion knowledge: A meta-analysis. *Journal of Anxiety Disorders*, 27, 98-108. doi: 10. 1016/j. janxdis. 2012. 09. 005

Orchard, F., Cooper, P. J., & Creswell, C. (2015). Interpretation and expectations among mothers of children with anxiety disorders: Associations with maternal anxiety disorder. *Depression and Anxiety*, 32, 99-107. doi: 10. 1002/da. 22211

Peterson, C., Morris, G., Baker-Ward, L., & Flynn, S. (2014). Predicting which childhood memories persist: Contributions of memory characteristics. *Developmental Psychology*, 50, 439-448. doi: 1037/a0033221

Pons, F., Harris, P. L., & de Rosnay, M. (2004). Emotion comprehension between 3 and 11 years: Developmental periods and hierarchical organization. *European Journal of Developmental Psychology*, 1, 127-152. doi: 10. 1080/17405620344000022

Rapee, R. M. (2013). The preventative effects of a brief, early intervention for preschool-aged children at risk for internalising: Follow-up into middle adolescence. *Journal of Child Psychology and Psychiatry andAllied Disciplines*, 54, 780-788. doi: 10. 1111/jcpp. 12048

Reese, E. (2014). Taking the long way: Longitudinal approaches to autobiographical memory development. In: P. J. Bauer & R. Fivush (Eds.), *The Wiley handbook on the development of children's memory* (p. 74). New York, NY: Wiley-Blackwell.

Reese, E., & Newcombe, R. (2007). Training mothers in elaborative reminiscing enhances children's autobiographical memory and narrative. *Developmental Psychology*, 78, 1153-1170. doi: 10. 1111/j. 1467－8624. 2007. 01058. x

Rocha, E. M., Marche, T., & Von Baeyer, C. (2009). Anxiety influences children's memory for procedural pain. *Pain Research and Management*, 14, 223-237. doi: 10. 1155/2009/535941

Rothbart，M. K.，Ahadi，S. A，& Evans，D. E.（2000）. Temperament and personality：Origins and outcomes. *Journal of Personality and Social Psychology*，78，122-135. doi：10. 1037/0022－3514. 78. 1. 122

Sales，J. M.，Fivush，R.，& Peterson，C.（2003）. Parental reminiscing about positive and negative events. *Journal of Cognition and Development*，4，185-209. doi：10. 1207/S15327647JCD0402 _ 03

Salmon，K.，Mewton，L.，Pipe，M. E.，& McDonald，S.（2011）. Asking parents to prepare children for an event：Altering parental instructions influences children's recall. *Journal of Cognition and Development*，12，80-102. doi. org/10. 1080/15248372. 2010. 496708

Salmon，K.，& O'Kearney，R.（2014）. Emotional memory，psychopathology，and wellbeing. In：P. J. Bauer & R. Fivush（Eds.），*The Wiley handbook on the development of children's memory*（pp. 743-773）. New York，NY：Wiley-Blackwell.

Salmon，K.，& Reese，E.（2015）. Talking(or not talking)about the past：The influence of parent-child conversation about negative experiences on children's memories. *Applied Cognitive Psychology*，29，791-801. doi：10. 1002/acp. 3186

Salmon，K.，Dittman，C.，Sanders，M.，Burson，R.，& Hammington，J.（2014）. Does adding an emotion component enhance the Triple P－Positive Parenting Program? *Journal of Family Psychology*，28，244-252. doi：10. 1037/a0035997

Salmon，K.，Evans，I. M.，Moskowitz，S.，Grouden，M.，Parkes，F.，& Miller，E.（2013）. The components of young children's emotion knowledge：Which are enhanced by adult emotion talk? *Social Development*，22，94-110. doi：10. 1111/sode. 12004

Sanders，M. R.（2012）. Development，evaluation，and multinational dissemination of the Triple P － Positive Parenting Program. *Annual Review of Clinical Psychology*，8，345-379. doi：10. 1146/annurev-clinpsy-032511－143104

Schmidt，R. A.，& Bjork，R. A.（1992）. New conceptualization of practice：Common principles in three paradigms suggest new concepts for training. *Psychological Science*，3，207-217. doi：10. 1111/j. 1467－9280. 1992. tb00029. x

Schmitz，J.，Kramer，M.，& Tuschen-Caffier，B.（2011）. Negative post-event processing and decreased self-appraisals of performance following social stress in childhood social anxiety：An experimental study. *Behaviour Research and Therapy*，49，789-795. doi：10. 1016/j. brat. 2011. 09. 001

Schultz，D.，Izard，C. E.，& Bear，G.（2004）. Children's emotion processing：Relations to emotionality and aggression. *Development and Psychopathology*，16，371-387. doi：10. 1017/S0954579404044566

Scott, S., & Dadds, M. R. (2009). Practitioner review: When parent training doesn't work: Theory-driven clinical strategies. *Journal of Child Psychology and Psychiatry and Allied Disciplines*, 50, 1441-1450. doi: 10. 1111/j. 1469—7610. 2009. 02161. x

Shaw, D. S., & Shelleby, E. C. (2014). Early-starting conduct problems: Intersection of conduct problems and poverty. *Annual Review of Clinical Psychology*, 10, 503-528. doi: 10. 1146/annurev-clinpsy-032813—153650

Shonkoff, J. P., & Fisher, P. A. (2013). Rethinking evidence-based practice and two-generation programs to create the future of early childhood policy. *Development and Psychopathology*, 25, 1635-1653. doi: 10. 1017/S0954579413000813

Slamecka, N. J., & Graf, P. (1978). The generation effect: Delineation of a phenomenon. *Journal of Experiemtnal Psychology: Human Learning and Memory*, 4, 592-604. doi: 10. 1037/0278—7393. 4. 6. 592

Smith, J. D., Dishion, T. J., Shaw, D. S., Wilson, M. N., Winter, C. C., & Patterson, G. R. (2014). Coercive family process and early-onset conduct problems from age 2 to school entry. *Development andPsychopathology*, 26, 1-16. doi: 10. 1017/S0954579414000169

Smith, J. D., Dishion, T., Shaw, D. S., & Wilson, M. N. (2015). Negative relational schemas predict the trajectory of coercive dynamics during early childhood. *Journal of Abnormal Child Psychology*, 43, 693-703. doi: 10. 1007/s10802—014—9936—z

Snyder, J., Cramer, A., Afrank, J., & Patterson, G. R. (2005). The contributions of ineffective discipline and parental hostile attributions of child misbehavior to the development of conduct problems at home and school. *Developmental Psychology*, 41, 30-41. doi: 10. 1037/0012—1649. 41. 1. 30

Snyder, J., Stoolmiller, M., Wilson, M., & Yamamoto, M. (2003). Child anger regulation, parental responses to children's anger displays, and early child antisocial behavior. *Social Development*, 12, 335-360. doi: 10. 1111/1467—9507. 00237

Sprung, M., Munch, H. M., Harris, P. L., Ebesutani, C., & Hofmann, S. G. (2015). Children's emotion understanding: A meta-analysis of training studies. *Developmental Review*, 37, 41-65. doi: 10. 1016/j. dr. 2015. 05. 001

Suskind, D. L., Leffel, K. R., Graf, E., Hernandez, M. W., Gunderson, S. G., Sapolich, E. S., …Levine, S. (2015). A parent-directed language intervention for children of low socioeconomic status: A randomized controlled trial pilot study. *Journal of Child Language*, 43, 1-41. doi: 10. 1027/S0305000915000033

Suveg, C., Sood, E., Barmish, A., Tiwari, S., Hudson, J. L., & Kendall, P. C. (2008). "I'd rather not talk about it": emotion parenting in families of children with an anxiety disorder. *Journal of FamilyPsychology*，22，875-884. doi：10. 1037/a0012861

Thompson，R. A. （2000）. The legacy of early attachments. *Child Development*，71，145-152. doi：10. 1111/1467—8624. 00128

Tiwari，S.，Podell，J. L.，Martin，E.，Mychailyszyn，M.，Furr，J.，&. Kendall，P. C. (2008). Experiential avoidance in the parenting of anxious youth：Theory，research，and future directions. *Cognition &. Emotion*，22，480-96. doi：10. 1080/02699930801886599

Trentacosta，C. J.，&. Fine，S. E. (2010). Emotion knowledge，social competence，and behavior problems in childhood and adolescence：A meta-analytic review. *Social Development*，19，1-29. doi：10. 1111/j. 1467—9507. 2009. 00543. x

Valentino，K.，Comas，M.，Nuttall，A. L.，&. Thomas，T. （2013）. Training maltreating mothers in elaborative and emotion-rich reminiscing with their preschool-aged children. *Child Abuse &. Neglect*，37，585-595. doi：10. 1016/j. chiabu. 2013. 02. 010

Van Bergen，P.，&. Salmon，K. （2010）. Emotion-oriented reminiscing and children's recall of a novel event. *Cognition &. Emotion*，24，991-1007. doi：10. 1080/02699930903093326

Van Bergen，P.，Salmon，K.，Dadds，M. R.，&. Allen，J. （2009）. The effects of mother training in emotionrich，elaborative reminiscing on children's shared recall and emotion knowledge. *Journal of Cognitionand Development*，10，162-187. doi：10. 1080/15248370903155825

Van Bergen，P.，Wall，J.，&. Salmon，K. （2015）. The good，the bad，and the neutral：The influence of emotional valence on young children's recall. *Journal of Applied Research in Memory and Cognition*，4，29-35. doi：10. 1016/j. jarmac. 2014. 11. 001

Wainryb，C.，Komolova，M.，&. Florsheim，P. （2010）. How violent youth offenders and typically developing adolescents construct moral agency in narratives about doing harm. In：K. C. McLean，M. Pasupathi，K. C. McLean，&. M. Pasupathi(Eds.)，*Narrative development in adolescence：Creating the storied self* (pp. 185-206). New York，NY：Springer Science＋Business Media. doi：10. 1007/978—0—387—89825—4 _ 10

Wang，Q.，Hutt，R.，Kulkofsky，S.，McDermott，M.，&. Wei，R. (2006). Emotion situation knowledge and autobiographical memory in Chinese，immigrant Chinese，and European American 3 — year-olds. *Journalof Cognition and Development*，7，95-118. doi：10. 1207/s15327647jcd0701 _ 5

Wareham，P.，&. Salmon，K. （2006）. Mother-child reminiscing about everyday experiences：Implications for psychological interventions in the preschool years. *Clinical Psychology Review*，26，535-554. doi：10. 1016/j. cpr. 2006. 05. 001

Wei，C.，&. Kendall，P. (2014). Parental involvement：Contribution to child anxiety and its treatment. *Clinical Child and Family Psychology Review*，17，319-339.

第 20 章
社会性记忆研究的司法应用

海伦·佩特森（Helen Paterson），洛朗·蒙斯（Lauren monds）

在警察到达现场之前，目击者在互相交谈……当我进入马萨诸塞州剑桥的一家商店时，那里发生了一次抢劫，警察到来之前，我目睹了这一事件。紧接其后，客户和雇主分享了他们的回忆，并影响了彼此的想法（Loftus，2003，pp.232-233）。

在法律体系中存在一种假设，这种假设认为目击者的证言应该彼此独立；然而，情况往往并非如此。目击者彼此之间通常会讨论这一事件。因此，重要的是要确定共同目击者的信息对目击者证词有效性的影响。在这一章中，我们将讨论协作记忆的一种特定形式：共同目击者的讨论。我们将探讨共同目击者讨论的普遍性，探讨共同目击者讨论的法律观点，最后考察目击者记忆的讨论效应的实验研究。

一、 共同目击者讨论的普遍性

"即使能阻止，也难以阻止犯罪的受害者或目击者之间的讨论"（Yarmey，1992，p.252）。

根据尤维尔和戴伦（Yuille & Daylen，1998）的研究，就事件独特性以及目击者反复向其他人"评论"这一事件来看，犯罪往往是"引人注目的"。调查数据支持了这一说法。在一项研究中，绝大多数目击者（86%）报告说与共同目击者讨论了事件（Paterson & Kemp，2006a）。在另一项研究中，超过一半的目击者（58%）报告说讨论了这一事件。当时他们正在排队（Skagerberg

& Wright，2008)。两项研究都表明，谈论事件的最常见原因是为了提供有关事件事实的信息。目击者通常讨论一般的犯罪细节(52%)和"可疑的细节"(39%；Skagerberg & Wright，2008)。

二、 法律视角

"法院想要的是个人目击者的独立回忆"(Heaton-Armstrong，1987，pp. 471-472)。在法律体系内，人们普遍认为目击者之间的讨论可能是有害的。可能会发生目击者之间的串通以及记忆的污染(即由于外部影响而改变初始记忆报告)这两个潜在问题(Heaton-Armstrong，1985；1987)。因此，许多国家(包括美国、英国和澳大利亚)的法律均阻止目击者之间的讨论。另外，"传闻"的法律概念体现了"目击者对相关事实的断言应该基于他或她自己的经历"而不是另一个人的经历(Forbes，2003，p. 59)。

根据这些观点，一项对 145 名澳大利亚警察进行的调查结果显示，大多数(74%)的人都接到阻止共同目击者讨论的指示(Paterson & Kemp，2005)。在大多数情况下，他们通过隔开目击者并且阻止他们彼此谈论这一事件来实现这一目的。尽管有这些要求，但还是有一些警察报告了讨论的好处，包括提示和强化记忆，有助于从创伤中恢复，以及提供更准确的信息等。此外，一些警察甚至透露他们发现彼此讨论事件是很有帮助的。警方还讲述了几起试图阻止共同目击者讨论的事件。目击者经常在他们到达之前就开始讨论这一事件，尽管要求他们不要去讨论，但他们仍互相讨论这一事件，同时警察通常没有空间和/或资源来隔开目击者，也没有条件与目击者单独面谈(Paterson & Kemp，2005)。对目击者的调查，反映了一种对共同目击者讨论的态度，他们更有可能声称他们受到了警方的鼓励去与共同目击者讨论这一事件，而不是受到了阻止(Paterson & Kemp，2006a)。当要求目击者详细说明警察为何鼓励讨论时，比较有代表性的说法是，讨论可能有助于他们应对或确认发生了什么。

三、 对共同目击者讨论的实证研究

很明显，目击者通常会相互讨论事件的细节。因此，确定共同目击者的讨论对目击者证词准确性和完整性的影响至关重要。在司法背景下，虚假信息(或参与者从未见过的信息)进入回忆的可能性是一个关键的关注点。也就是说，司法部门担心目击者可能会污染彼此对事件的报告。现实生活中的案例表明，由共同目击者提供的错误信息可以破坏对犯罪的调查(Memon & Wright，1999)，最坏的情况是，会错误地对无辜者定罪(Hain，1976)。除了这些传闻证据之外，事实上，对目击者记忆的研究表明，这可能是一个有效的关注点。

既然目击者报告会受到与共同目击者讨论的影响，那么弄清这种情况出现的机制就很重要了。赖特和维拉尔巴(Wright & Villalba，2012)强调，可以通过两种方式修改目击者证词：常规性影响和信息性影响。常规性影响是指当人们知道信息不正确时，选择报告与其他人相同的信息的情况。这种选择是基于为了获得认可或者可以避免冲突的意愿。另一方面，当一个人用另一份报告衡量他们的记忆，并且认为另一个报告更可能正确时，就会发生信息性影响，因此人们会报告相反的情况。在这两种情况下，个体都主动选择报告冲突性信息。

对错误信息效应的心理学研究表明，当目击者遇到他们观察到的事件的错误信息时，例如遇到通过引导性问题或不准确的媒体报告产生的错误信息时，他们通常会将这些错误信息纳入他们对事件的记忆中（参见 Loftus，2005，评论）。最近，研究表明，通过与共同目击者的讨论得出的误导性信息也可能导致错误信息效应。因此，这项研究表明，存在第三种可以修改证词的途径：记忆歪曲（Baron，Vandello，& Brunsman，1996；Wright，London，& Waechter，2010）。在这种情况下，个体在不知不觉中将共同目击者的信息融入自己的记忆中。他们没有意识到这些信息是他们从未经历的。或者，虽然他们最初标记了自己和他人记忆之间的差异，但是另一个人的记忆随后也变成了可以获取的记忆。这第三种可能性把选择改变证词和形成错误记忆的差异进行了区分。这个过程称为记忆趋同（Wright，Self，& Justice，2000）或者社会传染（Roediger，Meade，& Bergman，2001），即一群目击者可以分享对事件的一种单一的、不准确的记忆（参见 Harris，Paterson，& Kemp，2008，以进行回顾；另见 Gabbert & Wheeler；Henkel & Kris；Rajaram，第4、第6、第8章）。

有两种主要的实验程序，通过共同目击者的讨论来诱导错误信息效应。第一种涉及实验助手的使用：假装为另一个参与者/目击者，实际上受雇于实验者，以便在讨论期间介绍事后信息，来考察真正的参与者是否会将这一信息纳入他们自己的证词中（例如，Paterson & Kemp，2006b）。第二种技术是参与者在不知情的情况下查看同一事件略微不同的版本，并希望他们在讨论时分享这些差异，而且参与者将报告这些冲突性信息（例如，Gabbert，Memon，& Allan，2003；Paterson，Kemp，& Ng，2011）。虽然已经发现两种方法都能够可靠地诱导错误信息效应，但它们都具有各自的优点和缺点。使用实验助手可以进行更多的实验控制，而且也确实可以将错误信息呈现给参与者。然而，实验助手可能不会像真正的共同目击者一样，他们在小组中的存在可能会改变其他成员的行为。例如，实验助手可能看起来更有信心，因为他们确切地知道他们应该说什么。相反，当参与者没有意识到他们看到的是不同刺激时，研究就不会依赖实验助手的表演能力，同时生态效度可能更高。然而，使用这种方法的实验性控制更少，因为它依赖于参与者在讨论中注意、记忆以及报告的信息。

至关重要的是，研究表明，对于事后信息来说，共同目击者的讨论是一种特别有效的传递机制。相比通过引导性问题、不准确的媒体报告或其他方式获得的信息，在与共同目击者讨论时提供的正确和不正确的信息更有可能被纳入目击者的记忆中（Paterson & Kemp，2006b）。同样，加伯特及其同事已经证明，通过共同目击者讨论获得的事后信息，比通过非社会性来源获得的信息更具有明显的误导性（Gabbert，Memon，Allan，& Wright，2004）。这些发现可能是出于这样的事实，通过讨论可以传递其他有影响的信息，但这种信息在非社会性方式中是不存在的，例如，共同目击者的外貌（例如，值得信赖、可信）或者非语言线索（例如，面部表情；

Gabbert et al.，2004）。然而，当控制信息来源的社会性属性时，杰克（Jack），齐德韦尔特（Zydervelt）和扎亚茨（Zajac）（2014）的研究没有发现共同目击者特别具有影响力的证据。也就是说，当比较共同目击者的错误信息以及受访者提供的错误信息的影响（即事后错误信息的另一个社会来源）时，没有证据表明共同目击者的讨论特别具有影响力。

由于共同目击者的讨论能够对目击者的证词产生强烈的影响，因此必须确定最有可能发生这种情况的条件。威尔斯（Wells，1978）认为有两种因素可以影响目击者的记忆：评估者变量（estimator variables）和系统性变量（system variables）。评估者变量是在犯罪时存在并且无法改变的因素，例如事件和目击者的特征。相反，系统性变量是可以在事后操纵并且影响目击者准确性的因素，例如访谈技巧。评估者变量不能由司法系统控制，只能在法庭上使用，以增强或降低目击者的可信度。而系统性变量处于司法系统的控制之下，因此可以被改变，以提高目击者的准确性。在下面的小节中，我们将介绍探讨影响共同目击者记忆的评估者变量和系统性变量的研究。

（一）评估者变量

在法律体系中，识别哪些人特别容易受到共同目击者讨论中的虚假信息的影响，具有重大意义。因为在这种情况下，总体反应并不像特定目击者或受害人是否准确地描述了被询问的事件那么重要。因此，本节主要关注的是，哪些人更有可能将其他人的信息纳入他们的证词中（通过规范或信息影响和/或记忆歪曲），这些人可能是不太可信的目击者。这使得有必要探讨个体对错误信息效应敏感性（例如，Zhu et al.，2010）。

1. 记忆能力和信心

如果一个人的记忆力很差，或者他们认为自己的记忆力很差，可能会影响他们决定是否将他人的记忆纳入自己对事件的报告中的决定。在赖特和维拉尔巴（2012）的一项研究中，被试记忆了一系列图片。在测试阶段，被试报告了他们的信心取决于给出的问题是否看过。之后，研究者向被试展示了"前一个被试"的答案（实际上是计算机生成的答案），然后他们可以决定是否要改变自己的答案。结果发现，当自己的记忆力较差时，人们更容易受到影响。具体来说就是，记忆不准确的人比那些有精确记忆的人更容易受到外部影响，即使最初他们非常自信地认为这些信息是错误的。这是一个很有前景的发现，因为它意味着，如果一个人最初对事件持有不正确的信念，也是可以被纠正的。当然，如果提供的新信息也不正确，也可能被采纳。然而，由于在这一研究中的记忆协作并非面对面发生，因此考察记忆能力如何影响讨论的结果是非常重要的。在涉及亲自经历的讨论的研究中，结果是混杂的。例如，在加伯特等人（2003）和索利（Soley，2013）的研究中，都没有发现记忆能力与记忆趋同性有关。相反，在另一项研究中发现，独立记忆任务中的客观记忆能力与对错误信息更低的接受度呈显著相关（Monds，Paterson，Howard，& Kemp，审稿中）。

此外，在罗斯和贝克（Rose & Beck，2014）最近的一项研究中，在课堂上观看了现场抢劫之后，要求学生被试对自己提供准确的目击者证词的能力进行总体自信心估计，特别是对提供与事件相关的证词的能力进行估计。实验助手向学生描述了抢劫者外貌，但是并不准确。结果发现，虽然被试对他们正确识别犯罪者的能力非常有信心，但他们提供准确信息的实际能力却相对较低。此外，目击者的信心似乎与他们接受的错误事实有关。

对于客观记忆能力和主体对记忆信心的各种发现，引发了关于目击者证词的一些相关阐述。首先，在确定一个人的证词是否有错误时，记忆测试可能并不适用；然而，进一步的研究也许能够确定某些记忆能力测试是否比其他测试能更好地预测目击者的准确性。此外，可能在一些情况下，目击者对自己相信的错误记忆有较高的自信(Simons & Chabris，2011)；又或者，当目击者对自己的能力估计较低，对自己的证词自信心也较低时，一些证词可能会被忽视。

这些研究从总体上考察了记忆能力。然而，其他个体差异因素可能会影响感知到的或实际的记忆能力，这反过来又会影响共同目击者的反应。这些因素将在下面进行探讨。

2. 年龄

与年轻人相比，人们通常认为老年人的记忆力较差，因此老年人被认为是更不可靠的目击者(例如，Levy，1996)。先前的研究表明，在个体记忆范式中(例如，Deese，Rodiger，& McDermott，DRM 单词列表；Roediger & McDermott，1995)，老年人的表现比年轻人差(Roediger & McDaniel，2007)。然而，在引入社会性错误信息的研究中，发现了不一致的研究结果。有研究发现，相对于年轻人，老年人更容易(Davis & Meade，2013)、更不容易(Gabbert et al.，2004；Ross，Spencer，Blatz，& Restorick，2008)或同样敏感的(Gabbert et al.，2003)受到记忆趋同的影响(Meade & Roediger，2009)。

研究表明，被试对于他们伙伴可靠性的信念，可能会影响其接纳外界提供信息的可能性(Wright et al.，2010)。将这一发现应用于与年龄有关的信念，即使老年人的记忆并不是那么不靠谱，如果年轻人认为老年人的记忆力更差(或者老年人认为年轻人记得更好)，都可能会影响对错误信息的敏感性。加伯特等人(2004)在一项协作记忆任务中招募了一名老年人作为实验助手，发现老年人实际上比年轻人更不容易受到记忆趋同的影响，同时年轻人报告出了更多的错误信息。

然而，加伯特等人(2004)研究的一个局限是，年轻人和老年人只是与年龄相匹配的同龄人组成了小组(Davis & Meade，2013)。为了解决这一局限，戴维斯和米德在他们的研究中让年轻被试和老年被试分别与年轻的或老年的同盟者讨论，实验助手展示了错误记忆。与他们的预期相反，戴维斯和米德发现，年轻人和老年人同样容易受到实验助手错误信息的影响。然而，年轻人和老年人都不太可能将老年人提供的错误信息纳入自己的叙述中。因此，似乎无论年轻的还是老年的目击者，都相信年轻人会拥有更准确的记忆；相反，他们认为老年人可能是更不可信的。然而，这只是通过研究结果推断出来的，因为实际上并没有要求被试对对话伙伴的可信度进行评估。在进行进一步的研究之前，这些研究结果表明，询问被试关于谈话伙伴可靠性的想法，可能是理解记忆污染潜在的决定因素。

3. 与对话伙伴的亲密度

大多数记忆趋同的实证研究涉及的都是共同目击者与之前不认识的人来讨论经历的事件。这些结果与现实世界的情况相关，因为事件的目击者之前可能相互不认识。对于一个目击者来说，需要考虑一个陌生的共同目击者的记忆能力。但是当他们的共同目击者是他们认识的人时呢？此前，佩特森、查普曼和肯普（Paterson，Chapman，& Kemp，2007）报告说，大多数接受调查的目击者（77%）称他们的共同目击者是他们认识的，主要是家庭成员或朋友。我们认为在大多数情况下，与陌生人相比，家人、伴侣和朋友可以获得更高水平的信赖和信任。因此，重要的是要考察在讨论错误信息时，先前的关系对易感性的影响。

弗伦奇、加里和森（French，Garry，& Mori，2008）以情侣为研究对象，比较了他们与陌生人在讨论中的记忆遵从。有人认为，情侣对彼此的影响更大，因为在日常生活中他们更多地练习将伴侣的回忆融入自己的记忆。因此，与陌生人相比，我们预期情侣在事件发生后更有可能影响彼此的反应。结果发现，虽然两种小组中都出现了遵从，但与陌生组相比，情侣组确实更有可能报告错误信息。作者提出，未来的研究可以更具体地考察关系持续时间和满意度的作用，因为这些也可能影响遵从水平。

在另一项研究中，对情侣组、朋友组和陌生人组的事件记忆表现进行了比较。同时参与研究的，还有目击了这一事件，但没有参与讨论的目击者。结果发现，和不与其他目击者互动的人相比，所有讨论组的准确性都更低；然而，熟悉组的讨论伙伴比陌生人更有可能出现遵从（Hope，Ost，Gabbert，Healey，& Lenton，2008）。有趣的是，朋友和情侣小组在错误信息接收程度上不存在显著差异。

另一项研究考察了不同年龄的兄弟姐妹之间的记忆遵从。研究预期年龄更大的兄弟姐妹会比更为年幼的兄弟姐妹拥有更强的影响力。研究结果发现，一般认为更为年长的兄弟姐妹更强大，他们在关系中做出更多决策。然而，对于准确性来说，兄弟姐妹之间的遵从性水平不存在显著差异；无论年龄大小，在面对分歧时都会出现同等程度的遵从性（Skagerberg & Wright，2009）。这种结果也许与关系选择有关。具体而言，虽然人们通常可以选择他们的情侣以及他们希望与之交往的朋友，但家庭成员不是选择出来的。兄弟姐妹关系的质量可能是更多变的，即使一个兄弟姐妹被视为是更强大的，仍然可能与亲密性和信任相分离（Skagerberg & Wright，2009）。

这些研究的结果似乎表明，共同目击者之间的熟悉程度可能会显著影响趋同性。具体而言，目击者之间的先前关系（基于诸如朋友和情侣之类的选择，但可能不是家人），可能会增加错误信息效应的可能性。因此，在评估共同目击者证词的准确性时，必须对关系进行思考。

4. 心理问题（psychological issues）

目前似乎还没有发表关于确诊的精神障碍与记忆趋同易感性的研究。然而，有几个相关变量可能影响人们是否会因一些常规的原因而表现出遵从，如自尊、社交焦虑和社交回避。田井中等人(Tainaka et al.，2014)最近的一项研究考察了女性共同目击者的自尊水平。研究者预期相对于那些自尊水平较高的人，自尊水平较低的人可能会出现更多的遵从。结果支持了这一假设。进一步的考察发现，当给他们提供了替代性答案时，自我接纳程度高的人最有可能保持其初始的答案；而自我接纳程度低的人倾向于在讨论后改变他们的反应。由于这一研究仅包括女性被试，因此需要进一步的研究以确定在自尊中是否存在性别差异。

高社交焦虑的人可能会认为与他人意见不一致的社会成本太高，因此他们会有目的地选择报告共同目击者给出的错误信息。或者，由于社交焦虑者在参与讨论时所体验到的压力，他们可能不会密切关注讨论的细节，因此完全错过冲突的信息，从而不会遵从。赖特及其同事(2010)的研究探讨了这些可能性。两个假设都得到了结果的支持——那些对负面评价感到高度恐惧的被试明显更有可能报告错误信息；而那些在回避中得分高的人表现出相反的效应(另见Wright，Busnello，Buratto，& Stein，2012)。

5. 人格

使用的最广泛人格模型之一是"大五"模型(Costa & McCrae，1992)。根据这个模型，人类的人格可以分为开放性、责任心、外向性、宜人性和神经质这五个因素(Digman，1990)。开放性是指享受新的想法和经验；责任心是指以自律行事，追求成就的倾向；外向性的特点是对他人陪伴的愉悦和信赖；宜人性是指合作和乐于助人的倾向；神经质的特点是高度的情绪反应和对压力的易感性(Costa & McCrae，1992；Digman，1990)。

迄今为止，只有一项已知的研究考察了记忆趋同与这些核心人格特质之间的关系。在这项研究中，被试观看了一部犯罪电影，并完成了一份人格问卷。随后被试与一个实验助手扮成的共同目击者讨论了这部电影。实验同盟者在讨论中插入了错误信息。研究发现人格与对错误信息的易感性之间存在显著相关：开放性、外向性和神经质越高的人其遵从性就越小，责任心和神经质越高的人编造的信息越少(Doughty，Paterson，Monds，& MacCann，2017)。

男子气—女子气水平(masculinity-femininity levels)是另一个被考察的与错误信息效应相关的人格变量。在一项研究中，将共同目击者分性别以及男子气—女子气水平的作用作为预测遵从性的因素进行考察。将被试随机分配到相同性别组和混合性别组。虽然没有发现性别与遵从性的显著相关，但是男子气与遵从性呈负相关，说明男子气水平高越高，将他人反应纳入自己陈述中的程度就越低(Hirokawa，Matsuno，Mori，& Ukita，2006)。

另一个可能影响人格和遵从趋向的变量是文化(参见 Wang，第 17 章)。文化包括个人主义文化(独立、自主、自立)和集体主义文化(相互依赖、合作、社会和谐；Hui & Triandis，1986)。由于独立性的特点是分离和内部能力，相互依赖的特点是关系和符合他人的期望，有人认为集体主义文化中的遵从率高于个人主义文化(Bond & Smith，1996)。一项研究(Petterson & Paterson，2012)考察了个体的独立性和相互依赖性水平，是如何影响记忆趋同的易感性的。被试观看了一部电影，然后与实验助手讨论了细节。正如假设的那样，结果表明独立性越高，报告出的错误信息就越少。然而，研究没有发现相互依赖和错误信息效应之间显著的相关。

6. 暗示性

暗示性是指在互动过程中屈服于他人暗示的可能性。有人认为，在暗示性量表上得分较高的人可能比其他人更容易使证词受到污染(Thorley，2013)。以前使用引导性问题对错误信息效应进行的研究发现，易受暗示的人确实更容易受到再现的错误信息的影响(例如，Gudjonsson，2003)。在一项使用共同目击者讨论范式考察暗示性的研究中，索利(2013)也发现，暗示性可以作为记忆趋同的预测性因素。

7. 解离

多项研究已经将解离作为记忆歪曲的一个潜在的预测因素进行了考察(Merckelbach，Zeles，Van Bergen，& Giesbrecht，2007；Monds，Paterson，Kemp，& Bryant，2012；Soraci et al.，2007)。解离被描述为整合意识、记忆、身份或感知功能的中断(美国精神病学会，2000)。在事件发生期间，解离可能首先阻止了个体对这一事件的编码。经常出现解离的人对自己的回忆可能不那么自信(Eisen，Morgan，& Mickes，2002；Merckelbach，Muris，Rassin，& Horselenberg，2000)，所以他们更有可能接受别人描述事件的版本(Eisen，Winograd，& Qin，2002)。一项研究表明，在特质解离的测试中得分更高的被试，与得分更低的人相比，更可能接受实验助手诱导的错误信息(Ost，Hogbin，& Granhag，2004)。

8. 意义

上述研究结果表明，被试报告出共同目击者的、而不是自己的记忆，存在各种潜在原因。当这是一种有意识的选择时，在一些情况下，通过询问他们报告的哪些方面是基于自己的回忆，哪些方面是基于共同目击者的陈述(以及他们报告他们的共同目击者版本的事件的原因)，就可以确定目击者陈述的可信度。然而，在记忆歪曲的情况下，目击者可能没有意识到他们的初始记忆已经被改变。另外，正如在"系统性变量"小节中将要进行讨论的，仅仅询问信息的来源可能不足以确定陈述是否准确。

(二)系统性变量

研究已经考察了一些可以影响目击者准确性的系统性变量。特别是，研究者考察了以下几个方面的影响：(1)要求被试明确说明他们报告的信息的来源；(2)向被试做出关于可能的错误信息的提醒；(3)要求被试做出"记得/知道的判断"(Tulving，1985)；(4)要求被试进行自由回忆陈述；(5)要求被试在他们的陈述中进行合作；(6)提醒陪审员关于共同目击者讨论对记忆的影响。

1. 来源监测

根据来源监测框架(source monitoring framework)，人们通常不会提取"标签"，这个标签标记着记忆的来源；人们也不会提取"获取记忆的条件"(Johnson，Hashtroudi，& Lindsay，

1993，p.3）。相反，人们通过记忆期间执行决策的过程获得他们的记忆，并将它们归因于特定来源。因此，在记忆时，人们可能会错误地归因记忆的来源，从而导致错误信息效应。研究已经表明，如果被试收到了来源监测的指令（即，被试可以选择只说出事后建议中他们记得的项目，而不用报告来自初始刺激的信息），他们就可以消除标准的错误信息效应（Lindsay & Johnson，1989；Zaragoza & Koshmider，1989）。然而，考察共同目击者讨论的研究表明，即使当要求被试监控他们回忆信息的来源时，这种效应依然存在（Meade & Roediger，2002；Paterson，Kemp，& McIntyre，2012；Paterson et al.，2011）。事实上，加伯特、梅蒙和赖特（2007）的研究发现，被试在大约50%的时间中错误地归因了他们记忆的来源。

对于通过共同目击者讨论获得的信息，来源监测指令为何没有消除其错误信息效应，存在一些可能的解释。首先，共同目击者的讨论可能更容易与实际事件混淆，因为相对于书面叙述，这两个来源更为相似。也就是说，共同目击者的讨论和事件可能是非常相似的，因为两者中都存在着共同目击者。此外，事件和讨论都涉及视觉的和言语信息的呈现。相比之下，书面文字稿中的错误信息与初始事件几乎没有共同之处。另外一种解释可能是，被试可能认为共同目击者比实验者更可信，因为他们相信他们看到了与共同目击者相同的事件，并且当与共同目击者讨论事件时，他们通常没有意识到任何操纵。人们通常认为在讨论过程中交流的信息是真实且准确的（Grice，1975）。然而，如果人们没有意识到讨论违背了这种对话假设，那么他们可能无法努力监控他们的信息来源（Echterhoff，Hirst，& Groll，2001）。当人们认为信息来源是可信的，并且在编码时没有努力监控他们的信息来源时，他们可能会发现之后很难分离信息的来源。

2. 提醒

克服来源监测错误的一种方法是对不准确信息的提醒。然而，关于通过提醒被试错误信息，是否可以减少共同目击者讨论带来的负面效应的研究结果是相互矛盾的。大多数研究都关注使用事后暴露提醒或回溯性提醒对错误信息效应易感性的影响，包括向被试发出提醒，即在他们已经接触到错误信息后告知他们可能遇到了错误信息。米德和勒迪格（2002）的研究发现，事后暴露提醒会显著降低共同目击者错误信息的影响，但不能消除它。另一项研究发现事后暴露提醒减少了共同目击者错误信息的影响，但也减少了回忆出准确细节的数量（Wright，Gabbert，Memon，& London，2008）。其他研究尚未发现提醒的任何有益效果（Monds，Paterson，& Whittle，2013；Paterson et al.，2012；Paterson et al.，2011）。也就是说，与没有收到此类提醒的被试相比，收到了错误信息的事后提醒，对被试是否会报告事后信息没有显著影响。当提醒人们他们收到的共同目击者的信息可能是不正确的时，他们仍然会报告它。这些结果的差异可能是由于后者研究中的信息和提醒的呈现之间的延迟时间更长。在更长的延迟之后，更有可能会发生来源错误归因（Underwood & Pezdek，1998），因此，提醒可能没有那么有效，因为被试无法分辨记忆是来自最初的场景还是来自共同目击者的讨论。

虽然大多数研究关注的都是事后暴露提醒，但一些研究已经探讨了事先暴露提醒会降低对错误记忆的易感性。暴露前提醒发生在有待记忆的事件之后、接受错误信息之前。研究已经证明，明确的暴露前提醒可以引导参与者抵制随后叙述中呈现的误导性信息（Greene，Flynn，& Loftus，1982；Underwood & Pezdek，1998）。然而，考察暴露前提醒对于通过共同目击者讨论获得的错误信息的影响的研究结果并不乐观。蒙斯、佩特森和惠特尔（Whittle）（2013）的研究发现，在对小组的询问之前进行的关于错误信息的暴露前提醒并没有减少记忆趋同效应。

3. 知道/记得判断（Remember/know judgements）

根据图尔文（1985）的观点，当一个人有意识地记忆所获得的信息时，就会产生"记忆"。相反，当个体在无意记忆的情况下，就是一种"知道"的熟悉感。即之前遇到过这些信息的感觉，但是无法确切说明是何时何地见过这些信息。虽然可以用提醒和来源监测来考察初始记忆的命运，但可以用记得/知道判断（Tulving，1985）来考察与提取错误信息或真实记忆相关的现象学体验。

研究表明，当被试报告出错误信息时，他们更可能表示他们"知道"误导信息来自初始场景，而不是报告"记得"它在那里（例如，Frost，2000；Roediger，Jacoby，& McDermott，1996）。探讨共同目击者信息的研究也发现了这些结果（Meade & Roediger，2002；Paterson et al.，2012；Paterson et al.，2011；Roediger et al.，2001）。在一项使用图片作为刺激材料的研究中，错误地将自己没有见过的项目报告出来时（但是已被实验助手提及的项目），更有可能称他们"知道"这一项目，而不是报告他们明确"记得"看到过它们（Roediger et al.，2001）。同样，在一项使用犯罪视频作为刺激材料的研究中，如果被试表示他们有意识地"记得"视频中的某个项目，而不是表示他们"知道"这一陈述是真的，虽然未能唤起任何来自视频中具体的回忆，但被试的准确度可能会高出 14% 到 23%（Paterson et al.，2012）。这表明对于错误信息的记忆可能与对于所经历事件的真实记忆存在某种不同。也就是说，记得/知道判断可能有助于区分人们实际目睹的记忆和从共同目击者那里获得的信息，因为它们对记忆的准确性具有些许预测能力。

4. 自由回忆

麦克洛斯基和萨拉戈萨（McCloskey & Zaragoza，1985）认为，错误信息效应可以通过使用迫选再认测试这一事实来解释。这种测试会导致内在的反应偏差。然而，当使用自由回忆问卷以及访谈减少要求特征时，接受共同目击者信息的被试相比那些没有接收信息的人（例如，Paterson et al.，2012；Paterson et al.，2011），仍然更可能去报告这一信息（Wright et al.，2008）。虽然在自由回忆中被试仍然报告了共同目击者的错误信息，但报告错误信息的程度却大大降低了。这一发现与先前的研究结果相一致。先前的研究发现，当用更具有开放性问题询问被试时，错误信息效应会降低（Hollin & Clifford，1983；Sutherland & Hayne，2001；Zaragoza，McCloskey，& Jamis，1987）。

5. 立即回忆陈述（immediate recall statements）

遗忘发生得非常快（Ebbinghaus，1913）。增加延迟事件会削弱初始记忆的痕迹（Loftus，

Miller, & Burns, 1978；Mudd & Govern，2004；Paz-Alonso & Goodman，2008)，因此记忆更容易被事后信息改变，例如共同目击者的信息。因此，为了保持记忆的完好，应该在事件发生后立即获取陈述。但是，立即采访目击者并不总是可行的。因此，研究者创造了即时回忆工具，例如自我管理访谈（Self-Administrated Interview（SAI））（Gabbert，Hope，& Fisher，2009；Gabbert，Hope，Fisher，& Jamieson，2012)。这些工具旨在从目击者那里获得全面的陈述，并且可以在事件现场发给目击者去独立完成。研究表明，它们有助于减少记忆衰退，同时减少对误导性问题和误导性事后信息的易感性（Gabbert et al.，2012)。另一项考察立即回忆问卷对于共同目击者错误信息易感性影响的研究，证实了这一趋势：立即回忆能够让被试抵制错误信息（Wang，Paterson，& Kemp，2014)。然而，一项考察 SAI 对儿童记忆影响的研究表明，它并没有降低儿童对共同目击者信息的易感性（参见 af Hjelmsater，Stromwall，& Granhag，2012)。虽然还不清楚 SAI 是否会降低对社会影响的易感性，但在事件现场完成一种即时回忆工具可能会鼓励目击者独立工作而不是相互讨论这一事件（Gabbert et al.，2009)。

6. 陈述的协作（statement collaboration）

这一章中讨论的大部分研究，都涉及个体报告之前进行的目击者讨论，但是，也可以对目击者进行共同提问。如前所述，一些警察相信协作回忆可能是有益的（Paterson & Kemp，2005)。相反，对 1000 名挪威成年人进行的调查显示，大多数人（70%）相信单独采访能够比共同采访产生更多的信息；只有不到 20% 的人相信共同采访要更好。研究表明，在某些情况下，人们认为回忆中的合作可能损害目击者的证词。

虽然与个人相比，协作组倾向于记得更多（例如，Clark，Stephenson，& Kniveton，1990；Hoppe，1962；Perlmutter，1953)，但相比与由未协作个体的汇总回忆结果组成的"名义组"，协作组通常记得更少（例如，Basden，Basden，Bryner，& Thomas，1997；Basden，Basden，& Henry，2000；Weldon & Bellinger，1997；Weldon，Blair，& Huebsch，2000)。协作抑制指与名义组相比协作组回忆的更少（Weldon et al.，2000；另见 Blumen；Henkel & Kris；Rajaram，第 4、第 8、第 24 章)。研究表明，协作抑制是由于协作组缺乏有组织的提取（Basden et al.，1997；Finlay，Hitch，& Meudell，2000)。也就是说，小组成员可以破坏彼此的提取策略，从而导致较差的回忆。因此，单独采访而不是共同采访目击者是有益的。

7. 法官给陪审团的提醒

鉴于目击者的讨论有可能对事件记忆产生负面影响，法庭的一种潜在解决方案是让陪审员了解这种影响。有研究考察了法官关于共同目击者讨论对目击者记忆影响的提醒，是如何影响陪审团决策的（Paterson，Anderson，& Kemp，2013)。在这项研究中，模拟陪审员作为研究的被试，阅读了一份审判记录，其中两名目击者的证词对审判至关重要。一半的被试被告知目击者已经相互讨论了这一事件，而另一半的被试被告知他们还没有进行相互讨论。之后，审判的法官向一半的被试做出了提醒，提醒陪审团在发生了目击者讨论时，要警惕依赖目击者协商一致的结果,作为准确性的指标。结果显示,除非提醒了陪审员关于目击者的讨论对其记忆的影响,否则陪审员对共同目击者的讨论并不敏感。这表明,在可能发生这类讨论的情况下,提醒陪审员共同目击者讨论的影响可能是很重要的。

(三)局限以及未来的方向

虽然这个例子表明,在一定程度上,已经有一些研究使用共同目击者讨论的范式考察了一些评估者变量以及系统性变量,但是仍然有许多研究领域有待探索。相比之下,使用其他错误记忆方法,例如 DRM 词单任务(Roediger & McDermott,1995),或者使用更为间接的社会性方法(例如,书面的目击者陈述)来探索错误记忆效应过程的研究,已经进行了相当多。有必要将这些发现扩展到更具有生态效度的共同目击者讨论过程中。

重要的是,最近试图将其他方法联系起来的研究(DRM,使用书面陈述的错误信息效应)发现,这些方法并不像之前认为的那样互相关联(Calvillo & Parong,2015;Monds,Paterson, & Kemp,正在审稿;Ost et al.,2013;Zhu,Chen,Loftus,Lin,& Dong,2013)。在这些研究中,被试完成了 DRM 和错误信息程序。对这些任务的反应要么没有显著相关(Calvillo & Parong,2015;Monds et al.,正在审稿;Ost et al.,2013),要么仅观察到微弱的相关(Zhu et al.,2013)。这些发现可以使作者得出这些过程可能涉及不同潜在机制的结论(例如,Monds et al.,正在审稿)。将这些研究方法与共同目击者讨论的过程联系起来的研究尚未发表;然而,与此同时,研究者需要注意,不要假设运用其他错误记忆研究方法得出的结论,可以直接适用于共同目击者的讨论。

关于共同目击者讨论的研究的另一个普遍性的局限是,虽然许多现实生活事件常常令人痛苦,但在许多目击者记忆研究中使用的刺激材料并不会令被试沮丧。因此,重要的是,还要顾及关于痛苦和创伤是如何影响记忆错误易感性的大量文献(例如,Christianson,1992)。虽然从伦理上讲,被试经历的痛苦应该是有限的,但是有一种有用的(以及道德的)且在生态学上有效的实验室事件,可以将被试暴露于创伤中,这就是创伤电影范式(Trauma Film Paradigm)(TFP;参见 Holmes & Bourne,2008,已供审查)。TFP 已用于考察共同目击者讨论对有关电影的错误信息和痛苦易感性的影响,结果表明讨论不仅会增加错误信息的易感性,还会增加痛苦反应(例如,Devilly,Varker,Hansen,& Gist,2007;Paterson,Whittle,& Kemp,2015)。TFP 还可以用于评估错误记忆发展中预先存在的易感性。具体来说就是,在观看令人痛苦的电影之前,研究者可以评估被试的个体差异,同时这些评估可用于预测被试事后的实际反应(例如,Monds et al.,2015;Monds,Paterson,Kemp,& Bryant,2013)。然而,目前还不存在结合共同目击者讨论与 TFP 方法探讨个体差异的研究。这在未来的研究中值得进一步考察。

如前所述,在警方到达之前阻止目击者讨论事件往往是不切实际的。因此,虽然确定哪些条件下(以及在哪些人中)更可能发生记忆污染非常重要,但也许更值得探索的另一个研究途径是，如何最好地提高公众对这一问题的认识。如何说服潜在的目击者在警方到达之前不要谈论他们的记忆。然而，鉴于共享记忆的社会功能，这可能是特别困难的（参见 Pasupathi & Wainryb，第 15 章）。

需要思考的另一个问题是，虽然警方不鼓励平民目击者互相讨论事件（Paterson & Kemp，2005），但警察本身往往需要通过小组询问的过程来相互讨论事件，这两者之间显然是矛盾的。研究表明，当在小组询问过程中提供了错误信息时，被试之后也会在他们的个人报告中报告这种错误信息（Devilly，Varker，Hansen，& Gist，2007；Paterson，Whittle，& Kemp，2015）。

最后，需要注意的是虽然对共同目击者讨论的研究重点是不利影响，但如前所述，在某些情况下，这种讨论也可能是有益的。例如，在最近的一项研究中，被试参加了一次协作采访或者单独回忆事件，结果发现相对于个人回忆，协作组的错误更少（Vredeveldt，Hildebrandt，& Van Koppen，2015）。此外，研究还发现，那些认可、重复、重新表述以及精细记忆彼此陈述的协作组，回忆出了更多的信息。因此，似乎某些策略更有可能有效地促使成功的、准确的共同目击者讨论的出现，而不是增加错误传染的可能性。然而，鉴于对错误信息效应强有力的发现，在未来的研究中继续探索共同目击者讨论的利弊是很重要的。

四、 结束语

虽然法律体系中的理想状况是目击者的证言应该彼此独立，但这很难实现。很明显，目击者通常会相互讨论事件，这些讨论会影响他们对事件的报告。一些评估者变量包括年龄、与对话伙伴的亲密程度以及人格，增加了目击者报告他们从共同目击者那里听到的事件细节的可能性。一旦一个目击者的记忆通过共同目击者的讨论被改变，那么，他们将难以获得对于初始事件的记忆。然而，有一些观点认为，记得/知道判断可能有助于区分人们实际目睹的记忆和从共同目击者那里获得的信息。此外，在可能发生此类讨论的情况下，都可以提醒陪审员注意，关于共同目击者讨论的效应。

致 谢

这一章开头的引言是在洛夫特斯的许可下引用的，"*Our changeable memories：legal and practical implications*，" *Nature Reviews Neuroscience*，*Volume* 4，*pp.*231-4，*Copyright* © 2003，*Rights Managed by Nature Publishing Group*，*doi*：10.1038/*nrn*1054.。转载自雅美·A·D 的雅美（1992）的引文，"The Effects of Dyadic Discussion on Earwitness Recall"，Basic and Applied Social Psychology，Volume 13，Issue 2，pp.250-263，Copyright c 1992 Routledge，by permission of Taylor and Francis，doi：10.1207/s15324834basp1302 _ 8.

参考文献

af Hjelms. ter，E. R.，Str. mwall，L. A.，& Granhag，P. A. （2012）. The self-administered interview：a means of improving children's eyewitness performance? *Psychology，Crime & Law*，18，897-911.

American Psychiatric Association. （2000）. *Diagnostic and statistical manual of mental disorders：DSM－IVTR*. Washington，DC：American Psychiatric Association.

Baron，R. S.，Vandello，J. A.，& Brunsman，B. （1996）. The forgotten variable in conformity research：Impact of task importance on social influence. *Journal of Personality and Social Psychology*，71，915-927. doi：10. 1037/0022－3514. 71. 5. 915

Basden，B. H.，Basden，D. R.，& Henry，S. （2000）. Costs and benefits of collaborative remembering. *Applied Cognitive Psychology*，14，497-507. doi：10. 1002/1099 － 0720 （200011/12)14：6＜497：aid-acp665＞3. 0. co；2－4

Basden，B. H.，Basden，D. R.，Bryner，S.，& Thomas，R. L.，III. （1997）. A comparison of group and individual remembering：Does collaboration disrupt retrieval strategies?. *Journal of ExperimentalPsychology：Learning，Memory，& Cognition*，23，1176-1189. doi：10. 1037/0278－7393. 23. 5. 1176

Bond，R.，& Smith，P. B. （1996）. Culture and conformity：A meta-analysis of studies using Asch's （1952b，1956）line judgment task. *Psychological Bulletin*，119，111-137. doi：10. 1037//0033－2909. 119. 1. 111

Calvillo，D. P.，& Parong，J. A. （2015）. The misinformation effect is unrelated to the DRM effect with and without a DRM warning. *Memory*，24，324-333. doi：10. 1080/ 09658211. 2015. 1005633

Christianson，S. － A. （1992）. Emotional stress and eyewitness memory：A critical review. *Psychological Bulletin*，112，284-309. doi：10. 1037//0033－2909. 112. 2. 284

Clark，N. K.，Stephenson，G. M.，& Kniveton，B. H. （1990）. Social remembering：Quantitative aspects of individual and collaborative remembering by police officers and students. *British Journal of Psychology*，81，73-94. doi：10. 1111/j. 2044－8295. 1990. tb02347. x

Costa，P. T.，& McCrae，R. R. （1992）. Four ways five factors are basic. *Personality and Individual Differences*，13，653-665. doi：10. 1016/0191－8869(92)90236－i

Davis，S. D.，& Meade，M. L. （2013）. Both young and older adults discount suggestions from older adults on a social memory test. *Psychonomic Bulletin & Review*，20，760-765. doi：10. 3758/s13423－013－0392－5

Devilly, G. J., Varker, T., Hansen, K., & Gist, R. (2007). An analogue study of the effects of Psychological Debriefing on eyewitness memory. *Behaviour Research and Therapy*, 45, 1245-1254. doi: 10.1016/j. brat. 2006.08.022

Digman, J. M. (1990). Personality structure: Emergence of the five-factor model. *Annual Review of Psychology*, 41, 417-440. doi: 10.1146/annurev. ps. 41.020190.002221

Doughty, N., Paterson, H. M., MacCann, C., & Monds, L. A. (2017). Personality and memory conformity. *Journal of Individual Differences*, 38, 12-20.

Ebbinghaus, H. (1913). *Memory: A contribution to experimental psychology*. University Microfilms.

Echterhoff, G., Hirst, W., & Groll, S. (2001). The communication of misinformation: Conversational assumptions affect source monitoring strategies. Unpublished manuscript.

Eisen, M. L., Morgan, D. Y., & Mickes, L. (2002). Individual differences in eyewitness memory and suggestibility: examining relations between acquiescence, dissociation and resistance to misleading information. *Personality and Individual Differences*, 33, 553-571. doi: 10.1016/s0191—8869(01)00172—6

Eisen, M. L., Winograd, E., & Qin, J. (2002). *Individual differences in adults' suggestibility and memory performance*. Mahwah, NJ: Erlbaum.

Finlay, F., Hitch, G. J., & Meudell, P. R. (2000). Mutual inhibition in collaborative recall: evidence for a retrieval-based account. *Journal of Experimental Psychology: Learning, Memory, and Cognition*, 26, 1556-1567. doi: 10.1037//0278—7393.26.6.1556

Forbes, J. R. (2003). The laws of Australia, Testimony 16.4 [66].

French, L., Garry, M., & Mori, K. (2008). You say tomato? Collaborative remembering leads to more false memories for intimate couples than for strangers. *Memory*, 16, 262-273. doi: 10.1080/09658210701801491

Frost, P. (2000). The quality of false memory over time: Is memory for misinformation "remembered" or "known"? *Psychonomic Bulletin & Review*, 7, 531-536. doi: 10.3758/bf03214367

Gabbert, F., Hope, L., & Fisher, R. P. (2009). Protecting eyewitness evidence: Examining the efficacy of a self-administered interview tool. *Law and Human Behavior*, 33, 298-307. doi: 10.1007/s10979—008—9146—8

Gabbert, F., Hope, L., Fisher, R. P., & Jamieson, K. (2012). Protecting against misleading post-event information with a self-administered interview. *Applied Cognitive Psychology*, 26, 568-575. doi: 10.1002/acp. 2828

Gabbert, F., Memon, A., & Allan, K. (2003). Memory conformity: Can eyewitnesses influence each other's memories for an event? *Applied Cognitive Psychology*, 17, 533-543. doi: 10. 1002/acp. 885

Gabbert, F., Memon, A., & Wright, D. B. (2007). I saw it for longer than you: The relationship between perceived encoding duration and memory conformity. *Acta Psychologica*, 124, 319-331. doi: 10. 1016/j. actpsy. 2006. 03. 009

Gabbert, F., Memon, A., Allan, K., & Wright, D. B. (2004). Say it to my face: Examining the effects of socially encountered misinformation. *Legal and Criminological Psychology*, 9, 215-227. doi: 10. 1348/1355325041719428

Greene, E., Flynn, M. S., & Loftus, E. F. (1982). Inducing resistance to misleading information. *Journal of Verbal Learning and Verbal Behavior*, 21, 207-219. doi: 10. 1016/s0022－5371(82)90571－0

Grice, H. P. (Ed.). (1975). *Logic and conversation*. San Diego, CA: Academic Press.

Gudjonsson, G. H. (2003). Psychology brings justice: The science of forensic psychology. *Criminal Behaviour and Mental Health*, 13, 159-167. doi: 10. 1002/cbm. 539

Hain, P. (1976). *Mistaken identity: The wrong face of the law*. London, UK: Quartet Books.

Harris, C. B., Paterson, H. M., & Kemp, R. I. (2008). Collaborative recall and collective memory: What happens when we remember together? *Memory*, 16, 213-230. doi: 10. 1080/09658210701811862

Heaton-Armstrong, A. (1985). Police officers' notebooks. *The Criminal Law Review*, 781-784.

Heaton-Armstrong, A. (1987). Police officers' notebooks: Recent developments. *The Criminal Law Review*, 470-472.

Hirokawa, K., Matsuno, E., Mori, K., & Ukita, J. (2006). Relationship between masculinity-femininity and concession in an experimental collaborative eyewitness testimony. *Asian Journal of Social Psychology*, 9, 132-139. doi: 10. 1111/j. 1467 － 839x. 2006. 00190. x

Hollin, C. R., & Clifford, B. R. (1983). Eyewitness testimony: The effects of discussion on recall accuracy and agreement. *Journal of Applied Social Psychology*, 13, 234-244. doi: 10. 1111/j. 1559－1816. 1983. tb01737. x

Holmes, E. A., & Bourne, C. (2008). Inducing and modulating intrusive emotional memories: A review of the trauma film paradigm. *Acta Psychologica*, 127, 553-566. doi: 10. 1016/j. actpsy. 2007. 11. 002

Hope, L., Ost, J., Gabbert, F., Healey, S., & Lenton, E. (2008). "With a little help from my friends …": The role of co-witness relationship in susceptibility to misinformation. *Acta Psychologica*, 127, 476-484. doi: 10.1016/j. actpsy. 2007.08.010

Hoppe, R. A. (1962). Memorizing by individuals and groups: A test of the pooling-of-ability model. *The Journal of Abnormal & Social Psychology*, 65, 64-67. doi: 10.1037/h0041843

Hui, C. H., & Triandis, H. C. (1986). Individualism-collectivism: A study of cross-cultural researchers. *Journal of Cross-Cultural Psychology*, 17, 225-248. doi: 10.1177/0022002186017002006

Jack, F., Zydervelt, S., & Zajac, R. (2014). Are co-witnesses special? Comparing the influence of cowitness and interviewer misinformation on eyewitness reports. *Memory*, 22, 243-255. doi: 10.1080/09658211.2013.778291

Johnson, M. K., Hashtroudi, S., & Lindsay, D. S. (1993). Source monitoring. *Psychological Bulletin*, 114, 3-28. doi: 10.1037//0033—2909.114.1.3

Levy, B. (1996). Improving memory in old age through implicit self-stereotyping. *Journal of Personality and Social Psychology*, 71, 1092-1107. doi: 10.1037//0022—3514.71.6.1092

Lindsay, D. S., & Johnson, M. K. (1989). The reversed eyewitness suggestibility effect. *Bulletin of the Psychonomic Society*, 27, 111-113. doi: 10.3758/bf03329912

Loftus, E. F. (2003). Our changeable memories: Legal and practical implications. *Nature Reviews: Neuroscience*, 4, 231-234. doi: 10.1038/nrn1054

Loftus, E. F. (2005). Planting misinformation in the human mind: A 30 — year investigation of the malleability of memory. *Learning & Memory*, 12, 361-366. doi: 10.1101/lm.94705

Loftus, E. F., Miller, D. G., & Burns, H. J. (1978). Semantic integration of verbal information into a visual memory. *Journal of Experimental Psychology: Human Learning and Memory*, 4, 19-31. doi: 10.1037//0278—7393.4.1.19

McCloskey, M., & Zaragoza, M. (1985). Misleading postevent information and memory for events: Arguments and evidence against memory impairment hypotheses. *Journal of ExperimentalPsychology: General*, 114, 1-16. doi: 10.1037//0096—3445.114.1.1

Meade, M. L., & Roediger, H. L., III. (2002). Explorations in the social contagion of memory. *Memory & Cognition*, 30, 995-1009. doi: 10.3758/bf03194318

Meade, M. L., & Roediger, H. L., III. (2009). Age differences in collaborative memory: The role of retrieval manipulations. *Memory & Cognition*, 37, 962-975. doi: 10.3758/mc.37.7.962

Memon, A., & Wright, D. B. (1999). Eyewitness testimony and the Oklahoma bombing. *The Psychologist*，12，292-295.

Merckelbach，H.，Muris，P.，Rassin，E.，& Horselenberg，R.（2000）. Dissociative experiences and interrogative suggestibility in college students. *Personality and Individual Differences*，29，1133-1140. doi：http://dx. doi. org/10. 1016/S0191 — 8869％2899％2900260 —3

Merckelbach，H.，Zeles，G.，Van Bergen，S.，& Giesbrecht，T.（2007）. Trait dissociation and commission errors in memory reports of emotional events. *The American Journal of Psychology*，120，1-14. doi：10. 2307/20445378

Monds，L. A.，Paterson，H. M.，& Kemp，R. I.（under review）. Do emotional stimuli enhance or impede recall relative to neutral stimuli? A comparison of two "false memory" tasks.

Monds，L. A.，Paterson，H. M.，& Whittle，K.（2013）. Can warnings decrease the misinformation effect in post-event debriefing?. *International Journal of Emergency Services*，2，49-59. doi：10. 1108/ijes-06—2012—0025

Monds，L. A.，Paterson，H. M.，Ali，S.，Kemp，R. I.，Bryant，R. A.，& McGregor，I. S.（2015）. Cortisol response and psychological distress predict susceptibility to false memories for a trauma film. *Memory*，24，1278-1286. doi：10. 1080/09658211. 2015. 1102287 1—9.

Monds，L. A.，Paterson，H. M.，Howard，M.，& Kemp，R. I.（under review）. The effects of perceived and actual memory ability on co-witness memory for an event. Manuscript submitted for publication.

Monds，L. A.，Paterson，H. M.，Kemp，R. I.，& Bryant，R. A.（2013）. Individual differences in susceptibility to false memories for neutral and trauma-related words. *Psychiatry，Psychology and Law*，1-1320，399-411. doi：10. 1080/13218719. 2012. 692932

Monds，L. A.，Paterson，H. M.，Kemp，R. I.，& Bryant，R. A.（2013）. Do distress responses to a traumatic film predict susceptibility to the misinformation effect? *Journal of Trauma & Dissociation*，14，562-575. doi：10. 1080/15299732. 2013. 804475

Mudd，K.，& Govern，J.（2004）. Conformity to misinformation and time delay negatively affect eyewitness confidence and accuracy. *North American Journal of Psychology*，6，227-238.

Ost，J.，Blank，H.，Davies，J.，Jones，G.，Lambert，K.，& Salmon，K.（2013）. False memory≠ false memory：DRM errors are unrelated to the misinformation effect. *PLoS One*，8，e57939. doi：10. 1371/journal. pone. 0057939

Ost，J.，Hogbin，I.，& Granhag，P. A.（2004）. False reports of a highly-charged public event：Dissociation and confederate influence. Paper presented at the Society for Applied Research in Memory and Cognition Conference，Wellington，New Zealand.

Paterson, H. M. , & Kemp, R. I. (2005). Co-witness discussion: A survey of police officers' attitudes, knowledge, and behaviour. *Psychiatry, Psychology and Law*, 12, 424-434. doi: 10. 1375/pplt. 12. 2. 424

Paterson, H. M. , & Kemp, R. I. (2006a). Co-witnesses talk: A survey of eyewitness discussion. *Psychology, Crime & Law*, 12, 181-191. doi: 10. 1080/10683160512331316334

Paterson, H. M. , & Kemp, R. I. (2006b). Comparing methods of encountering post-event information: The power of co-witness suggestion. *Applied Cognitive Psychology*, 20, 1083-1099. doi: 10. 1002/acp. 1261

Paterson, H. M. , Anderson, D. W. , & Kemp, R. I. (2013). Cautioning jurors regarding co-witness discussion: The impact of judicial warnings. *Psychology, Crime & Law*, 19, 287-304. doi: 10. 1080/1068316x. 2011. 631539

Paterson, H. M. , Chapman, L. , & Kemp, R. (2007). The effects of false memory feedback on susceptibility to co-witness misinformation. Paper presented at the Paper accepted for the 3rd International Congress of Psychology and Law.

Paterson, H. M. , Kemp, R. I. , & Ng, J. R. (2011). Combating Co-witness contamination: Attempting to decrease the negative effects of discussion on eyewitness memory. *Applied Cognitive Psychology*, 25, 43-52. doi: 10. 1002/acp. 1640

Paterson, H. M. , Kemp, R. , & McIntyre, S. (2012). Can a witness report hearsay evidence unintentionally? The effects of discussion on eyewitness memory. *Psychology, Crime & Law*, 18, 505-527. doi: 10. 1080/1068316x. 2010. 510117

Paterson, H. M. , Whittle, K. , & Kemp, R. I. (2015). Detrimental effects of post-incident debriefing on memory and psychological responses. *Journal of Police and Criminal Psychology*, 30, 27-37. doi: 10. 1007/s11896－014－9141－6

Paz-Alonso, P. , & Goodman, G. (2008). Trauma and memory: Effects of post-event misinformation, retrieval order, and retention interval. *Memory*, 16, 58-75. doi: 10. 1080/09658210701363146

Perlmutter, H. V. (1953). Group memory of meaningful material. *Journal of Psychology*, 35, 361-70. doi: 10. 1080/00223980. 1953. 9712869

Petterson, B. , & Paterson, H. M. (2012). Culture and conformity: The effects of independent and interdependent self-construal on witness memory. *Psychiatry, Psychology and Law*, 19, 735-744.

doi: 10. 1080/13218719. 2011. 615821

Roediger, H. L. , III, & McDaniel, M. A. (2007). Illusory recollection in older adults: Testing Mark Twain's conjecture. In: M. Garry & H. Hayne(Eds.), *Do justice and let the sky fall：Elizabeth Loftusand her contributions to science，law，and academic freedom*（pp. 105-136）. Mahwah，NJ：Erlbaum.

Roediger，H. L.，III，& McDermott，K. B.（1995）. Creating false memories：Remembering words not presented in lists. *Journal of Experimental Psychology：Learning，Memory，and Cognition*，21，803-814. doi：10. 1037//0278－7393. 21. 4. 803

Roediger，H. L.，III，Jacoby，J. D.，& McDermott，K. B.（1996）. Misinformation effects in recall：Creating false memories through repeated retrieval. *Journal of Memory and Language*，35，300-318. doi：10. 1006/jmla. 1996. 0017

Roediger，H. L.，III，Meade，M. L.，& Bergman，E. T.（2001）. Social contagion of memory. *Psychonomic Bulletin & Review*，8，365-371. doi：10. 3758/bf03196174

Rose，C.，& Beck，V.（2014）. Eyewitness accounts：False facts，false memories，and false identification. *Journal of Crime and Justice*，39，243-63. doi：10. 1080/0735648x. 2014. 940999

Ross，M.，Spencer，S. J.，Blatz，C. W.，& Restorick，E.（2008）. Collaboration reduces the frequency of false memories in older and younger adults. *Psychology and Aging*，23，85. doi：10. 1037/0882－7974. 23. 1. 85

Simons，D. J.，& Chabris，C. F.（2011）. What people believe about how memory works：A representative survey of the U. S. population. *PLoS One*，6，e22757. 10. 1371/journal. pone. 0022757

Skagerberg，E. M.，& Wright，D. B.（2008）. The prevalence of co-witnesses and co-witness discussions in real eyewitnesses. *Psychology，Crime & Law*，14，513-521. doi：10. 1080/10683160801948980

Skagerberg，E. M.，& Wright，D. B.（2009）. Sibling differentials in power and memory conformity. *Scandinavian Journal of Psychology*，50，101-107. doi：10. 1111/j. 1467－9450. 2008. 00693. x

Soraci，S. A.，Carlin，M. T.，Read，J. D.，Pogoda，T. K.，Wakeford，Y.，Cavanagh，S.，& Shin，L.（2007）. Psychological impairment，eyewitness testimony，and false memories：Individual differences. In：M. P. Toglia，J. D. Read，D. F. Ross，& R. C. L. Lindsay（Eds.），*The handbook of eyewitness psychology，Vol I：Memory for events*（pp. 261-297）. Mahwah，NJ：Erlbaum.

Sutherland，R.，& Hayne，H.（2001）. The effect of postevent information on adults' eyewitness reports. *Journal of Applied Cognitive Psychology*，15，249-263. doi：10. 1002/acp. 700

Tainaka，T.，Miyoshi，T.，& Mori，K.（2014）. Conformity of witnesses with low self-esteem to their co-witnesses. *Psychology*，5，1695-1701. doi：10. 4236/psych. 2014. 515177

Thorley, C. (2013). Memory conformity and suggestibility. *Psychology, Crime & Law,* 19, 565-575. doi: 10. 1080/1068316x. 2011. 648637

Tulving, E. (1985). Memory and consciousness. *Canadian Psychology,* 26, 1-12. doi: 10. 1037/h0080017

Underwood, J., & Pezdek, K. (1998). Memory suggestibility as an example of the sleeper effect. *Psychonomic Bulletin & Review,* 5, 449-453. doi: 10. 3758/bf03208820

Vredeveldt, A., Hildebrandt, A., & Van Koppen, P. J. (2015). Acknowledge, repeat, rephrase, elaborate: Witnesses can help each other remember more. *Memory,* 24, 1— 14669—682. doi: 10. 1080/09658211. 2015. 1042884

Wang, E., Paterson, H., & Kemp, R. (2014). The effects of immediate recall on eyewitness accuracy and susceptibility to misinformation. *Psychology, Crime & Law,* 20, 619-34. doi: 10. 1080/1068316x. 2013. 854788

Weldon, M. S., & Bellinger, K. D. (1997). Collective memory: Collaborative and individual processes in remembering. *Journal of Experimental Psychology: Learning, Memory, & Cognition,* 23, 1160-1175. doi: 10. 1037//0278—7393. 23. 5. 1160

Weldon, M. S., Blair, C., & Huebsch, P. D. (2000). Group remembering: Does social loafing underlie collaborative inhibition?. *Journal of Experimental Psychology: Learning, Memory, and Cognition,* 26, 1568-1577. doi: 10. 1037//0278—7393. 26. 6. 1568

Wells, G. L. (1978). Applied eyewitness testimony research: System variables and estimator variables. *Journal of Personality and Social Psychology,* 36, 1546-1557. doi: 10. 1037//0022—3514. 36. 12. 1546

Wright, D. B., & Villalba, D. K. (2012). Memory conformity affects inaccurate memories more than accurate memories. *Memory,* 20, 254-265. doi: 10. 1080/09658211. 2012. 654798

Wright, D. B., Busnello, R., Buratto, L., & Stein, L. (2012). Are valence and social avoidance associated with the memory conformity effect?. *Acta Psychologica,* 141, 78- 85. 10. 1016/j. actpsy. 2012. 06. 008

Wright, D. B., Gabbert, F., Memon, A., & London, K. (2008). Changing the criterion for memory conformity in free recall and recognition. *Memory,* 16, 137-148. doi: 10. 1080/09658210701836174

Wright, D. B., London, K., & Waechter, M. (2010). Social anxiety moderates memory conformity in adolescents. *Applied Cognitive Psychology,* 24, 1034-1045. doi: 10. 1002/acp. 1604

Wright, D. B., Self, G., & Justice, C. (2000). Memory conformity: Exploring misinformation effects when presented by another person. *British Journal of Psychology,* 91,

189-202. doi：10. 1348/000712600161781

Yarmey，A. D. (1992). The effects of dyadic discussion on earwitness recall. *Basic & Applied Social Psychology*，13，251-263. doi：10. 1207/s15324834basp1302 _ 8

Yuille，J. C. ，& Daylen，J. L. (Eds.) (1998). *The impact of traumatic events on eyewitness memory*. NJ：Erlbaum.

Zaragoza，M. S. ，& Koshmider，J. W. (1989). Misled subjects may know more than their performance implies. *Journal of Experimental Psychology*：*Learning*，*Memory*，*and Cognition*，15，246-255. doi：10. 1037//0278－7393. 15. 2. 246

Zaragoza，M. S. ，McCloskey，M. ，& Jamis，M. (1987). Misleading postevent information and recall of the original event：Further evidence against the memory impairment hypothesis. *Journal of ExperimentalPsychology*：*Learning*，*Memory*，& *and Cognition*，13，36-44. doi：10. 1037//0278－7393. 13. 1. 36

Zhu，B. ，Chen，C. ，Loftus，E. F. ，Lin，C. ，& Dong，Q. (2013). The relationship between DRM and misinformation false memories. *Memory & Cognition*，41，832-838. doi：10. 3758/s13421－013－0300－2

Zhu，B. ，Chen，C. ，Loftus，E. F. ，Lin，C. ，He，Q. ，Chen，C. ，… Dong，Q. (2010). Individual differences in false memory from misinformation：Personality characteristics and their interactions with cognitive abilities. *Personality and Individual Differences*，48，889-894. doi：10. 1016/j. paid. 2010. 02. 016

第21章
数字媒体与记忆的不稳定性

安德鲁·霍斯金斯（Andrew Hoskins）

我一直觉得奇怪的是，无论在理论还是在实证方面，学术研究都将所有现象的组成部分进行分解，把它们隔离开来进行处理，好像它们之间本来就没有关联。自我、文化和社会方面的记忆研究是最糟糕的情况之一。当认知心理学家探寻"集体记忆"（显然是比社会学家努力解决认知问题具有更强的趋势的）时，他们是在错误的时间探索一种错误的记忆。也就是说，在这个关于自我以及超出自我的记忆被呈现的数字化联结彻底改变的时代，用集体记忆折射这个世界，是不合时宜的。我在这一章中提出了这一观点。

但是退一步讲，在我的研究中，我主张采用整体方法，将现象视作是"当时的生态"的一部分或由其构成的。例如，我最近的研究探讨了"战争生态学"：物质化、数字化、私有化（记录管理）、行政部门（英国国防部）、秘密（业务记录）和公共记录（英国国家档案馆）不断变化和冲突的文化和环境，如何共同改变了军队、档案馆、政策制定者、历史学家和公众关于战争的知识[1]。这里的关键词是"共同"，因为要掌握一种现象在其时代的特征和意义，需要绘制其相关的关系以及所处时代的影响。例如，关于"媒体生态学"的研究有很长的历史（Fuller，2007；McLuhan，1964；Postman，1970），梅林（Merrin，2014，p.47）对其进行了很好地总结：媒体生态学"蕴含了一种世界观：它唤醒了一种世界。"

我的研究以类似的方式看待记忆，将记忆视为一种个体和群体以确定的、持续的、预定的风格与他人、机构、媒体等进行交互和互动的成果。数字化从根本上颠覆了这一系列关系现有的平衡以及它们之间的联系（整个生态），从而改变了记忆的本质、意义、用途、潜力和风险。

---

① 作者持有由艺术与人文研究委员会（AHRC）资助的研究学术奖金，名称为"记忆和档案制度的技术：连接性转变后的战争日记（ref. AH/L004232/1），见：http://archivesofwar.com。

而这些改变正是这一章的主题。

一、 从广播时代到数字时代

这一章将数字媒体定义为一种记忆和遗忘的新条件。这既是指它的不受约束性，又指其对记忆的支配：它是从传统档案、组织、机构中脱离出来的记忆，通过与大脑、身体、个人的以及公众生活之间的联系而扩散。"联结的转变"（Hoskins，2011a；2011b）——数字的即时性、数量化以及普及性就像令人兴奋的鸡尾酒一样，驱动了关于记忆是什么以及记忆可以做什么的本体论的转变，并扼杀了人类生动记忆的前景。这是一种通过联结动态思考和概念化媒体/记忆的方式，作为我们如何叙述、体验、表现，联系、记忆以及忘记过去的核心方面，也许是强大的，但它是更加直接、丰富、无处不在以及显而易见的。

具体来说，我用"数字媒体"来引起人们关注出现的"媒体—自我"关系，在这种关系中，个人以及群体在一系列媒体实践中是活跃的，例如推特、链接、喜欢、转发、编辑以及数字媒体内容。但在这一章中，我还会关注一些被人们认为是"广播时代"遗留的东西。我建议大家重视如今如何看待媒体和记忆之间的关系，而淡化记忆变化的性质。

人类记忆的脆弱性，早已在他们试图借助外部援助时就显露了出来。一般认为通过增加对媒体形式和设备的使用以及依赖性，而逐步增加的技术外部化，能够加强记忆。从心理学到媒体研究，一系列学科将媒体视为增强、扩展和外在支持人类记忆的关键机制。写作、印刷和连续的电子媒体生态，改变了人类的认知以及记忆的能力、控制和力量。

数字媒体提供了超越以往媒体革命的变革事物，不仅改变了现在和未来的观点和体验，也重塑了旧媒体以及对于过去的建构（还有过去的意义）。

例如，在媒体研究中，有一种运动认识到了这种转变"来自社会分析，即认为大众媒体是众多有影响力但又独立的机构中的一个。它与媒体的关系可以通过社会分析获得有效的分析。在这种社会分析中，所有事物都是媒体化的"（Livingstone，2009，p. 2）。虽然长期以来，媒体一直被视为处于沉浸与饱和的状态，但近年来有大量学者将这些条件作为他们参考的动机。例如，德泽（Deuze，2011，p. 137）提出了"媒体生活"的观点，"认识到对媒体的使用和占有如何渗透到当代生活的各个方面。"在对媒体和记忆的研究中，存在许多可以定位为一种群体的学者，这一群体将重要的记忆效应归因于所谓的数字化的、社会化的或关联的媒体（Garde-Hansen et al.，2009；Hoskins，2011a；2011b；2018a；van Dijck，2007）。

但是，当今的数字化变革令人担忧，包括记忆、隐私、安全、身份等，往往至少意味着与之前的媒体时代或生态间的一种对比。例如，梅林（2014）在他对评论媒体研究未能理解这种转变时，提出将这种转变认为是："广播时代的媒体产物集中在少数人手中，个人公司或机构为大多数缺乏制作能力的人们制作了大部分内容，而后广播时代的产物则是以全体公众对自己和彼此潜在参与的媒体体验为标志的"（2014，p. 68）。以快速增长和创立的报纸、广播和电视这些印刷品和电子媒体为标志的媒体广播模式对记忆研究至关重要，因为许多人认为当代的"记忆繁荣（memory booms）"①（Huyssen，2003；Hoskins & O'Loughlin，2010；Winter，2006）是由 20 世纪的一些节点事件的大规模影响驱动的。特别是对于一些学者来说，1978 年 NBC 大屠杀电视迷你剧的首次放映（Shandler，1999），以及 1980 年出版的集体记忆的教父：莫里斯·阿尔布瓦克斯的《集体记忆》的英文翻译，标志着一种记忆繁荣。

我将暂停一下对"集体记忆"概念的说明。我认为，在阿尔布瓦克斯的观念中，记忆是通过对于社会群体以及对于通过其成员获得的自我认知的参照，从而获得了加强但同时也受到了限制（在时间上和空间上）的。例如，阿尔布瓦克斯（1980，p.80）强调集体记忆的多样性而非普遍性（考虑到任何时候的群体数量）和人类的局限性（参见 Abel et al.；Hirst & Yamashiro；Rajaram；Wilson，第 4、第 5、第 14、第 16 章）。我对这个术语（和它不幸的流传度）的兴趣在于，有很多错误研究假设大众媒体（特别是电视）以某种方式加强了集体记忆。例如，米斯兹塔尔（2003，pp.21-22）借鉴马歇尔·麦克卢汉（Marshall McLuhan，1964）的研究并认为："今天，大众媒体在建构集体记忆方面发挥了最重要的作用。"我不确定这些说法的实际证据是什么。对于被观看（和体验）的经历的同时性这一想法，无疑具有一定的诱惑力，因为它源自虚拟性（通过广播媒体观众的形式）的某种力量。有趣的是，这种社会力量的观点可以在阿尔布瓦克斯的老师埃米尔·迪尔克姆（1915，p.231）的作品中找到。我现在列出了广播媒体和集体记忆之间关系的一些假设，之后回过头来考虑数字媒体对这个等式的影响。

广播媒体时代是集体记忆研究以大媒体机构和档案为基础的时代，并且据说它们调节或保存的事件塑造了大规模群体（"观众"）的记忆。例如，对于电视作为单一媒体的优势，当卫星新闻采集和传播通过创建实时全球同时性来塑造新的想象时，达杨和卡茨（Dayan & Katz，1992，p.213）在一本非常有影响力的书《媒体事件》（*Media Events*）中写道："媒体事件和它们的叙述在定义集体记忆的内容时与历史的写作相竞争。它们的破坏性和英雄性正是人们所记忆的。它推动了历史学家和社会科学家的感知连续性并超越了个人的努力。"

同时，电视的观众众多确实是一种诱人的现象，无论是在其所谓的对事件的统一接收方面，还是在由于对其实时的替代性见证的共享经验所产生的国家和/或全球的集体记忆方面。实际上，这个概念已经驱动了整个记忆研究的子领域，不是来自社会学或媒体研究，而是来自认知心理学，即被称为"闪光灯记忆"（flashbulb memories FBMs）的研究。

20 世纪 80 年代，乌尔里克·奈瑟尔（Ulric Neisser）对闪光灯记忆的开创性研究，发现了一个新的关于电视的认知科学子类。他发现了在受访者被询问他们在美国挑战者号爆炸的第二天以及两年后在做什么时，朝向"电视优先"的转变（见 Neisser，1982/2000）。人们对"当什么时

---

① 温特所说的第一次记忆繁荣是指从 19 世纪 90 年代到 20 世纪 20 年代这一时期，当时记忆对于民族身份的形成和对第一次世界大战的受害者的纪念来说至关重要；第二次记忆繁荣的特征是第二次世界大战的紧急纪念和 20 世纪 60 年代和 70 年代的大屠杀（2006：26）。第三次记忆繁荣的特点是立即的、仓促的标志和纪念即使是仍在进行的战争，并且主要是通过数字媒体的连通性来提供（Hoskins and O'Loughlin 2010：116-119）。

候他们在哪里"(经典的闪光灯记忆问题)产生了错误记忆，而电视成了主流媒体。通过大媒体，人们记住了事件并且错误记忆了事件。

闪光灯记忆是对标志着历史性记忆(例如，暗杀政治领导人，自然灾难或者恐怖袭击)的重大事件新闻的收听(以及观看)记忆。当然，大众媒体对于塑造记忆的潜在影响，与形成对事件的集体接收(通常是同时的)的"大量"观众的想法(即媒体事件：Dayan & Katz，1992)，以及它之后的周年纪念标志(西方新闻节目的扩展已经满足了当前对于纪念和纪念活动的痴迷)相互关联。因此，我们一点都不缺少可用于增强闪光灯记忆的高度重复的媒体内容，赫斯特和梅克辛(2009，p.213)简洁地说："媒体报道是典型的外部驱动的复述行为。"并且大多数典型的媒体事件(1967 年对美国总统约翰·肯尼迪进行的暗杀；1986 年航天飞机挑战者的爆炸；1997 年威尔士王妃戴安娜的死亡)已经表明闪光灯记忆研究的起源，是广播媒体时代的产物("9·11"事件在连接转变的交点)。例如，温特(Winter，2012)的《记忆：现代历史的碎片》(*Memory：Fragments of a Modern History*)描绘了 20 世纪记忆的运作情况，其用了整整一章来论述"闪光灯记忆"。并且电视似乎仍然保留了其作为记忆和遗忘的媒介，以及作为主流媒体意识持久形式的存在和力量。

但电视的连通性一直比现实更具有想象力。正如诺沃特尼(Nowotny，1994)曾经让人信服地说过的那样，全球的同时性是虚幻的；电视的神话性连接是通过曾经自由的，"全世界都在关注"的想法来被想象出来的(参见 Gitlin，1980)。此外，电视已明显失去其独特地位，其存在和所有其他媒体一样，现在更加紧密地被联系和被扩散。

那些指出电视观众收视率作为电视在公共媒体/记忆领域主导地位的证据的人(尤其是对于在重大的或灾难性的时期的新闻，以及对于它们在此期间强迫性的、重复的创伤的电视观众)，正在逐渐失去这一观点。重要的是，不要错误地把家庭中以英寸为单位的电视屏幕尺寸的增大与内存的销量增大联系起来，也不要把在多个平台上的普遍修复与任何类型的存储器购买联系起来。相反，像所有其他媒体内容一样，电视已经被植入新记忆生态的日常生活中，以至于它实际上消失了。数字化联结把电视以及其他所有媒介都整合了。

集体记忆仍然可归因于媒体(或者至少是由从事这一行业的人"制造的历史")，但是区分这样的媒介/记忆变得越来越困难。例如，出自内心的闪光灯记忆，尽管其定义更高，但不再作为主流新闻媒体的神圣属性而存在。相反，数字化团块将它们遗忘。我把这些团块定义为今天的数字化组织形式的记忆，但也融入了自我(Hoskins，2018b)。它们是为自己，也是靠自己录制、评论、推特、发短信和重新编辑的车轮。这里没有集体记忆。

相反，数字媒体已经打破了记忆繁荣的媒体/记忆(记忆的"创造、适应和循环")，用杰伊·温特(Jay Winter，2006)的术语来说——失衡。这个过程本身就是一个持续过程的终点，而不是继续参与、解决或完成的前景。记忆，无论被认为是个人的还是社会的或是其他什么，都不能仅仅依赖于视觉的重复和修复，或者依赖于主导第二次记忆繁荣的离散的和准时的媒体形式和表现形式。相反，数字化已经瓦解了认知心理学家描述为"外部记忆领域"研究的相对功能的确定性。

重要的是，20 世纪关于媒体和记忆的本质、功能和研究的遗产，投下了长久的阴影，这种阴影笼罩并掩盖了 21 世纪的记忆的媒体。如果广播时代被看作更广泛历史中的一种失常，而不是作为定义今天如何达成数字媒体及其如何对记忆产生影响的时期，第二次记忆繁荣以及媒体和记忆之间的关系会看起来非常不同。与此同时，媒体和记忆的模型以广播时代的媒体生态为前提，继续对媒体与记忆之间的关系的构思、出发点、概念、理论和方法施加不必要的影响。

关于媒体与记忆之间关系的"扩展主义"观点的大致内容（关于媒体增强、扩展和外在支持人类记忆的内容），不符合目的：它没有捕捉到数字媒体为自我、群体和社会带来的深远的不确定性，在过去是如何被解构的方面，以及在对于今天的未来记忆是如何被推动，并超越了二十世纪大众媒体的相对可被预测的有限性的方面。

例如，"参与式媒体"（participatory media）已经成为这种转变的词汇中的关键术语：即个人和群体在本章前面提到的一系列媒体实践中的对活跃程度的感觉。但正是这种活跃的感觉，掩盖了实际上已经失去控制。所谓控制，是对档案的沟通和分散的痕迹的融合。这些痕迹困扰着一代又一代的人。许多人现在已经融入了数字化搜索的文化。因此，参与和通过可以被视为日常交流和基本社交不可分割的一部分的现有模式，改变了记忆的未来潜力和它可以达到的目的。

然而，与此同时，数字媒体重新调整和歪曲了已经存在的媒体内容。例如，斯科特（Scott，2015）认为，数字化技术正在重塑作为人类的意义，以至于达到了我们现在处于"四维"状态的程度。

> 第四个维度不是整齐地位于事物的上方或另一侧。它不是阁楼式延伸。相反，它扭曲了旧的维度。因此，通过电话线进行数字化，这不再是我们攀爬的空间。旧世界本身已经具有四维性……我们生活的时刻，越来越多地成为数字化的旁观。窗外的景色、与朋友的会面、思想、愤怒的休闲时间的例子——为了进行维度升级，它们都是候选人，甚至是参赛者（2015，p. xv）。

这种对于世界的彻底修正和重新构想，包括了过去本身，现在容易受到参与人群的影响，不断得以重塑（Hoskins，2018b）。同时，与之前的媒体时代形成鲜明对比的是："虽然广播时代的制作是标准化的、统一的和成型的，但广播后时代的制作的标志是定制化、个性化以及'永久的 β'的兴起"（Merrin，2014，p. 1）。在这些数字媒体同时重新设计过去以及扰乱未来的情况下，记忆的稳定性和持久性的前景如何？如果人类记忆的主要合作者（愿意或不愿意的、已知或未知的）是媒体，那么我们对其进行主张或重新控制的前景是什么？

二、 媒体的局限以及记忆的局限

持续的连通已经成为一种便捷。这种连通本身就是目的。连通性可以通过智能手机、平板电脑、应用程序等越来越便携和可穿戴的媒体本身进行维持。但是，连通性并不是与外部以及外部世界的表面联系，相反，这是我们存在在其中的一个不可或缺的功能，是我们社交的能力，是我们所有身份的持续塑造者，也是我们数字生存的主要机制。

为此，通过失败的努力来管理或抵制它们，揭露出数字化纠缠。其他人甚至不再把沉浸于参与式媒体视为成瘾，而是视为媒体自我的不可避免的纠缠。它需要进行管理，正如罗斌（Lovink，2013）所说："问题不再涉及'新媒体'的潜在的或社会的影响，而是如何应对它们。"但是，至少在连接的转变的早期我们没有预见到，"应对"是关于媒体本身的新的纪念性遗产。许多传统用途和沟通媒体形式，与那些平凡但普遍的、建立和维持 21 世纪的日常生活的媒体之间的根本区别在于，数字化沟通通常并且经常在不知不觉中存档。

这种沟通与档案的融合，削弱了我们对媒体的认识，并带来了关于自我记忆的新繁荣。然而，与二十世纪后半叶的记忆热潮（第二次）不同，自我的记忆繁荣，并不是对过去的关键时刻、事件和机能的有形的和有序的收集和标记，而是对记忆的更大的污染。更确切地说，自我的记忆繁荣在一种挥之不去的不确定的困扰状态中是显而易见的，即在不可预测的现在和未来中，自我可能"浮现"。而这种不可预测的现在和未来，不再通过传统的记忆和遗忘来被稳固和更新。也许矛盾的是，普遍性和沉浸感模糊了媒体在记忆和它们的相互渗透方面所做的研究。一些社会和媒体理论家将"技术性无意识"（Clough，2000；Grusin 2010；Hayles 2006；Taylor，2002；Thrift，2004)定义为"由多层技术设备和发明引发、调节和规范的日常习惯"（Hayles，借鉴 Thrift，2006，p.138）。因此，"社会技术生活中非常基本的发送和接收功能——以及它们使连接和互联变得可能适度但持续的嗡嗡声"具有环境特征（Thrift，2004，p.175）。

这种自我与这个时代的媒体作为一种技术性无意识的广泛和激增的纠缠，就像生活在一种阴影档案中。这种阴影档案使得整个文明的记忆和遗忘的性质、前景和参数变得很不确定。这不仅仅是关于我们数字足迹数量和规模的问题，而是无论是在个人沟通还是在传统的大众媒体中，我们最近的传统媒体形式，都提供了相对可预测的衰退时间。今天，数字化打乱了媒体的衰退时间，也打乱了我们在媒体中的存在，为沟通和活动带来了一系列新的风险和不确定性。在可知的范围和记录的短暂性方面，这些风险和不确定性相对温和。拍摄照片并有意识地被拍照，曾经一度被理解成并不是必须地或完全地理解表现（电影、开发者、报纸）的技术性操作，但至少要意识到媒体的有限性、循环潜力、把关系统以及摄影手法可能产生的尴尬、丑闻甚至毁灭的可能性和局限性。但今天我们生活在一个媒体意识大幅下降的时代。

一个人可以成为计算机代码和算法的专家，所有这些都是可以计算的，但这不是重点。所有这些知识都不会提高记忆的安全性，无法对图像、物体或叙述的限制或寿命提供任何更大的确定性，也没有介入或影响这些参数或媒体的轨迹的能力。这既适用于知情和/或愿意的（但不一定是开明的）媒体参与，也适用于很少或未被注意的日常随机录音，还适用于能够满足今天对未来记忆的系统性监控。

鉴于此，长期以来被认为是集体记忆之父的莫里斯·阿尔布瓦克斯对记忆的表述，或者更确切地说，对记忆时间和社会的划分，变成不可能的了。阿尔布瓦克斯（1980）颠覆了"对社会的记忆（memory of society）"的持续时间与其成员的生活性记忆之间的相互联系。群体的记忆，不再是通过一个不在联系范围之内的社交网络所构成。相反，超越自我的记忆和遗忘是连通性的条件，即"大众"及其数字化参与。然而，与大众所从事的关于媒体本身的密切联系，使我们对一个已经失去焦点的世界：一个甚至没有记忆的社会，分散了注意力。更大的记忆景观（对过去和未来的熟悉感）已经被数字化呈现的需求所掩盖、甚至消耗掉了。

然而，与此同时，遗忘的前景同样受到关于相同媒体本身的阻碍。这些媒体并不具备与早期媒体相同的衰退、分离或毁灭的确定性。我们这个时代的斗争就是在连通性的压迫中寻找某种时间的锚点、一些相似的视角。这是社会与过去的新阴影的斗争，标志着记忆和遗忘的损失。现在我转而在这些纠缠中描绘出这种"灰暗"记忆的斗争。

三、 记忆变得灰暗了吗

我从新兴的激进媒体理论中汲取了灰暗的概念。这种理论挑战了传统媒体研究对表现形式的重视，这种表现形式形成了记忆研究的本体论。传统上，这是根据其表现形式的限制、稳定性以及持续时间来定义和测量记忆的。例如，集体的和文化的记忆的虚构力量有时是根据群体中的人数、景观的大小、文本使用的连续性来衡量的：即社会折射自己形象的所有方式。但是数字化，并不是像人们所期望的那样使这种自我形象变得清晰，随着其新兴的百万像素及其无限档案的不断增加的技术性定义，反而使其变得更加不透明。一个不能再"看到"自己的社会就是一个没有记忆的社会。

数字媒体在新的记忆生态中拥有灰暗的记忆（Brown & Hoskins，2010）。新的或当前的记忆生态是交叉的和碰撞的调节记忆的熔炉。它们可以共同被视为通过多种时间、人物、事件等的相互联系对过去的（重新）排序（Hoskins & Tulloch，2016）。在这种环境中的数字媒体模糊了以前清晰、分散以及包容的表现形式，通过这种表现形式，社会一度可以查看、盘点、关注以及遗忘自己的集体形象。

干扰、媒体意识的减弱以及连通性和灰暗的变幻无常，成为一个失去对任何特定形象或时刻的关注的社会的特征。相反，新的记忆生态的关联性和多重视角，抵制了以前记忆繁荣的能力，把一个事件具体化，把过去创造和保持为现在的过去。因此，在后稀缺性①雪崩中，里钦（Ritchin，2013，p. 9）认为："……具有更大社会意义的图像更加难以浮出水面，更不用说要求被关注了。"

没有连贯的自我形象，社会就没有记忆。通过这种方式，尽管媒体意识的减弱稳定了对于记忆的视角，但其既是主流媒体的精英的衰弱，又缺乏对其数字化替代的潜在后果的理解，或者至少是缺乏重申关于过去的可用视角的手段。

然而，所有这一切似乎都是对旧的（但令人信服的）争论的一种奇怪的颠覆，旧的争论是关于广播媒体时代，通过重复稀少的以及甄选的图像来盗走想象力的固有风险的，这是关于"主流"愿景的基础。我只是想提供一些关于这种特定媒体"看待方式"的主流评论的例子。

不幸的是，在媒体研究和记忆研究领域，对媒体与记忆之间关系的代表性研究中存在着一个焦点。对理解媒体在记忆中的作用而言，最重要的不是图像及其重复和重构，而是我们通过媒体以及我们与这种媒体的关系所做的事情。克罗克（Crocker，2007）简洁地说："只要我们继续专注于媒体所有权或信息含义的问题，我们就会错过与调节这一事实本身的深刻而曲折的关系。"这是新的媒体意识（以及无意识）。这取代了关于"被动"或"主动""受众"的书写形式（并且仍然在被书写）：广播时代死亡的媒体理论已经死亡。重要的问题不是重复什么图像或系列图像，也不是什么影响了这种隔离单一媒体的尝试，什么使我们对更广泛的媒体生态的运作视而不见。相反，我们应该问一下，我们与媒体的强制性联系和连通让记忆和遗忘——在点击、发布、转发、编辑、链接、喜欢、推特和我们所有的数字纠缠方面有何不同。

但这些转变并非主要来自新技术或设备的运作或安排。例如，克拉里（Crary，2013）认为，关注话语或技术范式（例如"新媒体"）的影响会很快过时。相反，克拉里认为重要的是"被加速和强化的消费节奏、速度和形式是如何重塑经验和感知的"（2013，p. 39）。从这个角度来看，通过普遍的数字化界面对自我进行的日常管理，包含了我们对关于自我的信息的大量积累的顺从。

这是一种不确定的记忆，是生活在数字化媒体的意识和技术性的无意识之间的关键悖论导致的。我将首先把前者（媒体的意识）概括为作为在线生活的生命的动态即时性。它通过对变动中的数字化记忆，本身的不稳定性和灵活性的感受（和诱惑）而产生，之后再考虑后者（无意识）作为"灰暗的媒体（gray media）"的舞台。

数据上传、传播和分发的移动界面，提供了连通的体验网络，让我们对自己的导航能力和"升级"能力有一种控制感和满足感：一种自我驱动。例如，麦克弗森（McPherson，2002，p. 202）通过我们的在线界面，写下了新兴的"意志移动"体验，即"网络的形式和元话语……不仅从一种即时感中产生了一种意义的循环，而且通过将这种存在感与一种选择感联系起来，构

① 通过"后稀缺性"，我把大家的注意力吸引到今天的数字化和连通的多样性的观点上。这个观点揭示了 20 世纪后期的时段——之后被看作是一次（第二次）记忆繁荣——作为媒体和记忆实际稀缺的时代。

建了一种被激活的活力。我们开始感觉到，这种活力在点击和重新加载的瞬间被激活，并且产生了影响。"我们通过 Web 2.0 所有的导航和参与，带领被试经过网络和网络关系的互动轨迹，使得过去看起来像是一个连通的漩涡，从未确定，从未结束。正如麦克弗森所言，正是数字化呈现的连通的"激活"和"影响"，提供了与网络的躯体性连接，超越了物理性连接，提高了智能手机等界面的可携带性和可佩戴性。

这种媒介配置的衰落，看起来似乎无法阻止，因为它建立在一种新生事物的基础上。"过去"总是在现在重新组合，但是，今天它的组成部分尚未完成，总是"活的"，正如我所说，连通性改变了它衰变的意义，改变了记忆的内容。事实上，数字记忆本身是历史上最容易受到损伤的。这不是一个关于记忆和遗忘的简单问题，而是在没有比较的情况下，记忆对聚合、商品化、衰败和永久性困扰的激进的暴露。我们越是被媒体包围，这些包围和依赖就变得越不明显。因为媒体构成了对于过去记忆的竞争版本，因此，多年来，研究聚焦在媒体的表现上。数字海啸一夜之间使这种研究变得多余。相反，它是我们看不到的媒体，表征不了记忆是什么，也说明不了记忆有什么用。这是灰暗的媒体的世界。

重申一下，灰暗的媒体，我指的是 21 世纪生活的数字化基底（一种技术性无意识），涉及软件、代码和算法的大多数不可见并且无法访问的计算操作。但灰暗的媒体还包括与机器的界面互动。这些设备越来越普遍却越来越难以察觉：它们渐渐变得灰暗了。当几乎没有经验可以不被媒体化（剥离某种技术筛选、塑造或记录时），我们的导航和管理技能提供了各种各样的直接满足感以及我们这个时代的活力，但这进一步使我们难以理解对灰暗的控制权的放弃。这种陷阱与 1998 年的电影《楚门的世界》(The Truman Show)中的赫里斯托夫(Christof)的角色相呼应——这是我们时代的预言文本。楚门发现他的整个生活实际上是由赫里斯托夫创作和导演的电视节目。而脸书(Facebook)的出现就好像我们一夜之间都愿意像楚门一样生活，我们几乎没有注意到，虽然本能地模糊地意识到，在 2005 年左右后台被摧毁了。至少这个（前台，后台）区别仍然存在在楚门的世界里。

关键在于，我们这个时代的根本诱惑是人与机器在更深入的和不可逆转的关系中的纠缠。更深入的，因为数字化连接促进了对于基本社交、教育以及日常组织的"智能"或基于网络的技术的日益依赖；不可逆转的，因为自己已经有多种存在，分散在众多信息流和具有不确定的目的的数据库里，如果其拥有目的的话。

富勒(Fuller)和高菲(Goffey)的"灰暗的区域"的概念取自利瓦伊(Levi, 2012，第 11 页)，"表示一个在道德上模棱两可的活动空间"，具有"不确定的轮廓"以及"复杂的内部结构"。它恰当地描述了通常被称为"互联网"的相互关联的技术，以及它们的基础设施支持、流程以及在数字媒体和网络的日常沉浸中几乎不可察觉的所有内容。

我在这里的主张是，灰暗的媒体产生了记忆的灰暗：一种已经存在的，并且一直存在的、模糊的记忆状态，没有可辨别的起源、年代、形状。我所说的对记忆的控制的失去，就是对媒体的速度、复杂性和规模的控制的失去，从中在未来的记忆会被制造或丢失。

之后这种记忆以双重损失为标志。首先是对灰暗的媒体的不透明度的日常性屈服：在我们的沉浸式或围绕数字化的呈现中，对于代码、软件、数据库等的数字化操作，越来越视情况而定。数字化提供给我们的图像越清晰，基础设施、界面和流程就越薄弱、越变得失去焦点。换句话说，个人失去了他们对自己积极的、人性化的记忆的控制。这些记忆，曾经不得不更有意识地加以运作，以维持过去的身份、地点和关系的连续性。正是这种积极的记忆和遗忘，从根本上削弱了我们对机器搜索设备的依赖。随着技术和媒体借助信息层渗透到日常生活中，我们在数据化中的沉浸变得越来越经常化和持续化。我们似乎也越来越少注意到这些。在日常生活中，随着影子档案连接的可穿戴性和连续性越来越强，数据变得越来越亲密，但却越来越不引人注目，机器上的内存越来越多。

第二种损失是对过去的时间观念的损失。我并不是说这里只是单向的迷失，这种迷失通常与通过数字媒体进行生活的节奏和波动有关。不仅是数字化的洗劫改变了我们早期的记忆，至关重要的是，这也模糊了那个时代的观点。我现在来考虑第二种损失的性质（过去的观点）。

四、 后稀缺性文化

后稀缺性文化（postscarcity culture）的雪崩和众多的数据库挑战了衰退的时间。突然间，昔日的校友、昔日的恋人以及所有可能和应该被遗忘的事物，所有褪色的和正在褪色的过去，都会通过社交媒体回归到一种单一的、互联的展示中去。到 21 世纪中期，一个人过去的自我碎片会随着时间的推移而大量地分散。这些碎片，不需要私人侦探机构，也可以迅速得以检索和人肉。

有人说我们现在生活在一个没有记忆（也没有遗忘）的社会。这种说法听起来似乎有些奇怪，因为通过互联网以及使我们社会化（"社交"媒体）的设备，新的丰富的世界经由我们的指尖得以创造。后稀缺性文化是数字化无处不在、数据涌现的地方。后稀缺文化促进了一种自我与所有事物的连接感：总而言之，我们所有的现在和我们所有的过去随时可以获得。正如凯利（Kelly，2005）所说："只有小孩子才会幻想，这样一扇神奇的窗户可能成为现实。"这种对明显的不受限制的可及性和可见性的几乎不可信的状态的描述，暗示了现在回顾能力的规模和力量。在我们的后稀缺性文化中，对过去的揭示实际上抹杀了元记忆：即使是在几年前，我们也无法看到存在着一种完全不同的"看待世界的方式"。伯杰（Berger，1972）引导人们关注，在塑造特定的"看待方式"时，媒体的重要性，对此他是具有影响力的。他认为："我们看待事物的方式受到我们所知或者所信的影响"（1972，p. 8）。

但是，数字化刻画的信念，被推行于突然易得的，以前的时代更容易受到当前的关注，也更容易拥有不安全感的过去。人们甚至可以说，我们正在目睹历史的新的衰落，因为它被数据所呈现的压倒一切的阵势所感染，以塑造其视野中的一切。哈特利（Hartley）在其著名的《中间人》（*The Go-Between*）一书的开头写道，"过去是一个异域，它们在那里做不同的事情"，正如伟大的记忆学者戴维·洛温塔尔（David Lowenthal）所说明的那样，可以不止一次地被翻看。过去是双重变化的：它被数字化所洗劫。它改变了那个时代的记忆，但也失去了那个时代视角的价值。当今的数字化所孕育的价值观（肆无忌惮的评论、开放的获取以及没有分享的共享），比以前更容易强加于，我们的后稀缺性文化中，易受攻击的并且特别脆弱的过去。

但这些朝向灰暗的媒体的转变有多独特呢？关于媒体与代际记忆之间的关系的实证研究的数量有限（特定的一代媒体对于那个时代的记忆有何影响）。沃尔克默（Volkmer，2006）的"全球性世代媒体"项目是一个值得注意的例外。她的研究利用了三代人的成长时期，并且将其与不断变化的媒体形式结合起来：（"打印/广播"，"黑白电视"和"互联网"）。沃尔克默的项目采用了"友好"的代际分析框架（Mannheim，1952），特别是：构建每一代人的共同经历，从而创造出"不断被取代的、具有创造性意愿的代际世界观"（Kettler & Loader，2004，p. 163）。这种方法旨在揭示"尽管存在国家的、文化的和社会的差异，但媒体环境对于特定代际的世界观的相关"（Volkmer，2006，p. 7）。

一些心理学家将形成年代的发展与记忆之间的联系称为"怀旧的冲击（reminiscence bump）"。这些是 10 岁至 30 岁的关键塑造时期的记忆（曾经大约在 35 岁）（Rubin，Wetzler，& Nebes，1988）。在此期间所获得的知识，被发现对于公共事件和更多的个人的和自传体的记忆来说，都很容易获得（Williams et al.，2008，p. 59）。沃尔克默、库马（Kumar）等人（2006，p. 218）主持的项目中的研究发现，"集体的精细地阐述记忆的过程本身似乎创造了这样的'代际整体'。"在共享知识或经验的那些人之间存在着某种联系。他们能够彼此联结并且相互理解。之后，在媒体时代，代际不仅作为社会人口统计学的单位（例如同时代的人）而出现，而且作为分享知识、偏好、习惯、信仰、经历以及记忆的人群而出现。

那么，我对此感兴趣的是，灰暗媒体会对以及将要对当今代际记忆的未来有什么影响呢？或者，更确切地说，数字化的快速发展似乎削弱了媒体形式与代际视角之间先前的密切联结。因此，斯莱德（Slade，2006，p. 7）得出的结论是，尽管在全球世代媒体工作的较老的群体中，"媒体记忆是特定于技术的……但在年轻的一代中充斥着媒体产品。随着媒体变得越来越封闭，信息来源变得不那么重要了。"因此连接性削弱了单一媒体的独特性，打破了一个时期的媒体的衰落和衰退与这一时期的记忆之间的联系。

这里存在着矛盾的影响。记忆的丧失是技术发展的副产品，是技术对记忆的历史强化的逆转。例如，弗洛里迪（Floridi，2013，p. 38）认为："信息通信技术中的新发明、应用和解决方案的指数式增长，正在迅速将我们的后代从我们这一代中分离出来。"然而，正是今天的连通性的修正能力，再现了我们自己的印象中的/我们自己的媒体中的世世代代。遗忘的稀缺、神秘和遗忘的裂痕，以及对于困难记忆的可能是健康但暂时的压抑，都被一扫而光。例如，新兴的"大数据"观察方式中的"大"不仅仅是数量、规模和易得性的问题，而是表明了前所未有的修正的力量：通过数据库的力量的不可阻挡的增长，"过去"突然很容易受到工业规模的影响。

博德里亚（Baudrillard，1994）在记忆繁荣中看到了这个过程的开端："我们的社会都变得具有修正性：它们正在悄悄地重新思考一切，洗清它们的政治犯罪、它们的丑闻，舔它们的伤口，助长它们的目的……博物馆、周年纪念、节日、全集、对最小的未发表的片段的出版（所有这些都表明我们正在进入一个有活力的拥有愤慨以及忏悔的时代）"（初始斜体，Baudrillard，1994，p.22）。21 世纪版本的文化是忏悔文化：在当前与永久数字化呈现的网络结合之前，今天几乎没有提供像过去一样的喘息机会。新的记忆生态中的"暴露"是对尖酸刻薄的一种压抑。

忏悔文化融合了旧的、新的数字化的媒体，以及已经数字化的媒体（Facebook，Twitter）的巨大数据库的即时性以及巨大规模的诱惑。当然，"社交"媒体是我们这个时代记忆中最大的阴影吗？高度相关的过去和现在变得势均力敌，以至于我们再也无法、也不想透过古老的眼睛来看待世界。正如卢宁菲尔德（Lunenfeld，2011，p.47）简洁地指出的那样："通用数据库改变了事件与事件发生时的实际记忆之间的直接联系"。过去被破坏了，被现在新发现的数字化所展示出来的、把它用于以前几乎难以想象的用途的能力所破坏了。它剥夺了所有的功能性光环、稳定性、确定性以及记忆本身。后稀缺性文化的修正主义，随后引发了一系列新的数字化的不确定性。这些不确定性围绕着过去的媒体，一度可靠的衰退时期的结束。这使得通过媒体的以及在媒体中的记忆和遗忘的过程得到了相对的保证。

五、 媒体本身的意外： 出现和暴露

维利里奥（Virilio，2009，p.26）在他的"灰暗的生态学"的研究中，引入了一个关于灰暗的有用的视角。他将"灰暗的生态学"定义为"自我创造世界的污染"。对于维利里奥来说，技术性过程的不透明性（"不明确的轮廓"以及"复杂的内部结构"）使得一种新的"意外"成为可能。他认为："发明一些东西就是发明意外……发明电子高速公路或者互联网就是发明一种不易被发现的重大风险，因为它不会产生像沉船或空中爆炸等致命意外。遗憾的是，信息意外并不是很明显"（Virilio，2009，p.125）。例如，在网上扮演儿童的虐待者说服受害者去分享图像或者进行性行为，然后通过威胁将图像公开①来勒索他们。但是对在线生活的生命的有计划的和恶意的入侵以及曝光并不是唯一一种信息意外。灰暗的媒体存在着数字化的记忆的意外：我们都是可能发生的信息意外的潜在受害者。而数字化记忆的主要意外是"出现"。这是一种对于日益增加的数字化呈现以及能够出现的过去的巨大增长潜力，在没有限制的以及不可预测的未来，等待（重新）发现、（重新）连接和（重新）调节。等待未来出现的数字化内容的积累，使一种新的永恒的记忆笼罩着我们。由此，潜在的超越"遗漏的"或"隐藏的"或思想上"删除的"的图像、视频、电子邮件等的可能性正在出现，以改变已知或认为已知的事件、人物或地点，对媒体和记忆的演变构成了巨大的不确定性。

尽管我们对媒体的多重的和常规的拥抱，似乎既有限又可控（根据社交网络对"朋友"分

---

① 网络敲诈者"滥用数百名英国儿童" http://www.bbc.co.uk/news/uk-24163284,（accessed 24 September 2013）。

类），但是后稀缺性的未来及其危险才刚刚开始显现。只有当改变方向为时已晚时，人们才会发现信息事故。此外，正是由于我们沉迷媒体，才使得逆转变得不可能。正是这一挑战推动了欧洲立法，通过了通用数据保护条例（第 17 条）[*General Data Protection Regulations（Article 17）*]。立法追求一种"被遗忘和删除的权利"。在早期的媒体和记忆生态中，这一立法根本没必要，因为读者和受众集体匿名。而今天，用户要为他们的消费和参与承担个人责任。"被遗忘的权利"立法是对信息事故失去控制的征兆。它怀念以前的媒体时代，试图通过一个早已被历史遗忘的媒体遏制时代的后视镜，来看待和处理数字化的复杂性、流动性以及规模性。

也许最具影响力的改变是注意力的媒体化。这种改变成倍增加了灰暗的媒体出现的风险。智能手机的普及，及其配备的具有更高分辨率的摄像头和视频，速度的加快和多种 P2P 以及在线的连接方式，并不是影响无限涌现的未来的唯一因素。智能手机（以及某种程度上的平板电脑）已经清除了，与曾经面对面交流集中的注意力，以及与拍摄照片和视频的礼仪，相关的社会习俗。这些礼仪是为特定场合、活动、场所以及单独的拍摄者、保存者和事件记录的管理者而保留的，这些社会习俗已经被传播到数百万人手中。注意力的媒体化，是从记录当下的移动媒体的，个体的、常规但随意的部署，转变为构想和过滤日常生活（以及特殊的和壮观的事物）的冲动，以至于在我们生活中，未被记录的领域正在迅速萎缩。为了共同的利益参与一个活动（相对而言没受媒体影响的），存在明显的矛盾行为（例如在指定的场地或剧院观看音乐会或其他表演），还有在你面前举起智能手机或平板电脑进行尽可能多的记录的冲动。这是看不见的。

如今，禁止使用智能手机的公共活动格外引人注目。有些人可能会认为，例如在音乐会上，所有人群高举他们的数字记录设备，现在已经成为仪式的一部分，是一些集体行为的一部分，是参与现场演出的一部分。即使这提供了部分的解释，但毫无疑问的是，注意力的媒体化仍然在所记录的所有内容的性质和数量方面塑造了不同媒体的潜在记忆，也塑造了对共同意识体验的不同记忆，因为它是通过连续的或间歇的筛选产生的。录制的行为已经比看到正在录制的内容更为紧迫。

现在的世界，真的正在被数字化所筛选。而筛选被作为看待世界的默认方式。但是，这种注意力的媒体化的特征也适用于未来。通过无孔不入的移动媒体捕捉到的数字化内容中，有多少被重新观看？是涌现的潜力保持了记忆的不确定性，而不是必然等同于有组织的、存档的和可访问的记忆文件的数量，控制了记忆的不确定性。

六、 结束语

总而言之，我已经阐述了媒体和记忆过渡。最终，数字化的存在削弱了曾经活跃的记忆，一种必须努力才能维持的人类记忆。过去的连续性（身份的连续性、地点的连续性、关系的连续性），从依赖于依靠我们机器的搜索设备，以及日常社交连通性的转变。与此同时，这种对媒体的依赖，没有明确的有限性和联系的强迫性，分散了人们对一个失去焦点的世界的注意力。在这个世界中，对具有更广泛的社会意义的记忆变得更加难以保持。

正如沉浸在媒体转型的任何时期中一样，分辨趋势是具有挑战性的。"对于新媒体，什么是真正的新鲜的"，这个问题今天被正确地提出来了。然而，从记忆的角度来说，我认为，数字化的影响会使未来变得更加不确定。记忆和遗忘越来越多地投入到今天的媒体中，并且具有高度不可预测的有限性。数字媒体和记忆的这种密集的纠缠，是非人类规模的，并且也嵌入在潜藏在技术性无意识中的日常生活中（这限制了想象替代方案或抵抗形式的机会）。广播时代记忆繁荣的后遗症使得这一挑战更加巨大。例如，电视观众对集体或社会记忆的误导性搜索，就好像任何媒体都可以在相连的新的记忆生态中被孤立对待一样。

但是，数字媒体最基本的记忆塑造者，不仅为过去提供了新的可得性（后稀缺性文化），还提供了新的维度，使其突然容易受到一系列的各种各样的数据化行为的影响：诸如纠正、破坏、编辑，评论、链接/连通等。数字化的文本、物体、图像等具有新兴的相关性。这些相关性将它们与新生的数字化结合在一个潜在的永久循环中。这种循环混淆了它们的出处。但是，当世界上的人类能够同样地获得数字化存在时，记忆就会被新的不确定性所打破。

参考文献

Baudrillard, J. (1994). *The illusion of the end* (C. Turner, Trans.). Cambridge, UK: Polity Press.

Berger, J. (1972). *Ways of seeing*. London, UK: BBC and Penguin.

Brown, S. D., & Hoskins, A. (2010). Terrorism in the new memory ecology: Mediating and remembering the 2005 London bombings. *Behavioural Sciences of Terrorism and Political Aggression*, 2, 87-107. doi: 10.1080/19434471003597399

Clough, P. T. (2000). *Autoaffection: Unconscious thought in the age of teletechnology*. Minneapolis, MT: University of Minnesota Press.

Crary, J. (2013). 24/7: *Late capitalism and the ends of sleep*. London, UK: Verso.

Crocker, S. (2007). Noises and exceptions: Pure mediality in Serres and Agamben. In1000 *days of theory*. *CTheory*. Retrieved from http://www.ctheory.net/articles.aspx? id＝574 [Online].

Dayan, D., & Katz, E. (1992). *Media events: The live broadcasting of history*. Cambridge, MA: Harvard University Press.

Deuze, M. (2011). Media life. *Media, Culture & Society*, 33, 137-148. doi: 10.1177/0163443710386518

Durkheim, E. (1915). *The elementary forms of the religious life* (J. Ward Swain, Trans.). London, UK: Allen & Unwin.

Floridi，L.（2013）．Hyperhistory and the philosophy of information policies．*EU Onlife Initiative*．Retrieved from https://ec. europa. eu/digital-agenda/sites/digital-agenda/files/Onlife_ Initiative. pdf ［Online］.

Fuller，M.（2007）．*Media ecologies*．London，UK：MIT Press.

Fuller，M. ，& Goffey，A.（2012）．*Evil media*．Cambridge，MA：MIT Press.

Garde-Hansen，J. ，Hoskins，A. ，& Reading，A.（Eds.）（2009）．*Save as … digital memories*．Basingstoke，UK：Palgrave Macmillan. doi：10. 1057/9780230239418

Gitlin，T.（1980）．*The whole world is watching— mass media in the making and unmaking of the new left*．London，UK：University of California Press.

Grusin，R.（2010）．*Premediation：Affect and mediality after* 9/11．Basingstoke，UK：Palgrave Macmillan.

Halbwachs，M.（1980）．*The collective memory*．（F. J. Ditter, Jr. ，& V. Y. Ditter, Trans. ）．London，UK：Harper & Row.

Hayles，N. K.（2006）．Traumas of code．*Critical Inquiry*，33，136-157. doi：10. 1086/509749

Hirst，W. ，& Meksin，R.（2009）．A social-interactional approach to the retention of collective memories of flashbulb events．In：O. ，Luminet，& A. ，Curci（Eds. ），*Flashbulb memories：New issues and newperspectives*（pp. 207-225）．New York，NY：Psychology Press.

Hoskins，A.（2011a）．7/7 and connective memory：Interactional trajectories of remembering in postscarcity culture．*Memory Studies*，4，269-280. doi：10. 1177/1750698011402570

Hoskins，A.（2011b）．Media，memory，metaphor：Remembering and the connective turn．*Parallax*，17，19-31. doi：10. 1080/13534645. 2011. 605573

Hoskins，A.（2018a）．The restless past：An introduction to digital memory and media．In：A. ，Hoskins（Ed. ），*Digital memory studies：Media pasts in transition*（pp. 1-24）．New York，NY：Routledge.

Hoskins，A.（2018b）．Memory of the multitude．In：A. ，Hoskins（Ed. ），*Digital memory studies：Media pasts in transition*（pp. 85-109）．New York，NY：Routledge.

Hoskins，A. ，& O'Loughlin，B.（2010）．*War and media：The emergence of diffused war*．Cambridge，UK：Polity Press.

Hoskins，A. ，& Tulloch，J.（2016）．*Risk and hyperconnectivity：Media and memories of neoliberalism*．Oxford，UK：Oxford University Press.

Huyssen，A.（2003）．*Present pasts：Urban palimpsests and the politics of memory*．Palo Alto，CA：Stanford University Press.

Kelly，K.（2005）．We are the web．*Wired*．Retrieved from http://www. wired. com/

wired/archive/13. 08/tech. html［Online］.

Kettler，D．，& Loader，C．（2004）. Temporizing with time wars：Karl Mannheim and problems of historical time. *Time & Society*，13，155-172. doi：10. 1177/0961463x04040739

Kumar，K. J.，Hug，T．，& Rusch，G．（2006）. Construction of memory. In：I.，Volkmer.（Ed.），*News in public memory：An international study of media memories across generations*（pp. 211-224）. New York，NY：Peter Lang.

Livingstone，S.（2009）. On the mediation of everything：ICA Presidential Address 2008. *Journal of Communication*，59，1-18. doi：10. 1111/j. 1460－2466. 2008. 01401. x

Lovink，G.（2013）. After the social media hype：Dealing with information overload. *e-flux*，45. Retrieved from http：//www. e-flux. com/journal/45/60109/after-the-social-media-hype-dealing-with-informationoverload/［Online］.

Lunenfeld，P.（2011）. *The secret war between downloading and uploading：Tales of the computer as culture machine*. Cambridge，MA：MIT Press.

Mannheim，K.（1952）. *Essays in the sociology of knowledge*. London，UK：Routledge & Kegan Paul.

McLuhan，M.（1964）. *Understanding media—the extensions of man*. London，UK：Routledge & Kegan Paul Ltd.

McPherson，T.（2002）. Reload：Liveness，mobility，and the web. In：W. H. K.，Chun，& T.，Keenan(Eds.)，*New media/old media：A history and theory reader*（pp. 199-208）. London，UK：Routledge.

Merrin，W.（2014）. *Media studies* 2. 0. London，UK：Routledge.

Misztal，B.（2003）. *Theories of social remembering*. Maidenhead，UK：Open University Press.

Neisser，U.（1982/2000）. *Memory observed：Remembering in natural contexts*. New York，NY：Freeman.

Nowotny，H.（1994）. *Time—The modern and postmodern experience*. Cambridge，UK：Polity Press.

Postman，N.（1970）. The reformed English curriculum. In：A. C.，Eurich(Ed.)，*The shape of the future in American secondary education*（pp. 160-168）. New York，NY：Pitman Publishing Corporation.

Ritchin，F.（2013）. *Bending the frame：Photojournalism，documentary，and the citizen*. New York，NY：Aperture.

Rubin，D. C.，Wetzler S. E.，& Nebes R. D.（1988）. Autobiographical memory across the lifespan. In：D. C. Rubin（Ed.）*Autobiographical memory*（pp. 202-224）. Cambridge，

UK: Cambridge University Press.

Scott, L. (2015). *The four-dimensional human: Ways of being in the digital world*. London, UK: William Heinemann.

Shandler, J. (1999). *While America watches: Televising the Holocaust*. New York, NY: Oxford University Press.

Slade, C. (2006). Perceptions and Memories of the Media Context. In: I., Volkmer (Ed.), *News in public memory: An international study of media memories across generations* (pp. 195-210). New York, NY: Peter Lang.

Taylor, M. C. (2002). *The moment of complexity: Emerging network culture*. Chicago, IL: University of Chicago Press.

Thrift, N. (2004). Remembering the technological unconscious by foregrounding knowledges of position. *Environment and Planning D: Society and Space*, 22, 175-190. doi: 10. 1068/d321t.

van Dijck, J. (2007). *Mediated memories in the digital age*. Stanford, CA: Stanford University Press.

Virilio, P. (2009). *Grey ecology* (D. Burk, Trans.). New York, NY: Atropos Press.

Volkmer, I. (Ed.)(2006). *News in public memory: An international study of media memories across generations*. New York, NY: Peter Lang.

Winter, A. (2012). *Memory: Fragments of a modern history*. Chicago, IL: Chicago University Press.

Winter, J. (2006). *Remembering war: The great war between memory and history in the twentieth century*. New Haven, UK: Yale University Press.

Williams, H. L., Conway, M. A., & Cohen, G. (2008). Autobiographical memory. In: G., Cohen & M. A., Conway(Eds.), *Memory in the real world* (pp. 21-90). Hove, UK: Psychology Press.

第22章
社会性记忆的设计应用

埃莉斯·范·登·霍芬(Elise van den Hoven)，门德尔·布鲁克赫伊曾(Mendel Broekhuijsen)，
伊内·莫尔斯(Ine Mols)

三个成年人正站在外面，边交谈边留意三个正在玩耍的孩子。其中两个成年人是兄弟姐妹关系，彼此已经很久没见面了。他们开始谈论他们的小时候，以及与他们父母一起生活的时光，谈话时不时被打断，这些中断要么源于孩子，要么源于他们仍然需要处理的事情的思绪。谈话的中间，在没有照片或说明的情况下，谈话时提到的一道自制菜立即让第三个人产生了回忆，而这个人在他们童年时并未出现过。但是，令第三个人惊讶的是，她能够立刻回忆起与食物相关的气味。当她向他们谈到这件事儿的时候，兄妹俩蹙了蹙眉。他们与她似乎没有相同的记忆体验。但是，在他们继续交谈之前，另一个打岔的事儿中断了谈话。

一、 定义和区分

这个真实的例子展示了，记忆是如何以不同的方式成为社会性的和协作性的活动。它是社会性的，因为它牵涉到许多人，这些人都记住了，尽管记住的是不同的东西。交谈的过程可以称作是协作性的，是共同努力的结果。它使得记住气味的那个人产生了独特的记忆体验。在与他人交流时，感官上这种经验是共享的。但是当其他被试拥有各自独特的记忆，记忆中不包括嗅觉经验时，这种经验就不是共享的了。

在这一章中，社会性记忆(social remembering)代表了两个或更多人的记忆，其中，至少一个人的个体记忆与其他人(一个或多个)的记忆是共享的。根据《牛津词典》(2015)的定义，协作(collaboration)是指"与某人合作并产生某物的行为"。这似乎是一种有意图的活动。在本章协

作记忆的背景下，人们对事物的记忆也可能是没有意图的，这与随意记忆和不随意记忆类似（Berntsen，2009）。所以，任何潜在的社会性记忆情境都可能导致协作记忆（例如，它不必涉及社会分布式记忆）（Sutton，Harris，Keil，& Barnier，2010）。

在这一章中，我们提出了六种为一系列社会活动提供支持的设计理念（design concept），比如，在现实生活环境中，有的人比其他人更有合作意愿。我们关注的焦点是那些拥有健康的记忆、拥有他们自己的个人记忆、过着日常生活的普通人。记忆可以分为内部成分（internal part）（内部记忆，见 van den Hoven，2014）和外部成分（external part）（外部记忆，见 van den Hoven，2014）。内部成分是指个人对所经历的事件进行了类似自传体记忆（autobiographical remembering）或情景记忆（episodic memory）的认知重构。外部成分是指外部世界对内部记忆的影响。它与萨顿等人（2010）提出的分布式—支脚手架认知（distributed-scaffolding cognition）十分类似，并且同巴尼耶等人（2008）的观点一致。在他们的观点中，对外部记忆的定义已经超越了触发的理论。他们把外部记忆概括为仅限于外部世界对内部线索的影响。简言之，内部记忆发生在头脑之中，只要发生在头脑之外对记忆有影响的事物都是外部记忆。例如，感觉经验、位置或人物对个体记忆有什么影响，以及对如何记忆的影响（另见 Hydén & Forsblad；Michaelian & Arango-Munñoz；Wilson，第 13、第 14、第 25 章）。

二、 设计研究的视角

既然承认存在外部记忆和内部记忆，那么对二者进行区分就变得很重要。这在一定程度上，是对记忆经验（remembering experiences）的创造或修复（van den Hoven，2014）。这一章也关注日常生活中影响记忆的外部成分。研究者通过某种类型的设计研究对其进行探讨，这种设计研究也叫作"凭借设计的研究"（research through design）（Frayling，1993）或"设计导向的研究"（design-oriented research）（Fallman，2003）。这些设计研究有共同之处。它们的最终目标是通过设计产品来生成知识。积累知识的方式之一是同某些设计干预一样，将产品、草图或模型放置在真实世界中，研究它（常常是定性的或自我报告的）对人类的作用（关于两个为记忆提供支持的详细的研究案例，见 van den Hoven，2014）。系统性地描述设计过程、由此产生的设计概念、从参与设计的人那里获得启发或者是让参与者与真实世界中的概念相互作用，这些都是凭借设计获得的非常有价值和有帮助的研究成果。

这一途径和视角是本章所介绍内容的基础。我们主张"以人为中心的设计"（而不是"以用户为中心的设计"），并结合了来自人机交互（human-computer interaction，HCI）、交互设计以及心理学的元素。与人机交互和交互设计密切相关或部分重叠的学科，对包含嵌入式电子器件的交互产品进行了研究。这些电子器件使得产品可以对人们的行为作出反应（Rogers，Sharp & Preece，2011），使得产品具有交互性。

本章所阐述的内容获得的途径和方法，同"凭借设计的研究"、以人为中心的研究、人机交互和交互设计(原型和人)之间的交叉重叠密切相关。在基于干预的设计研究工作中,所设计的交互原型要能够投入人们的日常生活中,而且整个过程所关注的是这些人以及干预如何对他们产生影响。

接下来的内容涉及很多与社会性记忆活动的设计应用相关的文献。本章继续对"无图无真相"(Pics or It Didn't Happen)这个产品做简要介绍,其次对六个源于这个产品的理念进行描述。我们最后以反思和结论来结束本章的内容。

三、　相关工作

普适计算这一具有影响力的绝妙技术(Weiser,1991)源于软件工程和计算机科学学科。它准确地预测计算机的尺寸将变小,而且价格也更容易被人们接受。这使得人们在可以想象得到的任何物体中均可以广泛地使用电子器件。随着所有的产品都可能变得"智能",或者至少具有交互性,许多机会和挑战也随之出现。在人机交互领域,这意味着传统单用户的计算机情境彻底被开放了。关注的焦点从计算机有限的功能和互动机会转变为单人或多人与科技的互动,如今则关注多设备的同时呈现。人机交互(和交互设计)过去关注可用性,然而,最近关注的焦点转到了用户体验(user experience)。它研究人们对产品的感知和反应(ISO FDIS 9241-210,2009)。(体验这个术语不应该将它与记忆文献中的体验相混淆,记忆文献中所代表的是后来导致记忆的事件,例如,Conway,2009。)

在记忆背景下,人们可以借助外部事物,比如交互性的产品,对内部记忆活动产生潜在的作用。这种作用与分布式认知的概念类似(Hollan,Hutchins & Kirsh,2000;Michaelian & Sutton,2013;另见 Michaelian & Arango-Munñozn;Wilson,第13、第14章)。例如,外部成分包括使用媒体来作为记忆的线索(van den Hoven & Eggen,2014;另见 Hoskins,第21章)。人们积累的绝大多数媒体是出于帮助记忆的缘故,绝大多数也是为了回溯性记忆(对其回顾,见 Sarvas & Frohlich,2011)。数码照片是人们创造的媒体类型中最为流行的媒体,但是,在研究日常生活中充当无意识的记忆线索的事物方面,数码照片的代表性并不充分。而且,通常物理版的事物比其数码版的事物更受珍视(Petrelli & Whittaker,2010;Golsteijn,van den Hoven,Frohlich & Sellen,2012)。

所以,设计研究的新领域开始关注物质化记忆(Materialising Memories)(van den Hoven,2014),试图将数字媒体赋予物理的表征或真实的交互成分,从而整合数字属性和物质属性(van den Hoven et al.,2007)。这种个人媒体的研究,能够针对媒体加工的不同阶段(例如,媒体的创造、媒体的内容管理(curation)或媒体的实际使用)。

大部分已有的研究通过设计社会性记忆背景中产生的、具有物质成分和数字成分的原型样例,来考察个人媒体的使用。例如,研究者使用4张照片(O'Hara et al.,2012)做了一个设计。设计中让被试在晚餐期间分享数码照片。Cued(Golsteijn & van den Hoven,2013)促进了父母及其十多岁大的孩子之间的数码照片的分享，CaraClock（Uriu，Shiratori，Hashimoto，Ishibashi，& Okude，2009)的目的是通过多个数码照片浏览设备同时分享集体记忆。另一方面，"故事壳"（Story Shell)（Moncur，Julius，van den Hoven & Kirk，2015)是一个为失去十几岁儿子的女人专门设计的纪念品。这个设计可以让她听到他儿子的朋友创造的视频并将它分享在 Facebook 页面上的一个私人纪念馆里。Pipet（Meerbeek，Bingley，Rijnen，& van den Hoven，2010)关注照片在家庭里的集体选择、保存和内容管理等过程。Tidy(Tidy，n. d.)致力于数字媒体的选择、保存和内容管理等功能。这一工作是这类应用程序的一个范例。为此，它可以在手机上收集照片。此外，这个应用使得分享这些照片到社交媒体上变得很容易。

也有一些与社会性记忆相关的应用，关注数码照片的创造过程。例如，相机的背后(Behind The Camera)（Guldenpfenning，Reitberger，& Fitzpatrick，2012)使用两个智能手机上的相机，去自动地拍摄一个正在拍照的摄影师。在他们的研究中，他们发现人们很喜欢这个应用，特别是捕捉社会互动以及因此得到分享的经历(例如，它可以让多个人在完全相同的时刻进行拍摄)。思想的空间(ROOM for Thought)（2015)是一款手机应用，它可以提醒你在每天的任意时间进行拍照，然后将照片添加到视觉日记中。这个应用引发了各种用途(例如，有些人用它来拍摄人物、另一些人拍摄食物，或者拍摄其他物体)。尽管它的设计不是专门用于社会性记忆的，但是，它确有其用。毫无疑问，这是因为这个应用把与他人分享照片变得很容易。像 Instagram（2015)以及 Snapchat（2015)这类应用程序，均通过社会化媒体为个人数码照片和短视频的分享(乃至使用)提供服务。快照(Snapchat)允许人们观看已经发布的快照，但最多 10 秒钟，之后这个快照就不可见了。这可以鼓励人们即时和自发地分享。

正如这些例子中所展示的那样，有很多设计的理念以及应用程序可以支持数字媒体的创造、内容管理或使用。而这些数字媒体与社会性记忆或集体记忆有关。最受欢迎的似乎是数码照片的分享(乃至使用)，要么多人共同分享，要么通过社交媒体进行连接。

这一章主要关注媒体加工的三个阶段，以及哪种设计理念对社会性记忆有影响。

接下来的部分，我们将阐述六个已经选择好的设计理念。这六个设计理念来源于无图无真相项目。我们会阐述其探究和影响日常生活中社会和集体记忆的机会有多大。

(一)项目：无图无真相

无图无真相(The Pics or It Didn't Happen)项目是荷兰埃因霍温科技大学工业设计系的一个学生项目。在该项目中，学生要面对设计新媒体技术的挑战，去体验并重新体验有趣的一天。这个设计可以让人们(再)创造、修复、观看、分享或表达他们想要记住的时刻。思考的重点是，加工的不同阶段是如何受到影响的。提出的问题有：捕获是如何影响体验本身的？创造和内容管理是如何相互影响的？重新体验的可能性如何受到早期阶段的影响？除了这些考虑之外，学生可以基于某个目标群体、某种社会背景或特定类型的休闲活动，自由地指定一种背景(例如，外出去游乐园的一天、一次城市旅行、一场婚礼)。实际上，对有趣的一天给予关注，导致了聚焦于社会活动的案例的研究。因为该方法是以人为中心的设计，所以所有的案例研究均包括与该设计的潜在用户之间的非正式互动，要么发生在早期设计要求的阶段，要么发生在晚期评估设计思路或原型的评估阶段。该项目的目的是为了让学生提出感兴趣的设计理念，而不是让学生把它弄成功能完备的、能够用于更加正式的评估的原型。

这个项目从 2015 年的 1 月运营至 2015 年 6 月，共有 32 名交互设计专业的学生参与。他们是学士二年级到硕士一年级的学生。每个学生提出一个理念。项目有的是个人完成的，有的是成对完成的。在这个项目上，学士学生花费了大约 8 周的全职时间，硕士学生花费了 12 周的全职时间来结束一学期的课程。其中两名创造者发起、实施并领导了这个项目的完成，并与 3 名同事一起对学生进行了管理。

(二)设计理念

我们从 26 个理念中为这一章选择了 6 个理念(按出现顺序)：CoCap、Sammlu、yOUR、Pinnacle、Opic 和 Blush。这些理念从明确的协作到潜在的协作，都具有某种社会性记忆的成分。每一个理念都是按照如下结构提出的：首先做一个简介，接着对学生选择设计的日常生活情景(使用背景)做一个说明，然后对设计进行解释。对每个理念进行描述时，结尾都会总结一组特征，可以帮助描述社会性记忆的相关概念(贡献)。正如前面提到的，该项目关注的焦点是概念的形成，因此，虽然每个过程均包括了与终端用户的互动，但是不会对这些理念进行详尽的评估。这些理念对社会性记忆的贡献或影响仍然是推测性的。在可能的情况下，涵盖了早期从用户参与中获得的发现。在其他案例中，正如设计中所体现的那样，对概念的潜在价值进行了描述。

我们按照设计过程的真实情况来呈现五个特征。设计的学生以某个设计背景作为开始，这个设计背景代表了他们的设计所针对的日常生活情境，特别是以下因素。(1)社会情境(social situation)，例如，目标群体是什么，他们的关系如何。(2)事件的类型(type of event)，比如家庭出游。(3)社会效应(social effect)，对每个理念而言，学生根据某个经验目标来决定设计的目标。经验目标包括社会效应(例如，媒体的协作产生能够帮助记忆)。(4)媒体加工(media process)，对于最终的设计，学生必须确定需要针对哪个阶段，创造、内容管理、和/或媒体的使用。(5)媒体的交互(media interaction)，包括人们能够同数字记忆媒体进行的交互类型。

图 22-1 对 6 个理念进行了概览性的介绍，展示了 6 个理念之间彼此的关系以及它们在(3)社会效应和(4)媒体加工方面的特征差异。可以看到，除了 Sammlu，所有的理念所支持的媒体加工阶段均超过一个。但更重要的是，可以构想出各种各样的理念来探讨社会性记忆。这一章中，理念是按最具协作性到更加个人这样的顺序排列的，在视觉上代表了社会性的程度。

设计理念 1：CoCap

我们经常在许多社会情境中使用我们的媒体；我们在网络上分享，将图片发送给他人，或者在社交场合给别人展示照片。但是，媒体产生的方式常常是更加个人的，例如每个人都用他/她自己的设备创造媒体，之后才分享它们。尽管我们可能会给彼此拍照或一起拍集体照，但是大多数的创造过程都是个人完成的。由于许多内容会被捕获多次，因此会产生大量未经分类的媒体，特别是在大群体出游的时候。我们使用这个案例研究的目的是说明，创造过程本身如何变得更加具有社会性，而不是创造之后的分享过程。

（1）背景：一次家庭的出游。

这个理念关注的是更大群体内的社会捕获，具体而言，它的目的是让大家庭（孩子、父母、祖父母）对典型的一天进行捕捉记录，例如，一次伴随很多活动（例如，徒步旅行、专题讨论会和烧烤）的家庭出游。这个背景下的挑战不在于媒体创造本身，凭借我们的移动设备可以让媒体捕获的可能性变得无处不在，媒体创造正变得越来越简单。通常在组内，许多创造媒体的人产生了大量没有条理的媒体。CoCap 激励用户在捕捉媒体时进行协作，而不是让每个成员将所有事情都做一遍。此外，它将媒体组织从之后的活动转移到捕捉期间的活动上。

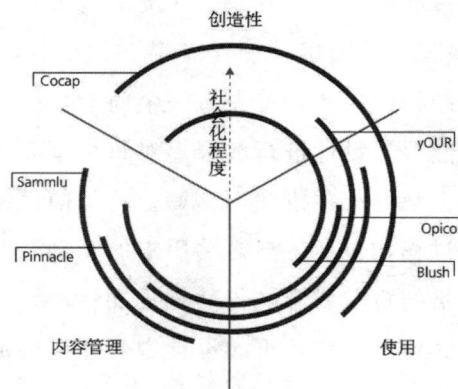

图 22-1　六个设计理念的概览以及针对媒体的创作、内容管理、使用或组合，
这六个理念涉及协作到个人的变化范围

（2）设计：CoCap。

Cocap（见视频截图 22-1）是一个应用程序，它激励人们在捕捉出游瞬间时进行协作。小组的每个成员都在自己的移动设备上安装这个应用并参与到某个特定的事件中来，例如，"在动物园的时光"。在这个事件中，人们创造了所谓的"瞬间"。某个瞬间代表了这一天中某时间段内某个特定元素的一组媒体。当某个瞬间开始之后，不同组员能够对这个瞬间施加他们的看法。这样，人们不但可以立即对媒体进行组织，而且这种理念也激励人们以协作的方式去创造丰富的瞬间。对单人就能够创造的媒体类型进行限制，能够进一步激励这种协作。若某个用户添加了某个瞬间，则某个媒体类型就已经被规定了。用户能够创造的媒体类型要么是照片、视频、音频，要么是文本。如果人们对媒体类型不满意，那么他就必须同组内的其他成员联系，将其他媒体添加给这个瞬间。如果某个瞬间成为"趋势"，那么给用户推送通知将使协作受到进一步激励：当超过三个成员对某个瞬间作出贡献时，未参与的成员收到一则消息："去看看 Peter，似乎有某些事情在发生"。

　　与通常使用移动设备进行捕捉产生的隔离效应相比，通过这些元素，CoCap 能够激励人们参与到彼此的创造中来。若将媒体集中在一起，那么一天里有多个人进行捕捉将产生大量未经分类的媒体。反而应该将媒体聚集到某个瞬间并且能够根据时间或地点进行回顾。这种可视化叫作"记忆景观"（memoryscapes），能够用于个人和社会的再体验。

　　（3）贡献。

　　CoCap 理念的贡献可以总结为五个特征。首先，将创造进行再设计从而更好地同社会情境（social situation）相匹配（特征 1）：关注某个群体事件，这个群体事件的创造发生在公共空间里。协作性的媒体创造及其对社会互动的作用是 CoCap 的社会效应（特征 2）。通过使用移动设备和基本的交互，这个理念允许像大家庭这样不同群体内的人一起创造一些东西，分享捕获所得，允许每个人参与到事件中。在两个非正式的与应用相结合的实地调查过程中观察到了这些社会效应。这两个调查共有两个家庭（6 人和 8 人）参与。将媒体创造过程中的观察以及非正式的参与者访谈，用于进一步提升该理念对协作的激励作用。这是前面提到的协作中具有不同媒体类型的任务表现出明显区别的原因。为了协作，这些媒体类型同明确的触发事件相整合，进一步提升了社会效应。因为媒体是自动完成聚集的，所以对信息的内容管理所付出的努力减少了。加之，协作产生的媒体在随后可以用于协作记忆。这种效应特别适合于这种具体的事件类型（type of event）（特征 3），即一个通常每一年或每半年再次发生的事件。在这个过程中，我们相信在事件发生之前、期间和/或之后，CoCap 是能够增加社会交互的。这种效应是通过已经设计好的媒体加工所获得的（特征 4）：注重创造。内容管理是通过元数据自动创建的过程进行的，从而增加了媒体使用的机会。媒体交互（特征 5）：涉及同数字媒体的数码交互。这个过程分布在许多设备之间。与个人获取过程相比，传播捕捉数字"瞬间"（照片、视频、音频和文本片段）所付出的努力使得这个活动更加具有社会性。此外，因为每个家庭成员在捕捉过程中都付出了努力，因此我们预测，对每个人而言，捕捉到的瞬间将变得更加具有纪念意义。

视频截图 22-1　关闭手机上的 CoCap 应用程序（左），一个家庭在外出期间使用 CoCap（中）以及在使用期间（右）创造和内容管理了一套媒体集，叫作"记忆图景"。CoCap 设计以及拍摄由杰伦·罗德（Jeroen Rood）完成

　　设计理念 2：Sammlu

　　接下来的案例研究是关于在媒体加工的内容管理阶段，社会性记忆如何受到激励的一个例子。内容管理通常是个人的活动，它关注的是对所产生素材的选择、分类以及编辑。但是，在内容管理的同时，我们也在回顾我们的媒体，并且这同时也触发了记忆。这个概念说明了如何

用游戏元素重新设计内容管理过程，在面向任务的内容管理中嵌入社会性记忆。

（1）背景：冬季运动。

内容管理因许多媒体类型而产生。这个案例选择了一个具体的背景：一群朋友的假期冬季运动。在这个背景中，不同的人常常产生媒体：捕捉特技表演、风景以及氛围已经变成了假期冬季运动不可或缺的一部分，特别是通过像滑雪板爱好者和滑雪者一样使用运动相机。大量视频素材的作品集就产生了。在项目（78 名受访者）开始时做的调查中发现，几乎半数的冬季运动爱好者几乎不使用视频素材；人们通常不去花时间使用视频的分类或编辑程序。Sammlu 的理念阐述了这种挑战，特别是针对年龄在 18～25 岁的朋友群体。该用户群体产生的媒体数量巨大。受到这个调查结果的启发，原始的视频素材通常在每天结束时传送到电脑上。为了达到设计的目标，假期期间在每天结束时需做出选择，因为如果查看的话，那个时间段，通常人们会观看媒体。

（2）设计：Sammlu。

Sammlu（见视频截图 22-2）对使用游戏元素去创造一个集体的视频分类平台进行了考察。为了这样做，这个理念把对瞬间的内容管理从假期之后调整为假期期间。一天的滑雪或滑板滑雪之后，可以用该平台将那一天最有趣的瞬间挑选出来。当常规项目关注生产效率的时候，Sammlu 关注的是社会体验的产生。一种游戏元素的整合使用在了竞争和协作的激励上。当视频素材被转移到电脑上以后，Sammlu 展示现有的素材片段，人们可以对素材片段进行查看、选择、添加标签以及评价等级。这个过程是在起居室这样一个社会环境下以群体的形式完成的，而不是个人独自完成的。与 Sammlu 的交互是协作性的：通过将分类功能分割成单独的角色。组内的两个人在这个过程中负责特定的角色，并且要么负责选择部分，要么负责给视频添加标签的部分。其他群体成员可以通过对所选素材片段的评价、举起制作的星星，当然也可通过参与到讨论和追忆中来做出自己的贡献。整个过程中角色可以转换，因为不同的控制很容易传递。

视频截图 22-2　Sammlu 在屏幕上用户界面（左）的一个截图以及一群朋友在编辑视频，一个负责选择，一个负责添加标签，其他人参与到使用物理的星星对视频做出评价过程中（右）。Sammlu 设计和拍摄由马丁·英霍夫（Martijn Imhoff）完成

（3）贡献。

Sammlu 这一理念特别关注内容管理方面（媒体加工，特点 4）以及由不同群体成员高度协作完成一个视频的创作。为了让内容管理更加有趣，使用了物理的控制器与数字媒体进行互动，如同在玩一个游戏（媒体交互，特征 5）。输入过程分布在不同的设备之间，但是，媒体被存储并显示在同一个中央设备上。对四个不同用户群体（每个群组 3～4 个人）的非正式评价表明，分布式的交互使得人们在这个过程中能发挥各自的作用。在评价之后的讨论中，参与者对该系统如何支持不同程度的参与，表示赞赏。这种交互支持不同的群体之间的动态与协作。尽管 Sammlu 不能产生一部完整的电影，让人们很容易的回顾和分享它，但是它增强了内容管理过程（选择和组织素材片段），并将内容管理和使用进行了整合。通过内容管理，某种能够激励"回忆性谈话"的群体活动和情境就产生了（在出席小组活动时分享某个事件；Frohlich，Kuchinsky，Pering，Don & Ariss，2002），但也可以用讲故事的方式分享别人可能忽视的经历。最后，该活动也准备了用于未来（社会性）记忆的媒体。社会情境（特征 1）是一种群体情境，因此媒体创造发生在公共空间中，而内容管理则是一种个人的群体活动。事件类型（特征 2）：Sammlu 是为几天或几周的旅行而设计的，但是或多或少被分解成了特定的短途旅行或日子这样规模更小的事件。媒体内容管理发生在这个事件的进程中或结束时。

设计理念 3：yOUR

通常，一起查看照片是很麻烦的事情。例如，智能手机上的屏幕很小，而且设备的操作太个人化以至于不适合多个人操作；在智能电视上，人们只能以幻灯片的形式查看，查看时其中一个人负责操作，其他人被动地观看。这种分享活动，特别是在人们谈论他们一起经历的事件的时候，目的是让人们参与到所谓的回忆性谈话中。yOUR 理念是对共同经历进行回忆的一个例子。我们通过它来说明回忆性谈话如何受到设计的支持。

（1）背景：一位母亲或父亲和一名孩子的城市旅行。

yOUR 这个理念关注这对一起去城市旅行的父母和孩子（18～25 岁）的背景。如今，许多荷兰的中学毕业生进行这样的旅行，目的是在孩子离开家前增强父母同他们之间的关系。在旅行期间，他们经常互相拍摄很多照片。在回家之后，找个机会一起共同查看照片、谈论旅行并分享经历就成了一种挑战。

（2）设计：yOUR。

yOUR（you 和 our 的结合，即你的和我们的；见视频截图 22-3）是专门为两个人一起使用而制作的。它提供了两个物理的导航工具和数码照片的用户界面，目的是用来协作性地查看、搜索以及讨论电视上的媒体。yOUR 通过使用实体的元素使媒体的访问更加容易，从而降低了查看媒体的门槛。这两个物理工具装配有不同的方向盘，用于滚动日期、瞬间或位置。交互使得非线性的导航方式成为可能，从而引发意想不到的故事。进行导航的时候，两名用户的照片均显示在一个屏幕的两个角上，从而引导用户去比较他们对同一事件的不同看法。通过同意将一张照片放置在屏幕中央，母亲（或父亲）和孩子可以从谈论他们自己的看法（你的故事），过渡

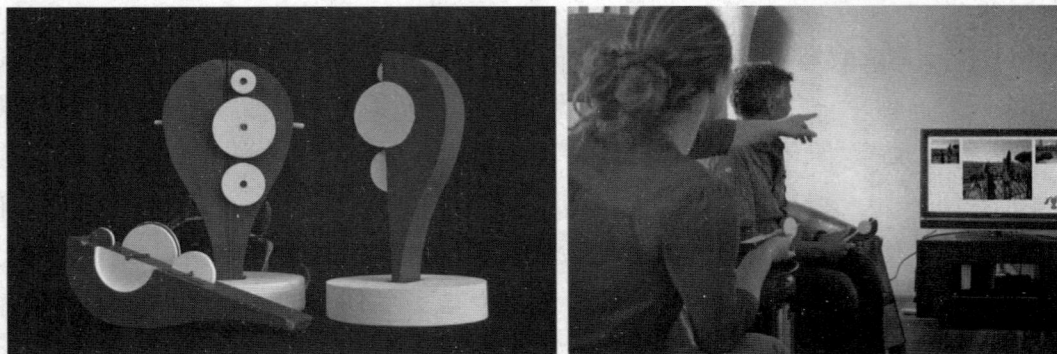

视频截图 22-3　　为了与数字媒体作品集互动（左），　yOUR 手持工具，　而工具和数码照片用户界面显示在电视上，一位父亲和他的女儿正在在家里使用它们（右）。　yOUR、　设计和拍摄由利安妮·德容（Lianne de Jong）、　诺诺·里尔马克思（Nono Leermakers）、　乔治·范吉尼普（Job van gennip）以及阿努克·范卡斯特伦（Anouk van kasteren）完成

到回忆性谈话中（我们的故事）。

（3）贡献。

yOUR 能够协作性地查看照片，让母亲（或父亲）和成年子女（社会情境，特征 1）对个人环境中的互动和谈以及对话的机会均等。问卷调查（84 名被试，年龄在 16～25 岁）的结果表明，与那些参加城市旅行的人分享的结果并不那么重要，因此这个设计选择特别针对父母和孩子。

yOUR 展示了一种协作性地浏览照片的方法。浏览照片在目前大多数的应用程序中是以个人的方式完成的。照片的搭配分享通常是围绕着单个人的照片集进行的。然而，yOUR 包含了两个人的作品集，这两个人通过一个共享的事件（事件类型，特征 2）将媒体的内容管理和使用（媒体过程，特征 4）整合在一起。作为 yOUR 早期版本中非正式评价的一部分，要求一名母亲（56 岁）和她的女儿（21 岁）从四年前他们一起到马德里为期三天的城市旅行中，挑选十张最特别的照片互相分享。分享是以邮件的方式进行的，并且他们将这些照片配上一些文字，用于解释这些瞬间的意义。有趣的是，母亲和女儿挑选出了许多相似的瞬间，但是这些瞬间并非总是在同一张照片上捕捉到的。这表明母亲和女儿对同一个事件中不同的事物具有自己不同的看法。两名参与者均对回顾的经历进行评价并阅读了他们各自写给对方的内容。yOUR 的社会效应包括协作性地查看、分享和记忆，特别是支持回忆性的谈话，因为拍照是母亲（或父亲）和孩子都能够参与的事件，并且能在同一块屏幕上一起展示照片。媒体交互（特征 5）将素材处理工具和数码显示整合在一起。

设计概念 4：Pinnacle

创建家庭相册是一项很久以来就有的社会实践。但是这项社会实践也正在变得越来越少。大多数人都拥有大量的媒体，这让开始制作个人相册的过程产生了门槛。在这个案例研究中，我们呈现了一个实体的交互系统，它允许家庭存储短故事以及回忆他们成长中的孩子。我们用这个理念阐明如何为他人做选择，而不是仅仅为了我们自己。这样可以对社会记忆起到激励作用。

（1）背景：家庭场合。

这一理念侧重于为家庭中最年轻的一代收集媒体，包括父母和其他家庭成员，如祖父母和叔叔阿姨。这一理念也侧重于成长中的幼儿，旨在贯穿他们的童年。因此，它侧重于儿童随着年龄增长不断变化的视角，以及他们与父母不断变化的关系。

（2）设计：Pinnacle。

Pinnacle（见视频截图 22-4 ▶）是一个物理的客体。它将数码内容和物理的诱发事件结合在一起，允许父母和其他家庭成员存储有意义的小故事。这些故事是关于他们和自己的孩子的某次经历。在网络上，这些故事可以使用视频、照片、音频和文字进行创作。这些故事存储在一系列小三角形里，可以给它们发送命令，把故事发送回家。每个三角形可以进一步定制以显示文本或照片。这些三角形放在 Pinnacle 的中央客体上。中央客体放置在家庭环境中的某个位置。在 Pinnacle 上面，这些三角形共同代表了孩子们生活中重要经历的集体记忆。这些记忆是由家庭成员选择和记住的。个人三角形独特的物理性质能够引导人们探索他们背后的故事。例如，"多棒的一天！爱奶奶"这段文字能够引发人们对信息和媒体的好奇心，这些信息和媒体是她添加到设备上的。纵观儿童的成长过程，父母和儿童都能够唤起记忆。通过使用射频识别技术（Radio Frequency Identification，RFID），这种经历能够以投影的形式得到恢复。投影诱导周围的家庭成员重返过去的美好时光。

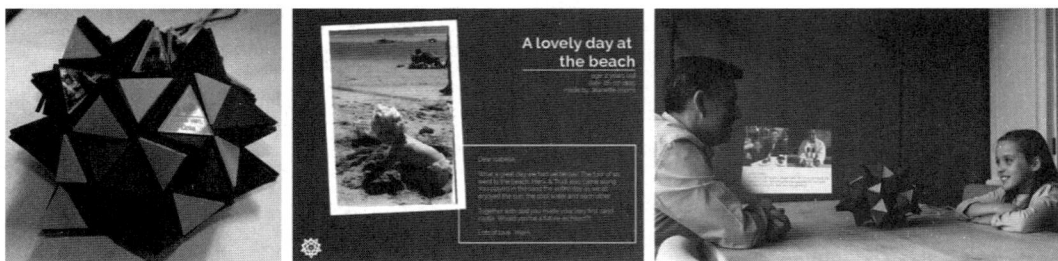

视频截图 22-4　物理的 Pinnacle 展示了不同的三角形，每个三角形代表了一则由家庭成员创造的信息（左），有一则信息是一位父亲为自己的女儿创造的（中），并且一位父亲正在和她的女儿一同使用 Pinnacle 的三角形进行回忆，将照片激活投影在墙上（右）。Pinnacle 设计和拍摄由伊莎贝尔·范德端（Isabelle van der Ende）完成。

（3）贡献。

Pinnacle 主要针对家庭内部，使用对象是父母和他们的孩子这类具有亲密关系的人（社会情境，特征 1），并且专为长期使用而设计，涵盖了许多不同的生活事件（事件类型，特征 2）。通过 Pinnacle 模块化的性质，创造一个"生活相册"这样的负担，被分解成小的任务。这些小的任务可以分配给（内隐地）家庭成员。这些三角形变成了家庭成员可以送给孩子的小礼物。它代表了个人的记忆。收下 Pinnacle 的人，可以透过父母和家庭成员的视角回顾自己的生活，也可以将那个时候同之后的生活记忆进行对比。我们对两个人进行了访谈，他们一直在为一个年轻的家庭成员记录经历，已经持续很长时间了。记录的方式要么是照片，要么是日记条目。对两个人的访谈均表明，他们倾向于将工作分解成小的任务，同具体的经历相关，而不是把故事作为一个整体来处理。与 Pinnacle 类似，这两个案例中的媒体主要是针对未来生活里的其他人的（一个正在成长的孩子）。但是，两个案例都表明为他们自己记录经历也是一种重要的激励因素。这些发现影响了 Pinnacle 理念的发展，导致了媒体内容管理和使用的一次整合（媒体加工，特征 4）。从赠送礼物以及可能涉及的不同家庭成员的角度来看，Pinnacle 展示了为他人选择媒体是一种促进社会互动的有利方式（社会效应，特征 3）。当我们进行记忆的时候，Pinnacle 的物理性能够起到重要的作用。它可以作为潜在的记忆线索集合，同时也是媒体和故事的一个作品集（媒体交互，特征 5）。由于它在家庭情境中是看得见的（这一点很重要，Petrelli & Whittaker，2010），因此鼓励了家庭成员定期回顾过去的内容。

设计理念 5：Opico

如前所述，技术进步已经让拍照变得不那么费劲儿了，但是，查看照片却变少了。另一个挑战是让人们能够在家庭环境中欣赏他们的照片。这个理念举例说明了能够帮助人们在家庭环境中讲故事的媒体技术的使用，同时也提出了照片究竟是不是人类记忆的最好线索这个问题。通过使用抽象的视觉表征，Opico 考察了大脑提取某个记忆的能力，借此探讨了间接的表征能够对更加栩栩如生的记忆产生帮助的问题。

（1）背景：一次城市旅行。

当人们带着大量照片，从城市旅行回来时，从中挑选最好的照片总成为一种负担。这真让人感到遗憾，特别是当人们为自己所经历的事情以及想要与他们的朋友分享的故事感到自豪的时候。Opico 这个理念旨在于改善讲故事的体验：讲故事时将图片作为线索围绕着某个记忆来进行。Opico 是一个媒体平台。它将图片的选择过程简化为，外出一天只有一张最终的照片。这张照片对于创造者而言是他们想要讲述的故事的最好代表。此外，照片连同一个附加抽象层一起陈列在家里，有助于增强重构性记忆。

（2）设计：Opico。

Opico（见视频截图 22-5）包括一款智能手机应用程序，当用户在回家的同时，这款应用程序就能够启用甄选过程。甄选过程的目标是只剩下一张照片，这张照片能够象征着他们想要在回家后给家人分享的故事。然后，人们就可以通过直观的界面对这张照片进行编辑。在这个界面上，照片的某些部分添加了一层抽象的概念。抽象概念是利用像素化算法来实现的。可以将处理好的照片（无线地）传送到放置在家里的数码相框中。像素化的照片可能会给出更加生动和丰富的记忆重构的线索，因为它能够将媒体和相关的记忆分解开。抽象媒体的类似例子对记忆经历产生了某种积极的影响。例如，由永布拉德（Ljungblad）等人拍摄的背景中，视觉上扭曲的照片（2004），以及迪布（Dib）等人的声音纪念品中的录音（2010）。就像陈列在家里的其他器件一样，相框中像素化的照片能够吸引来访者的注意力，从而引起一场关于照片和照片引发的记忆的谈话。

视频截图 22-5　运行在手机上的 Opico 应用程序（左），　使用 Opico 应用程序将一张照片的部分位置虚化（中），部分虚化的照片也显示在自己家的物理相框中（右）。　Opico 设计和拍摄由达恩·维杰斯（Daan Weijers）完成

（3）贡献。

Opico 关注家庭环境中某个具体的社会环境，目的是促使自己或与来访者一起进行记忆的活动（社会情境，特征 1）。家庭环境提供了多种可能的使用场景，但 Opico 是为具体的环境而设计的：这个设计解决的是这样一个场景，一个朋友进入房间，开始聊陈列在起居室里的照片。甄选和编辑的应用程序并不是为了任何一个具体的事件而设计的，而通常是为了长期使用而设计的。因为虚化效果可能会在晚些时候才能显示（事件类型，特征 2）。通过使用照片筛选，鼓励人们稍微想一想照片代表什么，以及他们想如何沟通这些内容。Opico 这个理念通过演示的修复来关注内容管理过程（媒体过程，特征 4）。回顾并认真编辑媒体可能会增强有关记忆的联系。除了个人记忆，社会性记忆也能获得帮助，因为放置在家里相框中的照片，对于来访者而言，能够作为一次谈话的起点（社会效应，特征 3）。与媒体的交互（特征 5）主要发生在手机或平板电脑上进行内容管理的阶段。在使用阶段同相框进行交互，更加关注的是照片的查看和展示。相册本身并不具有非常好的交互性（从根本上来说它只是一个显示器），但是它给数码内容提供了一个特定的物质存在，增强了记忆线索。

设计理念 6：Blush

国内媒体的创作普遍接受公共场所，观光活动、城市旅行、假期等等。但是，有很多事件很难用媒体进行捕捉，或者并不特别适合于媒体创造。但是，如果这些是有意义的事件，那么我们的记忆就能够从附加的线索中获益。想一想你 8 岁时同家人进行的一次典型的晚餐，你梦想中的工作面试，或者是你祖母去世前，你最后一次去探望她。在这些案例中，在事件发生的那一刻，体验的价值并不明显。如果碰巧一小段声音记录在了一个老的语音信箱里，如果它触发了很多被遗忘了很久的事情，那么它就显示出了价值。这个理念被称为 Blush。它对捕捉潜在重要事件的媒体创造进行了说明：第一次约会。与其他理念不同，Blush 是一个推测性的理念，探讨的是这些无意识的捕捉设备类型的价值和意义。

（1）背景：第一次约会。

约会对于青少年是一件最情绪化、神经质、刺激的活动。捕捉这些瞬间很明显是不合适的。但是，这种第一次的约会可能会发展成一种重要的关系，而且那个人最后可能会成为一生的伴侣。在这些案例中，让人生中这些重要的瞬间具有某种类型的实体记忆将是很有价值的。*Blush* 让用户有机会秘密的捕捉这些有时令人尴尬的事件的精彩部分。

视频截图 22-6　第一次约会时戴的 Blush 耳环（左）、 首饰盒外观（中）和首饰盒内部， 展示着耳环的存储空间、 显示录音日期和时间的触摸屏， 以及重放录音的选项（右）Blush 设计和照片由韦尔·韦维肖夫（Veerle Wijshoff）完成

（2）设计：Blush。

Blush（见视频截图 22-6 ▶）包括各种可以录制声音的耳环以及一个用于播放音频片段的木制盒子。这种独特的耳机是专门在约会期间穿戴的。当耳环的穿戴者兴奋或者她的心跳增加时，Blush 便开始记录她和将来可能成为她男朋友甚至是丈夫的人之间的对话。记录开始的时候，她并不知道，并且她的约会将不会被打扰，也不会影响约会。这取决于穿戴者是否决定将约会的日期告诉给耳环的功能。因为，记录一个谈话时，如果谈话中某个人不知道对方在录音，这就蕴含了伦理问题，减少这些影响的方式应当被认真考虑。记录时选择音频（而不是更加明显的媒体，例如照片或视频），这样更不容易直接地分辨出说话者，而仅仅记录声音片段，而不是完整的对话。这些片段是专门为穿戴者的听觉记忆服务的，因此，这个设计不允许将声音进行分享或带出 Blush 首饰盒，而是将它作为一个数码的秘密日记，用户可以将它存储在耳环里，也可以听录音。

（3）贡献

Blush 说明技术可以使用在独特的情感事件的媒体创造中，比如，第一次约会（社会情境，特征 1）可能不适合传统的媒体捕捉，例如，照片和视频的捕捉。尽管为了亲密的个人重温过去，打算将它作为一款高度个人化的记录设备，但是，这个理念包含了隐私风险。尽管不易被察觉的（甚至是看不见的）记录设备变得越来越现实，但是像 Blush 这样的理念表明，在未被告知的情况下开始录音存在着潜在的风险。正如前面所提到的，这些理念的目标应该对风险做出解释。在这个案例中，这种不引人注意和半自动的捕捉方式能够提供一种有价值和出人意料的记忆体验。但是，使用这种不引人注意的技术的人，应当注意到可能的非必要影响，也要意识到他们要为这种技术的使用负责。Blush 的价值在于它是非常个人化和私密的，能够为那种第一次约会的记忆提供潜在的线索。Blush 在这六个理念中最不具备合作性的理念，因为它针对的是个人的创造和个人的使用（社会效应，特征 1），但是，它的确展示了这种非常具体的事件类型（特征 2）中，社会背景对媒体加工的影响（特征 4）。创造阶段的媒体交互（特征 5）是通过生理测量手段实现的，这顶多算作部分交互，然而在使用阶段录音时只能回放。但是，物理的首饰盒也可以作为一个独特的记忆线索，代表约会期，而不需要任何媒体。

(三)社会性记忆研究设计的反思

这六个理念在许多方面有很大的不同。使用特征来对它们进行描述，这样有助于区分背景、事件、预期的社会效应，以及与媒体加工和交互相关的设计方面的差异。这些都是可以进行操作和研究的。对社会或协作记忆具有影响的独特设计理念，就作者所知，还没有人创建起来。这也不是本章所阐述的理念中要关注的。以下的内容我们将反思如果要实现这个目标，我们认为应该做些什么。

1. 特征

首先，我们想简要地回顾一下另外四个特征，从设计背景说起，它包括：(1)社会情境；(2)事件类型。对于"以人为中心的设计"，对日常生活中真实存在的人进行研究是很重要的，而且心理学中也有类似的呼吁(例如，Baddeley，2012)。人机交互(HCI)和交互设计学科在这个领域有很多经验，并且所采取的研究方法和程序适合处理和研究日常生活所遇到的困难和复杂性，这是本章未涉及的内容。我们关注一个项目中介绍理念的例子，目的是想说明，将日常生活作为起点，能够产生各种各样对研究和影响社会和协作记忆的想法和理念。

这些理念针对各种群体。这些群体按群体大小来分(例如，CoCap：1～15 人，Sammlu：5～8 人，Pinnacle：2～6 人，Opico：1 对 1 的交互或是 1 对 2 的交互，yOUR：1 对 1，Blush：单人)；但也可以根据这些人之间的关系来分(从朋友到家庭中爱人和其他关系)。无论群体大小或人们之间的关系如何，社会情境以及事件类型都对人们想记住什么以及如何记忆，产生了重要的影响。

某些理念的背景是非常呆板的(例如，Blush 是专门用于捕捉初次约会时的印象的)。其他理念，比如 yOUR，CoCap 以及 Sammlu 能够很容易在不同事件类型中使用，因此，从研究视角来看似乎更加灵活。但是，它在具体活动中对人的帮助作用可能会比较小(也被称为弱的一般理念，与之相对的是强的具体理念，Fitzmaurice，1996)。

查看已选择的理念的设计方面，包括：(4)媒体加工；(5)媒体互动。我们可以看到针对不同媒体加工阶段的理念的多样性及其整合。实现这些过程，不仅需要同数字媒体以不同方式进行互动，还需要在大多数案例中混合物理的成分。这些成分对日常的记忆线索提示具有重要的帮助(例如，Petrelli，Whittaker & Brockmeier，2008；van den Hoven，2014；van den Hoven & Eggen，2014)。

未来研究的一个思路是，深入考察专门用于记录记忆的媒体的物体，考察他们在无需记录的情况下是如何开始成为一种记忆线索的。正如某些类型的"安慰剂暗示"一样，尤其是如果它们足够特别，比如 Blush 耳环或者是雕琢而成的 Pinnacle 三角形。

与媒体加工有关的这些理念显示，即使内容管理常常被认为是核心部分，但是可以将它同媒体使用一起整合到社会和协作记忆的活动中。比如，Sammlu 和 yOUR 理念所展示的。换而言之，协作记忆可以成为解决内容管理问题的一种方法。这些理念所展示的其他内容管理的方法包括，在家庭成员之间（Pinnacle）将内容管理任务进行分解，或半自动化（CoCap）。值得一提的是，所有这些理念，如果有好的团队和资源，有可能变成功能完善的产品。

2. 设计影响记忆

这些理念与社会性记忆和协作记忆的研究有关。从这个意义上而言，它们表明，这种前景可能比我们在本章提到的还要广阔。社会性记忆是一种复杂的过程，它涉及许多背景因素而且我们决定只关注某些特征（另见 Hoskins，第 21 章）。情境的复杂性比记忆的背景和涉及的人还要复杂。例如，我们相信原始事件的瞬间、媒体创造、媒体内容管理以及媒体的使用均会影响记忆过程和记忆，但是此外，也有其他（不易控制的）因素也对其产生了影响。比如记忆过程中个人的情绪或活动，如本章开始部分提到的例子。这些设计理念对记忆的背景和记忆的经验产生了影响，因此可以将它们作为一种研究工具（正如 Cueb 的例子中所阐述的那样；见 Golsteijn & van den Hoven，2013）。设计研究主要在于解决高度复杂的背景并考虑诸多因素。所以，设计理念，比如本章所提到的几个，可通过干预来作为研究记忆的工具。例如，Opico 通过改变抽象化的水平可以用于研究线索特异性；yOur 可以用来研究共享控制对共享记忆的影响（与之相反的是传统媒体，其中有一个人进行控制）。

使用设计干预的研究对社会性记忆这个主题是有价值的。研究过程可以是系统的，也可以从研究问题开始，以得到整合的干预措施为结束。这些措施最终将应用到日常生活习惯和仪式里，以及生活中令人惊讶的事情和不平凡的事件中。因为它发生在日常生活中，因此研究分布式认知的可能性是存在的（见 Michaelian & Arango-Munñozn；Wilson，第 13、第 14 章）。在研究记忆的影响因素时，我们认为，尽可能接近真实生活是非常重要的（例如，研究正在进行真实记忆的人，即便他在未参与研究的时候，也在进行记忆）。但是，本章所展示的理念还远远未到可以推广到现实生活中的程度。它还需要花费一些时间（从几个月到几年）和资源（具备不同技能和背景的人组成的团队）来将他们发展成为可靠、独立的应用程序或产品。但是，尽管我们所展示的只是第一个开发版，通过交互技术，在无需对用户进行任何培训的情况下，它们具备了对不同形式的社会性记忆产生帮助的可能性。

产品的开发常常是为了某个特定的目的服务的，就像本章所提到的设计理念，开发完成之后，是由一个更大的群体来使用的，例如电话和电脑。所以，为某一个特别具体情境所做的设计在发布之后，并不一定会限制它在真实情境中的应用。

尽管有些人可能还没有意识到，但是在日常生活中，我们当中的大多数已经依赖于外部设计辅助工具了。我们使用电子邮件收件箱来进行任务提醒，我们的手机可以连接数据库从而帮我们记忆手机号码，我们的社会化媒体能存储个人的照片和人们的评论，应用程序让做购物清单变得很容易并且与我们如影随形。尽管存在这些明显的好处，大多数人也遭遇了不利的影响，比如数码信息的丢失（例如，由于技术故障或人为因素）。据目前所知，从长远来看，外部设计辅助工具能够改变我的记忆过程（例如，谷歌的作用）（Sparrow，Liu，& Wegner，2011）。但是，在日常生活的基础上单看使用外部设计辅助工具的人数，我们可以认为如果将它们融入自己的生活中，那将有更多直接的好处。但是，它们对记忆和记忆过程的影响需要更多的研究。本章所描述的设计研究主要关注人们在日常记忆活动和经历中获得帮助的意愿和需要，目标是提供更加积极的自我报告式的帮助体验。该工作关注的不是研究对人类记忆的直接影响，或者是判断人类记忆的有效性。

　　3. 未来研究的潜力

　　我们有许多方法可以利用设计研究的潜力来为社会性记忆的知识做出贡献。可以从所涉及的不同学科之间的合作开始（例如，设计研究者和心理学家）。这一协作得益于不同学科之间的长期互动。这些设计理念是在一个学期内创造出来的。这个过程很短暂。需要提醒的是这些设计的学生对记忆并不是太了解。在学期末，成果是一套理念，在它们足够强大以至于可以供人们在日常生活中使用之前，还需要进一步开发。为了了解社会和协作记忆，不同协作者需要就如何测量和如何实施设计达成一致。理论上，在谈论记忆的时候，这些研究应该是纵向的。这很难在实验室实现，而在现实生活中更加困难。然而，我们在协作中看到了很大的可能性（例如，制定设计研究干预措施，需要来自记忆研究者的深层认知心理学的知识方面的指导；记忆研究者也反过来会从"未开化之地"中获得新的认识）。所有涉及的学科，都能够在为不同的背景和目标群体探索各类应用的过程中获益。我们还仅仅触及了表面。

四、 结论

　　本章通过呈现六个针对个人数字媒体的创造、内容管理和使用的设计理念，以及这些设计与社会和协作记忆活动如何关联，从社会性记忆的设计视角介绍了一个研究。我们想简要介绍设计研究如何为这一领域贡献一般的知识，未来从这种可能性中获得好处需要做些什么。设计研究可以通过物质和外部的环境，来考察和影响与我们的材料和外部环境相关的记忆活动，影响记忆活动、记忆过程以及同样重要的真实记忆。

致　　谢

　　我们想感谢所有参与设计理念的学生：杰伦·罗德（CoCap）、马丁·英霍夫（Sammlu）、利安妮·德容以及诺诺·里尔马克思（yOUR）、伊莎贝尔·范德端（Pinnacle）、达恩·维杰斯（Opico）和韦尔·韦维肖夫（Blush）；以及他们的导师：费奥娜·琼根（Fiona Jongejans）、伊内·莫尔斯（Ine Mols）和门德尔·布鲁克赫伊曾（Mendel Broekhuijsen）。这个研究得到了荷兰科学研究组织（NWO）STW VIDI 赠款的支持，项目号：016.128.303，授予埃莉斯·范登·霍芬（Elise van den Hoven）。

参考文献

Baddeley, A. (2012). Reflections on autobiographical memory. In: D. Berntsen & D. C. Rubin (Eds.), *Understanding autobiographical memory: Theories and approaches* (pp. 70-87). New York, NY: Cambridge University Press.

Barnier, A. J., Sutton, J., Harris, C. B., & Wilson, R. A. (2008). A conceptual and empirical framework for the social distribution of cognition: The case of memory. *Cognitive Systems Research*, 9, 33-51. doi: 10. 1016/j. cogsys. 2007. 07. 002

Berntsen, D. (2009). *Involuntary autobiographical memories: An introduction to the unbidden past.* New York, NY: Cambridge University Press.

Conway, M. A. (2009). Episodic memories. *Neuropsychologia*, 47, 2305-2013. doi: 10. 1016/j. neuropsychologia. 2009. 02. 003

Dib, L., Petrelli, D., & Whittaker, S. (2010). Sonic souvenirs: exploring the paradoxes of recorded sound for family remembering. In: *Proceedings of the ACM conference on computer supported cooperative work* 2010 (pp. 391-400). New York, NY: ACM Press.

Fallman, D. (2003). Design-oriented human-computer interaction. In: *Proceedings of the SIGCHI conference on human factors in computing systems* 2003 (pp. 225-232). New York, NY: ACM Press.

Fitzmaurice, G. W. (1996). *Graspable user interfaces* (Ph. D. Thesis). Toronto, Canada: Dept. of Computer Science, University of Toronto.

Frayling, C. (1993). Research in art and design. *Royal College of Art Research Papers*, 1, 1-5. Frohlich, D. M., Kuchinsky, A., Pering, C., Don, A., & Ariss, S. (2002). Requirements for photoware. In: *Proceedings of the ACM conference on computer supported cooperative work* 2002 (pp. 166-175). New York, NY: ACM Press.

Golsteijn, C., & van den Hoven, E. (2013). Facilitating parent-teenager communication through interactive photo cubes. *Personal and Ubiquitous Computing*, 17, 273-286. doi: 10. 1007/s00779-011-0487-9

Golsteijn, C., van den Hoven, E., Frohlich, D., & Sellen, A. (2012). Towards a more cherishable digital object. In: *Proceedings of the ACM conference on designing interactive systems* 2012 (pp. 655-664), New York, NY: ACM Press.

Güldenpfenning, F., Reitberger, W., & Fitzpatrick, G. (2012). Of unkempt hair, dirty shirts and smiling faces: Capturing behind the mobile camera. In: *Proceedings of the 7th Nordic conference on human-computer interaction* 2012 (pp. 298-307). New York, NY: ACM

Press.

Hollan, J., Hutchins, E., & Kirsh, D. (2000). Distributed cognition: toward a new foundation for human-computer interaction research. *ACM Transactions on Computer-Human Interaction*, 7, 174-196. doi: 10. 1145/353485. 353487

Instagram(2015). Retrieved from http://instagram. com [Online].

ISO FDIS 9241-210 standard(2009). Ergonomics of human system interaction—part 210: human-centered design for interactive systems(formerly known as 13407).

Ljungblad, S., Hakansson, M., Gaye, L., & Holmquist, L. E. (2004). Context photography: Modifying the digital camera into a new creative tool. In: *CHI extended abstracts on human factors in computing systems* (pp. 1191-1194). New York, NY: ACM Press.

Meerbeek, B., Bingley, P., Rijnen, W., & van den Hoven, E. (2010). Pipet: A design concept supporting photo sharing. In: *Proceedings of the 6th Nordic conference on human-computer interaction* 2010 (pp. 335-342). New York, NY: ACM Press.

Michaelian, K., & Sutton, J. (2013). Distributed cognition and memory research: History and current directions. *Review of Philosophy and Psychology*, 4, 1-24. doi: 10. 1007/s13164-013-0131-x

Moncur, W., Julius, M., van den Hoven, E., & Kirk, D. (2015). Story shell: The participatory design of a bespoke digital memorial. In: R. Valkenburg, C. Dekkers, & J. Sluijs (Eds.), *Proceedings of the 4th participatory innovation conference* 2015 (pp. 470-477). The Hague, the Netherlands: University of Applied Sciences.

O'Hara, K., Helmes, J., Sellen, A., Harper, R., Bhömer, M. ten, & Hoven, E. van den (2012). Food for talk: Phototalk in the context of sharing a meal. *Human-Computer Interaction*, 27, 124-150.

Oxford Dictionaries(2015). Retrieved from http://www. oxforddictionaries. com [Online].

Petrelli, D., Whittaker, S., & Brockmeier, J. (2008). AutoTopography: What can physical mementos tell us about digital memories? In: *Proceedings of the SIGCHI conference on human factors in computing systems* 2008(pp. 53-62). New York, NY: ACM Press.

Petrelli, D., & Whittaker, S. (2010). Family memories in the home: Contrasting physical and digital mementos. *Personal Ubiquitous Computing*, 14, 153-169. doi: 10. 1007/s00779-009-0279-7

Rogers, Y., Sharp, H., & Preece, J. (2011). *Interaction design: Beyond human-computer interaction* (3rd ed.). Chichester, UK: Wiley.

ROOM for Thought(2015). Retrieved from http://www. roomforthought. nl [Online].

Sarvas, R., & Frohlich, D. (2011). *From snapshots to social media—the changing picture of domestic photography*. CSCW series. London, UK: Springer.

Snapchat(2015). Retrieved from: https://www. snapchat. com [Online].

Sparrow, B., Liu, J., & Wegner, D. M. (2011). Google effects on memory: Cognitive consequences of having information at our fingertips. *Science*, 333, 776-778. doi: 10. 1126/science. 1207745

Sutton, J., Harris, C. B., Keil, P. G., & Barnier, A. J. (2010). The psychology of memory, extended cognition, and socially distributed remembering. *Phenomenology and the Cognitive Sciences*, 9, 521-560. doi: 10. 1007/s11097-010-9182-y

Tidy(n. d.). Retrieved from http://tidyalbum. com [Online].

Uriu, D., Shiratori, N., Hashimoto, S., Ishibashi, S., & Okude. N. (2009). CaraClock: An interactive photo viewer designed for family memories. In: *Extended abstracts on human factors in computing systems* 2009 (pp. 3205-3310). New York, NY: ACM Press.

van den Hoven, E. (2014). A future-proof past: Designing for remembering experiences. *Memory Studies*, 7, 373-387. doi: 10. 1177/1750698014530625

van den Hoven, E., & Eggen, B. (2014). The cue is key: Design for real-life remembering. *Zeitschrift für Psychologie*, 222, 110-117. doi: 10. 1027/2151-2604/a000172

van den Hoven, E., Frens, J., Aliakseyeu, D., Martens, J-B., Overbeeke, K., & Peters, P. (2007). Design research & tangible interaction. In: *Proceedings of the 1st international conference on tangible and embedded interaction* 2007 (pp. 109-116). New York, NY: ACM Press.

van Gennip, D., van den Hoven, E., & Markopoulos, P. (2015). Things that make us reminisce: Everyday memory cues as opportunities for interaction design. In: *Proceedings of the SIGCHI conference on human factors in computing systems* 2015 (pp. 3443-3452). New York, NY: ACM Press.

Weiser, M. (1991). The computer for the twenty-first century. *Scientific American*, 265, 94-104. doi: 10. 1038/scientificamerican0991-94

第23章

协作记忆的应用： 海马健忘症患者的成功和失败模式

鲁帕·古普塔·戈登（Rupa Gupta Gordon），梅丽扎·C. 达夫（Melissa C. Duff），尼尔·J. 科恩（Neal J. Cohen）

行为研究已经表明，依据背景和情境，协作能够促进或阻碍记忆。通常，如果被试以个人或协作的方式学习普通的信息（例如，词单），两个人回忆的单词数量要比每个人单独回忆的数量之和要少，则支持了协作抑制（collaborative inhibition）的思想（例如，Basden，Basden，Bryner，& Thomas，1997；Finlay，Hitch，& Meudell，2000；另见 Blumen；Henkel & Kris；和 Rajaram，第4、第8、第24章）。而且，在特定情境下，如果同伴在回忆期间引入了不准确信息，那么他们可能会传播虚假的记忆（Roediger，Meade，& Bergman，2001；另见 Gabbert & Wheeler；Paterson & Monds，第6、第20章）。但是，如果信息更明确、更有情感意义，例如与熟悉的同伴回忆分享个人的历史，协作记忆将得到极大促进（Harris，Keil，Sutton，Barnier，& McIlwain，2011；Sutton，Harris，Keil，& Barnier，2010）。同样，协作也可能会减少错误记忆，因为同伴能够帮助提高准确性（Ross，Spencer，Blatz，& Restorick，2008）。

协作回忆的记忆类型中最常见的是那些共同的经历和个人的历史（Sutton *et al.*，2010）。克拉克和同事（Clark，1992；Clark & Wilkes-Gibbs，1986）认为，通过协作和重复的互动，同伴获得了共同基础（common ground），或共享信息中共同的知识、经历、信念以及关于世界的假设，以及他们对同伴的信念和他们共同互动的理解。这些共享经历的表征在观点采择（perspective taking）和面对面的交流中具有重要作用，为交流的进行提供了关键的背景信息（Clark，1992）。实际上，对记忆中的经历进行编码，是为了记录谁知道和谁不知道具体的信息片段。当他们决定哪些信息是确定的而哪些信息是不确定的时候，可以对交流的双方进行指导。共同基础的研究在哲学和语言学中有其历史根源（见 Stalnaker，2002），并且在语言使用理论中具有核心地位（Clark，1996）。最近由我们团队及其他团队所做的实证研究，对共同基础在记忆中如何进行表征以及这些表征在协作过程中是如何得到有效利用的进行了探讨。然而，共同基础必须在记忆中进行表征这个观念，同直觉一样，仍然有很多未解答的问题。这些问题是关于在记忆中存储什么信息，什么样的记忆系统支持这种表征，在社会互动以及协作记忆过程中如何更加广泛地使用它们（见 Brown-Schmidt & Duff，在审核中）。

共同基础的研究领域最著名的记忆表征模型（memory representational model）是由克拉克（1992）提出来的。根据这个模型，共同基础的发展包括详细地记录互动过程，将建立在新的经历和信息持续更新的基础上。这样，同伴形成了关于他人知道什么、相信什么、经历过什么的模型。外显的记录这一概念是指，为了发展共同基础，将记忆的某个成分用来记录或回忆这些共享的经历。特别是，这意味着共同基础的发展可能需要海马陈述性记忆（hippocampal declarative memory）的参与，因为它可能需要捆绑和整合某次经历中各元素之间的任意关系，包括人物、地点、物体以及它们的时间和空间关系（Cohen & Eichenbaum，1993；Eichenbaum & Cohen，2001）

另一种观点认为，共同基础可能部分受到内隐（可能是非陈述性的）表征的影响。考虑到真实世界中的语言加工存在时间限制，搜索外显经历的记录所涉及的复杂加工过程可能并不总是必要的。相反，同伴和相关信息之间自动的、以线索为基础的联系，承担着共同基础的基本作用（Horton & Gerrig，2005）。在做参考时，同伴并不总是使用共同基础，相反，在某些情境中，他们倾向于自我中心并使用最容易获取的信息，即便所获取的信息是个人的知识（Keysar，Barr，& Horton，1998）。

在我们的工作中，我们使用了一种神经心理学的方法，来研究各种神经和认知系统的作用。关注的焦点是海马依赖性陈述性记忆，是关于协作学习和共同基础的发展。我们这样做，主要是通过研究陈述性记忆损伤（declarative memory impairment）患者的神经系统来实现的。由于他们的海马双侧损伤且陈述性记忆并不完好。对患有海马健忘症个体的协作学习进行考察，使我们对协作环境学习中，分析不同记忆系统的作用成为可能。这可以更好地理解以协作为基础的学习的优势和局限。此外，鉴于协作学习和记忆的文献主要来源于健康的个体，我们的工作提供了新的临床意义，因为它考察了这种潜在的优势，即具有记忆和其他认知损伤的人群可能也有协作性和情景化学习的学习环境（另见 Blumen；Henkel & Kris；Hydén & Forsblad；Muller & Mok，第 8、第 9、第 24、第 25 章）。本章，我们将描述我们对协作学习进行研究的神经基础，以及关于海马健忘症（hippocampal amnesia）患者的成功和失败的模式。这些模式对记忆的具体方面如何对协作学习产生作用进行了说明。最后，我们探讨了协作学习的社会需要（social demands），包括对有关社会互动方面的记忆损伤的影响进行了思考，并对其他神经结构，特别是对杏仁核和腹内侧前额皮层的作用进行了考察。它们对社会和情绪内容的记忆具有调节作用。

一、　海马健忘症和协作学习

　　为了检验不同记忆系统对协作学习的作用，着眼于共同基础的开发和使用，我们使用了克拉克及同事（例如，Clark，1992；Clark & Wilkes-Gibbs，1986）、克劳斯和格鲁克斯贝格的一个协作参照范式（collaborative referencing paradigm）（Krauss & Glucksberg，1969；Krauss & Weinheimer，1966）。在协作参照范式中，同伴在多个试次之间重复地参考一组抽象的图形。一个共同的发现是，人们对这些图形的描述变得更加简洁明了（Clark & Wilkes-Gibbs，1986；Krauss & Glucksberg，1969；Yule，1997）。研究协作学习的这一方法与其他文献中某些协作记忆任务有所不同。例如，普遍的方法是让被试分开学习主试生成的信息，然后一起回忆信息（例如，Rajaram & Pereira-Pasarin，2010），以此来考察与他人一起记忆如何影响记忆效果（另见 Gabbert & Wheeler；Hirst & Yamashiro；Paterson & Monds；Rajaram，第 4、第 5、第 6、第 20 章）。在我们看来，随着时间的推移，交际和共同基础的发展是协作记忆的另一种形式。换言之，人们在真实情境中从事一系列社会行为的过程中发展和使用了这些表征，从中我们可以看到这些表征对记忆的影响以及记忆对这些表征的影响（Rubin，Watson，Duff，& Cohen，2014；另见 Bietti & Baker；Hydén & Forsblad；McVittie & McKinlay；Muller & Mok，第 9、第 10、第 12、第 25 章）。通过实验，在我们的研究中，被试自己产生了信息，这些信息在协作环境中得到了学习和回忆（但是，我们也用常规的方法在任务情境之外评价了个人对信息的记忆，从而考察记忆信息的长期保持和概括化）。尽管我们的方法不同于协作记忆中某些更加传统的研究方法，但是它与协作能够促进记忆的主张相一致，特别是在信息很重要并且涉及共同的个人经历的时候（Harris et al.，2011）。同样，我们的工作同采用了协作参照任务（collaborative referencing task）来分析同伴在交际过程中使用语言，来社会性地建构和管理共同基础相一致的方法（Clark，1992；Clark & Brennan，1991；Wilkes-Gibbs & Clark，1992）。

　　在我们的协作参照任务版本中（Duff，Hengst，Tranel，& Cohen，2006），两个成员均收到了相同的 12 套抽象的中国七巧板（tangrams）和相同的标有数字 1～12 的纸板（七巧板见图 23-1）。一个低的障碍物将被试分开，这样他们彼此看不见对方的工作空间。但是，他们能够看见对方的脸部，并可以自由地使用非言语的交流形式，包括面部表情和手势。两个人中的一个作为指导者，另外一个人作为匹配者。在每个试次之初，实验者将卡片以一种唯一的、事先决定的顺序放置在指导者的纸板上。指导者的任务是将每张卡片上的内容描述给匹配者，使匹配者能够将卡片放置到与指导者的纸板中相同的卡片位置上。尽管指导者领导这个任务，但是并没有限制匹配者对任务的贡献，而且两个人只要有必要均可以交谈。用视频记录被试并记录他们的时间，但是告诉他们时间没有准确性重要。被试重复这个任务 24 次（每个部分 6 个阶段，每天两个部分，中间间隔时间至少 30 分钟，连续进行两天）。这样有可能增强学习，因为不是简单地让被试重复，而是在一个时间段内使用一种功能上有意义的以目标为导向的任务来重复地了解卡片（Hengst，Duff，& Dettmer，2010）。最后一个试次以后的三十分钟里，实验者对目标被试进行了访谈。访谈时没有他们熟悉的同伴，还测量了他们对任务中所使用的七巧板和标签的记忆。六个月后，对被试再次进行测量，目的是评估他们对卡片描述内容的长时记忆。

对健康成人的研究表明，多个试次的进程之后，被试形成了共同基础。共同基础的形成凭借的是绘制他们共同的知识、视角和经历，从而形成有关卡片的独一无二的描述。这种描述在试次间变得越来越简短和简洁（Clark 1992；Clark & Wilkes-Gibbs，1986）。总之，完成这个任务所需的协作资源的数量随着试次的进行而减少。通过测量完成任务的时间、每个试次中互动的次数以及描述卡片的单词数量（反映了表情简化程度的发展），来反映学习和共同基础的发展（Duff，Hengst，Tranel，& Cohen，2006）。关键的是，协作和社会互动对于学习是必要的：在所有试次中单词减少不是因为简单的重复（Hupet & Chantraine，1992）。相反，说话者必须得到听众对其说话内容的理解水平的反馈，这是为了获得最佳的学习效果，并让单词在所有试次中相应地减少（Krauss & Weinheimer，1966）。学习有赖于被试共同工作，从而对卡片建立起共同的视角，并在之后的试次中重绘这种共同的视角，从而做出更加快速和有效的沟通。

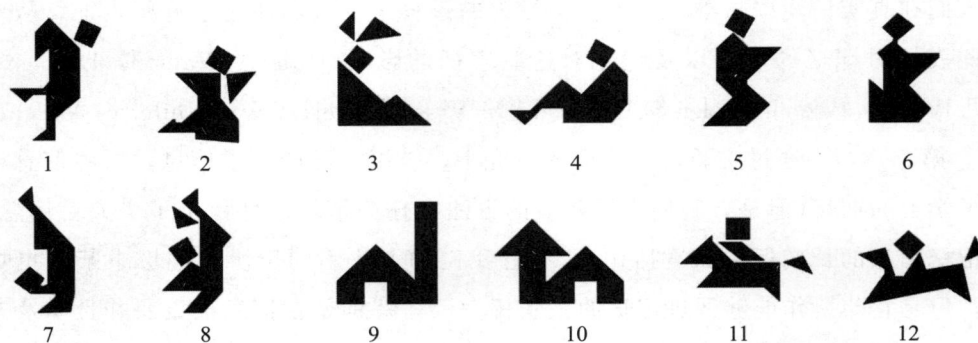

图 23-1　12 套七巧板，用于被试及他们熟悉的交流同伴协作产生标签。

（复印得到了作者的允许，Duff M C，Hengst j，tranel D，& Cohen n j，"Development of shared information in communication despite hippocampal amnesia"，Nature Neuroscience，Volume 9，pp. 140-146，Copyright © 2006，rights Managed by nature Publishing group，doi：10.1038/nn1601）

为了考察海马陈述性记忆对协作学习和共同基础发展的必要性，四名患有双侧海马损伤以及深度陈述性记忆损伤的个体参与了我们的协作参照任务（Duff，Hengst，Tranel，& Cohen，2006）。四名患有健忘症的被试中，三名患有持久性双侧海马损伤并且 CT 或 MRI 的数据表明他们的海马体积明显变小，由于缺氧症（例如，心搏停止；Allen，Tranel，Bruss，& Damasio，2006）最后一名被试因闭合性颅脑损，海马周围的白质表现出了剪切性损伤（Duff，Wszalek，Tranel，& Cohen，2008）。在神经心理学的测量结果中，所有被试均表现出了一种具有选择性且很严重的陈述性记忆缺失，包括韦克斯勒记忆量表-Ⅲ的得分低于大众均值两个标准差以上，韦克斯勒成人智力量表-Ⅲ的得分至少低 25 分（平均偏差＝41.25）。这四个被试中，在雷伊听觉言语学习测验（Rey Auditory Verbal Learning Test）中，尽管有多个关于学习的试次/机会，但是有一个人甚至只回忆了一个项目(15 个项目中)。相反，他们在标准化的理解力、视觉—空间处理、语义知识、程序性记忆、言语和语言测试中保持了相对完好的表现。为了完成这项任务，患有健忘症的被试选择了一个熟悉的同伴(两对夫妻、一个朋友、一个兄弟姐妹)与他一起，他们至少有五年普通的联系。这让我们能够更好的理解日常生活中，这些被试的交流是如何发生的，并提供了一个熟悉的环境来提高成功的可能性(Hengst，2003；Ylvisaker，Hanks，& Johnson-Greene，2003)。四个健康对照组的被试同患有健忘症的被试在年龄、性别、教育以及利手等方面做了事件匹配，并同熟悉的同伴一起参与(三个朋友，一个兄弟姐妹)。在连续两天的协作参照任务的所有试次中，患有健忘症的被试(或事件匹配的对照组被试)充当指导者。

二、 健忘症患者成功进行合作学习的证据

如图 23-2，在所有试次中，健忘症组和对照组均展现出了很高的准确性，完成任务所需的协作资源均明显减少。学习的评价是通过评价减少的时间和最初描述卡片中所需单词的数量来实现的(例如，指导者描述卡片的首次尝试)。在所有试次中，两个组的时间均展示出明显且相似的减少(对照组：试次 1=9 分 45 秒，试次 24=0 分 38 秒；健忘症组：试次 1=13 分 46 秒，试次 24=1 分 35 秒)。尽管健忘症组总体上更慢，但是组别和时间之间没有交互作用。这说明在所有试次中，两个组在时间上有相似的减少趋势，组间差异在所有试次中保持一致。

同样，单词数量的减少也具有相似的模式。两个组最初描述卡片的单词数量均值在所有试次中减少了(对照组：试次 1=116.33 个单词，试次 24=29.33 个单词；健忘症组：试次 1=255.67 个单词，试次 24=76 个单词)。同样，尽管总体上存在差异，比如健忘症组产生了更多的单词，但是组别和试次间没有交互作用。这说明，在所有试次中，两个组在单词数量上减少的趋势是相似；两个组的差异在所有试次中保持一致。图 23-2 展示了时间的减少以及健忘症组和对照组在 24 个试次中的单词总数。

两个被试组对每一张卡片均形成了一种简洁和独特的标签，这些标签在所有试次中持续地得到使用并逐渐缩短。这一点尤为引人注目，即许多健忘症被试即便在完成多次任务后，也并没有外显地回忆所进行的任务，没有询问与规则和任务目的相关的问题。而且，这些卡片的标签在任务结束之后，会保持很长的一段时间。对卡片及其标签的记忆的测量，发生在最后一个试次之后的 30 分钟内，且是在没有同伴的情况下进行的，六个月之后进行同样的测量。最后一个试次之后的 30 分钟，健忘症被试能够产生在任务中最后一个试次使用的标签，在 12 张卡片中至少有 10 张。此外，即便在六个月以后，健忘症被试在 80% 的卡片中，能够产生最终的标签。这与健康组的表现十分相似，健康组中指导者在六个月后能够在 83% 的卡片中产生最终的标签。

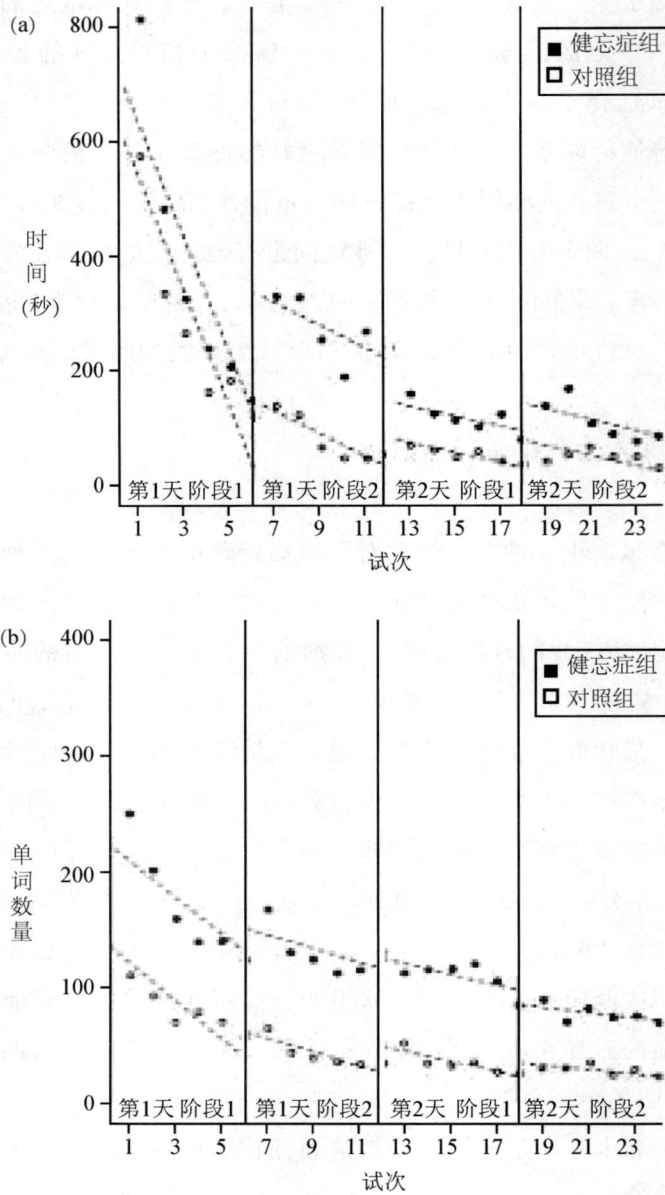

图 23-2　健忘症患者表现出了完好的学习速度。（a，b）健忘症患者及其交流伙伴（实心圆）以及成对的对照组被试（空心圆）在每个试次中完成 12 个七巧板的放置，所使用的平均时间和平均单词数量（参照卡片所需的单词数量），表现出随阶段变化的趋势

（复印得到了作者的允许，Duff M C，Hengst j，tranel D，& Cohen n j，"Development of shared information in communication despite hippocampal amnesia"，*Nature Neuroscience*，Volume 9，pp. 140-6，Copyright © 2006，rights Managed by nature Publishing group，doi：10. 1038/nn1601）

　　健忘症被试的成功，清晰地说明协作学习方面以及共同基础使用的发展，独立于海马陈述性记忆系统。即便在没有协作阶段的情境中，健忘症被试也能够维持学习。他们所产生的任务中使用的标签数量同健康对照组的被试一样多。健忘症被试在协作参照任务中表现出的这种坚

定而持久的学习表现是非常显著的。这些被试在所有传统记忆测试中都表现出记忆和学习缺陷，包括成对词联想。事实上，当这些被试尝试在超过两天的 24 个试次中学习实验者任意生成的有关一套新的七巧板的标签时，他们并没有成功。然而，对照组被试能够学习所有 12 个标签，在第四个试次时达到上限。在实验者生成的 12 个标签中，到最后一个试次，健忘症被试仅仅学习了 5 个标签。因此，尽管海马陈述性记忆存在深层次的缺陷，包括对所参与任务的记忆，其至少在某些有文献支持的协作学习情境中具有好处。这种好处甚至扩展到了具有记忆和学习缺陷的个体上。

但是，尽管遗忘症被试及其同伴在任务的所有试次中成功进行了学习并使用了共同的知识，进一步对他们的表现进行考察发现，并非在协作学习的所有方面或在这种学习的指标上都是完善的（例如，Duff，Hengst，Tranel，& Cohen，2008）。在有关健康被试共同基础的工作中，克拉克和威尔克斯（Clarke & Wilkes-Gibbs，1986）注意到，所有试次中，在明确参照的使用方面都有所增加。使用明确参照（例如，这本书）与使用不明确参照（例如，一本书）相比，给听者传递了一种信号，即头脑中有一种具体的指示物，它能够从当前的语境或基于两个人共同的历史和经历来做出决定。我们假设，如果使用明确参照时需要外显的共享信息知识，那么，患有严重陈述性记忆损伤的健忘症被试，对明确参照的使用将会受到损害。换言之，即使他们在形成、使用和回忆任务中的标签时很成功，但是，健忘症被试是否知道为交流的同伴贡献的标签并给那些标签加上明确的标记？

与我们的假设相一致的是，健忘症被试产生的标签，包括明确的参照在整个任务中（56% 是明确的）总体上比对照组（90% 是明确的；Duff，Gupta，Hengst，Tranel，& Cohen，2011）更少。对照组中明确参照的使用迅速达到了上限水平，并且明确参照在其他试次中持续地得到了使用。然而，在所有试次中，健忘症被试在明确参照的使用方面有所增加，他们使用明确参照的情况是高度不连续的，并且在某个试次中的给定卡片中使用的明确参照（例如该风车），并不能预测某个明确参照是否能够使用到以后的某个试次中。这在之后的试次中特别明显。尽管，健忘症被试对个别卡片一直使用简洁的标签（例如，车库），但是，他们持续使用的不明确参照（一个车库），仿佛是他们第一次遇到一样。对标签的完整学习以及将标签标记为共享知识的一部分，这一过程并不完整。这两者之间的分离说明多重记忆系统（multiple memory systems）对共同基础的不同方面具提供了支持。然而，自己产生的、非任意的标签的获得似乎受到了非程序性记忆的支持。这些标签作为共享知识的一部分，有明确参照，将它们进行标记似乎对海马陈述性记忆系统是必要的。甚至于，这些结果也可能说明就协作学习的普遍优势而言，并不仅仅依赖于某个记忆系统的作用。

回到健忘症患者的成功上，协作参照任务中健忘性学习同其他传统的健忘症记忆测试相比较，产生了这样的问题：患有记忆损伤个体成功的协作学习的成分是什么？我们假设协作参照任务和传统记忆测试之间至少有两种关键性的区别，可以解释他们出乎意料的表现：首先，所学习的信息是自己产生的、非任意的而且是有意义的；其次，信息是以协作方式进行学习的，而不是单独进行的。我们相信协作参照任务的这些元素在减少海马加工特征的要求的同时，可能会对他们完整的非陈述性记忆，以及其他完整的认识能力起到杠杆作用（例如，关系捆绑、模式分离）。事实上，通过减少海马依赖性陈述性记忆的要求，并利用加工过的信息和其他认知能力，我们的任务可能已经为这些患者创造了完美的学习环境（它为事件之间的任意关系的获取和灵活使用提供了支持）。

例如，先前的研究已经表明，健忘症的学习，如果信息得到了有意义的学习并放置在情境中，那么即便是在单独的时候，也能够得到支持（Kovner，Mattis，& Goldmeier，1983；Tulving，Hayman，& Macdonald，1991）。但是，在协作参照任务中，健忘症被试展现出了强劲的学习能力，评分与那些健康的被试相等，并且能够长时间保持信息。关键的是，被试不必学习某个特别的标签或新的任意相关的信息，而是能够利用已存储的语义和概念化知识，并调整这种知识，将其扩展到互动中，从而随着社会互动的进行，与同伴达成某种共识。随着时间的流逝，两名被试均以同样的方式"看到"了这些卡片，并且将其反映到语言描述的增量变化上。考虑到这种学习充分利用了先前存在的知识，并以正常的速率逐渐发生，最符合这种学习的神经机制被认为构成了程序记忆的基础（Eichenbaum & Cohen，2001）。这种机制在这些患者身上是完整的。先前的研究也表明协作能够促进记忆，特别是在信息很重要且涉及到共享的经历的时候（Harris et al.，2011）。考虑到任务的社会性和交互的本质，包括这些社会和情绪的加工系统在内的多个记忆系统，可能与已保存的程序性记忆（procedural memory）能力协调工作，从而帮助其成功。

对协作参照任务的这些重要方面进行思考之后，我们假设改变内容和社会交互的本质将对记忆提出不同的要求，并且因此将影响海马健忘症被试成功的可能性。本章中，我们接下来在后面呈现的实验的目的是进一步探讨影响成功学习的因素，以及剖析多重记忆系统对共同基础发展的作用。

三、 健忘症中协作学习的局限： 并非所有协作学习的情景都是平等的

(一)自我生成的作用

健忘症被试在学习自我生成的、非任意的、有关协作参照任务中的七巧板的标签时非常地成功，但是不能学习实验者生成的在某个非协作的环境中的七巧板的标签（配对联想学习）。来自健康被试的证据，支持了自我生成可以提高记忆效果的观点（Slamecka & Graf，1978）。在协作参照任务中，我们使用一组新的健忘症被试做了后续的实验，但是指导者和匹配者的角色进行了互换（Duff，Gordon，Hengst，Tranel，& Cohen，准备中）。也就是说，现在熟悉的同伴作为指导者，并指导健忘症被试如何排列纸板上的卡片；健忘症被试作为匹配者。关键的是，由于熟悉的同伴是指导者，他们引导任务的进行，并且尽管允许匹配者发挥自己的作用，但是同伴现在的主要责任是对卡片生成观点和标签。因此尽管标签仍旧有意义，然而他们不再对自

我生成起主导作用。而且，我们假设对健忘症患者而言，即使在协作情境中，学习同伴所产生的有关七巧板的标签的任务，类似于学习非任意的关系，而这将对他们遭到严重损伤的陈述性记忆提出重大的要求。被试包括一个新的小组及其熟悉的同伴。新的小组由三名海马健忘症被试组成。这些熟悉的同伴之前没有参加过协作参照任务的实验（他们将在这里配对，将其指定为健忘症匹配者）。就海马病理学和陈述性记忆损伤的性质和严重程度而言，这些新的健忘症被试与先前的健忘症被试小组相似。研究还有三个新的对照组被试及其熟悉的同伴。对照组被试在年龄、性别和教育上与实验组被试进行了匹配。他们也没有先前任务的经验。后续的实验中使用了新的抽象七巧板图形，但是其他所有的程序，包括天数和试次数与最初的研究一致。

与最初的研究结果类似，健康对照组在所有试次中，时间明显减少了（试次 1＝14 分 15 秒，试次 24＝0 分 32 秒）。但是，与之前的工作形成了鲜明对比的是，与健康组相比，健忘症匹配者小组没有展现出一个完整的时间减少率。平均而言，健忘症匹配者在试次 1 中使用了 6 分 54 秒，在试次 24 中使用了 4 分 59 秒；回归线的斜率存在显著的差别，回归线的斜率代表 24 个试次中健忘症组和对照组的时间减少比率，$t(4)=2.88$，$p=0.04$。回想一下，在最初的研究中健忘症指导者小组的时间减少与健康组非常类似（试次 1＝13 分 46 秒和试次 24＝1 分 35 秒）。相反，健忘症匹配者小组在平均反应时上只减少了 2 分钟，而最初作为健忘症指导者的小组，则花费了几乎四倍的时间来完成最终的试次。同样，在最初的卡片描述中，作为对照组，健忘症匹配者在单词数量上没有展示出相同的减少比率（对照组：试次 1＝190.67 个单词，试次 24＝29.33 个单词；健忘症匹配者小组：试次 1＝231.33 个单词，试次 24＝154 个单词）。组间单词减少比率的回归线的斜率存在显著差异，$t(4)=2.74$，$p=0.05$。

尽管付出了额外的时间和努力，与健康对照组相比（$M=11.9/12$ 张卡片），健忘症匹配者在卡片放置中的准确性更低（$M=8.5/12$ 张卡片）。健忘症匹配者的表现高度不一致，并且绝不会到达到上限。即便在最终的试次中，在 24 个学习机会之后，健忘症被试的准确性没有达到100％的，范围在 7～10 张卡片。

由于健忘症被试没有生成卡片的描述，因此采择和保持同伴的观点对于他们而言是困难的。卡片的标签没有变短和变简洁。它们也没有在所有试次中持续地得到使用。为了在每一个试次中被接受，它们需要在被试和其同伴之间进行更多的反复。此外，患者不能生成有意义的、非任意的标签；标签的长时记忆（long-term retention）也不如最初的研究中稳健。然而，所有对照组在任务完成后的 30 分钟里回忆出了全部卡片的 12 个标签，健忘症被试平均回忆出的标签数量是 4.3 个（全距是 1～6 个）。尽管事实上，同伴生成的标签与七巧板具有意义上的联系，健忘症患者在学习这些标签时的重大困难，非常容易让人联想到他们在学习他人生成的、任意的关系时存在的缺陷。除了自我生成的认知方面，这个版本的任务也减少或移除了重复生成标签时的运动经验，这些运动经验也让最初研究中的健忘症被试获益。因此，海马健忘症患者中的协作学习（collaborative learning）的好处会减少或完全消除。如果学习情境中有一个同伴生成了已经学会的观点/标签/内容，那就提出了同海马的功能性不相称的要求。这些发现表明，当健忘症患者是指导者和内容生成者时，研究证明这些互动是一个强大的学习环境；但是仅仅是社会交互和协作并不能解释强大的学习，也不能规避学习和使用同伴生成的七巧板对海马提出的要求。

(二)学习材料的性质

除了支持任意关系的获得和使用，海马对模式分离(pattern separation)、新输入信息的加工、以及为包括非常相似的项目群创造明确且独立的表征也很关键(McClelland et al.，1995；Norman & O'Reilly，2003)。内侧颞叶皮层(包括鼻周皮层、鼻内皮层和海马旁皮质)在我们的患有海马健忘症的被试中相对不受影响。它创造表征的速度更慢，并且可能更难表征具有重叠特征的模式。在所描述的研究中，七巧板是离散的、唯一的、概念上不同的图形(见图 23-1)。我们假设患者的成功得到了这种事实的部分支持，即患者不必为高度类似的项目创造出大量独特的表征，这种能力是完整的海马所必备的。我们推测，如果这些项目在概念上和视觉上过于相似，即便在协作环境中，由于海马需要创造独特且独立的表征，患有海马健忘症的被试会表现出学习速度下降(Duff et al.，2012)。尽管七巧板是抽象图形，但我们创建了一个任务版本，其中一半类似于鸟类，另一半则类似于彼此更加不同的动物(例如，骆驼、松鼠和狗)，见图 23-3。两名健忘症被试及其熟悉的同伴和六名健康的对照组被试及其同伴，参与了后续的研究。两名健忘症被试参与了先前的研究，但是对照组被试并没有参与先前的研究。虽然七巧板改变了，但是任务的其他所有方面均保持不变，而且健忘症被试及与之匹配的对照组在所有试次进行过程中都是指导者。

与不相似的七巧板相比，健忘症组和对照组找到相似的七巧板(鸟类)要更加困难，并且他们在这些卡片上产生了更多的错误。但是，与对照组相比($M = 3.6$ 个错误)，相似的七巧板对健忘症被试来说，具有更大的挑战性。在 24 个试次中，他们犯的错误更加显著($M = 11.0$ 个错误)。尽管两个组在不相似项目上的单词减少比率非常相似，且与我们最初的研究结果相一致(Duff et al.，2006)，但是健忘症被试在相似项目上并未表现出相同的单词减少比率(对照组在所有试次中的单词减少比率是 87%，健忘症组的单词减少比率是 53.9%；见图 23-4)。此外，对照组被试能够对相似的七巧板形成简洁且非任意的标签(例如，凤凰)，然而健忘症被试特别依赖于视觉特征(例如，头部呈三角形的鸟)。

海马健忘症患者在协作学习中遇到了特别大的挑战。他们对那些高度相似的项目进行协作学习时表现的困难更大(与那些更加概念化和具有知觉差异的项目相比)。这进一步为海马支持模式完善加工这种理念提供了证据。之前的研究考察了自我生成(self-generation)的作用。与之类似的是，这里提到的后续研究为这个理念提供了证据，即虽然健忘症被试能够从协作学习中获得好处，但是这种效果具有明确的局限性。这些局限性同他们的记忆缺陷的本质有直接的联系。具体而言，改变学习内容就改变了记忆和任务的学习要求。预料之内的是，当对海马陈述性记忆系统的要求提高时，海马健忘症患者的能力也变差了。

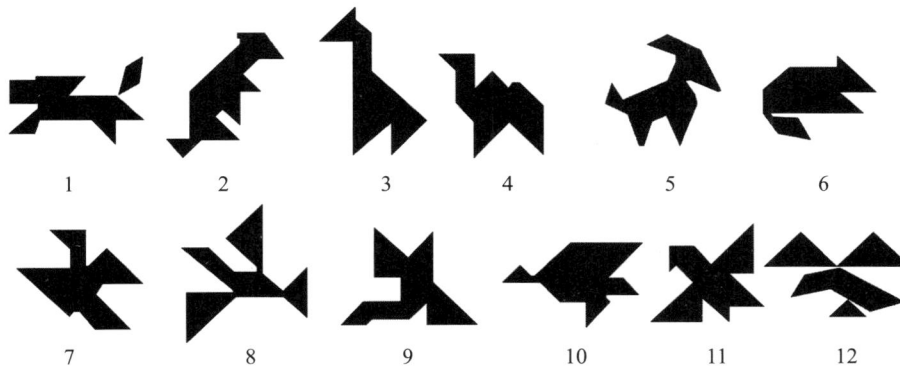

图 23-3　为被试及其同伴协作生成标签而制作的七巧板。（首行：不相似卡片；底行：相似的卡片）

在获得许可后重新制作，Duff M C et al.，"teasing apart tangrams：testing hippocampal pattern separation with a collaborative referencing paradigm"，Hippocampus，Volume 22，issue 5，pp. 1087-1091，Copyright © 2011 Wiley Periodicals，inc.，doi：10.1002/hipo. 20967

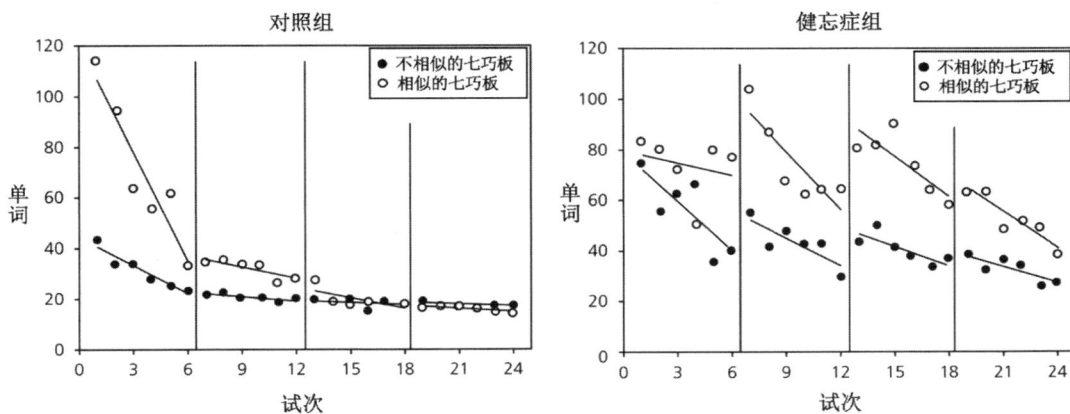

图 23-4　有关健康对照组（左边版面）和健忘症患者（右边版面）的平均单词数量（参照卡片所需单词），每个试次中参照 12 个七巧板；它们通过一个阶段连接一个阶段的线性趋势被展示。需要注意的是，虽然对照组被试快速地减少了描述熟悉和不熟悉项目的单词数量，但是健忘症被试对熟悉的七巧板表现出了更加缓慢的单词减少量

获得许可后重新制作，Duff M C et al.，"teasing apart tangrams：testing hippocampal pattern separation with a collaborative referencing paradigm"，Hippocampus，Volume 22，issue 5，pp. 1087-91，Copyright © 2011 Wiley Periodicals，inc.，doi：10.1002/hipo. 20967

四、协作学习的社会需要

在现实世界中，记忆经常用于支持其他认知过程和行为。当我们必须灵活修改需要整合冗余信息或表征的行为时，就需要调用海马的陈述性记忆。海马依赖性陈述记忆，支持创造性和灵活的语言使用（Duff & Brown-Schmidt，2012），支持做出复杂决策的能力（Gupta et al.，2009），支持其他复杂的社会行为（Rubin，Watson，Duff，& Cohen，2014）。即使在这些情境

中，健忘症患者的协作学习获得了成功，但记忆缺陷对他们的社会交互以及同他人的关系的影响将让他们付出很高的代价。例如，研究发现，海马受损的被试，其社会功能降低了，社交网络变小了，难以建立和维持社交关系（Davidson，Drouin，Kwan，Moscovitch，& Rosenbaum，2012；Tate，2002）。纵观我们对健忘症协作学习的各种研究，我们对受到了记忆障碍影响的社会行为感到震惊。在下一节中，我们回顾了我们的工作，考察了协作学习的社会因素如何唤起记忆，还考察了社会和情绪神经中枢在协作学习中的作用。

（一）协作学习中记忆缺陷的社会代价

在协作学习阶段，被试很有乐趣。无论在试次内还是试次间，我们发现被试讲述了有趣的故事和笑话，互相取笑（例如，你真的不擅长这个），用语言做双关语、声音效应以及对七巧板进行创造性参照（例如，午睡的男人，你的丈夫，库西的霍西，克莱默带着一盒塞芬特荞麦食品）。总体上，社会语言学家所说的言语游戏，是指创造性和娱乐性的语言运用。言语游戏在日常互动中是很普遍的，在维护人际关系中起着重要的作用（Crystal，1998）。虽然同对照组被试一样，健忘症组也感到有乐趣并使用了言语游戏，这一点很清楚。但是，考虑到既往关于遗忘症社会功能降低的文献，我们对社会互动中这种可能性之间的差异产生了兴趣。更概括点说，同言语游戏一样，我们对海马可能支持创造性的社会行为产生了兴趣。创造性被定义为现有心理标准的迅速整合和重新整合，从而产生新的想法和思维方式（Bristol & Viskontas，2006；Damasio，2001）。这个定义让我们想起了通过海马系统与新皮质储存点的相互作用，对海马系统的解释，即为了心理表象的创造、更新和并置，以及为了灵活和新颖的使用它们提供所必须的相关数据库（Eichenbaum & Cohen，2001）。

为了在协作参照背景下测试这种联系，考察健忘症中言语游戏的性质和质量，我们为言语游戏实例中交际双方的互动话语的使用进行了编码。我们发现，虽然对照组和健忘症组在整个阶段都使用了言语游戏，但是健忘症患者产生的言语游戏次数明显更少（Duff，Hengst，Tranel，& Cohen，2009；见图23-5）。有趣的是，言语游戏的减少不仅仅限于健忘症被试的话语，他们熟悉的交际同伴也很少有言语游戏。因此，即便在他们成功学习的背景下或者在积极的社会互动和影响（例如，患者的大笑、微笑和开玩笑）下，他们在互动中使用言语游戏的次数也减少了。海马健忘症中言语游戏中断的特点，可以用两种方式来考察。第一，这项研究和其他类似的研究一样（Duff et al.，2012；Hassabis，Kumaran，& Maguire，2007），指出了海马和创造性的联系。这里观察到了社会互动中缺乏创造性的语言使用和言语游戏。第二，言语游戏的中断揭露了记忆损伤对社会和交际行为方面的影响，可能与更广泛的人际功能变化有关。克劳德（Cristal）认为，"开玩笑的语言行为是一种信号，即人际关系良好。"而相反的是，当一对夫妻或一个家庭开始被各自的言语游戏惹怒或者停止使用言语游戏的时候，这是关系破裂的一种明确信号"（1998，p.53）。虽然，言语游戏的缺乏当然不会破坏整个任务中健忘症被试所获得的显著协作学习，但是它确实指出了记忆损伤对协作活动的影响。

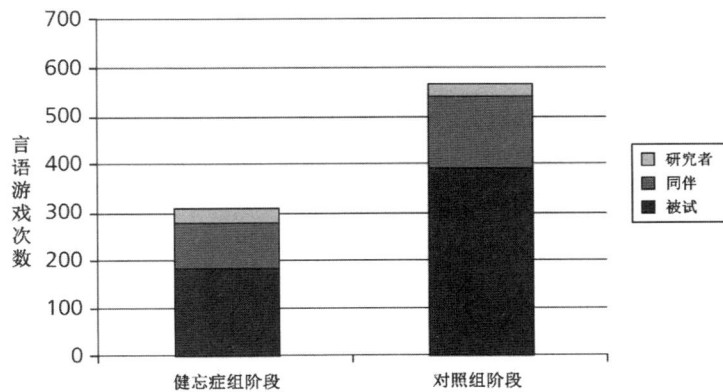

图 23-5　小组和被试的言语游戏片段的总数

经许可进行复制，Duff M C，Hengst j A，tranel D，& Cohen n j，"Hippocampal amnesia disrupts verbal play and the creative use of language in social interaction"，Aphasiology，Volume 23，issue 7-8，pp. 926-939，Copyright © 2009 routledge，doi：10.1080/02687030802533748.

（二）分布中断：记忆损伤对伙伴的影响

在考察协作学习的社会需求和记忆损害如何影响交互作用时，重要的是要注意协作的双方。正如我们发现，相对于对照组被试的同伴，健忘症被试熟悉的交流同伴在言语游戏的使用上也有所减少，我们也观察到了这些同伴与记忆受损个体互动方式的其他差异。有个例子，来自与之前所描述的我们对明确参照的研究。回顾一下，使用明确的参照是陈述性记忆的标志，相比于健康对照组，健忘症指导者最初对卡片进行描述时使用的参照更不明确（Duff et al.，2011）。即使患者表现出对标签的学习，但是记忆缺陷的本质使得他们不能进行外显的感知，或同其他人共享这些信息。我们发现，记忆缺陷患者中缺乏明确的参照。但是，如果健忘症被试知道其健忘症同伴不了解他们知道他们所共享的这些知识，那么健忘症被试如何设计话语？健忘症患者在同患者互动时是否也使用了明确的参照？

我们在后续的研究中提出了这些问题，在这些研究中，最初的四个健忘症被试，再次作为指导者来参加实验。他们通过回应同伴以完成协作参照任务。但是这一次角色翻转了，因此健忘症被试变成了匹配者，而他们熟悉的同伴变成了指导者（Duff，Hengst，Gupta，Tranel，& Cohen，2011）。这一后续的研究发生在最初研究的至少 6 个月之后，使用了一套新的七巧板。在这里，熟悉的同伴负责指导任务，我们对他们使用明确的参照产生了兴趣。我们发现，尽管拥有完整的陈述性记忆，但是总体上熟悉同伴产生的明确参照更少（与对照组指导者的比较是48％对 95％）。在所有试次中，他们在明确参照使用方面表现出的增长非常少。所有阶段均徘徊在 50％左右，而对照组被试的明确参照的使用比率在第三个试次之后就超过了 90％。

通过他们的语言，熟悉同伴表现出缺乏对知识共享的自信，也缺乏对健忘症同伴知道并记住特定的参照物的自信。这说明，一个同伴的认知缺陷是如何影响和改变其他同伴的行为的

（在这里是语言）。因此，记忆缺陷对社会互动和具体社会行为的影响不是独立的，或者是局限于记忆缺陷的个体。相反，记忆缺陷的影响分布在所有协作的同伴中。

（三）其他支持协作学习的神经结构

在我们考虑协作学习的神经和认知基础时，我们关注海马在支持陈述性记忆方面的作用。但是很明显，加工的复杂性必然涉及其他神经结构的作用。协作学习本质上是社会性的，被试必须共同努力，从而创造和回忆共享的经历和信息。实际上，协作参照任务中学习的成功在很大程度上依赖于社会互动（Hupet & Chantraine，1992；Krauss & Weinheimer，1966）。被试通过理解和使用同伴的反馈，共同开发共享的标签，以便标签随着时间的推进变得更加高效。事实上，之前的研究已经表明，没有同伴或同伴的反馈，即便是在健康被试小组中，也不会发生单词数量的减少（Hupet & Chantraine，1992；Krauss & Weinheimer，1966）。为了更好的理解其他大脑系统对协作学习的影响，我们也考察了杏仁核与腹内侧前额叶皮质的作用（vmPFC）。鉴于杏仁核与腹内侧前额叶皮质对记忆的影响，特别是对社交和情绪的内容起到支持和调节的作用，由于协作参照任务的社会性质，它们似乎有助于增强记忆。

首先，我们通过对患者 SM 进行测量，探讨了杏仁核对协作学习的影响。患者 SM 是一名双侧杏仁核损伤的个体（Gupta，Duff，& Tranel，2011）。杏仁核涉及到社会行为的多个方面，包括使用社会和情绪线索来识别社会情绪、做出决策的能力（Adolphs，Baron-Cohen，& Tranel，2002；Adolphs，Tranel，& Damasio，1998；Croft et al.，2010），也包括心理理论或理解他人的心理状态和观点的能力（Shaw et al.，2004；Stone，Baron-Cohen，Calder，Keane，& Young，2003）。因为，共同基础的发展需要使用和结合他人对共同经历的观点和知识，所以杏仁核可能是协作学习和共同基础发展的神经网络成分。

与这条推理相一致的是，对最初卡片描述中时间的减少和单词的减少进行测量之后，我们发现与健康对照组被试相比，患者 SM 的学习发生率不同。特别是，完成第一个试次时，SM 和她的同伴花费的时间要比常态下的时间多三倍，导致了时间异常减少（SM：试次 1＝34 分 56 秒，对照组：试次 1＝9 分 45 秒）。此外，随着时间的推移，她并没有表现出对标签的典型的简化，而在健康对照组被试或重度健忘症被试中都有简化。对照组对 12 张卡片的描述，单词总量从在试次 1 中的平均 177.6 个单词变成试次 24 中的 36.2 个单词。而 SM 在试次 1 中最初对 12 张卡片进行描述时使用了 100 个单词，而在试次 24 中使用了 82 个单词。在整个试次中表现出的学习微乎其微。

尽管 SM 具有完整的陈述记忆，但是她很难更新自己对卡片的表征和描述，因为她的描述往往是重复和不灵活的。此外，与对照组不同的是，SM 没有监测她的同伴是否理解，因为她不太可能在关键时刻观察她的同伴。例如，在完成卡片的初始描述之后，检查同伴是否理解并接受了描述。这与之前的研究相吻合。之前的研究表明，在所有试次中没有发生单词数量的减少，除非获得同伴的反馈；而在 SM 的研究中，被试可以利用反馈但却没有用上（Hupet &

Chantraine，1992）。可见，杏仁核对基本类型的社交过程的作用，例如，识别和理解微妙的非言语社会线索，包括复杂的社交面部表情、对某张脸中的眼睛进行直视（Adolphs，Baron-Cohen，＆ Tranel，2002；Spezio，Huang，Castelli，＆ Adolphs，2007），可能会对更加自然的社会互动，包括共同基础的发展和协作学习，产生显著的消极影响。

腹内侧前额叶皮质（vmPFC）是另一个对完整的社会和情绪加工非常关键的神经结构，包括心智理论或理解他人对某个情境的想法和信念（例如，Stuss，Gallup，＆ Alexander，2001）。我们在协作参照任务中测量了七个被试的双侧 vmPFC 的数据（Gupta，Tranel，＆ Duff，2012）。与我们的假设相反，研究发现，双侧 vmPFC 在所有对协作学习的测量中表现正常，包括完成时间的减少比率，词汇的减少比率以及对明确参照的使用。总体而言，这些双侧皮质的表现高度相似。这表明，协作学习或我们的协作学习任务版本，并不特别依赖于 vmPFC。之前的研究表明，前额叶皮层的不同区域，可能负责心智理论的不同方面。我们的研究结果与这个观点相符。我们的研究结果表明，vmPFC 可能对理解他人的情绪更加重要（情感的心智理论），而不是对某个共享情境的知识的理解（认知的心智理论；Shamay-Tsoory ＆ Aharon-Peretz，2007）。

五、 结束语

越来越多的研究表明，协作有助于记忆（例如，Harris et al.，2011）。这些发现与理解社会和群体因素的范围、及其动态的努力相一致。这些努力有助于加强这种记忆优势（例如，Meade，2013）。我们的研究，考察了协作学习的神经基础以及记忆的特定方面如何影响协作记忆。令人惊讶的是，在共同的背景下，尽管具有深层次的陈述性记忆损伤，协作学习对海马健忘症患者来说还是具有好处的。这项工作指出了促进记忆缺陷患者协作学习的因素或条件，比如自我生成。这与更加广泛的协作记忆领域内的发现相一致。未来的研究可以考察协作记忆领域中其他有趣的因素（例如，协作技能、熟悉 vs. 不熟悉的同伴、同伴关系的深厚程度）对记忆缺陷人群的协作学习的成功是否有影响。

我们发现记忆缺陷患者能够从协作学习中获益，这对于陈述性记忆损伤的临床患者而言具有重要的意义（例如，Alzheimer's disease；见 Duff，Gallegos，Cohen，＆ Tranel，2013）；研究指出了在记忆和学习障碍的康复领域协作学习的前景（Hengst et al.，2010）。但是，这些益处是在相当有限的条件下发现的，特别是学习任务对海马的功能没有提出较高的要求。理解海马损伤个体（无论是局灶性还是老年痴呆症）间协作记忆的益处和局限，对于临床干预至关重要。重复参与自我生成的、非任意的、在感知上和概念上高度不同的项目的协作，似乎对长时保存和应用到新环境中去，大有益处（Duff et al.，2006；2012；准备中；Hengst et al.，2010）。抛开这些患者在何种条件下表现出最佳的协作学习这一问题，我们可以深入了解当其中一个人的记忆受损时，交流同伴之间的互动和语言使用的本质。关于脑机制，我们看到当记忆在协作学习中的作用很关键的时候，协作环境下的学习依赖于涉及社会处理和调节社会和情感记忆的神经系统，包括杏仁核。这一系列关于协作学习的神经基础的工作，促进了我们对潜在机制的理解，也为理解不同记忆和学习障碍患者的临床和现实中的失败和成功提供了背景。

参考文献

Adolphs，R.，Baron-Cohen，S.，& Tranel，D.（2002）. Impaired recognition of social emotions following amygdala damage. *Journal of Cognitive Neuroscience*，14，1264-1274. doi：10.1162/089892902760807258

Adolphs，R.，Tranel，D.，& Damasio，A. R.（1998）. The human amygdala in social judgment. *Nature*，393，470-474. doi：10.1038/30982

Allen，J. S.，Tranel，D.，Bruss，J.，& Damasio，H.（2006）. Correlations between regional brain volumes and memory performance in anoxia. *Journal of Clinical and Experimental Neuropsychology*，28，457-476. doi：10.1080/13803390590949287

Basden，B. H.，Basden，D. R.，Bryner，S.，& Thomas III，R. L.（1997）. A comparison of group and individual remembering：Does collaboration disrupt retrieval strategies?. *Journal of Experimental Psychology：Learning，Memory，and Cognition*，23，1176-1189. doi：10.1037/0278-7393.23.5.1176

Bristol，A. S.，& Viskontas，I. V.（2006）. Review of The Creating Brain：The Neuroscience of Genius. *Psychology of Asthetics，Creativity，and the Arts*，S，51-52.

Clark，H.（1992）. *Arenas of language use*. Chicago，IL：The University of Chicago Press.

Clark，H. H.（1996）. *Using language*. Cambridge，UK：Cambridge University Press；pp.952，274-296.

Clark，H. H.，& Brennan，S. E.（1991）. Grounding in communication. *Perspectives on Socially Shared Cognition*，13，127-149. doi：10.1037/10096-006

Clark，H. H.，& Wilkes-Gibbs，D.（1986）. Referring as a collaborative process. *Cognition*，22，1-39. doi：10.1016/0010-0277(86)90010-7.

Cohen，N. J.，& Eichenbaum，H.（1993）. *Memory，amnesia，and the hippocampal system*. London，UK：The MIT Press.

Croft，K. E.，Duff，M. C.，Kovach，C. K.，Anderson，S. W.，Adolphs，R.，& Tranel，D.（2010）. Detestable or marvelous? Neuroanatomical correlates of character judgments. *Neuropsychologia*，48，1789-1801. doi：10.1016/j.neuropsychologia.2010.03.001

Crystal，D.（1998）. *Language play*. Chicago，IL：University of Chicago Press.

Damasio，A. R.（2001）. Some notes on brain，imagination and creativity. In：

K. H. Pfenniger，& V. R. Shubik（Eds.），*The origins of creativity*（pp. 59-68）. New York，NY：Oxford University Press.

Davidson，P. S.，Drouin，H.，Kwan，D.，Moscovitch，M.，& Rosenbaum，R. S.（2012）. Memory as social glue：Close interpersonal relationships in amnesic patients. *Frontiers in Psychology*，3，531. doi：10. 3389/fpsyg. 2012. 00531

Duff，M. C.，& Brown-Schmidt，S. (2012). The hippocampus and the flexible use and processing of language. *Frontiers in Human Neuroscience*，6. doi：10. 3389/fnhum. 2012. 00069

Duff，M. C.，Gallegos，D. R.，Cohen，N. J.，& Tranel，D.（2013）. Learning in Alzheimer's disease is facilitated by social interaction. *Journal of Comparative Neurology*，521，4356-4369. doi：10. 1002/cne. 23433

Duff，M. C.，Gupta，R.，Hengst，J. A.，Tranel，D.，& Cohen，N. J.（2011）. The use of definite references signals declarative memory：evidence from patients with hippocampal amnesia. *Psychological Science*，22，666-673. doi：10. 1177/0956797611404897

Duff，M. C.，Hengst，J. A.，Gupta，R.，Tranel，D.，& Cohen，N. J.（2011）. Distributed impact of cognitive-communication impairment：Disruptions in the use of definite references when speaking to individuals with amnesia. *Aphasiology*，25，675-687. doi：10. 1080/02687038. 2010. 536841

Duff，M. C.，Hengst，J. A.，Tranel，D.，& Cohen，N. J.（2006）. Development of shared information in communication despite hippocampal amnesia. *Nature Neuroscience*，9，140-146. doi：10. 1038/nn1601

Duff，M. C.，Hengst，J. A.，Tranel，D.，& Cohen，N. J.（2008）. Collaborative discourse facilitates efficient communication and new learning in amnesia. *Brain and Language*，106，41-54. doi：10. 1016/j. bandl. 2007. 10. 004

Duff，M. C.，Hengst，J. A.，Tranel，D.，& Cohen，N. J.（2009）. Hippocampal amnesia disrupts verbal play and the creative use of language in social interaction. *Aphasiology*，23，926-939. doi：10. 1080/02687030802533748

Duff，M. C.，Warren，D. E.，Gupta，R.，Vidal，J. P. B.，Tranel，D.，& Cohen，N. J.（2012）. Teasing apart tangrams：Testing hippocampal pattern separation with a collaborative referencing paradigm. *Hippocampus*，22，1087-1091. doi：10. 1002/hipo. 20967

Duff，M. C.，Wszalek，T.，Tranel，D.，& Cohen，N. J.（2008）. Successful life outcome and management of real-world memory demands despite profound anterograde amnesia. *Journal of Clinical and Experimental Neuropsychology*，30，931-945.

Eichenbaum，H.，& Cohen，N. J.（2001）. *From conditioning to conscious recollection：Memory systems of the brain*. New York，NY：Oxford University Press.

Finlay, F., Hitch, G. J., & Meudell, P. R. (2000). Mutual inhibition in collaborative recall: evidence for a retrieval-based account. *Journal of Experimental Psychology: Learning, Memory, and Cognition*, 26, 1556-1567. doi: 10.1037/0278-7393.26.6.1556

Gupta, R., Duff, M. C., Denburg, N. L., Cohen, N. J., Bechara, A., & Tranel, D. (2009). Declarative memory is critical for sustained advantageous complex decision-making. *Neuropsychologia*, 47, 1686-1693. doi: 10.1016/j. neuropsychologia. 2009.02.007

Gupta, R., Duff, M. C., & Tranel, D. (2011). Bilateral amygdala damage impairs the acquisition and use of common ground in social interaction. *Neuropsychology*, 25, 137-146. doi: 10.1037/a0021123

Gupta, R., Tranel, D., & Duff, M. C. (2012). Ventromedial prefrontal cortex damage does not impair the development and use of common ground in social interaction: Implications for cognitive theory of mind. *Neuropsychologia*, 50, 145-152. doi: 10.1016/j. neuropsychologia. 2011.11.012

Harris, C. B., Keil, P. G., Sutton, J., Barnier, A. J., & McIlwain, D. J. (2011). We remember, weforget: Collaborative remembering in older couples. *Discourse Processes*, 48, 267-303. doi: 10.1080/0163853x. 2010.541854

Hassabis, D., Kumaran, D., & Maguire, E. A. (2007). Using imagination to understand the neural basis of episodic memory. *Journal of Neuroscience*, 27, 14365-14374.

Hengst, J. A. (2003). Collaborative referencing between individuals with aphasia and routine communication partners. *Journal of Speech, Language, and Hearing Research*, 46, 831-848. doi: 10.1044/1092-4388(2003/065)

Hengst, J. A., Duff, M. C., & Dettmer, A. (2010). Rethinking repetition in therapy: Repeated engagement as the social ground of learning. *Aphasiology*, 24, 887-901. doi: 10.1080/02687030903478330

Horton, W. S., & Gerrig, R. J. (2005). The impact of memory demands on audience design during language production. *Cognition*, 96, 127-142. doi: 10.1016/j. cognition. 2004.07.001

Hupet, M., & Chantraine, Y. (1992). Changes in repeated references: Collaboration or repetition effects? *Journal of Psycholinguistic Research*, 21, 485-496. doi:10.1007/BF01067526

Keysar, B., Barr, D. J., & Horton, W. S. (1998). The egocentric basis of language use: Insights from a processing approach. *Current Directions in Psychological Science*, 7, 46-50. doi: 10.1111/1467-8721. ep13175613

Kovner, R., Mattis, S., & Goldmeier, E. (1983). A technique for promoting robust free recall in chronic organic amnesia. *Journal of Clinical and Experimental*

Neuropsychology，5，65-71. doi：10. 1080/01688638308401151

Krauss，R. M.，& Glucksberg，S.（1969）. The development of communication：Competence as a function of age. *Child Development*，40，255-266. doi：10. 2307/1127172

Krauss，R. M.，& Weinheimer，S.（1966）. Concurrent feedback，confirmation，and the encoding of referents in verbal communication. *Journal of Personality and Social Psychology*，4，343-346. doi：10. 1037/h0023705

McClelland，J. L.，McNaughton，B. L.，& O'Reilly，R. C.（1995）. Why there are complementary learning systems in the hippocampus and neocortex：Insights from the successes and failures of connectionist models of learning and memory. *Psychological Review*，102，419-457. doi：10. 1037/0033-295x. 102. 3. 419

Meade，M. J.（2013）. The importance of group process variables on collaborative memory. *Journal of Applied Research in Memory and Cognition*，2，120-121. doi：10. 1016/j. jarmac. 2013. 04. 004

Norman，K. A.，& O'Reilly，R. C.（2003）. Modeling hippocampal and neocortical contributions to recognition memory：A complementary-learning-systems approach. *Psychological Review*，110，611-646. doi：10. 1037/0033-295x. 110. 4. 611

Rajaram，S.，& Pereira-Pasarin，L. P.（2010）. Collaborative memory：Cognitive research and theory. *Perspectives on Psychological Science*，5，649-663. doi：10. 1177/1745691610388763

Roediger，H. L.，Meade，M. L.，& Bergman，E. T.（2001）. Social contagion of memory. Psychonomic Bulletin & Review，8，365-371. doi：10. 3758/bf03196174

Ross，M.，Spencer，S. J.，Blatz，C. W.，& Restorick，E.（2008）. Collaboration reduces the frequency of false memories in older and younger adults. *Psychology and Aging*，23，85-92. doi：10. 1037/0882-7974. 23. 1. 85

Rubin，R. D.，Watson，P. D.，Duff，M. C.，& Cohen，N. J.（2014）. The role of the hippocampus in flexible cognition and social behavior. *Frontiers in Human Neuroscience*，8. doi：10. 3389/fnhum. 2014. 00742

Shamay-Tsoory，S. G.，& Aharon-Peretz，J.（2007）. Dissociable prefrontal networks for cognitive and affective theory of mind：a lesion study. *Neuropsychologia*，45，3054-3067. doi：10. 1016/j. neuropsychologia. 2007. 05. 021

Shaw，P.，Lawrence，E. J.，Radbourne，C.，Bramham，J.，Polkey，C. E.，& David，A. S.（2004）. The impact of early and late damage to the human amygdala on 'theory of mind' reasoning. *Brain*，127，1535-1548. doi：10. 1093/brain/awh168

Slamecka，N. J.，& Graf，P.（1978）. The generation effect：Delineation of a phenomenon. *Journal of Experimental Psychology*: *Human learning and Memory*, 4, 592-604. doi: 10. 1037/0278-7393. 4. 6. 592

Spezio, M. L. , Huang, P. Y. S. , Castelli, F. , & Adolphs, R. (2007). Amygdala damage impairs eye contact during conversations with real people. *The Journal of Neuroscience*, 27, 3994-3997. doi: 10. 1523/jneurosci. 3789-3706. 2007

Stalnaker, R. (2002). Common ground. *Linguistics and philosophy*, 25, 701-21.

Stone, V. E. , Baron-Cohen, S. , Calder, A. J. , Keane, J. , & Young, A. (2003). Acquired theory of mind impairments in individuals with bilateral amygdala lesions. *Neuropsychologia*, 41, 209-220. doi: 10. 1016/s0028-3932(02)00151-3

Stuss, D. T. , Gallup, G. G. , Jr. , & Alexander, M. P. (2001). The frontal lobes are necessary for 'theory of mind'. *Brain*, 124, 279-286. doi: 10. 1093/brain/124. 2. 279

Sutton, J. , Harris, C. B. , Keil, P. G. , & Barnier, A. J. (2010). The psychology of memory, extended cognition, and socially distributed remembering. *Phenomenology and the Cognitive Sciences*, 9, 521-560. doi: 10. 1007/s11097-010-9182-y

Tate, R. (2002). Social and emotional consequences of amnesia. In: A. D. Baddeley, M. D. Kopelman, B. A. Wilson (Eds.), *The handbook of memory disorders*, 2nd Edition (pp. 17-56). Chichester, UK: John Wiley & Sons Ltd.

Tulving, E. , Hayman, C. A. , & Macdonald, C. A. (1991). Long-lasting perceptual priming and semantic learning in amnesia: A case experiment. *Journal of Experimental Psychology*: *Learning*, *Memory*, *and Cognition*, 17, 595. doi: 10. 1037/0278-7393. 17. 4. 595

Wilkes-Gibbs, D. , & Clark, H. H. (1992). Coordinating beliefs in conversation. *Journal of Memory and Language*, 31, 183-194. doi: 10. 1016/0749-596x(92)90010-u

Ylvisaker, M. , Hanks, R. , & Johnson-Greene, D. (2003). Rehabilitation of children and adults with cognitive-communication disorders after brain injury. *ASHA Supplement*, 23, 59-72. doi: 10. 1044/policy. tr2003-00146

Yule, G. (1997). *Referential communication tasks*. Mahwah, NJ: Erlbaum.

第24章
对与年龄及阿尔茨海默病相关的记忆衰退的协作记忆干预

海伦娜·M. 布卢门（Helena M. Blumen）

一般来说，记忆力减退是老年人和阿尔茨海默病（Alzheimer's disease，AD）患者以及阿尔茨海默病的过渡阶段的关键问题，特别是，比如，轻度认知障碍（mild cognitive impairment，MCI）（Grady & Craik，2000；Mariani，Monastero，& Mecocci，2007；Newson & Kemps，2006；Petersen，2004；Petersen et al.，2009；Petersen et al.，1999；Zacks & Hasher，2006；Zacks，Hasher，& Li，2000）。然而，关于药物或非药物治疗这些人群的记忆能力减退的有效性还没有达成共识（Aisen，2008；Diniz，2009；Moynihan，2007；Teixeira et al.，2012）。考虑到美国和世界范围内的人口老龄化和阿尔茨海默病的流行，在未来几十年都将迅速增加（Alzheimer's Assocation，2014；Hebert，2013；Prince et al.，2013；Takizawa，Thompson，van Walsem，Faure，& Maier，2015；U. S. Census Bureau，2011），开发新的、卓有成效的干预措施，以弥补这些人群的记忆能力下降，是势在必行的。本章将探讨使用协作作为一种工具来补偿与年龄和阿尔茨海默病相关的记忆减退，并强调适应现有的协作记忆模式对临床人群的重要性，以及确认与协作相关的神经系统的重要性（另见 Gordon et al. ；Henkel & Kris；Hydén & Forsblad；Muller & Mok，第8、第9、第23、第25章）。本章讨论的未来研究的许多想法和建议是布卢门、拉贾拉姆和亨克尔最初提出的。

一、 与年龄相关的记忆衰退

与年龄相关的记忆力衰退是普遍存在的，但它不是单一的。虽然像回忆和识别这样的外显记忆功能特别受衰老的影响，但是像启动这样的内隐记忆功能在衰老过程中相对不会受到影响

（Zacks & Hasher，2006）。此外，在外显记忆功能中，自由回忆更受老化的影响，而不是受记忆和认知的影响（Craik，Byrd，& Swanson，1987；Craik & McDowd，1987）。换句话说，在没有提取线索的情况下，与年龄相关的外显记忆功能的下降更为明显，这可能是因为自由回忆比线索回忆和识别更加需要策略、情境、语义或执行过程。

　　执行过程尤其受到老化的影响，主要受前额叶皮层的支配（Alvarez & Emory，2006；Badre，Poldrack，Pare-Blagoev，Insler，& Wagner，2005；Badre & Wagner，2002，2007；Blumenfeld & Ranganath，2007）。这些发现为老化的额叶假说（frontal lobe hypothesis）提供了基础（Davidson，Troyer，& Moscovitch，2006；Moscovitch，1995；Shimamura，Janowsky，& Squire，1990；West，1996）。额叶老化假说认为，记忆和其他依赖于前额叶皮层执行过程的认知功能，特别容易受老化的影响，因为前额叶皮层的结构和功能特别容易受老化的影响。这一假设得到了以下发现的支持：与其他皮层区域相比，前额皮层区更容易受到年龄相关性衰退的影响（Kalpouzos et al.，2009；N Raz，2000；N Raz et al.，1997；N Raz & Rodrigue，2006）；在外显记忆任务之前的编码阶段，老年人的前额叶皮层通常不那么活跃，执行过程的利用率通常也较低（Craik & Rose，2011；Daselaar，Veltman，Rombouts，Raaijmakers，& Jonker，2003；Morcom，Good，Frackowiak，& Rugg，2003；Stebbins et al.，2002）。然而，当要求老年人使用执行程序时，他们可以通过优化前额皮层区域的使用和/或动员较少受老化影响的其他大脑区域来弥补这种减少（Cabeza，Anderson，Locantore，& McIntosh，2002；Park & Reuter-Lorenz，2009；Stern et al.，2005）。在这一章接下来的章节中，我将讨论协作可以作为一种工具来激励执行过程，促进前额叶皮层的参与，并且能够很好地弥补与年龄相关的记忆衰退。

二、 与阿尔茨海默病相关的记忆衰退

　　阿尔茨海默病对患者及其护理人员的公共健康，影响巨大。患者数量在迅速增加（阿尔茨海默病协会，2014；Hebert，2013；U. S. Census Bureau，2011）。它是一种神经退行性疾病。患者的记忆力和其他认知和功能性逐步受到损伤（Alzheimer，1907）。通常认为阿尔茨海默病是由 β—淀粉体（Aβ）斑块［β—amyloid（Aβ）plaques］累积和神经纤维缠结在海马和其他颞叶内侧区域的累积引起的，但最终遍及大部分皮层和皮层下区域（Hardy，2006）。就像年龄相关的记忆衰退一样，在阿尔茨海默病早期，外显记忆功能比内隐记忆功能受到的影响更大。然而，在阿尔茨海默病的后期，大部分的记忆、认知和功能性能力都严重受损，包括辨认家庭成员、说话和吃饭的能力。据估计，2014 年有 520 万美国人被诊断为阿尔茨海默病，到 2050 年，这个数字将达到 1380 万（Alzheimer's Association，2014）。对阿尔茨海默病流行率的比较估计，以及阿尔茨海默病流行率的增加，预计在世界其他地区也会出现（Prince et al.，2013；Takizawa et al.，2015）。阿尔茨海默病诊断后的平均生存率是 7～10 年（Todd，Barr，Roberts，&

Passmore，2013）。换句话说，阿尔茨海默病是一种普遍的、在不断增多的、长期的、特别麻烦的疾病，不仅对阿尔茨海默病患者本身如此，对阿尔茨海默病患者的看护者而言，也是如此。他们的身心健康在照顾阿尔茨海默病患者的过程中，也有恶化（Butcher，Holkup，& Buckwalter，2001；Dunkin & Anderson-Hanley，1998；Pinquart & Sörensen，2003；Schulze & Rössler，2005）。目前阿尔茨海默病还没有药物或非药物的治疗手段或者有效的干预措施（Aisen，2008；Diniz，2009；Moynihan，2007；Teixeira et al.，2012）。因此，寻找新的、经济有效的干预措施来改善阿尔茨海默病患者的记忆，不仅对患者而且对他们的看护者来说，都是必要的。

在本章接下来的章节中，我将讨论使用协作来弥补阿尔茨海默病患者中与阿尔茨海默病相关的记忆衰退的可能性，以及弥补阿尔茨海默病的过渡阶段、其他形式的痴呆症（dementia）相关的记忆衰退的可能性，如轻度认知障碍（MCI；Petersen，2004；Petersen et al.，2009；Petersen et al.，1999）。轻度认知障碍患者的认知能力受损，但与阿尔茨海默病患者或其他形式的痴呆症患者不同，他们的功能性能力仍然完好无损。轻度认知障碍通常进一步表现为遗忘性轻度认知障碍（amnestic mild cognitive impairment，aMCI）和非遗忘性轻度认知障碍（non-amnesiac mild cognitive impairment，naMCI）（Petersen，2004；Petersen et al.，2009；Petersen et al.，1999）。遗忘性轻度认知障碍的特点是记忆缺陷但具有完整的功能性能力；而非遗忘性轻度认知障碍的特点是非记忆力（如注意力）障碍和完整的功能性能力。寻找新的有效的干预措施来改善遗忘性轻度认知障碍患者的记忆是非常必要的，因为他们的记忆障碍特殊，而且从遗忘性轻度认知障碍到完全阿尔茨海默病的转化率比非遗忘性轻度认知障碍要高。事实上，一项研究表明，在 30 个月内，遗忘性轻度认知障碍到阿尔茨海默病的转化率接近 50％（Fischer et al.，2007）。同与阿尔茨海默病相关的记忆衰退一样，海马和其他颞叶内侧区域在轻度认知障碍中尤其受到影响（Driscoll et al.，2009）

三、　一个开发协作记忆干预的案例

流行病学和实验证据（experimental evidence）都表明，协作可以作为一种工具来弥补与年龄以及阿尔茨海默病相关的记忆衰退（另见 Hydén & Forsblad；Muller & Mok，第 9、第 25 章）。一项协作记忆干预的研究也表明，协作是改善痴呆症记忆的有效康复工具（Neely，Vikström，& Josephsson，2009）。然而，为了开发针对这些人群的有效和有针对性的协作记忆干预措施，需要将现有的协作记忆任务用于临床人群和临床环境中。现有的协作记忆范式也需要进行调整，以确定与协作相关的神经系统是否受到、或者特别不受老化、遗忘性轻度认知障碍和阿尔茨海默病的影响。

四、 流行病学的证据

　　流行病学的证据表明，在社交活跃的老年人中，与年龄相关的记忆力下降速度较慢（Ertel，Glymour，& Berkman，2008；James，Wilson，Barnes，& Bennett，2011），并且参与社会活动对阿尔茨海默病和其他形式的痴呆症有保护作用（Fratiglioni，Paillard-Borg，& Winblad，2004；Hughes，Flatt，Fu，Chang，& Ganguli，2013；Verghese et al.，2003；Wang，2002）。在这些研究的其中一项研究中（James et al.，2011），老年人报告说，他们经常参与一些社会活动，包括到餐厅用餐、参加体育赛事、宾果游戏（bingo）、志愿工作以及接待亲戚和朋友的拜访。结果显示相对于那些不常参加这类活动的人，其认知能力下降的速度减少了70%。在另一项研究中（Hughes et al.，2013），与不常参加社交活动的轻度认知障碍患者相比，经常参加社交活动的轻度认知障碍患者患严重认知障碍的风险更低。

　　社会参与对与年龄和阿尔茨海默病相关的记忆衰退的保护作用是预料之中的。因为记住过去的事件是大多数社会活动的一个关键组成部分，而且记住通常是一个社会过程（Bartlett，1932；Halbwachs，1950/1980；Weldon，2001）。亲戚们深情地回忆，有时会在餐桌上争论童年的事情；体育赛事裁判员会讨论甚至辩论过去的体育赛事；而具有长期关系的朋友或同伴则会在欢乐和悲伤的共同经历中分享欢笑或泪水。经常参加社会活动可能对预防痴呆症有保护作用，因为它能够提高认知储备（例如，能够更有效地使用受阿尔茨海默病病理影响的大脑网络，或改善对较少受阿尔茨海默病病理影响的大脑网络的访问）（Stern et al.，2005）。然而，社会活动、社会参与和协作记忆之间的关系尚未在健康老化、轻度认知障碍或阿尔茨海默病中得到明确的研究结论，但它可以为涉及协作干预措施的未来发展提供指导。

五、 实验证据

　　最近基于实验的证据表明，在回忆过程中与他人合作可以改善年轻人（Blumen & Rajaram，2008，2009；Blumen & Stern，2011；Blumen，Young，& Rajaram，2014；Choi，Blumen，Congleton，& Rajaram，2014；Congleton & Rajaram，2011；Harris，Barnier，& Sutton，2011；Henkel & Rajaram，2011；Weldon & Bellinger，1997）和老年人（Blumen & Stern，2011；Henkel & Rajaram，2011）后来的记忆。在其中一项研究中（Blumen & Stern，2011），首先要求年轻人和老年人两次回忆先前学习过的信息，要么是单独的回忆（个人条件），要么是三个人一起回忆（协作条件）。然后进行了个人回忆。将个体回忆作为先前回忆的历史（协作或个体）的函数。最终个人回忆分两种情况，一种延迟时间短（5分钟），另一种延迟时间长（1周）。正如预期的那样，老年人的回忆表现总体上比年轻人差，然而，他们从先前的协作中获益的程度与年轻人相同。更具体而言，与之前单独回忆相比，之前经过协作的被试，无论年轻

人还是老年人，都回忆了更多的信息；并且这种效应在延迟一周以后还在（另见 Henkel &
Kris；Rajaram，第 4、第 8 章）。

其他一些实验证据表明，无论年轻还是年长的成年人，在协作记忆过程中，错误纠正或错
误修剪（error pruning）都有所改进（Henkel & Rajaram，2011；Ross, Spencer, Blatz, &
Restorick，2008）。然而，修剪过程本身在年轻人和老年人中可能并不相同。例如，一项研究
（Ross et al.，2008）发现，在协作过程中，如果老年人不确定，那么他们更有可能抑制错误反
应的产生；而如果年轻人不确定，则更有可能报告错误反应，然后拒绝。需要进行更多的研
究，来确定和描述年轻人和老年人在协作期间修剪错误的具体过程。但是这些初步的研究表
明，协作的优势可能不仅仅限于协作后回忆（post-collaborative recall）。

本章迄今为止回顾的实验证据表明，协作回忆可以用来弥补与年龄相关的记忆衰退，并对
涉及协作的干预措施的发展表示认同（但协作回忆并不总能改善后续的个体记忆）（Blumen &
Rajaram，2008；Finlay, Hitch, & Meudell，2000；Meade & Roediger，2009）。有时老年人
在协作后比年轻人犯更多的错误（Meade & Roediger，2009）。尽管在反复的协作回忆实验之
后，出现了强大的协作后回忆优势（Blumen & Rajaram，2008；Blumen & Stern，2011；Choi
et al.，2014），但是，一次的协作回忆尝试，通常不能改善后续的个人回忆（Blumen &
Rajaram，2008；Meade & Roediger，2009），除非发生在个人回忆试次之前（Blumen &
Rajaram，2008；Blumen et al.，2014；Henkel & Rajaram，2011；Meade & Roediger，
2009）。也有一些证据表明，协作后回忆的优势，协作后的线索回忆好于协作后的自由回忆
（Basden, Basden, & Henry，2000；Finlay et al.，2000；Meade & Roediger，2009），四人组
好于两人组（Basden et al.，2000），熟悉的夫妻好于陌生人（Meade & Roediger，2009；Ross et
al.，2008）（虽然这些观点没有必要在年轻人和老年人中直接进行测试或对比）。另有研究表明，
老年人比年轻人更有可能在协作回忆之后错误地识别信息（Meade & Roediger，2009）。这可能
是因为，该研究中所采用的"轮流回忆"程序比其他研究中采用的"自由回忆"的协作回忆情境更
能鼓励猜测（Henkel & Rajaram，2011；Ross et al.，2008）。

基于这些原因，未来的协作记忆研究和旨在考察年龄相关的记忆衰退的协作记忆干预的研
究，应该仔细考虑协作过程中使用的记忆任务、协作组的大小、协作者之间的关系以及协作过
程中所鼓励的协作类型（轮流或自由）。协作后的记忆优势（协作后的记忆优势）也需要在更有效
的环境（例如，养老院和退休社区）中得到验证或复制，使用生态学上有效的范例，例如，一项
自然的购物任务（Ross, Spencer, Linardatos, Lam, & Perunovic，2004）或共享事件的自传式
回忆（autobiographical recall）（Harris, Keil, Sutton, Barnier, & McIlwain，2011）。

目前，在遗忘性轻度认知障碍和阿尔茨海默病中还没有研究过协作后的优势，这可能意味
着，在临床人群中开展研究将面临更多挑战。大多数协作记忆研究人员都是认知心理学家（就
像我一样）。他们不一定能接触到临床人群，不一定能筛查老年人是否患有遗忘性轻度认知障
碍或阿尔茨海默病，也不一定能调整现有的协作记忆范式，以便让这些临床人群一起使用。换

句话说，跨学科的合作（尤其是认知心理学家、神经心理学家和神经学家之间的合作）对于研究遗忘性轻度认知障碍和阿尔茨海默病中协作后的记忆优势至关重要。这是因为识别遗忘性轻度认知障碍和阿尔茨海默病患者需要仔细筛选和考虑他们的认知和功能概况，这些可以通过神经心理评估和神经检查获得。跨学科协作对于调整现有的协作记忆范式在这些临床人群中的使用也至关重要。在先前讨论的、对认知健康的年轻人和老年人的协作记忆研究中（Blumen & Stern，2011），例如，要求被试与另外两个陌生人一起学习并回忆 40 个不相关的单词，考虑到遗忘性轻度认知障碍和阿尔茨海默病患者的记忆能力都受到了损害，学习和回忆一份包含 40 个不相关的单词的词单，再加上两个陌生人，这将是极具挑战性的。因此，早期对遗忘性轻度认知障碍和阿尔茨海默病的协作后的记忆优势，应该仔细考虑学习信息量、学习信息的类型（不相关的词单、分类词单或更有意义的信息，比如家庭晚餐谈话的内容）和协作者之间的关系（朋友、配偶、孩子或照顾者）。一旦在遗忘性轻度认知障碍和阿尔茨海默病中出现协作后的记忆优势的实验证据，就确定了协作记忆干预的治疗潜力。考虑到与阿尔茨海默病相关的记忆衰退及其潜在的病理生理学的渐进性本质，协作记忆干预在遗忘性轻度认知障碍和阿尔茨海默病的早期阶段可能会比在阿尔茨海默病的晚期更有效。

六、　协作记忆的干预

到目前为止，协作记忆对与年龄相关的记忆衰退的治疗潜力是未知的（最近的一篇综述见 Blumen et al.，2013a），而且只有一项研究检测了协作记忆衰退的治疗潜力。在这个研究中（Neely et al.，2009），由于阿尔茨海默病或血管性痴呆症（由血管性疾病引起的痴呆症，如中风）而患有轻度至中度痴呆症的老年人，参与了一项为期 8 周（每周 1 小时）的干预。其中包括间隔提取和分层标记（Bird & Luszcz，1993）。干预要么由实验者（个人干预）完成，要么由看护者和实验者（协作干预）完成。在人脸名称学习任务中采用间隔提取技术，在表格设置活动中采用层次提示技术。在面部名称学习任务中，提取间隔时间分别为 15 秒、30 秒、1 分钟、2 分钟、4 分钟、8 分钟、45 分钟、1 周。在表格设置活动中，研究患者在护理人员分级提示，直到患者充分理解指导为止（一般问题："我们在做什么？"一般提示："我们需要器具"，具体提示："我们还需要调羹"，具体提示："四个调羹在这个抽屉里"）。在干预前后，对协作物体回忆（随机的和分类的日常对象）和个人的单词回忆（不相关的和分类的单词）进行了评估。总的来说，无论对象是随机呈现还是集群呈现，协作物体回忆都不会随着干预的作用而改变。然而，与单独干预相比，痴呆症患者在协作干预后贡献的项目更多，而护理人员在协作干预后贡献的项目更少。这一发现表明，在协作物体回忆过程中，如果与护理者共同完成而不是单独完成间隔提取和层次提示干预，痴呆症患者会更加活跃。总的来说，类别（但不是不相关的）词的个体单独回忆随着干预的作用而改变。更具体地说，痴呆症患者在协作干预后比个人干预后回忆了更多的类别词。

　　这些初步的研究结果，来自患有复杂疾病的人群。目前还不清楚，协作干预后观察到的改善是否代表协作后回忆的优势，或者是与熟悉的护理者和陌生的专家协作的益处，或者也许仅与一个陌生的实验者协作的好处（鉴于有间隔的提取和分层提示都涉及来自另一个个体的测试或提示）。然而，这些初步发现，对于涉及协作的干预措施的未来的研发和测试来说，信息丰富、鼓舞人心。原因有三：第一，这种协作记忆干预显示了训练从面孔名称学习任务和表格设置活动，迁移到单个词汇回忆，在某种程度上迁移到类别对象回忆。这一发现值得注意，因为过去记忆干预的一个主要问题，是未能证明训练迁移。事实上，记忆训练后的记忆改善（最常见的记忆干预类型），通常是特定于先前训练过的记忆技巧或记忆任务，或密切相关的记忆任务（Rebok，Carlson，& Langbaum，2007；Verhaeghen，Marcoen，& Goossens，1992）。第二，这种协作记忆的干预，展示出了训练对个体回忆类别词但不是不相关的单词的迁移作用。这一发现告诉我们，作为主要结果测量的信息类型或记忆测试（memory tests）类型，在开发协作记忆干预措施以弥补与阿尔茨海默病相关的记忆衰退时是非常重要的。第三，这种协作记忆干预提醒我们，在设计与临床人群相关的协作干预措施时，应考虑协作性质和先前已建立的干预措施（如间隔提取和层次提示）的潜在适应性（参见 Clare，2007；Wilson，2009）。考虑到 AD 的病理生理学，如果我们知道在协作过程中工作的神经系统是什么，就可以更容易地挖掘协作回忆对 AD 相关记忆衰退的治疗潜力。

七、　确认协作的神经系统

　　确认与协作相关的神经系统，对于确定与年龄相关的和与阿尔茨海默病相关的记忆力衰退的协作回忆的治疗潜力至关重要。这是因为，正如本章前几节所讨论的，健康的和与阿尔茨海默病有关的老化都与已知的大脑结构和功能变化有关。前额叶皮层区域在健康老化过程中受到影响（Celone et al.，2006；Driscoll et al.，2009；Kalpouzos et al.，2009；Raz，2000；Raz & Rodrigue，2006；Whitwell et al.，2007），海马区域尤其容易受到与之相关的老化的影响（Hardy，2006）。因此，确定在协作期间运行的神经系统是否特别容易受到老化、aMCI、AD 的影响，以及协作是否可以用来弥补与年龄和与阿尔茨海默病相关的大脑变化，将有助于我们决定开发协作记忆的干预措施是否是改善这些人群记忆的明智之举。目前，无论在年轻人、健康的老年人、还是患有遗忘性轻度认知障碍或阿尔茨海默病的老年人，都还没有发现与协作相关的神经系统。这可能是因为功能性磁共振成像（functional Magnetic Resonance Imaging，fMRI）等常规的神经成像技术不适合协作。我们目前正在对这一方法学问题尝试找到两种解决方案。

　　一种解决方案是，使用非常规的便携式神经成像技术，来研究与实际协作相关的神经系统，此为功能性近红外光谱技术（functional Near Infrared Spectroscopy，fNIRS）（Ayaz，2006；Izzetoglu，2005）。功能性近红外光谱是一种光学神经成像设备，在实际协作中可以作为佩戴帽或头带来穿戴。与功能磁共振成像一样，功能性近红外光谱可用于追踪特定事件或认知过程，如与协作回忆相关的血液动力学反应（或血流量增加）。在过去的研究中，功能性近红外光谱已被用来追踪言语回忆的血流动力学反应（Basso Moro，Cutini，Ursini，Ferrari，& Quaresima，2013；Mishima et al.，2011）。功能性近红外光谱技术测量的血流动力学反应与传统的神经影像学技术密切相关，包括正电子发射断层扫描（Positron Emission Tomography，PET）、动脉自旋标记（Arterial Spin Labeling，ASL）和功能性磁共振成像（Huppert，Hoge，Diamond，Franceschini，& Boas，2006；Sato，2013）。然而，功能性近红外光谱的关键局限在于，它只能跟踪到颅骨表面大约两厘米以内的血液动力学反应。换句话说，功能性近红外光谱技术对于跟踪与协作回忆相关的前额叶皮层激活是有用的，但对于跟踪与协作回忆相关联的海马激活是没有用的。

另一个解决方案是，使用 fMRI 检查与感知或基于计算机协作相关的神经系统。这个解决方案，允许人们跟踪与协作回忆相关的全脑激活。但是使得协作过程本身具有人为性。尽管如此，在以前的感知协作研究中，已经有效地使用它来系统地考察协作过程中错误记忆是如何传播的（Basden，Reysen，& Basden，2002；Meade & Roediger，2002；Reysen，Talbert，Dominko，Jones，& Kelley，2011；Roediger，Meade，& Bergman，2001；Ross et al.，2008；Wright & Villalba，2012）。基于感知或以计算机为基础的协作方式具有另外的优势，即允许主试系统地增加或减少信息量，改变"他人"提供的信息类型。然而，对比与实际和感知的协作回忆相关的神经系统，对于建立基于计算机的协作方法的结构有效性至关重要。了解基于计算机的协作后的协作回忆优势的范围和局限性，也将有助于我们理解开发基于网络的协作记忆干预措施的效用。这些干预措施可以帮助那些被社会隔离或独居的老年人（Cacioppo，Hughes，Waite，Hawkley，& Thisted，2006）。

由于之前没有研究考察过协作过程中的神经系统，因此探求关于协作的神经系统的、基于大脑的、坚实的假设，是一个重大挑战。事实上，与传统的单变量或假说驱动的分析方法相比，数据驱动的多变量神经成像分析方法，更适合考察同早期协作相关的神经系统（Habeck et al.，2005；Habeck & Stern，2007；Stern et al.，2005；Worsley，Poline，Friston，& Evans，1997）。然而，我们可以假设，在回忆的过程中与他人协作，涉及到之前与社会加工有关的神经系统，或者与自我和他人的认知有关的脑区，包括内侧前额叶和后扣带区（Gutchess，Kensinger，& Schacter，2007，2010；Hull & Levy，1979；Kelley et al.，2002；Symons & Johnson，1997；Wagner，Haxby，& Heatherton，2012）。有趣的是，与外侧前额叶、海马和其他内侧颞叶区域相比，内侧前额叶和后扣带区域在健康老化、遗忘性轻度认知障碍和阿尔茨海默病中的作用相对较少。为了保持高水平的记忆表现，或减缓与阿尔茨海默病相关的记忆障碍的进程，通过鼓励执行过程的使用，可以更有效地使用前额叶皮层区域，或者改善对其他大脑区域的使用，从而与他人协作，这也是有可能的（Stern et al.，2005）。

尽管在确定与协作相关的神经系统的方法上存在挑战，在探求产生与基于大脑的、关于协作的神经系统的稳固假设相联系的方法上存在困难，但我相信，未来对实际和感知的协作神经系统的研究，分别使用功能性近红外光谱技术和功能性核磁共振成像，将有助于确认与协作相关的神经系统，并确定协作对老化、遗忘性轻度认知障碍和阿尔茨海默病的疗效。这类研究，不仅对于成功开发涉及协作的干预至关重要，而且对于回答有关协作后回忆的优势也至关重要，对回答神经补偿以及协作和个体回忆之间的差异等更为基本的问题也至关重要。

八、结束语

在这一章中，我认为重要的是评估和修改现有的协作记忆任务，以确定与年龄相关的和与阿尔茨海默病相关的协作回忆的治疗潜力。我已经讨论了与健康的和与阿尔茨海默病相关的老化有关的结构和功能的变化，并回顾了具有一致性的证据。研究表明协作回忆可能是一种社会活动，可以作为补偿与年龄相关和与阿尔茨海默病相关的记忆衰退的工具。我还认为，确定与协作相关的神经系统是至关重要的，以便确定开发干预措施的应用价值。这些干预涉及这些人群的协作。即使关于协作何时、以及如何改善遗忘性轻度认知障碍和阿尔茨海默病的记忆老化等许多问题，仍然悬而未决，但老年人口的快速增长和阿尔茨海默病的涌现，会在未来的几十年里到来。建议现在就开发协作记忆的干预措施，并确定与协作相关的神经系统。流行病学和实验证据表明，协作记忆干预可以有效地治疗年龄相关和阿尔茨海默病相关的记忆力下降。如果有效，那么协作记忆干预措施有可能成为一种低成本、非侵入性和低风险的替代药物，来替代老化、遗忘性轻度认知障碍和阿尔茨海默病的药物治疗。

致　谢

海伦·M. 布卢门获得了艾伯特·爱因斯坦·杰克和珀尔·雷斯尼克老年医学中心（the Albert Einstein Jack and Pearl Resnick Gerontology Center）的支持，并获得了临床/转化职业发展奖（a mentored clinical/translational career development award），NIH：5KL2TR001071-03 和 1K01AG049829-01A1。

参考文献

Aisen，P. S.（2008）. Treatment for MCI：is the evidence sufficient? *Neurology*，70，2020-1. doi：10. 1212/01. wnl. 0000313380. 89894. 54

Alvarez，J. A.，& Emory，E.（2006）. Executive function and the frontal lobes：a meta-analytic review. *Neuropsychology Review*，16，17-42. doi：10. 1007/s11065-006-9002-x

Alzheimer's Association（2014）. 2014 Alzheimer's disease facts and figures. *Alzheimer's &*

Dementia, 10, e47-e92. doi: 10. 1016/j. jalz. 2014. 02. 001

Alzheimer, A. (1907). Uber eine eigenartige Erkrankung der Hirnrinde. *Allgemeine Zeitschrife Psychiatrie*, 64, 146-148.

Ayaz, H. (2006). Registering fNIR data to brain surface image using MRI templates. 2006 *International Conference of the IEEE Engineering in Medicine and Biology Society*, 2671-2674. doi: 10. 1109/iembs. 2006. 260835

Badre, D. , Poldrack, R. A. , Pare-Blagoev, E. J. , Insler, R. Z. , & Wagner, A. D. (2005). Dissociable controlled retrieval and generalized selection mechanisms in ventrolateral prefrontal cortex. *Neuron*, 47, 907-918. doi: 10. 1016/j. neuron. 2005. 07. 023

Badre, D. , & Wagner, A. D. (2002). Semantic retrieval, mnemonic control, and prefrontal cortex. *Behavioral and Cognitive Neuroscience Reviews*, 1, 206-218. doi: 10. 1177/1534582302001003002

Badre, D. , & Wagner, A. D. (2007). Left ventrolateral prefrontal cortex and the cognitive control of memory. *Neuropsychologia*, 45, 2883-2901. doi: 10. 1016/j. neuropsychologia. 2007. 06. 015

Bartlett, F. C. (1932). *Remembering London*. Cambridge, UK: Cambridge University Press.

Basden, B. H. , Basden, D. R. , & Henry, S. (2000). Costs and benefits of collaborative remembering. *Applied Cognitive Psychology*, 14, 497-507. doi: 10. 1002/1099-0720(200011/12)14: 6<497: aid-acp665>3. 0. co; 2-4

Basden, B. H. , Reysen, M. B. , & Basden, D. R. (2002). Transmitting false memories in social groups. *American Journal of Psychology*, 115, 211-231. doi: 10. 2307/1423436

Basso Moro, S. , Cutini, S. , Ursini, M. L. , Ferrari, M. , & Quaresima, V. (2013). Prefrontal cortex activation during story encoding/retrieval: A multi-channel functional near-infrared spectroscopy study. *Frontiers in Human Neuroscience*, 7. doi: 10. 3389/fnhum. 2013. 00925

Bird, M. , & Luszcz, M. (1993). Enhancing memory performance in Alzheimer's disease: Acquisition assistance and cue effectiveness. *Journal of Clinical and Experimental Neuropsychology*, 15, 921-32. doi: 10. 1080/01688639308402608

Blumen, H. M. , & Rajaram, S. (2008). Influence of re-exposure and retrieval disruption during group collaboration on later individual recall. *Memory*, 16, 231-244. doi: 10. 1080/09658210701804495

Blumen, H. M. , & Rajaram, S. (2009). Effects of repeated collaborative retrieval on individual memory vary as a function of recall versus recognition tasks. *Memory*, 17, 840-

846. doi：10. 1080/09658210903266931

　　Blumen，H. M.，Rajaram，S.，& Henkel，L.（2013a）. The applied value of collaborative memory research in aging：Behavioral and neural considerations. *Journal of Applied Research in Memory and Cognition*，2，107-117. doi：10. 1016/j. jarmac. 2013. 03. 003

　　Blumen，H. M.，Rajaram，S.，& Henkel，L.（2013b）. The applied value of collaborative memory research in aging：Considerations for broadening the scope. *Journal of Applied Research in Memory and Cognition*，2，133-135. doi：10. 1016/j. jarmac. 2013. 05. 004

　　Blumen，H. M.，& Stern，Y.（2011）. Short-term and long-term collaboration benefits on individual recall in younger and older adults. *Memory & Cognition*，39，147-154. doi：10. 3758/s13421-010-0023-6

　　Blumen，H. M.，Young，K. E.，& Rajaram，S.（2014）. Optimizing group collaboration to improve later retention. *Journal of Applied Research in Memory and Cognition*，3，244-251. doi：10. 1016/j. jarmac. 2014. 05. 002

　　Blumenfeld，R. S.，& Ranganath，C.（2007）. Prefrontal cortex and long-term memory encoding：an integrative review of findings from neuropsychology and neuroimaging. *The Neuroscientist*，13，280-291. doi：10. 1177/1073858407299290

　　Butcher，H. K.，Holkup，P. A.，& Buckwalter，K. C.（2001）. The experience of caring for a family member with Alzheimer's disease. *Western Journal of Nursing Research*，23，33-55. doi：10. 1177/01939450122044943

　　Cabeza，R.，Anderson，N. D.，Locantore，J. K.，& McIntosh，A. R.（2002）. Aging gracefully：compensatory brain activity in high-performing older adults. *Neuroimage*，17，1394-1402. doi：10. 1006/nimg. 2002. 1280

　　Cacioppo，J. T.，Hughes，M. E.，Waite，L. J.，Hawkley，L. C.，& Thisted，R. A. （2006）. Loneliness as a specific risk factor for depressive symptoms：Cross-sectional and longitudinal analyses. *Psychology and Aging*，21，140-151. doi：10. 1037/0882-7974. 21. 1. 140

　　Celone，K. A.，Calhoun，V. D.，Dickerson，B. C.，Atri，A.，Chua，E. F.，Miller，S. L.，…Sperling，R. A.（2006）. Alterations in memory networks in mild cognitive impairment and Alzheimer's disease：An independent component analysis. *The Journal of Neuroscience*，26，10222-31. doi：10. 1523/jneurosci. 2250-2206. 2006

　　Choi，H. -Y.，Blumen，H. M.，Congleton，A. R.，& Rajaram，S.（2014）. The role of group configuration in the social transmission of memory：Evidence from identical and reconfigured groups. *Journal of Cognitive Psychology*，26，65-80. doi：10. 1080/20445911. 2013. 862536

　　Clare，L.（2007）. *Neuropsychological rehabilitation and people with dementia.*

Abingdon, UK: Psychology Press.

Congleton, A. R., & Rajaram, S. (2011). The influence of learning methods on collaboration: Prior repeated retrieval enhances retrieval organization, abolishes collaborative inhibition, and promotes post-collaborative memory. *Journal of Experimental Psychology: General*, 140, 535-551. doi: 10.1037/a0024308

Craik, F. I. M., Byrd, M., & Swanson, J. M. (1987). Patterns of memory loss in three elderly samples. *Psychology and Aging*, 2, 79-86. doi: 10.1037//0882-7974.2.1.79

Craik, F. I. M., & McDowd, J. M. (1987). Age-differences in recall and recognition. *Journal of Experimental Psychology-Learning Memory and Cognition*, 13, 474-479. doi: 10.1037//0278-7393.13.3.474

Craik, F. I. M., & Rose, N. S. (2011). Memory encoding and aging: A neurocognitive perspective. *Neuroscience & Biobehavioral Reviews*, 36, 1729-1739. doi: 10.1016/j.neubiorev.2011.11.007

Daselaar, S. M., Veltman, D. J., Rombouts, S. A., Raaijmakers, J. G., & Jonker, C. (2003). Neuroanatomical correlates of episodic encoding and retrieval in young and elderly subjects. *Brain*, 126, 43-56. doi: 10.1093/brain/awg005

Davidson, P. S., Troyer, A. K., & Moscovitch, M. (2006). Frontal lobe contributions to recognition and recall: linking basic research with clinical evaluation and remediation. *Journal of the International Neuropsychological Society*, 12, 210-223. doi: 10.1017/S1355617706060334

Diniz, B. S. (2009). To treat or not to treat? A meta-analysis of the use of cholinesterase inhibitors in mild cognitive impairment for delaying progression to Alzheimer's disease. *European Archives of Psychiatry and Clinical Neuroscience*, 259, 248-256. doi: 10.1007/s00406-008-0864-1

Driscoll, I., Davatzikos, C., An, Y., Wu, X., Shen, D., Kraut, M., & Resnick, S. M. (2009). Longitudinal pattern of regional brain volume change differentiates normal aging from MCI. *Neurology*, 72, 1906-1913. doi: 10.1212/WNL.0b013e3181a82634

Dunkin, J. J., & Anderson-Hanley, C. (1998). Dementia caregiver burden: A review of the literature and guidelines for assessment and intervention. *Neurology*, 51, S53-S60. doi: 10.1212/wnl.51.1 suppl 1.s53

Ertel, K. A., Glymour, M. M., & Berkman, L. F. (2008). Effects of social integration on preserving memory function in a nationally representative US elderly population. *American Journal of Public Health*, 98, 1215-1220. doi: 10.2105/AJPH.2007.113654

Finlay, F., Hitch, G. J., & Meudell, P. R. (2000). Mutual inhibition in collaborative recall：Evidence for a retrieval-based account. *Journal of Experimental Psychology：Learning，Memory，and Cognition*，26，1556-1567. doi：10. 1037//0278-7393. 26. 6. 1556

Fischer，P.，Jungwirth，S.，Zehetmayer，S.，Weissgram，S.，Hoenigschnabl，S.，Gelpi，E.，…Tragl，K. H. (2007). Conversion from subtypes of mild cognitive impairment to Alzheimer dementia. *Neurology*，68，288-291. doi：10. 1212/01. wnl. 0000252358. 03285. 9d

Fratiglioni，L.，Paillard-Borg，S.，& Winblad，B.（2004）. An active and socially integrated lifestyle in late life might protect against dementia. *The Lancet Neurology*，3，343-353. doi：10. 1016/S1474-4422(04)00767-7

Grady，C. L.，& Craik，F. I. M.（2000）. Changes in memory processing with age. *Current Opinion in Neurobiology*，10，224-231. doi：10. 1016/S0959-4388(00)00073-8

Gutchess，A. H.，Kensinger，E. A.，& Schacter，D. L.（2007）. Aging，self-referencing，and medial prefrontal cortex. *Social Neuroscience*，2，117-133. doi：10. 1080/17470910701399029

Gutchess，A. H.，Kensinger，E. A.，& Schacter，D. L.（2010）. Functional neuroimaging of self-referential encoding with age. *Neuropsychologia*，48，211-219. doi：10. 1016/j. neuropsychologia. 2009. 09. 006

Habeck，C.，Rakitin，B. C.，Moeller，J.，Scarmeas，N.，Zarahn，E.，Brown，T.，& Stern，Y. (2005). An event-related fMRI study of the neural networks underlying the encoding，maintenance，and retrieval phase in a delayed-match-to-sample task. *Cognitive Brain Research*，23，207-220. doi：10. 1016/j. cogbrainres. 2004. 10. 010

Habeck，C.，& Stern，Y. (2007). Neural network approaches and their reproducibility in the study of verbal working memory and Alzheimer's disease. *Clinical Neuroscience Research*，6，381-390. doi：10. 1016/j. cnr. 2007. 05. 004

Halbwachs，M. (1950/1980). *The collective memory*（E. M. Douglas，Ed. ）. New York，NY：Harper & Row.

Hardy，J. (2006). Alzheimer's disease：The amyloid cascade hypothesis：An update and reappraisal. *Journal of Alzheimer's Disease*，9，151-154.

Harris，C. B.，Barnier，A. J.，& Sutton，J. (2011). Consensus collaboration enhances group and individual recall accuracy. *The Quarterly Journal of Experimental Psychology*，65，179-194. doi：10. 1080/17470218. 2011. 608590

Harris，C. B.，Keil，P. G.，Sutton，J.，Barnier，A. J.，& McIlwain，D. J. F. (2011). We remember，we forget：Collaborative remembering in older couples. *Discourse Processes*，48，267-303. doi：10. 1080/0163853X. 2010. 541854

Hebert，L. E. (2013). Alzheimer's disease in the United States(2010-2050)estimated using the 2010 census. *Neurology*，80，1778-1783. doi：10. 1212/WNL. 0b013e31828726f5

Henkel，L. A. ，& Rajaram，S. (2011). Collaborative remembering in older adults：Age-invariant outcomes in the context of episodic recall deficits. *Psychology and Aging*，26，532-545. doi：10. 1037/a0023106

Hughes，T. F. ，Flatt，J. D. ，Fu，B. ，Chang，C. -C. H. ，& Ganguli，M. (2013). Engagement in social activities and progression from mild to severe cognitive impairment：The MYHAT study. *International Psychogeriatrics*，25，587-595. doi：10. 1017/s1041610212002086

Hull，J. G. ，& Levy，A. S. (1979). The organizational functions of the self：An alternative to the Duval and Wicklund Model of self-awareness. *Journal of Personality and Social Psychology*，37，756-768. doi：10. 1037/0022-3514. 37. 5. 756

Huppert，T. J. ，Hoge，R. D. ，Diamond，S. G. ，Franceschini，M. A. ，& Boas，D. A. (2006). A temporal comparison of BOLD，ASL，and NIRS hemodynamic responses to motor stimuli in adult humans. *Neuroimage*，29，368-382. doi：10. 1016/j. neuroimage. 2005. 08. 065

Izzetoglu，M. (2005). Functional near-infrared neuroimaging. *IEEE Transactions on Neural Systems and Rehabilitation Engineering*，13，153-159. doi：10. 1109/tnsre. 2005. 847377

James，B. D. ，Wilson，R. S. ，Barnes，L. L. ，& Bennett，D. A. (2011). Late-life social activity and cognitive decline in old age. *Journal of the International Neuropsychological Society*，17，998-1005. doi：10. 1017/S1355617711000531

Kalpouzos，G. ，Chételat，G. ，Baron，J. -C. ，Landeau，B. ，Mevel，K. ，Godeau，C. ，…Desgranges，B. (2009). Voxel-based mapping of brain gray matter volume and glucose metabolism profiles in normal aging. *Neurobiology of Aging*，30，112-124. doi：10. 1016/j. neurobiolaging. 2007. 05. 019

Kelley，W. M. ，Macrae，C. N. ，Wyland，C. L. ，Caglar，S. ，Inati，S. ，& Heatherton，T. F. (2002). Finding the self? An event-related fMRI study. *Journal of Cognitive Neuroscience*，14，785-794. doi：10. 1162/08989290260138672

Landauer，T. K. ，& Bjork，R. A. (1978). Optimum rehearsal patterns and name learning. *Practical Aspects of Memory*，1，625-632.

Mariani，E. ，Monastero，R. ，& Mecocci，P. (2007). Mild cognitive impairment：A systematic review. *Journal of Alzheimer's Disease*，12，23-35.

Meade，M. L. ，& Roediger，H. L. (2002). Explorations in the social contagion of memory. *Memory & Cognition*，30，995-1009. doi：10. 3758/bf03194318

Meade，M. L. ，& Roediger，H. L. (2009). Age differences in collaborative memory：The role of retrieval manipulations. *Memory & Cognition*，37，962-975. doi：10. 3758/

MC. 37. 7. 962

Mishima，K. ，Matsuyama，K. ，Kato，T. ，Suetsugu，T. ，Aramaki，S. ，Tanaka，H. ，… Fujiwara，M. （2011）. Measurement of cerebral blood oxygenation during a verbal memory task by means of fNIRS. *TENCON 2011-2011 IEEE Region 10 Conference*. doi：10. 1109/tencon. 2011. 6129305

Morcom，A. M. ，Good，C. D. ，Frackowiak，R. S. ，& Rugg，M. D. （2003）. Age effects on the neural correlates of successful memory encoding. *Brain*，126，213-229. doi：10. 1093/brain/awg020

Moscovitch，M. （1995）. Frontal lobes，memory，and aging. *Annals of the New York Academy of Sciences*，769，119-150. doi：10. 1111/j. 1749-6632. 1995. tb38135. x

Moynihan，R. （2007）. Cholinesterase inhibitors in mild cognitive impairment：A systematic review of randomised trials. *PLoS Med*，3，886. doi：10. 1371/journal. pmed. 0040338

Neely，A. S. ，Vikström，S. ，& Josephsson，S. （2009）. Collaborative memory intervention in dementia：Caregiver participation matters. *Neuropsychological Rehabilitation*，19，696-715. doi：10. 1080/09602010902719105

Newson，R. S. ，& Kemps，E. B. （2006）. The nature of subjective cognitive complaints of older adults. *The International Journal of Aging and Human Development*，63，139-151. doi：10. 2190/1eap-fe20-pdwy-m6p1

Park，D. C. ，& Reuter-Lorenz，P. （2009）. The adaptive brain：Aging and neurocognitive scaffolding. *Annual Review of Psychology*，60，173-196. doi：10. 1146/annurev. psych. 59. 103006. 093656

Petersen，R. C. （2004）. Mild cognitive impairment as a diagnostic entity. *Journal of Internal Medicine*，256，183-194. doi：10. 1111/j. 1365-2796. 2004. 01388. x

Petersen，R. C. ，Roberts，R. O. ，Knopman，D. S. ，Boeve，B. F. ，Geda，Y. E. ，Ivnik，R. J. ，… Jack，C. R. ，Jr. （2009）. Mild cognitive impairment：ten years later. *Archives of Neurology*，66，1447-1455. doi：10. 1001/archneurol. 2009. 266

Petersen，R. C. ，Smith，G. E. ，Waring，S. C. ，Ivnik，R. J. ，Tangalos，E. G. ，& Kokmen，E. （1999）. Mild cognitive impairment：Clinical characterization and outcome. *Archives of Neurology*，56，303-308. doi：10. 1001/archneur. 56. 3. 303

Pinquart，M. ，& Sörensen，S. （2003）. Differences between caregivers and noncaregivers in psychological health and physical health：A meta-analysis. *Psychology and Aging*，18，250-267. doi：10. 1037/0882-7974. 18. 2. 250

Prince，M. ，Bryce，R. ，Albanese，E. ，Wimo，A. ，Ribeiro，W. ，& Ferri，C. P.

（2013）. The global prevalence of dementia: A systematic review and metaanalysis. *Alzheimer's & Dementia*, 9, 63-75. doi: 10. 1016/j. jalz. 2012. 11. 007

Raz, N. (2000). Aging of the brain and its impact on cognitive performance: Integration of structural and functional findings. In: F. I. M. C. T. A. Salthouse (Ed.), *The handbook of aging and cognition* (2nd Ed.)(pp. 1-90). Mahwah, NJ: Erlbaum.

Raz, N. , Gunning, F. M. , Head, D. , Dupuis, J. H. , McQuain, J. , Briggs, S. D. , … Acker, J. D. (1997). Selective aging of the human cerebral cortex observed in vivo: differential vulnerability of the prefrontal gray matter. *Cerebral Cortex*, 7, 268-282. doi: 10. 1093/cercor/7. 3. 268

Raz, N. , & Rodrigue, K. M. (2006). Differential aging of the brain: Patterns, cognitive correlates and modifiers. *Neuroscience & Biobehavioral Reviews*, 30, 730-748. doi: 10. 1016/j. neubiorev. 2006. 07. 001

Rebok, G. W. , Carlson, M. C. , & Langbaum, J. B. (2007). Training and maintaining memory abilities in healthy older adults: Traditional and novel approaches. *The Journals of Gerontology Series B: Psychological Sciences and Social Sciences*, 62, 53-61. doi: 10. 1093/geronb/62. special _ issue _ 1. 53

Reysen, M. B. , Talbert, N. G. , Dominko, M. , Jones, A. N. , & Kelley, M. R. (2011). The effects of collaboration on recall of social information. *British Journal of Psychology*, 102, 646-661. doi: 10. 1111/j. 2044-8295. 2011. 02035. x

Roediger, H. L. , Meade, M. L. , & Bergman, E. T. (2001). Social contagion of memory. *Psychonomic Bulletin & Review*, 8, 365-371. doi: 10. 3758/bf03196174

Ross, M. , Spencer, S. J. , Blatz, C. W. , & Restorick, E. (2008). Collaboration reduces the frequency of false memories in older and younger adults. *Psychology and Aging*, 23, 85-92. doi: 10. 1037/0882-7974. 23. 1. 85

Ross, M. , Spencer, S. J. , Linardatos, L. , Lam, K. C. H. , & Perunovic, M. (2004). Going shopping and identifying landmarks: Does collaboration improve older people's memory? *Applied Cognitive Psychology*, 18, 683-696. doi: 10. 1002/acp. 1023

Sato, H. (2013). A NIRS-fMRI investigation of prefrontal cortex activity during a working memory task. *NeuroImage*, 83, 158-173. doi: 10. 1016/j. neuroimage. 2013. 06. 043

Schulze, B. , & Rössler, W. (2005). Caregiver burden in mental illness: review of measurement, findings and interventions in 2004-2005. *Current Opinion in Psychiatry*, 18, 684-691. doi: 10. 1097/01. yco. 0000179504. 87613. 00

Shimamura, A. P. , Janowsky, J. S. , & Squire, L. R. (1990). Memory for the temporal order of events in patients with frontal lobe lesions and amnesic patients. *Neuropsychologia*,

28，803-813. doi：10. 1016/0028-3932(90)90004-8

Stebbins，G. T.，Carrillo，M. C.，Dorfman，J.，Dirksen，C.，Desmond，J. E.，Turner，D. A.，…Gabrieli，J. D.（2002）. Aging effects on memory encoding in the frontal lobes. *Psychology and Aging*，17，44-55. doi：10. 1037/0882-7974. 17. 1. 44

Stern，Y.，Habeck，C.，Moeller，J.，Scarmeas，N.，Anderson，K. E.，Hilton，H. J.，…van Heertum，R.（2005）. Brain networks associated with cognitive reserve in healthy young and old adults. *Cerebral Cortex*，15，394-402. doi：10. 1093/cercor/bhh142

Symons，C. S.，& Johnson，B. T.（1997）. The self-reference effect in memory：A meta-analysis. *Psychological Bulletin*，121，371-394. doi：10. 1037//0033-2909. 121. 3. 371

Takizawa，C.，Thompson，P. L.，van Walsem，A.，Faure，C.，& Maier，W. C.（2015）. Epidemiological and economic burden of Alzheimer's disease：A systematic literature review of data across Europe and the United States of America. *Journal of Alzheimer's Disease*，43，1271-1284. doi：10. 3233/JAD-141134.

Teixeira，C. V. L.，Gobbi，L. T. B.，Corazza，D. I.，Stella，F.，Costa，J. L. R.，& Gobbi，S.（2012）. Non-pharmacological interventions on cognitive functions in older people with mild cognitive impairment（MCI）. *Archives of Gerontology and Geriatrics*，54，175-180. doi：10. 1016/j. archger. 2011. 02. 014

Todd，S.，Barr，S.，Roberts，M.，& Passmore，A. P.（2013）. Survival in dementia and predictors of mortality：A review. *International Journal of Geriatric Psychiatry*，28，1109-1124. doi：10. 1002/gps. 3946

U. S. Census Bureau.（2011）. *The Older Population*：2010. Retrieved from https://www. census. gov/prod/cen2010/briefs/c2010br-09. pdf [Online].

Verghese，J.，Lipton，R. B.，Katz，M. J.，Hall，C. B.，Derby，C. A.，Kuslansky，G.，…Buschke，H.（2003）. Leisure activities and the risk of dementia in the elderly. *New England Journal of Medicine*，348，2508-2516. doi：10. 1056/NEJMoa022252

Verhaeghen，P.，Marcoen，A.，& Goossens，L.（1992）. Improving memory performance in the aged through mnemonic training：A meta-analytic study. *Psychology and Aging*，7，242-251. doi：10. 1037//0882-7974. 7. 2. 242

Wagner，D. D.，Haxby，J. V.，& Heatherton，T. F.（2012）. The representation of self and person knowledge in the medial prefrontal cortex. *Wiley Interdisciplinary Reviews*：*Cognitive Science*，3，451-470. doi：10. 1002/wcs. 1183

Wang，H. -X.（2002）. Late-life engagement in social and leisure activities is associated with a decreased risk of dementia：a longitudinal study from the Kungsholmen project. *American Journal of Epidemiology*，155，1081-1087. doi：10. 1093/aje/155. 12. 1081

Weldon，M. S. (2001). Remembering as a social process. In: D. Medin，L. (Ed.)，*The psychology of learning and motivation: Advances in research and theory Vol.* 40 (pp. 67-120). San Diego，CA: Academic Press.

Weldon，M. S.，& Bellinger，K. D. (1997). Collective memory: Collaborative and individual processes in remembering. *Journal of Experimental Psychology: Learning，Memory，and Cognition*，23，1160-1175. doi: 10. 1037//0278-7393. 23. 5. 1160

West，R. L. (1996). An application of prefrontal cortex function theory to cognitive aging. *Psychological Bulletin*，120，272-292. doi: 10. 1037//0033-2909. 120. 2. 272

Whitwell，J. L.，Przybelski，S. A.，Weigand，S. D.，Knopman，D. S.，Boeve，B. F.，Petersen，R. C.，& Jack，C. R. (2007). 3D maps from multiple MRI illustrate changing atrophy patterns as subjects progress from mild cognitive impairment to Alzheimer's disease. *Brain*，130，1777-1786. doi: 10. 1093/brain/awm112

Wilson，B. A. (2009). Memory rehabilitation integrating theory and practice. *Brain Injury*，23，1099-1100. doi: 10. 3109/02699050903409862

Worsley，K. J.，Poline，J. B.，Friston，K. J.，& Evans，A. C. (1997). Characterizing the response of PET and fMRI data using multivariate linear models. *Neuroimage*，6，305-319. doi: 10. 1006/nimg. 1997. 0294

Wright，D. B.，& Villalba，D. K. (2012). Memory conformity affects inaccurate memories more than accurate memories. *Memory*，20，254-265. doi:10. 1080/09658211. 2012. 654798

Zacks，R. T.，& Hasher，L. (2006). Aging and long-term memory: Deficits are not inevitable. In: E. Bialystok & F. I. M. Craik (Eds.)，*Lifespan cognition: Mechanisms of change* (pp. 162-177)). New York，NY: Oxford University Press.

Zacks，R. T.，Hasher，L.，& Li，K. Z. H. (2000). Human memory. In: F. I. M. C. T. A. Salthouse(Ed.)，*The handbook of aging and cognition* (2nd Ed.) (pp. 293-357). Mahwah，NJ: Erlbaum.

第 25 章
痴呆症患者的协作记忆： 对共同活动的关注

拉尔斯·克里斯特·许登(Lars-Christer Hydén)，马蒂亚斯·福斯布拉德(Mattias Forsblad)

关于痴呆症个体的大量传统研究，主要关注个体认知能力的丧失，特别是记忆能力。这种研究通常基于这样一种观点：认知能力在大脑中是"固定的"，神经退行性过程(neurodegenerative process)破坏了大脑中的这些结构(Miller & Boeve，2009；Morris & Becker，2004)。很少有研究涉及痴呆症患者如何应对这些损失，尽管少许研究也涉及痴呆症患者和其他人如何应对这些损失带来的潜在问题。在研究中也没有注意到，痴呆症患者实际上是和其他人一起做事情的，也许是家人，也许是专业人员，或者是寄宿照料中心的其他痴呆患者。

大多数痴呆症患者在得到家庭诊断后，首先会花很长时间在家里，然后再进行一些住院治疗。在这两种情况下，痴呆症患者会与他人发生互动；他们一起做一些事情，如交谈、准备食物或娱乐活动。他们也可能会参加一些针对提高记忆力的训练或康复活动。在这种情况下，痴呆症患者不仅需要使用他们的认知能力和语言能力，而且还需要特别利用这些能力与他人协调，以便共同活动。因此，研究痴呆症患者之间的协作是很重要的，因为他们与他人共同参与许多日常活动，或者需要他人的支持来完成日常琐事(Blumen；Henkel & Kris；Muller & Mok，第 8、第 9、第 24 章)。由于痴呆症患者可获得的认知和语言资源较少，因此有必要组织协作，以便通过与他人协作来弥补痴呆症所造成的功能损失。最后，痴呆症患者在痴呆症发作前的一些活动可能会转变成协作活动，因为痴呆症患者需要别人的支持。

从关注痴呆症个体的角度，转向关注与其他参与者共同参与的活动，将有助于描述和理解认知能力和语言能力衰退是如何得到共同应对的。例如，自传体记忆。这将意味着对被试组织协作的方式进行调查和描述，以便处理可能或实际上在交互中出现的潜在问题。下面介绍了共同活动与协作的理论框架。然后，通过引入"脚手架"的概念，在涉及痴呆症患者的共同活动和协作方面扩大了这个框架；讨论了协作记忆中的三种不同层次的命名；讨论了协作记忆中三个不同层次的脚手架；最后讨论了一些简要的意义。

一、共同活动和协作

对痴呆症患者的传统研究，大多集中在患者的行为和表现上。越来越多的人意识到，与这种认知方式相关的个人主义理论假设，通常限制了人们对所谓的"自然情境中的认知"(cognition in the wild)的理解，即日常生活中的认知(Hutchins，1995)。研究共同活动(joint activities)中的互动和协作，也越来越被认为是理解痴呆症患者如何在日常生活中使用他们剩余的认知和语言资源的更好方法。这表明，需要一个理论框架来描述和理解涉及痴呆症患者的共同活动和协作。这一理论指导的步骤已经被许多研究痴呆症的研究者所采用(Hamilton，1994；Kitwood，1997；Ramanathan，1997；Sabat，2001)。这种方法也将与心理学中部分交叉的传统研究联合起来。这些传统将人们一起做事作为研究的范例。从俄罗斯心理学家利维·维果茨基开始，社会文化活动传统的研究人员一直认为，人与人之间的互动是儿童(和成人)认知、语言和社会发展的基础(Bruner，1985；Lave & Wenger，1991；Rogoff，1998)，尤其是自传体记忆(autobiographical memory)的发展(Nelson & Fivush，2004；另见 Fivush et al.，Haden et al.；Reese；Salmon；Wang，第2、第3、第17、第18、第19章)。此外，对有关交互和语言使用的微型组织进行研究的理论焦点，一直是人与人之间、人与人工产品之间的交互(Clark，1996；Goodwin，1981)。其他研究者指出，许多认知任务以及日常杂务的表现，以几个人之间的协作以及他们在协作过程中共享的认知资源为先决条件(Barnier，Sutton，Harris & Wilson，2008；Clark，1996；Harris，Keil，Sutton，Barnier & McIlwain，2011；Hutchins，1995；Michaelian & Sutton，2013；Sawyer，2003)。

对人类("自然条件下的")活动感兴趣的研究者(Hutchins，1995)提出，认知过程是分布式的。霍兰等人(Hollan et al.，2000)提出，认知过程可以被视为分布在社会群体成员之间，以及内部和外部物质结构之间(例如，人工产品)(Hollan et al.，2000，p.176)。许多研究都专门解决了分布式记忆的问题(Clark & Chalmers，1998；Michaelian & Sutton，2013；Sutton，2006；Sutton，Harris，Keil & Barnier，2010；Wegner，1986；另见 Michaelian & Arango-Munñozn，van den Hoven et al.；Wilson，第13、第14、第22章)。最后，一些研究者展示了认知和交际障碍患者，如何通过与他人协作来沟通和解决问题，如何利用其他参与者的认知和语言资源来弥补认知损失(Dixon & Gould，1998；Goodwin，2004；Muller & Mok，2013；也可参见 Gordon et al.；Muller & Mok，第9、第3章)。

在此建议，这些关于共同活动、协作和分布式认知的理论，可以作为理解痴呆症患者如何与其他人协作的理论框架。特别有趣的是，各种记忆功能如何成为协作的一部分，从记忆事件到记住"如何做"事情。这一理论框架的一个重要含义是，参与合作的痴呆症患者使用相同的互动策略，以与健康人类似的方式，在所有协作领域共享认知资源。当涉及痴呆症患者时，令人感到特别的是，参与者具有非对称性的通道，通往其"颅内"认知和语言资源。这意味着交互一定是以这样的方式组织的：一些启动、执行和总结的协作行为的责任，会转移到健康的人身上。

协作意味着一起工作，一起做事。克拉克认为，协作是通过个人参与者，对正在进行的活动的顺序组织的贡献来实现的。这些贡献必须以这样的方式加以协调，即可以将它们理解为，对正在进行的活动的协作贡献(Clark，1996)。因此，在共同活动中，参与者必须相互回应对方的行动，将这些活动当作对共同活动的贡献，并相互支持，帮助对方完成共同活动(Clark & Schaefer，1987，1989)。共同活动通过增加新的贡献而取得进展。这意味着参与者不需要精确的共享计划不需要共同分析如何进行共同活动，也不需要共享活动目标。相反，共同活动通过每一个单独的贡献来进行(对之前的贡献和之后的贡献进行建构)。这使参与者能够连续地、共同监测和调整他们的活动(Clark，1996)。这也使得他们在做某事时，有可能考虑出现和发生的所有意外事件。在这些情况下，参与者实际上是在做一些与某种"目标"相关的事情(比如用菜谱准备一顿饭)。贡献的建构使人们能够创造性地解决这一过程中出现的问题，并在活动进行时，对这一目标(菜谱)进行重新解释(可参见 Bietti & Baker；Gordon et al.；McVittie & McKinlay；Muller & Mok；第 9、第 10、第 12、第 23 章)。

个人的贡献，利用了各种内部认知和语言资源，以及社会和物质资源。这些资源是口头交流、记住某些事情、或者提出一个解决问题的方法所需要的。这些资源可以用这样的方式来组织，使得系统能够完成个人无法完成的事情。

二、　痴呆症与协作的组织

这个理论框架，将协作描述为认知系统的一部分，有助于描述和理解涉及痴呆症患者的协作。阿尔茨海默病(AD，最常见的痴呆症)患者，会逐渐丧失语言和认知功能(另见 Blumen；Muller & Mok，第 9、第 24 章)。这种障碍通常开始于颞叶的内侧，主要影响海马。人们普遍认为，海马在区分新旧体验中起着核心作用，对于形成长时记忆、尤其是对所谓的情景记忆来说，非常重要(Eichenbaum，2012)。随后，这种病理过程扩散到影响语言能力的颞叶外侧。首先出现的是寻找单个词汇的问题，接着是造句以及与他人交谈的困难(Hamilton，1994)。随着时间的推移，所有的记忆系统都会受到影响：语义记忆、情景记忆、自传体记忆、程序性记忆和工作记忆(Hodges，2006)。

在临床或实验环境中，研究记忆的功能，可以单独研究和测量具体的记忆功能。在日常环境中，情况要复杂一些，因为大多数日常任务都涉及各种记忆功能的使用，因此很难将记忆不同的特定功能分离开来。这里讨论的大部分研究，都是对日常共同活动的研究。在这些活动中，记忆一直是核心，但并不总是特定的研究主题。这也常常使分离各种特定的记忆功能变得困难。在这些研究中，大多数关于日常生活中痴呆症患者的协作研究，都集中在协作过程而不是结果上。研究的日常活动范围，从日常生活功能中最基本的活动（如卫生活动）到对话式的讲故事。所有这些活动都涉及各种形式的协作记忆的工作，包括协作回忆以前的事件（如讲故事），回忆未来的事件（如计划），以及对当前活动的认知（在其他事情中识别一通电话）。

日常活动有一些影响协作记忆的特征：（1）它们涉及定义不明确的问题。这意味着总体任务很少只有一个正确的解决方案（Meegan & Berg，2002）。然而，对于什么是适当的表现，仍然存在个人或集体的期望。（2）任务通常与人际关系交织在一起，特别是当配偶之间有协作时（Meegan & Berg，2002；Blanchard-Fields, et al.，2008）。（3）每天的任务都在重复发生，因为它们经常是一年中的每一天重复几次的任务的一部分［个人卫生（personal hygiene）、饮食等等］。因此，这些任务变得常规化，并与具体的社会期望联系在一起，比如：如何执行、何时执行以及谁在做什么。

在大多数情况下，与一个阿尔茨海默病患者或护理者一起生活意味着，随着时间的推移，一系列具体的问题会在协作中出现，并且会被双方所熟知和识别，因为它们都是频繁且反复出现的。例如，围绕着对话或分工合作的任务的问题。随着这一章的继续，一些问题的具体例子将变得清晰，但这些问题的特点是：（1）由于疾病的演变，可能增加频率和严重性；（2）扩散到所有日常领域；（3）渗透到所有活动中。这意味着，不管参与者做什么，有些问题总会发生，而其他问题只会发生在特定的条件下。从这个意义上说，就是潜在的问题。由于问题的增多，共同活动中对支持的需求增加了，并且参与者组织了他们的合作，以便他们仍然能够共同做事情。这类合作问题的出现以及参与者处理它的方式，对于所有涉及阿尔茨海默病患者的共同活动的研究，都是至关重要的。这就意味着，从共同活动的角度，来描述和理解这些问题，做出支持性的调整，是非常重要的。

在共同活动中，对痴呆症患者的研究以及在这些活动中记忆的社会分布，采用了许多不同的研究设计：（1）对痴呆症患者和健康的配偶单独或共同进行日常活动的回顾性访谈（例如，While et al.，2013）；（2）对日常生活中表现的自然观察，经常（但不总是）录音或录像（Nygård & Borell，1995）；（3）任务导向的（准）实验设计，让痴呆症患者与健康的配偶一起执行某些日常任务，通常会录音或录像（例如，Gallagher-Thompson et al.，2001）。

三、 脚手架

从更笼统的意义上说，参与者处理实际和潜在协作问题的一种基本方式是，改变协作分工：健康人必须做出贡献，帮助痴呆症患者理解和应对贡献，以便做出更多贡献；为了能够协作，双方必须一起进行相当成熟、广泛和全面的互动工作。

这种互动中活动和责任的重新分配，在很多方面类似于布鲁纳所说的脚手架（Wood，

Bruner & Ross，1976）。布鲁纳和他的同事认为，当一个成年人帮助一个年幼的儿童解决问题（系鞋带）时，成人扮演的是"专家"，知道如何完成这个任务，而儿童不知道。"专家"通过安排任务、支持和反馈来构建一个支架，使儿童能够依靠自己解决问题（见 Fivush et al.；Haden et al.；Reese，Salmon，& Wang，第 2、第 3、第 17、第 18、第 19 章）。

> "脚手架"是一个过程，它使儿童或初学者能够解决问题、完成任务或达到一个目标，而这个目标是他在没有帮助的情况下无法实现的。这个脚手架基本上是由成人"控制"那些最初超出了学习者能力的任务的组成部分，从而使他能够专注并完成自己能力范围内的那些要素（Wood，Bruner & Ross，1976，p. 90）。

脚手架之所以是协作的，是因为"专家"和"新手"必须一起工作（脚手架不能是片面的）。通过研究布鲁纳和他的同事们的模型后发现，这个理论可以用来理解痴呆症患者和他们的健康同伴如何重组他们的协作，以继续他们的共同活动。进一步的建议是，至少可以从支持协作到支持构建共同意义和管理协作问题之间找到三个水平。因此，可以找到的脚手架是：

（1）在活动框架水平（形式、视角、措辞、主题的环境和一般先决条件），将增加痴呆症患者作出贡献的机会；

（2）在行动水平（贡献），将增加在对话中构建共同意义的可能性，或增加日常任务中执行行动的可能性；

（3）在修复活动（repair activity）水平上，这将有助于处理协作问题。

不同水平之间的差异，涉及脚手架是否与协作项目本身（活动）有关，执行哪些行动，以及协作问题何时出现，如何处理这些问题并继续协作。不同的水平不是相互排斥的，只是在分析的时候有所区别。在实践中，脚手架可以（实际上经常）同时在两个或多水平上发生。在接下来对脚手架实践的描述中，研究特别关注护理同伴的实践，但协作记忆脚手架实践也可能来自于痴呆症患者。我们将提到一些这样的例子。

（一）活动水平

在活动水平上，（在大多数情况下）健康的同伴帮助构建、重组和提醒正在进行或计划的活动时，脚手架就派上用场了。使用这个脚手架的一个重要原因是，患有痴呆症的人不仅要记住如何执行某些活动，而且还要记住后面的事情，即记住接下来要做什么，甚至还要记住他们正在做的事情。这也是一种促进和维持活动中共同注意力的方式，因为偶然的刺激可以轻易地分散痴呆症患者的注意力。尼盖德和博雷尔（Nygård & Borell，1995）报告的下面的例子，说明了在所有脚手架的水平中可能出现的问题类型。有一个叫阿斯特丽德（Astrid）的女人，在进行观察时她 57 岁，被诊断为阿尔茨海默病。她想去一家全科诊所。这家诊所最近从原来的位置上移了一层。以下摘自研究人员的笔记本。

……电梯门开了，我们进去了。门关上了，但她在等着。我问她是否应该按下按钮，"我们要去哪层楼？"我问。有四个按钮，第二个按钮是绿色并标记着"进入"，这是我们现在的地方。"不，你通常不用按压，它会自动上升"，她说，但电梯没动。我又问了一次。她问我应该按哪里……如果我们要上一层楼，她应该按下第二个按钮吗？我给出进入的标志，告诉她这是我们所在的位置，我们会多上一层楼。她按下第二个按钮，问道："是这个吗？"虽然什么都没发生，但她很不确定。

最后，阿斯特丽德离开了电梯，向别人求助，解决了这个问题。这个例子首先展示了痴呆症患者在识别和回忆以前的知识和信息时可能遇到的问题；其次，这个例子展示了当协作保持在最低限度时会发生什么。

避免可能出现的协作问题的一种方法是，通过预先组织互动，使出现某些问题的风险最小化，从而使健康人变得积极主动。可以分辨出至少五个不同的准备行动类型：（1）互动时，在下一步行动之前至少领先一步；（2）设想和预测如果什么都不做会发生什么；（3）寻找替代办法，比如改变局势的各个方面以及设计其他贡献；（4）预测即使按照计划进行某些工作也可能出现的问题；（5）口头上更新活动的现况，并做出下一阶段的提示。所有这些不同类型的准备动作都涉及到记忆，特别是前瞻记忆。

以这种方式变得积极主动，可能意味着需要改变诸如身体和社会环境的某些方面，例如，减少对环境中其他刺激或人的注意力分散，来吸引痴呆症患者的注意力，并帮助他将注意力保持在共同活动中。在维克斯特罗姆等人（Vikström et al.，2005）的研究中，可以找到一些积极主动实践的例子。他们拍摄了 30 对夫妻，夫妻其中一人被诊断为轻度至中度痴呆症。他们研究的重点是健康的配偶在泡茶过程中帮助痴呆症患者的策略。他们注意到，一些配偶如何通过移除与即将发生的情况无关的物体，以及当物体变得相关时，将其带入伴侣的感知领域，来确保正在进行的活动顺畅进行。配偶也可以提前完成子任务中已知的困难部分，而他们的伴侣可以继续完成其他的部分。例如，装咖啡机或者提前切面包。

积极主动的组织在活动层面塑造活动，也意味着要调整谈话和轮流的总体节奏，为轮流空出更多的时间，采取其他措施增加成功参与的可能性。同样，情感支持对于帮助痴呆症患者继续参与共同活动是很重要的。情感支持可以作为一个指南，表明参与者走上了正确的轨道。

在怀特等人（While et al.，2013）的一项研究中，通过对 8 名痴呆症早期患者及其家庭护理人员的访谈，也可以看到在活动水平上的脚手架作用的例子。据报道，家庭成员跟随着痴呆症患者到他们的全科医生那里，以帮助他们记住可能的指导，并帮助痴呆症患者记住他们向全科医生报告的重要信息。在另一项研究中，尼盖德和斯达克哈马（Niguede & Starkhammar，2003）采访和观察到 10 名独自生活的人，他们在许多电话任务中表现出了不同程度和类型的痴呆症。在观察过程中，他们注意到，他们的被试会向在场的研究者寻求信息和建议。最常见的情况是，他们因为继续一系列行动而得到肯定。在访谈中，参与者报告说，当他们想打一些重要的电话时，比如预定约会，他们通常会求助于一些亲戚。约斯滕-魏恩·本宁格等人（Joosten-Weyn Banninng et al.，2008）在一项针对轻度认知障碍患者的访谈研究中发现，给亲戚打电话或向配偶询问，是一种常见的管理日常工作的方法。在这些例子中，由痴呆症患者和健康的伴侣发起的活动，将单个活动主动地转变为协作活动。通过对更大人群的自我报告进行研究后发现，随着老年痴呆症病情的发展，向他人寻求帮助的行为也在随时间进程而增加（Dixon，Hopp，Cohen，de Frias，& Bäckman，2003）。

许登（Hydén，2014）对一项已经完成的协作活动中的脚手架进行分析。分析是基于一段在日托中心录制的烹饪的故事片段。两名痴呆症患者（被诊断为早发性痴呆症，患有严重的沟通和认知障碍）与两名工作人员一起工作。与所讨论的例子中配偶的作用类似，规划和协调的工作分配给工作人员，他们不断地搭建共同活动。这顿饭的准备是一个复杂的协作过程：许多小任务必须按照一定的顺序来完成，然后最后把它们加在一起做成一顿饭。所有这些小的子活动都被食谱中列出的总体计划结合在一起。食谱详细描述了子活动及其序列，但没有详细说明如何执行各种子活动，这取决于参与者自己使用食谱的计划。

在整个过程中，工作人员中的一个人[被称为"安妮特（Anette）"]断断续续地查阅了食谱。尤其是在工作开始时，她大声朗读了食谱的主要部分，这样四名被试都能听到。她把食谱放在厨房前面的一张小桌子上，这样当她走过桌子的时候，就可以很容易地偷偷地看一看。在准备菜肴的过程中，她不断地拿着食谱走近桌子，默读或大声读，见表 25-1。

表 25-1　安妮特默读或大声读食谱

1	安妮特	"把火腿切成小条，把火腿和球芽甘蓝放在砂锅里。"
2	安妮特	（默读）（1.04）
3	安妮特	那么我们可能也需要在这里往砂锅里倒油。
4	安妮特	（走到碗柜前，把手伸进去，什么也没拿。）
5	安妮特	（走向冰箱。）
6	安妮特	我想我们应该把肉丸热一下（。）或者？

通过查阅菜谱并大声读出菜谱，每个人都能听到他们接下来要做什么。也就是说，读出菜谱的功能能够将所有被试定位到他们在这个过程中的位置上，并计划下一步的功能。因此，这个食谱作为共同基础的拥有者，提醒每个人已经完成了什么。当安妮特建议他们接下来该做什么时（第 3 行），她对食谱做了实际的解释，并提出了一种新的子活动。她大声朗读菜谱，作为对被试前瞻记忆的外部支持，也就是说，他们记住了下一步要做的事情。安妮特也开始了新的子活动（烤砂锅，第 4、第 5 行）。然后，另一个工作人员，英格（Inger）加入了一个新的建议（第 6 行，加热肉丸），因此，他们再次把阅读食谱作为已经做过的事情和接下来要做的事情的总结。

大声朗读有助于让所有子活动都成为总体计划的一部分，并使每个人都了解到奶酪制作的过程已经发展到何种程度。在这样做的过程中，大声朗读菜谱也为两名痴呆症患者承担了一些认知负担，同时也支持了子活动的协调。在这个例子中，工作人员显然为注意资源、执行功能、行动监控、修复行动和规划下一个新的子任务提供了支持。这种合作的框架使得两名痴呆症患者可以通过贡献参与到共同活动中(也就是说，不是作为旁观者，而是作为积极的参与者)。

(二)行动

在第二个水平上，脚手架也可以用于建立和执行共同行动，即对共同活动作出新贡献的意义进行组织和协商。正如汉密尔顿(Hamilton，1994)所指出，许多痴呆症患者，特别是在后期阶段，在谈话中只会做出很少的贡献或反应。处理这种情况的一种方法，当然是让健康人多做或多说，这样就可以减少痴呆症患者协作的需要。另一个更主动的方法是对下一个可能的转变提出建议，即下一步该做什么或说什么。例如，这可以通过问一个封闭性的问题来实现，这个问题只允许用一个简单的是或不是来回答，或者其他一些特定的信息。这类问题的答案往往更容易提供给患有更严重痴呆症的人(Mikesell，2009)。这种类型的问题提供了一个开始，同时也为痴呆症患者做出下一个贡献提供了一种指导或模板。

与大多数其他研究人员一样，曼蒂斯和她的同事们发现，与没有痴呆症的人相比，痴呆症患者在参加谈话时"对话题的介绍明显出现了更多的问题，包括偏离主题和不连贯的话题变化"(Mentis，Briggs-Whittaker，& Gramigna，1995)。他们还发现，患有痴呆症的人在"维持主题序列"方面存在困难，并经常重复自己。这意味着患有痴呆症的人经常在保持持续的共同活动方面有问题，部分原因是由于他们的记忆问题。因此，痴呆症患者可能会在没有任何预兆的情况下突然提出一个新的话题。为了避免突然的话题跳转，构建正在进行的对话的一种方法是让对话的同伴使用问题。珀金斯和他的同事(Perkins et al.，1998)发现，听者在与痴呆症患者交谈时倾向于使用重复的问题。重复同样的问题是在对话中保持话题连贯性和保持对话流畅的一种方式。通过围绕同一个话题反复提问，既可以在对话中引出答案，也可以使一个话题保持不变。

合作伙伴之间的重复实践也被认为对健康的老年夫妻的协作记忆有积极的影响(Harris，Keil，Sutton，Barnier，& McIlwain，2011)。需要记住的是，本文所报告的许多在痴呆症病例中具有特殊重要性的实践，在一般人群的协作活动中也可能产生积极和消极的影响。

斯莫尔等人(2003)研究了具体交流行为的作用。他们研究了18对夫妇。夫妻其中一队(人)被诊断为轻度到中度的阿尔茨海默病。研究在四个家庭活动中进行：对话，摆好碗筷，痴呆症患者在请求时得到三个选项，以及痴呆症患者使用研究人员提供的电话给他们的配偶打电话。他们的研究目的是观察10种常用的沟通策略是如何影响沟通质量的。这是通过对沟通障碍和沟通质量的主观体验来衡量的。消除干扰和避免使用简单句子，比如"是/否问题"，会使得两个或更多活动中较少发生中断。在另一项研究中，斯莫尔和佩里(2005)特别研究了对话中的"是/否问题"与开放式问题，发现当配偶使用"是/否问题"时发生的"沟通障碍"较少。当问题涉及到语义记忆而不是情景记忆时，也很少出现障碍。研究表明，开放性问题可以使用，但只在这些问题涉及到语义信息时使用。维克斯特罗姆等人（2005）指出，如果配偶在同一时间给出太多的指令或太抽象的指令，将导致老年痴呆症患者出现负面的表现。

加拉格尔-汤普森（Gallagher-Thompson）等人（2001）报告了一项研究。视频中记录了吃饭和对虚构的旅行的讨论。一共有 27 对丈夫被确诊为疑似阿尔茨海默病的夫妇和 27 对健康老人参加了研究。由于计划任务可能比用餐时的交谈要求更高，因此在这两个任务之间可能会发现不同的交流模式。有趣的是，他们发现，在计划任务中，疑似有阿尔茨海默病的夫妇组的妻子明显比对照组的妻子提供更少的支持，而对照组的妻子表达了更多的同意和批准。此外，与对照组相比，在用餐时，疑似阿尔茨海默病的丈夫其支持度明显降低。但有趣的是，在没有阿尔茨海默病的情况下，不同丈夫之间的支持性沟通没有任何差异。当涉及促进性实践时，例如提出一个积极的解决方案或推断配偶的积极意图时，提供照顾的妻子在计划任务中比她们在吃饭时所做的事情更多。事实上，在两项任务中实验组的提高，与对照组中健康丈夫的提高相同。控制组的情况并非如此，在用餐时间和计划任务中，妻子表现出同样（高）水平的促进性行为。患有阿尔茨海默病的丈夫在这两项任务中没有表现出任何促进性行为的增加。需要指出的是，尽管规划任务可以被认为要求更高，但它的结构也更有条理，因为它是按计划结束的。这种结构似乎有助于妻子的支持性做法，并激励妻子对患有阿尔茨海默病的丈夫提供援助。尽管这项任务是一项挑战，但当交流环境有一个更明确的目标并时刻加以提醒时，他们可以更容易地做出贡献。从针对对话支持工具开发的研究中也可以得出类似的结论。通常，这些支持工具为对话提供了有意义的结构（例如，Alm *et al.*，2009）。研究表明，活动的特征在很大程度上决定了活动模式的形成。

在加拉格尔—汤普森等人（2001）的研究结果中，同样有趣的是，基于性别的交际模式发挥了作用。虽然他们的研究是横断设计，但研究结果要求未来的研究强调在一个时间跨度内研究夫妻的交流模式，时间跨度从阿尔茨海默病的开始到结束。这对未来的研究设计有重要意义，也意味着去了解社会性记忆在一般人群中的相关性。

在中度和重度痴呆症的情况下，允许协作交流的脚手架实践可以是不同的。例如，威尔逊等人（2012）比较了疾病严重性和策略使用之间的关系。他们发现疾病严重程度与护理者使用逐字重复、复述重复和行为演示之间存在很强的正相关。在严重痴呆症的情况下，目标通常是保持稳定的话轮转换，并在某种意义上维持协作过程。一些研究探讨了促进话题轮换的互动实践。例如，舒纳和达夫（Shune & Duff，2012）报道了一项关于夫妇使用言语游戏的研究，夫妻中有一个人患有轻微阿尔茨海默病。结果发现，言语游戏是痴呆症患者所保留的沟通能力，有助于与同龄人进行有意义的交流。与此一致的是，阿斯特尔和埃利斯（Astell & Ellis，2006）用一个更严重的痴呆症案例研究了话题轮换能力，发现尽管痴呆症患者产生的沟通内容是有限的，并且很难让交流的同伴跟上正在交流的内容，但他们仍然展现出了话题轮换的能力。例如，如果健康的伴侣"在互动过程中不参与，避免眼神接触，对互动没有反应"（p. 312），痴呆症患者就试图通过口头和非语言来恢复交流，例如，模仿交流的同伴。在严重的痴呆症（severe dementia）患者案例中，目标通常是让痴呆症患者以有意义的方式参与社会交往。通过这些脚手架的实践，可以为痴呆症患者的有限的短时记忆创造一种补偿生态。短时记忆是建立起话题轮换的基础。

类似的协作结构，可以在执行其他类型的活动中，如做个人卫生中发现。通常，洗手或刷牙都是由个人自己进行的活动。由于痴呆症患者对记住如何使活动运转存在问题，让一个健康的同伴参与进来，并把活动变成协作的任务，可以使活动运转起来。在威尔逊等人（Willson et al.，2012）的一项研究中，探究了交际行为对活动表现的影响。他们通过录像记录了 12 个护理人员为患者洗手的情况，共 6 次；患者被住院医师诊断为中度至重度阿尔茨海默病。这项研究结果与先前对交际策略方面的研究大体一致。在所有护理人员中最常见的语言和非语言策略是：一次为痴呆症患者提供一个建议、使用封闭式问题、使用鼓励性评论、使用转述重复（paraphrased repetition）、使用患者的名字、降低语速、引导触摸、示范动作、处理物体和指示。当活动成功完成时使用的策略，在很大程度上反映到这些报告中经常使用的言语和非言语策略上。有些做法似乎对效率有消极影响：开放式问题和对问题的验证与任务完成的时间有显著的正相关关系。我们注意到了基于护理者经历和疾病严重程度的一些个体差异，研究者得出结论：需要对护理者的经历以及他们在协作表现方面的策略使用，进行更多的研究。

（三）修复

最后，脚手架也可以在修复协作行为的层次上进行组织。这对协作记忆至关重要。"在线"问题的出现和修复这些问题的尝试，在所有的对话和互动中无处不在，尤其是当其中一个人患有痴呆症时。对互动问题的识别和处理进行描述的常用方法，是从修复的角度出发，并基于对谈话的研究（Schegloff，Jefferson，& Sacks，1977）。根据这一观点，发起修复是为了响应参与者之一在贡献（话语）中发现的某种问题。说话者（自己）或听者（他人）都可能预示着问题的存在。要么是自己要么是他人，通常使用一些口头的或非语言的信号（麻烦引导行为）来完成的。发出问题信号不仅预示着问题，而且还表示着麻烦或问题的根源。例如，这可能会提到一个不正确的事实、发出无法识别的声音、产生错误的单词或者某些未被确认的东西。一般来说，当前的说话者试图修复麻烦（自我修复）；在某些情况下，另一个人可以通过给出信息或词语进行修复（其他修复）。

在涉及痴呆症患者的协作活动中，问题往往是痴呆症患者在找到一个词、识别和理解一个词、识别一个词的引用或记忆事件方面有困难；而听者可能会在理解痴呆症患者的意思或话语所指的方面遇到困难。

在涉及痴呆症患者的对话中，修复通常相当复杂。修复是协作组织的，这样阿尔茨海默病患者就能理解其含义和事件。因此，患有阿尔茨海默病的人不仅可以继续作为参与者，而且还可以作为一个积极且完全有能力的参与者。

下面的例子来自对一对夫妇使用不同脚手架策略的研究，其中男人[这里叫奥斯瓦尔德（Oswald）]被诊断患有阿尔茨海默病，并且有严重的认知和语言问题。妻子[琳达（Linda）]身体健康。这些材料包括对这对夫妇的共同采访。他们在采访中讲述了他们是如何相遇的以及他们的共同生活（Hydén，2011）。采访持续了大约 45 分钟。在采访中，奥斯瓦尔德几乎有三分之一的发言是不完整的。在大多数情况下，他们不说一个字，或者只说半句话。这常常使人难以理解他到底想说什么。他在找名词、地名和人名方面特别困难。在那种情况下，当奥斯瓦尔德选择了一个不正确的词，但却可以理解他想说什么并因此理解他的意思是什么时，琳达一般都不加评论地承认他说的话。在其他时候，琳达也很难理解他想说什么，这使得修复序列更加复杂。以下（表 25-2）摘录描述了奥斯瓦尔德和琳达讲述他们退休后如何搬到现在的地址（第 1、第 2 行）。

表 25-2　奥斯瓦尔德和琳达的采访片段

1	琳达：	后来
2		我们搬到了这个城市
3	奥斯瓦尔德：	但后来
4		然后我们得到了一个
5		就像我说的
6		一个
7		一个
8		搬……到一个
9		一个
10	琳达：	（（沉重的呼吸））
11		当我们搬到这里时
12		是你所想的那样
13	奥斯瓦尔德：	是的
14		不是
15		也是
16	琳达：	是的这里是的
	奥斯瓦尔德：	是的
17	琳达：	是的
18	奥斯瓦尔德：	不是不是从
19		不是从这里到
20		到
21		好吧
22		（（叹息））
23		（（停顿））
24	琳达：	你在想
25		我们过去住的大房子
26		我们现在已经不在那里住了

奥斯瓦尔德间接地承认他已经听到并理解了琳达的话语，但他显然想在这个话题上做进一步的阐述。他以一个短语开头，指出了这一点，但找不到他需要的词，也找不到对某些事件的引用（第3~9行）；这是一个涉及自我修复的序列。在这个自我修复的过程中，他也有一些发音问题（第8行），最后他深呼一口气承认了自己的困难。这显然是让琳达对奥斯瓦尔德想说的话做出解释（第11、第12行），奥斯瓦尔德后来承认了这一点。奥斯瓦尔德再一次试图详细阐述这个话题（第18~21行），但又一次放弃了（第22行）。琳达再次试图解释他的意图。在这个例子中，奥斯瓦尔德的自我修复尝试并不成功，这不仅威胁到他对故事的贡献，也威胁到他作为对话的积极参与者的地位。琳达走了进来，对奥斯瓦尔德的话提出了一个可能的解释。她基本上是通过复述自己先前的话语（在第1~2行）来做到这一点的。通过提出这一建议，她避免指出奥斯瓦尔德的问题，而是暗示奥斯瓦尔德实际上是有意为之（第12行"是你所想的那样"；第24行"你在想"）。通过这种方式，她帮助奥斯瓦尔德追寻自己的意图，帮助他避免尴尬，因此在这个例子的结尾，奥斯瓦尔德仍然是对话的一部分。

当痴呆症患者在进行个人行动、遇到导致行动停止的问题时，会出现类似的问题。此时，如果有其他人出现，痴呆症患者有可能向这个人寻求帮助，从而发起协作行动。以下摘录来源于尼盖德和博雷尔（1995）之前提到的研究。其中一名研究人员观察了一位被诊断为阿尔茨海默病的妇女，她正在准备咖啡。

> 她要拿咖啡杯，她说，然后打开橱柜，给[……]看她的瓷器。然后她又关上碗橱的门，什么也没拿出来。她从盘子里拿出咖啡滤杯（梅丽塔），放到水槽上，然后打开水槽上的橱柜，往里面看。然后她看着排水管说："我把它放在哪儿了？它在哪儿？"我问她在找什么。"嗯，我有一个滤杯，我煮咖啡的时候，要放一张梅利塔滤纸，"她看着排水管说，"什么颜色？"我问。"是白色的"，她说。她看了又看，转身看见了："就在那儿！"你的眼睛是最先失明的。

在这个例子中，女人正在准备咖啡。她先拿起自己的咖啡滤杯，把它放在滤纸篮内，但当她打开一个橱柜时，她想不起滤纸杯哪儿去了，再也找不到它了，于是开始了一系列的搜索。她通过大声说话来支持她的搜索。她向自己提出问题。这样的行为被研究者当做她需要帮助的迹象。于是，研究者问她在寻找什么。当她说出她在寻找什么时，研究者提供了一个线索（"白色的"）。借此她获得了帮助，引导了注意力，从而找到她的滤纸杯。

修复可以被视为参与者的协作努力，目的是解决与他们所确定的正在进行的行动有关的某种问题。当发现的问题（找不到一个词或不认识事物）威胁到继续进行个人或协同活动的可能性时，就需要进行修复。参与者建议进行修复，然后接受修复，使活动得以继续。如奥斯瓦尔德和琳达的例子所示，在某些情况下，可能需要修复。

(四)不同层次脚手架之间的关系

脚手架协作的例子都是积极的例子，因为协作记忆成功了，参与者可以继续活动。在文献中也有脚手架效果不好的例子，强调了不同水平的脚手架之间的关系。例如，扬松·诺德伯格·格拉夫斯特罗姆(Jansson Nordberg Grafström，2001)研究了一对打扫房子的夫妇。在他们的例子中，健康的伴侣用真空吸尘器打扫房子，痴呆症患者在厨房洗碗。痴呆症患者反复地中断正在进行的活动，因此健康的配偶反复地提醒她继续。在这个例子中，由于健康的伴侣并没有一直在痴呆症患者身边，因此不能随时调整对她的支持。

其他的例子可以在维克斯特罗姆等人(2005)前面提到的研究中找到。在分析中，他们发现了配偶对脚手架的实际使用，对患者的表现有负面的影响。有时配偶没有按积极例子所描述那样做，有时痴呆症患者的需求明显被忽视。当配偶与伴侣不在同一区域时，脚手架效果不好，这与扬松等人(2001)的研究一致。韦格纳的交互记忆系统理论认为，一个系统的成员可以拥有不同水平的特异性信息(Wegner，Giuliano，& Hertel，1985)。在负面的例子中可以看到，当患有老年痴呆症的人并不持有关于如何进行任务的足够详细的知识，同时协作的同伴未能在某个必要的特异性水平搭建脚手架时，共同活动便难以进行。这表明，当合作伙伴被诊断为痴呆症时，重要的是在何种程度的共同活动中进行劳动分工。有时，健康的伴侣对活动框架负责是很重要的，而在其他时候，重要的是在行动和修复的层面上搭建脚手架。例如，常规行为水平上的脚手架，可以帮助痴呆症患者先打开滤纸篮，再放滤纸杯(Vikström et al.，2005)。总体而言，具体细致的人际活动，在现实世界的协作记忆中至关重要。

人际关系在家庭和医疗领域之外也很重要。布罗尔松等人(Brorsson et al.，2013)研究了痴呆症患者的购物行为。他们采访并观察了六名早期阿尔茨海默病患者的信息提供者，据报告，痴呆症患者偶尔会向社会环境中的某个人求助。例如，记住该做什么或买什么。一些信息提供者报告说，如果在去杂货店的路上迷路了，他们总是立刻向别人求助。其他信息提供者提到，他们在求助于他人之前，首先尝试借助地标导航。还有人说，他们更喜欢询问特定的人，比如女性而不是男性，或者游客，而不是当地居民。这种启发式可能导致记忆过程在需要时从来不会变得具有协作性。研究中的这种情况很有趣，因为尽管这是一项从一开始就不需要协作的活动，但在整个活动中，发起协作记忆行为的是痴呆症患者。在许登(2014)的研究中，痴呆症患者的类似的行为在协作活动开始时就可以看到。报告称，伊娃(Eva)患有严重记忆障碍，但语言相对流利。围绕炉子上发生的事故，伊娃与健康的伙伴进行了交流。通过监控和交流烹饪过程的状态，伊娃成功地搭建了健康协作伙伴的注意力资源的脚手架。

有几个例子展示了构建、指导和修复痴呆症患者参与协作活动的情况的脚手架实践。在典型的协作活动中，协作记忆大部分是关于任务或子任务的。这些任务包括执行功能、工作记忆能力和警戒能力。与此相关的是，我们也看到了协作行为如何帮助痴呆症患者感知、过滤和解释到达他们感官的东西。也有许多例子讨论了协作如何帮助痴呆症患者管理更长期的前瞻记忆任务和寻找能力。此外，似乎配偶和其他人通过扮演（谦卑的）协商的角色，可以弥补痴呆症患者的低自我效能或元认知能力，而通常情况下，如果他们只是与痴呆症患者单独相处，往往会对痴呆症患者带来消极影响。由此得出的结论是，有许多文献记载的实践，为痴呆症神经退行性过程的不同阶段脚手架的搭建提供了证据。

四、 学习和训练

在所讨论的研究中以及在其他研究中，我们特别注重训练以及本章所述的有效协作过程的实施。许多研究都特别关注寄宿护理环境中的护理者。瓦塞（Vasse）等人（2010）进行了一项元分析，发现训练总体上有利于行动。在最近的一项研究中，布劳顿（Broughton）等人（2011；另见 Smith et al.，2011）报告了一个护理者的训练项目。在评估中，他们发现与对照组相比，在3个月的随访中，记忆策略的结果是积极的。他们还发现，护理者的满意度更高（在先前的研究中，这与住院医生的满意度有关联），但这只适用于合格的护士，而不适用于其他类型的工作人员。也有针对但不限于家庭成员的交际和环境的实践，所使用的干预研究（例如，Orange & Colton-Hudson 1998；Ripich，Ziol，Fritsch，& Durand，1999；Small & Perry，2012）。里皮奇（Ripich）、朱（Ziol）、弗里奇（Fritsch）和杜兰德（Durand）（1999）报告了一项交流能力干预的研究，用"设计菜单"（planning a menu）任务进行了6个月和12个月的随访。他们发现，家庭成员学会在任务中使用更少的开放式问题，这导致阿兹海默症患者在做出贡献时更少失败。斯莫尔（Small）和佩里（Perry）（2012）报告了一项干预项目的试点研究，与布劳顿等人（2011）相比，该项目旨在解决沟通的认知－语言和关系－社会心理方面的问题。这两个维度是通过以往的研究得知的。我们也在前面提到的一些例子中看到过（目的是解释长期和短期协作的同伴和老年痴呆症患者之间的成功协作）。斯莫尔和佩里还强调了训练的重要性，例如，护理同伴和患有AD的同伴之间的互动技能的发展。对于要开发的技能，实践的重复练习是训练的重要组成部分。斯莫尔和佩里的试点研究发现，该方案在发展的持续性和评价效率方面是可行的。一般来说，专业人员和家庭成员的干预项目都是日常活动中协作的助推器。但也有一定的挑战性。斯莫尔和佩里发现，最大的挑战是受培训群体的多样性、健康配偶在培训活动前后的需求和立场的多样性，还有，家庭环境是一种干扰无处不在的环境。

五、 协作讲故事和自我同一性

目前为止存在的争论是，有脚手架参与的、协作性的记忆是很重要，因为它使得痴呆症患者能够在某些支持下完成日常琐事，允许他们参与各种共同活动。有一种活动特别重要，尤其是在家庭成员之间，即讲故事，因为它直接涉及身份信息的呈现和维持（另见 Henkel & Kris；Muller & Mok；Pasupathi & Wainryb，第8、第9、第15章）。对于患有痴呆症的人来说，参加讲故事的活动是一项挑战，因为他们在进行讨论和自传体记忆的问题上存在困难。

少数研究人员进行了采访研究，其中 AD 患者与配偶或重要他人一起讲述自传式故事（Hamilton，1994；Ramanathan，1997；Usita et al.，1998）。这些研究大多关注的是自传体的故事，将协作记忆视为故事构建的一部分，而非单独的行为。肯珀和她的同事（Kemper et al.，1995）在一项研究中发现，如果阿尔茨海默病患者被分配到与配偶一起讲故事的任务中，那么配偶就会支持并帮助他们的伴侣讲述故事。因此，那些阿尔茨海默病患者能够在与他们的配偶合作的情况下，讲出"比他们在单独情况下所讲的要更长、更详尽的个人叙述"（Kemper et al.，1995，p. 214）。

其他研究人员使用了"自然"对话的数据，而不是访谈。米尔斯（Mills，1997）在她对痴呆症患者进行的心理治疗的小组活动的研究中指出，小组中的其他人获得了记忆力衰退的人之前讲述的、而现在他们想不起来了的故事和记忆。布坎南和米德尔顿（Buchanan & Middleton，1995）在一项怀旧群体的话语互动的研究中，探索了类似的主题。通过对互动进行分析，他们发现，回忆可能有很多功能（提醒参与者回忆过去，只是其中之一）。他们认为，参与者使用自传体叙事来建立和协商他们在群体中的个人身份：过去的记忆与现在联系在一起，因此显示了参与者身份的几个维度。小组成员还通过描述和讨论过去的典型做法，来追求一种群体身份和群体成员身份。

这些例子表明，自传体记忆可以在几个人，特别是家庭成员之间"分布开来"。把人的功能整合成一个"交互记忆系统"（Wegner，1986；Wegner，Erber，& Raymond，1991；Wegner，Giuliano，& Hertel，1985），允许痴呆症患者进入这个系统。很少有研究通过分布式记忆构建和协商来探讨实际的协作过程。

当配偶们经常在一起讲述他们共同生活的故事时，经常遇到的一个问题是，患有痴呆症的配偶无法找到或确定一个名字或日期，有时甚至是一个地方。夫妻双方通常都希望对方记住这些日期和名字，因为它们对把夫妻作为一个整体来说很重要。在患有痴呆症的夫妻中，考虑到它发生的频率，不记得日期会成为日常生活的一部分。下面的例子来源于一对结婚 40 多年的夫妇的首次采访。采访时，他们都是 60 出头了。这名妇女［安（Ann）］7 年前被诊断为阿尔茨海默病，而她的丈夫［卡尔（Carl）］仍然健康。安不仅在找词方面有困难，尤其是对于比较抽象的名词，而且在构建包含抽象的话语方面也有困难（尽管这并不能阻止她用语言来表达开玩笑）。她在确认过去发生的事件以及日期和名字方面也遇到了越来越多的困难。

在采访的一开始，这对夫妇被问到他们是否能说出他们第一次见面时的事情。安和卡尔（就像所有其他受访者一样）欣然接受这个机会，开始讲述自己的故事，不是作为两个个体，而是作为一对夫妻。在这个过程中，安和卡尔（和其他所有的受访者一样）经常用我们这个代词来指代他们自己。这也意味着他们很谨慎地维护这一点。他们通过展示他们的共同点来证明这一点。这些共同点包括，对他们有重要意义的名字和日期，以及他们共同的日常生活的其他方面的共识。换句话说，他们展示了他们共同的认知状态，见表 25-3。

续表

表 25-3 对安和卡尔的采访片段

1	I₁：	你也有孙儿吗
2	卡尔：	一个[一个……呃，一个……呃]
3	I₁：	[（也许）]
4	安：	[一个小的]
5	I₁：	嗯
6	安：	[（（笑））]
7	卡尔：	[一个，一个]快三岁了
8	安：	嗯嗯，是的
9	卡尔：	呃然后他的名字是什么
10		（3.0）
11	安：	朱利叶斯
12	卡尔：	是的，正确
13	I₁：	呃
14	卡尔：	呃
15		（3.0）

在讲述这个故事的时候，安和卡尔也介绍了他们的家庭。一位采访者问他们是否有孙儿（第1行）。他们两人很快确认他们有孙儿（第2、第4、第7、第8行）。然后卡尔转向安，问她是否记得他的名字（第9行）。这个问题导致了相当长时间的暂停，然后安说了一个名字（第11行），卡尔确认它是正确的（第12行）。

从语境来看，为什么卡尔问安是否记得她的孙子的名字，这一点不得而知。一种可能的解释是，他想在访谈中证明安有记忆问题。另一种可能性是，他通过问问题来测试她，她应该知道答案。在安回答这个问题之前，她停顿了很长一段时间（第10行），这至少在一定程度上证实了她很难想起孙儿的名字，因为她似乎需要"搜索"他的名字。这表明她在记忆或识别属于他们共同领域的知识方面有问题，而且她的记忆问题对他们来说也是已知的。相反，卡尔向安提出的问题可以被看作是一种处理问题的防御性方法；通过对情况的重新定义，他给了安一个具体的任务（名字），然后评估她的答案（一个众所周知的问题，即回答评估序列）。这是配偶处理潜在问题的一种相当普遍的方式（为活动搭建脚手架）。这是从夫妻共同利益的理念出发，以一种可以维持这种共同利益的方式重新组织交互。换句话说，这是保护夫妻关系的一种方式。

这个例子说明，夫妻双方继续使用他们熟悉的那种程序来达成共识。然而，这些程序的使用是有代价的；共同意义的生成变得更加复杂、劳动密集和耗时。它还重新定义了夫妻之间的相互依赖关系。通过采用脚手架策略，卡尔必须承担起组织故事的责任；他必须积极主动地提出问题的形式，以便安能够处理。他必须支持她，帮助她（Hydén，2014）。这就意味着，为了表现出他们是一对，尽管两人都互相依赖，相比于卡尔对安，安越来越依赖卡尔。这改变了我们以前在日常生活中所观察到的劳动分工。

六、　结束语

在本章讨论过的研究中，很少有关注协作记忆的。研究的特点是关注痴呆症患者如何管理日常活动、沟通和协商身份。协作记忆是所有这些情况的一部分，但无论是在经验上还是理论上，通常不会强调它。很少有研究使用实验或准实验设计。未来的研究需要更加深入地设法解决协作记忆的过程，无论是在各种类型的实验中还是在自然发生的情况中。从理论的角度来看，研究痴呆症患者参与协作是很有趣的，因为他们处理的是如何组织协作，以补偿痴呆症患者的认知资源的减少。总的来说，通过将日常活动、交流和自我同一性的不同方面所涉及到的方法和理论结合起来，对痴呆症患者的协作记忆的研究，会使协作记忆领域领域受益。

从方法论的观点来看，在对讨论的研究中有一种强烈的趋势，那就是将访谈作为数据的主要来源。研究人员较少使用观察和实地记录，更少使用音频和视频记录。从方法论的角度来看，视频的使用是非常重要的，因为对协作记忆的微观管理表明，无论是在生理还是在社会环境中，未来的研究都必须同时考虑护理同伴和痴呆症患者的身体和言语行为。

几乎没有研究涉及在诊断痴呆症之前和之后的沟通、协作实践是如何随时间变化而变化的纵向设计。训练项目是例外，但它们不会延伸到更长的时间跨度，也不会捕捉到夫妻是如何自然地应对挑战的。随着时间的推移，遵循协作实践是特别重要的，因为痴呆症是一种渐进性疾病，这意味着协作记忆的组织应该随着疾病的变化而改变。

致　　谢

本章的写作是由瑞典银行百年基金会(the bank of Sweden Tercentenary Foundation)资助的，作为痴呆症项目的一部分：机构、人格和日常生活。批准号 M10－0187：1。来源于尼盖德和博雷尔(1995)的引证获得了转载许可。Nygård L，& Borell L，"Daily living with dementia：Two cases，"*Scandinavian Journal of Occupational Therapy*，Volume 2，Issue 1，pp. 24-33，Copyright © 1995 Taylor and Francis，doi：10. 3109/11038129509106795.

致　　谢

这项研究部分是基于 J·威廉·富布赖特基金会(J. William Fulbright Foundation)、澳大利亚—美国富布赖特委员会(Australian American Fulbright Commission)以及澳大利亚研究委员会(Australian Research Council)(资助编号：DE150100396，DP130101090，FT120100020)的资助。我们感谢索菲娅·哈里斯(Sophia Harris)、安东·哈里斯(Anton Harris)、尼娜·麦基尔韦恩(Nina McIlwain)提供编辑帮助。

参考文献

Alm，N.，Astell，A. J.，Gowans，G.，Dye，R.，Ellis，M.，Vaughan，P.，& Riley，P.（2009）. Lessons learned from developing cognitive support for communication，entertainment，and creativity for older people with dementia. In：C. Stephanidis（Ed.），*Universal access in human-computer interaction. intelligent and ubiquitous interaction environments*，5th Intern Edition（pp. 195-201）. Berlin Heidelberg，Germany：Springer-Verlag.

Astell，A. J.，& Ellis，M. P.（2006）. The social function of imitation in severe dementia. *Infant and Child Development*，15，311-319. doi：10. 1002/icd. 455

Barnier，A. J.，Sutton，J.，Harris，C. B.，& Wilson，B. A.（2008）. A conceptual and empirical framework for the social distribution of cognition：The case of memory. *Cognitive Systems Research*，9，33-51. doi：10. 1016/j. cogsys. 2007. 07. 002

Blanchard-Fields，F.，Horhota，M.，& Mienaltowski，A.（2008）. Social context and cognition. In：S. M. Hofer & D. F. Alwin（Eds.），*Handbook of cognitive aging. Interdisciplinary perspectives*（pp. 614-628）. Thousand Oaks，CA：SAGE.

Brorsson，A.，öhman，A.，Cutchin，M.，& Nygård，L.（2013）. Managing critical incidents in grocery shopping by community-living people with Alzheimer's disease. *Scandinavian Journal of Occupational Therapy*，20，292-301. doi：10. 3109/11038128. 2012. 752031

Broughton，M.，Smith，E. R.，Baker，R.，Angwin，A. J.，Pachana，N. A.，Copland，D. A.，… Chenery，H. J.（2011）. Evaluation of a caregiver education program to support memory and communication in dementia：A controlled pretest-posttest study with nursing home staff. *International Journal of Nursing Studies*，48，1436-1444. doi：10. 1016/j. ijnurstu. 2011. 05. 007

Bruner，J.（1985）. *Child's talk. Learning to use language*. New York，NY：W. W. Norton & Co.

Buchanan，K.，& Middleton，D.（1995）. Voices of experience：Talk，identity and membership in reminiscence groups. *Ageing and Society*，15，457-491. doi：10. 1017/s0144686 x00002865

Clark，A.，& Chalmers，D.（1998）. The extended mind. *Analysis*，58，7-19. doi：10. 1093/analys/58. 1. 7

Clark，H. H.（1996）. *Using language*. New York，NY：Cambridge University Press.

Clark，H. H.，& Schaefer，E. F.（1987）. Concealing one's meaning from overhearers. *Journal of Memory and Language*，26，209-225. doi：10. 1016/0749-596x(87)90124-0

Clark，H. H. ，& Schaefer，E. F. (1989). Contributing to discourse. *Cognitive Science*，13，259-294. doi：10. 1207/s15516709cog1302 _ 7

Dixon，R. A. ，Hopp，G. A. ，Cohen，A. -L. ，de Frias，C. M. ，& Bäckman，L. (2003). Self-reported memory compensation：Similar patterns in Alzheimer's Disease and very old adult samples. *Journal of Clinical and Experimental Neuropsychology*，25，382-390. doi：10. 1076/jcen. 25. 3. 382. 13801

Dixon，R. A. ，& Gould，O. N. (1998). Younger and older adults collaborating on retelling everyday stories. *Applied Developmental Science*，2，160-171. doi：10. 1207/s1532480xads0203 _ 4

Eichenbaum，H. (2012). *The cognitive neuroscience of memory. An introduction* (2nd Ed.). New York，NY：Oxford University Press.

Gallagher-Thompson，D. ，Dal Canto，P. G. ，Jacob，T. ，& Thompson，L. W. (2001). A comparison of marital interaction patterns between couples in which the husband does or does not have Alzheimer's Disease. *Journals of Gerontology：Social Sciences*，56B，S140-50. doi：10. 1093/geronb/56. 3. s140

Goodwin，C. (1981). *Conversational organization：Interaction between speakers and hearers*. New York，NY：Academic Press.

Goodwin，C. (2004). A competent speaker who can't speak：The social life of aphasia. *Journal of Linguistic Anthropology*，14，151-170. doi：10. 1525/jlin. 2004. 14. 2. 151

Hamilton，H. E. (1994). *Conversations with an Alzheimer's patient. An interactional sociolinguistic study*. New York，NY：Cambridge University Press.

Harris，C. B. ，Keil，P. G. ，Sutton，J. ，Barnier，A. J. ，& McIlwain，D. J. F. (2011). We remember，we forget：Collaborative remembering in older couples. *Discourse Processes*，48，267-303. doi：10. 1080/0163853x. 2010. 541854

Hodges，J. R. (2006). Alzheimer's centennial legacy：Origins，landmarks and the current status of knowledge concerning cognitive aspects. *Brain*，129，2811-2822. doi：10. 1093/brain/awl275

Hollan，J. ，Hutchins，E. ，& Kirsh，D. (2000). Distributed cognition：Toward a new foundation for human-computer interaction research. *ACM Transactions on Computer-Human Interaction*，7，174-196. doi：10. 1145/353485. 353487

Hutchins，E. (1995). *Cognition in the wild*. Cambridge，MA：MIT Press.

Hydén，L. -C. (2011). Narrative collaboration and scaffolding in dementia. *Journal of Aging Studies*，25，339-347. doi：10. 1016/j. jaging. 2011. 04. 002

Hydén，L. -C. (2014). Cutting brussels sprouts：Collaboration involving persons with dementia. *Journal of Aging Studies*，29，115-123. doi：10. 1016/j. jaging. 2014. 02. 004

Jansson, W., Nordberg, G., & Grafström, M. (2001). Patterns of elderly spousal caregiving in dementia care: An observational study. *Journal of Advanced Nursing*, 34, 804-812. doi: 10. 1046/j. 1365-2648. 2001. 01811. x

Joosten-Weyn Banningh, L., Vernooij-Dassen, M., Rikkert, M. O., & Teunisse, J.-P. (2008). Mild cognitive impairment: Coping with an uncertain label. *International Journal of Geriatric Psychiatry*, 23, 148-154. doi: 10. 1002/gps. 1855

Kemper, S., Lyons, K., & Anagnopoulos, C. (1995). Joint storytelling by patients with Alzheimer's disease and their spouses. *Discourse Processes*, 20, 205-217. doi: 10. 1080/01638539509544938

Kitwood, T. (1997). *Dementia reconsidered: The person comes first*. Philadelphia, PA: Open University Press.

Lave, J., & Wenger, E. (1991). *Situated learning. Legitimate peripheral participation*. New York, NY: Cambridge University Press.

Meegan, S. P., & Berg, C. A. (2002). Contexts, functions, forms, and processes of collaborative everyday problem solving in older adulthood. *International Journal of Behavioral Development*, 26, 6-15. doi: 10. 1080/01650250143000283

Mentis, M., Briggs-Whittaker, J., & Gramigna, G. D. (1995). Discourse topic management in senile dementia of the Alzheimer's type. *Journal of Speech and Hearing Research*, 38, 1054-1066. doi: 10. 1044/jshr. 3805. 1054

Michaelian, K., & Sutton, J. (2013). Distributed cognition and memory research: History and current directions. *Review of Philosophy and Psychology*, 4, 1-24. doi: 10. 1007/s13164-013-0131-x

Mikesell, L. (2009). Conversational practices of a frontotemporal dementia patient and his interlocutors. *Research on Language and Social Interaction*, 42, 135-162. doi: 10. 1080/08351810902864552 Miller, B. L., & Boeve, B. F. (Eds.). (2009). *The behavioral neurology of dementia*. New York, NY: Cambridge University Press.

Mills, M. A. (1997). Narrative identity and dementia: A study of emotion and narrative in older people with dementia. *Ageing and Society*, 17, 673-698. doi: 10. 1017/s0144686x97006673Morris, R., & Becker, J. (Eds.). (2004). *Cognitive neuropsychology of Alzheimer's disease* (2nd ed.). Oxford, UK: Oxford University Press.

Muller, N., & Mok, Z. (2013). "Getting to know you": Situated and distributed cognitive effort in dementia. In N. Muller & Z. Mok (Eds.), *Dialogue and dementia: Cognitive and communicative resources for engagement* (pp. 61-86). New York, NY: Psychology Press.

Nelson, K., & Fivush, R. (2004). The emergence of autobiographical memory: A social cultural developmental theory. *Psychological Review*，111，486-511. doi：10. 1037/0033-295x．111. 2. 486

Nygård，L．，& Borell，L.（1995）. Daily living with dementia：Two cases. *Scandinavian Journal of Occupational Therapy*，2，24-33. doi：10. 3109/11038129509106795

Nygård，L．，& Starkhammar，S.（2003）. Telephone use among noninstitutionalized persons with dementia living alone：Mapping out difficulties and response strategies. *Scandinavian Journal of Caring Sciences*，17，239-249. doi：10. 1046/j. 1471-6712. 2003. 00177. x

Orange，J. B．，& Colton-Hudson，A.（1998）. Enhancing communication in dementia of the Alzheimer's type. *Topics in Geriatric Rehabilitation*，14，56-75. doi：10. 1097/00013614-199812000-00007

Perkins，L．，Whitworth，A．，& Lesser，R.（1998）. Conversing in dementia：A conversation analytic approach. *Journal of Neurolinguistics*，11，33-53. doi：10. 1016/s0911-6044(98)00004-9

Ramanathan，V.（1997）. *Alzheimer discourse. some sociolinguistic dimensions.* Mahwah，NJ：Erlbaum.

Ripich，D. N．，Ziol，E．，Fritsch，T．，& Durand，E. J.（1999）. Training Alzheimer's Disease caregivers for successful communication. *Clinical Gerontologist*，21，37-41. doi：10. 1300/j018v21n01 _ 05

Rogoff，B.（1998）. Cognition as a collaborative process. In：D. Kuhn & R. S. Siegler（Eds.），*Handbook of child psychology*，*vol. 2：Cognition*，*perception*，*and language*（pp. 679-744）. New York，NY：Wiley.

Sabat，S. R.（2001）. *Experience of Alzheimer's Disease. Life through a tangled veil.* Oxford，UK：Blackwell.

Sawyer，R. K.（2003）. *Group creativity. Music*，*theater*，*collaboration.* Mahwah，NJ：Erlbaum.

Schegloff，E. A．，Jefferson，G．，& Sacks，H.（1977）. The preference for self-correction in the organization of repair in conversation. *Language*，53，361-382. doi：10. 1353/lan. 1977. 0041

Shune，S．，& Duff，M. C.（2012）. Verbal play as an interactional discourse resource in early stage Alzheimer's disease. *Aphasiology*，26，811-825.

Small，J. A．，& Perry，J.（2005）. Do you remember? How caregivers question their spouses who have Alzheimer's Disease and the impact on communication. *Journal of Speech*，*Language and Hearing Research*，48，125-136. doi：10. 1044/1092-4388(2005/010)

Small，J. A．，& Perry，J.（2012）. Training family care partners to communicate effectively with persons with Alzheimer's disease: The TRACED program. *Canadian Journal of Speech-Language Pathology & Audiology*, 36, 332-350.

Small, J. A., Gutman, G., & Hillhouse, S. M. B. (2003). Eeffectiveness of communication strategies used by caregivers of persons with AlzheimersAlzheimer's disease Disease during activities of daily living. *Journal of Speech, Language and Hearing Research*, 46, 353-367. doi: 10. 1044/1092-4388(2011/10-0206)

Smith, E. R., Broughton, M., Baker, R., Pachana, N. A., Angwin, A. J., Humphreys, M. S., … Chenery, H. J. (2011). Memory and communication support in dementia: Research-based strategies for caregivers. *International Psychogeriatrics*, 23, 256-263. doi: 10. 1017/s1041610210001845

Sutton, J. (2006). Distributed cognition: Domains and dimensions. *Pragmatics & Cognition*, 14, 235-247. doi: 10. 1075/pc. 14. 2. 05sut

Sutton, J., Harris, C. B., Keil, P. G., & Barnier, A. J. (2010). The psychology of memory, extended cognition, and socially distributed remembering. *Phenomenology and the Cognitive Sciences*, 9, 521-560. doi: 10. 1007/s11097-010-9182-y

Usita, P. M., Hyman, I. E., & Herman, K. C. (1998). Narrative intentions: Listening to life stories in Alzheimer's Disease. *Journal of Aging Studies*, 12, 185-198. doi: 10. 1016/s0890-4065(98)90014-7

Vasse, E., Vernooij-Dassen, M., Spijker, A., Rikkert, M. O., & Koopmans, R. (2010). A systematic review of communication strategies for people with dementia in residential and nursing homes. *International Psychogeriatrics/IPA*, 22, 189-200. doi: 10. 1017/s1041610 209990615

Vikström, S., Borell, L., Stigsdotter-Neely, A., & Josephsson, S. (2005). Caregivers' self-initiated support towards their partners with dementia when performing and everyday occupation together at home. *OTJR: Occupation, Participation and Health*, 25, 149-159. doi: 10. 1177/153944920502500404

Wegner, D. M. (1986). Transactive memory: A contemporary analysis of the group mind. In: B. Mullen & G. R. Goethals (Eds.), *Theories of group behavior* (pp. 185-208). New York, NY: Springer-Verlag.

Wegner, D. M., Erber, R., & Raymond, P. (1991). Transactive memory in close relationships. *Journal of Personality and Social Psychology*, 61, 923-929. doi: 10. 1037/0022-3514. 61. 6. 923

Wegner, D. M., Giuliano, T., & Hertel, P. T. (1985). Cognitive interdependence in close relationships. In: W. J. Ickes (Ed.), *Compatible and incompatible relationships* (pp. 253-276). New York, NY: Springer-Verlag.

While，C. ，Duane，F. ，Beanland，C. ，& Koch，S. (2013). Medication management：The perspectives of people with dementia and family carers. *Dementia*，12，734-750. doi：10. 1177/1471301212444056

Wilson，R. ，Rochon，E. ，Mihailidis，A. ，& Leonard，C. (2012). Examining success of communication strategies with Alzheimer's Disease during an activity of daily living. *Journal of Speech*，*Language*，*and Hearing Research*，55，328-341. doi：10. 1044/1092-4388(2011/10-0206)

Wood，D. ，Bruner，J. ，& Ross，G. (1976). The role of tutoring in problem solving. *Journal of Child Psychology and Psychiatry*，17，89-100. doi：10. 1111/j. 1469-7610. 1976. tb00381.

第四部分　　结　论

第 26 章　结语：共同的主题和未来的方向

第 26 章

结语：共同的主题和未来的方向

米歇尔·L. 米德（Michelle L. Meade），西莉亚·B. 哈里斯（Celia B. Harris），彭妮·范·伯根（Penny Van Bergen），约翰·萨顿（John utton），阿曼达·J. 巴尼尔（Amanda J. Barnier）

本书的各章全面概述了考察协作记忆的不同视角、途径和方法。协作记忆指的是一系列社会记忆现象。各章节强调了研究协作记忆以及使协作记忆在研究领域中概念化的各种方式（包括直接协作的案例、预期未来的观众、理解群体成员、扩展群体和更大的文化背景）。这些章节还强调了许多用于考察各种协作记忆形式的不同方法和指标。这本书提供了一个整体的框架，来思考如何在不同视角下对协作记忆进行操作和测量的复杂性和细微差别。

在这个结论中，首先确定了跨章节出现的共同主题。鉴于本书中协作记忆拥有许多不同的概念体系和评价，检验如何将不同视角的研究结果和结论进行概括（或不概括）就变得很重要。本章的目标是讨论不同方法之间的相同点和不同点。尽管有些章节只是泛泛而谈，但我们说明了研究问题、方法和测量之间的差异，有时会导致不同的结论。最后，我们指出了未来的研究方向，以便更全面地理解社会性记忆现象。

一、相同点和不同点

（一）从实验室到真实世界

这本书的组织方式强调了协作记忆的基础研究和应用研究的价值。本书的第一部分是研究协作记忆的方法，从一系列学科和子学科这个角度关注基础研究和理论。第二部分是协作记忆的应用，将基础研究应用于各种环境中的现实问题。基础研究和应用研究之间的区别并没有明确的定义，因为许多章节的方法部分也强调了更广泛的应用，许多章节的应用部分也包括了基础研究的发现。尽管如此，人们还是可以看到基础研究和应用研究之间的联系。

　　所有章节得出的一个重要结论是，基本的实验室发现确实可以广泛地推广到应用环境中。例如，考察亲子的记忆脚手架的发展性研究（Haden et al.；Fivush et al.；Wang；见第 2、第 3、第 17 章）已经应用于社区情境（Reese；第 18 章）以及临床情境中的教养干预中（Salmon；第 19 章）。对记忆整合的认知研究（Rajaram；Gabbert & Wheeler；Henkel & Kris；见第 4、第 6、第 8 章）为法律环境中的指导方针和实践提供了依据。在法律环境中，目击证人的准确性是最重要的（Paterson & Monds；第 20 章）。研究发现，协作抑制的认知研究中，交叉线索和再现已经应用在为健康老年人和老年痴呆症患者提出干预计划方面（Blumen，第 24 章）。考察社会环境下信息如何交换和交流的话语处理的研究，已经被应用在（Muller & Mok；Bietti & Baker；Brown & Reavey；McVittie & McKinlay；见第 9～12 章）改善痴呆患者（见 Muller & Mok；Hydén & Forsblad；见第 9、25 章）和健忘症患者的记忆能力方面（Gordon et al.；第 23 章）。话语处理方法，也为理解员工在组织环境中的相互作用（Bietti & Baker；第 10 章）、神经心理学访谈中的患者和临床医生两人组（McVittie & McKinlay；见第 12 章）、以及个体如何构建和讲述不完全属于自己的生活故事（Brown & Reavey，第 11 章），开辟了新的视角。最后，对认知延伸的哲学研究（Michaelian & Arango-Munñozn；见第 13、第 14 章），已经鼓励了一些心理学家，将协作记忆中的社会交互视为潜在的好处，而非将其完全曲解，并将其应用到数字设计中。据此，技术和电子媒体可以为记忆提供线索提示（van den Hoven et al.，第 22 章）。

（二）协作记忆的得失

　　这本书的许多章节都是关于评估与他人一起记忆的得失。正如引言中所指出的，这些得失通常是用效率和/或准确性来衡量的。在本书的研究传统中，已经证明协作可以破坏和促进记忆；在某些情况下，两者可以同时发生。具体来说，协作可以抑制记忆（Rajaram；Henkel & Kris；Blumen；见第 4、第 8、第 24 章）和引起遗忘（Hirst & Yamashiro，第 5 章）；协作还可以增强记忆并提供提示信息（例如，Hydén & Forsblad，第 25 章）。此外，协作可以增加和降低记忆的准确性（Rajaram；Gabbert & Wheeler；Henkel & Kris；第 4、第 6、第 8 章）。结论上的差异反映了所研究现象的不同，也可能反映了方法论上的差异（例如，协作、好处和干扰的操作定义，谁在记忆，他们被要求记住什么，他们与谁比较），以及评价的本质（例如，研究人员是否对测量结果、内容、准确性、程序或功能最感兴趣）。未来的研究可以专注于描述这些变化，以了解协作何时有利于记忆，何时不利于记忆，以及使用什么指标。

（三）准确性

　　本书的几个章节也讨论了社会因素对记忆准确性的具体影响。准确性是指记住的信息与原始事件或情境对应的程度。对准确性的研究通常集中在记忆的内容上，尽管准确和不准确的信息融入群体的过程也很重要，但是互动的功能也很重要。有趣的是，书中的一些章节证明了协作可以增加和减少准确性。我们再次注意到，这些过程可能在某些情境中同时发生。具体而言，协作抑制的研究得出了这样的结论：协作的一个好处，至少对于自由互动的群体来说，是出现错误纠正的可能性（Rajaram；Henkel & Kris；Blumen；见第 4、第 8、第 24 章）。也就是说，协作小组可能比个体更准确，因为协作者可以纠正彼此的错误。采用了不同的侧重点对记忆整合以及社会传播进行研究，得出了这样的结论：当协作者的错误没有被纠正时，这些错误往往会被纳入自己的记忆中（Rajaram；Gabbert & Wheeler；Henkel & Kris；Paterson & Monds；见第 4、第 6、第 8、第 20 章）。这样，协作也会降低准确性。同样，不同的结论反映了不同的现象，并强调不同的实验任务关注协作对准确性的影响的不同方面。未来的研究对于理解协作如何、以及何时影响跨情境的准确性是必要的。此外，还需要理解不同观点之间的相同之处，以及比较具体的对准确性的案例研究所采用的不同方法（Brown & Reavey，第 11 章）。

（四）脚手架

在几个章节中，大家一致认为，协作组中有效的脚手架（一名同伴通过提问、提供回忆结构或添加线索和提示来支持和扩展另一个同伴的记忆贡献）对增强记忆非常重要。关注于脚手架的研究通常集中在过程上，但是假设的前提是，团队中个体的能力是不对称的。重要的是，脚手架的形式和性质因被试群体和研究环境而异。利用社会文化发展的方法进行研究（例如，Haden et al.；Fivush et al.；Reese；Salmon；见第 2、第 3、第 18、第 19 章），通常将开放式问题（例如，什么、为什么、哪里）描述为从学龄前或年龄更大的儿童那里获得自传细节的最有效的提示。在不同的情境中，许登和福斯布拉德（第 25 章）建议，是/不是的问题对唤起痴呆患者的记忆和提高提示任务表现特别有用。戈登等人（第 23 章），从另一个角度进行论证并建议，对健忘症患者而言，最成功的脚手架策略是在患者和对话同伴之间建立共同基础。最后别蒂和巴克将这些经典的"脚手架"概念扩展为语言活动，还包括其他形式。他们认为，多模式的记忆序列（包括言语、身体、社会和配偶的脚手架对组织环境中的记忆有好处。

这些不同的观点，反映了在不同的群体和不同的环境中有效的脚手架类型的真正差异。然而，跨文献的研究还没有确定，脚手架在整个生命周期和不同的日常群体和环境中，有何相似或不同。一个能够达成一致的概念是敏感性，在敏感性中，亲子互动的最佳脚手架是动态的，并随着儿童能力的变化而发展（Reese，第 18 章）。因此，我们可能期望脚手架看起来会有很大的不同，这取决于需要搭建的个体、他们的能力、要回忆的内容以及记忆的目标。

（五）原始体验的共享本质

本书中有几章探讨了原始体验的共享和非共享性质，是如何影响协作效果的。共享记忆（shared memory）指的是群体成员分担责任或认知劳动，与他人交流或讨论事件，以及/或群体成员有共同的经历或共同的现实（Echterhoff & Kopietz，第 7 章）。在本书的各个章节中，经验是否作为一种共同的经历被共享，对于协作的过程和结果是重要的。例如，在不共享编码的情况下，需要做更多的工作，使小组成员在协作时保持在相同的频道上（例如，Bietti & Baker；Hydén & Forsblad，第 10、第 25 章），并且当群体成员之间的协作服务于不同的功能时，这可能尤其困难（Pasupathi & Wainryb，第 15 章）。从不同的角度考虑，共享编码对于理解长期共享和讨论事件的长期群体(如夫妻和家庭)之间的协作可能特别重要(例如，Fivush et al.，第 3 章)。总的来说，需要做更多的研究来解释共享编码对跨领域协作记忆的过程和结果的影响。

(六)技术的作用

这本书中不同章节的另一个有趣的比较，是关于技术的作用。虽然人们普遍认为技术会影响记忆，但不同的研究者关注不同情境。在这样的情境下，这种影响可能会产生不同的得失。米夏埃拉和阿朗戈-穆尼奥斯(第 13 章；另见 Wilson，第 14 章)认为，技术可以成为延伸认知系统的一部分，并可能对脚手架记忆起作用。霍芬等人(第 22 章)将这个观点应用到他们的设计工作中，并提出了一系列可能的设计。这些设计依赖于技术为记忆检索提供线索。当然，科技的影响不仅或不总是积极的：霍斯金斯(第 21 章)认为，科技既可以带来好处，也可以使记忆扭曲。根据媒体研究的方法，霍斯金斯认为，技术和媒体的易得性和不断增加的作用，已经改变了个人和群体要记住和同时要忘记的意义。具体而言，技术可以干扰个人，让他们忘记自己过去的经历；也会产生与个人被他人遗忘的权利相关的伦理问题(Hoskins，第 21 章)。科技不仅改变了我们能记住的东西，它还改变了我们记住的方式和原因。

在几个章节中所描述的工作，支持了这样的观点：技术(或物质)资源是社会性记忆的一个重要组成部分(见 Michaelian & Arango-Munñozn，第 13 章，进一步讨论技术为中介的交互)。然而，随着技术和物质记忆支持被越来越多地整合到协作组中，比如共享日历的老年夫妇，研究技术和其他物质资源是如何以及在何时与跨群体和记忆内容的社会性记忆进行交互的，将变得非常重要。

(七)小结

当考虑我们从这一工作体系中学到的东西时，很明显，从不同的角度来看，方法和结论之间具有很大的普遍性和相同之处。然而，同样重要的是，协作记忆的现象是复杂而多样的，而且显著的差异、细微的差别和结果都来自不同的研究领域。

我们认为，不同观点之间的紧张关系会对假设形成挑战，需要提高对替代方法和想法的认识，并希望鼓励对话和辩论。在下一节中，我们将对未来的研究提出一些思考和方向。

二、 未来之路

(一)情境中的协作记忆

从我们的讨论中可以清楚地看出，新出现的主题和不同视角的细微差别，强调了情境因素对协作记忆的重要影响。推进研究和应用的一个方法是更系统地检查所有可能的结果、它们出现的条件以及它们可能被视为成本或收益(或中性)的背景。例如，记忆的成功，很大程度上取决于记忆情境中特定群体的目标。为了向前推进，我们需要认识到不同的情境具有不同的目标、不同的协作记忆定义、以及对协作影响的不同评估方法。

　　实现这一目标的方法之一是，进一步将研究扩展到更广泛的情境中。具体而言，虽然一些研究领域已经扩展到某些应用环境中，但是要将每个研究领域扩展到各个应用环境中，还可以做更多的工作。例如，社会文化发展模式已成功应用于改善亲子沟通和对儿童的影响（Reese；Salmon；见第 18、第 19 章）。我们不知道类似的原则是否适用于整个生命周期和其他类型的群体。虽然协作回忆任务（Rajaram，第 4 章）在对老年人记忆的支持中有所应用（Blumen，第 24 章），但我们对协作回忆的原则如何应用于其他领域知之甚少，比如组织环境或课堂环境。将不同的基础领域的研究应用到不同的情境中，将有助于确定研究结果是何时以及如何在拥有不同的记忆目标、不同的记忆功能、不同的成功定义的小组中推广开来的。

　　更系统地考察跨情境的指标的使用也很重要。在本书中，评价和衡量协作记忆的小组，在不同的文献中有所不同。例如，在协作回忆任务中，有的研究将协作组与相同数量的个体回忆的成绩之和进行比较（Blumen；Henkel & Kris；Rajaram；第 4、第 8、第 24 章）；有的研究，将协作组的回忆概括为一种潜在、独特、突然的输出，而不是直接归结为个体记忆的总和（Michaelian & Arango-Munñozn；Wilson；第 13、第 14 章）。而有些研究，则没有单独的单位可以进行比较。例如，在话语加工文献和发展文献中，重点是比较不同类型的协作群体和协作中使用的交流风格的差异。不同指标不一定是相互矛盾的，但可能是在不同领域内得出的各种结论及其原因的关键驱动因素。例如，协作的优势可能是对痴呆症病人的表现的识别（相比单独记忆），同样的结果可以当作损失或"协作抑制"来报告，而协作抑制是协作回忆文献中使用的，用它来作为度量集体中的个体表现的指标（Rajaram，第 4 章）。在可能的情况下，未来的研究应该更系统地研究各种环境下的各种指标。

（二）个体差异、群体差异以及作为多个群体中的一部分的个体

　　推动这个领域向前发展的第二种方法，是充分认识到协作记忆的过程和结果中的个体差异和群体差异。也就是说，我们不应该期望协作记忆在所有群体中看起来都是一样的。未来研究的焦点是，揭示预测协作记忆过程和结果中的个体和群体的参数。协作组中的个体带来了他们的能力、优势和弱点，并且在某些情境中，能力的组合使得每个协作组及其动力和潜力变得独一无二。结果的多样性是该领域的一个特别挑战，需要综合各种方法和手段去处理。

　　书中提出的研究，已经开始探讨在特定研究领域中个体差异的作用。例如，佩特森和蒙斯（第 20 章）概述了一系列"估计变量"（如年龄、与交谈同伴的亲密程度和性格），它们预测并决定人们有多大可能从协作者那里吸纳误导性的建议（见 Gabbert & Wheeler 对者关于记忆整合效应的个体差异调节的相关讨论）。拉贾拉姆（第 4 章）讨论了个体差异和群体差异（例如，熟悉的和不熟悉的二人组，新手和专家，年轻人和老年人）对协作抑制效应的影响（另见 Blumen；Henkel & Kris；第 8、第 24 章）。菲伍什等人、黑登等人、里斯和萨蒙都从发展的角度出发，讨论了父母在与孩子追忆时，在交流方式上的个体差异。最后，有几章与直接考察或理解协作中神经心理的个体差异有关（Muller & Mok；McVittie & McKinlay；Salmon；Blumen；Hydén & Forsblad；第 9、第 12、第 19、第 24、第 25 章）。例如，戈登等人（第 23 章）证明了协作学

习模式中的得失模式在海马遗忘症组和控制组之间存在差异。

　　未来的研究可以在这项工作的基础上，在更广泛的背景和时间范围内，检验个体和群体的差异。例如，书中脚手架的概念目前应用于不对称的组合中，其中一名个体需要记忆支持（要么是因为发展性，要么是因为缺失的认知能力），而另一个同伴能够提供这种支持。不太清楚的是，这些过程是如何在其他类型的群体中发生的。在这些群体中，能力更加平等，或者双方的能力都在下降，但他们仍然有相对的优势和劣势可以整合和联合。同样重要的是，当一个或多个伙伴的能力发生变化时，探讨脚手架的构建过程是如何随时间而变化的。一种可能是，随着我们长大成人，记忆的社会脚手架不会消失或被拆除。相反，多种形式的脚手架在整个生命周期中仍然是必不可少的。

　　未来的研究还必须考虑到，个体是多个群体的成员。这些群体，规模各不相同：他们是夫妻、家庭、工作团队、社区、社会的成员，因此，我们需要研究嵌入到不同群体中的个体，以及这些群体成员之间的相互作用。同样，本书中的几章已经开始讨论这些群体大小之间的联系，以及建立这种联系所涉及的复杂性。例如，王（第 17 章）论证了文化规范对不同大小的群体的记忆具有影响；个体记忆和小群体记忆是通过更大的文化因素形成的。其他章节指出，在小组工作的过程中，比如社会分享型提取诱发遗忘（Hirst & Yamashiro，第 5 章），以及协作抑制（Rajaram，第 4 章），倾向于发展出越来越大的规模，以形成更大群体中的共享记忆（和遗忘）。最后，阿贝尔等人（第 16 章）提出了对个体和小群体记忆的研究机制，为历史事件提供了更大范围的文化叙事。然而，重要的是，它们还突出了对协作回忆小群体的研究和集体记忆研究之间的关键区别（包括定义的特殊性，以及回忆的材料与个人身份的相关性）。同样重要的是，书中有几章讨论了在更大的文化背景下，个人和小群体记忆所涉及的概念和伦理问题。例如，布朗和雷维（第 11 章）讨论了伦敦交通爆炸案幸存者如何在公共话语和集体记忆的背景下，重建他们自己的创伤经历的复杂性（另见 Wilson，第 14 章，有关加拿大优生学幸存者的相关讨论）。此外，霍斯金斯（第 21 章）认为，个人越来越多地使用技术来记录、编辑和共享事件，这正在改变集体记忆的基本概念。未来的研究可以建立在这个研究的基础上，通过更广泛和更系统的情境范围来研究群体大小和水平之间的联系。同样重要的是，要确定各个水平和群体规模的个体之间和协作机制之间的关系如何变化（或不变化）。

三、　总结

　　我们认为关于协作记忆的研究应该从两方面进行扩展：（1）通过考虑协作的情境和目标；（2）通过考虑个体和群体协作的性质。为了解决这些问题，有必要研究范围更广的群体，这些群体在关键维度上存在差异，包括关系的持久度、共同记忆的原因、共享和非共享的体验。还需要在更广泛的情境中以及各种跨维度的指标中来考察这些群体。最后，我们需要考虑和解释个体差异，以及一个组或另一个组中的个体成员的差异，如何随着情境和分析水平的变化而变化。我们需要更大、更丰富的数据集，将结果和过程结合起来。

四、　结束语

最明显的是，从这本书的章节中可以看到，有很多文献都集中在社会性记忆的相关问题上：记忆是如何受到社会因素以及一系列现象（对未来听众的期待的记忆，在别人面前记忆，通过直接与他人协作来记忆，在更广泛的社会和文化背景进行记忆）的影响的；与他人一起记忆的流程、功能和影响是什么，以及它们如何随着情境的变化而变化。每一篇文献都在不同的背景下，用不同的假设、方法和协作记忆的概念来解决这些问题。

为了打破这些相对独立的文献中形成的局限，需要更真实的整合性研究。跳出特定研究传统的界限是具有挑战性的，并且包括对其他传统方法和关注点的开放性。本书中的章节提供了一个起点。这本书包括专门的章节，提供了涉及发展、认知、社会心理学、话语处理、哲学、神经心理学、设计和媒体研究等领域的观点。此外，书中的章节提到了政治科学、历史、人类学、活动记忆和组织心理学的观点。除了在这本书中所表达的领域之外，还有一些与心理学文献有关的联系，比如个性和个体差异、关系、信仰和元记忆、决策、语言学和联合行动等等。我们建议该领域继续向前发展，探索跨学科和跨子学科的思想和理念，以进一步弥合理论、实验室研究和应用之间的差距。

综上所述，这本书介绍了在一系列研究领域内和跨领域的协作记忆研究的现状。通过强调相同之处和比较不同的观点，我们解释各种差异。研究者用这种互补方式来考察协作记忆。最终，我们希望鼓励更多跨学科的对话，探讨不同研究领域中不同问题、方法和假设，探讨这些差异是如何影响我们这个领域的当前和未来的研究。正如我们在引言中提到的，一起记忆是人类生活中普遍而重要的特征。正如这本书所展示的，许多领域的研究人员正在开始挖掘和理解协作在记忆中的不同形式和影响。

致　谢

这项研究部分是基于 J. 威廉·富布赖特基金会（J. William Fulbright Foundation）、澳大利亚－美国富布赖特委员会（Australian American Fulbright Commission）以及澳大利亚研究委员会（Australian Research Council）（资助编号：DE150100396，DP130101090，FT120100020）的资助。我们感谢索菲娅·哈里斯（Sophia Harris）、安东·哈里斯（Anton Harris）、尼娜·麦基尔韦恩（Nina McIlwain）提供编辑帮助。

关键术语表

A

accessibility　可及性，易得性

autobiographical writings across cultures　跨文化的自传体写作

accuracy　准确性

actions　行动

activity frames　活动框架

activity level　活动水平

adjacency pairs　相邻对

adolescents　青少年

adoptive parents study　收养父母研究

Adult Attachment Interview　成人依恋访谈

age/aging　衰老

Alzheimer's disease　阿尔茨海默病

Alzheimer's disease-related memory decline　与阿尔茨海默病相关的记忆衰退

ambiguity　模糊性

amnesia　健忘症

amnesiac Mild Cognitive Impairment(aMCI)　失忆症型的轻度认知障碍

amygdala in memory　记忆中的杏仁核

Ancient Greece　古希腊

annulments 废除

anxiety 焦虑症

appraisal 评价

artefact analysis 人工分析

Arterial Spin Labeling(ASL) 动脉自旋标记

Ashgate Research Companion to Memory Studies 阿什盖特记忆研究公司

attachment 依恋

attention 注意力

audience feedback 听众反馈

audience-tuning 观众微调

autobiographical memory 自传体记忆

autobiographical narrative 自传体叙事

autobiographical writing 自传体写作

autonomy 自主

availability 可用性，可得性

B

behavioral processes 行为加工

belief systems 信念系统

sense of belonging 归属感

benefits of collaborative remembering 协作记忆的好处

β-amyloid(Aβ)plaques β-淀粉体(Aβ)斑块

biographies 传记

blogs 博客

broadcast media 广播媒体

broken memory 破碎的记忆

C

calendars 日历

Canadian Residence School eugenics 加拿大寄宿学校优生学

caregivers 照顾者

chained recall 链式回忆

children 儿童

child-directed play 儿童主导的游戏

conversation(s)　交谈

conversation analysis　对话分析

conversations during events　事件中的交谈

correlational studies　相关性研究

caregiver-child reminiscing　照顾者—儿童的回忆

costs of collaborative remembering　协作回忆的代价

cowitness discussions　共同目击者的讨论

cowitnesses　共同目击者

creating a shared reality　创造一种共享的现实

crime reports　犯罪报告

cross-cueing　交叉线索

cueing　线索

cultures　文化

curation　管理

D

declarative memory impairment　陈述性记忆损伤

deliberate memory　精细记忆

dementia　痴呆症

dementia investigation　痴呆症研究

dementia scaffolding　对痴呆症的支持

depression　抑郁

descriptive studies　描述性研究

design-influenced remembering　受设计影响的记忆

design research perspective　设计研究的视角

detention under mental health act　根据精神卫生法案进行的拘留

detrimental impacts of collaborative remembering　协作记忆的不利影响

development　发展

dialogs　对话

deictic gesturing　指示手势

digital media　数字媒体

directive functions　指导功能

discourse analysis　话语分析

discursive perspective　话语视角

everyday activities　日常活动

everyday memory　日常记忆

executive processes　执行过程

experiential meanings　经验意义

exposure　暴露

extended cognition　扩展的认知

extended knowledge　扩展的知识

extended memory　扩展的记忆

extended reliabilism　扩展的可靠主义

externalist theories　外在主义者理论

externally augmented memory　外部增强的记忆

external memory　外部记忆

extracranialism　颅外主义

eyewitness memory　目击者的记忆

eyewitness reports　目击者的报告

F

fading affect bias　情感衰落偏差

false memories　错误记忆

family context　家庭背景

field settings　场地情境

flashbulb memories(FBMs)　闪光灯记忆

Football World Cup(2014)　2014年足球世界杯

forensic applications　司法应用

forensic psychology　司法心理学

forgetting　遗忘

formal activities　正式活动

free recall　自由回忆

friendship dissolution　友谊瓦解

frontal lobe hypothesis of aging　衰老的额叶假说

frontotemporal dementia　额颞痴呆

functional agency　功能能动性

functional magnetic resonance imaging(fMRI)　功能性磁共振成像

functions of collaborative remembering　协作记忆的功能

individual memory　个体记忆

individual ownership claim　个人所有权的主张

influence of learning methods　学习方法的影响

informational motivations　信息动机

information processing　信息加工

intended future audience　预期的未来听众

interactional perspective　互动的视角

interactions　互动

intergenerational narratives　代际故事

internal remembering　内部记忆

internal working model　内部工作模型

interpersonal aspects　人际方面

interpersonal context of memory　记忆的人际环境

interpersonal meanings　人际意义

irreconcilable functions　矛盾的功能

irreconcilable memories　矛盾的记忆

J

joint activities　共同活动

joint encoding　共同编码

joint remembering　共同记忆

joint talk　共同对话

justification　辩护/确认

K

know judgements　知道判断

knowledge　知识

Korsakoff's syndrome　科尔萨科夫综合征

L

laboratory-based research　实验室研究

language　语言

learning　学习

legal perspectives　法律视角

memory tests　记忆测试

mental processes　心理过程

mental state understanding　心理状态理解

metacognition　元认知

metamemory functions　元记忆功能

Mild Cognitive Impairment(MCI)　轻度认知障碍

Mini-Mental State Examination(MMSE)　简易精神状态测验

misinformation　错误信息

mnemonic silence　记忆式沉默

modality　形式

moderate dementia　中度痴呆症

mothers　母亲

motivated recall　动机性回忆

motivational relevance　动机相关性

multimodal conversation　多模态交流

multiple personality disorder　多重人格障碍

My Lai massacre　美莱村屠杀

N

narrative　叙事

narrative memory　陈述性记忆

narrative schematic templates　叙述性图式模板

national collective memories　民族式集体记忆

nations　国家

Native American folktales　美国本土民间故事

A Natural History of Human Thinking（Tomasello）　《人类思维的自然史》(托马塞洛)

Near Infrared Spectroscopy(NIRS)　近红外光谱

negotiating attitude　协商的态度

neural systems　神经系统

neurocognitive disorder(NCD)　认知神经障碍

neuropsychological interviews　神经心理学访谈

Non-amnesiac Mild Cognitive Impairment(naMCI)　非遗忘型轻度认知障碍

nonsummativisim　非总结主义

normative motivations　规范性动机

police-suspect interrogations 警察—嫌疑人审讯

Positive Parenting Program(Triple P) 3P—积极养育项目

Positron Emission Tomography(PET) 正电子发射断层扫描

postencoding manipulation 编码后操纵

post-event information(PEI) 事后信息

postscarcity culture 后稀缺性文化

postwarnings 事后警告

prefrontal cortex(PFC) 前额叶皮层

preparatory talks 准备性对话

prescriptive forgetting 规定性遗忘

previously learned information 以前学过的信息

proactivity 积极主动性

process 过程

productivity 生产力

psychological issues 心理问题

O

quality of memories 记忆的质量

Question-Answer 问题—答案

R

retelling effects 复述的影响

rational agency 理性能动性

reading aloud 朗读

reality 现实

real-world applications 现实世界的应用

recall 回忆

recovered memory 恢复的记忆

reexposure benefits 再现的好处

reflective functions 反思功能

relational motives 关系性动机

relational processes 相关过程

relationship(s) 关系

Remembering-Imagining System(RIS) 记忆—想象系统

self-continuity　自我连续性

self-experiencing　自我体验

self functions　自我功能

self-generation role　自我生成的作用

self-identity　自我认同

Self Memory System(SMS)model　自我记忆系统模型

self-regulatory functions　自我调节功能

semantic memory　语义记忆

semistructured interviews　半结构化访谈

sense of self　自我意识

severe dementia　严重痴呆症

shared group memory　共享的群体记忆

shared group organization　共享的群体组织

shared history　共享的历史

shared reality　共享的现实

short-term experiments　短期实验

simultaneity　同时性

situated cognition　情境性认知

small groups　小群体

social contagion　社会传染

social contagion paradigm　社会传染范式

social costs　社会成本

social demands　社会需求

social engagements　社会参与

social factors　社会因素

The Social Framework of Memory(Habwach)　《记忆的社会框架》(哈瓦赫)

social functions　社会功能

social interactions　社会互动

socially extended virtue reliabilism　社会扩展德性可靠主义

Socially Shared Retrieval-Induced Forgetting(SS-RIF)　社会分享型提取诱发遗忘(SS-RIF)

socially-supported validation　社会支持的确认

socially-validated identities　社会认可的身份

social manifestation thesis　社会表现论

social psychology　社会心理学

Washington DC monuments　华盛顿纪念碑

weapons of mass destruction(WMD)　大规模杀伤性武器

Western culture　西方文化

Wh-questions　以 Wh-开头的词引导的特殊疑问句

within-individual retrieval-induced forgetting(WIRIF)　个体内的提取诱发遗忘

workplace　工作场所

world judgements　世界判断

World War II　第二次世界大战

Y

young children　幼儿

younger generations　年青一代

后　记

　　书稿翻译工作得以顺利完成，得益于我的伙伴和团队，在具体翻译、审校过程中的认真细致、倾情投入，使翻译工作得以顺利完成。在此，请允许我对他们的工作予以记录。翻译初稿成员及负责章节如下。张环：第 1、第 2 章；张胜男：第 3、第 12、第 13、第 14、第 15、第 16章；邢敏：第 4、第 7、第 8、第 9、第 10、第 11 章；李明旻：第 5、第 17、第 18、第 19、第20、第 21 章；钟汝波：第 6、第 21、第 22、第 23、第 24、第 25、第 26 章。张胜男、钟汝波、李明旻对其他细碎部分的翻译，全程给予了密切关注。初稿翻译完成之后，我与唐卫海老师商量了校对的步骤和细节，并前后逐字逐句校对了 2 轮，审核 1 轮。

　　译稿提交之后，出版社的责任编辑对书稿又仔细进行打磨，使它成为今天的样子。

　　请您在阅读中，有任何批评和建议，不要犹豫，写邮件给我。我们将不胜感激。

刘希平

天津师范大学心理学部